程序员代码面试指南

IT名企算法与数据结构题目最优解

（第2版）

左程云 著

电子工业出版社·

Publishing House of Electronics Industry

北京·BEIJING

内 容 简 介

这是一本程序员代码面试宝典！书中对IT名企代码面试各类题目的最优解进行了总结，并提供了相关代码实现。针对当前程序员面试缺乏权威题目汇总这一痛点，本书选取将近200道真实出现过的经典代码面试题，帮助广大程序员做充分的面试准备。"刷"完本书后，你就是"题王"！

本书采用"题目+解答"的方式组织内容，并把面试题类型相近或者解法相近的题目尽量放在一起，读者在学习本书时很容易看出面试题解法之间的联系，使知识的学习避免碎片化。本书将所有的面试题从难到易依次分为"将""校""尉""士"四个档次，方便读者有针对性地选择"刷"题。本书收录的所有面试题都给出了最优解讲解和代码实现，并且提供了一些普通解法和最优解法的运行时间对比，让读者真切地感受到最优解的魅力！

本书中的题目全面且经典，更重要的是，书中收录了大量新题目和最优解分析，这些内容源自笔者多年来"死磕自己"的深入思考。

程序员们做好准备在IT名企的面试中脱颖而出、一举成名了吗？这本书就是你应该拥有的"神兵利器"。当然，对需要提升算法和数据结构等方面能力的程序员而言，本书的价值也是显而易见的。

图书在版编目（CIP）数据

程序员代码面试指南：IT 名企算法与数据结构题目最优解 / 左程云著.—2 版. —北京：电子工业出版社，2019.1

ISBN 978-7-121-35486-1

Ⅰ. ①程… Ⅱ. ①左… Ⅲ. ①程序设计－资格考试－自学参考资料 Ⅳ. ①TP311.1

中国版本图书馆 CIP 数据核字(2018)第 251338 号

策划编辑：牛　勇
责任编辑：李利健
印　　刷：涿州市般润文化传播有限公司
装　　订：涿州市般润文化传播有限公司
出版发行：电子工业出版社
　　　　　北京市海淀区万寿路 173 信箱　邮编：100036
开　　本：787×980　1/16　印张：36　字数：871 千字
版　　次：2015 年 9 月第 1 版
　　　　　2019 年 1 月第 2 版
印　　次：2024 年 6 月第 16 次印刷
定　　价：109.00 元

献给左军和谢桂兰

第 2 版说明

1．修改了第 1 版部分题目的解释，并增加了更多示例。

2．增加了很多近年来新出现的流行面试题，删掉了已经很少出现的低频面试题。

3．把经常出现的解题套路与算法原型做了结构化的调整和总结。

4．本书所有题目的代码都用 Java 语言实现，但这并不会妨碍其他语言使用者的阅读。这是因为笔者尽最大努力回避了与 Java 语言特性相关的代码实现，而且尽量遵循大多数编程语言共有的写法习惯。因此，将本书中的 Java 语言实现改写成其他语言的实现是非常容易的。

5．在 Java 语言中，如果想得到字符串 str 第 i 个位置的字符，则需用如下方式：

    char p = str.charAt(i);

本书提供的函数中有大量参数为字符串类型的函数，但如上所示的方式并不符合大多数读者的阅读习惯。为了让代码更加易读，笔者在这些函数中把字符串类型的参数转换成 char 类型数组的变量来使用。例如：

    char[] charArr = str.toCharArray();

此时得到字符串 str 第 i 个位置的字符，可以用如下方式：

    char p = charArr[i];

在本书中，发生如上转换行为的函数在估算额外空间复杂度时，笔者并没有把 charArr 的空间计算在内，这是因为如果不转换成 char 数组，而是选择直接使用原参数 str，也是完全可以的，之所以选择转换，仅仅是为了让读者更容易读懂代码；是否进行转换对算法的逻辑没有任何影响，所以不把 charArr 的空间算作必须使用的额外空间。

推荐序 1

2015 年春节，因为公司业务的快速发展，我们开始寻觅优秀的笔试和面试算法讲师。几经周折，找到了当时在举办线下算法分享的程云，认认真真地听他讲了一堂课，当时就认定他就是我们要找的人。

我听过很多国内顶尖 ACM 选手的算法分享，但是每次听完后总觉得我和那些人永远隔着一个断裂带，算法对我来说遥不可及，而程云讲解算法的时候总能从最小的切口讲起，由浅入深，环环相扣，不知不觉引你走向算法的核心精髓，那种醍醐灌顶的感觉能激发大家学习算法的热情，并一直推着我们前进。

这几年 IT 技术蓬勃发展，日新月异，对技术人才的需求日益增长，程序员招聘市场也如火如荼。在有限的三五轮面试中，国外流行使用让面试者编程解决某些数据结构和算法的题目，通过观察面试者编码的熟练程度、思考的速度和深度来衡量面试者的能力和潜力。国内以百度、阿里、腾讯为代表的互联网企业也都开始采用算法面试来筛选人才。

程云出于对算法的热爱，长期"泡"在 CareerCup、LeetCode 等笔试和面试网站上，编码解决各种最新的笔试和面试编程题，对各种笔试和面试编程题的解题技巧了如指掌。

算法面试普及后，传统的数据结构和算法课本讲得太过基础，又远离求职需求，国内逐渐出现迎合求职需求的笔试和面试工具书，这些书籍有些过于应试，纯粹以通过面试为导向。程云的书和那些书相比，题目更前沿，讲解更注重思考思路和代码的实践技巧，对每个题目都深挖最优解，同时根据自己在线下讲课学员们的反馈，对每个编程考题的解题反复修改，让思路更清晰。

这本书不仅可以作为面试代码指南，还可以作为学生课后的辅助练习手册。作者刷题多年的经验悉数沉淀在这本书里，相信读者跟着他的引导从头到尾逐一攻克难题，一定会有所收获。

叶向宇

牛客网 CEO

推荐序 2

初见左程云时，他一副标准的极客形象。我们探讨了互联网发展趋势、5G、大数据、人工智能等话题，交流了算法在新时代的重要意义。

在计算机科学领域中，算法是非常重要的基石，无论互联网如何发展，无论你学哪一类编程语言，万变不离其宗的是算法和计算机理论。从事教育培训这么多年，我一直很注重学员算法能力的培养和基础理论的学习。在几年前，可能拥有较强的业务能力和基本技能即可胜任一份较好的工作，但是近年来，随着互联网的飞速发展，企业对程序员的招聘标准也在逐渐提升。在头部互联网企业中，例如，今日头条、腾讯、阿里巴巴、百度等，已经把算法作为面试的重要环节。有网友曾调侃说："面试造火箭，入职拧螺丝。"其实，算法是可以考验一个程序员的编程能力和应变能力的，企业对算法能力的考查必然会越来越全面，越来越严格。

为了研究算法，我也看过市面上的一些图书。大家应该都明白一件事情：懂算法与能不能讲好算法，完全是两码事。市面上的不少算法书籍要么讲得不够深入、不够清晰，要么内容不贴合现今的求职需求，试题陈旧，没能与时俱进。左程云专注于算法与数据结构的研究，累计刷题十年之久。正所谓"十年磨一剑"，此书是他的"利剑出鞘"之作，面试题总量将近 200 道，包含了一线互联网企业程序员面试中高频出现的算法试题，题目新颖，涵盖类别丰富。左程云通过通俗易懂、对比举证的方式，以及深入浅出的讲解，引导读者找到题目的最优解。此书不仅方便读者轻松学到算法精髓，还有助于程序员提升解决复杂问题的能力。无论你是学生、程序员，还是企业中的技术领导者，此书都是你算法能力提升和综合素质培养的优秀选择。

最后，祝愿所有读此书的程序员都求得一份自己满意的职位！

马士兵

马士兵教育科技创始人

自　序

我能出书挺意外的。

虽然我早就知道想进入那些大公司要靠"刷"代码面试题来练习编写代码的能力，可是在 6 年前的某一天，我突然有了心情去看代码面试题长什么样子，于是收集了代码面试的题目。了解得越深入，我就越有一种恐慌的感觉，因为感觉自己什么都不太在行，对一个归并排序（Merge sort）写出完整的代码都感觉挺费劲的，面对这个冯·诺依曼发明的排序算法，我真的有底气说自己是计算机专业的学生吗？这种打击并没有持续太久，因为爱耍小聪明的人总会特别自信。我决定开始认真面对"刷"题这件事，但那时我根本不知道我即将面对什么，更不会有写书的念头。

我把课余时间利用起来，心想：不就是"刷"题吗？别人能写出来，咱也能写出来。起初的心态是我不服，我就想告诉自己能行。过程虐心是肯定的，经常半夜因为看到一个复杂度特别低的算法自己真的不能理解而沮丧地睡不着觉。当时觉得找不到资料能彻底让我明白，书上讲得太粗浅，网上讲的太散乱，代码写得看不懂。起初我"刷"题的时候无数次地想放弃，因为觉得这些都是什么玩意儿！我为什么放着好好的日子不过，去找这种罪受？可是我又不甘心，虽然我不懂很多解法，但是我觉得它们真的很有意思。

我将能买到的所有相关书籍上的所有题目全都研究了一遍，无论是中文的还是英文的，我都硬着头皮"啃"。写完每道题后，我都和书上的方法进行反复对比。"啃"完了五六本书之后，距离我刚开始"刷"题已经过去 16 个月了。写书？别逗了，才刚看完。

"年轻人总会找借口说这个东西不是我感兴趣的，所以做不好是应该的。但他们没有注意的是，你面对的事情中感兴趣的事情总是少数，这就使得大多数时候你做事情的态度总是很懈怠、很消极，这使你变成了一个懈怠的人。当你真正面对自己感兴趣的东西时，你发现你已经攥不紧拳头了。"时常想起本科时的毕业设计指导老师——高鹏义老师说的这段话。说得对！对一个东西，如果你没有透彻研究过，就不要轻易说它不精彩。这不是博爱，而是对自己认真。

"刷"题代码达到 4 万行的时候，我基本上成了国内外所有热门"刷"题网站的日常用户，此时我确认了一件事情，今天的代码面试指导真的处在一个很初级的阶段，这种不健全是全方面的。

例如：

- 经常看到一篇文章前后的语境是割裂的，作者经常根据之前的一个优良解法提出更好的优化方式，但整篇文章都不提及之前的解法是什么。这就导致初学者根本无法看懂。

- 几乎所有的书籍都忽略例子带来的引导作用，甚至还有不少书籍在阐述一个解法的时候只写伪代码，这就使得读者在看懂意思和自己真正能写出代码之间其实还有很多的路要走。

- 代码面试题目的特点是"多""杂""难"，从着手开始学习到最终达到自己想要的效果之间，自己对自己的评估根本无从谈起。"慢慢练吧，学海无涯"成为主要的心态，这就难免会产生怀疑的情绪。

- 看见一道新的面试题时还是会无从下手，因为之前的学习无法做到举一反三，对自己做过的题目缺乏总结和归纳。

难道"刷"题真的只适合"聪明人"？我不这么看，既然大多数内容处在有待商榷的阶段，那我就去学习原论文吧。

记得当时我一个人在国外，在初冬的一个下午，"刷"题已经两年之久，快吃晚饭的时候，我突然想起自己忘了吃午饭，就冲出家门去觅食。站在 7-11 门前的广场上，我拿着 1.5 美元的热狗和 75 美分的咖啡，微温的阳光撒在身上，远远地望着即将消失的太阳。我停下来，把咖啡放在斑驳的石头台子上，手里的热狗挺好看，香肠和洋葱都挺新鲜，清冷的空气吹过来，却让我的心绪更乱。旧金山的天空五彩斑斓，让漂泊者头晕目眩。哭得跟个鬼似的我除了想家，哪里敢设想自己会出书呢？

当我意识到在网上很难搜索到新鲜的题目时，我已经换了两家公司，反复实现了 600 多道题目，编写了差不多 10 万行代码。原来只是为了找份工作"刷"题这一初心早就忘了，而变成了兴趣并坚持了这么久，我自己也感到意外。更奇怪的是，我已经完全乐在其中，同时交流欲望越来越强，时常和同事们展开这方面的讨论。我发现很多书上的解法不是最优，很多题目其实和同事们讨论的做法更好，可以发现高手特别多，但好像都懒得动笔。

有一天，我看到自己写的题目，想到自己那些"抓心挠肝"的日子，突然觉得要不出书吧？我已经离不开这种感觉了，如果这不是真爱，那什么才是呢？

这不是一个励志的故事，是一个爱"刷"题的人决定把很多最优解讲出来的过程，就这么简单。

左程云

2015 年 7 月 20 日

目　　录

第 *1* 章

栈和队列

设计一个有 getMin 功能的栈

【题目】

实现一个特殊的栈，在实现栈的基本功能的基础上，再实现返回栈中最小元素的操作。

【要求】

1. pop、push、getMin 操作的时间复杂度都是 $O(1)$。
2. 设计的栈类型可以使用现成的栈结构。

【难度】

士 ★☆☆☆

【解答】

在设计时，我们使用两个栈，一个栈用来保存当前栈中的元素，其功能和一个正常的栈没有区别，这个栈记为 stackData；另一个栈用于保存每一步的最小值，这个栈记为 stackMin。具体的实现方式有两种。

第一种设计方案

（1）压入数据规则

假设当前数据为 newNum，先将其压入 stackData。然后判断 stackMin 是否为空：

- 如果为空，则 newNum 也压入 stackMin。
- 如果不为空，则比较 newNum 和 stackMin 的栈顶元素中哪一个更小：

  ➢ 如果 newNum 更小或两者相等，则 newNum 也压入 stackMin；

➤ 如果 stackMin 中栈顶元素小，则 stackMin 不压入任何内容。

举例：依次压入 3、4、5、1、2、1 的过程中，stackData 和 stackMin 的变化如图 1-1 所示。

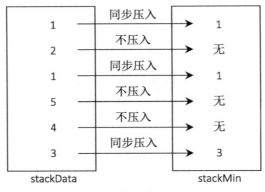

图 1-1

（2）弹出数据规则

先在 stackData 中弹出栈顶元素，记为 value。然后比较当前 stackMin 的栈顶元素和 value 哪一个更小。

通过上文提到的压入规则可知，stackMin 中存在的元素是从栈底到栈顶逐渐变小的，stackMin 栈顶的元素既是 stackMin 栈的最小值，也是当前 stackData 栈的最小值。所以不会出现 value 比 stackMin 的栈顶元素更小的情况，value 只可能大于或等于 stackMin 的栈顶元素。

当 value 等于 stackMin 的栈顶元素时，stackMin 弹出栈顶元素；当 value 大于 stackMin 的栈顶元素时，stackMin 不弹出栈顶元素，返回 value。

很明显可以看出，压入与弹出规则是对应的。

（3）查询当前栈中的最小值操作

由上文的压入数据规则和弹出数据规则可知，stackMin 始终记录着 stackData 中的最小值。所以，stackMin 的栈顶元素始终是当前 stackData 中的最小值。

方案一的代码实现如 MyStack1 类所示：

```java
public class MyStack1 {
        private Stack<Integer> stackData;
        private Stack<Integer> stackMin;

        public MyStack1() {
                this.stackData = new Stack<Integer>();
                this.stackMin = new Stack<Integer>();
        }

        public void push(int newNum) {
                if (this.stackMin.isEmpty()) {
```

```
                this.stackMin.push(newNum);
        } else if (newNum <= this.getmin()) {
                this.stackMin.push(newNum);
        }
        this.stackData.push(newNum);
}

public int pop() {
        if (this.stackData.isEmpty()) {
                throw new RuntimeException("Your stack is empty.");
        }
        int value = this.stackData.pop();
        if (value == this.getmin()) {
                this.stackMin.pop();
        }
        return value;
}

public int getmin() {
        if (this.stackMin.isEmpty()) {
                throw new RuntimeException("Your stack is empty.");
        }
        return this.stackMin.peek();
}
}
```

第二种设计方案

（1）压入数据规则

假设当前数据为 newNum，先将其压入 stackData。然后判断 stackMin 是否为空。

如果为空，则 newNum 也压入 stackMin；如果不为空，则比较 newNum 和 stackMin 的栈顶元素中哪一个更小。

如果 newNum 更小或两者相等，则 newNum 也压入 stackMin；如果 stackMin 中栈顶元素小，则把 stackMin 的栈顶元素重复压入 stackMin，即在栈顶元素上再压入一个栈顶元素。

举例：依次压入 3、4、5、1、2、1 的过程中，stackData 和 stackMin 的变化如图 1-2 所示。

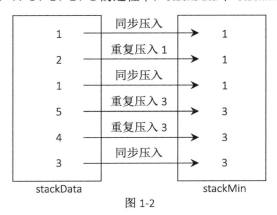

图 1-2

3

（2）弹出数据规则

在 stackData 中弹出数据，弹出的数据记为 value；弹出 stackMin 中的栈顶，返回 value。很明显可以看出，压入与弹出规则是对应的。

（3）查询当前栈中的最小值操作

由上文的压入数据规则和弹出数据规则可知，stackMin 始终记录着 stackData 中的最小值，所以 stackMin 的栈顶元素始终是当前 stackData 中的最小值。

方案二的代码实现如 MyStack2 类所示：

```java
public class MyStack2 {
        private Stack<Integer> stackData;
        private Stack<Integer> stackMin;

        public MyStack2() {
                this.stackData = new Stack<Integer>();
                this.stackMin = new Stack<Integer>();
        }

        public void push(int newNum) {
                if (this.stackMin.isEmpty()) {
                        this.stackMin.push(newNum);
                } else if (newNum < this.getmin()) {
                        this.stackMin.push(newNum);
                } else {
                        int newMin = this.stackMin.peek();
                        this.stackMin.push(newMin);
                }
                this.stackData.push(newNum);
        }

        public int pop() {
                if (this.stackData.isEmpty()) {
                        throw new RuntimeException("Your stack is empty.");
                }
                this.stackMin.pop();
                return this.stackData.pop();
        }

        public int getmin() {
                if (this.stackMin.isEmpty()) {
                        throw new RuntimeException("Your stack is empty.");
                }
                return this.stackMin.peek();
        }
}
```

【点评】

方案一和方案二其实都是用 stackMin 栈保存着 stackData 每一步的最小值。共同点是所有操作的时间复杂度都为 $O(1)$、空间复杂度都为 $O(n)$。区别是：方案一中 stackMin 压入时稍省空间，但是弹出操作稍费时间；方案二中 stackMin 压入时稍费空间，但是弹出操作稍省时间。

由两个栈组成的队列

【题目】

编写一个类，用两个栈实现队列，支持队列的基本操作（add、poll、peek）。

【难度】

尉　★★☆☆

【解答】

栈的特点是先进后出，而队列的特点是先进先出。我们用两个栈正好能把顺序反过来实现类似队列的操作。

具体实现时是一个栈作为压入栈，在压入数据时只往这个栈中压入，记为 stackPush；另一个栈只作为弹出栈，在弹出数据时只从这个栈弹出，记为 stackPop。

因为数据压入栈的时候，顺序是先进后出的。那么只要把 stackPush 的数据再压入 stackPop 中，顺序就变回来了。例如，将 1~5 依次压入 stackPush，那么从 stackPush 的栈顶到栈底为 5~1，此时依次再将 5~1 倒入 stackPop，那么从 stackPop 的栈顶到栈底就变成了 1~5。再从 stackPop 弹出时，顺序就像队列一样，如图 1-3 所示。

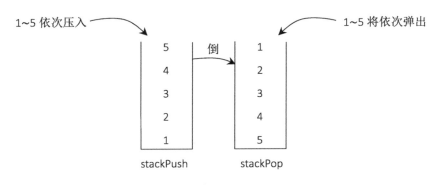

图 1-3

听起来虽然简单，实际上必须做到以下两点。

1. 如果 stackPush 要往 stackPop 中压入数据，那么必须一次性把 stackPush 中的数据全部压入。

2. 如果 stackPop 不为空，stackPush 绝对不能向 stackPop 中压入数据。

违反了以上两点都会发生错误。

违反 1 的情况举例：1~5 依次压入 stackPush，stackPush 的栈顶到栈底为 5~1，从 stackPush 压入 stackPop 时，只将 5 和 4 压入了 stackPop，stackPush 还剩下 1、2、3 没有压入。此时如果用户想进行弹出操作，那么 4 将最先弹出，与预想的队列顺序就不一致。

违反 2 的情况举例：1~5 依次压入 stackPush，stackPush 将所有的数据压入 stackPop，此时从 stackPop 的栈顶到栈底就变成了 1~5。此时又有 6~10 依次压入 stackPush，stackPop 不为空，stackPush 不能向其中压入数据。如果违反 2 压入了 stackPop，从 stackPop 的栈顶到栈底就变成了 6~10、1~5。那么此时如果用户想进行弹出操作，6 将最先弹出，与预想的队列顺序就不一致。

上面介绍了压入数据的注意事项。那么这个压入数据的操作在何时发生呢？

这个选择的时机可以有很多，调用 add、poll 和 peek 三种方法中的任何一种时发生"压"入数据的行为都是可以的。只要满足如上提到的两点，就不会出错。具体实现请参看如下的 TwoStacksQueue 类：

```java
public class TwoStacksQueue {
    public Stack<Integer> stackPush;
    public Stack<Integer> stackPop;

    public TwoStacksQueue() {
        stackPush = new Stack<Integer>();
        stackPop = new Stack<Integer>();
    }

    // push 栈向 pop 栈倒入数据
    private void pushToPop() {
        if (stackPop.empty()) {
            while (!stackPush.empty()) {
                stackPop.push(stackPush.pop());
            }
        }
    }

    public void add(int pushInt) {
        stackPush.push(pushInt);
        pushToPop();
    }

    public int poll() {
        if (stackPop.empty() && stackPush.empty()) {
```

```
                throw new RuntimeException("Queue is empty!");
        }
        pushToPop();
        return stackPop.pop();
    }

    public int peek() {
        if (stackPop.empty() && stackPush.empty()) {
                throw new RuntimeException("Queue is empty!");
        }
        pushToPop();
        return stackPop.peek();
    }
}
```

如何仅用递归函数和栈操作逆序一个栈

【题目】

　　一个栈依次压入 1、2、3、4、5，那么从栈顶到栈底分别为 5、4、3、2、1。将这个栈转置后，从栈顶到栈底为 1、2、3、4、5，也就是实现栈中元素的逆序，但是只能用递归函数来实现，不能用其他数据结构。

【难度】

　　尉　★★☆☆

【解答】

　　本题考查栈的操作和递归函数的设计，我们需要设计出两个递归函数。

　　递归函数一：将栈 stack 的栈底元素返回并移除。

　　具体过程就是如下代码中的 getAndRemoveLastElement 方法。

```
public static int getAndRemoveLastElement(Stack<Integer> stack) {
        int result = stack.pop();
        if (stack.isEmpty()) {
                return result;
        } else {
                int last = getAndRemoveLastElement(stack);
                stack.push(result);
                return last;
        }
}
```

　　如果从 stack 的栈顶到栈底依次为 3、2、1，这个函数的具体过程如图 1-4 所示。

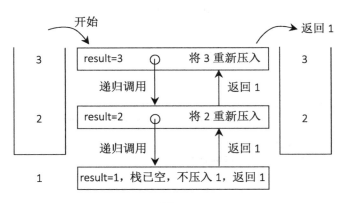

图 1-4

递归函数二：逆序一个栈，就是题目要求实现的方法，具体过程就是如下代码中的 reverse 方法。该方法使用了上面提到的 getAndRemoveLastElement 方法。

```
public static void reverse(Stack<Integer> stack) {
    if (stack.isEmpty()) {
        return;
    }
    int i = getAndRemoveLastElement(stack);
    reverse(stack);
    stack.push(i);
}
```

如果从 stack 的栈顶到栈底依次为 3、2、1，reverse 函数的具体过程如图 1-5 所示。

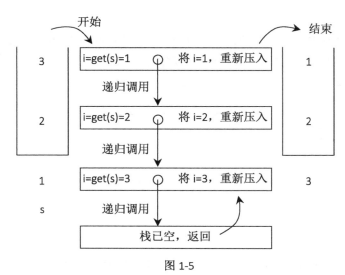

图 1-5

getAndRemoveLastElement 方法在图中简单表示为 get 方法,表示移除并返回当前栈底元素。

猫狗队列

【题目】

宠物、狗和猫的类如下:

```
public class Pet {
        private String type;

        public Pet(String type) {
                this.type = type;
        }

        public String getPetType() {
                return this.type;
        }
}

public class Dog extends Pet {
        public Dog() {
                super("dog");
        }
}

public class Cat extends Pet {
        public Cat() {
                super("cat");
        }
}
```

实现一种狗猫队列的结构,要求如下:
* 用户可以调用 add 方法将 cat 类或 dog 类的实例放入队列中;
* 用户可以调用 pollAll 方法,将队列中所有的实例按照进队列的先后顺序依次弹出;
* 用户可以调用 pollDog 方法,将队列中 dog 类的实例按照进队列的先后顺序依次弹出;
* 用户可以调用 pollCat 方法,将队列中 cat 类的实例按照进队列的先后顺序依次弹出;
* 用户可以调用 isEmpty 方法,检查队列中是否还有 dog 或 cat 的实例;
* 用户可以调用 isDogEmpty 方法,检查队列中是否有 dog 类的实例;
* 用户可以调用 isCatEmpty 方法,检查队列中是否有 cat 类的实例。

【难度】

士 ★☆☆☆

【解答】

本题考查实现特殊数据结构的能力以及针对特殊功能的算法设计能力。

本题为开放类型的面试题，希望读者能有自己的实现，在这里列出几种常见的设计错误：

- cat 队列只放 cat 实例，dog 队列只放 dog 实例，再用一个总队列放所有的实例。

  错误原因：cat、dog 以及总队列的更新问题。

- 用哈希表，key 表示一个 cat 实例或 dog 实例，value 表示这个实例进队列的次序。

  错误原因：不能支持一个实例多次进队列的功能需求，因为哈希表的 key 只能对应一个 value 值。

- 将用户原有的 cat 或 dog 类改写，加一个计数项来表示某一个实例进队列的时间。

  错误原因：不能擅自改变用户的类结构。

本题实现将不同的实例盖上时间戳的方法，但是又不能改变用户本身的类，所以定义一个新的类，具体实现请参看如下的 PetEnterQueue 类。

```java
public class PetEnterQueue {
        private Pet pet;
        private long count;

        public PetEnterQueue(Pet pet, long count) {
                this.pet = pet;
                this.count = count;
        }

        public Pet getPet() {
                return this.pet;
        }

        public long getCount() {
                return this.count;
        }

        public String getEnterPetType() {
                return this.pet.getPetType();
        }
}
```

在构造 PetEnterQueue 类时，pet 是用户原有的实例，count 就是这个实例的时间戳。

我们实现的队列其实是 PetEnterQueue 类的实例。大体说来，首先有一个不断累加的数据项，用来表示实例进队列的时间；同时有两个队列，一个是只放 dog 类实例的队列 dogQ，另一个是只放 cat 类实例的队列 catQ。

　　在加入实例时，如果实例是 dog，就盖上时间戳，生成对应的 PetEnterQueue 类的实例，然后放入 dogQ；如果实例是 cat，就盖上时间戳，生成对应的 PetEnterQueue 类的实例，然后放入 catQ。具体过程请参看如下 DogCatQueue 类的 add 方法。

　　只想弹出 dog 类的实例时，从 dogQ 里不断弹出即可，具体过程请参看如下 DogCatQueue 类的 pollDog 方法。

　　只想弹出 cat 类的实例时，从 catQ 里不断弹出即可，具体过程请参看如下 DogCatQueue 类的 pollCat 方法。

　　想按实际顺序弹出实例时，因为 dogQ 的队列头表示所有 dog 实例中最早进队列的实例，同时 catQ 的队列头表示所有的 cat 实例中最早进队列的实例。则比较这两个队列头的时间戳，谁更早，就弹出谁。具体过程请参看如下 DogCatQueue 类的 pollAll 方法。

　　DogCatQueue 类的整体代码如下：

```java
public class DogCatQueue {
        private Queue<PetEnterQueue> dogQ;
        private Queue<PetEnterQueue> catQ;
        private long count;

        public DogCatQueue() {
                this.dogQ = new LinkedList<PetEnterQueue>();
                this.catQ = new LinkedList<PetEnterQueue>();
                this.count = 0;
        }

        public void add(Pet pet) {
                if (pet.getPetType().equals("dog")) {
                        this.dogQ.add(new PetEnterQueue(pet, this.count++));
                } else if (pet.getPetType().equals("cat")) {
                        this.catQ.add(new PetEnterQueue(pet, this.count++));
                } else {
                        throw new RuntimeException("err, not dog or cat");
                }
        }

        public Pet pollAll() {
                if (!this.dogQ.isEmpty() && !this.catQ.isEmpty()) {
                        if(this.dogQ.peek().getCount()   <   this.catQ.peek().Get
Count()) {
                                return this.dogQ.poll().getPet();
                        } else {
                                return this.catQ.poll().getPet();
                        }
                } else if (!this.dogQ.isEmpty()) {
                        return this.dogQ.poll().getPet();
```

```
            } else if (!this.catQ.isEmpty()) {
                    return this.catQ.poll().getPet();
            } else {
                    throw new RuntimeException("err, queue is empty!");
            }
    }

    public Dog pollDog() {
            if (!this.isDogQueueEmpty()) {
                    return (Dog) this.dogQ.poll().getPet();
            } else {
                    throw new RuntimeException("Dog queue is empty!");
            }
    }

    public Cat pollCat() {
            if (!this.isCatQueueEmpty()) {
                    return (Cat) this.catQ.poll().getPet();
            } else
                    throw new RuntimeException("Cat queue is empty!");
    }

    public boolean isEmpty() {
            return this.dogQ.isEmpty() && this.catQ.isEmpty();
    }

    public boolean isDogQueueEmpty() {
            return this.dogQ.isEmpty();
    }

    public boolean isCatQueueEmpty() {
            return this.catQ.isEmpty();
    }

}
```

用一个栈实现另一个栈的排序

【题目】

一个栈中元素的类型为整型，现在想将该栈从顶到底按从大到小的顺序排序，只许申请一个栈。除此之外，可以申请新的变量，但不能申请额外的数据结构。如何完成排序？

【难度】

士 ★☆☆☆

【解答】

将要排序的栈记为 stack，申请的辅助栈记为 help。在 stack 上执行 pop 操作，弹出的元素记为 cur。

- 如果 cur 小于或等于 help 的栈顶元素，则将 cur 直接压入 help；
- 如果 cur 大于 help 的栈顶元素，则将 help 的元素逐一弹出，逐一压入 stack，直到 cur 小于或等于 help 的栈顶元素，再将 cur 压入 help。

一直执行以上操作，直到 stack 中的全部元素都压入到 help。最后将 help 中的所有元素逐一压入 stack，即完成排序。

```java
public static void sortStackByStack(Stack<Integer> stack) {
        Stack<Integer> help = new Stack<Integer>();
        while (!stack.isEmpty()) {
                int cur = stack.pop();
                while (!help.isEmpty() && help.peek() < cur) {
                        stack.push(help.pop());
                }
                help.push(cur);
        }
        while (!help.isEmpty()) {
                stack.push(help.pop());
        }
}
```

用栈来求解汉诺塔问题

【题目】

汉诺塔问题比较经典，这里修改一下游戏规则：现在限制不能从最左侧的塔直接移动到最右侧，也不能从最右侧直接移动到最左侧，而是必须经过中间。求当塔有 N 层的时候，打印最优移动过程和最优移动总步数。

例如，当塔数为两层时，最上层的塔记为 1，最下层的塔记为 2，则打印：

```
Move 1 from left to mid
Move 1 from mid to right
Move 2 from left to mid

Move 1 from right to mid
Move 1 from mid to left
Move 2 from mid to right
Move 1 from left to mid
Move 1 from mid to right
It will move 8 steps.
```

注意：关于汉诺塔游戏的更多讨论，将在本书递归与动态规划的章节中继续。

【要求】

用以下两种方法解决。

- 方法一：递归的方法；
- 方法二：非递归的方法，用栈来模拟汉诺塔的三个塔。

【难度】

校 ★★★☆

【解答】

方法一：递归的方法。

首先，如果只剩最上层的塔需要移动，则有如下处理：

1．如果希望从"左"移到"中"，打印"Move 1 from left to mid"。

2．如果希望从"中"移到"左"，打印"Move 1 from mid to left"。

3．如果希望从"中"移到"右"，打印"Move 1 from mid to right"。

4．如果希望从"右"移到"中"，打印"Move 1 from right to mid"。

5．如果希望从"左"移到"右"，打印"Move 1 from left to mid"和"Move 1 from mid to right"。

6. 如果希望从"右"移到"左"，打印"Move 1 from right to mid"和"Move 1 from mid to left"。

以上过程就是递归的终止条件，也就是只剩上层塔时的打印过程。

接下来，我们分析剩下多层塔的情况。

如果剩下 N 层塔，从最上到最下依次为 1~N，则有如下判断：

1．如果剩下的 N 层塔都在"左"，希望全部移到"中"，则有三个步骤。

1）将 1~N-1 层塔先全部从"左"移到"右"，明显交给递归过程。

2）将第 N 层塔从"左"移到"中"。

3）再将 1~N-1 层塔全部从"右"移到"中"，明显交给递归过程。

2．如果把剩下的 N 层塔从"中"移到"左"，从"中"移到"右"，从"右"移到"中"，过程与情况 1 同理，一样是分解为三步，在此不再详述。

3．如果剩下的 N 层塔都在"左"，希望全部移到"右"，则有五个步骤。

1）将 1~N-1 层塔先全部从"左"移到"右"，明显交给递归过程。

2）将第 N 层塔从"左"移到"中"。

3）将 1~N-1 层塔全部从"右"移到"左"，明显交给递归过程。

4）将第 N 层塔从"中"移到"右"。

5）将 1~N-1 层塔全部从"左"移到"右"，明显交给递归过程。

4. 如果剩下的 N 层塔都在"右"，希望全部移到"左"，过程与情况 3 同理，一样是分解为五步，在此不再详述。

以上递归过程经过逻辑化简之后的代码请参看如下代码中的 hanoiProblem1 方法。

```java
public int hanoiProblem1(int num, String left, String mid,
            String right) {
    if (num < 1) {
        return 0;
    }
    return process(num, left, mid, right, left, right);
}

public int process(int num, String left, String mid, String right,
            String from, String to) {
    if (num == 1) {
        if (from.equals(mid) || to.equals(mid)) {
            System.out.println("Move 1 from " + from + " to " + to);
            return 1;
        } else {
            System.out.println("Move 1 from " + from + " to " + mid);
            System.out.println("Move 1 from " + mid + " to " + to);
            return 2;
        }
    }
    if (from.equals(mid) || to.equals(mid)) {
        String another = (from.equals(left) || to.equals(left)) ? right :
left;
        int part1 = process(num - 1, left, mid, right, from, another);
        int part2 = 1;
        System.out.println("Move " + num + " from " + from + " to " + to);
        int part3 = process(num - 1, left, mid, right, another, to);
        return part1 + part2 + part3;
    } else {
        int part1 = process(num - 1, left, mid, right, from, to);
        int part2 = 1;
        System.out.println("Move " + num + " from " + from + " to " + mid);
        int part3 = process(num - 1, left, mid, right, to, from);
        int part4 = 1;
        System.out.println("Move " + num + " from " + mid + " to " + to);
        int part5 = process(num - 1, left, mid, right, from, to);
        return part1 + part2 + part3 + part4 + part5;
    }
}
```

方法二：非递归的方法——用栈来模拟整个过程。

修改后的汉诺塔问题不能让任何塔从"左"直接移动到"右"，也不能从"右"直接移动到"左"，而是要经过中间过程。也就是说，实际动作只有 4 个："左"到"中"、"中"到"左"、"中"到"右"、"右"到"中"。

现在我们把左、中、右三个地点抽象成栈，依次记为 LS、MS 和 RS。最初所有的塔都在 LS 上。那么如上 4 个动作就可以看作是：某一个栈（from）把栈顶元素弹出，然后压入到另一个栈里（to），作为这一个栈（to）的栈顶。

例如，如果是 7 层塔，在最初时所有的塔都在 LS 上，LS 从栈顶到栈底就依次是 1~7，如果现在发生了"左"到"中"的动作，这个动作对应的操作是 LS 栈将栈顶元素 1 弹出，然后 1 压入到 MS 栈中，成为 MS 的栈顶。其他操作同理。

一个动作能发生的先决条件是不违反小压大的原则。

from 栈弹出的元素 num 如果想压入到 to 栈中，那么 num 的值必须小于当前 to 栈的栈顶。

还有一个原则不是很明显，但也是非常重要的，叫相邻不可逆原则，解释如下：

1．我们把 4 个动作依次定义为：L->M、M->L、M->R 和 R->M。

2．很明显，L->M 和 M->L 过程互为逆过程，M->R 和 R->M 互为逆过程。

3．在修改后的汉诺塔游戏中，如果想走出最少步数，那么任何两个相邻的动作都不是互为逆过程的。举个例子：如果上一步的动作是 L->M，那么这一步绝不可能是 M->L，直观地解释为：你在上一步把一个栈顶数从"左"移动到"中"，这一步为什么又要移回去呢？这必然不是取得最小步数的走法。同理，M->R 动作和 R->M 动作也不可能相邻发生。

有了小压大和相邻不可逆原则后，可以推导出两个十分有用的结论——非递归的方法核心结论：

1．游戏的第一个动作一定是 L->M，这是显而易见的。

2．在走出最少步数过程中的任何时刻，4 个动作中只有一个动作不违反小压大和相邻不可逆原则，另外三个动作一定都会违反。

对于结论 2，现在进行简单的证明。

因为游戏的第一个动作已经确定是 L->M，则以后的每一步都会有前一步的动作。

假设前一步的动作是 L->M：

1．根据小压大原则，L->M 的动作不会重复发生。

2．根据相邻不可逆原则，M->L 的动作也不该发生。

3．根据小压大原则，M->R 和 R->M 只会有一个达标。

假设前一步的动作是 M->L：

1．根据小压大原则，M->L 的动作不会重复发生。

2．根据相邻不可逆原则，L->M 的动作也不该发生。

3．根据小压大原则，M->R 和 R->M 只会有一个达标。

假设前一步的动作是 M->R：

1．根据小压大原则，M->R 的动作不会重复发生。

2．根据相邻不可逆原则，R->M 的动作也不该发生。

3．根据小压大原则，L->M 和 M->L 只会有一个达标。

假设前一步的动作是 R->M：

1．根据小压大原则，R->M 的动作不会重复发生。

2．根据相邻不可逆原则，M->R 的动作也不该发生。

3．根据小压大原则，L->M 和 M->L 只会有一个达标。

综上所述，每一步只会有一个动作达标。那么只要每走一步都根据这两个原则考查所有的动作就可以，哪个动作达标就走哪个动作，反正每次都只有一个动作满足要求，按顺序走下来即可。

非递归的具体过程请参看如下代码中的 hanoiProblem2 方法。

```java
public enum Action {
        No, LToM, MToL, MToR, RToM
}

public int hanoiProblem2(int num, String left, String mid, String right) {
        Stack<Integer> lS = new Stack<Integer>();
        Stack<Integer> mS = new Stack<Integer>();
        Stack<Integer> rS = new Stack<Integer>();
        lS.push(Integer.MAX_VALUE);
        mS.push(Integer.MAX_VALUE);
        rS.push(Integer.MAX_VALUE);
        for (int i = num; i > 0; i--) {
                lS.push(i);
        }
        Action[] record = { Action.No };
        int step = 0;
        while (rS.size() != num + 1) {
                step += fStackTotStack(record, Action.MToL, Action.LToM, lS, mS,
                                left, mid);
                step += fStackTotStack(record, Action.LToM, Action.MToL, mS, lS,
                                mid, left);
                step += fStackTotStack(record, Action.RToM, Action.MToR, mS, rS,
                                mid, right);
                step += fStackTotStack(record, Action.MToR, Action.RToM, rS, mS,
                                right, mid);
        }
        return step;
}

public static int fStackTotStack(Action[] record, Action preNoAct,
```

```
                    Action nowAct, Stack<Integer> fStack, Stack<Integer> tStack,
                    String from, String to) {
        if (record[0] != preNoAct && fStack.peek() < tStack.peek()) {
                    tStack.push(fStack.pop());
                    System.out.println("Move " + tStack.peek() + " from " + from + "
to " + to);
                    record[0] = nowAct;
                    return 1;
        }
        return 0;
    }
```

生成窗口最大值数组

【题目】

有一个整型数组 arr 和一个大小为 w 的窗口从数组的最左边滑到最右边，窗口每次向右边滑一个位置。

例如，数组为[4,3,5,4,3,3,6,7]，窗口大小为 3 时：

```
[4  3  5] 4  3  3  6  7            窗口中最大值为 5
 4 [3  5  4] 3  3  6  7            窗口中最大值为 5
 4  3 [5  4  3] 3  6  7            窗口中最大值为 5
 4  3  5 [4  3  3] 6  7            窗口中最大值为 4
 4  3  5  4 [3  3  6] 7            窗口中最大值为 6
 4  3  5  4  3 [3  6  7]           窗口中最大值为 7
```

如果数组长度为 n，窗口大小为 w，则一共产生 n-w+1 个窗口的最大值。

请实现一个函数。

- 输入：整型数组 arr，窗口大小为 w。
- 输出：一个长度为 n-w+1 的数组 res，res[i]表示每一种窗口状态下的最大值。

以本题为例，结果应该返回{5,5,5,4,6,7}。

【难度】

尉 ★★☆☆

【解答】

假设数组长度为 N，窗口大小为 w，如果做出时间复杂度为 $O(N \times w)$的解法是不能让面试官满意的，本题要求面试者想出时间复杂度为 $O(N)$的实现。

本题的关键在于利用双端队列来实现窗口最大值的更新。首先生成双端队列 qmax，qmax 中存放数组 arr 中的下标。

假设遍历到 arr[i]，qmax 的放入规则为：

1．如果 qmax 为空，直接把下标 i 放进 qmax，放入过程结束。

2．如果 qmax 不为空，取出当前 qmax 队尾存放的下标，假设为 j。

1）如果 arr[j]>arr[i]，直接把下标 i 放进 qmax 的队尾，放入过程结束。

2）如果 arr[j]<=arr[i]，把 j 从 qmax 中弹出，重复 qmax 的放入规则。

也就是说，如果 qmax 是空的，就直接放入当前的位置。如果 qmax 不是空的，qmax 队尾的位置所代表的值如果不比当前的值大，将一直弹出队尾的位置，直到 qmax 队尾的位置所代表的值比当前的值大，当前的位置才放入 qmax 的队尾。

假设遍历到 arr[i]，qmax 的弹出规则为：

如果 qmax 队头的下标等于 $i-w$，说明当前 qmax 队头的下标已过期，弹出当前对头的下标即可。

根据如上的放入和弹出规则，qmax 便成了一个维护窗口为 w 的子数组的最大值更新的结构。下面举例说明题目给出的例子。

1．开始时 qmax 为空，qmax={}。

2．遍历到 arr[0]==4，将下标 0 放入 qmax，qmax={0}。

3．遍历到 arr[1]==3，当前 qmax 的队尾下标为 0，又有 arr[0]>arr[1]，所以将下标 1 放入 qmax 的尾部，qmax={0,1}。

4．遍历到 arr[2]==5，当前 qmax 的队尾下标为 1，又有 arr[1]<=arr[2]，所以将下标 1 从 qmax 的尾部弹出，qmax 变为{0}。当前 qmax 的队尾下标为 0，又有 arr[0]<=arr[2]，所以将下标 0 从 qmax 尾部弹出，qmax 变为{}。将下标 2 放入 qmax，qmax={2}。此时已经遍历到下标 2 的位置，窗口 arr[0..2]出现，当前 qmax 队头的下标为 2，所以窗口 arr[0..2]的最大值为 arr[2]（即 5）。

5．遍历到 arr[3]==4，当前 qmax 的队尾下标为 2，又有 arr[2]>arr[3]，所以将下标 3 放入 qmax 尾部，qmax={2,3}。窗口 arr[1..3]出现，当前 qmax 队头的下标为 2，这个下标还没有过期，所以窗口 arr[1..3]的最大值为 arr[2]（即 5）。

6．遍历到 arr[4]==3，当前 qmax 的队尾下标为 3，又有 arr[3]>arr[4]，所以将下标 4 放入 qmax 尾部，qmax={2,3,4}。窗口 arr[2..4]出现，当前 qmax 队头的下标为 2，这个下标还没有过期，所以窗口 arr[2..4]的最大值为 arr[2]（即 5）。

7．遍历到 arr[5]==3，当前 qmax 的队尾下标为 4，又有 arr[4]<=arr[5]，所以将下标 4 从 qmax 的尾部弹出，qmax 变为{2,3}。当前 qmax 的队尾下标为 3，又有 arr[3]>arr[5]，所以将下标 5 放入 qmax 尾部，qmax={2,3,5}。窗口 arr[3..5]出现，当前 qmax 队头的下标为 2，这个下标已经过期，所以从 qmax 的头部弹出，qmax 变为{3,5}。当前 qmax 队头的下标为 3，这个下标没有过期，所以窗口 arr[3..5]的最大值为 arr[3]（即 4）。

8．遍历到 arr[6]==6，当前 qmax 的队尾下标为 5，又有 arr[5]<=arr[6]，所以将下标 5 从 qmax

的尾部弹出，qmax 变为{3}。当前 qmax 的队尾下标为 3，又有 arr[3]<=arr[6]，所以将下标 3 从 qmax 的尾部弹出，qmax 变为{}。将下标 6 放入 qmax，qmax={6}。窗口 arr[4..6]出现，当前 qmax 队头的下标为 6，这个下标没有过期，所以窗口 arr[4..6]的最大值为 arr[6]（即 6）。

9．遍历到 arr[7]==7，当前 qmax 的队尾下标为 6，又有 arr[6]<=arr[7]，所以将下标 6 从 qmax 的尾部弹出，qmax 变为{}。将下标 7 放入 qmax，qmax={7}。窗口 arr[5..7]出现，当前 qmax 队头的下标为 7，这个下标没有过期，所以窗口 arr[5..7]的最大值为 arr[7]（即 7）。

10．依次出现的窗口最大值为[5,5,5,4,6,7]，在遍历过程中收集起来，最后返回即可。

上述过程中，每个下标值最多进 qmax 一次，出 qmax 一次。所以遍历的过程中进出双端队列的操作是时间复杂度为 $O(N)$，整体的时间复杂度也为 $O(N)$。具体过程参看如下代码中的 getMaxWindow 方法。

```java
public int[] getMaxWindow(int[] arr, int w) {
    if (arr == null || w < 1 || arr.length < w) {
        return null;
    }
    LinkedList<Integer> qmax = new LinkedList<Integer>();
    int[] res = new int[arr.length - w + 1];
    int index = 0;
    for (int i = 0; i < arr.length; i++) {
        while (!qmax.isEmpty() && arr[qmax.peekLast()] <= arr[i]) {
            qmax.pollLast();
        }
        qmax.addLast(i);
        if (qmax.peekFirst() == i - w) {
            qmax.pollFirst();
        }
        if (i >= w - 1) {
            res[index++] = arr[qmax.peekFirst()];
        }
    }
    return res;
}
```

单调栈结构

【题目】

给定一个不含有重复值的数组 arr，找到每一个 i 位置左边和右边离 i 位置最近且值比 arr[i] 小的位置。返回所有位置相应的信息。

【举例】

```
arr = {3,4,1,5,6,2,7}
```

返回如下二维数组作为结果：

```
{
  {-1, 2},
  { 0, 2},
  {-1,-1},
  { 2, 5},
  { 3, 5},
  { 2,-1},
  { 5,-1}
}
```

-1 表示不存在。所以上面的结果表示在 arr 中，0 位置左边和右边离 0 位置最近且值比 arr[0] 小的位置是-1 和 2；1 位置左边和右边离 1 位置最近且值比 arr[1]小的位置是 0 和 2；2 位置左边和右边离 2 位置最近且值比 arr[2]小的位置是-1 和-1……

进阶问题：给定一个可能含有重复值的数组 arr，找到每一个 i 位置左边和右边离 i 位置最近且值比 arr[i]小的位置。返回所有位置相应的信息。

【要求】

如果 arr 长度为 N，实现原问题和进阶问题的解法，时间复杂度都达到 O(N)。

【难度】

尉　★★☆☆

【解答】

本题实现时间复杂度为 O(N²) 的解是非常容易的，每个位置分别向左和向右遍历一下，总可以确定。本书不再详述，具体过程请看如下的 rightWay 方法。

```java
public int[][] rightWay(int[] arr) {
        int[][] res = new int[arr.length][2];
        for (int i = 0; i < arr.length; i++) {
                int leftLessIndex = -1;
                int rightLessIndex = -1;
                int cur = i - 1;
                while (cur >= 0) {
                        if (arr[cur] < arr[i]) {
                                leftLessIndex = cur;
                                break;
                        }
                        cur--;
                }
                cur = i + 1;
```

```
                    while (cur < arr.length) {
                        if (arr[cur] < arr[i]) {
                            rightLessIndex = cur;
                            break;
                        }
                        cur++;
                    }
                    res[i][0] = leftLessIndex;
                    res[i][1] = rightLessIndex;
                }
                return res;
            }
```

　　关键在于生成所有位置的相应信息，时间复杂度做到 O(N)，这需要用到单调栈结构，这个结构在算法面试中经常出现，本章还用单调栈结构解决了几个问题，请读者好好掌握这种结构。首先解决原问题，也就是没有重复值的数组如何使用单调栈解决这个问题，然后看看可能含有重复值的数组如何使用单调栈。

　　原问题：准备一个栈，记为 stack<Integer>，栈中放的元素是数组的位置，开始时 stack 为空。如果找到每一个 i 位置左边和右边离 i 位置最近且值比 arr[i] 小的位置，那么需要让 stack 从栈顶到栈底的位置所代表的值是严格递减的；如果找到每一个 i 位置左边和右边离 i 位置最近且值比 arr[i] 大的位置，那么需要让 stack 从栈顶到栈底的位置所代表的值是严格递增的。本题需要解决的是前者，但是对于后者，原理完全是一样的。

　　下面用例子来展示单调栈的使用和求解流程，初始时 arr = {3,4,1,5,6,2,7}，stack 从栈顶到栈底为：{}；

　　遍历到 arr[0]==3，发现 stack 为空，就直接放入 0 位置。stack 从栈顶到栈底为：{0 位置(值是 3)}；

　　遍历到 arr[1]==4，发现直接放入 1 位置，不会破坏 stack 从栈顶到栈底的位置所代表的值是严格递减的，那么直接放入。stack 从栈顶到栈底依次为：{1 位置(值是 4)、0 位置(值是 3)}；

　　遍历到 arr[2]==1，发现直接放入 2 位置（值是 1），会破坏 stack 从栈顶到栈底的位置所代表的值是严格递减的，所以从 stack 开始弹出位置。如果 x 位置被弹出，在栈中位于 x 位置下面的位置，就是 x 位置左边离 x 位置最近且值比 arr[x] 小的位置；当前遍历到的位置就是 x 位置右边离 x 位置最近且值比 arr[x] 小的位置。从 stack 弹出位置 1，在栈中位于 1 位置下面的是位置 0，当前遍历到的是位置 2，所以 ans[1]={0,2}。弹出 1 位置之后，发现放入 2 位置（值是 1）还会破坏 stack 从栈顶到栈底的位置所代表的值是严格递减的，所以继续弹出位置 0。在栈中位于位置 0 下面已经没有位置了，说明在位置 0 左边不存在比 arr[0] 小的值，当前遍历到的是位置 2，所以 ans[0]={-1,2}。stack 已经为空，所以放入 2 位置（值是 1），stack 从栈顶到栈底为：{2 位置(值是 1)}；

遍历到 arr[3]==5，发现直接放入 3 位置，不会破坏 stack 从栈顶到栈底的位置所代表的值是严格递减的，那么直接放入。stack 从栈顶到栈底依次为：{3 位置(值是 5)、2 位置(值是 1)}；

遍历到 arr[4]==6，发现直接放入 4 位置，不会破坏 stack 从栈顶到栈底的位置所代表的值是严格递减的，那么直接放入。stack 从栈顶到栈底依次为：{4 位置(值是 6)、3 位置(值是 5)、2 位置(值是 1)}；

遍历到 arr[5]==2，发现直接放入 5 位置，会破坏 stack 从栈顶到栈底的位置所代表的值是严格递减的，所以开始弹出位置。弹出位置 4，栈中它的下面是位置 3，当前是位置 5，ans[4]={3,5}。弹出位置 3，栈中它的下面是位置 2，当前是位置 5，ans[3]={2,5}。然后放入 5 位置就不会破坏 stack 的单调性了。stack 从栈顶到栈底依次为：{5 位置(值是 2)、2 位置(值是 1)}；

遍历到 arr[6]==7，发现直接放入 6 位置，不会破坏 stack 从栈顶到栈底的位置所代表的值是严格递减的，那么直接放入。stack 从栈顶到栈底依次为：{6 位置(值是 7)、5 位置(值是 2)、2 位置(值是 1)}。

遍历阶段结束后，清算栈中剩下的位置。

弹出 6 位置，栈中它的下面是位置 5，6 位置是清算阶段弹出的，所以 ans[6]={5,-1}；

弹出 5 位置，栈中它的下面是位置 2，5 位置是清算阶段弹出的，所以 ans[5]={2,-1}；

弹出 2 位置，栈中它的下面没有位置了，2 位置是清算阶段弹出的，所以 ans[2]={-1,-1}。

至此，已经全部生成了每个位置的信息。请读者再熟悉一下上面的流程，下面证明在单调栈中，如果 x 位置被弹出，在栈中位于 x 位置下面的位置为什么就是 x 位置左边离 x 位置最近且值比 arr[x] 小的位置；当前遍历到的位置就是 x 位置右边离 x 位置最近且值比 arr[x] 小的位置。假设 stack 当前栈顶位置是 x，值是 5；x 下面是 i 位置，值是 1；当前遍历到 j 位置，值是 4。如图 1-6 所示，请注意整个数组中是没有重复值的。

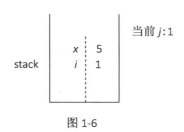

图 1-6

当前来到 j 位置，但是 x 位置已经在栈中，所以 x 位置肯定在 j 位置的左边：……5(x 位置)……4(j 位置)……。如果在 5 和 4 之间存在小于 5 的数，那么没等遍历到当前的 4，x 位置（值是 5）就已经被弹出了，轮不到当前位置的 4 来让 x 位置的 5 弹出，所以 5 和 4 之间的数要么没有，要么一定比 5 大，所以 x 位置右边离 x 位置最近且小于 arr[x] 的位置就是 j 位置。

当前弹出的是 x 位置，x 位置下面的是位置 i，i 比 x 早进栈，所以 i 位置肯定在 x 位置的左边：……1(i 位置)……5（x 位置)……。如果在 1 和 5 之间存在小于 1 的数，那么 i 位置（值是 1）会被提前弹出，在栈中 *i* 位置和 *x* 位置就不可能贴在一起。如果在 1 和 5 之间存在大于 1 但小于 5 的数，那么在栈中 *i* 位置和 *x* 位置之间一定会夹上一个别的位置，也不可能贴在一起。所以 1 和 5 之间的数要么没有，要么一定比 5 大，那么 *x* 位置左边离 *x* 位置最近且小于 arr[x] 的位置就是 *i* 位置。

证明完毕。整个流程中，每个位置都进栈一次、出栈一次，所以整个流程的时间复杂度就是 O(*N*)，请看如下的 getNearLessNoRepeat 方法。

```java
public int[][] getNearLessNoRepeat(int[] arr) {
        int[][] res = new int[arr.length][2];
        Stack<Integer> stack = new Stack<>();
        for (int i = 0; i < arr.length; i++) {
                while (!stack.isEmpty() && arr[stack.peek()] > arr[i]) {
                        int popIndex = stack.pop();
                        int leftLessIndex = stack.isEmpty() ? -1 : stack.peek();
                        res[popIndex][0] = leftLessIndex;
                        res[popIndex][1] = i;
                }
                stack.push(i);
        }
        while (!stack.isEmpty()) {
                int popIndex = stack.pop();
                int leftLessIndex = stack.isEmpty() ? -1 : stack.peek();
                res[popIndex][0] = leftLessIndex;
                res[popIndex][1] = -1;
        }
        return res;
}
```

进阶问题，可能含有重复值的数组如何使用单调栈。其实整个过程和原问题的解法差不多。举个例子来说明，初始时 arr={3,1,3,4,3,5,3,2,2}，stack 从栈顶到栈底为：{}；

遍历到 arr[0]==3，发现 stack 为空，就直接放入 0 位置。stack 从栈顶到栈底为：{0 位置(值是 3)}；

遍历到 arr[1]==1，从栈中弹出位置 0，并且得到 ans[0]={-1,1}。位置 1 进栈，stack 从栈顶到栈底为：{1 位置(值是 1)}；

遍历到 arr[2]==3，发现位置 2 可以直接放入。stack 从栈顶到栈底依次为：{2 位置(值是 3)、1 位置(值是 1)}；

遍历到 arr[3]==4，发现位置 3 可以直接放入。stack 从栈顶到栈底依次为：{3 位置(值是 4)、2 位置(值是 3)、1 位置(值是 1)}；

遍历到 arr[4]==3，从栈中弹出位置 3，并且得到 ans[3]={2,4}。此时发现栈顶是位置 2，值是 3，当前遍历到位置 4，值也是 3，所以两个位置压在一起。stack 从栈顶到栈底依次为：{ [2 位置, 4 位置](值是 3)、1 位置(值是 1)}；

遍历到 arr[5]==5，发现位置 5 可以直接放入。stack 从栈顶到栈底依次为：{5 位置(值是 5)、[2 位置, 4 位置](值是 3)、1 位置(值是 1)}；

遍历到 arr[6]==3，从栈中弹出位置 5，在栈中位置 5 的下面是[2 位置, 4 位置]，选最晚加入的 4 位置，当前遍历到位置 6，所以得到 ans[5]={4,6}。位置 6 进栈，发现又是和栈顶位置代表的值相等的情况，所以继续压在一起，stack 从栈顶到栈底依次为：{ [2 位置, 4 位置, 6 位置](值是 3)、1 位置(值是 1)}；

遍历到 arr[7]==2，从栈中弹出[2 位置, 4 位置, 6 位置]，在栈中这些位置下面的是 1 位置，当前是 7 位置，所以得到 ans[2]={1,7}、ans[4]={1,7}、ans[6]={1,7}。位置 7 进栈，stack 从栈顶到栈底依次为：{7 位置(值是 2)、1 位置(值是 1)}；

遍历到 arr[8]==2，发现位置 8 可以直接进栈，并且又是相等的情况，stack 从栈顶到栈底依次为：{[7 位置, 8 位置](值是 2)、1 位置(值是 1)}。

遍历完成后，开始清算阶段：

弹出[7 位置, 8 位置]，生成 ans[7]={1,-1}、ans[8]={1,-1}；

弹出 1 位置，生成 ans[1]={-1,-1}。

全部过程请看如下代码中的 getNearLess 方法。

```java
public int[][] getNearLess(int[] arr) {
    int[][] res = new int[arr.length][2];
    Stack<List<Integer>> stack = new Stack<>();
    for (int i = 0; i < arr.length; i++) {
        while (!stack.isEmpty() && arr[stack.peek().get(0)] > arr[i]) {
            List<Integer> popIs = stack.pop();
            // 取位于下面位置的列表中，最晚加入的那个
            int leftLessIndex = stack.isEmpty() ? -1 : stack.peek().get(
                                    stack.peek().size() - 1);
            for (Integer popi : popIs) {
                res[popi][0] = leftLessIndex;
                res[popi][1] = i;
            }
        }
        if (!stack.isEmpty() && arr[stack.peek().get(0)] == arr[i]) {
            stack.peek().add(Integer.valueOf(i));
        } else {
            ArrayList<Integer> list = new ArrayList<>();
            list.add(i);
            stack.push(list);
        }
    }
    while (!stack.isEmpty()) {
        List<Integer> popIs = stack.pop();
        // 取位于下面位置的列表中，最晚加入的那个
        int leftLessIndex = stack.isEmpty() ? -1 : stack.peek().get(
                                stack.peek().size() - 1);
```

```
                for (Integer popi : popIs) {
                    res[popi][0] = leftLessIndex;
                    res[popi][1] = -1;
                }
            }
            return res;
        }
```

求最大子矩阵的大小

【题目】

给定一个整型矩阵 map，其中的值只有 0 和 1 两种，求其中全是 1 的所有矩形区域中，最大的矩形区域为 1 的数量。

例如：

1　1　1　0

其中，最大的矩形区域有 3 个 1，所以返回 3。

再如：

1　0　1　1
1　1　1　1
1　1　1　0

其中，最大的矩形区域有 6 个 1，所以返回 6。

【难度】

校　★★★☆

【解答】

如果矩阵的大小为 O(N×M)，可以做到时间复杂度为 O(N×M)。解法的具体过程如下。

1. 矩阵的行数为 N，以每一行做切割，统计以当前行作为底的情况下，每个位置往上的 1 的数量。使用高度数组 height 来表示。

例如：

```
    map = 1   0   1   1
          1   1   1   1
          1   1   1   0
```

以第 1 行做切割后，height={1,0,1,1}，height[j]表示在目前的底（第 1 行）的 j 位置往上（包括 j 位置），有多少个连续的 1。

以第 2 行做切割后，height={2,1,2,2}，height[j]表示在目前的底（第 2 行）的 j 位置往上（包括 j 位置），有多少个连续的 1。注意到从第一行到第二行，height 数组的更新是十分方便的，即 height[j] = map[i][j]==0 ? 0 : height[j]+1。

以第 3 行做切割后，height={3,2,3,0}，height[j]表示在目前的底（第 3 行）的 j 位置往上（包括 j 位置），有多少个连续的 1。

2. 对于每一次切割，都利用更新后的 height 数组来求出以当前行为底的情况下，最大的矩形是什么。那么这么多次切割中，最大的那个矩形就是我们要的答案。

整个过程就是如下代码中的 maxRecSize 方法。步骤 2 的实现是如下代码中的 maxRecFromBottom 方法。

下面重点介绍一下步骤 2 如何快速地实现，这也是这道题最重要的部分，如果 height 数组的长度为 M，那么求解步骤 2 的过程可以做到时间复杂度为 O(M)。

对于 height 数组，读者可以理解为一个直方图，比如{3,2,3,0}，其实就是如图 1-7 所示的直方图。

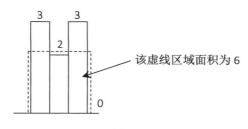

图 1-7

也就是说，步骤 2 的实质是在一个大的直方图求最大矩形的面积。如果我们能够求出以每一根柱子扩展出去的最大矩形，那么其中最大的矩形就是我们想找的。比如：

- 第 1 根高度为 3 的柱子向左无法扩展，它的右边是 2，比 3 小，所以向右也无法扩展，则以第 1 根柱子为高度的矩形面积就是 3*1==3；
- 第 2 根高度为 2 的柱子向左可以扩 1 个距离，因为它的左边是 3，比 2 大；右边的柱子也是 3，所以向右也可以扩 1 个距离，则以第 2 根柱子为高度的矩形面积就是 2*3==6；
- 第 3 根高度为 3 的柱子向左没法扩展，向右也没法扩展，则以第 3 根柱子为高度的矩形面积就是 3*1==3；
- 第 4 根高度为 0 的柱子向左没法扩展，向右也没法扩展，则以第 4 根柱子为高度的矩形面积就是 0*1==0；

所以，当前直方图中最大的矩形面积就是 6，也就是图 1-7 中虚线框住的部分。

考查每一根柱子最大能扩多大，这个行为的实质就是找到柱子左边离它最近且比它小的柱子位置在哪里，以及右边离它最近且比它小的柱子位置在哪里。这个过程怎么计算最快呢？利用单调栈，这个内容请读者先阅读本书的"单调栈结构"问题，并彻底理解该结构。

为了方便表述，我们以 height={3,4,5,4,3,6}为例说明如何根据 height 数组求其中的最大矩形。具体过程如下：

1．生成一个栈，记为 stack，从左到右遍历 height 数组，每遍历一个位置，都会把位置压进 stack 中。

2．遍历到 height 的 0 位置，height[0]=3，此时 stack 为空，直接将位置 0 压入栈中，此时 stack 从栈顶到栈底为{0}。

3．遍历到 height 的 1 位置，height[1]=4，此时 stack 的栈顶为位置 0，值为 height[0]=3，又有 height[1]>height[0]，那么将位置 1 直接压入 stack。这一步体现了遍历过程中的一个关键逻辑：只有当前 i 位置的值 height[i]大于当前栈顶位置所代表的值（height[stack.peek()]），则 i 位置才可以压入 stack。

所以可以知道，stack 中从栈顶到栈底的位置所代表的值是依次递减，并且无重复值，此时 stack 从栈顶到栈底为{1,0}。

4．遍历到 height 的 2 位置，height[2]=5，与步骤 3 的情况完全一样，所以直接将位置 2 压入 stack，此时 stack 从栈顶到栈底为{2,1,0}。

5．遍历到 height 的 3 位置，height[3]=4，此时 stack 的栈顶为位置 2，值为 height[2]=5，又有 height[3]<height[2]，此时又出现了一个遍历过程中的关键逻辑，即如果当前 i 位置的值 height[i]小于或等于当前栈顶位置所代表的值（height[stack.peek()]），则把栈中存的位置不断弹出，直到某一个栈顶所代表的值小于 height[i]，再把位置 i 压入，并在这期间做如下处理：

1）假设当前弹出的栈顶位置记为位置 j，弹出栈顶之后，新的栈顶记为 k。然后开始考虑位置 j 的柱子向右和向左最远能扩到哪里。

2）对位置 j 的柱子来说，向右最远能扩到哪里呢？

如果 height[j]>height[i]，那么 i-1 位置就是向右能扩到的最远位置。j 之所以被弹出，就是因为遇到了第一个比 j 位置值小的位置。

如果 height[j]==height[i]，那么 i-1 位置不一定是向右能扩到的最远位置，只是起码能扩到的位置。那怎么办呢？

可以肯定的是，在这种情况下，i 位置的柱子向左必然也可以扩到 j 位置。也就是说，j 位置的柱子扩出来的最大矩形和 i 位置的柱子扩出来的最大矩形是同一个。

所以，此时 j 位置的柱子能扩出来的最大矩形虽然无法被正确计算，但不要紧，因为 i 位置肯定要压入到栈中，那么 j 位置和 i 位置共享的最大矩形就等 i 位置弹出的时候再计算即可。

3）对位置 j 的柱子来说，向左最远能扩到哪里呢？

根据单调栈的性质，k 位置的值是 j 位置的值左边离 j 位置最近的比 j 位置的值小的位置，所以 j 位置的柱子向左最远可以扩到 k+1 位置。

4）综上所述，j 位置的柱子能扩出来的最大矩形为(i-k-1)*height[j]。

以例子来说明。

①　i==3，height[3]=4，此时 stack 的栈顶为位置 2，值为 height[2]=5，故 height[3]<= height[2]，所以位置 2 被弹出（j==2），当前栈顶变为 1（k==1）。位置 2 的柱子扩出来的最大矩形面积为 (3-1-1)*5==5。

②　i==3，height[3]=4，此时 stack 的栈顶为位置 1，值为 height[1]=4，故 height[3]<=height[1]，所以位置 1 被弹出（j==1），当前栈顶变为 1（k==0）。位置 1 的柱子扩出来的最大矩形面积为 (3-0-1)*4==8，这个值实际上是不对的（偏小），但在位置 3 被弹出的时候是能够重新正确计算得到的。

③　i==3，height[3]=4，此时 stack 的栈顶为位置 0，值为 height[0]=3，这时 height[3]<=height[2]，所以位置 0 不弹出。

④　将位置 3 压入 stack，stack 从栈顶到栈底为{3,0}。

6. 遍历到 height 的 4 位置，height[4]=3。与步骤 5 的情况类似，以下是弹出过程：

1）i==4，height[4]=3，此时 stack 的栈顶为位置 3，值为 height[3]=4，故 height[4]<=height[3]，所以位置 3 被弹出（j==3），当前栈顶变为 0（k==0）。位置 3 的柱子扩出来的最大矩形面积为 (4-0-1)*4==12。这个最大面积也是位置 1 的柱子扩出来的最大矩形面积，在位置 1 被弹出时，这个矩形其实没有找到，但在位置 3 这里找到了。

2）i==4，height[4]=3，此时 stack 的栈顶为位置 0，值为 height[0]=3，故 height[4]<=height[0]，所以位置 0 被弹出（j==0），当前没有了栈顶元素，此时可以认为 k==-1。位置 0 的柱子扩出来的最大矩形面积为(4-(-1)-1)*3==12，这个值实际上是不对的（偏小），但在位置 4 被弹出时是能够重新正确计算得到的。

3）栈已经为空，所以将位置 4 压入 stack，此时从栈顶到栈底为{4}。

7. 遍历到 height 的 5 位置，height[5]=6，情况和步骤 3 类似，直接压入位置 5，此时从栈顶到栈底为{5,4}。

8. 遍历结束后，stack 中仍有位置没有经历扩的过程，从栈顶到栈底为{5,4}。此时因为 height 数组再往右不能扩出去，所以认为 i==height.length==6 且越界之后的值极小，然后开始弹出留在栈中的位置：

1）i==6，height[6]极小，此时 stack 的栈顶为位置 5，值为 height[5]=6，故 height[6]<=height[5]，所以位置 5 被弹出（j==5），当前栈顶变为 4（k==4）。位置 5 的柱子扩出来的最大矩形面积为 (6-4-1)*6==6。

2）i==6，height[6]极小，此时 stack 的栈顶为位置 4，值为 height[4]=3，故 height[6]<=height[4]，所以位置 4 被弹出（j==4），栈空了，此时可以认为 k==-1。位置 4 的柱子扩出来的最大矩形面积为(6-(-1)-1)*3==18。这个最大面积也是位置 0 的柱子扩出来的最大矩形面积，在位置 0 被弹出的时候，这个矩形其实没有找到，但在位置 4 这里找到了。

3）栈已经空了，过程结束。

9．整个过程结束，所有找到的最大矩形面积中 18 是最大的，所以返回 18。

研究以上9个步骤时我们发现，任何一个位置都仅仅进出栈1次，所以时间复杂度为$O(M)$。既然每做一次切割处理的时间复杂度为$O(M)$，一共做N次，那么总的时间复杂度为$O(N×M)$。

全部过程参看如下代码中的 maxRecSize 方法。9 个步骤的详细过程参看代码中的 maxRecFromBottom 方法。

```java
public int maxRecSize(int[][] map) {
        if (map == null || map.length == 0 || map[0].length == 0) {
                return 0;
        }
        int maxArea = 0;
        int[] height = new int[map[0].length];
        for (int i = 0; i < map.length; i++) {
                for (int j = 0; j < map[0].length; j++) {
                        height[j] = map[i][j] == 0 ? 0 : height[j] + 1;
                }
                maxArea = Math.max(maxRecFromBottom(height), maxArea);
        }
        return maxArea;
}

public int maxRecFromBottom(int[] height) {
        if (height == null || height.length == 0) {
                return 0;
        }
        int maxArea = 0;
        Stack<Integer> stack = new Stack<Integer>();
        for (int i = 0; i < height.length; i++) {
                while (!stack.isEmpty() && height[i] <= height[stack.peek()]) {
                        int j = stack.pop();
                        int k = stack.isEmpty() ? -1 : stack.peek();
                        int curArea = (i - k - 1) * height[j];
                        maxArea = Math.max(maxArea, curArea);
                }
                stack.push(i);
        }
        while (!stack.isEmpty()) {
                int j = stack.pop();
                int k = stack.isEmpty() ? -1 : stack.peek();
                int curArea = (height.length - k - 1) * height[j];
                maxArea = Math.max(maxArea, curArea);
        }
        return maxArea;
}
```

最大值减去最小值小于或等于 num 的子数组数量

【题目】

给定数组 arr 和整数 num，共返回有多少个子数组满足如下情况：

max(arr[i..j]) - min(arr[i..j]) <= num

max(arr[i..j])表示子数组 arr[i..j]中的最大值，min(arr[i..j])表示子数组 arr[i..j]中的最小值。

【要求】

如果数组长度为 N，请实现时间复杂度为 $O(N)$ 的解法。

【难度】

校　★★★☆

【解答】

首先介绍普通的解法，找到 arr 的所有子数组，一共有 $O(N^2)$ 个，然后对每一个子数组做遍历找到其中的最小值和最大值，这个过程的时间复杂度为 $O(N)$，然后看看这个子数组是否满足条件。统计所有满足的子数组数量即可。普通解法容易实现，但是时间复杂度为 $O(N^3)$，本书不再详述。最优解可以做到时间复杂度为 $O(N)$，额外空间复杂度为 $O(N)$，在阅读下面的分析过程之前，请读者先阅读本章"生成窗口最大值数组"问题，本题所使用到的双端队列结构与解决"生成窗口最大值数组"问题中的双端队列结构含义基本一致。

生成两个双端队列 qmax 和 qmin。当子数组为 arr[i..j]时，qmax 维护了窗口子数组 arr[i..j]的最大值更新的结构，qmin 维护了窗口子数组 arr[i..j]的最小值更新的结构。当子数组 arr[i..j]向右扩一个位置变成 arr[i..j+1]时，qmax 和 qmin 结构更新代价的平均时间复杂度为 $O(1)$，并且可以在 $O(1)$ 的时间内得到 arr[i..j+1]的最大值和最小值。当子数组 arr[i..j]向左缩一个位置变成 arr[i+1..j]时，qmax 和 qmin 结构更新代价的平均时间复杂度为 $O(1)$，并且在 $O(1)$ 的时间内得到 arr[i+1..j]的最大值和最小值。

通过分析题目满足的条件，可以得到如下两个结论。

- 如果子数组 arr[i..j]满足条件，即 max(arr[i..j])-min(arr[i..j])<=num，那么 arr[i..j]中的每一个子数组，即 arr[k..l]（$i \leqslant k \leqslant l \leqslant j$）都满足条件。我们以子数组 arr[i..j-1]为例说明，arr[i..j-1]最大值只可能小于或等于 arr[i..j]的最大值，arr[i..j-1]最小值只可能大于或等于 arr[i..j]的最小值，所以 arr[i..j-1]必然满足条件。同理，arr[i..j]中的每一个子数组都满足条件。
- 如果子数组 arr[i..j]不满足条件，那么所有包含 arr[i..j]的子数组，即 arr[k..l]（$k \leqslant i \leqslant j \leqslant l$）都不满足条件。证明过程同第一个结论。

根据双端队列 qmax 和 qmin 的结构性质，以及如上两个结论，设计整个过程如下：

1．生成两个双端队列 qmax 和 qmin，含义如上文所说。生成两个整型变量 i 和 j，表示子数组的范围，即 arr[i..j]。生成整型变量 res，表示所有满足条件的子数组数量。

2．令 j 不断向右移动（j++），表示 arr[i..j] 一直向右扩大，并不断更新 qmax 和 qmin 结构，保证 qmax 和 qmin 始终维持动态窗口最大值和最小值的更新结构。一旦出现 arr[i..j] 不满足条件的情况，j 向右扩的过程停止，此时 arr[i..j-1]、arr[i..j-2]、arr[i..j-3]...arr[i..i] 一定都是满足条件的。也就是说，所有必须以 arr[i] 作为第一个元素的子数组，满足条件的数量为 j-i 个。于是令 res+=j-i。

3．当进行完步骤 2，令 i 向右移动一个位置，并对 qmax 和 qmin 做出相应的更新，qmax 和 qmin 从原来的 arr[i..j] 窗口变成 arr[i+1..j] 窗口的最大值和最小值的更新结构。然后重复步骤 2，也就是求所有必须以 arr[i+1] 作为第一个元素的子数组中，满足条件的数量有多少个。

4．根据步骤 2 和步骤 3，依次求出：必须以 arr[0] 开头的子数组，满足条件的数量有多少个；必须以 arr[1] 开头的子数组，满足条件的数量有多少个；必须以 arr[2] 开头的子数组，满足条件的数量有多少个，全部累加起来就是答案。

上述过程中，所有的下标值最多进 qmax 和 qmin 一次，出 qmax 和 qmin 一次。i 和 j 的值也不断增加，并且从来不减小。所以整个过程的时间复杂度为 $O(N)$。

最优解全部实现请参看如下代码中的 getNum 方法。

```java
public static int getNum(int[] arr, int num) {
    if (arr == null || arr.length == 0 || num < 0) {
        return 0;
    }
    LinkedList<Integer> qmin = new LinkedList<Integer>();
    LinkedList<Integer> qmax = new LinkedList<Integer>();
    int i = 0;
    int j = 0;
    int res = 0;
    while (i < arr.length) {
        while (j < arr.length) {
            if (qmin.isEmpty() || qmin.peekLast() != j) {
                while (!qmin.isEmpty() && arr[qmin.peekLast()] >= arr[j]) {
                    qmin.pollLast();
                }
                qmin.addLast(j);
                while (!qmax.isEmpty() && arr[qmax.peekLast()] <= arr[j]) {
                    qmax.pollLast();
                }
                qmax.addLast(j);
            }
            if (arr[qmax.getFirst()] - arr[qmin.getFirst()] > num) {
                break;
            }
            j++;
        }
        res += j - i;
```

```
            if (qmin.peekFirst() == i) {
                qmin.pollFirst();
            }
            if (qmax.peekFirst() == i) {
                qmax.pollFirst();
            }
            i++;
        }
        return res;
    }
```

可见的山峰对数量

【题目】

一个不含有负数的数组可以代表一圈环形山，每个位置的值代表山的高度。比如，
{3,1,2,4,5}、{4,5,3,1,2}或{1,2,4,5,3}都代表同样结构的环形山。3->1->2->4->5->3 方向叫作 next 方
向（逆时针），3->5->4->2->1->3 方向叫作 last 方向（顺时针），如图 1-8 所示。

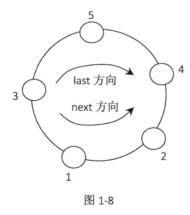

图 1-8

山峰 A 和山峰 B 能够相互看见的条件为：

1. 如果 A 和 B 是同一座山，认为不能相互看见。

2. 如果 A 和 B 是不同的山，并且在环中相邻，认为可以相互看见。比如图 1-8 中，相邻的
山峰对有(1,2)(2,4)(4,5)(3,5)(1,3)。

3. 如果 A 和 B 是不同的山，并且在环中不相邻，假设两座山高度的最小值为 min。如果 A
通过 next 方向到 B 的途中没有高度比 min 大的山峰，或者 A 通过 last 方向到 B 的途中没有高度
比 min 大的山峰，认为 A 和 B 可以相互看见。比如图 1-8 中，高度为 3 的山和高度为 4 的山，
两座山的高度最小值为 3。3 从 last 方向走向 4，中途会遇见 5，所以 last 方向走不通；3 从 next
方向走向 4，中途会遇见 1 和 2，但是都不大于两座山高度的最小值 3，所以 next 方向可以走通。

有一个能走通就认为可以相互看见。再如，高度为 2 的山和高度为 5 的山，两个方向上都走不通，所以不能相互看见。图 1-8 中所有在环中不相邻，并且能看见的山峰对有(2,3)(3,4)。

给定一个不含有负数且没有重复值的数组 arr，请返回有多少对山峰能够相互看见。

进阶问题：给定一个不含有负数但可能含有重复值的数组 arr，返回有多少对山峰能够相互看见。

【要求】

如果 arr 长度为 N，没有重复值的情况下时间复杂度达到 $O(1)$，可能有重复值的情况下时间复杂度请达到 $O(N)$。

【难度】

原问题　　士　★☆☆☆
进阶问题　将 ★★★★

【解答】

原问题：时间复杂度 $O(1)$ 的解。如果数组中所有的数字都不一样，可见山峰对的数量可以由简单公式得到。环形结构中只有 1 座山峰时，可见山峰对的数量为 0；环形结构中只有 2 座山峰时，可见山峰对的数量为 1。这都是显而易见的。环形结构中有 i 座山峰时（$i>2$），可见山峰对的数量为 $2 \times i-3$。下面给出证明。

我们只用高度小的山峰去找高度大的山峰，而永远不用高度大的山峰去找高度小的山峰。比如题目描述中的例子，从 2 出发按照"小找大"原则，会找到(2,3)和(2,4)，但是不去尝试 2 能不能看到 1，因为这是"大找小"，而不是"小找大"。(1,2)这一对可见山峰不会错过，因为从 1 出发按照"小找大"原则找的时候会找到这一对。从每一个位置出发，都按照"小找大"原则找到山峰对的数量，就是总的可见山峰对数量。

如果有 i 座山峰并且高度都不一样，必然在环中存在唯一的最大值和唯一的次大值（第二大的值），如图 1-9 所示。

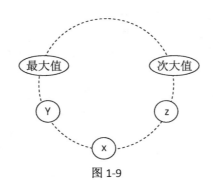

图 1-9

图 1-9 中，x 节点表示除最高值和次高值之外的任何一座山峰，因为 x 既不是最大值，也不是次大值，所以 x 在 last 方向上必存在第一个高度比它大的节点，假设这个节点是 y，y 有可能就是最大值节点，但是一定存在。x 在 next 方向上必存在第一个高度比它大的节点，假设这个节点是 z，z 有可能就是次大值节点，但是一定存在。因为 y 是 x 在 last 方向上第一个高度比它大的节点，所以 x 在 last 方向上没到达 y 之前遇到的所有山峰高度都小于 x，不符合"小找大"方式。同理，x 在 next 方向上没到达 z 之前遇到的所有山峰高度都小于 x，不符合"小找大"方式。同时根据可见山峰对的定义，y 从 last 方向到达 z 这一段的每一个节点 x 都看不见。所以从 x 出发能找到且只能找到 (x,y) 和 (x,z) 这 2 对。如果环中有 i 个节点，除了最大值和次大值之外，还剩 $i-2$ 个节点，这 $i-2$ 个节点都根据"小找大"的方式，每一个都能找到 2 对，所以一共有 $(i-2)×2$ 对，还有 1 对，就是次大值能够看见最大值这对。所以一共是 $2×i-3$ 对。

进阶问题：时间复杂度 $O(N)$ 的解。读者在阅读该解法之前，请先阅读并理解本书"单调栈结构"问题的解法。还是按照"小找大"的方式来求解可见山峰对个数，下面举例说明，假设环形山如图 1-10 所示。

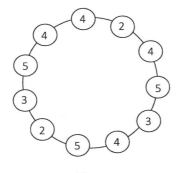

图 1-10

首先遍历一次环形山结构，找到最大值的位置，如果最大值不止一个，找哪一个最大值都行。比如图 1-10 中 5 是最大值且不止一个，找到哪个都行，我们选择最下方的 5。准备一个栈，记为 stack<Record>，stack 中放入的是如下数据结构：

```
public class Record {
        public int value;
        public int times;

        public Record(int value) {
                this.value = value;
                this.times = 1;
        }
}
```

接下来从最大值开始沿着 next 方向准备再遍历一遍环形山。stack 中先放入(5,1)，表示 5 这个高度，收集 1 个。以后放入记录时，都保证第一维的数字从顶到底是依次增大的。目前 stack 从顶到底为：(5,1)。

沿 next 方向来到 4，生成记录(4,1)，表示 4 这个数，收集 1 个。发现如果这个记录加入 stack，第一维的数字从顶到底是依次增大的，所以放入(4,1)。目前 stack 从顶到底依次为：(4,1)、(5,1)。

沿 next 方向来到 3，生成记录(3,1)，表示 3 这个数，收集 1 个。发现如果这个记录加入 stack，第一维的数字从顶到底是依次增大的，所以放入(3,1)。目前 stack 从顶到底依次为：(3,1)、(4,1)、(5,1)。

沿 next 方向来到 5，生成记录(5,1)。发现如果这个记录加入 stack，第一维的数字从顶到底就不是依次增大的。所以 stack 开始弹出记录，首先弹出(3,1)，当前来到的数字是 5，当前弹出的数字是 3，原来在栈中的时候当前弹出数字的下面是 4，说明当前弹出的 3 在 next 方向上遇到第一个大于它的数就是当前来到的数字 5，在 last 方向上遇到第一个大于它的数就是此时的栈顶 4。进一步说明从当前弹出的 3 出发，通过"小找大"的方式，可以找到 2 个可见山峰对，就是(3,4)和(3,5)。stack 继续弹出记录(4,1)，当前来到的数字是 5，当前弹出的数字是 4，原来在栈中的时候，当前弹出数字下面的数字是 5，说明从当前弹出的 4 出发，通过"小找大"的方式，又找到 2 个可见山峰对。stack 从顶到底只剩下(5,1)这个记录，当前生成的新记录是(5,1)，把两个记录合并。目前 stack 从顶到底为：(5,2)，发现的山峰对数量为：4。

沿 next 方向来到 4，生成记录(4,1)。发现如果这个记录加入 stack，第一维的数字从顶到底是依次增大的，所以放入(4,1)。目前 stack 从顶到底依次为：(4,1)、(5,2)，发现的山峰对数量：4。

沿 next 方向来到 2，生成记录(2,1)。发现如果这个记录加入 stack，第一维的数字从顶到底是依次增大的，所以放入(2,1)。目前 stack 从顶到底依次为：(2,1)、(4,1)、(5,2)，发现的山峰对数量：4。

沿 next 方向来到 4，生成记录(4,1)。发现如果这个记录加入 stack，第一维的数字从顶到底就不是依次增大的了。所以 stack 开始弹出记录，首先弹出(2,1)，与上面的解释同理，可以发现 2 个山峰对。此时 stack 顶部记录为(4,1)，把两个记录合并。目前 stack 从顶到底依次为：(4,2)、(5,2)，发现的山峰对数量：6。

沿 next 方向来到 4，生成记录(4,1)。此时 stack 顶部记录为(4,2)，把两个记录合并。目前 stack 从顶到底依次为：(4,3)、(5,2)，发现的山峰对数量：6。

沿 next 方向来到 5。生成记录(5,1)，发现如果这个记录加入 stack，第一维的数字从顶到底就不是依次增大的。所以 stack 弹出(4,3)，这条记录表示当前收集到的这 3 个 4 有可能相邻；或者即便是不相邻，中间夹的数字也一定小于 4（比如之前遇到的 2），并且所夹的数字一定已经用"小找大"的方式算过山峰对了（看看之前遇到的 2 在弹出的时候），如图 1-11 所示。

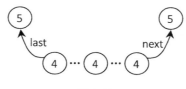

图 1-11

图 1-11 中虚线表示可能夹住某些数字，但都是比 4 小的，而且都是算过山峰对的数字，不需要去关心。那么这 3 个 4 一共产生多少对可见山峰呢？首先，每一个 4 都可以看到 last 方向上的 5 和 next 方向上的 5；其次，这 3 个 4 内部，每两个 4 都可以相互看见。所以产生 2×3+C(2,3)=9 对山峰。

总结一下。如果在遍历阶段，某个记录(X,K)从 stack 中弹出了，产生可见山峰对的数量为：

1）如果 K==1，产生 2 对。

2）如果 K>1，产生 2×K+C(2,K)对。

stack 在弹出(4,3)之后，当前顶部记录为(5,2)，当前生成的记录是(5,1)，合并在一起。目前 stack 从顶到底为：(5,3)，发现的山峰对数量：15。

沿 next 方向来到 3，生成记录(3,1)。发现如果这个记录加入 stack，第一维的数字从顶到底是依次增大的，所以放入(3,1)。目前 stack 从顶到底依次为：(3,1)、(5,3)，发现的山峰对数量：15。

沿 next 方向来到 2，生成记录(2,1)。发现如果这个记录加入 stack，第一维的数字从顶到底是依次增大的，所以放入(2,1)。目前 stack 从顶到底依次为：(2,1)、(3,1)、(5,3)，发现的山峰对数量：15。

遍历完毕，在遍历过程中发现了 15 对山峰。进行最后一个阶段：单独清算栈中记录的阶段。这个阶段又分成 3 个小阶段。

第 1 个小阶段：弹出的记录不是栈中最后一个记录，也不是倒数第二个记录。

第 2 个小阶段：弹出的记录是栈中倒数第二个记录。

第 3 个小阶段：弹出的记录是栈中最后一个记录。

比如上面的例子，在最后单独清算栈中记录的阶段，就是 3 个小阶段都有，弹出(2,1)时是第 1 个小阶段，弹出(3,1)时是第 2 个小阶段，弹出(5,3)时是第 3 个小阶段。图 1-12 是没有第 1 小阶段，但是有 2、3 小阶段的例子。

假设从最下方 5 开始，沿 next 方向遍历，遍历完成后，stack 从顶到底依次为：(4,2)、(5,1)，然后进入清算阶段会发现没有第 1 小阶段。

图 1-13 是没有第 1、2 小阶段，但是有第 3 小阶段的例子。

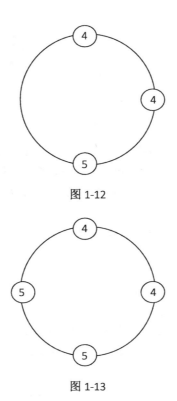

图 1-12

图 1-13

假设从最下方 5 开始，沿 next 方向遍历，遍历完成后，stack 从顶到底为：(5,2)，然后进入清算阶段会发现没有第 1、2 小阶段。

任何环形结构都不可能出现没第 3 小阶段的情况，因为我们总是从环形结构的最大值开始遍历的，它既然是整个环形结构的最大值，所以不会在遍历阶段的过程中被其他高度的山释放，一定会等到清算阶段时才会从栈中弹出。

在最后的清算阶段，假设从栈中弹出的记录为（X,K），那么产生山峰对的逻辑如下。

1）如果发现当前记录位于第 1 小阶段，产生山峰对为：如果 $K==1$，产生 2 对；如果 $K>1$，产生 $2 \times K+C(2,K)$ 对。这是因为（X,K）这个记录弹出之后，剩下的记录大于或等于 2 条，而整个图形是环，说明这 K 个 X 在 last 方向和 next 方向一定都能找到大于它们高度的山。

举个例子，比如清算阶段时，stack 从顶到底依次为：(2,1)、(3,1)、(5,3)。在(2,1)弹出的时候，栈中还剩(3,1)、(5,3)，说明这个 2 在 last 方向上能遇到 3，在 next 方向上会遇到 5（因为是环）。产生 2 对可见山峰。

再举个例子，比如清算阶段时，stack 从顶到底依次为：(1,7)、(2,6)、(3,10)、(5,7)。在(1,7)弹出的时候，栈中还剩(2,6)、(3,10)、(5,7)。说明这 7 个 1 在 last 方向上能遇到 2，在 next 方向上会遇到 5（因为是环）。每个 1 都能看见 last 方向上的 2 和 next 方向上的 5，所以对外一共产生 7×2 个可见山峰对。7 个 1 内部产生 C(2,7) 个可见山峰对。

2）如果发现当前记录位于第 2 小阶段，也就是当前记录为栈中倒数第二条记录。那么需要查看栈中的最后一条记录，假设最后一条记录为（Y,M）。如果 M==1，产生 1×K+C(2,K) 对；如果 M>1，产生 2×K+C(2,K) 对。

举个例子，比如清算阶段时，stack 从顶到底依次为：（4,7）、（5,1）。在（4,7）弹出的时候，栈中还剩(5,1)，说明这 7 个 4 在 last 方向上能遇到 5，在 next 方向上也会遇到 5，但是遇到的是同一个 5（因为是环）。每个 4 都能看见 last 方向上的 5 和 next 方向上的 5，但因为是同一个 5，所以对外一共产生 1×7 个可见山峰对，7 个 4 内部产生 C(2,7) 个可见山峰对。

再举个例子，比如清算阶段时，stack 从顶到底依次为：（4,7）、（5,3）。在(4,7)弹出的时候，栈中还剩(5,3)，说明这 7 个 4 在 last 方向上能遇到 5，在 next 方向上也会遇到 5，而且遇到的是不同的 5（因为最后一条记录收集到的 5 不止 1 个）。每个 4 都能看见 last 方向上的 5 和 next 方向上的 5，但因为是不同的 5，所以对外一共产生 2×7 个可见山峰对，7 个 4 内部产生 C(2,7) 个可见山峰对。

3）如果发现当前记录位于第 3 小阶段，也就是当前记录为栈中最后一条记录。这个 X 一定是环中的最大值。根据"小找大"的方式，对外不会产生山峰对，只是 K 个 X 内部产生山峰对。如果 K==1，产生 0 对；如果 K>1，产生 C(2,K) 对。

根据单调栈的性质，全部过程的时间复杂度为 O(N)，请看如下的 getVisibleNum 方法。

```java
public int getVisibleNum(int[] arr) {
    if (arr == null || arr.length < 2) {
        return 0;
    }
    int size = arr.length;
    int maxIndex = 0;
    // 先在环中找到其中一个最大值的位置，哪一个都行
    for (int i = 0; i < size; i++) {
        maxIndex = arr[maxIndex] < arr[i] ? i : maxIndex;
    }
    Stack<Record> stack = new Stack<Record>();
    // 先把(最大值,1)这个记录放入 stack 中
    stack.push(new Record(arr[maxIndex]));
    // 从最大值位置的下一个位置开始沿 next 方向遍历
    int index = nextIndex(maxIndex, size);
    // 用"小找大"的方式统计所有可见山峰对
    int res = 0;
    // 遍历阶段开始，当 index 再次回到 maxIndex 的时候，说明转了一圈，遍历阶段就结束
    while (index != maxIndex) {
        // 当前数字 arr[index]要进栈，判断会不会破坏第一维的数字从顶到底依次变大
        // 如果破坏了，就依次弹出栈顶记录，并计算山峰对数量
        while (stack.peek().value < arr[index]) {
```

```
                        int k = stack.pop().times;
                        // 弹出记录为(X,K)，如果 K==1，产生 2 对
                        // 如果 K>1，产生 2*K + C(2,K)对
                        res += getInternalSum(k) + 2 * k;
                }
                // 当前数字 arr[index]要进入栈了，如果和当前栈顶数字一样就合并
                // 不一样就把记录(arr[index],1)放入栈中
                if (stack.peek().value == arr[index]) {
                        stack.peek().times++;
                } else {
                        stack.push(new Record(arr[index]));
                }
                index = nextIndex(index, size);
        }
        // 清算阶段开始
        // 清算阶段的第 1 小阶段
        while (stack.size() > 2) {
                int times = stack.pop().times;
                res += getInternalSum(times) + 2 * times;
        }
        // 清算阶段的第 2 小阶段
        if (stack.size() == 2) {
                int times = stack.pop().times;
                res += getInternalSum(times)
                                + (stack.peek().times == 1 ? times : 2 * times);
        }
        // 清算阶段的第 3 小阶段
        res += getInternalSum(stack.pop().times);
        return res;
}

// 如果 k==1，返回 0；如果 k>1，返回 C(2,k)
public int getInternalSum(int k) {
        return k == 1 ? 0 : (k * (k - 1) / 2);
}

// 环形数组中当前位置为 i，数组长度为 size，返回 i 的下一个位置
public int nextIndex(int i, int size) {
        return i < (size - 1) ? (i + 1) : 0;
}
```

第2章

链表问题

打印两个有序链表的公共部分

【题目】

给定两个有序链表的头指针 head1 和 head2，打印两个链表的公共部分。

【难度】

士 ★☆☆☆

【解答】

本题难度很低，因为是有序链表，所以从两个链表的头开始进行如下判断：

- 如果 head1 的值小于 head2，则 head1 往下移动。
- 如果 head2 的值小于 head1，则 head2 往下移动。
- 如果 head1 的值与 head2 的值相等，则打印这个值，然后 head1 与 head2 都往下移动。
- head1 或 head2 有任何一个移动到 null，则整个过程停止。

具体过程参看如下代码中的 printCommonPart 方法。

```
public class Node {
        public int value;
        public Node next;
        public Node(int data) {
                this.value = data;
        }
}

public void printCommonPart(Node head1, Node head2) {
        System.out.print("Common Part: ");
```

```
while (head1 != null && head2 != null) {
    if (head1.value < head2.value) {
        head1 = head1.next;
    } else if (head1.value > head2.value) {
        head2 = head2.next;
    } else {
        System.out.print(head1.value + " ");
        head1 = head1.next;
        head2 = head2.next;
    }
}
System.out.println();
}
```

在单链表和双链表中删除倒数第 *K* 个节点

【题目】

分别实现两个函数，一个可以删除单链表中倒数第 *K* 个节点，另一个可以删除双链表中倒数第 *K* 个节点。

【要求】

如果链表长度为 *N*，时间复杂度达到 $O(N)$，额外空间复杂度达到 $O(1)$。

【难度】

士 ★☆☆☆

【解答】

本题较为简单，实现方式也是多种多样的，本书提供一种方法供读者参考。

先来看看单链表如何调整。如果链表为空或者 *K* 值小于 1，这种情况下，参数是无效的，直接返回即可。除此之外，让链表从头开始走到尾，每移动一步，就让 *K* 的值减 1。

链表：1->2->3，*K* = 4，链表根本不存在倒数第 4 个节点。

走到的节点：1 -> 2 -> 3

K 变化为：3 2 1

链表：1->2->3，*K* = 3，链表倒数第 3 个节点是 1 节点。

走到的节点：1 -> 2 -> 3

K 变化为：2 1 0

链表：1->2->3，*K* = 2，链表倒数第 2 个节点是 2 节点。

走到的节点：1 -> 2 -> 3

K 变化为：1　0　-1

由以上三种情况可知，让链表从头开始走到尾，每移动一步，就让 *K* 值减 1，当链表走到结尾时，如果 *K* 值大于 0，说明不用调整链表，因为链表根本没有倒数第 *K* 个节点，此时将原链表直接返回即可；如果 *K* 值等于 0，说明链表倒数第 *K* 个节点就是头节点，此时直接返回 head.next，也就是原链表的第二个节点，让第二个节点作为链表的头返回即可，相当于删除头节点；接下来，说明一下如果 *K* 值小于 0，该如何处理。

先明确一点，如果要删除链表的头节点之后的某个节点，实际上需要找到要删除节点的前一个节点，比如：1->2->3，如果想删除节点 2，则需要找到节点 1，然后把节点 1 连到节点 3 上（1->3），以此来达到删除节点 2 的目的。

如果 *K* 值小于 0，如何找到要删除节点的前一个节点呢？方法如下：

1. 重新从头节点开始走，每移动一步，就让 *K* 的值加 1。

2. 当 *K* 等于 0 时，移动停止，移动到的节点就是要删除节点的前一个节点。

这样做是非常好理解的，因为如果链表长度为 *N*，要删除倒数第 *K* 个节点，很明显，倒数第 *K* 个节点的前一个节点就是第 *N-K* 个节点。在第一次遍历后，*K* 的值变为 *K-N*。第二次遍历时，*K* 的值不断加 1，加到 0 就停止遍历，第二次遍历当然会停到第 *N-K* 个节点的位置。

具体过程请参看如下代码中的 removeLastKthNode 方法。

```java
public class Node {
        public int value;
        public Node next;

        public Node(int data) {
                this.value = data;
        }
}

public Node removeLastKthNode(Node head, int lastKth) {
        if (head == null || lastKth < 1) {
                return head;
        }
        Node cur = head;
        while (cur != null) {
                lastKth--;
                cur = cur.next;
        }
        if (lastKth == 0) {
                head = head.next;
        }
        if (lastKth < 0) {
                cur = head;
                while (++lastKth != 0) {
                        cur = cur.next;
```

```
                }
                cur.next = cur.next.next;
        }
        return head;
    }
```

对于双链表的调整，几乎与单链表的处理方式一样，注意 last 指针的重连即可。具体过程请参看如下代码中的 removeLastKthNode 方法。

```
public class DoubleNode {
        public int value;
        public DoubleNode last;
        public DoubleNode next;

        public DoubleNode(int data) {
                this.value = data;
        }
}


public DoubleNode removeLastKthNode(DoubleNode head, int lastKth) {
        if (head == null || lastKth < 1) {
                return head;
        }
        DoubleNode cur = head;
        while (cur != null) {
                lastKth--;
                cur = cur.next;
        }
        if (lastKth == 0) {
                head = head.next;
                head.last = null;
        }
        if (lastKth < 0) {
                cur = head;
                while (++lastKth != 0) {
                        cur = cur.next;
                }
                DoubleNode newNext = cur.next.next;
                cur.next = newNext;
                if (newNext != null) {
                        newNext.last = cur;
                }
        }
        return head;
    }
```

删除链表的中间节点和 a/b 处的节点

【题目】

给定链表的头节点 head，实现删除链表的中间节点的函数。

例如：

不删除任何节点；

1->2，删除节点 1；

1->2->3，删除节点 2；

1->2->3->4，删除节点 2；

1->2->3->4->5，删除节点 3；

进阶：

给定链表的头节点 head、整数 a 和 b，实现删除位于 a/b 处节点的函数。

例如：

链表：1->2->3->4->5，假设 a/b 的值为 r。

如果 r 等于 0，不删除任何节点；

如果 r 在区间(0, 1/5]上，删除节点 1；

如果 r 在区间(1/5, 2/5]上，删除节点 2；

如果 r 在区间(2/5, 3/5]上，删除节点 3；

如果 r 在区间(3/5, 4/5]上，删除节点 4；

如果 r 在区间(4/5, 1]上，删除节点 5；

如果 r 大于 1，不删除任何节点。

【难度】

士　★☆☆☆

【解答】

先来分析原问题，如果链表为空或者长度为 1，不需要调整，则直接返回；如果链表的长度为 2，将头节点删除即可；当链表长度到达 3，应该删除第 2 个节点；当链表长度为 4，应该删除第 2 个节点；当链表长度为 5，应该删除第 3 个节点……也就是链表长度每增加 2（3,5,7…），要删除的节点就后移一个节点。删除节点的问题在之前的题目中我们已经讨论过，如果要删除一个节点，则需要找到待删除节点的前一个节点。

具体过程请参看如下代码中的 removeMidNode 方法。

```
public class Node {
        public int value;
        public Node next;
```

```
        public Node(int data) {
                this.value = data;
        }
}

public Node removeMidNode(Node head) {
        if (head == null || head.next == null) {
                return head;
        }
        if (head.next.next == null) {
                return head.next;
        }
        Node pre = head;
        Node cur = head.next.next;
        while (cur.next != null && cur.next.next != null) {
                pre = pre.next;
                cur = cur.next.next;
        }
        pre.next = pre.next.next;
        return head;
}
```

接下来讨论进阶问题，首先需要解决的问题是，如何根据链表的长度 n，以及 a 与 b 的值决定该删除的节点是哪一个节点呢？根据如下方法：先计算 double r = ((double) (a * n)) / ((double) b)的值，然后 r 向上取整之后的整数值代表该删除的节点是第几个节点。

下面举几个例子来验证一下。

如果链表长度为 7，a=5，b=7。

r = (7*5)/7 = 5.0，向上取整后为 5，所以应该删除第 5 个节点。

如果链表长度为 7，a=5，b=6。

r = (7*5)/6 = 5.8333…，向上取整后为 6，所以应该删除第 6 个节点。

如果链表长度为 7，a=1，b=6。

r = (7*1)/6 = 1.1666…，向上取整后为 2，所以应该删除第 2 个节点。

知道该删除第几个节点之后，接下来找到需要删除节点的前一个节点即可。具体过程请参看如下代码中的 removeByRatio 方法。

```
public Node removeByRatio(Node head, int a, int b) {
        if (a < 1 || a > b) {
                return head;
        }
        int n = 0;
        Node cur = head;
        while (cur != null) {
                n++;
                cur = cur.next;
        }
```

```
        n = (int) Math.ceil(((double) (a * n)) / (double) b);
        if (n == 1) {
                head = head.next;
        }
        if (n > 1) {
                cur = head;
                while (--n != 1) {
                        cur = cur.next;
                }
                cur.next = cur.next.next;
        }
        return head;
}
```

反转单向和双向链表

【题目】

分别实现反转单向链表和反转双向链表的函数。

【要求】

如果链表长度为 N，时间复杂度要求为 $O(N)$，额外空间复杂度要求为 $O(1)$。

【难度】

士　★☆☆☆

【解答】

本题比较简单，读者做到代码一次完成，运行不出错即可。

反转单向链表的函数如下（该函数返回反转之后链表新的头节点）：

```
public class Node {
        public int value;
        public Node next;
        public Node(int data) {
                this.value = data;
        }
}

public Node reverseList(Node head) {
        Node pre = null;
        Node next = null;
        while (head != null) {
                next = head.next;
                head.next = pre;
                pre = head;
                head = next;
```

```
        }
        return pre;
    }
```

反转双向链表的函数如下（函数返回反转之后链表新的头节点）：

```
public DoubleNode {
        public int value;
        public DoubleNode last;
        public DoubleNode next;
        public DoubleNode(int data) {
                this.value = data;
        }
}

public DoubleNode reverseList(DoubleNode head) {
        DoubleNode pre = null;
        DoubleNode next = null;
        while (head != null) {
                next = head.next;
                head.next = pre;
                head.last = next;
                pre = head;
                head = next;
        }
        return pre;
}
```

反转部分单向链表

【题目】

给定一个单向链表的头节点 head，以及两个整数 from 和 to，在单向链表上把第 from 个节点到第 to 个节点这一部分进行反转。

例如：

1->2->3->4->5->null，from=2，to=4

调整结果为：1->4->3->2->5->null

再如：

1->2->3->null，from=1，to=3

调整结果为：3->2->1->null

【要求】

1. 如果链表长度为 N，时间复杂度要求为 $O(N)$，额外空间复杂度要求为 $O(1)$。

2．如果不满足 1<=from<=to<=N，则不用调整。

【难度】

士　★☆☆☆

【解答】

本题有可能存在换头的问题，比如题目的第二个例子，所以函数应该返回调整后的新头节点，整个处理过程如下：

1．先判断是否满足 1≤from≤to≤N，如果不满足，则直接返回原来的头节点。

2．找到第 from-1 个节点 fPre 和第 to+1 个节点 tPos。fPre 就是要反转部分的前一个节点，tPos 是反转部分的后一个节点。把反转的部分先反转，然后正确地连接 fPre 和 tPos。

例如：1->2->3->4->null，假设 fPre 为节点 1，tPos 为节点 4，要反转部分为 2->3。先反转成 3->2，然后 fPre 连向节点 3，节点 2 连向 tPos，就变成了 1->3->2->4->null。

3．如果 fPre 为 null，说明反转部分是包含头节点的，则返回新的头节点，也就是没反转之前反转部分的最后一个节点，也是反转之后反转部分的第一个节点；如果 fPre 不为 null，则返回旧的头节点。

全部过程请参看如下代码中的 reversePart 方法。

```
public Node reversePart(Node head, int from, int to) {
        int len = 0;
        Node node1 = head;
        Node fPre = null;
        Node tPos = null;
        while (node1 != null) {
                len++;
                fPre = len == from - 1 ? node1 : fPre;
                tPos = len == to + 1 ? node1 : tPos;
                node1 = node1.next;
        }
        if (from > to || from < 1 || to > len) {
                return head;
        }
        node1 = fPre == null ? head : fPre.next;
        Node node2 = node1.next;
        node1.next = tPos;
        Node next = null;
        while (node2 != tPos) {
                next = node2.next;
                node2.next = node1;
                node1 = node2;
                node2 = next;
        }
        if (fPre != null) {
                fPre.next = node1;
                return head;
```

```
        }
        return node1;
}
```

环形单链表的约瑟夫问题

【题目】

据说著名犹太历史学家 Josephus 有过以下故事：在罗马人占领乔塔帕特后，39 个犹太人与 Josephus 及他的朋友躲到一个洞中，39 个犹太人决定宁愿死也不要被敌人抓到，于是决定了一种自杀方式，41 个人排成一个圆圈，由第 1 个人开始报数，报数到 3 的人就自杀，然后再由下一个人重新报 1，报数到 3 的人再自杀，这样依次下去，直到剩下最后一个人时，那个人可以自由选择自己的命运。这就是著名的约瑟夫问题。现在请用单向环形链表描述该结构并呈现整个自杀过程。

输入：一个环形单向链表的头节点 head 和报数的值 m。

返回：最后生存下来的节点，且这个节点自己组成环形单向链表，其他节点都删掉。

进阶问题：如果链表节点数为 N，想在时间复杂度为 O(N)时完成原问题的要求，该怎么实现？

【难度】

原问题　士　★☆☆☆

进阶问题　校　★★★☆

【解答】

先来看看普通解法是如何实现的，其实非常简单，方法如下：

1．如果链表为空或者链表节点数为 1，或者 m 的值小于 1，则不用调整就直接返回。

2．在环形链表中遍历每个节点，不断转圈，不断让每个节点报数。

3．当报数到达 m 时，就删除当前报数的节点。

4．删除节点后，别忘了还要把剩下的节点继续连成环状，继续转圈报数，继续删除。

5．不停地删除，直到环形链表中只剩一个节点，过程结束。

普通的解法就像题目描述的过程一样，具体实现请参看如下代码中的 josephusKill1 方法。

```
public class Node {
        public int value;
        public Node next;

        public Node(int data) {
                this.value = data;
```

```
        }
    }

    public Node josephusKill1(Node head, int m) {
        if (head == null || head.next == head || m < 1) {
            return head;
        }
        Node last = head;
        while (last.next != head) {
            last = last.next;
        }
        int count = 0;
        while (head != last) {
            if (++count == m) {
                last.next = head.next;
                count = 0;
            } else {
                last = last.next;
            }
            head = last.next;
        }
        return head;
    }
```

普通的解法在实现上不难，就是考查面试者基本的代码实现技巧，做到不出错即可。很明显的是，每删除一个节点，都需要遍历 m 次，一共需要删除的节点数为 n-1，所以普通解法的时间复杂度为 O(n×m)，这明显是不符合进阶要求的。

下面介绍进阶的解法。原问题之所以花费的时间多，是因为我们一开始不知道到底哪一个节点最后会活下来。所以依靠不断地删除来淘汰节点，当只剩下一个节点的时候，才知道是这个节点。如果不通过一直删除方式，有没有办法直接确定最后活下来的节点是哪一个呢？这就是进阶解法的实质。

举个例子，环形链表为：1->2->3->4->5->1，这个链表节点数为 n=5，m=3。

通过不断删除的方式，最后节点 4 会活下来。但我们可以不用一直删除的方式，而是用进阶的方法，根据 n 与 m 的值，直接算出是第 4 个节点最终会活下来，接下来找到节点 4 即可。

到底怎么直接算出来呢？首先，如果环形链表节点数为 n，我们做如下定义：从这个环形链表的头节点开始编号，头节点编号为 1，头节点的下一个节点编号为 2，……，最后一个节点编号为 n。然后考虑如下问题：

最后只剩下一个节点，这个幸存节点在只由自己组成的环中编号为 1，记为 Num(1) = 1；

在由两个节点组成的环中，这个幸存节点的编号是多少呢？假设编号是 Num(2)；

……

在由 i-1 个节点组成的环中，这个幸存节点的编号是多少呢？假设编号是 Num(i-1)；

在由 i 个节点组成的环中，这个幸存节点的编号是多少呢？假设编号是 Num(i)；

……

在由 n 个节点组成的环中，这个幸存节点的编号是多少呢？假设编号是 Num(n)。

我们已经知道 Num(1) = 1，如果再确定 Num(i-1) 和 Num(i) 到底是什么关系，就可以逐渐求出 Num(n) 了。下面是求解的过程。

首先来认识一个非常简单的函数 $f(x)=x\%i$ 的图像，如图 2-1 所示。

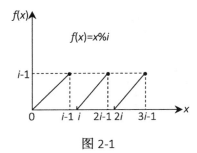

图 2-1

报数和编号之间的关系

假设现在圈中一共有 i 个节点，从头节点开始报数，报 1 的是编号 1 的节点，报 2 的是编号 2 的节点，那么报数和编号的关系如下。

报数	编号
1	1
...	...
i	i
$i+1$	1
...	...
$2i$	i
$2i+1$	1
...	...

举个例子，环形链表有 3 个节点，报 1 的是编号 1，报 2 的是编号 2，报 3 的是编号 3，报 4 的是编号 1，报 5 的是编号 2，报 6 的是编号 3，报 7 的是编号 1······

报数和编号的关系图如图 2-2 所示。

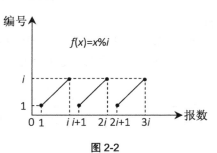

图 2-2

可以发现报数和编号的关系图，就是 $f(x)=x\%i$ 函数图像先向右平移一个单位，再向上平移一个单位得到的，根据左加右减、上加下减的原理可以得到：编号=（报数-1）%i+1

下面来解决杀死节点之前的老编号和杀死节点后的新编号的关系。

如果编号为 s 的节点被删除，环的节点数自然从 i 变成了 $i-1$。那么原来在大小为 i 的环中，每个节点的编号会发生什么变化呢？变化如下：

环大小为 i 的每个节点编号	删掉编号 s 的节点后，环大小为 $i-1$ 的每个节点编号
……	……
$s-2$	$i-2$
$s-1$	$i-1$
s	—（无编号是因为被删掉了）
$s+1$	1
$s+2$	2
……	……

新的环只有 $i-1$ 个节点，因为有一个节点已经删掉。编号为 s 的节点往后，编号为 $s+1$、$s+2$、$s+3$ 的节点就变成了新环中的编号为 1、2、3 的节点；编号为 s 的节点的前一个节点也就是编号 $s-1$ 的节点，就成了新环中的最后一个节点，也就是编号为 $i-1$ 的节点。

这样的分析还不足以看出是什么关系，我们来举个例子。如果杀死之前有 9 个节点，杀死之后有 8 个节点，被杀死的是编号 4，新老编号对应关系如下：

老编号 ：1 2 3 4 5 6 7 8 9
新编号 ：6 7 8 无 1 2 3 4 5

画出对应关系图如图 2-3 所示。

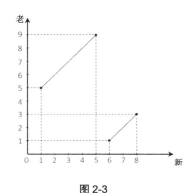

图 2-3

假设被杀节点的编号为 s，图 2-3 就是图 2-4 中的一段而已。

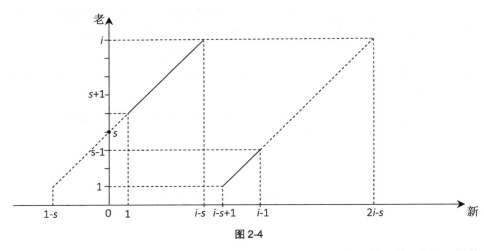

图 2-4

图 2-4 中实线的部分就是新老编号的对应关系。我们看一下之前求出的函数，编号=（报数-1)%i+1 的图像，该图像往左平移 s 个单位，就是新老编号的对应关系的图像。所以新老编号的对应关系函数为：老编号=（新编号+s-1)%i+1。

s 的含义是被杀的节点编号，但是被杀节点的编号如何确定呢？因为在长度为 i 的环中，被杀死的总是报数到 m 的节点，又有：编号=（报数-1)%i+1，所以 s=(m-1)%i+1。再将 s 的值带入，老编号=（新编号+(m-1)%i)%i+1。

我们可以假设 m-1=k*i+b（K≥0），就是说把 m-1 认为是 k 个 i 再加一个余数 b。那么，(新编号+(m-1)%i)%i+1 = (新编号+b)%i+1。

再看这个式子：（新编号+m-1)%i+1。如果把 m-1=k×i+b 带入，（新编号+m-1)%i+1=（新编号+b)%i+1。所以原来的等式可以进一步化简为，老编号=（新编号+m-1)%i+1。

至此，已经求出了杀死一个节点前后编号的变化函数，所以整个解法的过程总结为：

1．遍历链表，求链表的节点个数记为 n，时间复杂度为 O(N)。

2．根据 n 和 m 的值，还有上文分析的 Num(i-1)（新编号）和 Num(i)（老编号）的关系，依次求生存节点的编号。这一步的具体过程请参看如下代码中的 getLive 方法，getLive 方法为单决策的递归函数，且递归为 N 层，所以时间复杂度为 O(N)。

3．最后根据生存节点的编号，遍历链表找到该节点，时间复杂度为 O(N)。

4．整个过程结束，总的时间复杂度为 O(N)。

进阶解法的全部过程请参看如下代码中的 josephusKill2 方法。

```
public Node josephusKill2(Node head, int m) {
    if (head == null || head.next == head || m < 1) {
        return head;
    }
```

```
            Node cur = head.next;
            int tmp = 1; // tmp -> list size
            while (cur != head) {
                    tmp++;
                    cur = cur.next;
            }
            tmp = getLive(tmp, m); // tmp -> service node position
            while (--tmp != 0) {
                    head = head.next;
            }
            head.next = head;
            return head;
    }

    public int getLive(int i, int m) {
            if (i == 1) {
                    return 1;
            }
            return (getLive(i - 1, m) + m - 1) % i + 1;
    }
```

判断一个链表是否为回文结构

【题目】

给定一个链表的头节点 head，请判断该链表是否为回文结构。

例如：

1->2->1，返回 true。

1->2->2->1，返回 true。

15->6->15，返回 true。

1->2->3，返回 false。

进阶：

如果链表长度为 N，时间复杂度达到 $O(N)$，额外空间复杂度达到 $O(1)$。

【难度】

普通解法　士　★☆☆☆

进阶解法　尉　★★☆☆

【解答】

方法一：

方法一是最容易实现的方法，利用栈结构即可。从左到右遍历链表，遍历的过程中把每个节点依次压入栈中。因为栈是先进后出的，所以在遍历完成后，从栈顶到栈底的节点值出现顺序会与原链表从左到右的值出现顺序反过来。那么，如果一个链表是回文结构，逆序之后，值出现的次序还是一样的，如果不是回文结构，顺序就肯定对不上。

例如：

链表 1->2->3->4，从左到右依次压栈之后，从栈顶到栈底的节点值顺序为 4，3，2，1。两者顺序对不上，所以这个链表不是回文结构。

链表 1->2->2->1，从左到右依次压栈之后，从栈顶到栈底的节点值顺序为 1，2，2，1。两者顺序一样，所以这个链表是回文结构。

方法一需要一个额外的栈结构，并且需要把所有的节点都压入栈中，所以这个额外的栈结构需要 $O(N)$ 的空间。具体过程请参看如下代码中的 isPalindrome1 方法。

```java
public class Node {
        public int value;
        public Node next;

        public Node(int data) {
                this.value = data;
        }
}

public boolean isPalindrome1(Node head) {
        Stack<Node> stack = new Stack<Node>();
        Node cur = head;
        while (cur != null) {
                stack.push(cur);
                cur = cur.next;
        }
        while (head != null) {
                if (head.value != stack.pop().value) {
                        return false;
                }
                head = head.next;
        }
        return true;
}
```

方法二：

方法二对方法一进行了优化，虽然也是利用栈结构，但其实并不需要将所有的节点都压入栈中，只用压入一半的节点即可。首先假设链表的长度为 N，如果 N 是偶数，前 N/2 的节点叫作左半区，后 N/2 的节点叫作右半区。如果 N 是奇数，忽略处于最中间的节点，还是前 N/2 的节点叫作左半区，后 N/2 的节点叫作右半区。

例如：

链表 1->2->2->1，左半区为：1，2；右半区为：2，1。

链表 1->2->3->2->1，左半区为：1，2；右半区为：2，1。

方法二就是把整个链表的右半部分压入栈中，压入完成后，再检查栈顶到栈底值出现的顺序是否和链表左半部分的值相对应。

例如：

链表 1->2->2->1，链表的右半部分压入栈中后，从栈顶到栈底为 1，2。链表的左半部分也是 1，2。所以这个链表是回文结构。

链表 1->2->3->2->1，链表的右半部分压入栈中后，从栈顶到栈底为 1，2。链表的左半部分也是 1，2。所以这个链表是回文结构。

链表 1->2->3->3->1，链表的右半部分压入栈中后，从栈顶到栈底为 1，3。链表的左半部分也是 1，2。所以这个链表不是回文结构。

方法二可以直观地理解为将链表的右半部分"折过去"，然后让它和左半部分比较，如图 2-5 所示。

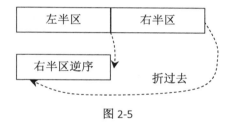

图 2-5

方法二的具体过程请参看如下代码中的 isPalindrome2 方法。

```java
public boolean isPalindrome2(Node head) {
    if (head == null || head.next == null) {
        return true;
    }
    Node right = head.next;
    Node cur = head;
    while (cur.next != null && cur.next.next != null) {
        right = right.next;
        cur = cur.next.next;
    }
    Stack<Node> stack = new Stack<Node>();
    while (right != null) {
        stack.push(right);
        right = right.next;
    }
    while (!stack.isEmpty()) {
        if (head.value != stack.pop().value) {
            return false;
```

```
            }
            head = head.next;
        }
        return true;
    }
```

方法三：

方法三不需要栈和其他数据结构，只用有限几个变量，其额外空间复杂度为 $O(1)$，就可以在时间复杂度为 $O(N)$ 内完成所有的过程，也就是满足进阶的要求。具体过程如下：

1. 改变链表右半区的结构，使整个右半区反转，最后指向中间节点。

例如：

链表 1->2->3->2->1，通过这一步将其调整之后的结构如图 2-6 所示。

链表 1->2->3->3->2->1，将其调整之后的结构如图 2-7 所示。

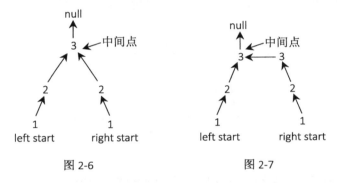

图 2-6   图 2-7

我们将左半区的第一个节点（也就是原链表的头节点）记为 leftStart，右半区反转之后最右边的节点（也就是原链表的最后一个节点）记为 rightStart。

2. leftStart 和 rightStart 同时向中间点移动，移动每一步时都比较 leftStart 和 rightStart 节点的值，看是否一样。如果都一样，说明链表为回文结构，否则不是回文结构。

3. 不管最后返回的是 true 还是 false，在返回前都应该把链表恢复成原来的样子。

4. 链表恢复成原来的结构之后，返回检查结果。

粗看起来，虽然方法三的整个过程也没有多少难度，但要想用有限几个变量完成以上所有的操作，在实现上还是比较考查代码实现能力的。方法三的全部过程请参看如下代码中的 isPalindrome3 方法，该方法只申请了三个 Node 类型的变量。

```java
public boolean isPalindrome3(Node head) {
    if (head == null || head.next == null) {
        return true;
    }
    Node n1 = head;
```

```
        Node n2 = head;
        while (n2.next != null && n2.next.next != null) { // 查找中间节点
                n1 = n1.next; // n1 -> 中部
                n2 = n2.next.next; // n2 -> 结尾
        }
        n2 = n1.next; // n2 -> 右部分第一个节点
        n1.next = null; // mid.next -> null
        Node n3 = null;
        while (n2 != null) { // 右半区反转
                n3 = n2.next; // n3 -> 保存下一个节点
                n2.next = n1; // 下一个反转节点
                n1 = n2; // n1 移动
                n2 = n3; // n2 移动
        }
        n3 = n1; // n3 -> 保存最后一个节点
        n2 = head;// n2 -> 左边第一个节点
        boolean res = true;
        while (n1 != null && n2 != null) { // 检查回文
                if (n1.value != n2.value) {
                        res = false;
                        break;
                }
                n1 = n1.next; // 从左到中部
                n2 = n2.next; // 从右到中部
        }
        n1 = n3.next;
        n3.next = null;
        while (n1 != null) { // 恢复列表
                n2 = n1.next;
                n1.next = n3;
                n3 = n1;
                n1 = n2;
        }
        return res;
    }
```

将单向链表按某值划分成左边小、中间相等、右边大的形式

【题目】

给定一个单向链表的头节点 head，节点的值类型是整型，再给定一个整数 pivot。实现一个调整链表的函数，将链表调整为左部分都是值小于 pivot 的节点，中间部分都是值等于 pivot 的节点，右部分都是值大于 pivot 的节点。除这个要求外，对调整后的节点顺序没有更多的要求。

例如：链表 9->0->4->5->1，pivot=3。

调整后链表可以是 1->0->4->9->5，也可以是 0->1->9->5->4。总之，满足左部分都是小于 3

的节点，中间部分都是等于 3 的节点（本例中这个部分为空），右部分都是大于 3 的节点即可。对某部分内部的节点顺序不做要求。

进阶：

在原问题的要求之上再增加如下两个要求。

- *在左、中、右三个部分的内部也做顺序要求，要求每部分里的节点从左到右的顺序与原链表中节点的先后次序一致。*

例如：链表 9->0->4->5->1，pivot=3。调整后的链表是 0->1->9->4->5。在满足原问题要求的同时，左部分节点从左到右为 0、1。在原链表中也是先出现 0，后出现 1；中间部分在本例中为空，不再讨论；右部分节点从左到右为 9、4、5。在原链表中也是先出现 9，然后出现 4，最后出现 5。

- *如果链表长度为 N，时间复杂度请达到 O(N)，额外空间复杂度请达到 O(1)。*

【难度】

尉 ★★☆☆

【解答】

普通解法的时间复杂度为 O(N)，额外空间复杂度为 O(N)，就是把链表中的所有节点放入一个额外的数组中，然后统一调整位置的办法。具体过程如下：

1．先遍历一遍链表，为了得到链表的长度，假设长度为 N。

2．生成长度为 N 的 Node 类型的数组 nodeArr，然后遍历一次链表，将节点依次放进 nodeArr 中。本书在这里不用 LinkedList 或 ArrayList 等 Java 提供的结构，因为一个纯粹的数组结构比较利于步骤 3 的调整。

3．在 nodeArr 中把小于 pivot 的节点放在左边，把相等的放中间，把大于的放在右边。也就是改进了快速排序中 partition 的调整过程，即如下代码中的 arrPartition 方法。实现的具体解释请参看本书"数组类似 partition 的调整"问题，这里不再详述。

4．经过步骤 3 的调整后，nodeArr 是满足题目要求的节点顺序，只要把 nodeArr 中的节点依次重连起来即可，整个过程结束。

全部过程请参看如下代码中的 listPartition1 方法。

```java
public class Node {
        public int value;
        public Node next;

        public Node(int data) {
                this.value = data;
        }
}
```

```java
public Node listPartition1(Node head, int pivot) {
        if (head == null) {
                return head;
        }
        Node cur = head;
        int i = 0;
        while (cur != null) {
                i++;
                cur = cur.next;
        }
        Node[] nodeArr = new Node[i];
        i = 0;
        cur = head;
        for (i = 0; i != nodeArr.length; i++) {
                nodeArr[i] = cur;
                cur = cur.next;
        }
        arrPartition(nodeArr, pivot);
        for (i = 1; i != nodeArr.length; i++) {
                nodeArr[i - 1].next = nodeArr[i];
        }
        nodeArr[i - 1].next = null;
        return nodeArr[0];
}

public void arrPartition(Node[] nodeArr, int pivot) {
        int small = -1;
        int big = nodeArr.length;
        int index = 0;
        while (index != big) {
                if (nodeArr[index].value < pivot) {
                        swap(nodeArr, ++small, index++);
                } else if (nodeArr[index].value == pivot) {
                        index++;
                } else {
                        swap(nodeArr, --big, index);
                }
        }
}

public void swap(Node[] nodeArr, int a, int b) {
        Node tmp = nodeArr[a];
        nodeArr[a] = nodeArr[b];
        nodeArr[b] = tmp;
}
```

下面来看看增加要求之后的进阶解法。对每部分都增加了节点顺序要求，同时时间复杂度仍然为 $O(N)$，额外空间复杂度为 $O(1)$。既然额外空间复杂度为 $O(1)$，说明实现时只能使用有限的几个变量来完成所有的调整。

进阶解法的具体过程如下：

1．将原链表中的所有节点依次划分进三个链表，三个链表分别为 small 代表左部分，equal 代表中间部分，big 代表右部分。

例如，链表 7->9->1->8->5->2->5，pivot=5。在划分之后，small、equal、big 分别为：

small：1->2->null

equal：5->5->null

big：7->9->8->null

2．将 small、equal 和 big 三个链表重新串起来即可。

3．整个过程需要特别注意对 null 节点的判断和处理。

进阶解法主要还是考查面试者利用有限几个变量调整链表的代码实现能力，全部进阶解法请参看如下代码中的 listPartition2 方法。

```java
public static Node listPartition2(Node head, int pivot) {
        Node sH = null; // 小的头
        Node sT = null; // 小的尾
        Node eH = null; // 相等的头
        Node eT = null; // 相等的尾
        Node bH = null; // 大的头
        Node bT = null; // 大的尾
        Node next = null; // 保存下一个节点
        // 所有的节点分进三个链表中
        while (head != null) {
                next = head.next;
                head.next = null;
                if (head.value < pivot) {
                        if (sH == null) {
                                sH = head;
                                sT = head;
                        } else {
                                sT.next = head;
                                sT = head;
                        }
                } else if (head.value == pivot) {
                        if (eH == null) {
                                eH = head;
                                eT = head;
                        } else {
                                eT.next = head;
                                eT = head;
                        }
                } else {
                        if (bH == null) {
                                bH = head;
```

```
                                bT = head;
                        } else {
                                bT.next = head;
                                bT = head;
                        }
                }
                head = next;
        }
        // 小的和相等的重新连接
        if (sT != null) {
                sT.next = eH;
                eT = eT == null ? sT : eT;
        }
        // 所有的重新连接
        if (eT != null) {
                eT.next = bH;
        }
        return sH != null ? sH : eH != null ? eH : bH;
}
```

复制含有随机指针节点的链表

【题目】

一种特殊的链表节点类描述如下：

```
public class Node {
        public int value;
        public Node next;
        public Node rand;

        public Node(int data) {
                this.value = data;
        }
}
```

Node 类中的 value 是节点值，next 指针和正常单链表中 next 指针的意义一样，都指向下一个节点，rand 指针是 Node 类中新增的指针，这个指针可能指向链表中的任意一个节点，也可能指向 null。

给定一个由 Node 节点类型组成的无环单链表的头节点 head，请实现一个函数完成这个链表中所有结构的复制，并返回复制的新链表的头节点。例如：链表 1->2->3->null，假设 1 的 rand 指针指向 3，2 的 rand 指针指向 null，3 的 rand 指针指向 1。复制后的链表应该也是这种结构，比如，1'->2'->3'->null，1'的 rand 指针指向 3'，2'的 rand 指针指向 null，3'的 rand 指针指向 1'，最后返回 1'。

进阶：不使用额外的数据结构，只用有限几个变量，且在时间复杂度为 $O(N)$ 内完成原问题要实现的函数。

【难度】

尉 ★★☆☆

【解答】

首先介绍普通解法，普通解法可以做到时间复杂度为 $O(N)$，额外空间复杂度为 $O(N)$，需要使用到哈希表（HashMap）结构。具体过程如下：

1. 从左到右遍历链表，对每个节点都复制生成相应的副本节点，然后将对应关系放入哈希表 map 中。例如，链表 1->2->3->null，遍历 1、2、3 时依次生成 1'、2'、3'，最后将对应关系放入 map 中。

key	value	意　义
1	1'	表示节点 1 复制了节点 1'
2	2'	表示节点 2 复制了节点 2'
3	3'	表示节点 3 复制了节点 3'

步骤 1 完成后，原链表没有任何变化，每一个副本节点的 next 和 rand 指针都指向 null。

2. 再从左到右遍历链表，此时就可以设置每一个副本节点的 next 和 rand 指针。

例如：原链表 1->2->3->null，假设 1 的 rand 指针指向 3，2 的 rand 指针指向 null，3 的 rand 指针指向 1。遍历到节点 1 时，可以从 map 中得到节点 1 的副本节点 1'，节点 1 的 next 指向节点 2，所以从 map 中得到节点 2 的副本节点 2'，然后令 1'.next=2'，副本节点 1'的 next 指针就设置好了。同时节点 1 的 rand 指向节点 3，所以从 map 中得到节点 3 的副本节点 3'，然后令 1'.rand=3'，副本节点 1'的 rand 指针也设置好了。以这种方式可以设置每一个副本节点的 next 与 rand 指针。

3. 将 1'节点作为结果返回即可。

哈希表增删改查的操作时间复杂度都是 $O(1)$，普通方法一共只遍历链表两遍，所以普通解法的时间复杂度为 $O(N)$，因为使用了哈希表来保存原节点与副本节点的对应关系，所以额外空间复杂度为 $O(N)$。

具体过程请参看如下代码中的 copyListWithRand1 方法。

```
public Node copyListWithRand1(Node head) {
        HashMap<Node, Node> map = new HashMap<Node, Node>();
        Node cur = head;
        while (cur != null) {
                map.put(cur, new Node(cur.value));
```

```
                cur = cur.next;
        }
        cur = head;
        while (cur != null) {
                map.get(cur).next = map.get(cur.next);
                map.get(cur).rand = map.get(cur.rand);
                cur = cur.next;
        }
        return map.get(head);
}
```

接下来介绍进阶解法，进阶解法不使用哈希表来保存对应关系，而只用有限的几个变量完成所有的功能。具体过程如下：

1. 从左到右遍历链表，对每个节点 cur 都复制生成相应的副本节点 copy，然后把 copy 放在 cur 和下一个要遍历节点的中间。

例如：原链表 1->2->3->null，在步骤 1 中完成后，原链表变成 1->1'->2->2'->3->3'->null。

2. 再从左到右遍历链表，在遍历时设置每一个副本节点的 rand 指针。还是举例来说明调整过程。

例如：此时链表为 1->1'->2->2'->3->3'->null，假设 1 的 rand 指针指向 3，2 的 rand 指针指向 null，3 的 rand 指针指向 1。遍历到节点 1 时，节点 1 的下一个节点 1.next 就是其副本节点 1'。1 的 rand 指针指向 3，所以 1'的 rand 指针应该指向 3'。如何找到 3'呢？因为每个节点的副本节点都在自己的后一个，所以此时通过 3.next 就可以找到 3'，令 1'.next=3'即可。以这种方式可以设置每一个副本节点的 rand 指针。

3. 步骤 2 完成后，节点 1，2，3，……之间的 rand 关系没有任何变化，节点 1'，2'，3'……之间的 rand 关系也被正确设置了，此时所有的节点与副本节点串在一起，将其分离出来即可。

例如：此时链表为 1->1'->2->2'->3->3'->null，分离成 1->2->3->null 和 1'->2'->3'->null 即可，并且在这一步中，每个节点的 rand 指针不用做任何调整，在步骤 2 中都已经设置好。

4. 将 1'节点作为结果返回即可。

进阶解法考查的依然是利用有限几个变量完成链表调整的代码实现能力。具体过程请参看如下代码中的 copyListWithRand2 方法。

```
public Node copyListWithRand2(Node head) {
        if (head == null) {
                return null;
        }
        Node cur = head;
        Node next = null;
        // 复制并链接每一个节点
        while (cur != null) {
                next = cur.next;
                cur.next = new Node(cur.value);
```

```
                cur.next.next = next;
                cur = next;
        }
        cur = head;
        Node curCopy = null;
        // 设置复制节点的 rand 指针
        while (cur != null) {
                next = cur.next.next;
                curCopy = cur.next;
                curCopy.rand = cur.rand != null ? cur.rand.next : null;
                cur = next;
        }
        Node res = head.next;
        cur = head;
        // 拆分
        while (cur != null) {
                next = cur.next.next;
                curCopy = cur.next;
                cur.next = next;
                curCopy.next = next != null ? next.next : null;
                cur = next;
        }
        return res;
    }
```

两个单链表生成相加链表

【题目】

假设链表中每一个节点的值都在 0~9 之间，那么链表整体就可以代表一个整数。

例如：9->3->7，可以代表整数 937。

给定两个这种链表的头节点 head1 和 head2，请生成代表两个整数相加值的结果链表。

例如：链表 1 为 9->3->7，链表 2 为 6->3，最后生成新的结果链表为 1->0->0->0。

【难度】

士 ★☆☆☆

【解答】

这道题难度较低，考查面试者基本的代码实现能力。一种实现方式是将两个链表先算出各自所代表的整数，然后求出两个整数的和，最后将这个和转换成链表的形式，但是这种方法有一个很大的问题，链表的长度可以很长，可以表达一个很大的整数。因此，转成系统中的 int 类型时可能会溢出，所以不推荐这种方法。

方法一：利用栈结构求解。

1. 将两个链表分别从左到右遍历，遍历过程中将值压栈，这样就生成了两个链表节点值的逆序栈，分别表示为 s1 和 s2。

例如：链表 9->3->7，s1 从栈顶到栈底为 7，3，9；链表 6->3，s2 从栈顶到栈底为 3，6。

2. 将 s1 和 s2 同步弹出，这样就相当于两个链表从低位到高位依次弹出，在这个过程中生成相加链表即可，同时需要关注每一步是否有进位，用 ca 表示。

例如：s1 先弹出 7，s2 先弹出 3，这一步相加结果为 10，产生了进位，令 ca=1，然后生成一个节点值为 0 的新节点，记为 new1；s1 再弹出 3，s2 再弹出 6，这时进位为 ca=1，所以这一步相加结果为 10，继续产生进位，仍令 ca=1，然后生成一个节点值为 0 的新节点，记为 new2，令 new2.next=new1；s1 再弹出 9，s2 为空，这时 ca=1，这一步相加结果为 10，仍令 ca=1，然后生成一个节点值为 0 的新节点，记为 new3，令 new3.next=new2。这一步也是模拟简单的从低位到高位进位相加的过程。

3. 当 s1 和 s2 都为空时，还要关注一下进位信息是否为 1，如果为 1，比如步骤 2 中的例子，表示还要生成一个节点值为 1 的新节点，记为 new4，令 new4.next=new3。

4. 返回新生成的结果链表即可。

具体过程请参看如下代码中的 addLists1 方法。

```
public class Node {
        public int value;
        public Node next;

        public Node(int data) {
                this.value = data;
        }
}

public Node addLists1(Node head1, Node head2) {
        Stack<Integer> s1 = new Stack<Integer>();
        Stack<Integer> s2 = new Stack<Integer>();
        while (head1 != null) {
                s1.push(head1.value);
                head1 = head1.next;
        }
        while (head2 != null) {
                s2.push(head2.value);
                head2 = head2.next;
        }
        int ca = 0;
        int n1 = 0;
        int n2 = 0;
        int n = 0;
        Node node = null;
```

```
            Node pre = null;
            while (!s1.isEmpty() || !s2.isEmpty()) {
                    n1 = s1.isEmpty() ? 0 : s1.pop();
                    n2 = s2.isEmpty() ? 0 : s2.pop();
                    n = n1 + n2 + ca;
                    pre = node;
                    node = new Node(n % 10);
                    node.next = pre;
                    ca = n / 10;
            }
            if (ca == 1) {
                    pre = node;
                    node = new Node(1);
                    node.next = pre;
            }
            return node;
    }
```

方法二：利用链表的逆序求解，可以节省用栈的空间。

1．将两个链表逆序，这样就可以依次得到从低位到高位的数字。

例如：链表 9->3->7，逆序后变为 7->3->9；链表 6->3，逆序后变为 3->6。

2．同步遍历两个逆序后的链表，这样就依次得到两个链表从低位到高位的数字，在这个过程中生成相加链表即可，同时需要关注每一步是否有进位，用 ca 表示。具体过程与方法一的步骤 2 相同。

3．当两个链表都遍历完成后，还要关注进位信息是否为 1，如果为 1，还要生成一个节点值为 1 的新节点。

4．将两个逆序的链表再逆序一次，即调整成原来的样子。

5．返回新生成的结果链表。

具体过程请参看如下代码中的 addLists2 方法。

```
    public Node addLists2(Node head1, Node head2) {
            head1 = reverseList(head1);
            head2 = reverseList(head2);
            int ca = 0;
            int n1 = 0;
            int n2 = 0;
            int n = 0;
            Node c1 = head1;
            Node c2 = head2;
            Node node = null;
            Node pre = null;
            while (c1 != null || c2 != null) {
                    n1 = c1 != null ? c1.value : 0;
                    n2 = c2 != null ? c2.value : 0;
                    n = n1 + n2 + ca;
```

```
                    pre = node;
                    node = new Node(n % 10);
                    node.next = pre;
                    ca = n / 10;
                    c1 = c1 != null ? c1.next : null;
                    c2 = c2 != null ? c2.next : null;
            }
            if (ca == 1) {
                    pre = node;
                    node = new Node(1);
                    node.next = pre;
            }
            reverseList(head1);
            reverseList(head2);
            return node;
    }

    public Node reverseList(Node head) {
            Node pre = null;
            Node next = null;
            while (head != null) {
                    next = head.next;
                    head.next = pre;
                    pre = head;
                    head = next;
            }
            return pre;
    }
```

两个单链表相交的一系列问题

【题目】

在本题中，单链表可能有环，也可能无环。给定两个单链表的头节点 head1 和 head2，这两个链表可能相交，也可能不相交。请实现一个函数，如果两个链表相交，请返回相交的第一个节点；如果不相交，返回 null 即可。

要求：如果链表 1 的长度为 N，链表 2 的长度为 M，时间复杂度请达到 $O(N+M)$，额外空间复杂度请达到 $O(1)$。

【难度】

将 ★★★★

【解答】

这道题需要分析的情况非常多，同时因为有额外空间复杂度为 $O(1)$ 的限制，所以实现起来也比较困难。

本题可以拆分成三个子问题，每个问题都可以作为一道独立的算法题，具体如下。

问题一：如何判断一个链表是否有环，如果有，则返回第一个进入环的节点，没有则返回 null。

问题二：如何判断两个无环链表是否相交，相交则返回第一个相交节点，不相交则返回 null。

问题三：如何判断两个有环链表是否相交，相交则返回第一个相交节点，不相交则返回 null。

注意：如果一个链表有环，另外一个链表无环，它们是不可能相交的，直接返回 null。

下面逐一分析每个问题。

问题一：如何判断一个链表是否有环，如果有，则返回第一个进入环的节点，没有则返回 null。

如果一个链表没有环，那么遍历链表一定可以遇到链表的终点；如果链表有环，那么遍历链表就永远在环里转下去了。如何找到第一个入环节点，具体过程如下：

1．设置一个慢指针 slow 和一个快指针 fast。在开始时，slow 和 fast 都指向链表的头节点 head。然后 slow 每次移动一步，fast 每次移动两步，在链表中遍历起来。

2．如果链表无环，那么 fast 指针在移动过程中一定先遇到终点，一旦 fast 到达终点，说明链表是没有环的，直接返回 null，表示该链表无环，当然也没有第一个入环的节点。

3．如果链表有环，那么 fast 指针和 slow 指针一定会在环中的某个位置相遇，当 fast 和 slow 相遇时，fast 指针重新回到 head 的位置，slow 指针不动。接下来，fast 指针从每次移动两步改为每次移动一步，slow 指针依然每次移动一步，然后继续遍历。

4．fast 指针和 slow 指针一定会再次相遇，并且在第一个入环的节点处相遇。证明略。

注意：你也可以用哈希表完成问题一的判断，但是不符合题目关于空间复杂度的要求。

问题一的具体实现请参看如下代码中的 getLoopNode 方法。

```
public Node getLoopNode(Node head) {
    if (head == null || head.next == null || head.next.next == null) {
        return null;
    }
    Node n1 = head.next; // n1 -> slow
    Node n2 = head.next.next; // n2 -> fast
    while (n1 != n2) {
        if (n2.next == null || n2.next.next == null) {
            return null;
        }
        n2 = n2.next.next;
        n1 = n1.next;
    }
    n2 = head; // n2 -> walk again from head
    while (n1 != n2) {
        n1 = n1.next;
```

```
        n2 = n2.next;
    }
    return n1;
}
```

如果解决了问题一，我们就知道了两个链表有环或者无环的情况。如果一个链表有环，另一个链表无环，那么这两个链表是无论如何也不可能相交的。能相交的情况就分为两种，一种是两个链表都无环，即问题二；另一种是两个链表都有环，即问题三。

问题二：如何判断两个无环链表是否相交，相交则返回第一个相交节点，不相交则返回 null。

如果两个无环链表相交，那么从相交节点开始，一直到两个链表终止的这一段，是两个链表共享的。解决问题二的具体过程如下：

1. 链表 1 从头节点开始，走到最后一个节点（不是结束），统计链表 1 的长度记为 len1，同时记录链表 1 的最后一个节点记为 end1。

2. 链表 2 从头节点开始，走到最后一个节点（不是结束），统计链表 2 的长度记为 len2，同时记录链表 2 的最后一个节点记为 end2。

3. 如果 end1!=end2，说明两个链表不相交，返回 null 即可；如果 end==end2，说明两个链表相交，进入步骤 4 来找寻第一个相交节点。

4. 如果链表 1 比较长，链表 1 就先走 len1−len2 步；如果链表 2 比较长，链表 2 就先走 len2−len1 步。然后两个链表一起走，一起走的过程中，两个链表第一次走到一起的那个节点就是第一个相交的节点。

例如：链表 1 长度为 100，链表 2 长度为 30，如果已经由步骤 3 确定了链表 1 和链表 2 一定相交，那么接下来，链表 1 先走 70 步，然后链表 1 和链表 2 一起走，它们一定会共同进入第一个相交的节点。

问题二的具体实现请参看如下代码中的 noLoop 方法。

```java
public Node noLoop(Node head1, Node head2) {
    if (head1 == null || head2 == null) {
        return null;
    }
    Node cur1 = head1;
    Node cur2 = head2;
    int n = 0;
    while (cur1.next != null) {
        n++;
        cur1 = cur1.next;
    }
    while (cur2.next != null) {
        n--;
        cur2 = cur2.next;
    }
    if (cur1 != cur2) {
```

```
                        return null;
            }
            cur1 = n > 0 ? head1 : head2;
            cur2 = cur1 == head1 ? head2 : head1;
            n = Math.abs(n);
            while (n != 0) {
                    n--;
                    cur1 = cur1.next;
            }
            while (cur1 != cur2) {
                    cur1 = cur1.next;
                    cur2 = cur2.next;
            }
            return cur1;
    }
```

问题三：如何判断两个有环链表是否相交，相交则返回第一个相交节点，不相交则返回null。

考虑问题三的时候，我们已经得到了两个链表各自的第一个入环节点，假设链表1的第一个入环节点记为loop1，链表2的第一个入环节点记为loop2。以下是解决问题三的过程。

1. 如果loop1==loop2，那么两个链表的拓扑结构如图2-8所示。

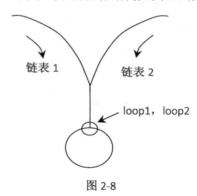

图2-8

这种情况下，我们只要考虑链表1从头开始到loop1这一段与链表2从头开始到loop2这一段，在那里第一次相交即可，而不用考虑进环该怎么处理，这就与问题二类似，只不过问题二是把null作为一个链表的终点，而这里是把loop1(loop2)作为链表的终点。但是判断的主要过程是相同的。

2. 如果loop1!=loop2，两个链表不相交的拓扑结构如图2-9所示。两个链表相交的拓扑结构如图2-10所示。

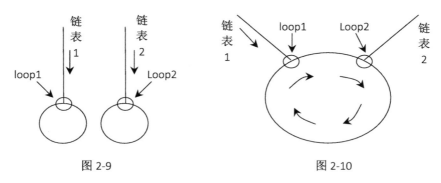

图 2-9　　　　　　　　　　　　　　　　图 2-10

如何分辨是这两种拓扑结构的哪一种呢？进入步骤 3。

3．让链表 1 从 loop1 出发，因为 loop1 和之后的所有节点都在环上，所以将来一定能回到 loop1。如果回到 loop1 之前并没有遇到 loop2，说明两个链表的拓扑结构如图 2-9 所示，也就是不相交，直接返回 null；如果回到 loop1 之前遇到了 loop2，说明两个链表的拓扑结构如图 2-10 所示，也就是相交。因为 loop1 和 loop2 都在两条链表上，只不过 loop1 是离链表 1 较近的节点，loop2 是离链表 2 较近的节点。所以，此时返回 loop1 或 loop2 都可以。

问题三的具体实现参看如下代码中的 bothLoop 方法。

```
public Node bothLoop(Node head1, Node loop1, Node head2, Node loop2) {
        Node cur1 = null;
        Node cur2 = null;
        if (loop1 == loop2) {
                cur1 = head1;
                cur2 = head2;
                int n = 0;
                while (cur1 != loop1) {
                        n++;
                        cur1 = cur1.next;
                }
                while (cur2 != loop2) {
                        n--;
                        cur2 = cur2.next;
                }
                cur1 = n > 0 ? head1 : head2;
                cur2 = cur1 == head1 ? head2 : head1;
                n = Math.abs(n);
                while (n != 0) {
                        n--;
                        cur1 = cur1.next;
                }
                while (cur1 != cur2) {
                        cur1 = cur1.next;
```

```
                        cur2 = cur2.next;
                }
                return cur1;
        } else {
                cur1 = loop1.next;
                while (cur1 != loop1) {
                        if (cur1 == loop2) {
                                return loop1;
                        }
                        cur1 = cur1.next;
                }
                return null;
        }
}
```

全部过程参看如下代码中的 getIntersectNode 方法，这也是整个题目的主方法。

```java
public class Node {
        public int value;
        public Node next;

        public Node(int data) {
                this.value = data;
        }
}

public Node getIntersectNode(Node head1, Node head2) {
        if (head1 == null || head2 == null) {
                return null;
        }
        Node loop1 = getLoopNode(head1);
        Node loop2 = getLoopNode(head2);
        if (loop1 == null && loop2 == null) {
                return noLoop(head1, head2);
        }
        if (loop1 != null && loop2 != null) {
                return bothLoop(head1, loop1, head2, loop2);
        }
        return null;
}
```

将单链表的每 K 个节点之间逆序

【题目】

给定一个单链表的头节点 head，实现一个调整单链表的函数，使得每 K 个节点之间逆序，如果最后不够 K 个节点一组，则不调整最后几个节点。

例如：

链表：1->2->3->4->5->6->7->8->null，*K*=3。

调整后为：3->2->1->6->5->4->7->8->null。其中 7、8 不调整，因为不够一组。

【难度】

尉　★★☆☆

【解答】

首先，如果 *K* 的值小于 2，不用进行任何调整。因为 *K*<1 没有意义，*K*==1 时，代表每 1 个节点为 1 组进行逆序，原链表也没有任何变化。接下来介绍两种方法，如果链表长度为 *N*，方法一的时间复杂度为 *O*(*N*)，额外空间复杂度为 *O*(*K*)。方法二的时间复杂度为 *O*(*N*)，额外空间复杂度为 *O*(1)。本题考查面试者代码实现不出错的能力。

方法一：利用栈结构的解法。

1．从左到右遍历链表，如果栈的大小不等于 *K*，就将节点不断压入栈中。

2．当栈的大小第一次到达 *K* 时，说明第一次凑齐了 *K* 个节点进行逆序，从栈中依次弹出这些节点，并根据弹出的顺序重新连接，这一组逆序完成后，需要记录一下新的头部，同时第一组的最后一个节点（原来是头节点）应该连接下一个节点。

例如：链表 1->2->3->4->5->6->7->8->null，*K* = 3。第一组节点进入栈，从栈顶到栈底依次为 3，2，1。逆序重连之后为 3->2->1->...，然后节点 1 去连接节点 4，链表变为 3->2->1->4->5->6->7->8->null，之后从节点 4 开始不断处理 *K* 个节点为一组的后续情况，也就是步骤 3，并且需要记录节点 3，因为链表的头部已经改变，整个过程结束后需要返回这个新的头节点，记为 newHead。

3．步骤 2 之后，当栈的大小每次到达 *K* 时，说明又凑齐了一组应该进行逆序的节点，从栈中依次弹出这些节点，并根据弹出的顺序重新连接。这一组逆序完成后，该组的第一个节点（原来是该组最后一个节点）应该被上一组的最后一个节点连接上，这一组的最后一个节点（原来是该组第一个节点）应该连接下一个节点。然后继续去凑下一组，直到链表都被遍历完。

例如：链表 3->2->1->4->5->6->7->8->null，*K* = 3，第一组已经处理完。第二组从栈顶到栈底依次为 6，5，4。逆序重连之后为 6->5->4，然后节点 6 应该被节点 1 连接，节点 4 应该连接节点 7，链表变为 3->2->1->6->5->4->7->8->null。然后继续从节点 7 往下遍历。

4．最后应该返回 newHead，作为链表新的头节点。

方法一的具体实现请参看如下代码中的 reverseKNodes1 方法。

```
public class Node {
        public int value;
        public Node next;
```

```java
        public Node(int data) {
                this.value = data;
        }
    }

    public Node reverseKNodes1(Node head, int K) {
        if (K < 2) {
                return head;
        }
        Stack<Node> stack = new Stack<Node>();
        Node newHead = head;
        Node cur = head;
        Node pre = null;
        Node next = null;
        while (cur != null) {
                next = cur.next;
                stack.push(cur);
                if (stack.size() == K) {
                        pre = resign1(stack, pre, next);
                        newHead = newHead == head ? cur : newHead;
                }
                cur = next;
        }
        return newHead;
    }

    public Node resign1(Stack<Node> stack, Node left, Node right) {
        Node cur = stack.pop();
        if (left != null) {
                left.next = cur;
        }
        Node next = null;
        while (!stack.isEmpty()) {
                next = stack.pop();
                cur.next = next;
                cur = next;
        }
        cur.next = right;
        return cur;
    }
```

方法二：不需要栈结构，在原链表中直接调整。

用变量记录每一组开始的第一个节点和最后一个节点，然后直接逆序调整，把这一组的节点都逆序。和方法一一样，同样需要注意第一组节点的特殊处理，以及之后的每个组在逆序重连之后，需要让该组的第一个节点（原来是最后一个节点）被之前组的最后一个节点连接上，将该组的最后一个节点（原来是第一个节点）连接下一个节点。

方法二的具体实现请参看如下代码中的 reverseKNodes2 方法。

```
public Node reverseKNodes2(Node head, int K) {
        if (K < 2) {
                return head;
        }
        Node cur = head;
        Node start = null;
        Node pre = null;
        Node next = null;
        int count = 1;
        while (cur != null) {
                next = cur.next;
                if (count == K) {
                        start = pre == null ? head : pre.next;
                        head = pre == null ? cur : head;
                        resign2(pre, start, cur, next);
                        pre = start;
                        count = 0;
                }
                count++;
                cur = next;
        }
        return head;
}

public void resign2(Node left, Node start, Node end, Node right) {
        Node pre = start;
        Node cur = start.next;
        Node next = null;
        while (cur != right) {
                next = cur.next;
                cur.next = pre;
                pre = cur;
                cur = next;
        }
        if (left != null) {
                left.next = end;
        }
        start.next = right;
}
```

删除无序单链表中值重复出现的节点

【题目】

给定一个无序单链表的头节点 head，删除其中值重复出现的节点。

例如：1->2->3->3->4->4->2->1->1->null，删除值重复的节点之后为 1->2->3->4->null。

请按以下要求实现两种方法。

方法 1：如果链表长度为 N，时间复杂度达到 O(N)。

方法 2：额外空间复杂度为 O(1)。

【难度】

士　★☆☆☆

【解答】

方法一：利用哈希表。时间复杂度为 O(N)，额外空间复杂度为 O(N)。

具体过程如下：

1. 生成一个哈希表，因为头节点是不用删除的节点，所以首先将头节点的值放入哈希表。

2. 从头节点的下一个节点开始往后遍历节点，假设当前遍历到 cur 节点，先检查 cur 的值是否在哈希表中，如果在，则说明 cur 节点的值是之前出现过的，就将 cur 节点删除，删除的方式是将最近一个没有被删除的节点 pre 连接到 cur 的下一个节点，即 pre.next=cur.next。如果不在，将 cur 节点的值加入哈希表，同时令 pre=cur，即更新最近一个没有被删除的节点。

方法一的具体实现请参看如下代码中的 removeRep1 方法。

```java
public Node {
        public int value;
        public Node next;

        public Node(int data) {
                this.value = data;
        }
}

public void removeRep1(Node head) {
        if (head == null) {
                return;
        }
        HashSet<Integer> set = new HashSet<Integer>();
        Node pre = head;
        Node cur = head.next;
        set.add(head.value);
        while (cur != null) {
                if (set.contains(cur.value)) {
                        pre.next = cur.next;
                } else {
                        set.add(cur.value);
                        pre = cur;
                }
                cur = cur.next;
```

```
        }
    }
```

方法二：类似选择排序的过程，时间复杂度为 $O(N^2)$，额外空间复杂度为 $O(1)$。

例如，链表 1->2->3->3->4->4->2->1->1->null。

首先是头节点，节点值为 1，往后检查所有值为 1 的节点，全部删除。链表变为：
1->2->3->3->4->4->2->null。

然后是第二个节点，节点值为 2，往后检查所有值为 2 的节点，全部删除。链表变为：
1->2->3->3->4->4->null。

接着是第三个节点，节点值为 3，往后检查所有值为 3 的节点，全部删除。链表变为：
1->2->3->4->4->null。

最后是第四个节点，节点值为 4，往后检查所有值为 4 的节点，全部删除。链表变为：
1->2->3->4->null。

删除过程结束。

方法二的具体实现请参看如下代码中的 removeRep2 方法。

```java
public void removeRep2(Node head) {
        Node cur = head;
        Node pre = null;
        Node next = null;
        while (cur != null) {
                pre = cur;
                next = cur.next;
                while (next != null) {
                        if (cur.value == next.value) {
                                pre.next = next.next;
                        } else {
                                pre = next;
                        }
                        next = next.next;
                }
                cur = cur.next;
        }
}
```

在单链表中删除指定值的节点

【题目】

给定一个链表的头节点 head 和一个整数 num，请实现函数将值为 num 的节点全部删除。

例如，链表为 1->2->3->4->null，num=3，链表调整后为：1->2->4->null。

【难度】

士 ★☆☆☆

【解答】

方法一：利用栈或者其他容器收集节点的方法。时间复杂度为 $O(N)$，额外空间复杂度为 $O(N)$。

将值不等于 num 的节点用栈收集起来，收集完成后重新连接即可。最后将栈底的节点作为新的头节点返回，具体过程请参看如下代码中的 removeValue1 方法。

```java
public Node removeValue1(Node head, int num) {
        Stack<Node> stack = new Stack<Node>();
        while (head != null) {
                if (head.value != num) {
                        stack.push(head);
                }
                head = head.next;
        }
        while (!stack.isEmpty()) {
                stack.peek().next = head;
                head = stack.pop();
        }
        return head;
}
```

方法二：不用任何容器而直接调整的方法。时间复杂度为 $O(N)$，额外空间复杂度为 $O(1)$。

首先从链表头开始，找到第一个值不等于 num 的节点，作为新的头节点，这个节点是肯定不用删除的，记为 newHead。继续往后遍历，假设当前节点为 cur，如果 cur 节点值等于 num，就将 cur 节点删除，删除的方式是将之前最近一个值不等于 num 的节点 pre 连接到 cur 的下一个节点，即 pre.next=cur.next；如果 cur 节点值不等于 num，就令 pre=cur，即更新最近一个值不等于 num 的节点。

具体实现过程请参看如下代码中的 removeValue2 方法。

```java
public Node removeValue2(Node head, int num) {
        while (head != null) {
                if (head.value != num) {
                        break;
                }
                head = head.next;
        }
        Node pre = head;
        Node cur = head;
        while (cur != null) {
                if (cur.value == num) {
```

```
                    pre.next = cur.next;
            } else {
                    pre = cur;
            }
            cur = cur.next;
        }
        return head;
    }
```

将搜索二叉树转换成双向链表

【题目】

对二叉树的节点来说，有本身的值域，有指向左孩子节点和右孩子节点的两个指针；对双向链表的节点来说，有本身的值域，有指向上一个节点和下一个节点的指针。在结构上，两种结构有相似性，现在有一棵搜索二叉树，请将其转换为一个有序的双向链表。

例如，节点定义为：

```
public class Node {
        public int value;
        public Node left;
        public Node right;
        public Node(int data) {
                this.value = data;
        }
}
```

一棵搜索二叉树如图 2-11 所示。

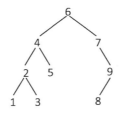

图 2-11

这棵搜索二叉树转换后的双向链表从头到尾依次是 1～9。对每一个节点来说，原来的 right 指针等价于转换后的 next 指针，原来的 left 指针等价于转换后的 last 指针，最后返回转换后的双向链表头节点。

【难度】

尉 ★★☆☆

【解答】

方法一：用队列等容器收集二叉树中序遍历结果的方法。时间复杂度为 $O(N)$，额外空间复杂度为 $O(N)$，具体过程如下：

1. 生成一个队列，记为 queue，按照二叉树中序遍历的顺序，将每个节点放入 queue 中。

2. 从 queue 中依次弹出节点，并按照弹出的顺序重连所有的节点即可。

方法一的具体实现请参看如下代码中的 convert1 方法。

```java
public Node convert1(Node head) {
        Queue<Node> queue = new LinkedList<Node>();
        inOrderToQueue(head, queue);
        if (queue.isEmpty()) {
                return head;
        }
        head = queue.poll();
        Node pre = head;
        pre.left = null;
        Node cur = null;
        while (!queue.isEmpty()) {
                cur = queue.poll();
                pre.right = cur;
                cur.left = pre;
                pre = cur;
        }
        pre.right = null;
        return head;
}

public void inOrderToQueue(Node head, Queue<Node> queue) {
        if (head == null) {
                return;
        }
        inOrderToQueue(head.left, queue);
        queue.offer(head);
        inOrderToQueue(head.right, queue);
}
```

方法二：利用递归函数，除此之外，不使用任何容器的方法。时间复杂度为 $O(N)$，额外空间复杂度为 $O(h)$，h 为二叉树的高度。

实现递归函数 process。process 的输入参数是一棵二叉树的头节点 X，功能是将以 X 为头的搜索二叉树转换为一个有序双向链表。返回值是这个有序双向链表的头节点和尾节点，所以返回值的类型是一个复杂结构，就是如下的 RetrunType 类。

```java
public class RetrunType {
```

```
        public Node start;
        public Node end;

        public RetrunType(Node start, Node end) {
                this.start = start;
                this.end = end;
        }
}
```

　　具体过程为先把以 X 为头的搜索二叉树的左子树转换为有序双向链表，并且返回左子树有序双向链表的头和尾，然后把以 X 为头的搜索二叉树的右子树转换为有序双向链表，并且返回右子树有序双向链表的头和尾，接着通过 X 把两部分接起来即可。最后不要忘记，递归函数对任何节点的要求是一样的，所以要返回此时大的有序双向链表的头和尾。具体实现请参看如下代码中的 convert2 方法。

```
public Node convert2(Node head) {
        if (head == null) {
                return null;
        }
        return process(head).start;
}

public RetrunType process(Node head) {
        if (head == null) {
                return new RetrunType(null, null);
        }
        RetrunType leftList = process(head.left);
        RetrunType rightList = process(head.right);
        if (leftList.end != null) {
                leftList.end.right = head;
        }
        head.left = leftList.end;
        head.right = rightList.start;
        if (rightList.start != null) {
                rightList.start.left = head;
        }
        return new RetrunType(leftList.start != null ? leftList.start : head,
                        rightList.end != null ? rightList.end : head);
}
```

　　关于方法二中时间复杂度与空间复杂度的解释，可以用 process 递归函数发生的次数来估算时间复杂度，process 会处理所有的子树，子树的数量就是二叉树节点的个数。所以时间复杂度为 $O(N)$，process 递归函数最多占用二叉树高度为 h 的栈空间，所以额外空间复杂度为 $O(h)$。

【扩展】

本题在复杂度方面能够达到的程度完全取决于二叉树遍历的实现，如果一颗二叉树遍历的实现在时间和空间复杂度上足够好，那么本题在时间复杂度和空间复杂度上就同样好。有没有时间复杂度为 $O(N)$、额外空间复杂度为 $O(1)$ 的遍历实现呢？也就是既不用栈，也不用递归函数，只用有限几个变量的实现？有。有兴趣的读者可阅读本书"遍历二叉树的神级方法"问题，然后结合神级的遍历方法重新实现这道题。有关方法二中递归函数的设计方法，我们在本书的二叉树章节还能进一步学习并形成固定的套路。

单链表的选择排序

【题目】

给定一个无序单链表的头节点 head，实现单链表的选择排序。

要求：额外空间复杂度为 $O(1)$。

【难度】

士 ★☆☆☆

【解答】

既然要求额外空间复杂度为 $O(1)$，就不能把链表装进数组等容器中进行排序，排好序之后再重新连接，而是要求面试者在原链表上利用有限几个变量完成选择排序的过程。选择排序是从未排序的部分中找到最小值，然后放在排好序部分的尾部，逐渐将未排序的部分缩小，最后全部变成排好序的部分。本书实现的方法模拟了这个过程。

1．开始时默认整个链表都是未排序的部分，对于找到的第一个最小值节点，肯定是整个链表的最小值节点，将其设置为新的头节点，记为 newHead。

2．每次在未排序的部分中找到最小值的节点，然后把这个节点从未排序的链表中删除，删除的过程当然要保证未排序部分的链表在结构上不至于断开。例如，2->1->3，删除节点 1 之后，链表应该变成 2->3，这就要求我们应该找到要删除节点的前一个节点。

3．把删除的节点（也就是每次的最小值节点）连接到排好序部分的链表尾部。

4．全部过程处理完后，整个链表都已经有序，返回 newHead。

和选择排序一样，如果链表的长度为 N，时间复杂度为 $O(N^2)$，额外空间复杂度为 $O(1)$。

本题依然是考查调整链表的代码技巧，具体过程请参看如下代码中的 selectionSort 方法。

```java
public static class Node {
    public int value;
```

```
        public Node next;

        public Node(int data) {
                this.value = data;
        }
}

public static Node selectionSort(Node head) {
        Node tail = null; // 排序部分尾部
        Node cur = head; // 未排序部分头部
        Node smallPre = null; // 最小节点的前一个节点
        Node small = null; // 最小的节点
        while (cur != null) {
                small = cur;
                smallPre = getSmallestPreNode(cur);
                if (smallPre != null) {
                        small = smallPre.next;
                        smallPre.next = small.next;
                }
                cur = cur == small ? cur.next : cur;
                if (tail == null) {
                        head = small;
                } else {
                        tail.next = small;
                }
                tail = small;
        }
        return head;
}

public Node getSmallestPreNode(Node head) {
        Node smallPre = null;
        Node small = head;
        Node pre = head;
        Node cur = head.next;
        while (cur != null) {
                if (cur.value < small.value) {
                        smallPre = pre;
                        small = cur;
                }
                pre = cur;
                cur = cur.next;
        }
        return smallPre;
}
```

一种怪异的节点删除方式

【题目】

链表节点值类型为 int 型，给定一个链表中的节点 node，但不给定整个链表的头节点。如何在链表中删除 node？请实现这个函数，并分析这样做会出现哪些问题。

要求：时间复杂度为 $O(1)$。

【难度】

士 ★☆☆☆

【解答】

本题的思路很简单，举例就能说明具体的做法。

例如，链表 1->2->3->null，只知道要删除节点 2，而不知道头节点。那么只需把节点 2 的值变成节点 3 的值，然后在链表中删除节点 3 即可。

这道题目出现的次数很多，这么做看起来非常方便，但其实是有很大问题的。

问题一：这样的删除方式无法删除最后一个节点。还是以原示例来说明，如果知道要删除节点 3，而不知道头节点。但它是最后的节点，根本没有下一个节点来代替节点 3 被删除，那么只有让节点 2 的 next 指向 null 这一种办法，而我们又根本找不到节点 2，所以根本没法正确删除节点 3。读者可能会问，我们能不能把节点 3 在内存上的区域变成 null 呢？这样不就相当于让节点 2 的 next 指针指向了 null，起到节点 3 被删除的效果了吗？不可以。null 在系统中是一个特定的区域，如果想让节点 2 的 next 指针指向 null，必须找到节点 2。

问题二：这种删除方式在本质上根本就不是删除了 node 节点，而是把 node 节点的值改变，然后删除 node 的下一个节点，在实际的工程中可能会带来很大问题。比如，工程上的一个节点可能代表很复杂的结构，节点值的复制会相当复杂，或者可能改变节点值这个操作都是被禁止的；再如，工程上的一个节点代表提供服务的一个服务器，外界对每个节点都有很多依赖，比如，示例中删除节点 2 时，其实影响了节点 3 对外提供的服务。

这种删除方式的具体过程请参看如下代码中的 removeNodeWired 方法。

```
public class Node {
        public int value;
        public Node next;

        public Node(int data) {
                this.value = data;
        }
}
```

```
public void removeNodeWired(Node node) {
    if (node == null) {
        return;
    }
    Node next = node.next;
    if (next == null) {
        throw new RuntimeException("can not remove last node.");
    }
    node.value = next.value;
    node.next = next.next;
}
```

向有序的环形单链表中插入新节点

【题目】

一个环形单链表从头节点 head 开始不降序，同时由最后的节点指回头节点。给定这样一个环形单链表的头节点 head 和一个整数 num，请生成节点值为 num 的新节点，并插入到这个环形链表中，保证调整后的链表依然有序。

【难度】

士　★☆☆☆

【解答】

直接给出时间复杂度为 $O(N)$、额外空间复杂度为 $O(1)$ 的方法。具体过程如下：

1．生成节点值为 num 的新节点，记为 node。

2．如果链表为空，让 node 自己组成环形链表，然后直接返回 node。

3．如果链表不为空，令变量 pre=head，cur=head.next，然后令 pre 和 cur 同步移动下去，如果遇到 pre 的节点值小于或等于 num，并且 cur 的节点值大于或等于 num，说明 node 应该在 pre 节点和 cur 节点之间插入，插入 node，然后返回 head 即可。例如，链表 1->3->4->1->···，num=2。应该把节点值为 2 的节点插入到 1 和 3 之间，然后返回头节点。

4．如果 pre 和 cur 转了一圈，这期间都没有发现步骤 3 所说的情况，说明 node 应该插入到头节点的前面，这种情况之所以会发生，要么是因为 node 节点的值比链表中每个节点的值都大，要么是因为 node 的值比链表中每个节点的值都小。

分别举两个例子：示例 1，链表 1->3->4->1->···，num=5，应该把节点值为 5 的节点插入到节点 1 的前面；示例 2，链表 1->3->4->1->···，num=0，也应该把节点值为 0 的节点插入到节点 1 的前面。

5. 如果 node 节点的值比链表中每个节点的值都大，返回原来的头节点即可；如果 node 节点的值比链表中每个节点的值都小，应该把 node 作为链表新的头节点返回。

具体过程请参看如下代码中的 insertNum 方法。

```java
public class Node {
        public int value;
        public Node next;

        public Node(int data) {
                this.value = data;
        }
}

public Node insertNum(Node head, int num) {
        Node node = new Node(num);
        if (head == null) {
                node.next = node;
                return node;
        }
        Node pre = head;
        Node cur = head.next;
        while (cur != head) {
                if (pre.value <= num && cur.value >= num) {
                        break;
                }
                pre = cur;
                cur = cur.next;
        }
        pre.next = node;
        node.next = cur;
        return head.value < num ? head : node;
}
```

合并两个有序的单链表

【题目】

给定两个有序单链表的头节点 head1 和 head2，请合并两个有序链表，合并后的链表依然有序，并返回合并后链表的头节点。

例如：

0->2->3->7->null

1->3->5->7->9->null

合并后的链表为：0->1->2->3->3->5->7->7->9->null

【难度】

士　★☆☆☆

【解答】

本题比较简单，假设两个链表的长度分别为 M 和 N，直接给出时间复杂度为 $O(M+N)$、额外空间复杂度为 $O(1)$ 的方法。具体过程如下：

1．如果两个链表中有一个为空，说明无须合并过程，返回另一个链表的头节点即可。

2．比较 head1 和 head2 的值，小的节点也是合并后链表的最小节点，这个节点无疑应该是合并链表的头节点，记为 head；在之后的步骤里，哪个链表的头节点的值更小，另一个链表的所有节点都会依次插入到这个链表中。

3．不妨设 head 节点所在的链表为链表 1，另一个链表为链表 2。链表 1 和链表 2 都从头部开始一起遍历，比较每次遍历到的两个节点的值，记为 cur1 和 cur2，然后根据大小关系做出不同的调整，同时用一个变量 pre 表示上次比较时值较小的节点。

例如，链表 1 为 1->5->6->null，链表 2 为 2->3->7->null。

cur1=1，cur2=2，pre=null。cur1 小于 cur2，不做调整，因为此时 cur1 较小，所以令 pre=cur1=1，然后继续遍历链表 1 的下一个节点，也就是节点 5。

cur1=5，cur2=2，pre=1。cur2 小于 cur1，让 pre 的 next 指针指向 cur2，cur2 的 next 指针指向 cur1，这样，cur2 便插入到链表 1 中。因为此时 cur2 较小，所以令 pre=cur2=2，然后继续遍历链表 2 的下一个节点，也就是节点 3。这一步完成后，链表 1 变为 1->2->5->6->null，链表 2 变为 3->7->null，cur1=5，cur2=3，pre=2。

cur1=5，cur2=3，pre=2。此时又是 cur2 较小，与上一步调整类似，这一步完成后，链表 1 变为 1->2->3->5->6->null，链表 2 为 7->null，cur1=5，cur2=7，pre=3。

cur1=5，cur2=7，pre=3。cur1 小于 cur2，不做调整，因为此时 cur1 较小，所以令 pre=cur1=5，然后继续遍历链表 1 的下一个节点，也就是节点 6。

cur1=6，cur2=7，pre=5。cur1 小于 cur2，不做调整，因为此时 cur1 较小，所以令 pre=cur1=6，此时已经走到链表 1 的最后一个节点，再往下就结束，如果链表 1 或链表 2 有任何一个走到了结束，就进入步骤 4。

4．如果链表 1 先走完，此时 cur1=null，pre 为链表 1 的最后一个节点，那么就把 pre 的 next 指针指向链表 2 当前的节点（即 cur2），表示把链表 2 没遍历到的有序部分直接拼接到最后，调整结束。如果链表 2 先走完，说明链表 2 的所有节点都已经插入到链表 1 中，调整结束。

5．返回合并后链表的头节点 head。

全部过程请参看如下代码中的 merge 方法。

```
public class Node {
```

```
            public int value;
            public Node next;

            public Node(int data) {
                    this.value = data;
            }
    }

    public Node merge(Node head1, Node head2) {
            if (head1 == null || head2 == null) {
                    return head1 != null ? head1 : head2;
            }
            Node head = head1.value < head2.value ? head1 : head2;
            Node cur1 = head == head1 ? head1 : head2;
            Node cur2 = head == head1 ? head2 : head1;
            Node pre = null;
            Node next = null;
            while (cur1 != null && cur2 != null) {
                    if (cur1.value <= cur2.value) {
                            pre = cur1;
                            cur1 = cur1.next;
                    } else {
                            next = cur2.next;
                            pre.next = cur2;
                            cur2.next = cur1;
                            pre = cur2;
                            cur2 = next;
                    }
            }
            pre.next = cur1 == null ? cur2 : cur1;
            return head;
    }
```

按照左右半区的方式重新组合单链表

【题目】

给定一个单链表的头部节点 head，链表长度为 N，如果 N 为偶数，那么前 $N/2$ 个节点算作左半区，后 $N/2$ 个节点算作右半区；如果 N 为奇数，那么前 $N/2$ 个节点算作左半区，后 $N/2+1$ 个节点算作右半区。左半区从左到右依次记为 L1->L2->…，右半区从左到右依次记为 R1->R2->…，请将单链表调整成 L1->R1->L2->R2->…的形式。

例如：

1->null，调整为 1->null。

1->2->null，调整为 1->2->null。

1->2->3->null，调整为 1->2->3->null。

1->2->3->4->null，调整为 1->3->2->4->null。

1->2->3->4->5->null，调整为 1->3->2->4->5->null。

1->2->3->4->5->6->null，调整为 1->4->2->5->3->6->null。

【难度】

士 ★☆☆☆

【解答】

假设链表的长度为 N，直接给出时间复杂度为 O(N)、额外空间复杂度为 O(1)的方法。具体过程如下：

1. 如果链表为空或长度为 1，不用调整，过程直接结束。

2. 链表长度大于 1 时，遍历一遍找到左半区的最后一个节点，记为 mid。

例如：1->2，mid 为 1；1->2->3，mid 为 1；1->2->3->4，mid 为 2；1->2->3->4->5，mid 为 2；1->2->3->4->5->6，mid 为 3。也就是说，从长度为 2 开始，长度每增加 2，mid 就往后移动一个节点。

3. 遍历一遍找到 mid 之后，将左半区与右半区分离成两个链表（mid.next=null），分别记为 left(head)和 right（原来的 mid.next）。

4. 将两个链表按照题目要求合并起来。

具体过程请参看如下代码中的 relocate 方法，其中的 mergeLR 方法为步骤 4 的合并过程。

```java
public class Node {
        public int value;
        public Node next;

        public Node(int value) {
                this.value = value;
        }
}

public void relocate(Node head) {
        if (head == null || head.next == null) {
                return;
        }
        Node mid = head;
        Node right = head.next;
        while (right.next != null && right.next.next != null) {
                mid = mid.next;
                right = right.next.next;
        }
        right = mid.next;
```

```
        mid.next = null;
        mergeLR(head, right);
}

public void mergeLR(Node left, Node right) {
        Node next = null;
        while (left.next != null) {
                next = right.next;
                right.next = left.next;
                left.next = right;
                left = right.next;
                right = next;
        }
        left.next = right;
}
```

第 3 章

二叉树问题

分别用递归和非递归方式实现二叉树先序、中序和后序遍历

【题目】

用递归和非递归方式，分别按照二叉树先序、中序和后序打印所有的节点。我们约定：先序遍历顺序为根、左、右；中序遍历顺序为左、根、右；后序遍历顺序为左、右、根。

【难度】

校 ★★★☆

【解答】

用递归方式实现三种遍历是教材上的基础内容，本书不再详述，直接给出代码实现。

先序遍历的递归实现请参看如下代码中的 preOrderRecur 方法。

```java
public class Node {
        public int value;
        public Node left;
        public Node right;

        public Node(int data) {
                this.value = data;
        }
}

public void preOrderRecur(Node head) {
        if (head == null) {
                return;
        }
```

```
            System.out.print(head.value + " ");
            preOrderRecur(head.left);
            preOrderRecur(head.right);
    }
```

中序遍历的递归实现请参看如下代码中的 inOrderRecur 方法。

```
public void inOrderRecur(Node head) {
        if (head == null) {
                return;
        }
        inOrderRecur(head.left);
        System.out.print(head.value + " ");
        inOrderRecur(head.right);
}
```

后序遍历的递归实现请参看如下代码中的 posOrderRecur 方法。

```
public void posOrderRecur(Node head) {
        if (head == null) {
                return;
        }
        posOrderRecur(head.left);
        posOrderRecur(head.right);
        System.out.print(head.value + " ");
}
```

用递归方法解决的问题都能用非递归的方法实现。这是因为递归方法无非就是利用函数栈来保存信息，如果用自己申请的数据结构来代替函数栈，也可以实现相同的功能。

用非递归的方式实现二叉树的先序遍历，具体过程如下：

1．申请一个新的栈，记为 stack。然后将头节点 head 压入 stack 中。

2．从 stack 中弹出栈顶节点，记为 cur，然后打印 cur 节点的值，再将节点 cur 的右孩子节点（不为空的话）先压入 stack 中，最后将 cur 的左孩子节点（不为空的话）压入 stack 中。

3．不断重复步骤 2，直到 stack 为空，全部过程结束。

下面举例说明整个过程，一棵二叉树如图 3-1 所示。

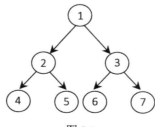

图 3-1

节点 1 先入栈，然后弹出并打印。接下来先把节点 3 压入 stack，再把节点 2 压入，stack 从栈顶到栈底依次为 2，3。

节点 2 弹出并打印，把节点 5 压入 stack，再把节点 4 压入，stack 从栈顶到栈底为 4，5，3。

节点 4 弹出并打印，节点 4 没有孩子节点压入 stack，stack 从栈顶到栈底依次为 5，3。

节点 5 弹出并打印，节点 5 没有孩子节点压入 stack，stack 从栈顶到栈底依次为 3。

节点 3 弹出并打印，把节点 7 压入 stack，再把节点 6 压入，stack 从栈顶到栈底为 6，7。

节点 6 弹出并打印，节点 6 没有孩子节点压入 stack，stack 目前从栈顶到栈底为 7。

节点 7 弹出并打印，节点 7 没有孩子节点压入 stack，stack 已经为空，过程停止。

整个过程请参看如下代码中的 preOrderUnRecur 方法。

```java
public void preOrderUnRecur(Node head) {
        System.out.print("pre-order: ");
        if (head != null) {
                Stack<Node> stack = new Stack<Node>();
                stack.add(head);
                while (!stack.isEmpty()) {
                        head = stack.pop();
                        System.out.print(head.value + " ");
                        if (head.right != null) {
                                stack.push(head.right);
                        }
                        if (head.left != null) {
                                stack.push(head.left);
                        }
                }
        }
        System.out.println();
}
```

用非递归的方式实现二叉树的中序遍历，具体过程如下：

1．申请一个新的栈，记为 stack。初始时，令变量 cur=head。

2．先把 cur 节点压入栈中，对以 cur 节点为头节点的整棵子树来说，依次把左边界压入栈中，即不停地令 cur=cur.left，然后重复步骤 2。

3．不断重复步骤 2，直到发现 cur 为空，此时从 stack 中弹出一个节点，记为 node。打印 node 的值，并且让 cur=node.right，然后继续重复步骤 2。

4．当 stack 为空且 cur 为空时，整个过程停止。

还是用图 3-1 的例子来说明整个过程。

初始时 cur 为节点 1，将节点 1 压入 stack，令 cur=cur.left，即 cur 变为节点 2。（步骤 1+步骤 2）

cur 为节点 2，将节点 2 压入 stack，令 cur=cur.left，即 cur 变为节点 4。（步骤 2）

cur 为节点 4，将节点 4 压入 stack，令 cur=cur.left，即 cur 变为 null，此时 stack 从栈顶到栈底为 4，2，1。（步骤 2）

cur 为 null，从 stack 弹出节点 4（node）并打印，令 cur=node.right，即 cur 为 null，此时 stack 从栈顶到栈底为 2，1。（步骤 3）

cur 为 null，从 stack 弹出节点 2（node）并打印，令 cur=node.right，即 cur 变为节点 5，此时 stack 从栈顶到栈底为 1。（步骤 3）

cur 为节点 5，将节点 5 压入 stack，令 cur=cur.left，即 cur 变为 null，此时 stack 从栈顶到栈底为 5，1。（步骤 2）

cur 为 null，从 stack 弹出节点 5（node）并打印，令 cur=node.right，即 cur 仍为 null，此时 stack 从栈顶到栈底为 1。（步骤 3）

cur 为 null，从 stack 弹出节点 1（node）并打印，令 cur=node.right，即 cur 变为节点 3，此时 stack 为空。（步骤 3）

cur 为节点 3，将节点 3 压入 stack，令 cur=cur.left，即 cur 变为节点 6，此时 stack 从栈顶到栈底为 3。（步骤 2）

cur 为节点 6，将节点 6 压入 stack，令 cur=cur.left，即 cur 变为 null，此时 stack 从栈顶到栈底为 6，3。（步骤 2）

cur 为 null，从 stack 弹出节点 6（node）并打印，令 cur=node.right，即 cur 仍为 null，此时 stack 从栈顶到栈底为 3。（步骤 3）

cur 为 null，从 stack 弹出节点 3（node）并打印，令 cur=node.right，即 cur 变为节点 7，此时 stack 为空。（步骤 3）

cur 为节点 7，将节点 7 压入 stack，令 cur=cur.left，即 cur 变为 null，此时 stack 从栈顶到栈底为 7。（步骤 2）

cur 为 null，从 stack 弹出节点 7（node）并打印，令 cur=node.right，即 cur 仍为 null，此时 stack 为空。（步骤 3）

cur 为 null，stack 也为空，整个过程停止。（步骤 4）

通过与例子结合的方式我们发现，步骤 1 到步骤 4 就是依次先打印左子树，然后打印每棵子树的头节点，最后打印右子树。

全部过程请参看如下代码中的 inOrderUnRecur 方法。

```java
public void inOrderUnRecur(Node head) {
    System.out.print("in-order: ");
    if (head != null) {
        Stack<Node> stack = new Stack<Node>();
        while (!stack.isEmpty() || head != null) {
            if (head != null) {
                stack.push(head);
```

```
                                head = head.left;
                        } else {
                                head = stack.pop();
                                System.out.print(head.value + " ");
                                head = head.right;
                        }
                }
        }
        System.out.println();
}
```

用非递归的方式实现二叉树的后序遍历有点麻烦，本书介绍以下两种方法供读者参考。

先介绍用两个栈实现后序遍历的过程，具体过程如下：

1．申请一个栈，记为 s1，然后将头节点 head 压入 s1 中。

2．从 s1 中弹出的节点记为 cur，然后依次将 cur 的左孩子节点和右孩子节点压入 s1 中。

3．在整个过程中，每一个从 s1 中弹出的节点都放进 s2 中。

4．不断重复步骤 2 和步骤 3，直到 s1 为空，过程停止。

5．从 s2 中依次弹出节点并打印，打印的顺序就是后序遍历的顺序。

还是用图 3-1 的例子来说明整个过程。

节点 1 放入 s1 中。

从 s1 中弹出节点 1，节点 1 放入 s2，然后将节点 2 和节点 3 依次放入 s1，此时 s1 从栈顶到栈底为 3，2；s2 从栈顶到栈底为 1。

从 s1 中弹出节点 3，节点 3 放入 s2，然后将节点 6 和节点 7 依次放入 s1，此时 s1 从栈顶到栈底为 7，6，2；s2 从栈顶到栈底为 3，1。

从 s1 中弹出节点 7，节点 7 放入 s2，节点 7 无孩子节点，此时 s1 从栈顶到栈底为 6，2；s2 从栈顶到栈底为 7，3，1。

从 s1 中弹出节点 6，节点 6 放入 s2，节点 6 无孩子节点，此时 s1 从栈顶到栈底为 2；s2 从栈顶到栈底为 6，7，3，1。

从 s1 中弹出节点 2，节点 2 放入 s2，然后将节点 4 和节点 5 依次放入 s1，此时 s1 从栈顶到栈底为 5，4；s2 从栈顶到栈底为 2，6，7，3，1。

从 s1 中弹出节点 5，节点 5 放入 s2，节点 5 无孩子节点，此时 s1 从栈顶到栈底为 4；s2 从栈顶到栈底为 5，2，6，7，3，1。

从 s1 中弹出节点 4，节点 4 放入 s2，节点 4 无孩子节点，此时 s1 为空；s2 从栈顶到栈底为 4，5，2，6，7，3，1。

过程结束，此时只要依次弹出 s2 中的节点并打印即可，顺序为 4，5，2，6，7，3，1。

通过如上过程我们知道，每棵子树的头节点都最先从 s1 中弹出，然后把该节点的孩子节点按照先左再右的顺序压入 s1，那么从 s1 弹出的顺序就是先右再左，所以从 s1 中弹出的顺序就是中、右、左。然后，s2 重新收集的过程就是把 s1 的弹出顺序逆序，所以 s2 从栈顶到栈底的顺序就变成了左、右、中。

使用两个栈实现后序遍历的全部过程请参看如下代码中的 posOrderUnRecur1 方法。

```java
public void posOrderUnRecur1(Node head) {
        System.out.print("pos-order: ");
        if (head != null) {
                Stack<Node> s1 = new Stack<Node>();
                Stack<Node> s2 = new Stack<Node>();
                s1.push(head);
                while (!s1.isEmpty()) {
                        head = s1.pop();
                        s2.push(head);
                        if (head.left != null) {
                                s1.push(head.left);
                        }
                        if (head.right != null) {
                                s1.push(head.right);
                        }
                }
                while (!s2.isEmpty()) {
                        System.out.print(s2.pop().value + " ");
                }
        }
        System.out.println();
}
```

最后介绍只用一个栈实现后序遍历的过程，具体过程如下。

1. 申请一个栈，记为 stack，将头节点压入 stack，同时设置两个变量 h 和 c。在整个流程中，h 代表最近一次弹出并打印的节点，c 代表 stack 的栈顶节点，初始时 h 为头节点，c 为 null。

2. 每次令 c 等于当前 stack 的栈顶节点，但是不从 stack 中弹出，此时分以下三种情况。

① 如果 c 的左孩子节点不为 null，并且 h 不等于 c 的左孩子节点，也不等于 c 的右孩子节点，则把 c 的左孩子节点压入 stack 中。具体解释一下这么做的原因，首先 h 的意义是最近一次弹出并打印的节点，所以，如果 h 等于 c 的左孩子节点或者右孩子节点，说明 c 的左子树与右子树已经打印完毕，此时不应该再将 c 的左孩子节点放入 stack 中。否则，说明左子树还没处理过，那么此时将 c 的左孩子节点压入 stack 中。

② 如果条件①不成立，并且 c 的右孩子节点不为 null，h 不等于 c 的右孩子节点，则把 c 的右孩子节点压入 stack 中。含义是如果 h 等于 c 的右孩子节点，说明 c 的右子树已经打印完毕，此时不应该再将 c 的右孩子节点放入 stack 中。否则，说明右子树还没处理过，此时将 c 的右孩子节点压入 stack 中。

③ 如果条件①和条件②都不成立，说明 c 的左子树和右子树都已经打印完毕，那么从 stack 中弹出 c 并打印，然后令 h=c。

3. 一直重复步骤 2，直到 stack 为空，过程停止。

依然用图 3-1 的例子来说明整个过程。

节点 1 压入 stack，初始时 h 为节点 1，c 为 null，stack 从栈顶到栈底为 1。

令 c 等于 stack 的栈顶节点——节点 1，此时步骤 2 的条件①命中，将节点 2 压入 stack，h 为节点 1，stack 从栈顶到栈底为 2，1。

令 c 等于 stack 的栈顶节点——节点 2，此时步骤 2 的条件①命中，将节点 4 压入 stack，h 为节点 1，stack 从栈顶到栈底为 4，2，1。

令 c 等于 stack 的栈顶节点——节点 4，此时步骤 2 的条件③命中，将节点 4 从 stack 中弹出并打印，h 变为节点 4，stack 从栈顶到栈底为 2，1。

令 c 等于 stack 的栈顶节点——节点 2，此时步骤 2 的条件②命中，将节点 5 压入 stack，h 为节点 4，stack 从栈顶到栈底为 5，2，1。

令 c 等于 stack 的栈顶节点——节点 5，此时步骤 2 的条件③命中，将节点 5 从 stack 中弹出并打印，h 变为节点 5，stack 从栈顶到栈底为 2，1。

令 c 等于 stack 的栈顶节点——节点 2，此时步骤 2 的条件③命中，将节点 2 从 stack 中弹出并打印，h 变为节点 2，stack 从栈顶到栈底为 1。

令 c 等于 stack 的栈顶节点——节点 1，此时步骤 2 的条件②命中，将节点 3 压入 stack，h 为节点 2，stack 从栈顶到栈底为 3，1。

令 c 等于 stack 的栈顶节点——节点 3，此时步骤 2 的条件①命中，将节点 6 压入 stack，h 为节点 2，stack 从栈顶到栈底为 6，3，1。

令 c 等于 stack 的栈顶节点——节点 6，此时步骤 2 的条件③命中，将节点 6 从 stack 中弹出并打印，h 变为节点 6，stack 从栈顶到栈底为 3，1。

令 c 等于 stack 的栈顶节点——节点 3，此时步骤 2 的条件②命中，将节点 7 压入 stack，h 为节点 6，stack 从栈顶到栈底为 7，3，1。

令 c 等于 stack 的栈顶节点——节点 7，此时步骤 2 的条件③命中，将节点 7 从 stack 中弹出并打印，h 变为节点 7，stack 从栈顶到栈底为 3，1。

令 c 等于 stack 的栈顶节点——节点 3，此时步骤 2 的条件③命中，将节点 3 从 stack 中弹出并打印，h 变为节点 3，stack 从栈顶到栈底为 1。

令 c 等于 stack 的栈顶节点——节点 1，此时步骤 2 的条件③命中，将节点 1 从 stack 中弹出并打印，h 变为节点 1，stack 为空。

过程结束。

只用一个栈实现后序遍历的全部过程请参看如下代码中的 posOrderUnRecur2 方法。

```java
public void posOrderUnRecur2(Node h) {
        System.out.print("pos-order: ");
        if (h != null) {
                Stack<Node> stack = new Stack<Node>();
                stack.push(h);
                Node c = null;
                while (!stack.isEmpty()) {
```

```
                    c = stack.peek();
                    if (c.left != null && h != c.left && h != c.right) {
                            stack.push(c.left);
                    } else if (c.right != null && h != c.right) {
                            stack.push(c.right);
                    } else {
                            System.out.print(stack.pop().value + " ");
                            h = c;
                    }
            }
    }
    System.out.println();
}
```

二叉树的最小深度

【题目】

给定一棵二叉树的头节点 head，求这棵二叉树的最小深度。例如，对于图 3-2 所示的二叉树，答案为 4。

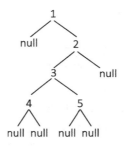

图 3-2

【进阶】

请将解法优化到时间复杂度 $O(N)$，额外空间复杂度 $O(1)$。

【难度】

原问题　士　★☆☆☆
进阶问题　将　★★★★

【解答】

原问题是非常简单的，实现一个遍历，确保在遍历的过程中可以发现所有的叶节点，而且在发现叶节点的时候能够知道这个叶节点的高度。那么答案就是所有叶节点高度中最小的那个。
请看如下的 minDepth1 方法。

```java
public class Node {
        public int value;
        public Node left;
        public Node right;
        public Node(int val) {
                value = val;
        }
}
public int minDepth1(Node head) {
        if (head == null) {
                return 0;
        }
        return process(head, 1);
}
// 当前节点来到的节点是 cur，cur 所在深度是 level
// 确保遍历到 cur 子树中的所有叶节点，并且将最矮的叶节点高度返回
public int process(Node cur, int level) {
        // base case：发现叶节点了，返回它的高度
        if (cur.left == null && cur.right == null) {
                return level;
        }
        int ans = Integer.MAX_VALUE;
        // 如果 cur 有左树，返回 cur 左树上的最矮叶节点高度
        if (cur.left != null) {
                ans = Math.min(process(cur.left, level + 1), ans);
        }
        // 如果 cur 有右树，返回 cur 右树上的最矮叶节点高度
        if (cur.right != null) {
                ans = Math.min(process(cur.right, level + 1), ans);
        }
        // 返回整棵树最矮叶节点的高度
        return ans;
}
```

　　进阶问题。对于原问题，相信读者会使用各种各样遍历的方式来实现，但常见的遍历，不管是二叉树递归的遍历过程，还是非递归的过程，其实都没有办法做到时间复杂度为 $O(N)$，额外空间复杂度为 $O(1)$。这是因为，如果用递归的遍历，使用的额外空间就是系统栈的空间，为树的高度；如果用非递归的遍历，使用的额外空间是你自己压入提前准备好的栈里，额外空间依然为树的高度。请读者先阅读本章"遍历二叉树的神级方法"的内容，熟悉 morris 遍历之后，再回到这里，看以下内容。

首先，解决在 morris 遍历中得到每一个当前节点的深度。如果遍历的当前节点记为 cur，cur 的深度是 level；那么 morris 遍历中，下一个节点深度是多少？根据 morris 遍历的规则：

如果 cur 没有左子树，则让 cur 向右移动，即令 cur = cur.right。那么下一个节点就是 cur 的右孩子，深度是 level+1。

如果 cur 有左子树，则找到 cur 左子树上最右的节点，记为 mostRight。

1)如果 mostRight 的 right 指针指向 null，则令 mostRight.right = cur，也就是让 mostRight 的 right 指针指向当前节点，然后让 cur 向左移动，即令 cur = cur.left。那么下一个节点就是 cur 的左孩子，深度是 level+1。

2)如果 mostRight 的 right 指针指向 cur，则令 mostRight.right = null，也就是让 mostRight 的 right 指针指向 null，然后让 cur 向右移动，即令 cur = cur.right。假设下一个节点记为 next，根据 morris 遍历可知，cur 是 next 左子树上最右的节点。next 的深度 = level - next 左子树的右边界的节点数。

利用以上策略，就能在 morris 遍历中得到每一个节点的深度。

其次，解决如何在 morris 遍历中发现每一个叶节点，这不是很容易的。原因在于在 morris 遍历中，我们会人为修改某些节点的 right 指针，让其指向上级的某个节点。这样，当用 morris 遍历到某个节点 X 的时候，也许 X 原本是叶节点，但此时却发现不了，因为此时 X 的 right 指针指向上级了(不满足 X.left == null && X.right == null)。所以，为了发现所有的叶节点，我们把发现叶节点的时机放在 morris 遍历中回到自己两次，且第二次回到这个节点的时候。比如，在后面要讲解的"遍历二叉树的神级方法"中（如图 3-3 所示），当第二次回到 2 的时候，看看 1 是不是叶节点；当第二次回到 4 的时候，看看 3 是不是叶节点；当第二次回到 6 的时候，看看 5 是不是叶节点；最后单独看一下整棵树的最右节点是不是叶节点。这样就能在 morris 遍历中找到所有的叶节点了。做到了在 morris 遍历中，每一个节点的深度都能得到；也做到了在 morris 遍历中发现所有的叶节点。这个问题自然可以求解，遍历的代价就是 morris 遍历的代价，时间复杂度为 $O(N)$，额外空间复杂度 $O(1)$。请看如下的 minDepth2 方法。

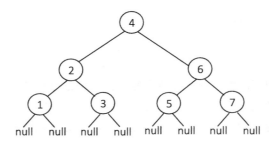

图 3-3

```
// 根据 morris 遍历改写
public int minDepth2(Node head) {
        if (head == null) {
                return 0;
        }
        Node cur = head;
        Node mostRight = null;
        int curLevel = 0;
        int minHeight = Integer.MAX_VALUE;
        while (cur != null) {
                mostRight = cur.left;
                if (mostRight != null) { // 当前 cur 有左子树，能达到两次
                        // cur 左子树上，右边界的节点个数
                        int leftTreeRightSize = 1;
                        // 找到 cur 左子树上最右的节点
                        while (mostRight.right != null && mostRight.right != cur)
{
                                leftTreeRightSize++;
                                mostRight = mostRight.right;
                        }
                        if (mostRight.right == null) {
                        // 第一次到达 cur，那么下一个节点的 level 必然+1
                                curLevel++;
                                mostRight.right = cur;
                                cur = cur.left;
                                continue;
                        } else {
                        // 第二次到达 cur，那么下一个节点的 level = curLevel -
                        leftTreeRightSize，此时检查 mostRight 是不是叶节点。记录答案
                                if (mostRight.left == null) {
                                        minHeight = Math.min(minHeight, curLevel);
                                }
                                curLevel -= leftTreeRightSize;
                                mostRight.right = null;
                        }
                } else {
                // 当前 cur 没有左子树，只能达到一次，那么下一个节点的 level 必然+1
                        curLevel++;
                }
                cur = cur.right;
        }
        int finalRight = 1;
        cur = head;
        while (cur.right != null) {
                finalRight++;
                cur = cur.right;
        }
        // 最后不要忘了单独看看整棵树的最右节点是不是叶节点
```

```
        if (cur.left == null && cur.right == null) {
                minHeight = Math.min(minHeight, finalRight);
        }
        return minHeight;
    }
```

如何较为直观地打印二叉树

【题目】

二叉树可以用常规的三种遍历结果来描述其结构，但是不够直观，尤其是二叉树中有重复值的时候，仅通过三种遍历的结果来构造二叉树的真实结构更是难上加难，有时则根本不可能。给定一棵二叉树的头节点 head，已知二叉树节点值的类型为 32 位整型，请实现一个打印二叉树的函数，可以直观地展示树的形状，也便于画出真实的结构。

【难度】

尉 ★★☆☆

【解答】

这是一道较开放的题目，实现者不仅要设计出符合要求且不会产生歧义的打印方式，还要考虑实现难度，在面试时仅仅写出思路必然是不满足代码面试要求的。本书给出一种符合要求且代码量不大的实现，希望读者也能实现并优化自己的设计。具体过程如下：

1. 设计打印的样式。实现者首先应该解决的问题是用什么样的方式来无歧义地打印二叉树。比如，二叉树如图 3-4 所示。

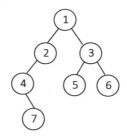

图 3-4

对如图 3-4 所示的二叉树，本书设计的打印样式如图 3-5 所示。

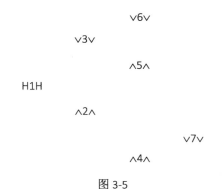

图 3-5

下面解释一下如何看打印的结果。首先，二叉树大概的样子是把打印结果顺时针旋转 90°，读者可以把图 3-4 的打印结果（也就是图 3-5 顺时针旋转 90°之后）做对比，两幅图是存在明显对应关系的；接下来，怎么清晰地确定任何一个节点的父节点呢？如果一个节点打印结果的前缀与后缀都有"H"（如图 3-5 中的"H1H"），则说明这个节点是头节点，当然就不存在父节点。如果一个节点打印结果的前缀与后缀都有"v"，则表示父节点在该节点所在列的前一列，在该节点所在行的下方，并且是离该节点最近的节点。比如，图 3-5 中的"v3v""v6v"和"v7v"，父节点分别为"H1H""v3v"和"^4^"。如果一个节点打印结果的前缀与后缀都有"^"，则表示父节点在该节点所在列的前一列，在该节点所在行的上方，并且是离该节点最近的节点。比如，图 3-5 中的"^5^""^2^"和"^4^"，父节点分别为"v3v""H1H"和"^2^"。

2．一个需要重点考虑的问题——规定节点打印时占用的统一长度。我们必须规定一个节点在打印时到底占多长。试想一下，如果有些节点的值本身的长度很短，如"1""2"等，而有些节点的值本身的长度很长，如"43323232""78787237"等，那么如果不规定一个统一的长度，则在打印一个长短值交替的二叉树时必然会出现格式对不齐的问题，进而产生歧义。在 Java 中，整型值占用长度最长的值是 Integer.MIN_VALUE（-2147483648），占用的长度为 11，加上前缀和后缀（"H""v"或"^"）之后占用长度为 13。为了在打印之后更好地区分，再把前面加上两个空格，后面加上两个空格，总共占用长度为 17。也就是说，长度为 17 的空间必然可以放下任何一个 32 位整数，同时样式还不错。至此，我们约定，打印每一个节点时，必须让每一个节点在打印时占用长度都为 17，如果不足，则前后都用空格补齐。比如，节点值为 8，假设这个节点加上"v"作为前后缀，那么实质内容为"v8v"，长度才为 3，在打印时在"v8v"的前面补 7 个空格，后面也补 7 个空格，让总长度为 17。再如，节点值为 66，假设这个节点加上"v"作为前后缀，那么实质内容为"v66v"，长度才为 4，在打印时在"v66v"的前面补 6 个空格，后面补 7 个空格，让总长度为 17。总之，如果长度不足，则前后贴上几乎数量相等的空格来补齐。

3. 确定了打印的样式，规定了占用长度的标准，最后来解释具体的实现。打印的整体过程结合了二叉树先右子树、再根节点、最后左子树的递归遍历过程。如果递归到一个节点，则首先遍历它的右子树。右子树遍历结束后，回到这个节点。如果这个节点所在层为 l，那么先打印 l×17 个空格（不换行），然后开始制作该节点的打印内容，这个内容当然包括节点的值，以及确定的前后缀字符。如果该节点是其父节点的右孩子节点，则前后缀为 "v"，如果该节点是其父节点的左孩子节点，则前后缀为 "^"，如果是头节点，则前后缀为 "H"。最后在前后分别贴上数量几乎一致的空格，占用长度为 17 的打印内容就制作完成，打印这个内容后换行。最后进行左子树的遍历过程。

直观地打印二叉树的所有过程请参看如下代码中的 printTree 方法。

```java
public class Node {
        public int value;
        public Node left;
        public Node right;

        public Node(int data) {
                this.value = data;
        }
}

public void printTree(Node head) {
        System.out.println("Binary Tree:");
        printInOrder(head, 0, "H", 17);
        System.out.println();
}

public void printInOrder(Node head, int height, String to, int len) {
        if (head == null) {
                return;
        }
        printInOrder(head.right, height + 1, "v", len);
        String val = to + head.value + to;
        int lenM = val.length();
        int lenL = (len - lenM) / 2;
        int lenR = len - lenM - lenL;
        val = getSpace(lenL) + val + getSpace(lenR);
        System.out.println(getSpace(height * len) + val);
        printInOrder(head.left, height + 1, "^", len);
}

public String getSpace(int num) {
        String space = " ";
        StringBuffer buf = new StringBuffer("");
        for (int i = 0; i < num; i++) {
                buf.append(space);
        }
        return buf.toString();
}
```

【扩展】

有关功能设计的面试题，其实最难的部分并不是设计，而是在设计的优良性和实现的复杂程度之间找到一个平衡性最好的设计方案。在满足功能要求的同时，也要保证在面试场上能够完成大致的代码实现，同时，对边界条件的梳理能力和代码逻辑的实现能力也是一大挑战。读者可以看到本书提供的方法在完成功能的同时其代码很少，也请读者设计自己的方案并实现它。

二叉树的序列化和反序列化

【题目】

二叉树被记录成文件的过程叫作二叉树的序列化，通过文件内容重建原来二叉树的过程叫作二叉树的反序列化。给定一棵二叉树的头节点 head，已知二叉树节点值的类型为 32 位整型。请设计一种二叉树序列化和反序列化的方案，并用代码实现。

【难度】

士　★☆☆☆

【解答】

本书提供两套序列化和反序列化的实现，供读者参考。

方法一：通过先序遍历实现序列化和反序列化。

先介绍先序遍历下的序列化过程，首先假设序列化的结果字符串为 str，初始时 str=""。先序遍历二叉树，如果遇到 null 节点，就在 str 的末尾加上 "#!"，"#" 表示这个节点为空，节点值不存在，"!" 表示一个值的结束；如果遇到不为空的节点，假设节点值为 3，就在 str 的末尾加上 "3!"。比如，如图 3-6 所示的二叉树。

根据上文的描述，先序遍历序列化，最后的结果字符串 str 为：12!3!#!#!#!。

为什么要在每个节点值的后面都要加上 "!" 呢？因为，如果不标记一个值的结束，那么最后产生的结果会有歧义，如图 3-7 所示。

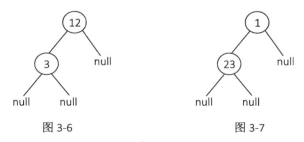

图 3-6　　　　　　　　　　　　图 3-7

如果不在一个值结束时加入特殊字符，那么图 3-6 和图 3-7 的先序遍历序列化结果都是 123###。也就是说，生成的字符串并不代表唯一的树。

先序遍历序列化的全部过程请参看如下代码中的 serialByPre 方法。

```java
public class Node {
        public int value;
        public Node left;
        public Node right;

        public Node(int data) {
                this.value = data;
        }
}

public String serialByPre(Node head) {
        if (head == null) {
                return "#!";
        }
        String res = head.value + "!";
        res += serialByPre(head.left);
        res += serialByPre(head.right);
        return res;
}
```

接下来介绍如何通过先序遍历序列化的结果字符串 str，重构二叉树的过程，即反序列化。

把结果字符串 str 变成字符串类型的数组，记为 values，数组代表一棵二叉树先序遍历的节点顺序。例如，str="12!3!#!#!#!"，生成的 values 为["12","3","#","#","#"]，然后用 values[0..4]按照先序遍历的顺序建立整棵树。

1．遇到"12"，生成节点值为 12 的节点（head），然后用 values[1..4]建立节点 12 的左子树。

2．遇到"3"，生成节点值为 3 的节点，它是节点 12 的左孩子节点，然后用 values[2..4]建立节点 3 的左子树。

3．遇到"#"，生成 null 节点，它是节点 3 的左孩子节点，该节点为 null，所以这个节点没有后续建立子树的过程。回到节点 3 后，用 values[3..4]建立节点 3 的右子树。

4．遇到"#"，生成 null 节点，它是节点 3 的右孩子节点，该节点为 null，所以这个节点没有后续建立子树的过程。回到节点 3 后，再回到节点 1，用 values[4]建立节点 1 的右子树。

5．遇到"#"，生成 null 节点，它是节点 1 的右孩子节点，该节点为 null，所以这个节点没有后续建立子树的过程。整个过程结束。

先序遍历反序列化的全部过程请参看如下代码中的 reconByPreString 方法。

```java
public Node reconByPreString(String preStr) {
        String[] values = preStr.split("!");
        Queue<String> queue = new LinkedList<String>();
```

```
        for (int i = 0; i != values.length; i++) {
                queue.offer(values[i]);
        }
        return reconPreOrder(queue);
}

public Node reconPreOrder(Queue<String> queue) {
        String value = queue.poll();
        if (value.equals("#")) {
                return null;
        }
        Node head = new Node(Integer.valueOf(value));
        head.left = reconPreOrder(queue);
        head.right = reconPreOrder(queue);
        return head;
}
```

方法二：通过层遍历实现序列化和反序列化。

先介绍层遍历下的序列化过程。首先假设序列化的结果字符串为 str，初始时 str="空"。然后实现二叉树的按层遍历，具体方式是利用队列结构，这也是宽度遍历图的常见方式。例如，图 3-8 所示的二叉树。

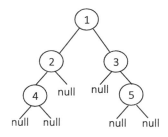

图 3-8

按层遍历图 3-8 所示的二叉树，最后 str="1!2!3!4!#!#!5!#!#!#!#! "。

层遍历序列化的全部过程请参看如下代码中的 serialByLevel 方法。

```
public String serialByLevel(Node head) {
        if (head == null) {
                return "#!";
        }
        String res = head.value + "!";
        Queue<Node> queue = new LinkedList<Node>();
        queue.offer(head);
        while (!queue.isEmpty()) {
                head = queue.poll();
                if (head.left != null) {
                        res += head.left.value + "!";
```

```
                              queue.offer(head.left);
                         } else {
                              res += "#!";
                         }
                         if (head.right != null) {
                              res += head.right.value + "!";
                              queue.offer(head.right);
                         } else {
                              res += "#!";
                         }
                    }
                    return res;
          }
```

先序遍历的反序列化其实就是重做先序遍历，遇到"#"就生成 null 节点，结束生成后续子树的过程。

与根据先序遍历的反序列化过程一样，根据层遍历的反序列化是重做层遍历，遇到"#"就生成 null 节点，同时不把 null 节点放到队列里即可。

层遍历反序列化的全部过程请参看如下代码中的 reconByLevelString 方法。

```
public Node reconByLevelString(String levelStr) {
          String[] values = levelStr.split("!");
          int index = 0;
          Node head = generateNodeByString(values[index++]);
          Queue<Node> queue = new LinkedList<Node>();
          if (head != null) {
                    queue.offer(head);
          }
          Node node = null;
          while (!queue.isEmpty()) {
                    node = queue.poll();
                    node.left = generateNodeByString(values[index++]);
                    node.right = generateNodeByString(values[index++]);
                    if (node.left != null) {
                              queue.offer(node.left);
                    }
                    if (node.right != null) {
                              queue.offer(node.right);
                    }
          }
          return head;
}

public Node generateNodeByString(String val) {
          if (val.equals("#")) {
                    return null;
          }
          return new Node(Integer.valueOf(val));
}
```

遍历二叉树的神级方法

【题目】

给定一棵二叉树的头节点 head，完成二叉树的先序、中序和后序遍历。如果二叉树的节点数为 N，则要求时间复杂度为 O(N)，额外空间复杂度为 O(1)。

【难度】

将 ★★★★

【解答】

本题真正的难点在于对复杂度的要求，尤其是额外空间复杂度为 O(1) 的限制。之前的题目已经剖析过如何用递归和非递归的方法实现遍历二叉树，但是很不幸，之前所有的方法虽然常用，但都无法做到额外空间复杂度为 O(1)。这是因为遍历二叉树的递归方法实际使用了函数栈，非递归的方法使用了申请的栈，两者的额外空间都与树的高度相关，所以空间复杂度为 O(h)，h 为二叉树的高度。如果完全不用栈结构能完成三种遍历吗？答案是可以。方法是使用二叉树节点中大量指向 null 的指针，本题实际上就是大名鼎鼎的 Morris 遍历，由 Joseph Morris 于 1979 年发明。

首先来看普通的递归和非递归解法，其实都使用了栈结构，在处理完二叉树某个节点后可以回到上层去。为什么从下层回到上层会如此之难？因为二叉树的结构如此，每个节点都有指向孩子节点的指针，所以从上层到下层容易，但是没有指向父节点的指针，所以从下层到上层需要用栈结构辅助完成。

Morris 遍历的实质就是避免用栈结构，而是让下层到上层有指针，具体是通过让底层节点指向 null 的空闲指针指回上层的某个节点，从而完成下层到上层的移动。我们知道，二叉树上的很多节点都有大量的空闲指针，比如，某些节点没有右孩子节点，那么这个节点的 right 指针就指向 null，我们称为空闲状态，Morris 遍历正是利用了这些空闲指针。

我们先不管先序、中序、后序的概念，先看看 Morris 遍历的过程。

假设当前节点为 cur，初始时 cur 就是整棵树的头节点，根据以下标准让 cur 移动：

1．如果 cur 为 null，则过程停止，否则继续下面的过程。

2．如果 cur 没有左子树，则让 cur 向右移动，即令 cur = cur.right。

3．如果 cur 有左子树，则找到 cur 左子树上最右的节点，记为 mostRight。

1）如果 mostRight 的 right 指针指向 null，则令 mostRight.right = cur，也就是让 mostRight 的 right 指针指向当前节点，然后让 cur 向左移动，即令 cur = cur.left。

2）如果 mostRight 的 right 指针指向 cur，则令 mostRight.right = null，也就是让 mostRight 的 right 指针指向 null，然后让 cur 向右移动，即令 cur = cur.right。

以上标准并不复杂，下面用例子来展示遍历过程，假设一棵二叉树如图 3-9 所示。

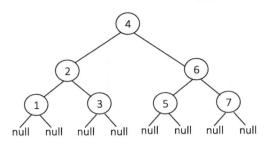

图 3-9

1. 初始时 cur 来到节点 4，cur 此时有左子树，所以根据刚才介绍的标准，找到 cur 的左子树最右节点（即节点 3），发现节点 3 的右指针是指向空的，那么让其指向 cur，树被调整成如图 3-10 所示的样子，然后 cur 向左移动来到节点 2。

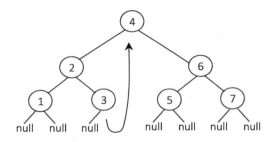

图 3-10

2. cur 来到节点 2，cur 此时有左子树，找到 cur 的左子树最右节点（即节点 1），发现节点 1 的右指针是指向空的，那么让其指向 cur，树被调整成如图 3-11 所示的样子，然后 cur 向左移动来到节点 1。

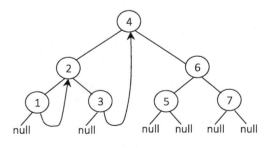

图 3-11

3. cur 来到节点 1，cur 此时没有左子树，根据标准令 cur 向右指针方向移动，所以 cur 回到了节点 2。

4. cur 来到节点 2，cur 此时有左子树，找到 cur 的左子树最右节点，即节点 1，发现节点 1 的右指针是指向 cur 的，根据标准让其指向 null，树被调整回如图 3-10 所示的样子，然后根据标准，cur 向右指针方向移动，所以 cur 来到了节点 3。

5. cur 来到节点 3，cur 此时没有左子树，根据标准令 cur 向右指针方向移动，所以 cur 回到了节点 4。

6. cur 来到节点 4，cur 此时有左子树，找到 cur 的左子树最右节点，即节点 3，发现节点 3 的右指针是指向 cur 的，那么让其指向 null，树被调整回如图 3-9 所示的样子，然后根据标准，cur 向右移动来到节点 6。

7. cur 来到节点 6，cur 此时有左子树，找到 cur 的左子树最右节点，即节点 5，发现节点 5 的右指针是指向 null 的，那么让其指向 cur，树被调整成如图 3-12 所示的样子，然后根据标准，cur 向左移动来到节点 5。

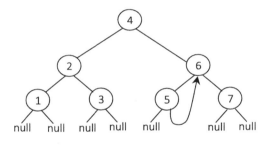

图 3-12

8. cur 来到节点 5，cur 此时没有左子树，根据标准令 cur 向右指针方向移动，所以 cur 回到了节点 6。

9. cur 来到节点 6，cur 此时有左子树，找到 cur 的左子树最右节点，即节点 5，发现节点 5 的右指针是指向 cur 的，那么让其指向 null，树被调整回如图 3-9 所示的样子，然后根据标准，cur 向右移动来到节点 7。

10. cur 来到节点 7，cur 此时没有左子树，根据标准令 cur 向右指针方向移动，cur 来到 null 的位置。

11. cur 为空，过程停止。

以上所有步骤都严格按照我们之前说的 cur 移动标准，cur 依次到达的节点为：4、2、1、2、3、4、6、5、6、7，我们将这个序列叫 Morris 序。

可以看出，在一棵二叉树中，对于有左子树的节点都可以到达两次（4、2、6），对于没有左子树的节点都只会到达一次。对于任何一个只能到达一次的节点 X，接下来 cur 要么跑到 X

的右子树上，要么就返回上级。而对于任何一个能够到达两次的节点 Y，在第一次达到 Y 之后，cur 都会先去 Y 的左子树转一圈，然后会第二次来到 Y，接下来 cur 要么跑到 Y 的右子树上，要么就返回上级。同时，对于任何一个能够到达两次的节点 Y，是如何知道此时的 cur 是第一次来到 Y 还是第二次来到 Y 呢？如果 Y 的左子树上的最右节点的指针（mostRight.right）是指向 null 的，那么此时 cur 就是第一次到达 Y；如果 mostRight.right 是指向 Y 的，那么此时 cur 就是第二次到达 Y。这就是 Morris 遍历和 Morris 序的实质。全部过程请看如下的 morris 方法，目前讲到的全部过程都没有出现先序、中序和后序的事情，请读者先理解 Morris 遍历和 Morris 序，因为可以根据 Morris 序进一步加工出先序、中序和后序。

```java
public void morris(Node head) {
    if (head == null) {
        return;
    }
    Node cur = head;
    Node mostRight = null;
    while (cur != null) {
        mostRight = cur.left;
        if (mostRight != null) { // 如果当前 cur 有左子树
            // 找到 cur 左子树上最右的节点
            while (mostRight.right != null && mostRight.right != cur) {
                mostRight = mostRight.right;
            }
            // 从上面的 while 里出来后，mostRight 就是 cur 左子树上最右的节点
            if (mostRight.right == null) { // 如果 mostRight.right 指向 null
                mostRight.right = cur; // 让其指向 cur
                cur = cur.left; // cur 向左移动
                continue; // 回到最外层的 while，继续判断 cur 的情况
            } else { // 如果 mostRight.right 是指向 cur 的
                mostRight.right = null; // 让其指向 null
            }
        }
        // cur 如果没有左子树，cur 向右移动
        // 或者 cur 左子树上最右节点的右指针是指向 cur 的，cur 向右移动
        cur = cur.right;
    }
}
```

以上代码只使用了有限几个变量，额外空间复杂度肯定是 $O(1)$。但是相信读者已经注意到了，每次来到一个有左子树的节点时，都要去遍历这个节点左子树的右边界，那么时间复杂度还是 $O(N)$ 吗？依然是。下面给出简单的证明，请看图 3-13。

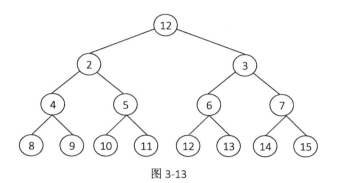

图 3-13

根据 Morris 遍历的过程，所有需要遍历的右边界如下：

到达节点 1 两次，每次遍历其左子树的右边界：2 -> 5 -> 11

到达节点 2 两次，每次遍历其左子树的右边界：4 -> 9

到达节点 3 两次，每次遍历其左子树的右边界：6 -> 13

到达节点 4 两次，每次遍历其左子树的右边界：8

到达节点 5 两次，每次遍历其左子树的右边界：10

到达节点 6 两次，每次遍历其左子树的右边界：12

到达节点 7 两次，每次遍历其左子树的右边界：14

可以看出，所有右边界的所有节点数量为 $O(N)$，每条右边界都遍历两次，那么遍历所有节点左子树右边界的总代价为 $O(N)$。因此，Morris 遍历的时间复杂度还是 $O(N)$。

根据 Morris 遍历，加工出先序遍历。

1．对于 cur 只能到达一次的节点（无左子树的节点），cur 到达时直接打印。

2．对于 cur 可以到达两次的节点（有左子树的节点），cur 第一次到达时打印，第二次到达时不打印。

根据 Morris 遍历，加工出中序遍历。

1．对于 cur 只能到达一次的节点（无左子树的节点），cur 到达时直接打印。

2．对于 cur 可以到达两次的节点（有左子树的节点），cur 第一次到达时不打印，第二次到达时打印。

比如，展示流程中 cur 依次达到的顺序（Morris 序）为：4、2、1、2、3、4、6、5、6、7。

根据加工出先序遍历的规则，将依次打印：4、2、1、3、6、5、7，这就是先序遍历。

根据加工出先序遍历的规则，将依次打印：1、2、3、4、5、6、7，这就是中序遍历。

先序遍历的代码请看如下的 morrisPre 方法， morrisPre 方法就是 morris 方法的简单改写。

```
public void morrisPre(Node head) {
        if (head == null) {
                return;
```

```
        }
        Node cur = head;
        Node mostRight = null;
        while (cur != null) {
                mostRight = cur.left;
                if (mostRight != null) {
                    while (mostRight.right != null && mostRight.right != cur) {
                        mostRight = mostRight.right;
                    }
                    if (mostRight.right == null) {
                        mostRight.right = cur;
                        System.out.print(cur.value + " "); // 打印行为
                        cur = cur.left;
                        continue;
                    } else {
                        mostRight.right = null;
                    }
                } else {
                    System.out.print(cur.value + " "); // 打印行为
                }
                cur = cur.right;
        }
        System.out.println();
    }
```

中序遍历的代码请看如下的 morrisIn 方法，morrisIn 方法也是 morris 方法的简单改写。

```
    public void morrisIn(Node head) {
        if (head == null) {
                return;
        }
        Node cur = head;
        Node mostRight = null;
        while (cur != null) {
                mostRight = cur.left;
                if (mostRight != null) {
                    while (mostRight.right != null && mostRight.right != cur) {
                        mostRight = mostRight.right;
                    }
                    if (mostRight.right == null) {
                        mostRight.right = cur;
                        cur = cur.left;
                        continue;
                    } else {
                        mostRight.right = null;
                    }
                }
                System.out.print(cur.value + " "); // 打印行为
                cur = cur.right;
        }
        System.out.println();
    }
```

Morris 后序遍历的实现，其实也是 Morris 遍历的改写，但包含稍微复杂的调整过程。

根据 Morris 遍历，加工出后序遍历。

1．对于 cur 只能到达一次的节点（无左子树的节点），直接跳过，没有打印行为。

2．对于 cur 可以到达两次的任何一个节点（有左子树的节点）X，cur 第一次到达 X 时没有打印行为；当第二次到达 X 时，逆序打印 X 左子树的右边界。

3．cur 遍历完成后，逆序打印整棵树的右边界。

以图 3-9 来举例说明后序遍历的打印过程，这棵二叉树的 Morris 序为：4、2、1、2、3、4、6、5、6、7。

当第二次达到 2 时，逆序打印节点 2 左子树的右边界：1

当第二次达到 4 时，逆序打印节点 4 左子树的右边界：3、2

当第二次达到 6 时，逆序打印节点 6 左子树的右边界：5

cur 遍历完成后，逆序打印整棵树的右边界：7、6、4

可以看到这个顺序就是后序遍历的顺序。但是我们应该如何实现逆序打印一棵树的右边界？因为整个过程的额外空间复杂度要求是 $O(1)$，所以逆序打印一棵树右边界的过程中，是不能申请额外的数据结构的。为了更好地说明整个过程，下面举一个右边界比较长的例子，如图 3-14 所示。

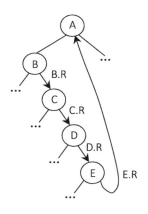

图 3-14

假设 cur 第二次到达了 A，并且要逆序打印节点 A 左子树的右边界，首先将 E.R 指向 null，然后将右边界逆序调整成如图 3-15 所示的样子，整个过程类似单链表的逆序操作。

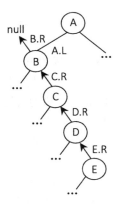

图 3-15

这样我们就可以从节点 E 开始，依次通过每个节点的 right 指针逆序打印整个左边界。在打印完 B 后，把右边界再逆序一次，调回来即可。Morris 后序遍历的具体实现请参看如下代码中的 morrisPos 方法。

```java
public void morrisPos(Node head) {
    if (head == null) {
        return;
    }
    Node cur = head; Node mostRight = null;
    while (cur != null) {
        mostRight = cur.left;
        if (mostRight != null) {
            while (mostRight.right != null && mostRight.right != cur) {
                mostRight = mostRight.right;
            }
            if (mostRight.right == null) {
                mostRight.right = cur;
                cur = cur.left;
                continue;
            } else {
                mostRight.right = null;
                printEdge(cur.left);
            }
        }
        cur = cur.right;
    }
    printEdge(head);
    System.out.println();
}

public static void printEdge(Node head) {
```

```
        Node tail = reverseEdge(head);
        Node cur = tail;
        while (cur != null) {
                System.out.print(cur.value + " ");
                cur = cur.right;
        }
        reverseEdge(tail);
}

public static Node reverseEdge(Node from) {
        Node pre = null;
        Node next = null;
        while (from != null) {
                next = from.right;
                from.right = pre;
                pre = from; from = next;
        }
        return pre;
}
```

在二叉树中找到累加和为指定值的最长路径长度

【题目】

给定一棵二叉树的头节点 head 和一个 32 位整数 sum，二叉树节点值类型为整型，求累加和为 sum 的最长路径长度。路径是指从某个节点往下，每次最多选择一个孩子节点或者不选所形成的节点链。

例如，二叉树如图 3-16 所示。

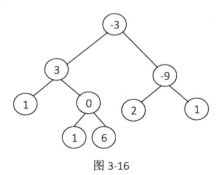

图 3-16

如果 sum=6，那么累加和为 6 的最长路径为：-3，3，0，6，所以返回 4。

如果 sum=-9，那么累加和为-9 的最长路径为：-9，所以返回 1。

注：本题不用考虑节点值相加可能溢出的情况。

【难度】

尉 ★★☆☆

【解答】

在阅读本题的解答之前，请读者先阅读本书"求未排序数组中累加和为规定值的最长子数组长度"问题。针对二叉树，本文的解法改写了这个问题的实现。如果二叉树的节点数为 N，本文的解法可以做到时间复杂度为 $O(N)$，额外空间复杂度为 $O(h)$，其中，h 为二叉树的高度。

具体过程如下：

1. 二叉树头节点 head 和规定值 sum 已知；生成变量 maxLen，负责记录累加和等于 sum 的最长路径长度。

2. 生成哈希表 sumMap。在"求未排序数组中累加和为规定值的最长子数组长度"问题中也使用了哈希表，功能是记录数组从左到右的累加和出现情况，在遍历数组的过程中，再利用这个哈希表来求得累加和为规定值的最长子数组。sumMap 也一样，它负责记录从 head 开始的一条路径上的累加和出现的情况，累加和也是从 head 节点的值开始累加的。sumMap 的 key 值代表某个累加和，value 值代表这个累加和在路径中最早出现的层数。如果在遍历到 cur 节点时，我们能够知道从 head 到 cur 节点这条路径上的累加和出现的情况，那么求以 cur 节点结尾的累加和为指定值的最长路径长度就非常容易。究竟如何去更新 sumMap，才能够做到在遍历到任何一个节点时都能有从 head 到这个节点的路径上的累加和出现的情况呢？步骤 3 详细地说明了更新过程。

3. 首先在 sumMap 中加入一个记录(0,0)，它表示累加和 0 不用包括任何节点就可以得到。然后按照二叉树先序遍历的方式遍历节点，遍历到的当前节点记为 cur，从 head 到 cur 父节点的累加和记为 preSum，cur 所在的层数记为 level。将 cur.value+preSum 的值记为 curSum，就是从 head 到 cur 的累加和。如果 sumMap 中已经包含了 curSum 的记录，则说明 curSum 在上层中已经出现过，那么就不更新 sumMap；如果 sumMap 不包含 curSum 的记录，则说明 curSum 是第一次出现，就把（curSum,level）这个记录放入 sumMap。接下来是求解在必须以 cur 结尾的情况下，累加和为规定值的最长路径长度，详细过程这里不再详述，请读者阅读"求未排序数组中累加和为规定值的最长子数组长度"问题。然后是遍历 cur 左子树和右子树的过程，依然按照上述方法使用和更新 sumMap。处理完以 cur 为头节点的子树，当然要返回 cur 父节点，在返回前还有一项重要的工作要做，在 sumMap 中查询 curSum 这个累加和（key）出现的层数（value），如果 value 等于 level，则说明 curSum 这个累加和的记录是在遍历到 cur 时加上去的，那就把这条记录删除；如果 value 不等于 level，则不做任何调整。

4. 步骤 3 会遍历二叉树所有的节点，也会求解以每个节点结尾的情况下，累加和为规定值的最长路径长度。用 maxLen 记录其中的最大值即可。

全部求解过程请参看如下代码中的 getMaxLength 方法。

```java
public class Node {
        public int value;
        public Node left;
        public Node right;

        public Node(int data) {
                this.value = data;
        }
}

public int getMaxLength(Node head, int sum) {
        HashMap<Integer, Integer> sumMap = new HashMap<Integer, Integer>();
        sumMap.put(0, 0); // 重要
        return preOrder(head, sum, 0, 1, 0, sumMap);
}

public int preOrder(Node head, int sum, int preSum, int level,
                int maxLen, HashMap<Integer, Integer> sumMap) {
        if (head == null) {
                return maxLen;
        }
        int curSum = preSum + head.value;
        if (!sumMap.containsKey(curSum)) {
                sumMap.put(curSum, level);
        }
        if (sumMap.containsKey(curSum - sum)) {
                maxLen = Math.max(level - sumMap.get(curSum - sum), maxLen);
        }
        maxLen = preOrder(head.left, sum, curSum, level + 1, maxLen, sumMap);
        maxLen = preOrder(head.right, sum, curSum, level + 1, maxLen, sumMap);
        if (level == sumMap.get(curSum)) {
                sumMap.remove(curSum);
        }
        return maxLen;
}
```

找到二叉树中的最大搜索二叉子树

【题目】

给定一棵二叉树的头节点 head，已知其中所有节点的值都不一样，找到含有节点最多的搜索二叉子树，并返回这棵子树的头节点。

例如，二叉树如图 3-17 所示。

这棵树中的最大搜索二叉子树如图 3-18 所示。

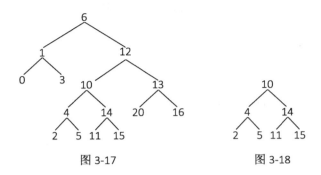

图 3-17   图 3-18

【要求】

如果节点数为 N，则要求时间复杂度为 $O(N)$，额外空间复杂度为 $O(h)$，h 为二叉树的高度。

【难度】

尉 ★★☆☆

【解答】

本题涉及二叉树面试题中一个很常见的套路，也是全书的一个重要内容。利用分析可能性求解在二叉树上做类似动态规划的问题。请读者理解并学习这种套路，本章还有很多面试题目是用这个套路求解的，我们把这个套路的名字叫作树形 dp 套路。

树形 dp 套路使用前提：如果题目求解目标是 S 规则，则求解流程可以定成以每一个节点为头节点的子树在 S 规则下的每一个答案，并且最终答案一定在其中。

如何理解这个前提呢？以本题为例，题目求解目标是：整棵二叉树中的最大搜索二叉子树，这就是我们的规则。那么求解流程可不可以定成：在整棵二叉树中，求出每一个节点为头节点的子树的最大搜索二叉子树（对任何一棵子树都求出答案），并且最终答案（整棵二叉树的最大搜索二叉子树）一定在其中？当然可以。因此，本题可以使用套路。

树形 dp 套路第一步：以某个节点 X 为头节点的子树中，分析答案有哪些可能性，并且这种分析是以 X 的左子树、X 的右子树和 X 整棵树的角度来考虑可能性的。用本题举例。

以节点 X 为头节点的子树中，最大的搜索二叉子树只可能是以下三种情况中可能性最大的那种。

第一种：X 为头节点的子树中，最大的搜索二叉子树就是 X 的左子树中的最大搜索二叉子树。也就是说，答案可能来自左子树。比如，本例中，当 X 为节点 12 时。

第二种：X 为头节点的子树中，最大的搜索二叉子树就是 X 的右子树中的最大搜索二叉子树。也就是说，答案可能来自右子树。比如，本例中，当 X 为节点 6 时。

第三种：如果 X 左子树上的最大搜索二叉子树是 X 左子树的全体，X 右子树上的最大搜索二叉子树是 X 右子树的全体，并且 X 的值大于 X 左子树所有节点的最大值，但小于 X 右子树所有节点的最小值，那么 X 为头节点的子树中，最大的搜索二叉子树就是以 X 为头节点的全体。也就是说，答案可能是用 X 连起所有。比如，本例中，当 X 为节点 10 时。

　　树形 dp 套路第二步：根据第一步的可能性分析，列出所有需要的信息。用本题举例，为了分析第一、二种可能性，需要分别知道左子树和右子树上的最大搜索二叉子树的头部，记为 leftMaxBSTHead、rightMaxBSTHead，因为要比较大小，所以还需要分别知道左子树和右子树上的最大搜索二叉子树的大小，记为 leftBSTSize、rightBSTSize，并且有了这些信息还能帮助分析第三种可能性，因为如果知道了 leftMaxBSTHead，并且发现它正好是 X 的左孩子节点，则说明 X 左子树上的最大搜索二叉子树是 X 左子树的全体。同理，可以利用 rightMaxBSTHead 来判断 X 右子树上的最大搜索二叉子树是否为 X 右子树的全体。但是有这些还不够，因为第三种可能性还要求 X 的值大于 X 左子树所有节点的最大值，但小于 X 右子树所有节点的最小值。因此，需要从左子树上取得左子树的最大值 leftMax，从右子树上取得右子树的最小值 rightMin。汇总一下，为了分析所有的可能性，左树上需要的信息为：leftMaxBSTHead、leftBSTSize、leftMax；右树上需要的信息为：rightMaxBSTHead、rightBSTSize、rightMin。

　　树形 dp 套路第三步：合并第二步的信息，对左树和右树提出同样的要求，并写出信息结构。以本题举例，左树和右树都需要最大搜索二叉子树的头节点及其大小这两个信息，但是左树只需要最大值，右树只需要最小值，那么合并变成统一要求。信息结构请看如下的 ReturnType 类。

```
public class ReturnType {
        public Node maxBSTHead;
        public int maxBSTSize;
        public int min;
        public int max;

        public ReturnType(Node maxBSTHead, int maxBSTSize, int min, int max) {
                this.maxBSTHead = maxBSTHead;
                this.maxBSTSize = maxBSTSize;
                this.min = min;
                this.max = max;
        }
}
```

　　树形 dp 套路第四步：设计递归函数，递归函数是处理以 X 为头节点的情况下的答案，包括设计递归的 base case，默认直接得到左树和右树的所有信息，以及把可能性做整合，并且要返回第三步的信息结构这四个小步骤。本题的实现请看如下的 process 方法。

```
public ReturnType process(Node X) {
        // base case ：如果子树是空树
        // 最小值为系统最大
        // 最大值为系统最小
```

```
if (X == null) {
    return new ReturnType(null, 0, Integer.MAX_VALUE, Integer.MIN_VALUE);
}
// 默认直接得到左树全部信息
ReturnType lData = process(X.left);
// 默认直接得到右树全部信息
ReturnType rData = process(X.right);
// 以下过程为信息整合
// 同时对以 X 为头节点的子树也做同样的要求，也需要返回如 ReturnType 描述的全部信息
// 以 X 为头节点的子树的最小值是：左树最小、右树最小及 X 的值三者中最小的
int min = Math.min(X.value, Math.min(lData.min, rData.min));
// 以 X 为头节点的子树的最大值是：左树最大、右树最大及 X 的值三者中最大的
int max = Math.max(X.value, Math.max(lData.max, rData.max));
// 如果只考虑可能性一和可能性二，则以 X 为头节点的子树的最大搜索二叉树大小
int maxBSTSize = Math.max(lData.maxBSTSize, rData.maxBSTSize);
// 如果只考虑可能性一和可能性二，则以 X 为头节点的子树的最大搜索二叉树头节点
Node maxBSTHead = lData.maxBSTSize >= rData.maxBSTSize ? lData.maxBSTHead
        : rData.maxBSTHead;
// 利用收集的信息，可以判断是否存在第三种可能性
if (lData.maxBSTHead == X.left && rData.maxBSTHead == X.right
            && X.value > lData.max && X.value < rData.min) {
        maxBSTSize = lData.maxBSTSize + rData.maxBSTSize + 1;
        maxBSTHead = X;
}
// 信息全部收集完毕，返回
return new ReturnType(maxBSTHead, maxBSTSize, min, max);
}
```

树形 dp 套路就是以上四个步骤，就是利用递归函数设计一个二叉树后序遍历的过程：先遍历左子树收集信息，然后是右子树收集信息，最后在头节点做信息整合。因为是递归函数，所以对所有的子树要求一样，都返回 ReturnType 的实例。依次求出每棵子树的答案，总答案一定在其中。既然是后序遍历，则时间复杂度为 *O*(*N*)。主方法如下。

```
public Node getMaxBST(Node head) {
    return process(head).maxBSTHead;
}
```

找到二叉树中符合搜索二叉树条件的最大拓扑结构

【题目】

给定一棵二叉树的头节点 head，已知所有节点的值都不一样，返回其中最大的且符合搜索二叉树条件的最大拓扑结构的大小。

例如，二叉树如图 3-19 所示。

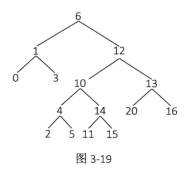

图 3-19

其中最大的且符合搜索二叉树条件的拓扑结构如图 3-20 所示。

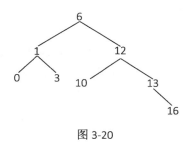

图 3-20

这个拓扑结构节点数为 8，所以返回 8。

【难度】

校　★★★☆

【解答】

方法一：二叉树的节点数为 N，时间复杂度为 $O(N^2)$ 的方法。

首先来看这样一个问题，以节点 h 为头节点的树中，在拓扑结构中也必须以 h 为头节点的情况下，怎么找到符合搜索二叉树条件的最大结构？这个问题有一种比较容易理解的解法，我们先考查 h 的孩子节点，根据孩子节点的值从 h 开始按照二叉搜索的方式移动，如果最后能移动到同一个孩子节点上，说明这个孩子节点可以作为这个拓扑的一部分，并继续考查这个孩子节点的孩子节点，一直延伸下去。

我们以题目的例子来说明一下，假设在以 12 这个节点为头节点的子树中，要求拓扑结构也必须以 12 为头节点，如何找到最多的节点，并且整个拓扑结构是符合二叉树条件的？初始时考查的节点为 12 节点的左右孩子节点，考查队列={10,13}。

考查节点 10。最开始是节点 10 和节点 12 进行比较，发现节点 10 应该往节点 12 的左边找，于是节点 10 被找到，节点 10 可以加入整个拓扑结构，同时将节点 10 的孩子节点 4 和 14 加入考查队列，考查队列为{13,4,14}。

考查节点 13。节点 13 和节点 12 进行比较，应该向右，于是节点 13 被找到，它可以加入整个拓扑结构，同时将它的两个孩子节点 20 和 16 加入考查队列，为{4,14,20,16}。

考查节点 4。节点 4 和 12 比较，应该向左，节点 4 和节点 10 比较，继续向左，节点 4 被找到，可以加入整个拓扑结构。同时将它的孩子节点 2 和 5 加入考查队列，为{14,20,16,2,5}。

考查节点 14。节点 14 和节点 12 比较，应该向右，接下来的查找过程会一直在节点 12 的右子树上，依然会找下去，但是节点 14 不可能被找到。所以它不能加入整个拓扑结构，它的孩子节点也都不能，此时考查队列为{20,16,2,5}。

考查节点 20。节点 20 和节点 12 比较，应该向右，节点 20 和节点 13 比较，继续向右，节点 20 同样再也不会被发现了，所以它不能加入整个拓扑结构，此时，考查队列为{16,2,5}。

按照如上方法，最后这三个节点（16,2,5）都可以加入拓扑结构，所以我们找到了必须以 12 为头节点，且整个拓扑结构是符合二叉树条件的最大结构，这个结构的节点数为 7。

也就是说，我们根据一个节点的值，根据这个值的大小，从 h 开始，每次向左或者向右移动，如果最后能移动到原来的节点上，说明该节点可以作为以 h 为头节点的拓扑的一部分。

解决了以节点 h 为头节点的树中，在拓扑结构也必须以 h 为头节点的情况下，怎么找到符合搜索二叉树条件的最大结构？接下来只要遍历所有的二叉树节点，并在以每个节点为头节点的子树中都求一遍其中的最大拓扑结构，其中最大的那个就是我们想找的结构，它的大小就是返回值。

具体过程请参看如下代码中的 bstTopoSize1 方法。

```java
public class Node {
        public int value;
        public Node left;
        public Node right;

        public Node(int data) {
                this.value = data;
        }
}

public int bstTopoSize1(Node head) {
        if (head == null) {
                return 0;
        }
        int max = maxTopo(head, head);
        max = Math.max(bstTopoSize1(head.left), max);
        max = Math.max(bstTopoSize1(head.right), max);
        return max;
}
```

```
public int maxTopo(Node h, Node n) {
        if (h != null && n != null && isBSTNode(h, n, n.value)) {
                return maxTopo(h, n.left) + maxTopo(h, n.right) + 1;
        }
        return 0;
}

public boolean isBSTNode(Node h, Node n, int value) {
        if (h == null) {
                return false;
        }
        if (h == n) {
                return true;
        }
        return isBSTNode(h.value > value ? h.left : h.right, n, value);
}
```

对于方法一的时间复杂度分析，我们把所有的子树（N 个）都找了一次最大拓扑，每找一次，所考查的节点数都可能是 $O(N)$个节点，所以方法一的时间复杂度为 $O(N^2)$。

方法二：二叉树的节点数为 N，时间复杂度为 $O(N)$的方法。

先来说明一个对方法二来讲非常重要的概念——拓扑贡献记录。还是举例说明，请注意题目中以节点 10 为头节点的子树，这棵子树本身就是一棵搜索二叉树，那么整棵子树都可以作为以节点 10 为头节点的符合搜索二叉树条件的拓扑结构。如果对如图 3-19 所示的拓扑结构建立贡献记录，则是如图 3-21 所示的样子。

在图 3-21 中，每个节点的旁边都有被括号括起来的两个值，我们把它称为节点对当前头节点的拓扑贡献记录。第一个值代表节点的左子树可以为当前头节点的拓扑贡献几个节点，第二个值代表节点的右子树可以为当前头节点的拓扑贡献几个节点。比如，4(1,1)括号中的第一个 1 代表节点 4 的左子树可以为节点 10 为头的拓扑结构贡献 1 个节点，第二个 1 代表节点 4 的右子树可以为节点 10 为头节点的拓扑结构贡献 1 个节点。同样，我们也可以建立以节点 13 为头节点的记录，如图 3-22 所示。

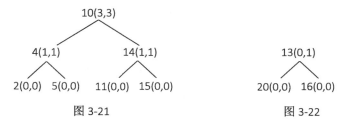

图 3-21　　　　　　　　　　　　图 3-22

整个方法二的核心就是如果分别得到了 h 左右两个孩子节点为头节点的拓扑贡献记录，可以快速得到以 h 为头节点的拓扑贡献记录。比如图 3-21 中每一个节点的记录都是节点对以节点

10 为头节点的拓扑结构的贡献记录，图 3-22 中每一个节点的记录都是节点对以节点 13 为头节点的拓扑结构的贡献记录，同时节点 10 和节点 13 分别是节点 12 的左孩子节点和右孩子节点。那么我们可以快速得到以节点 12 为头节点的拓扑贡献记录。在图 3-21 和图 3-22 中所有节点的记录还没有变成节点 12 为头节点的拓扑贡献记录之前，是如图 3-23 所示的样子。

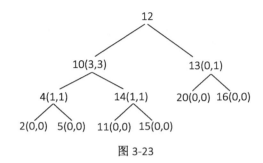

图 3-23

如图 3-23 所示，在没有变更之前，节点 12 左子树上所有节点的记录和原来一样，都是对节点 10 负责的；节点 12 右子树上所有节点的记录也和原来一样，都是对节点 13 负责的。接下来详细展示一下，所有节点的记录如何变更为都对节点 12 负责，也就是所有节点的记录都变成以节点 12 为头节点的拓扑贡献记录。

先来看节点 12 的左子树，只需依次考查左子树右边界上的节点即可。先考查节点 10，因为节点 10 的值比节点 12 的值小，所以节点 10 的左子树原来能给节点 10 贡献多少个节点，当前就一定都能贡献给节点 12，这样节点 10 记录的第一个值不用改变，同时节点 10 左子树上所有节点的记录都不用改变。接下来考查节点 14，此时节点 14 的值比节点 10 要大，说明以节点 14 为头节点的整棵子树都不能成为以节点 12 为头节点的拓扑结构的左边部分，那么删掉节点 14 的记录，让它不作为节点 12 为头节点的拓扑结构即可，同时只要删掉节点 14 一条记录，就可以断开节点 11 和节点 15 的记录，让节点 14 的整棵子树都不成为节点 12 的拓扑结构，且后续的右边界节点也无须考查了。进行到节点 14 这一步，一共删掉的节点数可以直接通过节点 14 的记录得到，记录为 14(1,1)，说明节点 14 的左子树 1 个，节点 14 的右子树 1 个，再加上节点 14 本身，一共有 3 个节点。接下来的过程是从右边界的当前节点重回节点 12 的过程，先回到节点 10，此时节点 10 记录的第二个值应该被修改，因为节点 10 的右子树上被删掉了 3 个节点，所以记录由 10(3,3) 修改为 10(3,0)，根据这个修改后的记录，节点 12 记录的第一个值也可以确定了，节点 12 的左子树可以贡献 4 个节点，其中 3 个来自节点 10 的左子树，还有 1 个是节点 10 本身，此时记录变为如图 3-24 所示的样子。

以上过程展示了怎么把关于 h 左孩子节点的拓扑贡献记录更改为以 h 为头节点的拓扑贡献记录。为了更好地展示这个过程，我们再举一个例子，如图 3-25 所示。

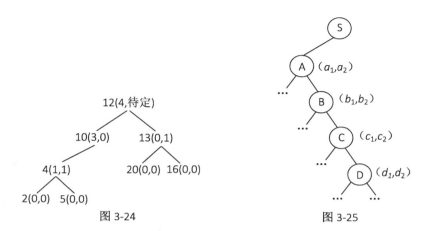

图 3-24　　　　　　　　　　图 3-25

在图 3-25 中，假设之前已经有以节点 A 为头节点的拓扑贡献记录，现在要变更为以节点 S 为头节点的拓扑贡献记录。只用考查 S 左子树的右边界即可（A,B,C,D...），假设 A，B，C 的值都比 S 小，到节点 D 才比节点 S 大。那么 A、B、C 的左子树原来能给 A 的拓扑贡献多少个节点，现在就都同样能贡献给 S，所以这三个节点记录的第一个值一律不发生变化，并且它们所有左子树上的节点记录也不用变化。而 D 的值比 S 的值大，所以删除 D 的记录，从而让 D 子树上的所有记录都和以 S 为头节点的拓扑结构断开，总共删掉的节点数为 d_1+d_2+1。然后从 C 回到 S，沿途所有节点记录的第二个值统一减掉 d_1+d_2+1。最后根据节点 A 改变后的记录，确定 S 记录的第一个值，如图 3-26 所示。

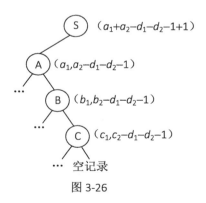

图 3-26

关于怎么把 h 左孩子节点的拓扑贡献记录更改为以 h 为头节点的拓扑贡献记录的问题就解释完了。把关于 h 右孩子节点的拓扑贡献记录更改为以 h 为头节点的拓扑贡献记录与之类似问题，就是依次考查 h 右子树的左边界即可。回到以节点 12 为头节点的拓扑贡献记录问题，最后生成的整个记录如图 3-27 所示。

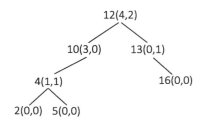

图 3-27

当我们得到以 h 为头节点的拓扑贡献记录后，相当于求出了以 h 为头节点的最大拓扑的大小。方法二正是不断地用这种方法，从小树的记录整合成大树的记录，从而求出整棵树中符合搜索二叉树条件的最大拓扑的大小。因此，整个过程大体说来是利用二叉树的后序遍历，对每个节点来说，首先生成其左孩子节点的记录，然后是右孩子节点的记录，接着把两组记录修改成以这个节点为头的拓扑贡献记录，并找出所有节点的最大拓扑结构中最大的那个。

方法二的全部过程请参看如下代码中的 bstTopoSize2 方法。

```java
public class Record {
        public int l;
        public int r;

        public Record(int left, int right) {
                this.l = left;
                this.r = right;
        }
}

public int bstTopoSize2(Node head) {
        Map<Node, Record> map = new HashMap<Node, Record>();
        return posOrder(head, map);
}

public int posOrder(Node h, Map<Node, Record> map) {
        if (h == null) {
                return 0;
        }
        int ls = posOrder(h.left, map);
        int rs = posOrder(h.right, map);
        modifyMap(h.left, h.value, map, true);
        modifyMap(h.right, h.value, map, false);
        Record lr = map.get(h.left);
        Record rr = map.get(h.right);
        int lbst = lr == null ? 0 : lr.l + lr.r + 1;
        int rbst = rr == null ? 0 : rr.l + rr.r + 1;
        map.put(h, new Record(lbst, rbst));
        return Math.max(lbst + rbst + 1, Math.max(ls, rs));
```

```
        }

        public int modifyMap(Node n, int v, Map<Node, Record> m, boolean s) {
                if (n == null || (!m.containsKey(n))) {
                        return 0;
                }
                Record r = m.get(n);
                if ((s && n.value > v) || ((!s) && n.value < v)) {
                        m.remove(n);
                        return r.l + r.r + 1;
                } else {
                        int minus = modifyMap(s ? n.right : n.left, v, m, s);
                        if (s) {
                                r.r = r.r - minus;
                        } else {
                                r.l = r.l - minus;
                        }
                        m.put(n, r);
                        return minus;
                }
        }
```

下面介绍方法二的时间复杂度分析。假设二叉树如图 3-28 所示。

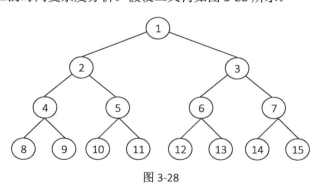

图 3-28

方法二就是对任何一个节点，遍历这个节点的左子树的右边界和右子树的左边界。我们首先看遍历所有节点左子树的右边界的代价。

节点 1 左子树的右边界：2 -> 5 -> 11；　　　节点 2 左子树的右边界：4 -> 9；

节点 3 左子树的右边界：6 -> 13；　　　　　节点 4 左子树的右边界：8；

节点 5 左子树的右边界：10；　　　　　　　节点 6 左子树的右边界：12；

节点 7 左子树的右边界：14。

可以看出，所有右边界的所有节点数量为 $O(N)$，那么遍历所有节点左子树右边界的总代价为 $O(N)$。同理，遍历所有节点右子树左边界的总代价为 $O(N)$。因此，方法二的时间复杂度为 $O(N)$。

二叉树的按层打印与 ZigZag 打印

【题目】

给定一棵二叉树的头节点 head，分别实现按层和 ZigZag 打印二叉树的函数。

例如，二叉树如图 3-29 所示。

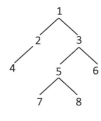

图 3-29

按层打印时，输出格式必须如下：

```
Level 1 : 1
Level 2 : 2 3
Level 3 : 4 5 6
Level 4 : 7 8
```

ZigZag 打印时，输出格式必须如下：

```
Level 1 from left to right: 1
Level 2 from right to left: 3 2
Level 3 from left to right: 4 5 6
Level 4 from right to left: 8 7
```

【难度】

尉 ★★☆☆

【解答】

按层打印的实现

按层打印原本是十分基础的内容，对二叉树做简单的宽度优先遍历即可，但本题有额外的要求，那就是同一层的节点必须打印在一行上，并且要求输出行号。这就需要我们在原来宽度优先遍历的基础上做一些改进，所以关键问题是如何知道该换行。只需要用两个 node 类型的变量 last 和 nLast 就可以解决这个问题，last 变量表示正在打印的当前行的最右节点，nLast 表示下一行的最右节点。假设我们每一层都做从左到右的宽度优先遍历，如果发现遍历到的节点等于

last，则说明应该换行。换行之后，只要令 last=nLast，就可以继续下一行的打印过程，重复此过程，直到所有的节点都打印完。那么问题就变成了如何更新 nLast？只需要让 nLast 一直跟踪记录宽度优先队列中的最新加入的节点即可。这是因为最新加入队列的节点一定是目前已经发现的下一行的最右节点。所以在当前行打印完时，nLast 一定是下一行所有节点中的最右节点。接下来结合题目的例子来说明整个过程。

开始时，last=节点 1，nLast=null，把节点 1 放入队列 queue，遍历开始，queue={1}。

从 queue 中弹出节点 1 并打印，然后把节点 1 的孩子节点依次放入 queue，放入节点 2 时，nLast=节点 2，放入节点 3 时，nLast=节点 3，此时发现弹出的节点 1==last，所以换行，并令 last=nLast=节点 3，queue={2,3}。

从 queue 中弹出节点 2 并打印，然后把节点 2 的孩子节点放入 queue，放入节点 4 时，nLast=节点 4，queue={3,4}。

从 queue 中弹出节点 3 并打印，然后把节点 3 的孩子节点放入 queue，放入节点 5 时，nLast=节点 5，放入节点 6 时，nLast=节点 6，此时发现弹出的节点 3==last，所以换行，并令 last=nLast=节点 6，queue={4,5,6}。

从 queue 中弹出节点 4 并打印，节点 4 没有孩子节点，所以不放入任何节点，nLast 也不更新。

从 queue 中弹出节点 5 并打印，然后把节点 5 的孩子节点依次放入 queue，放入节点 7 时，nLast=节点 7，放入节点 8 时，nLast=节点 8，queue={6,7,8}。

从 queue 中弹出节点 6 并打印，节点 6 没有孩子节点，所以不放入任何节点，nLast 也不更新，此时发现弹出的节点 6==last。所以换行，并令 last=nLast=节点 8，queue={7,8}。

用同样的判断过程打印节点 7 和节点 8，整个过程结束。

按层打印的详细过程请参看如下代码中的 printByLevel 方法。

```java
public class Node {
        public int value;
        public Node left;
        public Node right;

        public Node(int data) {
                this.value = data;
        }
}

public void printByLevel(Node head) {
        if (head == null) {
                return;
        }
        Queue<Node> queue = new LinkedList<Node>();
        int level = 1;
        Node last = head;
        Node nLast = null;
```

```
        queue.offer(head);
        System.out.print("Level " + (level++) + " : ");
        while (!queue.isEmpty()) {
                head = queue.poll();
                System.out.print(head.value + " ");
                if (head.left != null) {
                        queue.offer(head.left);
                        nLast = head.left;
                }
                if (head.right != null) {
                        queue.offer(head.right);
                        nLast = head.right;
                }
                if (head == last && !queue.isEmpty()) {
                        System.out.print("\nLevel " + (level++) + " : ");
                        last = nLast;
                }
        }
        System.out.println();
}
```

ZigZag 打印的实现

先简单介绍一种不推荐的方法，即使用 ArrayList 结构的方法。两个 ArrayList 结构记为 list1 和 list2，用 list1 收集当前层的节点，然后从左到右打印当前层，接着把当前层的孩子节点放进 list2，并从右到左打印，接下来再把 list2 的所有节点的孩子节点放入 list1，如此反复。不推荐的原因是 ArrayList 结构为动态数组，在这个结构中，当元素数量到一定规模时将发生扩容操作，扩容操作的时间复杂度为 $O(N)$，是比较高的，这个结构增加和删除元素的时间复杂度也较高。总之，对本题来讲，用这个结构时数据结构不够"纯粹"和"干净"，而且还需要两个 ArrayList 结构，如果读者不充分理解这个结构的底层实现，最好不要使用。

本书提供的方法只使用了一个双端队列，具体为 Java 中的 LinkedList 结构，这个结构的底层实现就是非常纯粹的双端队列结构，本书的方法也仅使用双端队列结构的基本操作。

先举题目的例子来展示大体过程，首先生成双端队列结构 dq，将节点 1 从 dq 的头部放入 dq。

原则 1：如果是从左到右的过程。那么一律从 dq 的头部弹出节点，如果弹出的节点没有孩子节点，当然不用放入任何节点到 dq 中；如果当前节点有孩子节点，先让左孩子节点从尾部进入 dq，再让右孩子节点从尾部进入 dq。

根据原则 1，先从 dq 头部弹出节点 1 并打印，然后先让节点 2 从 dq 尾部进入，再让节点 3 从 dq 尾部进入，如图 3-30 所示。

原则 2：如果是从右到左的过程，那么一律从 dq 的尾部弹出节点，如果弹出的节点没有孩子节点，当然不用放入任何节点到 dq 中；如果当前节点有孩子节点，先让右孩子从头部进入

dq，再让左孩子节点从头部进入 dq。

　　根据原则 2，先从 dq 尾部弹出节点 3 并打印，然后先让节点 6 从 dq 头部进入，再让节点 5 从 dq 头部进入，如图 3-31 所示。

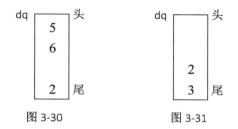

图 3-30　　　　　　　　　　图 3-31

　　根据原则 2，先从 dq 尾部弹出节点 2 并打印，然后让节点 4 从 dq 头部进入，如图 3-32 所示。

　　根据原则 1，依次从 dq 头部弹出节点 4、5、6 并打印，这期间先让节点 7 从 dq 尾部进入，再让节点 8 从 dq 尾部进入，如图 3-33 所示。

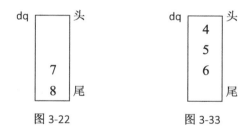

图 3-22　　　　　　　　　　图 3-33

　　最后根据原则 2，依次从 dq 尾部弹出节点 8 和 7 并打印即可。

　　用原则 1 和原则 2 的过程切换，我们可以完成 ZigZag 的打印过程，所以现在只剩一个问题：如何确定切换原则 1 和原则 2 的时机？这其实还是如何确定每一层最后一个节点的问题。

　　在 ZigZag 的打印过程中，下一层最后打印的节点是当前层有孩子节点的节点中最先进入 dq 的节点。比如，处理第 1 层的第 1 个有孩子节点的节点，也就是节点 1 时，节点 1 的左孩子节点 2 最先进入的 dq，那么节点 2 就是下一层打印时的最后一个节点。处理第 2 层的第一个有孩子的节点，也就是节点 3 时，节点 3 的右孩子节点 6 最先进入的 dq，那么节点 6 就是下一层打印时的最后一个节点。处理第 3 层的第一个有孩子节点的节点，也就是节点 5 时，节点 5 的左孩子节点 7 最先进的 dq，那么节点 7 就是下一层打印时的最后一个节点。

　　ZigZag 打印的全部过程请参看如下代码中的 printByZigZag 方法。

```
public void printByZigZag(Node head) {
    if (head == null) {
        return;
```

```
        }
        Deque<Node> dq = new LinkedList<Node>();
        int level = 1;
        boolean lr = true;
        Node last = head;
        Node nLast = null;
        dq.offerFirst(head);
        pringLevelAndOrientation(level++, lr);
        while (!dq.isEmpty()) {
                if (lr) {
                        head = dq.pollFirst();
                        if (head.left != null) {
                                nLast = nLast == null ? head.left : nLast;
                                dq.offerLast(head.left);
                        }
                        if (head.right != null) {
                                nLast = nLast == null ? head.right : nLast;
                                dq.offerLast(head.right);
                        }
                } else {
                        head = dq.pollLast();
                        if (head.right != null) {
                                nLast = nLast == null ? head.right : nLast;
                                dq.offerFirst(head.right);
                        }
                        if (head.left != null) {
                                nLast = nLast == null ? head.left : nLast;
                                dq.offerFirst(head.left);
                        }
                }
                System.out.print(head.value + " ");
                if (head == last && !dq.isEmpty()) {
                        lr = !lr;
                        last = nLast;
                        nLast = null;
                        System.out.println();
                        pringLevelAndOrientation(level++, lr);
                }
        }
        System.out.println();
}

public void pringLevelAndOrientation(int level, boolean lr) {
        System.out.print("Level " + level + " from ");
        System.out.print(lr ? "left to right: " : "right to left: ");
}
```

调整搜索二叉树中两个错误的节点

【题目】

一棵二叉树原本是搜索二叉树，但是其中有两个节点调换了位置，使得这棵二叉树不再是搜索二叉树，请找到这两个错误节点并返回。已知二叉树中所有节点的值都不一样，给定二叉树的头节点 head，返回一个长度为 2 的二叉树节点类型的数组 errs，errs[0]表示一个错误节点，errs[1]表示另一个错误节点。

进阶问题：如果在原问题中得到了这两个错误节点，我们当然可以通过交换两个节点的节点值的方式让整棵二叉树重新成为搜索二叉树。但现在要求你不能这么做，而是在结构上完全交换两个节点的位置，请实现调整的函数。

【难度】

原问题　尉　★★☆☆
进阶问题　将　★★★★

【解答】

原问题——找到这两个错误节点。如果对所有的节点值都不一样的搜索二叉树进行中序遍历，那么出现的节点值会一直升序。因此，如果有两个节点位置错了，就一定会出现降序。

如果在中序遍历时节点值出现了两次降序，第一个错误的节点为第一次降序时较大的节点，第二个错误的节点为第二次降序时较小的节点。

比如，原来的搜索二叉树在中序遍历时的节点值依次出现{1,2,3,4,5}，如果因为两个节点位置错了而出现{1,5,3,4,2}，第一次降序为 5->3，所以第一个错误节点为 5，第二次降序为 4->2，所以第二个错误节点为 2，把 5 和 2 换过来就可以恢复。

如果在中序遍历时节点值只出现了一次降序，第一个错误的节点为这次降序时较大的节点，第二个错误的节点为这次降序时较小的节点。

比如，原来的搜索二叉树在中序遍历时节点值依次出现{1,2,3,4,5}，如果因为两个节点位置错了而出现{1,2,4,3,5}，只有一次降序为 4->3，所以第一个错误节点为 4，第二个错误节点为 3，把 4 和 3 换过来就可以恢复。

寻找两个错误节点的过程可以总结为：第一个错误节点为第一次降序时较大的节点，第二个错误节点为最后一次降序时较小的节点。

因此，只要改写一个基本的中序遍历，就可以完成原问题的要求，改写递归、非递归或者 Morris 遍历都可以。

找到两个错误节点的过程请参看如下代码中的 getTwoErrNodes 方法。

```java
public class Node {
        public int value;
```

```
            public Node left;
            public Node right;

            public Node(int data) {
                    this.value = data;
            }
    }

public Node[] getTwoErrNodes(Node head) {
        Node[] errs = new Node[2];
        if (head == null) {
                return errs;
        }
        Stack<Node> stack = new Stack<Node>();
        Node pre = null;
        while (!stack.isEmpty() || head != null) {
                if (head != null) {
                        stack.push(head);
                        head = head.left;
                } else {
                        head = stack.pop();
                        if (pre != null && pre.value > head.value) {
                                errs[0] = errs[0] == null ? pre : errs[0];
                                errs[1] = head;
                        }
                        pre = head;
                        head = head.right;
                }
        }
        return errs;
    }
```

进阶问题——在结构上交换这两个错误节点。若要在结构上交换两个错误节点，首先应该找到两个错误节点各自的父节点，再随便改写一个二叉树的遍历即可。

找到两个错误节点各自父节点的过程请参看如下代码中的 getTwoErrParents 方法，该方法返回长度为 2 的 Node 类型的数组 parents，parents[0]表示第一个错误节点的父节点，parents[1]表示第二个错误节点的父节点。

```
public Node[] getTwoErrParents(Node head, Node e1, Node e2) {
        Node[] parents = new Node[2];
        if (head == null) {
                return parents;
        }
        Stack<Node> stack = new Stack<Node>();
        while (!stack.isEmpty() || head != null) {
                if (head != null) {
                        stack.push(head);
                        head = head.left;
                } else {
                        head = stack.pop();
```

```
                              if (head.left == e1 || head.right == e1) {
                                      parents[0] = head;
                              }
                              if (head.left == e2 || head.right == e2) {
                                      parents[1] = head;
                              }
                              head = head.right;
                      }
              }
              return parents;
      }
```

　　找到两个错误节点的父节点之后，第一个错误节点记为 e1，e1 的父节点记为 e1P，e1 的左孩子节点记为 e1L，e1 的右孩子节点记为 e1R。第二个错误节点记为 e2，e2 的父节点记为 e2P，e2 的左孩子节点记为 e2L，e2 的右孩子节点记为 e2R。

　　在结构上交换两个节点，实际上就是把两个节点互换环境。简单地讲，就是让 e2 成为 e1P 的孩子节点，让 e1L 和 e1R 成为 e2 的孩子节点；让 e1 成为 e2P 的孩子节点，让 e2L 和 e2R 成为 e1 的孩子节点。但这只是简单地理解，在实际交换的过程中有很多情况需要我们做特殊处理。比如，如果 e1 是头节点，则意味着 e1P 为 null，那么让 e2 成为 e1P 的孩子节点时，关于 e1P 的任何 left 指针或 right 指针操作都会发生错误，因为 e1P 为 null 则根本没有 Node 类型节点的结构。再如，如果 e1 本身就是 e2 的左孩子节点，即 e1==e2L，那么让 e2L 成为 e1 的左孩子节点时，e1 的 left 指针将指向 e2L，将会指向自己，这会让整棵二叉树发生严重的结构错误。

　　换句话说，我们必须理清楚 e1 及其上下环境之间的关系，e2 及其上下环境之间的关系，以及两个环境之间是否有联系。有以下三个问题和一个特别注意是必须关注的。

　　问题一：e1 和 e2 是否有一个是头节点？如果有，谁是头节点？

　　问题二：e1 和 e2 是否相邻？如果相邻，谁是谁的父节点？

　　问题三：e1 和 e2 分别是各自父节点的左孩子节点还是右孩子节点？

　　特别注意：因为是在中序遍历时先找到 e1，后找到 e2，所以 e1 一定不是 e2 的右孩子节点，e2 也一定不是 e1 的左孩子节点。

　　以上三个问题与特别注意之间相互影响，情况非常复杂。经过仔细整理，共有 14 种情况，每一种情况在调整 e1 和 e2 各自的拓扑关系时都有特殊处理。

　　1．e1 是头节点，e1 是 e2 的父节点，此时 e2 只可能是 e1 的右孩子节点。

　　2．e1 是头节点，e1 不是 e2 的父节点，e2 是 e2P 的左孩子节点。

　　3．e1 是头节点，e1 不是 e2 的父节点，e2 是 e2P 的右孩子节点。

　　4．e2 是头节点，e2 是 e1 的父节点，此时 e1 只可能是 e2 的左孩子节点。

　　5．e2 是头节点，e2 不是 e1 的父节点，e1 是 e1P 的左孩子节点。

　　6．e2 是头节点，e2 不是 e1 的父节点，e1 是 e1P 的右孩子节点。

　　7．e1 和 e2 都不是头节点，e1 是 e2 的父节点，此时 e2 只可能是 e1 的右孩子节点，e1 是 e1P 的左孩子节点。

8．e1 和 e2 都不是头节点，e1 是 e2 的父节点，此时 e2 只可能是 e1 的右孩子节点，e1 是 e1P 的右孩子节点。

9．e1 和 e2 都不是头节点，e2 是 e1 的父节点，此时 e1 只可能是 e2 的左孩子节点，e2 是 e2P 的左孩子节点。

10．e1 和 e2 都不是头节点，e2 是 e1 的父节点，此时 e1 只可能是 e2 的左孩子节点，e2 是 e2P 的右孩子节点。

11．e1 和 e2 都不是头节点，谁也不是谁的父节点，e1 是 e1P 的左孩子节点，e2 是 e2P 的左孩子节点。

12．e1 和 e2 都不是头节点，谁也不是谁的父节点，e1 是 e1P 的左孩子节点，e2 是 e2P 的右孩子节点。

13．e1 和 e2 都不是头节点，谁也不是谁的父节点，e1 是 e1P 的右孩子节点，e2 是 e2P 的左孩子节点。

14．e1 和 e2 都不是头节点，谁也不是谁的父节点，e1 是 e1P 的右孩子节点，e2 是 e2P 的右孩子节点。

当情况 1 至情况 3 发生时，二叉树新的头节点应该为 e2，当情况 4 至情况 6 发生时，二叉树新的头节点应该为 e1，其他情况发生时，二叉树的头节点不用发生变化。

从结构上调整两个错误节点的全部过程请参看如下代码中的 recoverTree 方法。

```java
public Node recoverTree(Node head) {
        Node[] errs = getTwoErrNodes(head);
        Node[] parents = getTwoErrParents(head, errs[0], errs[1]);
        Node e1 = errs[0];
        Node e1P = parents[0];
        Node e1L = e1.left;
        Node e1R = e1.right;
        Node e2 = errs[1];
        Node e2P = parents[1];
        Node e2L = e2.left;
        Node e2R = e2.right;
        if (e1 == head) {
                if (e1 == e2P) { // 情况 1
                        e1.left = e2L;
                        e1.right = e2R;
                        e2.right = e1;
                        e2.left = e1L;
                } else if (e2P.left == e2) { // 情况 2
                        e2P.left = e1;
                        e2.left = e1L;
                        e2.right = e1R;
                        e1.left = e2L;
                        e1.right = e2R;
                } else { // 情况 3
                        e2P.right = e1;
                        e2.left = e1L;
```

```
                    e2.right = e1R;
                    e1.left = e2L;
                    e1.right = e2R;
                }
                head = e2;
        } else if (e2 == head) {
                if (e2 == e1P) { // 情况 4
                        e2.left = e1L;
                        e2.right = e1R;
                        e1.left = e2;
                        e1.right = e2R;
                } else if (e1P.left == e1) { // 情况 5
                        e1P.left = e2;
                        e1.left = e2L;
                        e1.right = e2R;
                        e2.left = e1L;
                        e2.right = e1R;
                } else { // 情况 6
                        e1P.right = e2;
                        e1.left = e2L;
                        e1.right = e2R;
                        e2.left = e1L;
                        e2.right = e1R;
                }
                head = e1;
        } else {
                if (e1 == e2P) {
                        if (e1P.left == e1) { // 情况 7
                                e1P.left = e2;
                                e1.left = e2L;
                                e1.right = e2R;
                                e2.left = e1L;
                                e2.right = e1;
                        } else { // 情况 8
                                e1P.right = e2;
                                e1.left = e2L;
                                e1.right = e2R;
                                e2.left = e1L;
                                e2.right = e1;
                        }
                } else if (e2 == e1P) {
                        if (e2P.left == e2) { // 情况 9
                                e2P.left = e1;
                                e2.left = e1L;
                                e2.right = e1R;
                                e1.left = e2;
                                e1.right = e2R;
                        } else { // 情况 10
                                e2P.right = e1;
                                e2.left = e1L;
                                e2.right = e1R;
                                e1.left = e2;
```

```
                                e1.right = e2R;
                        }
                } else {
                        if (e1P.left == e1) {
                                if (e2P.left == e2) { // 情况 11
                                        e1.left = e2L;
                                        e1.right = e2R;
                                        e2.left = e1L;
                                        e2.right = e1R;
                                        e1P.left = e2;
                                        e2P.left = e1;
                                } else { // 情况 12
                                        e1.left = e2L;
                                        e1.right = e2R;
                                        e2.left = e1L;
                                        e2.right = e1R;
                                        e1P.left = e2;
                                        e2P.right = e1;
                                }
                        } else {
                                if (e2P.left == e2) { // 情况 13
                                        e1.left = e2L;
                                        e1.right = e2R;
                                        e2.left = e1L;
                                        e2.right = e1R;
                                        e1P.right = e2;
                                        e2P.left = e1;
                                } else { // 情况 14
                                        e1.left = e2L;
                                        e1.right = e2R;
                                        e2.left = e1L;
                                        e2.right = e1R;
                                        e1P.right = e2;
                                        e2P.right = e1;
                                }
                        }
                }
        }
        return head;
}
```

判断 t1 树是否包含 t2 树全部的拓扑结构

【题目】

给定彼此独立的两棵树头节点分别为 t1 和 t2，判断 t1 树是否包含 t2 树全部的拓扑结构。
例如，如图 3-34 所示的 t1 树和如图 3-35 所示的 t2 树。

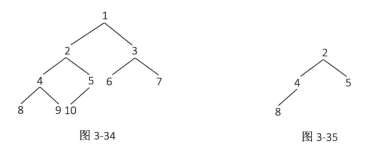

图 3-34   图 3-35

t1 树包含 t2 树全部的拓扑结构，所以返回 true。

【难度】

士 ★☆☆☆

【解答】

如果 t1 中某棵子树头节点的值与 t2 头节点的值一样，则从这两个头节点开始匹配，匹配的每一步都让 t1 上的节点跟着 t2 上的节点的先序遍历移动，每移动一步，都检查 t1 的当前节点是否与 t2 当前节点的值一样。比如，题目中的例子，t1 中的节点 2 与 t2 中的节点 2 匹配，然后 t1 跟着 t2 向左，发现 t1 中的节点 4 与 t2 中的节点 4 匹配，t1 跟着 t2 继续向左，发现 t1 中的节点 8 与 t2 中的节点 8 匹配，此时 t2 回到 t2 中的节点 2，t1 也回到 t1 中的节点 2，然后 t1 跟着 t2 向右，发现 t1 中的节点 5 与 t2 中的节点 5 匹配。t2 匹配完毕，结果返回 true。如果匹配的过程中发现有不匹配的情况，则直接返回 false，说明 t1 的当前子树从头节点开始，无法与 t2 匹配，那么再去寻找 t1 的下一棵子树。t1 的每棵子树上都有可能匹配出 t2，所以都要检查一遍。

因此，如果 t1 的节点数为 N，t2 的节点数为 M，则该方法的时间复杂度为 $O(N \times M)$。

具体过程请参看如下代码中的 contains 方法，

```
public class Node {
        public int value;
        public Node left;
        public Node right;

        public Node(int data) {
                this.value = data;
        }
}

public static boolean contains(Node t1, Node t2) {
        if (t2 == null) {
                return true;
        }
        if (t1 == null) {
```

```
                    return false;
            }
            return check(t1, t2) || contains(t1.left, t2) || contains(t1.right, t2);
    }

    public boolean check(Node h, Node t2) {
            if (t2 == null) {
                    return true;
            }
            if (h == null || h.value != t2.value) {
                    return false;
            }
            return check(h.left, t2.left) && check(h.right, t2.right);
    }
```

判断 t1 树中是否有与 t2 树拓扑结构完全相同的子树

【题目】

给定彼此独立的两棵树头节点分别为 t1 和 t2，判断 t1 中是否有与 t2 树拓扑结构完全相同的子树。

例如，如图 3-36 所示的 t1 树和如图 3-37 所示的 t2 树。

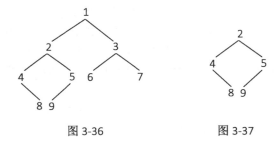

图 3-36   图 3-37

t1 树有与 t2 树拓扑结构完全相同的子树，所以返回 true。但如果 t1 树和 t2 树分别如图 3-38 和图 3-39 所示，则 t1 树就没有与 t2 树拓扑结构完全相同的子树，所以返回 false。

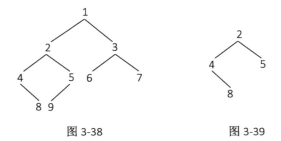

图 3-38   图 3-39

【难度】

校 ★★★☆

【解答】

如果 t1 的节点数为 N，t2 的节点数为 M，则本题最优解是时间复杂度为 O(N+M)的方法。首先简单介绍一个时间复杂度为 O(N×M)的方法，对于 t1 的每棵子树，都去判断是否与 t2 树的拓扑结构完全一样，这个过程的时间复杂度为 O(M)，t1 的子树一共有 N 棵，所以时间复杂度为 O(N×M)，这种方法在本书中不再详述。

下面重点介绍一下时间复杂度为 O(N+M)的方法，首先把 t1 树和 t2 树按照先序遍历的方式序列化，关于这个内容，请阅读本书"二叉树的序列化和反序列化"问题。以题目的例子来说，t1 树序列化后的结果为"1!2!4!#!8!#!#!5!9!#!#!#!3!6!#!#!7!#!#!"，记为 t1Str。t2 树序列化后的结果为"2!4!#!8!#!#!5!9!#!#!#!"，记为 t2Str。接下来，只要验证 t2Str 是否是 t1Str 的子串即可，这个用 KMP 算法可以在线性时间内解决。因此，t1 序列化的过程为 O(N)，t2 序列化的过程为 O(M)，KMP 解决 t1Str 和 t2Str 的匹配问题 O(M+N)，所以时间复杂度为 O(M+N)。有关 KMP 算法的内容，请读者阅读本书"KMP 算法"问题，关于这个算法非常清晰的解释，这里不再详述。

本题最优解的全部过程请参看如下代码中的 isSubtree 方法。

```java
public boolean isSubtree(Node t1, Node t2) {
        String t1Str = serialByPre(t1);
        String t2Str = serialByPre(t2);
        return getIndexOf(t1Str, t2Str) != -1;
}

public String serialByPre(Node head) {
        if (head == null) {
                return "#!";
        }
        String res = head.value + "!";
        res += serialByPre(head.left);
        res += serialByPre(head.right);
        return res;
}

// KMP
public int getIndexOf(String s, String m) {
        if (s == null || m == null || m.length() < 1 || s.length() < m.length())
        {
                return -1;
        }
        char[] ss = s.toCharArray();
        char[] ms = m.toCharArray();
        int si = 0;
```

```
                int mi = 0;
                int[] next = getNextArray(ms);
                while (si < ss.length && mi < ms.length) {
                        if (ss[si] == ms[mi]) {
                                si++;
                                mi++;
                        } else if (next[mi] == -1) {
                                si++;
                        } else {
                                mi = next[mi];
                        }
                }
                return mi == ms.length ? si - mi : -1;
        }

        public int[] getNextArray(char[] ms) {
                if (ms.length == 1) {
                        return new int[] { -1 };
                }
                int[] next = new int[ms.length];
                next[0] = -1;
                next[1] = 0;
                int pos = 2;
                int cn = 0;
                while (pos < next.length) {
                        if (ms[pos - 1] == ms[cn]) {
                                next[pos++] = ++cn;
                        } else if (cn > 0) {
                                cn = next[cn];
                        } else {
                                next[pos++] = 0;
                        }
                }
                return next;
        }
```

判断二叉树是否为平衡二叉树

【题目】

平衡二叉树的性质为：要么是一棵空树，要么任何一个节点的左右子树高度差的绝对值不超过 1。给定一棵二叉树的头节点 head，判断这棵二叉树是否为平衡二叉树。

【要求】

如果二叉树的节点数为 N，则要求时间复杂度为 $O(N)$。

【难度】

士　★☆☆☆

【解答】

平衡二叉树的标准是：对任何子树来说，左子树和右子树的高度差都不超过 1。本题解法的整体过程为树形 dp 套路，请读者先阅读本书"找到二叉树中的最大搜索二叉子树"问题了解这个套路，本题是这个套路的再次展示。

首先，树形 dp 套路的前提是满足的。依次考查每个节点为头节点的子树，如果都是平衡二叉树，那么整体就是平衡二叉树。

树形 dp 套路第一步：以某个节点 X 为头节点的子树中，分析答案有哪些可能性，并且这种分析是以 X 的左子树、X 的右子树和 X 整棵树的角度来考虑可能性的。

可能性一：如果 X 的左子树不是平衡的，则以 X 为头节点的树就是不平衡的。

可能性二：如果 X 的右子树不是平衡的，则以 X 为头节点的树就是不平衡的。

可能性三：如果 X 的左子树和右子树高度差超过 1，则以 X 为头节点的树就是不平衡的。

可能性四：如果上面可能性都没中，那么以 X 为头节点的树是平衡的。

树形 dp 套路第二步：根据第一步的可能性分析，列出所有需要的信息。左子树和右子树都需要知道各自是否平衡，以及高度这两个信息。

树形 dp 套路第三步：根据第二步信息汇总。定义信息如 ReturnType 类所示。

```
public class ReturnType {
        public boolean isBalanced;
        public int height;

        public ReturnType(boolean isBalanced, int height) {
                this.isBalanced = isBalanced;
                this.height = height;
        }
}
```

树形 dp 套路第四步：设计递归函数。递归函数是处理以 X 为头节点的情况下的答案，包括设计递归的 base case，默认直接得到左树和右树所有的信息，以及把可能性做整合，并且也返回第三步的信息结构这四个小步骤。本题的递归实现请看以下的 process 方法，主函数是以下的 isBalanced 方法。

```
public ReturnType process(Node head) {
        if (head == null) {
                return new ReturnType(true, 0);
        }
        ReturnType leftData = process(head.left);
```

```
        ReturnType rightData = process(head.right);
        int height = Math.max(leftData.height, rightData.height) + 1;
        boolean isBalanced = leftData.isBalanced && rightData.isBalanced
                        && Math.abs(leftData.height - rightData.height) < 2;
        return new ReturnType(isBalanced, height);
}

public boolean isBalanced(Node head) {
        return process(head).isBalanced;
}
```

根据后序数组重建搜索二叉树

【题目】

给定一个整型数组 arr，已知其中没有重复值，判断 arr 是否可能是节点值类型为整型的搜索二叉树后序遍历的结果。

进阶问题：如果整型数组 arr 中没有重复值，且已知是一棵搜索二叉树的后序遍历结果，通过数组 arr 重构二叉树。

【难度】

士 ★☆☆☆

【解答】

原问题的解法。二叉树的后序遍历为先左、再右、最后根的顺序，所以，如果一个数组是二叉树后序遍历的结果，那么头节点的值一定会是数组的最后一个元素。根据搜索二叉树的性质，比后序数组最后一个元素值小的数组会在数组的左边，比数组最后一个元素值大的数组会在数组的右边。比如，arr=[2,1,3,6,5,7,4]，比 4 小的部分为[2,1,3]，比 4 大的部分为[6,5,7]。如果不满足这种情况，则说明这个数组一定不可能是搜索二叉树后序遍历的结果。接下来，数组划分成左边数组和右边数组，相当于二叉树分出了左子树和右子树，只要递归地进行如上判断即可。

具体过程请参看如下代码中的 isPostArray 方法。

```
public boolean isPostArray(int[] arr) {
        if (arr == null || arr.length == 0) {
                return false;
        }
        return isPost(arr, 0, arr.length - 1);
}

public boolean isPost(int[] arr, int start, int end) {
```

```
        if (start == end) {
                return true;
        }
        int less = -1;
        int more = end;
        for (int i = start; i < end; i++) {
                if (arr[end] > arr[i]) {
                        less = i;
                } else {
                        more = more == end ? i : more;
                }
        }
        if (less == -1 || more == end) {
                return isPost(arr, start, end - 1);
        }
        if (less != more - 1) {
                return false;
        }
        return isPost(arr, start, less) && isPost(arr, more, end - 1);
}
```

进阶问题的分析与原问题同理，一棵树的后序数组中最后一个值为二叉树头节点的值，数组左部分都比头节点的值小，用来生成头节点的左子树，剩下的部分用来生成右子树。

具体过程请参看如下代码中的 posArrayToBST 方法。

```
public class Node {
        public int value;
        public Node left;
        public Node right;

        public Node(int value) {
                this.value = value;
        }
}

public Node posArrayToBST(int[] posArr) {
        if (posArr == null) {
                return null;
        }
        return posToBST(posArr, 0, posArr.length - 1);
}

public Node posToBST(int[] posArr, int start, int end) {
        if (start > end) {
                return null;
        }
        Node head = new Node(posArr[end]);
        int less = -1;
        int more = end;
```

```
        for (int i = start; i < end; i++) {
                if (posArr[end] > posArr[i]) {
                        less = i;
                } else {
                        more = more == end ? i : more;
                }
        }
        head.left = posToBST(posArr, start, less);
        head.right = posToBST(posArr, more, end - 1);
        return head;
}
```

判断一棵二叉树是否为搜索二叉树和完全二叉树

【题目】

给定二叉树的一个头节点 head，已知其中没有重复值的节点，实现两个函数分别判断这棵二叉树是否为搜索二叉树和完全二叉树。

【难度】

士 ★☆☆☆

【解答】

判断一棵二叉树是否为搜索二叉树，只要改写一个二叉树中序遍历，在遍历的过程中看节点值是否都是递增的即可。本书改写的是 Morris 中序遍历，所以时间复杂度为 $O(N)$，额外空间复杂度为 $O(1)$。有关 Morris 中序遍历的介绍，请读者阅读本书"遍历二叉树的神级方法"问题。需要注意的是，Morris 遍历分调整二叉树结构和恢复二叉树结构两个阶段。因此，当发现节点值是降序时，不能直接返回 false，这么做可能会跳过恢复阶段，从而破坏二叉树的结构。

通过改写 Morris 中序遍历来判断搜索二叉树的过程请参看如下代码中的 isBST 方法。

```
public class Node {
        public int value;
        public Node left;
        public Node right;

        public Node(int data) {
                this.value = data;
        }
}

public boolean isBST(Node head) {
        if (head == null) {
                return true;
```

```
        }
        boolean res = true;
        Node pre = null;
        Node cur1 = head;
        Node cur2 = null;
        while (cur1 != null) {
                cur2 = cur1.left;
                if (cur2 != null) {
                        while (cur2.right != null && cur2.right != cur1) {
                                cur2 = cur2.right;
                        }
                        if (cur2.right == null) {
                                cur2.right = cur1;
                                cur1 = cur1.left;
                                continue;
                        } else {
                                cur2.right = null;
                        }
                }
                if (pre != null && pre.value > cur1.value) {
                        res = false;
                }
                pre = cur1;
                cur1 = cur1.right;
        }
        return res;
}
```

判断一棵二叉树是否为完全二叉树，依据以下标准会使判断过程变得简单且易实现。

1. 按层遍历二叉树，从每层的左边向右边依次遍历所有的节点。

2. 如果当前节点有右孩子节点，但没有左孩子节点，则直接返回 false。

3. 如果当前节点并不是左右孩子节点全有，那么之后的节点必须都为叶节点，否则返回 false。

4. 遍历过程中如果不返回 false，则遍历结束后返回 true。

判断是否是完全二叉树的全部过程请参看如下代码中的 isCBT 方法。

```
public boolean isCBT(Node head) {
        if (head == null) {
                return true;
        }
        Queue<Node> queue = new LinkedList<Node>();
        boolean leaf = false;
        Node l = null;
        Node r = null;
        queue.offer(head);
        while (!queue.isEmpty()) {
                head = queue.poll();
                l = head.left;
                r = head.right;
```

```
                    if ((leaf&&(l!=null||r!=null)) || (l==null&&r!=null)) {
                            return false;
                    }
                    if (l != null) {
                            queue.offer(l);
                    }
                    if (r != null) {
                            queue.offer(r);
                    } else {
                            leaf = true;
                    }
            }
            return true;
    }
```

通过有序数组生成平衡搜索二叉树

【题目】

给定一个有序数组 sortArr，已知其中没有重复值，用这个有序数组生成一棵平衡搜索二叉树，并且该搜索二叉树中序遍历的结果与 sortArr 一致。

【难度】

士 ★☆☆☆

【解答】

本题的递归过程比较简单，用有序数组中最中间的数生成搜索二叉树的头节点，然后用这个数左边的数生成左子树，用右边的数生成右子树即可。

全部过程请参看如下代码中的 generateTree 方法。

```
public class Node {
        public int value;
        public Node left;
        public Node right;

        public Node(int data) {
                this.value = data;
        }
}

public Node generateTree(int[] sortArr) {
        if (sortArr == null) {
                return null;
        }
        return generate(sortArr, 0, sortArr.length - 1);
```

```
    }

    public Node generate(int[] sortArr, int start, int end) {
        if (start > end) {
            return null;
        }
        int mid = (start + end) / 2;
        Node head = new Node(sortArr[mid]);
        head.left = generate(sortArr, start, mid - 1);
        head.right = generate(sortArr, mid + 1, end);
        return head;
    }
```

在二叉树中找到一个节点的后继节点

【题目】

现在有一种新的二叉树节点类型如下：

```
public class Node {
        public int value;
        public Node left;
        public Node right;
        public Node parent;

        public Node(int data) {
                this.value = data;
        }
}
```

该结构比普通二叉树节点结构多了一个指向父节点的 parent 指针。假设有一棵 Node 类型的节点组成的二叉树，树中每个节点的 parent 指针都正确地指向自己的父节点，头节点的 parent 指向 null。只给出一个在二叉树中的某个节点 node，请实现返回 node 的后继节点的函数。在二叉树的中序遍历的序列中，node 的下一个节点叫作 node 的后继节点。

例如，如图 3-40 所示的二叉树。

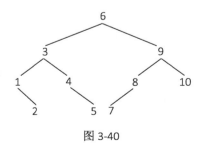

图 3-40

中序遍历的结果为：1，2，3，4，5，6，7，8，9，10

所以节点 1 的后继为节点 2，节点 2 的后继为节点 3，……，节点 10 的后继为 null。

【难度】

尉　★★☆☆

【解答】

先简单介绍一种时间复杂度和空间复杂度较高但易于理解的方法。既然新类型的二叉树节点有指向父节点的指针，那么一直往上移动，自然可以找到头节点。找到头节点之后，再进行二叉树的中序遍历，生成中序遍历序列，然后在这个序列中找到 node 节点的下一个节点返回即可。如果二叉树的节点数为 N，这种方法要把二叉树的所有节点至少遍历一遍，生成中序遍历的序列还需要大小为 N 的空间，所以该方法的时间复杂度与额外空间复杂度都为 $O(N)$。本书不再详述。

最优解法不必遍历所有的节点，如果 node 节点和 node 后继节点之间的实际距离为 L，最优解法只用走过 L 个节点，时间复杂度为 $O(L)$，额外空间复杂度为 $O(1)$。接下来详细说明最优解法是如何找到 node 的后继节点的。

情况 1：如果 node 有右子树，那么后继节点就是右子树上最左边的节点。

例如，题目所示的二叉树中，当 node 为节点 1、3、4、6 或 9 时，就是这种情况。

情况 2：如果 node 没有右子树，那么先看 node 是不是 node 父节点的左孩子节点，如果是左孩子节点，那么此时 node 的父节点就是 node 的后继节点；如果是右孩子节点，就向上寻找 node 的后继节点，假设向上移动到的节点记为 s，s 的父节点记为 p，如果发现 s 是 p 的左孩子节点，那么节点 p 就是 node 节点的后继节点，否则就一直向上移动。

例如，题目所示的二叉树中，当 node 为节点 7 时，节点 7 的父节点是节点 8，同时节点 7 是节点 8 的左孩子节点，此时节点 8 就是节点 7 的后继节点。

再如，题目所示的二叉树中，当 node 为节点 5 时，节点 5 的父节点是节点 4，但是节点 5 是节点 4 的右孩子节点，所以向上寻找 node 的后继节点。当向上移动到节点 4，节点 4 的父节点是节点 3，但是节点 4 还是节点 3 的右孩子节点，继续向上移动。当向上移动到节点 3 时，节点 3 的父节点是节点 6，此时终于发现节点 3 是节点 6 的左孩子节点，移动停止，节点 6 就是 node（节点 5）的后继节点。

情况 3：如果在情况 2 中一直向上寻找，都移动到空节点时还是没有发现 node 的后继节点，说明 node 根本不存在后继节点。

比如，题目所示的二叉树中，当 node 为节点 10 时，一直向上移动到节点 6，此时发现节点 6 的父节点已经为空，说明 node 没有后继节点。

情况 1 和情况 2 遍历的节点就是 node 到 node 后继节点这条路径上的节点；情况 3 遍历的节点数也不会超过二叉树的高度。

最优解的具体过程请参看如下代码中的 getNextNode 方法。

```
public Node getNextNode(Node node) {
        if (node == null) {
                return node;
        }
        if (node.right != null) {
                return getLeftMost(node.right);
        } else {
                Node parent = node.parent;
                while (parent != null && parent.left != node) {
                        node = parent;
                        parent = node.parent;
                }
                return parent;
        }
}

public Node getLeftMost(Node node) {
        if (node == null) {
                return node;
        }
        while (node.left != null) {
                node = node.left;
        }
        return node;
}
```

在二叉树中找到两个节点的最近公共祖先

【题目】

给定一棵二叉树的头节点 head，以及这棵树中的两个节点 o1 和 o2，请返回 o1 和 o2 的最近公共祖先节点。

例如，图 3-41 所示的二叉树。

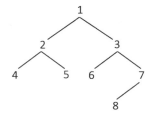

图 3-41

节点 4 和节点 5 的最近公共祖先节点为节点 2，节点 5 和节点 2 的最近公共祖先节点为节点 2，节点 6 和节点 8 的最近公共祖先节点为节点 3，节点 5 和节点 8 的最近公共祖先节点为节点 1。

进阶问题：如果查询两个节点的最近公共祖先的操作十分频繁，想法让单条查询的查询时间减少。

再进阶问题：给定二叉树的头节点 head，同时给定所有想要进行的查询。二叉树的节点数量为 N，查询条数为 M，请在时间复杂度为 $O(N+M)$ 内返回所有查询的结果。

【难度】

原问题　士　★☆☆☆

进阶问题　尉　★★☆☆

再进阶问题　校　★★★☆

【解答】

先来解决原问题。后序遍历二叉树，假设遍历到的当前节点为 cur。因为是后序遍历，所以先处理 cur 的两棵子树。假设处理 cur 左子树时返回节点为 left，处理右子树时返回节点为 right。

1．如果发现 cur 等于 null，或者 o1、o2，则返回 cur。

2．如果 left 和 right 都为空，说明 cur 整棵子树上没有发现过 o1 或 o2，返回 null。

3．如果 left 和 right 都不为空，说明左子树上发现过 o1 或 o2，右子树上也发现过 o2 或 o1，说明 o1 向上与 o2 向上的过程中，首次在 cur 相遇，返回 cur。

4．如果 left 和 right 有一个为空，另一个不为空，假设不为空的那个记为 node，此时 node 到底是什么？有两种可能，要么 node 是 o1 或 o2 中的一个，要么 node 已经是 o1 和 o2 的最近公共祖先。不管是哪种情况，直接返回 node 即可。

以题目二叉树的例子来说明一下，假设 o1 为节点 6，o2 为节点 8，过程为后序遍历。

- 依次遍历节点 4、节点 5、节点 2，都没有发现 o1 或 o2，所以节点 1 的左子树返回为 null；
- 遍历节点 6，发现节点 6 等于 o1，返回节点 6，所以节点 3 左子树的返回值为节点 6；
- 遍历节点 8，发现节点 8 等于 o2，返回节点 8，所以节点 7 左子树的返回值为节点 8；
- 节点 7 的右子树为 null，所以节点 7 右子树的返回值为 null；
- 遍历节点 7，左子树返回节点 8，右子树返回 null，根据步骤 4，此时返回节点 8，所以节点 3 的右子树的返回值为节点 8；
- 遍历节点 3，左子树返回节点 6，右子树返回节点 8，根据步骤 3，此时返回节点 3，所以节点 1 的右子树的返回值为节点 3；
- 遍历节点 1，左子树返回 null，右子树返回节点 3，根据步骤 4，最终返回节点 3。

找到两个节点最近公共祖先的详细过程请参看如下代码中的 lowestAncestor 方法。

```
public Node lowestAncestor(Node head, Node o1, Node o2) {
    if (head == null || head == o1 || head == o2) {
            return head;
    }
    Node left = lowestAncestor(head.left, o1, o2);
    Node right = lowestAncestor(head.right, o1, o2);
    if (left != null && right != null) {
            return head;
    }
    return left != null ? left : right;
}
```

　　进阶问题其实是先花较大的力气建立一种记录，以后执行每次查询时就可以完全根据记录进行查询。记录的方式可以有很多种，本书提供两种记录结构供读者参考，两种记录各有优缺点。

　　结构一：建立二叉树中每个节点对应的父节点信息，是一张哈希表。

　　如果对题目中的二叉树建立这种哈希表，哈希表中的信息如下：

key	value
节点 1	null
节点 2	节点 1
节点 3	节点 1
节点 4	节点 2
节点 5	节点 2
节点 6	节点 3
节点 7	节点 3
节点 8	节点 7

　　key 代表二叉树中的一个节点，value 代表其对应的父节点。只用遍历一次二叉树，这张表就可以创建好，以后每次查询都可以根据这张哈希表进行。

　　假设想查节点 4 和节点 8 的最近公共祖先，方法是使用如上的哈希表，把包括节点 4 在内的所有节点 4 的祖先节点放进另一个哈希表 A 中，A 表示节点 4 到头节点这条路径上所有节点的集合。所以 A={节点 4,节点 2,节点 1}。然后使用如上的哈希表，从节点 8 开始往上逐渐移动到头节点。首先是节点 8，发现不在 A 中，然后是节点 7，发现也不在 A 中，接下来是节点 3，依然不在 A 中，最后是节点 1，发现在 A 中，那么节点 1 就是节点 4 和节点 8 的最近公共祖先。只要在移动过程中发现某个节点在 A 中，这个节点就是要求的公共祖先节点。

　　结构一的具体实现请参看如下代码中 Record1 类的实现，构造函数是创建记录过程，方法

query 是查询操作。

```java
public class Record1 {
        private HashMap<Node, Node> map;

        public Record1(Node head) {
                map = new HashMap<Node, Node>();
                if (head != null) {
                        map.put(head, null);
                }
                setMap(head);
        }

        private void setMap(Node head) {
                if (head == null) {
                        return;
                }
                if (head.left != null) {
                        map.put(head.left, head);
                }
                if (head.right != null) {
                        map.put(head.right, head);
                }
                setMap(head.left);
                setMap(head.right);
        }

        public Node query(Node o1, Node o2) {
                HashSet<Node> path = new HashSet<Node>();
                while (map.containsKey(o1)) {
                        path.add(o1);
                        o1 = map.get(o1);
                }
                while (!path.contains(o2)) {
                        o2 = map.get(o2);
                }
                return o2;
        }

}
```

很明显，结构一建立记录的过程时间复杂度为 $O(N)$、额外空间复杂度为 $O(N)$。进行查询操作时，时间复杂度为 $O(h)$，其中，h 为二叉树的高度。

结构二：直接建立任意两个节点之间的最近公共祖先记录，便于以后查询。

建立记录的具体过程如下：

1. 对二叉树中的每棵子树（一共 N 棵）都进行步骤 2。

2. 假设子树的头节点为 h，h 所有的后代节点和 h 节点的最近公共祖先都是 h，记录下来。

h 左子树的每个节点和 h 右子树的每个节点的最近公共祖先都是 h，记录下来。

为了保证记录不重复，设计一种好的实现方式是这种结构实现的重点。

结构二的具体实现请参看如下代码中 Record2 类的实现。

```java
public class Record2 {
        private HashMap<Node, HashMap<Node, Node>> map;

        public Record2(Node head) {
                map = new HashMap<Node, HashMap<Node, Node>>();
                initMap(head);
                setMap(head);
        }

        private void initMap(Node head) {
                if (head == null) {
                        return;
                }
                map.put(head, new HashMap<Node, Node>());
                initMap(head.left);
                initMap(head.right);
        }

        private void setMap(Node head) {
                if (head == null) {
                        return;
                }
                headRecord(head.left, head);
                headRecord(head.right, head);
                subRecord(head);
                setMap(head.left);
                setMap(head.right);
        }

        private void headRecord(Node n, Node h) {
                if (n == null) {
                        return;
                }
                map.get(n).put(h, h);
                headRecord(n.left, h);
                headRecord(n.right, h);
        }

        private void subRecord(Node head) {
                if (head == null) {
                        return;
                }
                preLeft(head.left, head.right, head);
                subRecord(head.left);
                subRecord(head.right);
        }
```

```
        private void preLeft(Node l, Node r, Node h) {
                if (l == null) {
                        return;
                }
                preRight(l, r, h);
                preLeft(l.left, r, h);
                preLeft(l.right, r, h);
        }

        private void preRight(Node l, Node r, Node h) {
                if (r == null) {
                        return;
                }
                map.get(l).put(r, h);
                preRight(l, r.left, h);
                preRight(l, r.right, h);
        }

        public Node query(Node o1, Node o2) {
                if (o1 == o2) {
                        return o1;
                }
                if (map.containsKey(o1)) {
                        return map.get(o1).get(o2);
                }
                if (map.containsKey(o2)) {
                        return map.get(o2).get(o1);
                }
                return null;
        }

}
```

如果二叉树的节点数为 N，想要记录每两个节点之间的信息，信息的条数为$((N-1) \times N)/2$。所以建立结构二的过程的额外空间复杂度为 $O(N^2)$，时间复杂度为 $O(N^2)$，单次查询的时间复杂度为 $O(1)$。

再进阶的问题：请参看下一题"Tarjan 算法与并查集解决二叉树节点间最近公共祖先的批量查询问题"。

Tarjan 算法与并查集解决二叉树节点间最近公共祖先的批量查询问题

【题目】

如下的 Node 类是标准的二叉树节点结构：

```
public class Node {
        public int value;
        public Node left;
        public Node right;

        public Node(int data) {
                this.value = data;
        }
}
```

再定义 Query 类如下：

```
public class Query {
        public Node o1;
        public Node o2;

        public Query(Node o1, Node o2) {
                this.o1 = o1;
                this.o2 = o2;
        }
}
```

一个 Query 类的实例表示一条查询语句，表示想要查询 o1 节点和 o2 节点的最近公共祖先节点。

给定一棵二叉树的头节点 head，并给定所有的查询语句，即一个 Query 类型的数组 Query[] ques，请返回 Node 类型的数组 Node[] ans，ans[i]代表 ques[i]这条查询的答案，即 ques[i].o1 和 ques[i].o2 的最近公共祖先。

【要求】

如果二叉树的节点数为 N，查询语句的条数为 M，整个处理过程的时间复杂度要求达到 O(N+M)。

【难度】

校 ★★★☆

【解答】

本题的解法利用了 Tarjan 算法与并查集结构的结合。如果读者还不了解什么是并查集，请阅读本书第 9 章 "并查集的实现"。二叉树如图 3-42 所示，假设想要进行的查询为 ques[0]=(节点 4 和节点 7)，ques[1]=(节点 7 和节点 8)，ques[2]=(节点 8 和节点 9)，ques[3]=(节点 9 和节点 3)，ques[4]=(节点 6 和节点 6)，ques[5]=(null 和节点 5)，ques[6]=(null 和 null)。

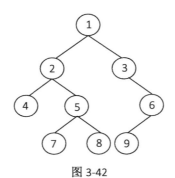

图 3-42

首先生成和 ques 长度一样的 ans 数组，如下三种情况的查询是可以直接得到答案的。

1．如果 o1 等于 o2，答案为 o1。例如，ques[4]，令 ans[4]=节点 6。

2．如果 o1 和 o2 只有一个为 null，答案是不为空的那个。例如，ques[5]，令 ans[5]=节点 5。

3．如果 o1 和 o2 都为 null，答案为 null。例如，ques[6]，令 ans[6]=null。

对不能直接得到答案的查询，我们把查询的格式转换一下，具体过程如下：

1．生成两张哈希表 queryMap 和 indexMap。queryMap 类似于邻接表，key 表示查询涉及的某个节点，value 是一个链表类型，表示 key 与那些节点之间有查询任务。indexMap 的 key 也表示查询涉及的某个节点，value 也是链表类型，表示如果依次解决有关 key 节点的每个问题，该把答案放在 ans 的什么位置。也就是说，如果一个节点为 node，node 与哪些节点之间有查询任务呢？都放在 queryMap 中；获得的答案该放在 ans 的什么位置呢？都放在 indexMap 中。

比如，根据 ques[0～3]，queryMap 和 indexMap 生成记录如下：

Key	Value
节点 4	queryMap 中节点 4 的链表：{节点 7} indexMap 中节点 4 的链表：{ 0 }
节点 7	queryMap 中节点 7 的链表：{节点 4，节点 8} indexMap 中节点 7 的链表：{ 0 ， 1 }
节点 8	queryMap 中节点 8 的链表：{节点 7，节点 9} indexMap 中节点 8 的链表：{ 1 ， 2 }
节点 9	queryMap 中节点 9 的链表：{节点 8，节点 3} indexMap 中节点 9 的链表：{ 2 ， 3 }
节点 3	queryMap 中节点 3 的链表：{节点 9} indexMap 中节点 3 的链表：{ 3 }

读者应该会发现一条（o1,o2）的查询语句在上面的两个表中其实生成了两次。这么做的目的是为了处理时方便找到关于每个节点的查询任务，也方便设置答案。介绍完整个流程之后，

会有进一步说明。

接下来是 Tarjan 算法处理 M 条查询的过程，整个过程是二叉树的先左、再根、再右、最后再回到根的遍历。以图 3-42 的二叉树来说明。

1）对每个节点生成各自的集合，{1}，{2}，…，{9}，开始时每个集合的祖先节点设为空。

2）遍历节点 4，发现它属于集合{4}，设置集合{4}的祖先为节点 4，发现有关于节点 4 和节点 7 的查询任务，发现节点 7 属于集合{7}，但集合{7}的祖先节点为空，说明还没遍历到，所以暂时不执行这个查询任务。

2．遍历节点 2，发现它属于集合{2}，设置集合{2}的祖先为节点 2，此时左孩子节点 4 属于集合{4}，将集合{4}与集合{2}合并，两个集合一旦合并，小的不再存在，而是生成更大的集合{4,2}，并设置集合{4,2}的祖先为当前节点 2。

3．遍历节点 7，发现它属于集合{7}，设置集合{7}的祖先为节点 7，发现有关节点 7 和节点 4 的查询任务，发现节点 4 属于集合{4,2}，集合{4,2}的祖先节点为节点 2，说明节点 4 和节点 7 都已经遍历到，根据 indexMap 知道答案应放在 0 位置，所以设置 ans[0]=节点 2；又发现有节点 7 和节点 8 的查询任务，发现节点 8 属于集合{8}，但集合{8}的祖先节点为空，说明还没遍历到，忽略。

4．遍历节点 5，发现它属于集合{5}，设置集合{5}的祖先为节点 5，此时左孩子节点 7 属于集合{7}，两集合合并为{7,5}，并设置集合{7,5}的祖先为当前节点 5。

5．遍历节点 8，发现它属于集合{8}，设置集合{8}的祖先为节点 8，发现有节点 8 和节点 7 的查询任务，发现节点 7 属于集合{7,5}，集合{7,5}的祖先节点为节点 5，设置 ans[1]=节点 5；发现有节点 8 和节点 9 的查询任务，忽略。

6．从节点 5 的右子树重新回到节点 5，节点 5 属于{7,5}，节点 5 的右孩子节点 8 属于{8}，两个集合合并为{7,5,8}，并设置{7,5,8}的祖先节点为当前的节点 5。

7．从节点 2 的右子树重新回到节点 2，节点 2 属于集合{2,4}，节点 2 的右孩子节点 5 属于集合{7,5,8}，合并为{2,4,7,5,8}，并设置这个集合的祖先节点为当前的节点 2。

8．遍历节点 1，{2,4,7,5,8}与{1}合并为{2,4,7,5,8,1}，这个集合祖先节点为当前的节点 1。

9．遍历节点 3，发现属于集合{3}，集合{3}祖先节点设为节点 3，发现有节点 3 和节点 9 的查询任务，但节点 9 没遍历到，忽略。

10．遍历节点 6，发现属于集合{6}，集合{6}祖先节点设为节点 6。

11．遍历节点 9，发现属于集合{9}，集合{9}祖先节点设为节点 9；发现有节点 9 和节点 8 的查询任务，节点 8 属于{2,4,7,5,8,1}，这个集合的祖先节点为节点 1，根据 indexMap 知道答案应放在 2 位置，所以设置 ans[2]=节点 1；发现有节点 9 和节点 3 的查询任务，节点 3 属于{3}，这个集合的祖先节点为节点 3，根据 indexMap，答案应放在 3 位置，所以设置 ans[3]=节点 1。

12．回到节点 6，合并{6}和{9}为{6,9}，{6,9}的祖先节点设为节点 6。

13. 回到节点 3，合并{3}和{6,9}为{3,6,9}，{3,6,9}的祖先节点设为节点 3。

14. 回到节点 1，合并{2,4,7,5,8,1}和{3,6,9}为{1,2,3,4,5,6,7,8,9}，祖先节点设为节点 1。

15. 过程结束，所有的答案都已得到。

现在我们可以解释生成 queryMap 和 indexMap 的意义了，遍历到一个节点时记为 a，queryMap 可以让我们迅速查到有哪些节点和 a 之间有查询任务，如果能够得到答案，indexMap 还能告诉我们把答案放在 ans 的什么位置。假设 a 和节点 b 之间有查询任务，如果此时 b 已经遍历过，自然可以取得答案，然后在有关 a 的链表中，删除这个查询任务；如果此时 b 没有遍历过，依然在属于 a 的链表中删除这个查询任务，这个任务会在遍历到 b 的时候重新被发现，因为同样的任务 b 也存了一份。所以遍历到一个节点，有关这个节点的任务列表会被完全清空，可能有些任务已被解决，有些则没有，也不要紧，一定会在后序的过程中被发现并得以解决。这就是 queryMap 和 indexMap 生成两遍查询任务信息的意义。

上述流程很好理解，但大量出现生成集合、合并集合和根据节点找到所在集合的操作，如果二叉树的节点数为 N，那么生成集合操作 $O(N)$ 次，合并集合操作 $O(N)$ 次，根据节点找到所在集合 $O(N+M)$ 次。所以，如果上述整个过程想达到 $O(N+M)$ 的时间复杂度，那就要求有关集合的单次操作，平均时间复杂度要求为 $O(1)$。也就是并查集结构。

请读者注意，上述流程中提到一个集合祖先节点的概念与并查集中一个集合代表节点的概念不是一回事。本题的流程中有关设置一个集合祖先节点的操作也不属于并查集自身的操作。下面解释一下在总流程中如何设置一个集合的祖先节点，如上流程中的每一步都有把当前点 node 所在集合的祖先节点设置为 node 的操作。在整个流程开始之前，建立一张哈希表，记为 ancestorMap，我们知道，在并查集中，每个集合都是用该集合的代表节点来表示的。所以，如果想把 node 所在集合的祖先节点设为 node，只用把记录（该集合的代表节点，node）放入 ancestorMap 中即可。同理，如果想得到一个节点 a 所在集合的祖先节点，先找到节点 a 的代表节点，然后从 ancestorMap 中取出相应的记录即可。ancestorMap 同时还可以表示一个节点是否被访问过。全部的处理流程请参看如下代码中的 tarJanQuery 方法。

```java
public class Element<V> {
        public V value;

        public Element(V value) {
                this.value = value;
        }

}

public class UnionFindSet<V> {
        public HashMap<V, Element<V>> elementMap;
        public HashMap<Element<V>, Element<V>> fatherMap;
        public HashMap<Element<V>, Integer> rankMap;
```

```
public UnionFindSet(List<V> list) {
        elementMap = new HashMap<>();
        fatherMap = new HashMap<>();
        rankMap = new HashMap<>();
        for (V value : list) {
                Element<V> element = new Element<V>(value);
                elementMap.put(value, element);
                fatherMap.put(element, element);
                rankMap.put(element, 1);
        }
}

private Element<V> findHead(Element<V> element) {
        Stack<Element<V>> path = new Stack<>();
        while (element != fatherMap.get(element)) {
                path.push(element);
                element = fatherMap.get(element);
        }
        while (!path.isEmpty()) {
                fatherMap.put(path.pop(), element);
        }
        return element;
}

public V findHead(V value) {
        return elementMap.containsKey(value) ? findHead(elementMap
                        .get(value)).value : null;
}

public boolean isSameSet(V a, V b) {
        if (elementMap.containsKey(a) && elementMap.containsKey(b)) {
                return findHead(elementMap.get(a)) == findHead(elementMap
                                .get(b));
        }
        return false;
}

public void union(V a, V b) {
    if (elementMap.containsKey(a) && elementMap.containsKey(b)) {
        Element<V> aF = findHead(elementMap.get(a));
        Element<V> bF = findHead(elementMap.get(b));
        if (aF != bF) {
            Element<V> big = rankMap.get(aF) >= rankMap.get(bF) ? aF : bF;
            Element<V> small = big == aF ? bF : aF;
            fatherMap.put(small, big);
            rankMap.put(big, rankMap.get(aF) + rankMap.get(bF));
            rankMap.remove(small);
        }
    }
```

```
                }

        }

        public class Node {
                public int value;
                public Node left;
                public Node right;

                public Node(int data) {
                        this.value = data;
                }
        }

        public class Query {
                public Node o1;
                public Node o2;

                public Query(Node o1, Node o2) {
                        this.o1 = o1;
                        this.o2 = o2;
                }
        }

        public Node[] tarJanQuery(Node head, Query[] quries) {
                HashMap<Node, LinkedList<Node>> queryMap = new HashMap<>();
                HashMap<Node, LinkedList<Integer>> indexMap = new HashMap<>();
                HashMap<Node, Node> ancestorMap = new HashMap<>();
                UnionFindSet<Node> sets = new UnionFindSet<>(getAllNodes(head));
                Node[] ans = new Node[quries.length];
                setQueriesAndSetEasyAnswers(quries, ans, queryMap, indexMap);
                setAnswers(head, ans, queryMap, indexMap, ancestorMap, sets);
                return ans;
        }

        public List<Node> getAllNodes(Node head) {
                List<Node> res = new ArrayList<>();
                process(head, res);
                return res;
        }

        public void process(Node head, List<Node> res) {
                if (head == null) {
                        return;
                }
                res.add(head);
                process(head.left, res);
                process(head.right, res);
        }
```

```java
public void setQueriesAndSetEasyAnswers(Query[] ques, Node[] ans,
            HashMap<Node, LinkedList<Node>> queryMap,
            HashMap<Node, LinkedList<Integer>> indexMap) {
    Node o1 = null;
    Node o2 = null;
    for (int i = 0; i != ans.length; i++) {
        o1 = ques[i].o1;
        o2 = ques[i].o2;
        if (o1 == o2 || o1 == null || o2 == null) {
            ans[i] = o1 != null ? o1 : o2;
        } else {
            if (!queryMap.containsKey(o1)) {
                queryMap.put(o1, new LinkedList<Node>());
                indexMap.put(o1, new LinkedList<Integer>());
            }
            if (!queryMap.containsKey(o2)) {
                queryMap.put(o2, new LinkedList<Node>());
                indexMap.put(o2, new LinkedList<Integer>());
            }
            queryMap.get(o1).add(o2);
            indexMap.get(o1).add(i);
            queryMap.get(o2).add(o1);
            indexMap.get(o2).add(i);
        }
    }
}

public void setAnswers(Node head, Node[] ans,
            HashMap<Node, LinkedList<Node>> queryMap,
            HashMap<Node, LinkedList<Integer>> indexMap,
            HashMap<Node, Node> ancestorMap, UnionFindSet<Node> sets) {
    if (head == null) {
        return;
    }
    setAnswers(head.left, ans, queryMap, indexMap, ancestorMap, sets);
    sets.union(head.left, head);
    ancestorMap.put(sets.findHead(head), head);
    setAnswers(head.right, ans, queryMap, indexMap, ancestorMap, sets);
    sets.union(head.right, head);
    ancestorMap.put(sets.findHead(head), head);
    LinkedList<Node> nList = queryMap.get(head);
    LinkedList<Integer> iList = indexMap.get(head);
    Node node = null;
    Node nodeFather = null;
    int index = 0;
    while (nList != null && !nList.isEmpty()) {
        node = nList.poll();
        index = iList.poll();
        nodeFather = sets.findHead(node);
        if (ancestorMap.containsKey(nodeFather)) {
```

```
                                   ans[index] = ancestorMap.get(nodeFather);
                  }
          }
    }
```

二叉树节点间的最大距离问题

【题目】

从二叉树的节点 A 出发，可以向上或者向下走，但沿途的节点只能经过一次，当到达节点 B 时，路径上的节点数叫作 A 到 B 的距离。

比如，图 3-43 所示的二叉树，节点 4 和节点 2 的距离为 2，节点 5 和节点 6 的距离为 5。给定一棵二叉树的头节点 head，求整棵树上节点间的最大距离。

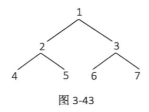

图 3-43

【要求】

如果二叉树的节点数为 N，时间复杂度要求为 $O(N)$。

【难度】

尉 ★★☆☆

【解答】

本题解法的整体过程为树形 dp 套路，请读者先阅读本书"找到二叉树中的最大搜索二叉子树"问题了解这个套路，本题是这个套路的再一次展示。首先本题对于树形 dp 套路前提是满足的：依次求出每一个节点为头节点的子树上的最大距离，那么最终答案一定在其中。

树形 dp 套路第一步：以某个节点 X 为头节点的子树中，分析答案来自哪些可能性，并且这种分析是以 X 的左子树、X 的右子树和 X 整棵树的角度来考虑可能性的。

可能性一：以 X 为头节点的子树，最大距离可能是左子树上的最大距离。

可能性二：以 X 为头节点的子树，最大距离可能是右子树上的最大距离。

可能性三：以 X 为头节点的子树，最大距离可能是从 X 的左子树离 X 最远的节点，先到达 X，然后走到 X 的右子树离 X 最远的节点。也就是左子树高度+右子树高度+1。

树形 dp 套路第二步：根据第一步的可能性分析，列出所有需要的信息。左子树和右子树都需要知道自己这棵子树上的最大距离，以及高度这两个信息。

树形 dp 套路第三步：根据第二步信息汇总。定义信息如 ReturnType 类所示。

```java
public class ReturnType {
        public int maxDistance;
        public int height;

        public ReturnType(int maxDistance, int height) {
                this.maxDistance = maxDistance;
                this.height = height;
        }
}
```

树形 dp 套路第四步：设计递归函数。递归函数是处理以 X 为头节点的情况下的答案，包括设计递归的 base case、默认直接得到左树和右树的所有信息，以及把可能性做整合，并且也要返回第三步的信息结构这四个小步骤。本题的递归实现请看以下的 process 方法，主函数是以下的 getMaxDistance 方法。

```java
public ReturnType process(Node head) {
        if (head == null) {
                return new ReturnType(0, 0);
        }
        ReturnType leftData = process(head.left);
        ReturnType rightData = process(head.right);
        int height = Math.max(leftData.height, rightData.height) + 1;
        int maxDistance = Math.max(leftData.height + rightData.height + 1,
                        Math.max(leftData.maxDistance, rightData.maxDistance));
        return new ReturnType(maxDistance, height);
}


public int getMaxDistance(Node head) {
        return process(head).maxDistance;
}
```

派对的最大快乐值

【题目】

员工信息的定义如下：

```java
class Employee {
        public int happy; // 这名员工可以带来的快乐值
```

```
            List<Employee> subordinates; // 这名员工有哪些直接下级
   }
```

公司的每个员工都符合 Employee 类的描述。整个公司的人员结构可以看作是一棵标准的、没有环的多叉树。树的头节点是公司唯一的老板，除老板外，每个员工都有唯一的直接上级。叶节点是没有任何下属的基层员工（subordinates 列表为空），除基层员工外，每个员工都有一个或多个直接下级。

这个公司现在要办 party，你可以决定哪些员工来，哪些员工不来。但是要遵循如下规则。

1．如果某个员工来了，那么这个员工的所有直接下级都不能来。

2．派对的整体快乐值是所有到场员工快乐值的累加。

3．你的目标是让派对的整体快乐值尽量大。

给定一个头节点 boss，请返回派对的最大快乐值。

【要求】

如果以 boss 为头节点的整棵树有 N 个节点，请做到时间复杂度为 $O(N)$。

【难度】

尉　★★☆☆

【解答】

假设以 X 为头节点的整棵树如图 3-44 所示。

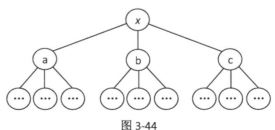

图 3-44

X 有 a、b、c 三个直接下级，a、b、c 再往下一级的关系在图中已经省略。现在分析以 X 为头节点的整棵树，最大快乐值如何得到。情况只有两种，一种为 X 来的情况下，整棵树的最大快乐值，记为 yes_X_max；另一种为 X 不来的情况下，整棵树的最大快乐值，记为 no_X_max。下面分别进行分析。

yes_X_max。在 X 来的情况下，派对一定会累加 X 的快乐值，记为 X_happy，同时在这种情况下，a、b、c 都不能来。假设以 a 为头节点的整棵树，在 a 不来情况下的最大快乐值记为 no_a_max；以 b 为头节点的整棵树，在 b 不来的情况下的最大快乐值记为 no_b_max；以 c 为头节点的整棵树，在 c 不来情况下的最大快乐值记为 no_c_max。那么 yes_X_max 的值如下：

yes_X_max = X_happy + no_a_max + no_b_max + no_c_max

no_X_max。在 X 不来的情况下，派对无法累加 X 的快乐值，同时在这种情况下，a、b、c 谁来不来都可以。假设以 a 为头节点的整棵树，在 a 不来情况下的最大快乐值记为 no_a_max，在 a 来情况下的最大快乐值记为 yes_a_max；以 b 为头节点的整棵树，在 b 不来情况下的最大快乐值记为 no_b_max，在 b 来情况下的最大快乐值记为 yes_b_max；以 c 为头节点的整棵树，在 c 不来情况下的最大快乐值记为 no_c_max，在 c 来情况下的最大快乐值记为 yes_c_max。那么 no_X_max 的值如下：

no_X_max = Max { no_a_max, yes_a_max } + Max { no_b_max, yes_b_max} + Max{ no_c_max, yes_c_max}

也就是说，某一个下级节点来还是不来，要看这个下级节点来还是不来的两种情况下，哪一种获得的收益最多。

yes_X_max 和 no_X_max 哪个大，哪个就是 X 为头节点的整棵树的最大快乐值。

上面的分析说明中，以 X 为头节点的整棵树，需要以直接下级为头节点的每一棵子树，都给出子树的头节点（a、b、c）来还是不来两种情况下的最大收益。整个过程明显是一个递归过程。递归过程的返回值结构如 ReturnData 类所示。

```
// 每棵树处理完之后的返回值类型
public class ReturnData {
        public int yesHeadMax; // 树的头节点来的情况下，整棵树的最大收益
        public int noHeadMax; // 树的头节点不来的情况下，整棵树的最大收益
        public ReturnData(int yesHeadMax, int noHeadMax) {
                this.yesHeadMax = yesHeadMax;
                this.noHeadMax = noHeadMax;
        }
}
```

整个递归过程如 process 方法所示。

```
// 该函数处理以 X 为头节点的树，并且返回 X 来和不来两种情况下的最大快乐值
// 所以返回值的类型为 ReturnData 类型
public static ReturnData process(Employee X) {
    int yesX = X.happy;// X 来的情况下，一定要累加上 X 自己的快乐值
    int noX = 0;// X 不来的情况下，不累加上 X 自己的快乐值
    if (X.subordinates.isEmpty()) { // 如果 X 没有直接下属，说明是基层员工，直接返回即可
        return new ReturnData(yesX, noX);
    } else { // 如果 X 有直接下属，就按照题目的分析来
        // 枚举 X 的每一个直接下级员工 next
        for (Employee next : X.subordinates) {
            // 递归调用 process，得到以 next 为头节点的子树，
            //在 next 来和不来两种情况下分别获得的最大收益
```

171

```
                ReturnData subTreeInfo = process(next);
                yesX += subTreeInfo.noHeadMax; // 见书中 yes_X_max 的分析
                noX += Math.max(subTreeInfo.yesHeadMax,
                            subTreeInfo.noHeadMax);// 见书中 no_X_max 的分析
            }
            return new RaturnData(yesX, noX);
        }
    }
```

理解了上面的分析之后，我们看以 boss 为头节点的整棵树的答案怎么得到。毫无疑问，以 boss 为头节点的整棵树分两种情况，boss 来的情况下整棵树的最大快乐值和 boss 不来的情况下整棵树的最大快乐值，最大的那个就是我们想要的答案。整个解法的主方法请看如下的 getMaxHappy 方法。

```
public int getMaxHappy(Employee boss) {
        ReturnData allTreeInfo = process(boss);
        return Math.max(allTreeInfo.noHeadMax, allTreeInfo.yesHeadMax);
    }
```

通过先序和中序数组生成后序数组

【题目】

已知一棵二叉树所有的节点值都不同，给定这棵树正确的先序和中序数组，不要重建整棵树，而是通过这两个数组直接生成正确的后序数组。

【难度】

士 ★☆☆☆

【解答】

举例说明生成后序数组的过程，假设 pre=[1,2,4,5,3,6,7]，in=[4,2,5,1,6,3,7]。

1．根据 pre 和 in 的长度，生成长度为 7 的后序数组 pos，按以下规则从右到左填满 pos。

2．根据[1,2,4,5,3,6,7]和[4,2,5,1,6,3,7]，设置 pos[6]=1，即先序数组最左边的值。根据 1，把 in 划分成[4,2,5]和[6,3,7]，pre 中 1 的右边部分根据这两部分等长划分出[2,4,5]和[3,6,7]。[2,4,5]和[4,2,5]一组，[3,6,7]和[6,3,7]一组。

3．根据[3,6,7]和[6,3,7]，设置 pos[5]=3，再次划分出[6]（来自[3,6,7]）和[6]（来自[6,3,7]）一组，[7]（来自[3,6,7]）和[7]（来自[6,3,7]）一组。

4．根据[7]和[7]，设置 pos[4]=7。

5．根据[6]和[6]，设置 pos[3]=6。

6. 根据[2,4,5]和[4,2,5]，设置 pos[2]=2，再次划分出[4]（来自[2,4,5]）和[4]（来自[4,2,5]）一组，[5]（来自[[2,4,5]）和[5]（来自[4,2,5]）一组。

7. 根据[5]和[5]，设置 pos[1]=5。

8. 根据[4]和[4]，设置 pos[0]=4。

如上过程简单总结为：根据当前的先序和中序数组，设置后序数组最右边的值，然后划分出左子树的先序、中序数组，以及右子树的先序、中序数组，先根据右子树的划分设置好后序数组，再根据左子树的划分，从右边到左边依次设置好后序数组的全部位置。

具体过程请参看如下代码中的 getPosArray 方法。

```java
public int[] getPosArray(int[] pre, int[] in) {
        if (pre == null || in == null) {
                return null;
        }
        int len = pre.length;
        int[] pos = new int[len];
        HashMap<Integer, Integer> map = new HashMap<Integer, Integer>();
        for (int i = 0; i < len; i++) {
                map.put(in[i], i);
        }
        setPos(pre, 0, len - 1, in, 0, len - 1, pos, len - 1, map);
        return pos;
}


// 从右往左依次填好后序数组 s
// si 为后序数组 s 该填的位置
// 返回值为 s 该填的下一个位置
public int setPos(int[] p, int pi, int pj, int[] n, int ni, int nj,
                int[] s, int si, HashMap<Integer, Integer> map) {
        if (pi > pj) {
                return si;
        }
        s[si--] = p[pi];
        int i = map.get(p[pi]);
        si = setPos(p, pj - nj + i + 1, pj, n, i + 1, nj, s, si, map);
        return setPos(p, pi + 1, pi + i - ni, n, ni, i - 1, s, si, map);
}
```

统计和生成所有不同的二叉树

【题目】

给定一个整数 N，如果 N<1，代表空树结构，否则代表中序遍历的结果为{1,2,3,…, N}。请返回可能的二叉树结构有多少。

例如，*N*=-1 时，代表空树结构，返回 1；*N*=2 时，满足中序遍历为{1, 2}的二叉树结构只有如图 3-45 所示的两种，所以返回结果为 2。

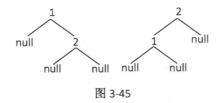

图 3-45

进阶：*N* 的含义不变，假设可能的二叉树结构有 *M* 种，请返回 *M* 个二叉树的头节点，每一棵二叉树代表一种可能的结构。

【难度】

尉　★★☆☆

【解答】

如果中序遍历有序且无重复值，则二叉树必为搜索二叉树。假设 num(a)代表 *a* 个节点的搜索二叉树有多少种可能，再假设序列为{1, …, *i*, …, *N*}，如果以 1 作为头节点，1 不可能有左子树，故以 1 作为头节点有多少种可能的结构，完全取决于 1 的右子树有多少种可能结构，1 的右子树有 *N*-1 个节点，所以有 num(N-1)种可能。

如果以 *i* 作为头节点，*i* 的左子树有 *i*-1 个节点，所以可能的结构有 num(i-1)种，右子树有 *N*-*i* 个节点，所以有 num(N-i)种可能。故以 *i* 为头节点的可能结构有 num(i-1)×num(N-i)种。

如果以 *N* 作为头节点，*N* 不可能有右子树，故以 *N* 作为头节点有多少种可能，完全取决于 *N* 的左子树有多少种可能，*N* 的左子树有 *N*-1 个节点，所以有 num(N-1)种。

把从 1 到 *N* 分别作为头节点时，所有可能的结构加起来就是答案，可以利用动态规划来加速计算的过程，从而做到 $O(N^2)$的时间复杂度。

具体请参看如下代码中的 numTrees 方法。

```java
public int numTrees(int n) {
    if (n < 2) {
        return 1;
    }
    int[] num = new int[n + 1];
    num[0] = 1;
    for (int i = 1; i < n + 1; i++) {
        for (int j = 1; j < i + 1; j++) {
            num[i] += num[j - 1] * num[i - j];
        }
    }
```

```
        return num[n];
    }
```

进阶问题与原问题的过程其实很类似。如果要生成中序遍历是{a···b}的所有结构，就从 a 开始一直到 b，枚举每一个值作为头节点，把每次生成的二叉树结构的头节点都保存下来即可。假设其中一次是以 i 值为头节点的（$a \leqslant i \leqslant b$），以 i 为头节点的所有结构按如下步骤生成。

1. 用{a···i-1}递归生成左子树的所有结构，假设所有结构的头节点保存在 listLeft 链表中。

2. 用{a···i+1}递归生成右子树的所有结构，假设所有结构的头节点保存在 listRight 链表中。

3. 在以 i 为头节点的前提下，listLeft 中的每一种结构都可以与 listRight 中的每一种结构构成单独的结构，且和其他任何结构都不同。为了保证所有的结构之间不互相交叉，所以对每一种结构都复制出新的树，并记录在总的链表 res 中。

具体过程请看如下代码中的 generateTrees 方法。

```java
public List<Node> generateTrees(int n) {
        return generate(1, n);
}

public List<Node> generate(int start, int end) {
        List<Node> res = new LinkedList<Node>();
        if (start > end) {
                res.add(null);
        }
        Node head = null;
        for (int i = start; i < end + 1; i++) {
                head = new Node(i);
                List<Node> lSubs = generate(start, i - 1);
                List<Node> rSubs = generate(i + 1, end);
                for (Node l : lSubs) {
                        for (Node r : rSubs) {
                                head.left = l;
                                head.right = r;
                                res.add(cloneTree(head));
                        }
                }
        }
        return res;
}

public Node cloneTree(Node head) {
        if (head == null) {
                return null;
        }
        Node res = new Node(head.value);
        res.left = cloneTree(head.left);
        res.right = cloneTree(head.right);
```

```
        return res;
    }
```

统计完全二叉树的节点数

【题目】

给定一棵完全二叉树的头节点 head，返回这棵树的节点个数。

【要求】

如果完全二叉树的节点数为 N，请实现时间复杂度低于 O(N) 的解法。

【难度】

尉 ★★☆☆

【解答】

遍历整棵树当然可以求出节点数，但这肯定不是最优解法，本书不再详述。

如果完全二叉树的层数为 h，本书的解法可以做到时间复杂度为 $O(h^2)$，具体过程如下：

1. 如果 head==null，说明是空树，直接返回 0。

2. 如果不是空树，就求树的高度，求法是找到树的最左节点看能到哪一层，层数记为 h。

3. 这一步是求解的主要逻辑，也是一个递归过程，记为 bs(node,l,h)，node 表示当前节点，l 表示 node 所在的层数，h 表示整棵树的层数是始终不变的。bs(node,l,h) 的返回值表示以 node 为头节点的完全二叉树的节点数是多少。初始时，node 为头节点 head，l 为 1，因为 head 在第 1 层，一共有 h 层始终不变。那么这个递归的过程可以用两个例子来说明，如图 3-46 和图 3-47 所示。

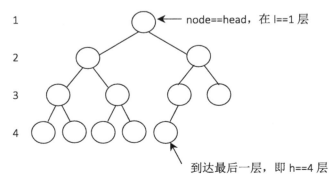

图 3-46

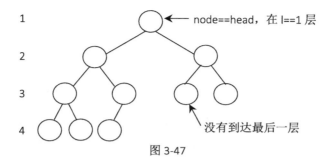

图 3-47

找到 node 右子树的最左节点，如果像图 3-47 的例子一样，发现它能到达最后一层，即 h==4 层。此时说明 node 的整棵左子树都是满二叉树，并且层数为 h-l 层，一棵层数为 h-l 的满二叉树，其节点数为 2^{h-1}-1 个。如果加上 node 节点自己，那么节点数为 2^(h-1)-1+1==2^(h-1)个。此时如果再知道 node 右子树的节点数，那么以 node 为头节点的完全二叉树上到底有多少个节点就求出来了。那么 node 右子树的节点数到底是多少呢？就是 bs(node.right,l+1,h)的结果，递归去求即可。最后整体返回 2^(h-1)+bs(node.right,l+1,h)。

找到 node 右子树的最左节点，如果像图 3-47 的例子一样，发现它没有到达最后一层，说明 node 的整棵右子树都是满二叉树，并且层数为 h-l-1 层，一棵层数为 h-l-1 的满二叉树，其节点数为 2^{h-l-1}-1 个。如果加上 node 节点自己，那么节点数为 2^(h-l-1)-1+1==2^(h-l-1)个。此时如果再知道 node 左子树的节点数，那么以 node 为头节点的完全二叉树上到底有多少个节点就求出来了。node 左子树的节点数到底是多少呢？就是 bs(node.left,l+1,h)的结果，递归去求即可，最后整体返回 2^(h-l-1)+bs(node.left,l+1,h)。

全部过程请看如下代码中的 nodeNum 方法。

```java
public int nodeNum(Node head) {
        if (head == null) {
                return 0;
        }
        return bs(head, 1, mostLeftLevel(head, 1));
}

public int bs(Node node, int l, int h) {
        if (l == h) {
                return 1;
        }
        if (mostLeftLevel(node.right, l + 1) == h) {
                return (1 << (h - 1)) + bs(node.right, l + 1, h);
        } else {
                return (1 << (h - l - 1)) + bs(node.left, l + 1, h);
        }
}
```

```
public int mostLeftLevel(Node node, int level) {
        while (node != null) {
                level++;
                node = node.left;
        }
        return level - 1;
}
```

 每一层只会选择一个节点 node 进行 bs 的递归过程，所以调用 bs 函数的次数为 $O(h)$。每次调用 bs 函数时，都会查看 node 右子树的最左节点，所以会遍历 $O(h)$ 个节点，整个过程的时间复杂度为 $O(h^2)$。

第 *4* 章

递归和动态规划

斐波那契数列问题的递归和动态规划

【题目】

给定整数 N，返回斐波那契数列的第 N 项。

补充问题 1：给定整数 N，代表台阶数，一次可以跨 2 个或者 1 个台阶，返回有多少种走法。

【举例】

N=3，可以三次都跨 1 个台阶；也可以先跨 2 个台阶，再跨 1 个台阶；还可以先跨 1 个台阶，再跨 2 个台阶。所以有三种走法，返回 3。

补充问题 2：假设农场中成熟的母牛每年只会生 1 头小母牛，并且永远不会死。第一年农场有 1 只成熟的母牛，从第二年开始，母牛开始生小母牛。每只小母牛 3 年之后成熟又可以生小母牛。给定整数 N，求出 N 年后牛的数量。

【举例】

N=6，第 1 年 1 头成熟母牛记为 a；第 2 年 a 生了新的小母牛，记为 b，总牛数为 2；第 3 年 a 生了新的小母牛，记为 c，总牛数为 3；第 4 年 a 生了新的小母牛，记为 d，总牛数为 4。第 5 年 b 成熟了，a 和 b 分别生了新的小母牛，总牛数为 6；第 6 年 c 也成熟了，a、b 和 c 分别生了新的小母牛，总牛数为 9，返回 9。

【要求】

对以上所有的问题，请实现时间复杂度为 $O(\log N)$ 的解法。

【难度】

将 ★★★★

【解答】

原问题。$O(2^N)$ 的方法。斐波那契数列为 1，1，2，3，5，8，…，也就是除第 1 项和第 2 项为 1 以外，对于第 N 项，有 $F(N)=F(N-1)+F(N-2)$，于是很轻松地写出暴力递归的代码。请参看如下代码中的 f1 方法。

```java
public int f1(int n) {
        if (n < 1) {
                return 0;
        }
        if (n == 1 || n == 2) {
                return 1;
        }
        return f1(n - 1) + f1(n - 2);
}
```

$O(N)$ 的方法。斐波那契数列可以从左到右依次求出每一项的值，那么通过顺序计算求到第 N 项即可。请参看如下代码中的 f2 方法。

```java
public int f2(int n) {
        if (n < 1) {
                return 0;
        }
        if (n == 1 || n == 2) {
                return 1;
        }
        int res = 1;
        int pre = 1;
        int tmp = 0;
        for (int i = 3; i <= n; i++) {
                tmp = res;
                res = res + pre;
                pre = tmp;
        }
        return res;
}
```

$O(\log N)$ 的方法。如果递归式严格遵循 $F(N)=F(N-1)+F(N-2)$，对于求第 N 项的值，有矩阵乘法的方式可以将时间复杂度降至 $O(\log N)$。$F(n)=F(n-1)+F(n-2)$，是一个二阶递推数列，一定可以用矩阵乘法的形式表示，且状态矩阵为 2×2 的矩阵：

$$\big(F(n), F(n-1)\big) = \big(F(n-1), F(n-2)\big) \times \begin{vmatrix} a & b \\ c & d \end{vmatrix}$$

把斐波那契数列的前 4 项 $F(1)==1$，$F(2)==1$，$F(3)==2$，$F(4)==3$ 代入，可以求出状态矩阵：

$$\begin{vmatrix} a & b \\ c & d \end{vmatrix} = \begin{vmatrix} 1 & 1 \\ 1 & 0 \end{vmatrix}$$

求矩阵之后，当 $n>2$ 时，原来的公式可化简为：

$$\big(F(3), F(2)\big) = \big(F(2), F(1)\big) \times \begin{vmatrix} 1 & 1 \\ 1 & 0 \end{vmatrix} = (1,1) \times \begin{vmatrix} 1 & 1 \\ 1 & 0 \end{vmatrix}$$

$$\big(F(4), F(3)\big) = \big(F(3), F(2)\big) \times \begin{vmatrix} 1 & 1 \\ 1 & 0 \end{vmatrix} = (1,1) \times \begin{vmatrix} 1 & 1 \\ 1 & 0 \end{vmatrix}^2$$

$$\vdots$$

$$\big(F(n), F(n-1)\big) = \big(F(n-1), F(n-2)\big) \times \begin{vmatrix} 1 & 1 \\ 1 & 0 \end{vmatrix} = (1,1) \times \begin{vmatrix} 1 & 1 \\ 1 & 0 \end{vmatrix}^{n-2}$$

所以，求斐波那契数列第 N 项的问题就变成了如何用最快的方法求一个矩阵 N 次方的问题，而求矩阵 N 次方的问题明显是一个能够在 $O(\log N)$ 时间内解决的问题。为了表述方便，我们现在用求一个整数 N 次方的例子来说明，因为只要理解了如何在 $O(\log N)$ 的时间复杂度内求整数 N 次方的问题，对于求矩阵 N 次方的问题是同理的，区别是矩阵乘法和整数乘法在细节上有些不一样，但对于怎么乘更快，两者的道理相同。

假设一个整数是 10，如何最快地求解 10 的 75 次方。

1. 75 的二进制数形式为 1001011。

2. 10 的 75 次方$=10^{64} \times 10^8 \times 10^2 \times 10^1$。

在这个过程中，我们先求出 10^1，然后根据 10^1 求出 10^2，再根据 10^2 求出 10^4，……，最后根据 10^{32} 求出 10^{64}，即 75 的二进制数形式总共有多少位，我们就使用了几次乘法。

3. 在步骤 2 进行的过程中，把应该累乘的值相乘即可，比如 10^{64}、10^8、10^2、10^1 应该累乘，因为 64、8、2、1 对应到 75 的二进制数中，相应的位上是 1；而 10^{32}、10^{16}、10^4 不应该累乘，因为 32、16、4 对应到 75 的二进制数中，相应的位上是 0。

对矩阵来说同理，求矩阵 m 的 p 次方请参看如下代码中的 matrixPower 方法。其中 muliMatrix 方法是两个矩阵相乘的具体实现。

```java
public int[][] matrixPower(int[][] m, int p) {
        int[][] res = new int[m.length][m[0].length];
        // 先把 res 设为单位矩阵，相当于整数中的 1
        for (int i = 0; i < res.length; i++) {
                res[i][i] = 1;
```

```
        }
        int[][] tmp = m;
        for (; p != 0; p >>= 1) {
                if ((p & 1) != 0) {
                        res = muliMatrix(res, tmp);
                }
                tmp = muliMatrix(tmp, tmp);
        }
        return res;
}

public int[][] muliMatrix(int[][] m1, int[][] m2) {
        int[][] res = new int[m1.length][m2[0].length];
        for (int i = 0; i < m1.length; i++) {
                for (int j = 0; j < m2[0].length; j++) {
                        for (int k = 0; k < m2.length; k++) {
                                res[i][j] += m1[i][k] * m2[k][j];
                        }
                }
        }
        return res;
}
```

用矩阵乘法求解斐波那契数列第 N 项的全部过程请参看如下代码中的 f3 方法。

```
public int f3(int n) {
        if (n < 1) {
                return 0;
        }
        if (n == 1 || n == 2) {
                return 1;
        }
        int[][] base = { { 1, 1 }, { 1, 0 } };
        int[][] res = matrixPower(base, n - 2);
        return res[0][0] + res[1][0];
}
```

补充问题 1。如果台阶只有 1 级，方法只有 1 种。如果台阶有 2 级，方法有 2 种。如果台阶有 N 级，最后跳上第 N 级的情况，要么是从 N-2 级台阶直接跨 2 级台阶，要么是从 N-1 级台阶跨 1 级台阶，所以台阶有 N 级的方法数为跨到 N-2 级台阶的方法数加上跨到 N-1 级台阶的方法数，即 $S(N)=S(N-1)+S(N-2)$，初始项 $S(1)==1$，$S(2)==2$。所以，类似斐波那契数列，唯一的不同就是初始项不同。可以很轻易地写出 $O(2^N)$ 与 $O(N)$ 的方法，请参看如下代码中的 s1 和 s2 方法。

```
public int s1(int n) {
        if (n < 1) {
                return 0;
        }
```

```
        if (n == 1 || n == 2) {
                return n;
        }
        return s1(n - 1) + s1(n - 2);
}

public int s2(int n) {
        if (n < 1) {
                return 0;
        }
        if (n == 1 || n == 2) {
                return n;
        }
        int res = 2;
        int pre = 1;
        int tmp = 0;
        for (int i = 3; i <= n; i++) {
                tmp = res;
                res = res + pre;
                pre = tmp;
        }
        return res;
}
```

$O(logN)$ 的方法。表达式 $S(n)=S(n-1)+S(n-2)$ 是一个二阶递推数列，同样，用上文矩阵乘法的方法，根据前 4 项 $S(1)==1$，$S(2)==2$，$S(3)==3$，$S(4)==5$，求出状态矩阵：

$$\begin{vmatrix} a & b \\ c & d \end{vmatrix} = \begin{vmatrix} 1 & 1 \\ 1 & 0 \end{vmatrix}$$

同样根据上文的过程得到：

$$\left(S(n), S(n-1)\right) = \left(S(2), S(1)\right) \times \begin{vmatrix} 1 & 1 \\ 1 & 0 \end{vmatrix}^{n-2} = (2,1) \times \begin{vmatrix} 1 & 1 \\ 1 & 0 \end{vmatrix}^{n-2}$$

全部的实现请参看如下代码中的 s3 方法。

```
public int s3(int n) {
        if (n < 1) {
                return 0;
        }
        if (n == 1 || n == 2) {
                return n;
        }
        int[][] base = { { 1, 1 }, { 1, 0 } };
        int[][] res = matrixPower(base, n - 2);
        return 2 * res[0][0] + res[1][0];
}
```

补充问题 2。所有的牛都不会死，所以第 N-1 年的牛会毫无损失地活到第 N 年。同时所有成熟的牛都会生 1 头新的牛，那么成熟牛的数量如何估计？就是第 N-3 年的所有牛，到第 N 年肯定都是成熟的牛，其间出生的牛肯定都没有成熟。所以 C(n)=C(n-1)+C(n-3)，初始项为 C(1)==1，C(2)==2，C(3)==3。这个和斐波那契数列又十分类似，只不过 C(n) 依赖 C(n-1) 和 C(n-3) 的值，而斐波那契数列 F(n) 依赖 F(n-1) 和 F(n-2) 的值。同样可以轻易地写出 $O(2^N)$ 与 $O(N)$ 的方法，请参看如下代码中的 c1 和 c2 方法。

```java
public int c1(int n) {
        if (n < 1) {
                return 0;
        }
        if (n == 1 || n == 2 || n == 3) {
                return n;
        }
        return c1(n - 1) + c1(n - 3);
}

public int c2(int n) {
        if (n < 1) {
                return 0;
        }
        if (n == 1 || n == 2 || n == 3) {
                return n;
        }
        int res = 3;
        int pre = 2;
        int prepre = 1;
        int tmp1 = 0;
        int tmp2 = 0;
        for (int i = 4; i <= n; i++) {
                tmp1 = res;
                tmp2 = pre;
                res = res + prepre;
                pre = tmp1;
                prepre = tmp2;
        }
        return res;
}
```

$O(\log N)$ 的方法。$C(n)=C(n-1)+C(n-3)$ 是一个三阶递推数列，一定可以用矩阵乘法的形式表示，且状态矩阵为 3×3 的矩阵。

$$(C_n, C_{n-1}, C_{n-2}) = (C_{n-1}, C_{n-2}, C_{n-3}) \times \begin{vmatrix} a & b & c \\ d & e & f \\ g & h & i \end{vmatrix}$$

把前 5 项 C(1)==1，C(2)==2，C(3)==3，C(4)==4，C(5)==6 代入，求出状态矩阵：

$$\begin{vmatrix} a & b & c \\ d & e & f \\ g & h & i \end{vmatrix} = \begin{vmatrix} 1 & 1 & 0 \\ 0 & 0 & 1 \\ 1 & 0 & 0 \end{vmatrix}$$

求矩阵之后，当 $n>3$ 时，原来的公式可化简为：

$$(C_n, C_{n-1}, C_{n-2}) = (C_3, C_2, C_1) \times \begin{vmatrix} 1 & 1 & 0 \\ 0 & 0 & 1 \\ 1 & 0 & 0 \end{vmatrix}^{n-3} = (3,2,1) \times \begin{vmatrix} 1 & 1 & 0 \\ 0 & 0 & 1 \\ 1 & 0 & 0 \end{vmatrix}^{n-3}$$

接下来的过程又是利用加速矩阵乘法的方式进行实现，具体请参看如下代码中的 c3 方法。

```
public int c3(int n) {
        if (n < 1) {
                return 0;
        }
        if (n == 1 || n == 2 || n == 3) {
                return n;
        }
        int[][] base = { { 1, 1, 0 }, { 0, 0, 1 }, { 1, 0, 0 } };
        int[][] res = matrixPower(base, n - 3);
        return 3 * res[0][0] + 2 * res[1][0] + res[2][0];
}
```

如果递归式严格符合 $F(n)=a \times F(n-1)+b \times F(n-2)+...+k \times F(n-i)$，那么它就是一个 i 阶的递推式，必然有与 $i \times i$ 的状态矩阵有关的矩阵乘法的表达。一律可以用加速矩阵乘法的动态规划将时间复杂度降为 $O(\log N)$。

矩阵的最小路径和

【题目】

给定一个矩阵 m，从左上角开始每次只能向右或者向下走，最后到达右下角的位置，路径上所有的数字累加起来就是路径和，返回所有的路径中最小的路径和。

【举例】

如果给定的 m 如下：

```
1    3    5    9
8    1    3    4
5    0    6    1
8    8    4    0
```

路径 1，3，1，0，6，1，0 是所有路径中路径和最小的，所以返回 12。

【难度】

尉 ★★☆☆

【解答】

经典动态规划方法。假设矩阵 *m* 的大小为 *M×N*，行数为 *M*，列数为 *N*。先生成大小和 *m* 一样的矩阵 dp，dp[i][j] 的值表示从左上角（即(0,0)）位置走到(*i,j*)位置的最小路径和。对 *m* 的第一行的所有位置来说，即(0,*j*)（0≤*j*<N），从(0,0)位置走到(0,*j*)位置只能向右走，所以(0,0)位置到(0,*j*)位置的路径和就是 m[0][0..j]这些值的累加结果。同理，对 *m* 的第一列的所有位置来说，即(*i*,0)（0≤*i*<M），从(0,0)位置走到(*i*,0)位置只能向下走，所以(0,0)位置到(*i*,0)位置的路径和就是 m[0..i][0]这些值的累加结果。以题目中的例子来说，dp 第一行和第一列的值如下：

```
1    4    9    18
9
14
22
```

除第一行和第一列的其他位置(*i,j*)外，都有左边位置(*i*-1,*j*)和上边位置(*i,j*-1)。从（0,0）到(*i,j*)的路径必然经过位置(*i*-1,*j*)或位置(*i,j*-1)，所以，dp[i][j]=min{dp[i-1][j],dp[i][j-1]}+m[i][j]，含义是比较从（0,0）位置开始，经过(*i*-1,*j*)位置最终到达(*i,j*)的最小路径和经过(*i,j*-1)位置最终到达(*i,j*)的最小路径之间，哪条路径的路径和更小。那么更小的路径和就是 dp[i][j]的值。以题目的例子来说，最终生成的 dp 矩阵如下：

```
1    4    9    18
9    5    8    12
14   5    11   12
22   13   15   12
```

除第一行和第一列外，每一个位置都考虑从左边到达自己的路径和更小还是从上边达到自己的路径和更小。最右下角的值就是整个问题的答案。具体过程请参看如下代码中的 minPathSum1 方法。

```java
public int minPathSum1(int[][] m) {
    if (m == null || m.length == 0 || m[0] == null || m[0].length == 0) {
        return 0;
    }
    int row = m.length;
    int col = m[0].length;
    int[][] dp = new int[row][col];
    dp[0][0] = m[0][0];
```

```
for (int i = 1; i < row; i++) {
        dp[i][0] = dp[i - 1][0] + m[i][0];
}
for (int j = 1; j < col; j++) {
        dp[0][j] = dp[0][j - 1] + m[0][j];
}
for (int i = 1; i < row; i++) {
        for (int j = 1; j < col; j++) {
            dp[i][j] = Math.min(dp[i - 1][j], dp[i][j - 1]) + m[i][j];
        }
}
return dp[row - 1][col - 1];
}
```

矩阵中一共有 $M×N$ 个位置，每个位置都计算一次从（0,0）位置达到自己的最小路径和，计算的时候只是比较上边位置的最小路径和与左边位置的最小路径和哪个更小，所以时间复杂度为 $O(M×N)$，dp 矩阵的大小为 $M×N$，所以额外空间复杂度为 $O(M×N)$。

动态规划经过空间压缩后的方法。这道题的经典动态规划方法在经过空间压缩之后，时间复杂度依然是 $O(M×N)$，但是额外空间复杂度可以从 $O(M×N)$ 减小至 $O(min\{M,N\})$，也就是不使用大小为 $M×N$ 的 dp 矩阵，而仅仅使用大小为 $min\{M,N\}$ 的 arr 数组。具体过程如下（以题目的例子来举例说明）。

1．生成长度为 4 的数组 arr，初始时 arr=[0,0,0,0]，我们知道从（0,0）位置到达 m 中第一行的每个位置，最小路径和就是从（0,0）位置的值开始依次累加的结果，所以依次把 arr 设置为 arr=[1,4,9,18]，此时 arr[j] 的值代表从（0,0）位置达到(0,j)位置的最小路径和。

2．步骤 1 中 arr[j] 的值代表从（0,0）位置达到（0,j）位置的最小路径和，在这一步中想把 arr[j] 的值更新成从（0,0）位置达到（1,j）位置的最小路径和。首先来看 arr[0]，更新之前 arr[0] 的值代表（0,0）位置到达（0,0）位置的最小路径和（dp[0][0]），如果想把 arr[0] 更新成从（0,0）位置达到（1,0）位置的最小路径和（dp[1][0]），令 arr[0]=arr[0]+m[1][0]=9 即可。然后来看 arr[1]，更新之前 arr[1] 的值代表（0,0）位置到达（0,1）位置的最小路径和（dp[0][1]），更新之后想让 arr[1] 代表（0,0）位置到达（1,1）位置的最小路径和（dp[1][1]）。根据动态规划的求解过程，到达（1,1）位置有两种选择，一种是从（1,0）位置到达（1,1）位置（dp[1][0]+m[1][1]），另一种是从（0,1）位置到达（1,1）位置（dp[0][1]+m[1][1]），应该选择路径和最小的那个。此时 arr[0] 的值已经更新成 dp[1][0]，arr[1] 目前还没有更新，所以，arr[1] 还是 dp[0][1]，arr[1]=min\{arr[0], arr[1]\}+m[1][1]=5。更新之后，arr[1] 的值变为 dp[1][1] 的值。同理，arr[2]=min\{arr[1],arr[2]\}+m[1][2]，……最终 arr 可以更新成[9,5,8,12]。

3．重复步骤 2 的更新过程，一直到 arr 彻底变成 dp 矩阵的最后一行。整个过程其实就是不断滚动更新 arr 数组，让 arr 依次变成 dp 矩阵每一行的值，最终变成 dp 矩阵最后一行的值。

本题的例子是矩阵 m 的行数等于列数，如果给定的矩阵列数小于行数（$N<M$），依然可以

用上面的方法令 arr 更新成 dp 矩阵每一行的值。但如果给定的矩阵行数小于列数（*M<N*），那么就生成长度为 *M* 的 arr，然后令 arr 更新成 dp 矩阵每一列的值，从左向右滚动过去。以本例来说，如果按列来更新，arr 首先更新成[1,9,14,22]，然后向右滚动更新成[4,5,5,13]，继续向右滚动更新成[9,8,11,15]，最后是[18,12,12,12]。总之，是根据给定矩阵行和列的大小关系决定滚动的方式，始终生成最小长度（min{*M,N*}）的 arr 数组。具体过程请参看如下代码中的 minPathSum2 方法。

```java
public int minPathSum2(int[][] m) {
        if (m == null || m.length == 0 || m[0] == null || m[0].length == 0) {
                return 0;
        }
        int more = Math.max(m.length, m[0].length); // 行数与列数较大的那个为 more
        int less = Math.min(m.length, m[0].length); // 行数与列数较小的那个为 less
        boolean rowmore = more == m.length; // 行数是不是大于或等于列数
        int[] arr = new int[less]; // 辅助数组的长度仅为行数与列数中的最小值
        arr[0] = m[0][0];
        for (int i = 1; i < less; i++) {
                arr[i] = arr[i - 1] + (rowmore ? m[0][i] : m[i][0]);
        }
        for (int i = 1; i < more; i++) {
                arr[0] = arr[0] + (rowmore ? m[i][0] : m[0][i]);
                for (int j = 1; j < less; j++) {
                        arr[j] = Math.min(arr[j - 1], arr[j])
                                        + (rowmore ? m[i][j] : m[j][i]);
                }
        }
        return arr[less - 1];
}
```

【扩展】

本题压缩空间的方法几乎可以应用到所有需要二维动态规划表的面试题目中，通过一个数组滚动更新的方式无疑节省了大量的空间。没有优化之前，取得某个位置动态规划值的过程是在矩阵中进行两次寻址，优化后，这一过程只需要一次寻址，程序的常数时间也得到了一定程度的加速。但是空间压缩的方法是有局限性的，本题如果改成"打印具有最小路径和的路径"，那么就不能使用空间压缩的方法。如果类似本题这种需要二维表的动态规划题目，最终目的是想求最优解的具体路径，往往需要完整的动态规划表，但如果只是想求最优解的值，则可以使用空间压缩的方法。因为空间压缩的方法是滚动更新的，会覆盖之前求解的值，让求解轨迹变得不可回溯。希望读者好好研究这种空间压缩的实现技巧，本书还有许多动态规划题目会涉及空间压缩方法的实现。

换钱的最少货币数

【题目】

给定数组 arr，arr 中所有的值都为正数且不重复。每个值代表一种面值的货币，每种面值的货币可以使用任意张，再给定一个整数 aim，代表要找的钱数，求组成 aim 的最少货币数。

【举例】

arr=[5,2,3]，aim=20。

4 张 5 元可以组成 20 元，其他的找钱方案都要使用更多张的货币，所以返回 4。

arr=[5,2,3]，aim=0。

不用任何货币就可以组成 0 元，返回 0。

arr=[3,5]，aim=2。

根本无法组成 2 元，钱不能找开的情况下默认返回-1。

【难度】

尉　★★☆☆

【解答】

这道题我们使用暴力递归优化成动态规划的套路，不熟悉套路的读者请先阅读本书"机器人达到指定位置方法数"问题的解答。先想暴力尝试的方法，然后优化成动态规划。首先是原问题的暴力尝试方法。只有想出尝试方法是最难、最重要的。

原问题的暴力尝试过程请看如下的 process 方法。就是每一种面值都尝试不同的张数，尝试是从哪里开始的？是从 arr[0] 开始依次往右考虑所有面值的，主方法见 minCoins1 方法。

```
public int minCoins1(int[] arr, int aim) {
        if (arr == null || arr.length == 0 || aim < 0) {
                return -1;
        }
        return process(arr, 0, aim);
}

// 当前考虑的面值是 arr[i]，还剩 rest 的钱需要找零
// 如果返回-1，说明自由使用 arr[i..N-1] 面值的情况下，无论如何也无法找零 rest
// 如果返回不是-1，代表自由使用 arr[i..N-1] 面值的情况下，找零 rest 需要的最少张数
public int process(int[] arr, int i, int rest) {
        // base case:
        // 已经没有面值能够考虑了
        // 如果此时剩余的钱为 0，返回 0 张
        // 如果此时剩余的钱不是 0，返回-1
        if (i == arr.length) {
```

```
            return rest == 0 ? 0 : -1;
        }
        // 最少张数，初始时为-1，因为还没找到有效解
        int res = -1;
        // 依次尝试使用当前面值(arr[i])0 张、1 张、k 张，但不能超过 rest
        for (int k = 0; k * arr[i] <= rest; k++) {
                // 使用了 k 张 arr[i]，剩下的钱为 rest - k * arr[i]
                // 交给剩下的面值去搞定(arr[i+1..N-1])
                int next = process(arr, i + 1, rest - k * arr[i]);
                if (next != -1) { // 说明这个后续过程有效
                        res = res == -1 ? next + k : Math.min(res, next + k);
                }
        }
        return res;
    }
```

原问题暴力递归改动态规划，利用优化套路过程如下。

前提：尝试过程是无后效性的。上面的尝试其实明显是无后效性的，但是为了方便理解，我们还是举个例子，arr = {5,2,3,1}，aim=100，那么 process(arr,0,100)的返回值就是最终答案。如果使用 2 张 5 元，0 张 2 元，那么后续的过程是 process(arr,2,90)；但如果使用 0 张 5 元，5 张 2 元，那么后续的过程还是 process(arr,2,90)。这个状态的返回值肯定是一样的，说明一个状态最终的返回值与怎么达到这个状态的过程无关。

1）可变参数 *i* 和 rest 一旦确定，返回值就确定了。

2）如果可变参数 *i* 和 rest 组合的所有情况组成一张二维表，这张表一定可以装下所有的返回值。*i* 的含义是 arr 中的位置，又因为 process 中允许 *i* 来到 arr 的终止位置，所以 *i* 的范围是[0,*N*]。rest 代表剩余的钱数，剩余的钱不可能大于 aim，所以 rest 的范围是[0,aim]。所以这张二维表是一个 *N* 行 aim 列的表，记为 dp[][]。

3）最终状态是 process(arr,0,aim)，也就是 dp[0][aim]的值，位于 dp 表 0 行最后一列。

4）填写初始的位置，根据 process(arr,i,rest)函数的 base case：

```
        if (i == arr.length) {
                return rest == 0 ? 0 : -1;
        }
```

i=arr.length，就是 dp 表中最后一行 dp[N][...]，这最后一行只有 dp[N][0]是 0，其他位置都是-1。

5）base case 之外的情况都是普遍位置，在 process (arr,i,rest)函数中如下：

```
        // 最少张数，初始时为-1，因为还没找到有效解
        int res = -1;
        // 依次尝试使用当前面值(arr[i])0 张、1 张、k 张，但不能超过 rest
        for (int k = 0; k * arr[i] <= rest; k++) {
                // 使用了 k 张 arr[i]，剩下的钱为 rest - k * arr[i]
                // 交给剩下的面值去搞定(arr[i+1..N-1])
```

```
        int next = process(arr, i + 1, rest - k * arr[i]);
        if (next != -1) { // 说明这个后续过程有效
              res = res == -1 ? next + k : Math.min(res, next + k);
        }
    }
    return res;
```

process (arr,i,rest)的返回值就是 dp[i][rest]，这个位置依赖哪些位置呢？请看下表。

i 行	……			…	★dp[i][rest-arr[i]]	…	dp[i][rest]
i+1 行	……	dp[i+1] [rest-2*arr[i]]		…	dp[i+1] [rest-1*arr[i]]	…	dp[i+1] [rest-0*arr[i]]

表中右上角的位置就是 dp[i][rest]，根据 process (arr,i,rest)函数可知，dp[i][rest]的值就是以下这些值中最小的一个：dp[i+1][rest-0*arr[i]] + 0、dp[i+1][rest-1*arr[i]] + 1、dp[i+1][rest-2*arr[i]] + 2、…dp[i+1][rest-k*arr[i]] + k、……直到越界。在表中已经标出了这些位置。也就是说，要想得到 dp[i][rest]的值，必须枚举 *i*+1 行的这些值。

但其实这个枚举过程是可以优化的。请看表中用星号标出的位置，即 dp[i][rest-arr[i]]这个位置。如果在求 dp[i][rest]之前，dp[i][rest-arr[i]]已经求过了。那么我们看看 dp[i][rest-arr[i]]是怎么求出来的，同样，根据 process (arr,i,rest)函数可知，dp[i][rest-arr[i]]的值就是以下这些值中最小的一个：dp[i+1][rest-arr[i]] + 0、dp[i][rest-2*arr[i]] + 1、… dp[i+1][rest-k*arr[i]] + k - 1、……直到越界。读者请对比一下 dp[i][rest]和 dp[i][rest-arr[i]]各自依赖的位置就可以得到，dp[i][rest] = min{ dp[i][rest-arr[i]] + 1, dp[i+1][rest] }。也就是说，求 dp[i][rest]只依赖下面的一个位置（dp[i+1][rest]）和左边的一个位置（dp[i][rest-arr[i]] + 1）即可。

现在 dp 表中最后一排的值已经有了，既然剩下的位置都只依赖下面和左边的位置，那么只要从左往右求出倒数第二排、从左往右求出倒数第三排……从左往右求出第一排即可。

6）最后返回 dp[0][aim]位置的值就是答案。

具体过程请看如下的 minCoins2 方法。

```
public int minCoins2(int[] arr, int aim) {
    if (arr == null || arr.length == 0 || aim < 0) {
        return -1;
    }
    int N = arr.length;
    int[][] dp = new int[N + 1][aim + 1];
    // 设置最后一排的值，除 dp[N][0]为 0 外，其他都是-1
    for (int col = 1; col <= aim; col++) {
        dp[N][col] = -1;
    }
    for (int i = N - 1; i >= 0; i--) { // 从底往上计算每一行
        for (int rest = 0; rest <= aim; rest++) { // 每一行都从左往右
            dp[i][rest] = -1; // 初始时先设置 dp[i][rest]的值无效
            if (dp[i + 1][rest] != -1) { // 下面的值如果有效
                dp[i][rest] = dp[i + 1][rest]; // 先设置成下面的值
            }
```

```
    // 如果左边的位置不越界且有效
    if (rest - arr[i] >= 0 && dp[i][rest - arr[i]] != -1) {
        if (dp[i][rest] == -1) { // 如果之前下面的值无效
            dp[i][rest] = dp[i][rest - arr[i]] + 1;
        } else { // 说明下面和左边的值都有效，取最小的
            dp[i][rest] = Math.min(dp[i][rest],
                          dp[i][rest - arr[i]] + 1);
        }
    }
            }
        }
    }
    return dp[0][aim];
}
```

　　minCoins2 方法就是填一张 N×aim 的表，而且因为省掉了枚举过程，所以每个位置的值都在 $O(1)$ 的时间内得到，该方法时间复杂度为 $O(N×aim)$。原问题还可以在动态规划基础上做空间压缩。空间压缩的原理请读者参考本书"矩阵的最小路径和"问题，本书这里就不做重复描述。

机器人达到指定位置方法数

【题目】

　　假设有排成一行的 N 个位置，记为 1~N，N 一定大于或等于 2。开始时机器人在其中的 M 位置上（M 一定是 1~N 中的一个），机器人可以往左走或者往右走，如果机器人来到 1 位置，那么下一步只能往右来到 2 位置；如果机器人来到 N 位置，那么下一步只能往左来到 N-1 位置。规定机器人必须走 K 步，最终能来到 P 位置（P 也一定是 1~N 中的一个）的方法有多少种。给定四个参数 N、M、K、P，返回方法数。

【举例】

　　N=5, M=2, K=3, P=3

　　上面的参数代表所有位置为 1 2 3 4 5。机器人最开始在 2 位置上，必须经过 3 步，最后到达 3 位置。走的方法只有如下 3 种：

　　1）从 2 到 1，从 1 到 2，从 2 到 3
　　2）从 2 到 3，从 3 到 2，从 2 到 3
　　3）从 2 到 3，从 3 到 4，从 4 到 3

　　所以返回方法数 3。

　　N=3, M=1, K=3, P=3

　　上面的参数代表所有位置为 1 2 3。机器人最开始在 1 位置上，必须经过 3 步，最后到达 3 位置。怎么走也不可能，所以返回方法数 0。

【难度】

尉　★★☆☆

【要求】

时间复杂度为 $O(N×K)$。

【解答】

这道题不算难，但是在全书的地位极高，因为通过这道题总结了用暴力递归解决的方法如何优化成动态规划的套路。这个套路可以解决大量的类似问题。首先介绍本题暴力递归方法，想想怎么去尝试走所有的路。如果当前来到 cur 位置，还剩 rest 步要走，那么下一步该怎么走呢？如果当前 cur==1，下一步只能走到 2，后续还剩下 rest-1 步；如果当前 cur==N，下一步只能走到 N-1，后续还剩 rest-1 步；如果 cur 是 1~N 中间的位置，下一步可以走到 cur-1 或者 cur+1，后续还剩 rest-1 步。每一种能走的可能都尝试一遍，每一次尝试怎么算结束？所有步数都走完了，尝试就可以结束了。如果走完了所有的步数，最后的位置停在了 P，说明这次尝试有效，即找到了 1 种；如果最后的位置没有停在 P，说明这次尝试无效，即找到了 0 种。

尝试的递归过程请看如下 walk 方法：

```
// N  : 位置为 1 ~ N，固定参数
// cur : 当前在 cur 位置，可变参数
// rest : 还剩 res 步没有走，可变参数
// P  : 最终目标位置是 P，固定参数
// 只能在 1~N 这些位置上移动，当前在 cur 位置，走完 rest 步之后，停在 P 位置的方法作为返回值返回
    public int walk(int N, int cur, int rest, int P) {
            // 如果没有剩余步数了，当前的 cur 位置就是最后的位置
            // 如果最后的位置停在 P 上，那么之前做的移动是有效的
            // 如果最后的位置没在 P 上，那么之前做的移动是无效的
            if (rest == 0) {
                    return cur == P ? 1 : 0;
            }
            // 如果还有 rest 步要走，而当前的 cur 位置在 1 位置上，那么当前这步只能从 1 走向 2
            // 后续的过程就是来到 2 位置上，还剩 rest-1 步要走
            if (cur == 1) {
                    return walk(N, 2, rest - 1, P);
            }
            // 如果还有 rest 步要走，而当前的 cur 位置在 N 位置上，那么当前这步只能从 N 走向 N-1
            // 后续的过程就是来到 N-1 位置上，还剩 rest-1 步要走
            if (cur == N) {
                    return walk(N, N - 1, rest - 1, P);
            }
            // 如果还有 rest 步要走，而当前的 cur 位置在中间位置上，那么可以走向左，也可以走向右
            // 走向左之后，后续的过程就是，来到 cur-1 位置上，还剩 rest-1 步要走
            // 走向右之后，后续的过程就是，来到 cur+1 位置上，还剩 rest-1 步要走
            // 走向左、走向右是截然不同的方法，所以总方法数都要算上
```

```
               return walk(N, cur + 1, rest - 1, P) + walk(N, cur - 1, rest - 1, P);
        }
```

尝试是从哪里开始的？是从题目给定的 N、M、K、P 开始的，主方法见如下 ways1 方法。

```
        public int ways1(int N, int M, int K, int P) {
                // 参数无效直接返回 0
                if (N < 2 || K < 1 || M < 1 || M > N || P < 1 || P > N) {
                        return 0;
                }
                // 总共 N 个位置，从 M 点出发，还剩 K 步，返回最终能达到 P 的方法数
                return walk(N, M, K, P);
        }
```

解决一个问题，如果没有想到显而易见的求解策略（比如数学公式、贪心策略等，都是显而易见的求解策略），那么就想如何通过尝试的方式找到答案，一旦写出了好的尝试函数，后面的优化过程全是固定套路。下面介绍本题如何从暴力递归优化成动态规划的解法。暴力递归优化成动态规划时，首先根据 walk 函数的含义结合题意，分析整个递归过程是不是无后效性的。代码面试中出现的需要利用尝试解法解决的问题，绝大多数都是无后效性的，有后效性的递归过程在面试中出现的情况极其罕见，这是一个真实情况，本书不再详述。但是分析一个递归过程是不是无后效性的，依然非常重要，可以帮我们确定这个暴力递归能不能改成动态规划。所谓无后效性，是指一个递归状态的返回值与怎么到达这个状态的路径无关。

比如本题，walk 函数有两个固定参数 N 和 P，任何时候都不变，说明 N 和 P 与具体的递归状态无关，忽略它们。只需要关注可变参数 cur 和 rest。walk(cur, rest) 表示的含义是，当前来到 cur 位置，还剩 rest 步，有效方法有多少种。比如 cur=5，rest=7，代表当前来到 5 位置，还剩 7 步，有效方法有多少种。图 4-1 画出了如果想求出 walk(5, 7)，状态的依赖关系。

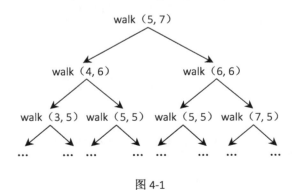

图 4-1

图 4-1 中，walk(5,5) 状态出现了两次，含义是当前来到 5 位置，还剩 5 步，有效方法有多少种。那么最终的返回值与怎么到达这个状态的路径有关系吗？没有。不管是从 walk(4,6) 来到 walk(5,5)，还是从 walk(6,6) 来到 walk(5,5)，只要是"当前来到 5 位置，还剩 5 步"这个问题，返

回值都是不变的。所以这是一个无后效性问题。接下来的分析与原始题意已经没有关系了，某个无后效性的递归过程（尝试过程）一旦确定，怎么优化成动态规划是有固定套路的。请读者好好阅读下面的文字，理解这个套路。这个套路可以解决面试中绝大多数尝试性算法的优化。

套路大体步骤如下。

前提：你的尝试过程是无后效性的。

1）找到什么可变参数可以代表一个递归状态，也就是哪些参数一旦确定，返回值就确定了。

2）把可变参数的所有组合映射成一张表，有 1 个可变参数就是一维表，2 个可变参数就是二维表……

3）最终答案要的是表中的哪个位置，在表中标出。

4）根据递归过程的 base case，把这张表最简单、不需要依赖其他位置的那些位置填好值。

5）根据递归过程非 base case 的部分，也就是分析表中的普遍位置需要怎么计算得到，那么这张表的填写顺序也就确定了。

6）填好表，返回最终答案在表中位置的值。

下面以本题为例来使用这个套路。假设想求，N=7，M=4，K=9，P=5 的答案。

前提：walk 方法是无后效性的，满足前提。

1）walk 函数中，可变参数 cur 和 rest 一旦确定，返回值就确定了。

2）如果可变参数 cur 和 rest 组合的所有情况组成一张表，这张表一定可以装下所有的返回值。cur 变量的含义是当前来到的位置，例子给的 N 代表一共有 1～7 这些位置，所以 cur 一定不会在 1～7 的范围之外；rest 变量的含义是还剩多少步，例子给的 K 代表最开始走的时候的剩余步数，走的过程中剩余步数一定是减小的，所以 rest 一定不会在 0～9 范围之外。那么 cur 和 rest 组合的所有情况如图 4-2 所示，这是一张二维表。

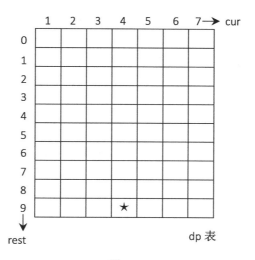

图 4-2

图 4-2 中，列对应的是 cur（范围为 1~7），行对应的是 rest（范围为 0~9），其实谁做行对应，谁做列对应是无所谓的，只要能枚举所有的组合即可。任何一个状态 walk(cur,rest)都一定可以放在这张表中。这张表是一个二维数组，记为 dp[][]，那么 walk(cur,rest)的返回值就是 dp[rest][cur]。

3）N=7，M=4，K=9，P=5 的最终答案，就是 dp[9][4]位置的值，在图 4-2 中已经用星号标出。那么如何求出这个值呢？

4）递归过程的 base case 是指问题的规模小到什么程度，就不需要再划分子问题，答案就可以直接得到了。walk 函数中的 base case 如下：

```
if (rest == 0) {
        return cur == P ? 1 : 0;
}
```

当 rest==0 时，如果 cur==P，返回 1；否则返回 0。本题中 P=5。所以可以把表的第一行填好，表中第一行的所有状态都是最简单且不需要依赖其他位置的。

	1	2	3	4	5	6	7 →cur
0	0	0	0	0	1	0	0
1							
2							
3							
4							
5							
6							
7							
8							
9							

rest

图 4-3

5）base case 之外的情况都是普遍位置，在 walk 函数中如下：

```
if (cur == 1) {
        return walk(N, 2, rest - 1, P);
}
if (cur == N) {
        return walk(N, N - 1, rest - 1, P);
}
return walk(N, cur + 1, rest - 1, P) + walk(N, cur - 1, rest - 1, P);
```

如果 cur 在 1 位置，最终返回值 dp[rest][cur]=dp[rest-1][2]（图 4-3 中 A 点依赖 B 点）；如果 cur 在 N 位置，最终返回值 dp[rest][cur]=dp[rest-1][N-1]（图 4-4 中 C 点依赖 D 点）；如果 cur 在中间位置，dp[rest][cur]=dp[rest-1][cur-1]+dp[rest-1][cur+1]（图 4-4 中 E 点依赖 F 点和 G 点）。

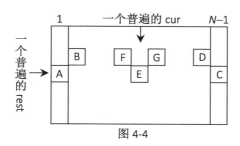

图 4-4

这说明每一行的值都只依赖上一行的值，那么如果有了第一行的值，就可以推出整张表。整张表的值如图 4-5 所示。

	1	2	3	4	5	6	7
0	0	0	0	0	1	0	0
1	0	0	0	1	0	1	0
2	0	0	1	0	2	0	1
3	0	01	0	3	0	3	0
4	1	0	4	0	6	0	3
5	0	5	0	10	0	9	0
6	5	0	15	0	19	0	9
7	0	20	0	34	0	28	0
8	24	0	54	0	62	0	28
9	0	74	0	116	0	90	0

图 4-5

6）返回 dp[9][4] 的值，答案是 116。

这个套路是非常好用的，一旦尝试函数确定了，优化是不需要再考虑原始题意的，只需要考虑状态依赖关系，填好表即可。如果你已经累积了大量动态规划的技巧并且已经运用自如，这个套路对你来讲可能并不重要。但情况往往是绝大多数人对动态规划理解不深刻，经验不丰富，本书提供的套路解法会帮你尽快建立起对动态规划题目的感觉。从尝试出发，一切优化水到渠成。本书还有很多题目涉及这个套路，还会帮读者强化这个内容。但是有后效性的尝试过程，本套路是失效的，这类题目在面试中出现的概率极低。

本题动态规划的解法就是把规模为 N×K 的表填好，填写每一个位置的值都是 O(1) 的时间复杂度，所以总的时间复杂度为 O(N×K)，请看如下的 ways2 方法。

```
public int ways2(int N, int M, int K, int P) {
        // 参数无效直接返回 0
        if (N < 2 || K < 1 || M < 1 || M > N || P < 1 || P > N) {
                return 0;
        }
        int[][] dp = new int[K + 1][N + 1];
        dp[0][P] = 1;
        for (int i = 1; i <= K; i++) {
                for (int j = 1; j <= N; j++) {
                        if (j == 1) {
                                dp[i][j] = dp[i - 1][2];
                        } else if (j == N) {
                                dp[i][j] = dp[i - 1][N - 1];
                        } else {
                                dp[i][j] = dp[i - 1][j - 1] + dp[i - 1][j + 1];
                        }
                }
        }
        return dp[K][M];
}
```

本题动态规划+空间压缩的解法，请看如下的 ways3 方法。空间压缩技巧在本章"最短路径和"问题的解答中已经详细介绍过了，这里不再详述。

```
public int ways3(int N, int M, int K, int P) {
        // 参数无效直接返回 0
        if (N < 2 || K < 1 || M < 1 || M > N || P < 1 || P > N) {
                return 0;
        }
        int[] dp = new int[N + 1];
        dp[P] = 1;
        for (int i = 1; i <= K; i++) {
                int leftUp = dp[1];// 左上角的值
                for (int j = 1; j <= N; j++) {
                        int tmp = dp[j];
                        if (j == 1) {
                                dp[j] = dp[j + 1];
                        } else if (j == N) {
                                dp[j] = leftUp;
                        } else {
                                dp[j] = leftUp + dp[j + 1];
                        }
                        leftUp = tmp;
                }
        }
        return dp[M];
}
```

换钱的方法数

【题目】

给定数组 arr，arr 中所有的值都为正数且不重复。每个值代表一种面值的货币，每种面值的货币可以使用任意张，再给定一个整数 aim，代表要找的钱数，求换钱有多少种方法。

【举例】

arr=[5,10,25,1]，aim=0。

组成 0 元的方法有 1 种，就是所有面值的货币都不用。所以返回 1。

arr=[5,10,25,1]，aim=15。

组成 15 元的方法有 6 种，分别为 3 张 5 元、1 张 10 元+1 张 5 元、1 张 10 元+5 张 1 元、10 张 1 元+1 张 5 元、2 张 5 元+5 张 1 元和 15 张 1 元。所以返回 6。

arr=[3,5]，aim=2。

任何方法都无法组成 2 元。所以返回 0。

【难度】

尉 ★★☆☆

【解答】

本书将由浅入深地给出所有的解法，最后解释最优解。这道题的经典之处在于它可以体现暴力递归、记忆搜索和动态规划之间的关系，并可以在动态规划的基础上进行再一次优化。请读者把本书"机器人达到指定位置方法数"问题所提到的套路联系起来。

首先介绍暴力递归的方法。如果 arr=[5,10,25,1]，aim=1000，分析过程如下：

1. 用 0 张 5 元的货币，让[10,25,1]组成剩下的 1000，最终方法数记为 res1。

2. 用 1 张 5 元的货币，让[10,25,1]组成剩下的 995，最终方法数记为 res2。

3. 用 2 张 5 元的货币，让[10,25,1]组成剩下的 990，最终方法数记为 res3。

……

201. 用 200 张 5 元的货币，让[10,25,1]组成剩下的 0，最终方法数记为 res201。

那么 res1+res2+…+res201 的值就是总的方法数。根据如上的分析过程定义递归函数 process1(arr,index,aim)，它的含义是如果用 arr[index..N-1]这些面值的钱组成 aim，返回总的方法数。具体实现参见如下代码中的 coins1 方法。

```
public int coins1(int[] arr, int aim) {
    if (arr == null || arr.length == 0 || aim < 0) {
        return 0;
    }
```

```
        return process1(arr, 0, aim);
}

public int process1(int[] arr, int index, int aim) {
        int res = 0;
        if (index == arr.length) {
                res = aim == 0 ? 1 : 0;
        } else {
                for (int i = 0; arr[index] * i <= aim; i++) {
                        res += process1(arr, index + 1, aim - arr[index] * i);
                }
        }
        return res;
}
```

接下来介绍基于暴力递归初步优化的方法，也就是记忆搜索的方法。暴力递归之所以暴力，是因为存在大量的重复计算。比如上面的例子，当已经使用 0 张 5 元+1 张 10 元的情况下，后续应该求[25,1]组成剩下的 990 的方法总数。当已经使用 2 张 5 元+0 张 10 元的情况下，后续还是求[25,1]组成剩下的 990 的方法总数。两种情况下都需要求 process1(arr,2,990)。类似这样的重复计算在暴力递归的过程中大量发生，所以暴力递归方法的时间复杂度非常高，并且与 arr 中钱的面值有关，最差情况下为 $O(aim^N)$。

记忆化搜索的优化方式。process1(arr,index,aim)中 arr 是始终不变的，变化的只有 index 和 aim，所以可以用 p(index,aim)表示一个递归过程。重复计算之所以大量发生，是因为每一个递归过程的结果都没记下来，所以下次还要重复去求。我们可以事先准备好一个 map，每计算完一个递归过程，都将结果记录到 map 中。当下次进行同样的递归过程之前，先在 map 中查询这个递归过程是否已经计算过，如果已经计算过，就把值拿出来直接用，如果没计算过，需要再进入递归过程。具体请参看如下代码中的 coins2 方法，它和 coins1 方法的区别就是准备好全局变量 map，记录已经计算过的递归过程的结果，防止下次重复计算。因为本题的递归过程可由两个变量表示，所以 map 是一张二维表。map[i][j]表示递归过程 $p(i,j)$ 的返回值。另外有一些特殊值，map[i][j]==0 表示递归过程 $p(i,j)$ 从来没有计算过。map[i][j]==-1 表示递归过程 $p(i,j)$ 计算过，但返回值是 0。如果 map[i][j]的值既不等于 0，也不等于-1，记为 a，则表示递归过程 $p(i,j)$ 的返回值为 a。

```
public int coins2(int[] arr, int aim) {
        if (arr == null || arr.length == 0 || aim < 0) {
                return 0;
        }
        int[][] map = new int[arr.length + 1][aim + 1];
        return process2(arr, 0, aim, map);
}

public int process2(int[] arr, int index, int aim, int[][] map) {
```

```
            int res = 0;
            if (index == arr.length) {
                res = aim == 0 ? 1 : 0;
            } else {
                int mapValue = 0;
                for (int i = 0; arr[index] * i <= aim; i++) {
                    mapValue = map[index + 1][aim - arr[index] * i];
                    if (mapValue != 0) {
                        res += mapValue == -1 ? 0 : mapValue;
                    } else {
                        res += process2(arr, index + 1, aim - arr[index] * i, map);
                    }
                }
            }
            map[index][aim] = res == 0 ? -1 : res;
            return res;
        }
```

　　记忆化搜索的方法是针对暴力递归最初级的优化技巧，分析递归函数的状态可以由哪些变量表示，做出相应维度和大小的 map 即可。记忆化搜索方法的时间复杂度为 $O(N \times aim^2)$，我们在解释完下面的方法后，再来具体解释为什么是这个时间复杂度。

　　动态规划方法。其实就是本书"机器人达到指定位置方法数"问题所提到的套路。生成行数为 N、列数为 aim+1 的矩阵 dp，dp[i][j]的含义是在使用 arr[0..i]货币的情况下，组成钱数 j 有多少种方法。dp[i][j]的值求法如下：

　　1. 对于矩阵 dp 第一列的值 dp[..][0]，表示组成钱数为 0 的方法数，很明显是 1 种，也就是不使用任何货币。所以 dp 第一列的值统一设置为 1。

　　2. 对于矩阵 dp 第一行的值 dp[0][..]，表示只能使用 arr[0]这一种货币的情况下，组成钱的方法数，比如，arr[0]==5 时，能组成的钱数只有 0，5，10，15，…。所以，令 dp[0][k*arr[0]]=1（0≤k×arr[0]≤aim，k 为非负整数）。

　　3. 除第一行和第一列的其他位置，记为位置(i,j)。dp[i][j]的值是以下几个值的累加。

- 　完全不用 arr[i]货币，只使用 arr[0..i-1]货币时，方法数为 dp[i-1][j]。
- 　用 1 张 arr[i]货币，剩下的钱用 arr[0..i-1]货币组成时，方法数为 dp[i-1][j-arr[i]]。
- 　用 2 张 arr[i]货币，剩下的钱用 arr[0..i-1]货币组成时，方法数为 dp[i-1][j-2*arr[i]]。
- 　……
- 　用 k 张 arr[i]货币，剩下的钱用 arr[0..i-1]货币组成时，方法数为 dp[i-1][j-k*arr[i]]。j-k*arr[i]>=0，k 为非负整数。

　　4. 最终 dp[N-1][aim]的值就是最终结果。

　　具体过程请参看如下代码中的 coins3 方法。

```
    public int coins3(int[] arr, int aim) {
```

```
if (arr == null || arr.length == 0 || aim < 0) {
        return 0;
}
int[][] dp = new int[arr.length][aim + 1];
for (int i = 0; i < arr.length; i++) {
        dp[i][0] = 1;
}
for (int j = 1; arr[0] * j <= aim; j++) {
        dp[0][arr[0] * j] = 1;
}
int num = 0;
for (int i = 1; i < arr.length; i++) {
        for (int j = 1; j <= aim; j++) {
            num = 0;
            for (int k = 0; j - arr[i] * k >= 0; k++) {
                    num += dp[i - 1][j - arr[i] * k];
            }
            dp[i][j] = num;
        }
}
return dp[arr.length - 1][aim];
}
```

在最差的情况下，对位置(*i,j*)来说，求解 dp[i][j]的计算过程需要枚举 dp[i-1][0..j]上的所有值，dp 一共有 N×aim 个位置，所以总体的时间复杂度为 $O(N×aim^2)$。

下面解释之前记忆化搜索方法的时间复杂度为什么也是 $O(N×aim^2)$，因为记忆化搜索方法在本质上等价于动态规划方法。记忆化搜索的方法说白了就是不关心到达某一个递归过程的路径，只是单纯地对计算过的递归过程进行记录，避免重复的递归过程，而动态规划的方法则是规定好每一个递归过程的计算顺序，依次进行计算，后计算的过程严格依赖前面计算过的过程。两者都是空间换时间的方法，也都有枚举的过程，区别就在于动态规划规定计算顺序，而记忆搜索不用规定。所以记忆化搜索方法的时间复杂度也是 $O(N×aim^2)$。两者各有优缺点，如果将暴力递归过程简单地优化成记忆搜索的方法，递归函数依然在使用，这在工程上的开销较大。而动态规划方法严格规定了计算顺序，可以将递归计算变成顺序计算，这是动态规划方法具有的优势。其实记忆搜索的方法也有优势，本题就很好地体现了。比如，arr=[20000,10000,1000]，aim=2000000000。如果是动态规划的计算方法，要严格计算 3×2000000000 个位置。而对于记忆搜索来说，因为面值最小的钱为 1000，所以百位为（1~9）、十位为（1~9）或各位为（1~9）的钱数是不可能出现的，当然也就没必要计算。通过本例可以知道，记忆化搜索是对必须要计算的递归过程才去计算并记录的。

接下来介绍时间复杂度为 $O(N×aim)$ 的动态规划方法。我们来看上一个动态规划方法中，求 dp[i][j]值时的步骤 3，这也是最关键的枚举过程：除第一行和第一列的其他位置，记为位置(*i,j*)。dp[i][j]的值是以下几个值的累加。

- 完全不用 arr[i]货币，只使用 arr[0..i-1]货币时，方法数为 dp[i-1][j]。
- 用 1 张 arr[i]货币，剩下的钱用 arr[0..i-1]货币组成时，方法数为 dp[i-1][j-arr[i]]。
- 用 2 张 arr[i]货币，剩下的钱用 arr[0..i-1]货币组成时，方法数为 dp[i-1][j-2*arr[i]]。

　　……

- 用 k 张 arr[i]货币，剩下的钱用 arr[0..i-1]货币组成时，方法数为 dp[i-1][j-k*arr[i]]。j-k*arr[i]>=0，k 为非负整数。

步骤 3 中，第 1 种情况的方法数为 dp[i-1][j]，而第 2 种情况一直到第 k 种情况的方法数累加值其实就是 dp[i][j-arr[i]]的值。所以步骤 3 可以简化为 dp[i][j]=dp[i-1][j]+dp[i][j-arr[i]]。一下省去了枚举的过程，时间复杂度也减小至 O(N×aim)，具体请参看如下代码中的 coins4 方法。

```java
public int coins4(int[] arr, int aim) {
        if (arr == null || arr.length == 0 || aim < 0) {
                return 0;
        }
        int[][] dp = new int[arr.length][aim + 1];
        for (int i = 0; i < arr.length; i++) {
                dp[i][0] = 1;
        }
        for (int j = 1; arr[0] * j <= aim; j++) {
                dp[0][arr[0] * j] = 1;
        }
        for (int i = 1; i < arr.length; i++) {
                for (int j = 1; j <= aim; j++) {
                        dp[i][j] = dp[i - 1][j];
                        dp[i][j] += j - arr[i] >= 0 ? dp[i][j - arr[i]] : 0;
                }
        }
        return dp[arr.length - 1][aim];
}
```

时间复杂度为 O(N×aim)的动态规划方法再结合空间压缩的技巧。空间压缩的原理请读者参考本书"矩阵的最小路径和"问题，这里不再详述。请参看如下代码中的 coins5 方法。

```java
public int coins5(int[] arr, int aim) {
        if (arr == null || arr.length == 0 || aim < 0) {
                return 0;
        }
        int[] dp = new int[aim + 1];
        for (int j = 0; arr[0] * j <= aim; j++) {
                dp[arr[0] * j] = 1;
        }
        for (int i = 1; i < arr.length; i++) {
                for (int j = 1; j <= aim; j++) {
                        dp[j] += j - arr[i] >= 0 ? dp[j - arr[i]] : 0;
                }
```

```
        }
        return dp[aim];
    }
```

至此，我们得到了最优解，是时间复杂度为 $O(N×aim)$、额外空间复杂度 $O(aim)$ 的方法。

【扩展】

通过本题目的优化过程，可以梳理出暴力递归通用的优化过程。对于在面试中遇到的具体题目，面试者一旦想到暴力递归的过程，其实之后的优化过程是水到渠成的。首先看写出来的暴力递归函数，找出有哪些参数是不发生变化的，忽略这些变量。只看那些变化并且可以表示递归过程的参数，找出这些参数之后，记忆搜索的方法其实可以很轻易地写出来，因为只是简单的修改，计算完就记录到 map 中，并在下次直接拿来使用，没计算过则依然进行递归计算。接下来观察记忆搜索过程中使用的 map 结构，看看该结构某一个具体位置的值是通过哪些位置的值求出的，被依赖的位置先求，就能改出动态规划的方法，也就是本书"机器人达到指定位置方法数"问题提到的套路。改出的动态规划方法中，如果有枚举的过程，看看枚举过程是否可以继续优化，常规的方法既有本题所实现的通过表达式来化简枚举状态的方式，也有本书的"丢棋子问题"、"画匠问题"和"邮局选址问题"所涉及的四边形不等式的相关内容，有兴趣的读者可以进一步学习。

打气球的最大分数

【题目】

给定一个数组 arr，代表一排有分数的气球。每打爆一个气球都能获得分数，假设打爆气球的分数为 X，获得分数的规则如下：

1）如果被打爆气球的左边有没被打爆的气球，找到离被打爆气球最近的气球，假设分数为 L；如果被打爆气球的右边有没被打爆的气球，找到离被打爆气球最近的气球，假设分数为 R。获得分数为 $L×X×R$。

2）如果被打爆气球的左边有没被打爆的气球，找到离被打爆气球最近的气球，假设分数为 L；如果被打爆气球的右边所有气球都已经被打爆。获得分数为 $L×X$。

3）如果被打爆气球的左边所有的气球都已经被打爆；如果被打爆气球的右边有没被打爆的气球，找到离被打爆气球最近的气球，假设分数为 R；如果被打爆气球的右边所有气球都已经被打爆。获得分数为 $X×R$。

4）如果被打爆气球的左边和右边所有的气球都已经被打爆。获得分数为 X。

目标是打爆所有气球，获得每次打爆的分数。通过选择打爆气球的顺序，可以得到不同的总分，请返回能获得的最大分数。

【举例】

```
arr = {3,2,5}
```

如果先打爆 3，获得 3×2；再打爆 2，获得 2×5；最后打爆 5，获得 5。最后总分 21。
如果先打爆 3，获得 3×2；再打爆 5，获得 2×5；最后打爆 2，获得 2。最后总分 18。
如果先打爆 2，获得 3×2×5；再打爆 3，获得 3×5；最后打爆 5，获得 5。最后总分 50。
如果先打爆 2，获得 3×2×5；再打爆 5，获得 3×5；最后打爆 3，获得 3。最后总分 48。
如果先打爆 5，获得 2×5；再打爆 3，获得 3×2；最后打爆 2，获得 2。最后总分 18。
如果先打爆 5，获得 2×5；再打爆 2，获得 3×2；最后打爆 3，获得 3。最后总分 19。
能获得的最大分数为 50。

【难度】

校 ★★★☆

【要求】

如果 arr 长度为 N，时间复杂度 $O(N^3)$。

【解答】

这道题我们使用暴力递归优化成动态规划的套路，不熟悉套路的读者请先阅读本书"机器人达到指定位置方法数"问题的解答。本题先实现尝试出所有可能打爆方法的暴力递归过程。只有尝试方法是最重要的，而且没有任何固定套路可以总结如何去尝试。

假设要打爆 arr[L..R]这个范围上所有的气球，并且假设 arr[L-1]和 arr[R+1]的气球都没有被打爆，尝试的过程为 process 函数，最后获得的最大分数为 process(L,R)。依次尝试，如果每个气球最后被打爆，具体为：

如果 arr[L]是最后被打爆的，也就是先把 arr[L+1..R]范围上的气球都打完之后，再打爆 arr[L]。先把 arr[L+1..R]范围上的气球都打完能够获得的最大分数为 process(L+1,R)。因为此时 arr[L+1..R]的气球都打完了，所以 arr[L]的左边为 arr[L-1]，右边为 arr[R+1]，最后打爆 arr[L]获得的分数为 arr[L-1]*arr[L]*arr[R+1]，总分为 arr[L-1]*arr[L]*arr [R+1]+process(L+1,R)。

如果 arr[L+1]是最后被打爆的，也就是先把 arr[L..L]和 arr[L+2..R]范围上的气球都打完之后，再打爆 arr[L+1]。把 arr[L..L]范围上的气球都打完能够获得的最大分数为 process(L,L)，把 arr[L+2..R]范围上的气球都打完能够获得的最大分数为 process(L+2,R)。因为此时 arr[L..L]和 arr[L+2..R]的气球都打完了，所以 arr[L+1]的左边为 arr[L-1]，右边为 arr[R+1]，最后打爆 arr[L]获得的分数为 arr[L-1]*arr[L+1]*arr[R+1]，总分为 process(L,L)+process (L+2,R)+arr[L-1]*arr[L]* arr[R+1]。

……

如果 arr[i]是最后被打爆的（$L<i<R$），也就是先把 arr[L..i-1]和 arr[i+1..R]范围上的气球都打完

之后，再打爆 arr[i]。把 arr[L..i-1] 范围上的气球都打完能够获得的最大分数为 process(L,i-1)，把 arr[i+1,R] 范围上的气球都打完能够获得的最大分数为 process(i+1,R)。因为此时 arr[L..i-1] 和 arr[i+1..R] 的气球都打完了，所以 arr[i] 的左边为 arr[L-1]，右边为 arr[R+1]，最后打爆 arr[i] 获得的分数为 arr[L-1]*arr[i]*arr[R+1]，总分为 process(L,i-1)+process (i+1,R)+arr[L-1]*arr[i]*arr[R+1]。

......

如果 arr[R] 是最后被打爆的，也就是先把 arr[L..R-1] 范围上的气球都打完之后，再打爆 arr[R]。先把 arr[L..R-1] 范围上的气球都打完能够获得的最大分数为 process(L,R-1)。因为此时 arr[L..R-1] 的气球都打完了，所以 arr[R] 的左边为 arr[L-1]，右边为 arr[R+1]，最后打爆 arr[R] 获得的分数为 arr[L-1]*arr[R]*arr[R+1]，总分为 process(L,R-1)+arr[L-1]* arr[R]*arr[R+1]。

以上所有的尝试方案中，哪个方案的总分最大，哪个就是 process(L,R) 的返回值。以上解释的所有尝试过程请看如下的 process 方法。

```java
// 打爆 arr[L..R] 范围上的所有气球，返回最大的分数
// 假设 arr[L-1] 和 arr[R+1] 一定没有被打爆
public int process(int[] arr, int L, int R) {
    if (L == R) {// 如果 arr[L..R] 范围上只有一个气球，直接打爆即可
        return arr[L - 1] * arr[L] * arr[R + 1];
    }
    // 最后打爆 arr[L] 的方案与最后打爆 arr[R] 的方案，先比较一下
    int max = Math.max(
                arr[L - 1] * arr[L] * arr[R + 1] + process(arr, L + 1, R),
                arr[L - 1] * arr[R] * arr[R + 1] + process(arr, L, R - 1));
    // 尝试中间位置的气球最后被打爆的每一种方案
    for (int i = L + 1; i < R; i++) {
        max = Math.max(max,
                arr[L - 1] * arr[i] * arr[R + 1] + process(arr, L, i - 1)
                                            + process(arr, i + 1, R));
    }
    return max;
}
```

如果把 arr 的开头和结尾补上 1，然后打爆除两头的 1 还剩下的位置，就是答案。比如 arr={3,2,5}，先生成一个辅助数组 help={1,3,2,5,1}，然后打爆 help[1..3] 范围上（即 [3,2,5]）的所有气球即可，这么做可以避免判断越界所带来的编程烦恼。主方法请看如下的 maxCoins1 方法，尝试的解法已经完全实现了。

```java
public int maxCoins1(int[] arr) {
    if (arr == null || arr.length == 0) {
        return 0;
    }
    if (arr.length == 1) {
        return arr[0];
    }
```

```
int N = arr.length;
int[] help = new int[N + 2];
help[0] = 1;
help[N + 1] = 1;
for (int i = 0; i < N; i++) {
        help[i + 1] = arr[i];
}
return process(help, 1, N);
}
```

暴力递归改动态规划。假设 arr={4,2,3,5,1,6}，生成的 help={1,4,2,3,5,1,6,1}，求的是打爆 help[1..6]上的所有气球获得的最大分数。利用优化套路过程如下。

前提：尝试过程是无后效性的。process(L,R)解决的问题就是打爆 help[L..R]上所有的气球获得的最大分数，不管如何到达的 process(L,R)，返回值一定是固定的。

1）可变参数 L 和 R 一旦确定，返回值就确定了。

2）如果可变参数 L 和 R 组合的所有情况组成一张表，这张表一定可以装下所有的返回值。L 变量的含义是 help 中的位置，所以 L 一定不会在 1～6 的范围之外；R 变量的含义是 help 中的位置，所以 L 一定不会在 1～6 范围之外。那么 L 和 R 组合的所有情况如图 4-6 所示，这是一个正方形矩阵。

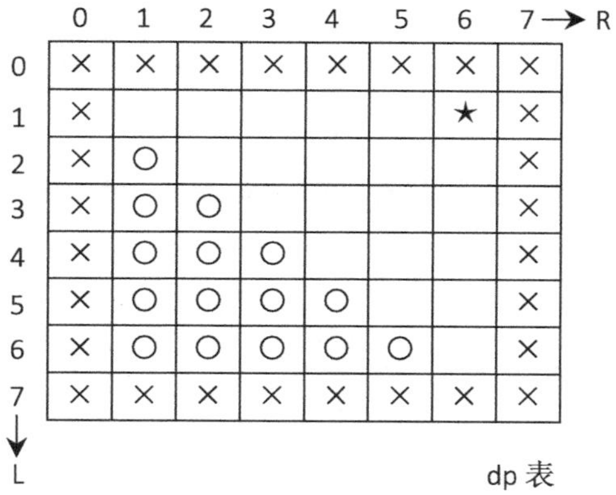

图 4-6

在图 4-6 中，行对应 L，列对应 R，枚举了 L 和 R 所有的组合即可，其中第 0 行、第 7 行、第 0 列和第 7 列是永远不会用到的，这些位置在图中已经用叉号标出。因为 process(L,R)表达的含义是在 help[L..R]这个范围上做尝试，所以 L 不可能大于 R。也就是说，这张表中不含对角线的下半区（L>R）是永远不会用到的，这些位置在图中已经用圆圈标出。任何一个状态 process(L,R)都一定可以放在剩下的位置中，这张表记为 dp[][]。

3）我们要的最终状态是 process(1,6)，也就是 dp[1][6]的值，在表中已经用星号标出。如何求出这个值呢？

4）根据 process(L,R)函数的 base case，填写初始的位置：

```
if (L == R) {
        return help[L - 1] * help[L] * help[R + 1];
}
```

L==R 时，就是图 4-6 中的对角线位置，如果对角线位置是 dp[i][i]，那么 dp[i][i]=help[i - 1] * help[i] * help[i + 1]。填写之后如图 4-7 所示。

	0	1	2	3	4	5	6	7
0	×	×	×	×	×	×	×	×
1	×	8						×
2	×	○	24					×
3	×	○	○	30				×
4	×	○	○	○	15			×
5	×	○	○	○	○	30		×
6	×	○	○	○	○	○	6	×
7	×	×	×	×	×	×	×	×

dp 表

图 4-7

5）base case 之外的情况都是普遍位置，在 process(L,R)函数中如下：

```
int max = Math.max(
        help[L - 1] * help[L] * help[R + 1] + process(help, L + 1, R),
        help[L - 1] * help[R] * help[R + 1] + process(help, L, R - 1));
// 尝试中间位置的气球最后被打爆的每一种方案
for (int i = L + 1; i < R; i++) {
    max = Math.max(max,
            help[L - 1] * help[i] * help[R + 1] + process(help, L, i - 1)
                + process(help, i + 1, R));
}
```

如果用看代码的方式分析状态依赖不直观，可以用分析 dp 表的方式。比如 dp[1][6]这个位置（星号），依赖哪些位置呢？根据 process(L,R)的代码，分析出 process(1,6)依赖的位置有：

1）process(2,6)，最后打爆 help[1]时的依赖，图 4-8 中的 A。

2）process(1,5)，最后打爆 help[6]时的依赖，图 4-8 中的 B。

3）process(1,1)，最后打爆 help[2]时的依赖，图 4-8 中的 C。

4）process(3,6)，最后打爆 help[2]时的依赖，图 4-8 中的 D。

5）process(1,2)，最后打爆 help[3]时的依赖，图 4-8 中的 E。

6）process(4,6)，最后打爆 help[3]时的依赖，图 4-8 中的 F。

7）process(1,3)，最后打爆 help[4]时的依赖，图 4-8 中的 G。

8）process(5,6)，最后打爆 help[4]时的依赖，图 4-8 中的 H。

9）process(1,4)，最后打爆 help[5]时的依赖，图 4-8 中的 I。

10）process(6,6)，最后打爆 help[5]时的依赖，图 4-8 中的 J。

	0	1	2	3	4	5	6	7
0	×	×	×	×	×	×	×	×
1	×	C	E	G	I	B	★	×
2	×	○					A	×
3	×	○	○				D	×
4	×	○	○	○			F	×
5	×	○	○	○	○		H	×
6	×	○	○	○	○	○	J	×
7	×	×	×	×	×	×	×	×

图 4-8

这说明 dp[L][R]值都只依赖同一行左边和同一列下边的有效位置，已经标为无效的位置依然不需要。所以，除去对角线，剩下的位置应该怎么填呢？先填最下面的行，从左往右进行填写；填好一行之后，再从左往右填写上一行。最终填写到有效部分的最上面一行，最右的有效位置就是答案。按照这种顺序求解任何一个位置的值时，这个位置左边和下面的位置一定已经被填写过了。

6）返回 dp[1][6]的值就是答案。

本题动态规划的解法就是填写一个规模 $O(N^2)$ 表的上半区，填写每一个位置的时候，都有一个时间复杂度 $O(N)$ 的枚举过程，所以整体的时间复杂度为 $O(N^3)$。具体实现请看如下的 maxCoins2 方法。

```
public int maxCoins2(int[] arr) {
    if (arr == null || arr.length == 0) {
        return 0;
    }
    if (arr.length == 1) {
        return arr[0];
    }
    int N = arr.length;
    int[] help = new int[N + 2];
    help[0] = 1;
    help[N + 1] = 1;
```

```
        for (int i = 0; i < N; i++) {
                help[i + 1] = arr[i];
        }
        int[][] dp = new int[N + 2][N + 2];
        for (int i = 1; i <= N; i++) {
                dp[i][i] = help[i - 1] * help[i] * help[i + 1];
                System.out.println(dp[i][i]);
        }
        for (int L = N; L >= 1; L--) {
            for (int R = L + 1; R <= N; R++) {
                // 求解 dp[L][R]，表示 help[L..R]上打爆所有气球的最大分数
                // 最后打爆 help[L]的方案
                int finalL = help[L - 1] * help[L] * help[R + 1] + dp[L + 1][R];
                // 最后打爆 help[R]的方案
                int finalR = help[L - 1] * help[R] * help[R + 1] + dp[L][R - 1];
                // 最后打爆 help[L]的方案和最后打爆 help[R]的方案，先比较一下
                dp[L][R] = Math.max(finalL, finalR);
                // 尝试中间位置的气球最后被打爆的每一种方案
                for (int i = L + 1; i < R; i++) {
                    dp[L][R] = Math.max(dp[L][R],
                            help[L - 1] * help[i] * help[R + 1] + dp[L][i - 1]
                                    + dp[i + 1][R]);
                }
            }
        }
        return dp[1][N];
}
```

最长递增子序列

【题目】

给定数组 arr，返回 arr 的最长递增子序列。

【举例】

arr=[2,1,5,3,6,4,8,9,7]，返回的最长递增子序列为[1,3,4,8,9]。

【要求】

如果 arr 长度为 N，请实现时间复杂度为 $O(N\log N)$的方法。

【难度】

校 ★★★☆

【解答】

先介绍时间复杂度为 $O(N^2)$ 的方法，具体过程如下：

1. 生成长度为 N 的数组 dp，dp[i] 表示在以 arr[i] 这个数结尾的情况下，arr[0..i] 中的最大递增子序列长度。

2. 对第一个数 arr[0] 来说，令 dp[0]=1，接下来从左到右依次算出以每个位置的数结尾的情况下，最长递增子序列长度。

3. 假设计算到位置 i，求以 arr[i] 结尾情况下的最长递增子序列长度，即 dp[i]。如果最长递增子序列以 arr[i] 结尾，那么在 arr[0..i-1] 中所有比 arr[i] 小的数都可以作为倒数第二个数。在这么多倒数第二个数的选择中，以哪个数结尾的最大递增子序列更大，就选哪个数作为倒数第二个数，所以 dp[i]=max{dp[j]+1(0<=j<i，arr[j]<arr[i])}。如果 arr[0..i-1] 中所有的数都不比 arr[i] 小，令 dp[i]=1 即可，说明以 arr[i] 结尾情况下的最长递增子序列只包含 arr[i]。

按照步骤 1~步骤 3 可以计算出 dp 数组，具体过程请看如下代码中的 getdp1 方法。

```java
public int[] getdp1(int[] arr) {
        int[] dp = new int[arr.length];
        for (int i = 0; i < arr.length; i++) {
                dp[i] = 1;
                for (int j = 0; j < i; j++) {
                        if (arr[i] > arr[j]) {
                                dp[i] = Math.max(dp[i], dp[j] + 1);
                        }
                }
        }
        return dp;
}
```

接下来解释如何根据求出的 dp 数组得到最长递增子序列。以题目的例子来说明，arr=[2,1,5,3,6,4,8,9,7]，求出的数组 dp=[1,1,2,2,3,3,4,5,4]。

1. 遍历 dp 数组，找到最大值以及位置。在本例中，最大值为 5，位置为 7，说明最终的最长递增子序列的长度为 5，并且应该以 arr[7] 这个数（arr[7]==9）结尾。

2. 从 arr 数组的位置 7 开始从右向左遍历。如果对某一个位置 i，既有 arr[i]<arr[7]，又有 dp[i]==dp[7]-1，说明 arr[i] 可以作为最长递增子序列的倒数第二个数。在本例中，arr[6]<arr[7]，并且 dp[6]==dp[7]-1，所以 8 应该作为最长递增子序列的倒数第二个数。

3. 从 arr 数组的位置 6 开始继续向左遍历，按照同样的过程找到倒数第三个数。在本例中，位置 5 满足 arr[5]<arr[6]，并且 dp[5]==dp[6]-1，同时位置 4 也满足。选 arr[5] 或者 arr[4] 作为倒数第三个数都可以。

4. 重复这样的过程，直到所有的数都找出来。

dp 数组包含每一步决策的信息，其实根据 dp 数组找出最长递增子序列的过程就是从某一个位置开始逆序还原出决策路径的过程。具体过程请参看如下代码中的 generateLIS 方法。

```java
public int[] generateLIS(int[] arr, int[] dp) {
        int len = 0;
        int index = 0;
        for (int i = 0; i < dp.length; i++) {
                if (dp[i] > len) {
                        len = dp[i];
                        index = i;
                }
        }
        int[] lis = new int[len];
        lis[--len] = arr[index];
        for (int i = index; i >= 0; i--) {
                if (arr[i] < arr[index] && dp[i] == dp[index] - 1) {
                        lis[--len] = arr[i];
                        index = i;
                }
        }
        return lis;
}
```

整个过程的主方法参看如下代码中的 lis1 方法。

```java
public int[] lis1(int[] arr) {
        if (arr == null || arr.length == 0) {
                return null;
        }
        int[] dp = getdp1(arr);
        return generateLIS(arr, dp);
}
```

很明显，计算 dp 数组过程的时间复杂度为 $O(N^2)$，根据 dp 数组得到最长递增子序列过程的时间复杂度为 $O(N)$，所以整个过程的时间复杂度为 $O(N^2)$。如果让时间复杂度达到 $O(N\log N)$，只要让计算 dp 数组的过程达到时间复杂度 $O(N\log N)$ 即可，之后根据 dp 数组生成最长递增子序列的过程是一样的。

时间复杂度 $O(N\log N)$ 生成 dp 数组的过程是利用二分查找来进行的优化。先生成一个长度为 N 的数组 ends，初始时 ends[0]=arr[0]，其他位置上的值为 0。生成整型变量 right，初始时 right=0。在从左到右遍历 arr 数组的过程中，求解 dp[i] 的过程需要使用 ends 数组和 right 变量，所以这里解释一下其含义。遍历的过程中，ends[0..right] 为有效区，ends[right+1..N-1] 为无效区。对有效区上的位置 b，如果有 ends[b]==c，则表示遍历到目前为止，在所有长度为 b+1 的递增序列中，最小的结尾数是 c。无效区的位置则没有意义。

比如，arr=[2,1,5,3,6,4,8,9,7]，初始时 dp[0]=1，ends[0]=2，right=0。ends[0..0] 为有效区，

ends[0]==2 的含义是，在遍历过 arr[0]之后，所有长度为 1 的递增序列中（此时只有[2]），最小的结尾数是 2。之后的遍历继续用这个例子来说明求解过程。

1．遍历到 arr[1]==1。ends 有效区=ends[0..0]=[2]，在有效区中找到最左边大于或等于 arr[1] 的数。发现是 ends[0]，表示以 arr[1]结尾的最长递增序列只有 arr[1]，所以令 dp[1]=1。然后令 ends[0]=1，因为遍历到目前为止，在所有长度为 1 的递增序列中，最小的结尾数是 1，而不再是 2。

2．遍历到 arr[2]==5。ends 有效区=ends[0..0]=[1]，在有效区中找到最左边大于或等于 arr[2] 的数。发现没有这样的数，表示以 arr[2]结尾的最长递增序列长度=ends 有效区长度+1，所以令 dp[2]=2。ends 整个有效区都没有比 arr[2]更大的数，说明发现了比 ends 有效区长度更长的递增序列，于是把有效区扩大，ends 有效区=ends[0..1]=[1,5]。

3．遍历到 arr[3]==3。ends 有效区=ends[0..1]=[1,5]，在有效区中用二分法找到最左边大于或等于 arr[3]的数。发现是 ends[1]，表示以 arr[3]结尾的最长递增序列长度为 2，所以令 dp[3]=2。然后令 ends[1]=3，因为遍历到目前为止，在所有长度为 2 的递增序列中，最小的结尾数是 3，而不再是 5。

4．遍历到 arr[4]==6。ends 有效区=ends[0..1]=[1,3]，在有效区中用二分法找到最左边大于或等于 arr[4]的数。发现没有这样的数，表示以 arr[4]结尾的最长递增序列长度=ends 有效区长度+1，所以令 dp[4]=3。ends 整个有效区都没有比 arr[4]更大的数，说明发现了比 ends 有效区长度更长的递增序列，于是把有效区扩大，ends 有效区=ends[0..2]=[1,3,6]。

5．遍历到 arr[5]==4。ends 有效区=ends[0..2]=[1,3,6]，在有效区中用二分法找到最左边大于或等于 arr[5]的数。发现是 ends[2]，表示以 arr[5]结尾的最长递增序列长度为 3，所以令 dp[5]=3。然后令 ends[2]=4，表示在所有长度为 3 的递增序列中，最小的结尾数变为 4。

6．遍历到 arr[6]==8。ends 有效区=ends[0..2]=[1,3,4]，在有效区中用二分法找到最左边大于或等于 arr[6]的数。发现没有这样的数，表示以 arr[6]结尾的最长递增序列长度=ends 有效区长度+1，所以令 dp[6]=4。ends 整个有效区都没有比 arr[6]更大的数，说明发现了比 ends 有效区长度更长的递增序列，于是把有效区扩大，ends 有效区=ends[0..3]=[1,3,4,8]。

7．遍历到 arr[7]==9。ends 有效区=ends[0..3]=[1,3,4,8]，在有效区中用二分法找到最左边大于或等于 arr[7]的数。发现没有这样的数，表示以 arr[7]结尾的最长递增序列长度=ends 有效区长度+1，所以令 dp[7]=5。ends 整个有效区都没有比 arr[7]更大的数，于是把有效区扩大，ends 有效区=ends[0..5]=[1,3,4,8,9]。

8．遍历到 arr[8]==7。ends 有效区=ends[0..5]=[1,3,4,8,9]，在有效区中用二分法找到最左边大于或等于 arr[8]的数。发现是 ends[3]，表示以 arr[8]结尾的最长递增序列长度为 4，所以令 dp[8]=4。然后令 ends[3]=7，表示在所有长度为 4 的递增序列中，最小的结尾数变为 7。

具体过程请参看如下代码中的 getdp2 方法。

```
public int[] getdp2(int[] arr) {
    int[] dp = new int[arr.length];
    int[] ends = new int[arr.length];
    ends[0] = arr[0];
    dp[0] = 1;
    int right = 0;
    int l = 0;
    int r = 0;
    int m = 0;
    for (int i = 1; i < arr.length; i++) {
        l = 0;
        r = right;
        while (l <= r) {
            m = (l + r) / 2;
            if (arr[i] > ends[m]) {
                l = m + 1;
            } else {
                r = m - 1;
            }
        }
        right = Math.max(right, l);
        ends[l] = arr[i];
        dp[i] = l + 1;
    }
    return dp;
}
```

时间复杂度 $O(NlogN)$ 方法的整个过程请参看如下代码中的 lis2 方法。

```
public int[] lis2(int[] arr) {
    if (arr == null || arr.length == 0) {
        return null;
    }
    int[] dp = getdp2(arr);
    return generateLIS(arr, dp);
}
```

信封嵌套问题

【题目】

给定一个 N 行 2 列的二维数组，每一个小数组的两个值分别代表一个信封的长和宽。如果信封 A 的长和宽都小于信封 B，那么信封 A 可以放在信封 B 里，请返回信封最多嵌套多少层。

【举例】

```
matrix = {
```

```
    {3,4},
    {2,3},
    {4,5},
    {1,3},
    {2,2},
    {3,6},
    {1,2},
    {3,2},
    {2,4}
}
```

信封最多可以套 4 层，从里到外分别是{1,2}{2,3}{3,4}{4,5}，所以返回 4。

【要求】

时间复杂度为 $O(NlogN)$。

【难度】

校　★★★☆

【解答】

解答这道题需要使用的算法原型为本书"最长递增子序列"问题，请读者在阅读本题解析之前，确保已经理解本书关于这个算法原型问题解答的最优解。

首先把 N 个长度为 2 的小数组变成信封数组。然后对信封数组排序，排序的策略为，按照长度从小到大排序，长度相等的信封之间按照宽度从大到小排序，代码如下：

```
public class Envelope {
        public int len;
        public int wid;

        public Envelope(int weight, int hight) {
                len = weight;
                wid = hight;
        }
}

public class EnvelopeComparator implements Comparator<Envelope> {
        @Override
        public int compare(Envelope o1, Envelope o2) {
                return o1.len != o2.len ? o1.len - o2.len : o2.wid - o1.wid;
        }
}

public Envelope[] getSortedEnvelopes(int[][] matrix) {
        Envelope[] res = new Envelope[matrix.length];
        for (int i = 0; i < matrix.length; i++) {
```

```
            res[i] = new Envelope(matrix[i][0], matrix[i][1]);
        }
        Arrays.sort(res, new EnvelopeComparator());
        return res;
    }
```

比如原问题给出的例子，排序之后的结果为一个信封对象的数组，如图 4-9 所示。

图 4-9

接下来在排序后的这个信封数组中忽略长度，只看宽度数组，也就是只看{3,2,4,3,2,6,4,2,5}这个数组的最长递增子序列长度是多少即可。为什么呢？这与我们的排序策略有关，按照长度从小到大排序，长度相等的信封之间按照宽度从大到小排序。

我们假设有一个信封 X，处在这个排序之后数组中的某个位置，长度为 Xlen，宽度为 Xwid。我们要求出必须以 X 作为最外面信封的情况下，最多套几层。那么信封 X 之后的信封一定不能放在 X 里，因为之后信封的长度都大于或等于 Xlen。分析一下信封 X 之前的信封，因为排序策略是按照长度从小到大排序的，所以 X 之前的信封长度要么小于 X，要么等于 X：

1）如果 X 之前的信封长度小于 X 的长度。那么只要之前信封的宽度小于 X 的宽度，一定可以放在 X 内。所以在宽度组成的数组中，X 的宽度如果作为最后一个数，求宽度数组的最长递增子序列即可。

2）如果 X 之前的信封长度等于 X 的长度。因为长度相等的信封之间按照宽度从大到小排序，所以这些信封的宽度一定大于或等于 X 的宽度，这样就不可能是 X 的宽度作为最后一个数的情况下，宽度数组的最长递增子序列的一部分。

所以，只需要求 X 的宽度作为最后一个数的情况下，宽度数组的最长递增子序列长度即可。

比如，在图 4-9 中的信封 7，宽度为 4，以信封 7 结尾的宽度数组为{3,2,4,3,2,6,4}，必须以信封 7 结尾的宽度数组中，最长递增子序列为{2,3,4}。所以必须以信封 7 作为最外层的情况下，最多套 3 层。也就是说，在这个排序策略下，只要 X 之前的信封宽度小于 X 的宽度，长度也必小于 X 的长度。求一个数组的最长递增子序列，是我们之前讲过的一个算法原型，直接利用即可。主过程代码如下：

```
public int maxEnvelopes(int[][] matrix) {
    Envelope[] envelopes = getSortedEnvelopes(matrix);
    int[] ends = new int[matrix.length];
    ends[0] = envelopes[0].wid;
```

```
        int right = 0;
        int l = 0;
        int r = 0;
        int m = 0;
        for (int i = 1; i < envelopes.length; i++) {
                l = 0;
                r = right;
                while (l <= r) {
                        m = (l + r) / 2;
                        if (envelopes[i].wid > ends[m]) {
                                l = m + 1;
                        } else {
                                r = m - 1;
                        }
                }
                right = Math.max(right, l);
                ends[l] = envelopes[i].wid;
        }
        return right + 1;
}
```

汉诺塔问题

【题目】

给定一个整数 n，代表汉诺塔游戏中从小到大放置的 n 个圆盘，假设开始时所有的圆盘都放在左边的柱子上，想按照汉诺塔游戏的要求把所有的圆盘都移到右边的柱子上。实现函数打印最优移动轨迹。

【举例】

n=1 时，打印：

move from left to right

n=2 时，打印：

move from left to mid

move from left to right

move from mid to right

进阶问题：给定一个整型数组 arr，其中只含有 1、2 和 3，代表所有圆盘目前的状态，1 代表左柱，2 代表中柱，3 代表右柱，arr[i]的值代表第 i+1 个圆盘的位置。比如，arr=[3,3,2,1]，代表第 1 个圆盘在右柱上、第 2 个圆盘在右柱上、第 3 个圆盘在中柱上、第 4 个圆盘在左柱上。如果 arr 代表的状态是最优移动轨迹过程中出现的状态，返回 arr 这种状态是最优移动轨迹中的第几个状态。如果 arr 代表的状态不是最优移动轨迹过程中出现的状态，则返回-1。

【举例】

arr=[1,1]。两个圆盘目前都在左柱上，也就是初始状态，所以返回 0。

arr=[2,1]。第一个圆盘在中柱上、第二个圆盘在左柱上，这个状态是 2 个圆盘的汉诺塔游戏中最优移动轨迹的第 1 步，所以返回 1。

arr=[3,3]。第一个圆盘在右柱上、第二个圆盘在右柱上，这个状态是 2 个圆盘的汉诺塔游戏中最优移动轨迹的第 3 步，所以返回 3。

arr=[2,2]。第一个圆盘在中柱上、第二个圆盘在中柱上，这个状态是 2 个圆盘的汉诺塔游戏中最优移动轨迹从来不会出现的状态，所以返回-1。

进阶问题：如果 arr 长度为 N，请实现时间复杂度为 $O(N)$、额外空间复杂度为 $O(1)$ 的方法。

【难度】

校 ★★★☆

【解答】

原问题。假设有 from 柱子、mid 柱子和 to 柱子，都从 from 的圆盘 1~i 完全移动到 to，最优过程为：

步骤 1：为圆盘 1~i-1 从 from 移动到 mid。

步骤 2：为单独把圆盘 i 从 from 移动到 to。

步骤 3：为把圆盘 1~i-1 从 mid 移动到 to。如果圆盘只有 1 个，直接把这个圆盘从 from 移动到 to 即可。

打印最优移动轨迹的方法参见如下代码中的 hanoi 方法。

```java
public void hanoi(int n) {
        if (n > 0) {
                func(n, "left", "mid", "right");
        }
}

public void func(int n, String from, String mid, String to) {
        if (n == 1) {
                System.out.println("move from " + from + " to " + to);
        } else {
                func(n - 1, from, to, mid);
                func(1, from, mid, to);
                func(n - 1, mid, from, to);
        }
}
```

进阶问题。首先求都在 from 柱子上的圆盘 1~i，如果都移动到 to 上的最少步骤数假设为 $S(i)$。根据上面的步骤，$S(i)$=步骤 1 的步骤总数+1+步骤 3 的步骤总数=$S(i-1)$+1+$S(i-1)$，$S(1)$=1。所以 $S(i)$+1=$2(S(i-1)+1)$，$S(1)$+1==2。根据等比数列求和公式得到 $S(i)$+1=2^i，所以 $S(i)$=2^i-1。

对于数组 arr 来说，arr[N-1]表示最大圆盘 N 在哪个柱子上，情况有以下三种。

- 圆盘 N 在左柱上，说明步骤 1 或者没有完成，或者已经完成，需要考查圆盘 1~N-1 的状况。

- 圆盘 N 在右柱上，说明步骤 1 已经完成，起码走完了 2^{N-1}-1 步。步骤 2 也已经完成，起码又走完了 1 步，所以当前状况起码是最优步骤的 2^{N-1} 步，剩下的步骤怎么确定还得继续考查圆盘 1~N-1 的状况。

- 圆盘 N 在中柱上，这是不可能的，最优步骤中不可能让圆盘 N 处在中柱上，直接返回-1。

所以整个过程可以总结为：对圆盘 1~i 来说，如果目标为从 from 到 to，那么情况有三种：

- 圆盘 i 在 from 上，需要继续考查圆盘 1~i-1 的状况，圆盘 1~i-1 的目标为从 from 到 mid。

- 圆盘 i 在 to 上，说明起码走完了 2^{i-1} 步，剩下的步骤怎么确定还得继续考查圆盘 1~i-1 的状况，圆盘 1~i-1 的目标为从 mid 到 to。

- 圆盘 i 在 mid 上，直接返回-1。

整个过程参看如下代码中的 step1 方法。

```java
public int step1(int[] arr) {
        if (arr == null || arr.length == 0) {
                return -1;
        }
        return process(arr, arr.length - 1, 1, 2, 3);
}

public int process(int[] arr, int i, int from, int mid, int to) {
        if (i == -1) {
                return 0;
        }
        if (arr[i] != from && arr[i] != to) {
                return -1;
        }
        if (arr[i] == from) {
                return process(arr, i - 1, from, to, mid);
        } else {
                int rest = process(arr, i - 1, mid, from, to);
                if (rest == -1) {
                        return -1;
                }
                return (1 << i) + rest;
```

```
            }
        }
```

step1 方法是递归函数，递归最多调用 N 次，并且每步的递归函数再调用递归函数的次数最多一次。在每个递归过程中，除去递归调用的部分，剩下过程的时间复杂度为 $O(1)$，所以 step1 方法的时间复杂度为 $O(N)$。但是因为递归函数需要函数栈的关系，step1 方法的额外空间复杂度为 $O(N)$。所以为了达到题目的要求，需要将整个过程改成非递归的方法，具体请参看如下代码中的 step2 方法。

```java
public int step2(int[] arr) {
    if (arr == null || arr.length == 0) {
        return -1;
    }
    int from = 1;
    int mid = 2;
    int to = 3;
    int i = arr.length - 1;
    int res = 0;
    int tmp = 0;
    while (i >= 0) {
        if (arr[i] != from && arr[i] != to) {
            return -1;
        }
        if (arr[i] == to) {
            res += 1 << i;
            tmp = from;
            from = mid;
        } else {
            tmp = to;
            to = mid;
        }
        mid = tmp;
        i--;
    }
    return res;
}
```

最长公共子序列问题

【题目】

给定两个字符串 str1 和 str2，返回两个字符串的最长公共子序列。

【举例】

str1="1A2C3D4B56"，str2="B1D23CA45B6A"。

"123456"或者"12C4B6"都是最长公共子序列，返回哪一个都行。

【难度】

尉 ★★☆☆

【解答】

本题是非常经典的动态规划问题，先来介绍求解动态规划表的过程。如果 str1 的长度为 M，str2 的长度为 N，生成大小为 M×N 的矩阵 dp，行数为 M，列数为 N。dp[i][j]的含义是 str1[0..i]与 str2[0..j]的最长公共子序列的长度。从左到右，再从上到下计算矩阵 dp。

1. 矩阵 dp 第一列即 dp[0..M-1][0]，dp[i][0]的含义是 str1[0..i]与 str2[0]的最长公共子序列长度。str2[0]只有一个字符，所以 dp[i][0]最大为 1。如果 str1[i]==str2[0]，令 dp[i][0]=1，一旦 dp[i][0]被设置为 1，之后的 dp[i+1..M-1][0]也都为 1。比如，str1[0..M-1]="ABCDE"，str2[0]="B"。str1[0]为"A"，与 str2[0]不相等，所以 dp[0][0]=0。str1[1]为"B"，与 str2[0]相等，所以 str1[0..1]与 str2[0]的最长公共子序列为"B"，令 dp[1][0]=1。之后的 dp[2..4][0]肯定都是 1，因为 str[0..2]、str[0..3]和 str[0..4]与 str2[0]的最长公共子序列肯定有"B"。

2. 矩阵 dp 第一行即 dp[0][0..N-1]与步骤 1 同理，如果 str1[0]==str2[j]，则令 dp[0][j]=1，一旦 dp[0][j]被设置为 1，之后的 dp[0][j+1..N-1]也都为 1。

3. 对其他位置(i,j)，dp[i][j]的值只可能来自以下三种情况。

- 可能是 dp[i-1][j]，代表 str1[0..i-1]与 str2[0..j]的最长公共子序列长度。比如，str1="A1BC2"，str2="AB34C"。str1[0..3]（即"A1BC"）与 str2[0..4]（即"AB34C"）的最长公共子序列为"ABC"，即 dp[3][4]为 3。str1[0..4]（即"A1BC2"）与 str2[0..4]（即"AB34C"）的最长公共子序列也是"ABC"，所以 dp[4][4]也为 3。

- 可能是 dp[i][j-1]，代表 str1[0..i]与 str2[0..j-1]的最长公共子序列长度。比如，str1="A1B2C"，str2="AB3C4"。str1[0..4]（即"A1B2C"）与 str2[0..3]（即"AB3C"）的最长公共子序列为"ABC"，即 dp[4][3]为 3。str1[0..4]（即"A1B2C"）与 str2[0..4]（即"AB3C4"）的最长公共子序列也是"ABC"，所以 dp[4][4]也为 3。

- 如果 str1[i]==str2[j]，还可能是 dp[i-1][j-1]+1。比如 str1="ABCD"，str2="ABCD"。str1[0..2]（即"ABC"）与 str2[0..2]（即"ABC"）的最长公共子序列为"ABC"，即 dp[2][2]为 3。因为 str1[3]==str2[3]=="D"，所以 str1[0..3]与 str2[0..3]的最长公共子序列是"ABCD"。

这三个可能的值中，选最大的作为 dp[i][j]的值。具体过程请参看如下代码中的 getdp 方法。

```
public int[][] getdp(char[] str1, char[] str2) {
        int[][] dp = new int[str1.length][str2.length];
```

```
        dp[0][0] = str1[0] == str2[0] ? 1 : 0;
        for (int i = 1; i < str1.length; i++) {
            dp[i][0] = Math.max(dp[i - 1][0], str1[i] == str2[0] ? 1 : 0);
        }
        for (int j = 1; j < str2.length; j++) {
            dp[0][j] = Math.max(dp[0][j - 1], str1[0] == str2[j] ? 1 : 0);
        }
        for (int i = 1; i < str1.length; i++) {
            for (int j = 1; j < str2.length; j++) {
                dp[i][j] = Math.max(dp[i - 1][j], dp[i][j - 1]);
                if (str1[i] == str2[j]) {
                    dp[i][j] = Math.max(dp[i][j], dp[i - 1][j - 1] + 1);
                }
            }
        }
        return dp;
    }
```

dp 矩阵中最右下角的值代表 str1 整体和 str2 整体的最长公共子序列的长度。通过整个 dp 矩阵的状态，可以得到最长公共子序列。具体方法如下：

1．从矩阵的右下角开始，有三种移动方式：向上、向左、向左上。假设移动的过程中，i 表示此时的行数，j 表示此时的列数，同时用一个变量 res 来表示最长公共子序列。

2．如果 dp[i][j] 大于 dp[i-1][j] 和 dp[i][j-1]，说明之前在计算 dp[i][j] 的时候，一定是选择了决策 dp[i-1][j-1]+1，可以确定 str1[i] 等于 str2[j]，并且这个字符一定属于最长公共子序列，把这个字符放进 res，然后向左上方移动。

3．如果 dp[i][j] 等于 dp[i-1][j]，说明之前在计算 dp[i][j] 的时候，dp[i-1][j-1]+1 这个决策不是必须选择的决策，向上方移动即可。

4．如果 dp[i][j] 等于 dp[i][j-1]，与步骤 3 同理，向左方移动。

5．如果 dp[i][j] 同时等于 dp[i-1][j] 和 dp[i][j-1]，向上还是向下无所谓，选择其中一个即可，反正不会错过必须选择的字符。

也就是说，通过 dp 求解最长公共子序列的过程就是还原出当时如何求解 dp 的过程，来自哪个策略，就朝哪个方向移动。全部过程请参看如下代码中的 lcse 方法。

```
public String lcse(String str1, String str2) {
    if (str1 == null || str2 == null || str1.equals("") || str2.equals("")) {
        return "";
    }
    char[] chs1 = str1.toCharArray();
    char[] chs2 = str2.toCharArray();
    int[][] dp = getdp(chs1, chs2);
    int m = chs1.length - 1;
    int n = chs2.length - 1;
    char[] res = new char[dp[m][n]];
```

```
        int index = res.length - 1;
        while (index >= 0) {
            if (n > 0 && dp[m][n] == dp[m][n - 1]) {
                n--;
            } else if (m > 0 && dp[m][n] == dp[m - 1][n]) {
                m--;
            } else {
                res[index--] = chs1[m];
                m--;
                n--;
            }
        }
        return String.valueOf(res);
    }
```

计算 dp 矩阵中的某个位置就是简单比较相关的 3 个位置的值而已，所以时间复杂度为 $O(1)$，动态规划表 dp 的大小为 $M \times N$，所以计算 dp 矩阵的时间复杂度为 $O(M \times N)$。通过 dp 得到最长公共子序列的过程为 $O(M+N)$，因为向左最多移动 N 个位置，向上最多移动 M 个位置，所以总的时间复杂度为 $O(M \times N)$，额外空间复杂度为 $O(M \times N)$。如果题目不要求返回最长公共子序列，只想求最长公共子序列的长度，那么可以用空间压缩的方法将额外空间复杂度减小为 $O(\min\{M,N\})$。有兴趣的读者请阅读本书"矩阵的最小路径和"问题，这里不再详述。

最长公共子串问题

【题目】

给定两个字符串 str1 和 str2，返回两个字符串的最长公共子串。

【举例】

str1="1AB2345CD"，str2="12345EF"，返回"2345"。

【要求】

如果 str1 长度为 M，str2 长度为 N，实现时间复杂度为 $O(M \times N)$，额外空间复杂度为 $O(1)$ 的方法。

【难度】

校 ★★★☆

【解答】

经典动态规划的方法可以做到时间复杂度为 $O(M \times N)$，额外空间复杂度为 $O(M \times N)$，经过优化之后的实现可以把额外空间复杂度从 $O(M \times N)$ 降至 $O(1)$，我们先来介绍经典方法。

首先需要生成动态规划表。生成大小为 $M \times N$ 的矩阵 dp，行数为 M，列数为 N。dp[i][j]的含义是，在必须把 str1[i]和 str2[j]当作公共子串最后一个字符的情况下，公共子串最长能有多长。比如，str1="A1234B"，str2="CD1234"，dp[3][4]的含义是在必须把 str1[3]（即'3'）和 str2[4]（即'3'）当作公共子串最后一个字符的情况下，公共子串最长能有多长。这种情况下的最长公共子串为"123"，所以 dp[3][4]为 3。再如，str1="A12E4B"，str2="CD12F4"，dp[3][4]的含义是在必须把 str1[3]（即'E'）和 str2[4]（即'F'）当作公共子串最后一个字符的情况下，公共子串最长能有多长。这种情况下，根本不能构成公共子串，所以 dp[3][4]为 0。介绍了 dp[i][j]的意义后，接下来介绍 dp[i][j]怎么求。具体过程如下：

1. 矩阵 dp 第一列即 dp[0..M-1][0]。对某一个位置(i,0)来说，如果 str1[i]==str2[0]，令 dp[i][0]=1，否则令 dp[i][0]=0。比如 str1="ABAC"，str2[0]="A"。dp 矩阵第一列上的值依次为 dp[0][0]=1，dp[1][0]=0，dp[2][0]=1，dp[3][0]=0。

2. 矩阵 dp 第一行即 dp[0][0..N-1]与步骤 1 同理。对某一个位置(0,j)来说，如果 str1[0]==str2[j]，令 dp[0][j]=1，否则令 dp[0][j]=0。

3. 其他位置按照从左到右，再从上到下来计算，dp[i][j]的值只可能有两种情况。

- 如果 str1[i]!=str2[j]，说明在必须把 str1[i]和 str2[j]当作公共子串最后一个字符是不可能的，令 dp[i][j]=0。

- 如果 str1[i]==str2[j]，说明 str1[i]和 str2[j]可以作为公共子串的最后一个字符，从最后一个字符向左能扩多大的长度呢？就是 dp[i-1][j-1]的值，所以令 dp[i][j]=dp[i-1][j-1]+1。

如果 str1="abcde"，str2="bebcd"。计算的 dp 矩阵如下：

	b	e	b	c	d
a	0	0	0	0	0
b	1	0	1	0	0
c	0	0	0	2	0
d	0	0	0	0	3
e	0	1	0	0	0

计算 dp 矩阵的具体过程请参看如下代码中的 getdp 方法。

```java
public int[][] getdp(char[] str1, char[] str2) {
        int[][] dp = new int[str1.length][str2.length];
        for (int i = 0; i < str1.length; i++) {
                if (str1[i] == str2[0]) {
                        dp[i][0] = 1;
                }
        }
        for (int j = 1; j < str2.length; j++) {
                if (str1[0] == str2[j]) {
```

```
                        dp[0][j] = 1;
                    }
            }
            for (int i = 1; i < str1.length; i++) {
                    for (int j = 1; j < str2.length; j++) {
                            if (str1[i] == str2[j]) {
                                    dp[i][j] = dp[i - 1][j - 1] + 1;
                            }
                    }
            }
            return dp;
    }
```

生成动态规划表 dp 之后，得到最长公共子串是非常容易的。比如，上边生成的 dp 中，最大值是 dp[3][4]==3，说明最长公共子串的长度为 3。最长公共子串的最后一个字符是 str1[3]，当然也是 str2[4]，因为两个字符一样。那么最长公共子串为从 str1[3]开始向左一共 3 字节的子串，即 str1[1..3]，当然也是 str2[2..4]。总之，遍历 dp 找到最大值及其位置，最长公共子串自然可以得到。具体过程请参看如下代码中的 lcst1 方法，也是整个过程的主方法。

```
public lcst1(String str1, String str2) {
    if (str1 == null || str2 == null || str1.equals("") || str2.equals("")) {
        return "";
    }
    char[] chs1 = str1.toCharArray();
    char[] chs2 = str2.toCharArray();
    int[][] dp = getdp(chs1, chs2);
    int end = 0;
    int max = 0;
    for (int i = 0; i < chs1.length; i++) {
        for (int j = 0; j < chs2.length; j++) {
            if (dp[i][j] > max) {
                end = i;
                max = dp[i][j];
            }
        }
    }
    return str1.substring(end - max + 1, end + 1);
}
```

经典动态规划的方法需要大小为 $M \times N$ 的 dp 矩阵，但实际上是可以减小至 $O(1)$ 的，因为我们注意到计算每一个 dp[i][j]的时候，最多只需要其左上方 dp[i-1][j-1]的值，所以按照斜线方向来计算所有的值，只需要一个变量就可以计算出所有位置的值，如图 4-10 所示。

每一条斜线在计算之前生成整型变量 len，len 表示左上方位置的值，初始时 len=0。从斜线最左上的位置开始向右下方依次计算每个位置的值，假设计算到位置 (i,j)，此时 len 表示位置 (i-1,j-1) 的值。如果 str1[i]==str2[j]，那么位置 (i,j) 的值为 len+1，如果 str1[i]!=str2[j]，那么位置（*i,j*）的值为 0。计算后将 len 更新成位置（*i,j*）的值，然后计算下一个位置，即（*i*+1,*j*+1）位置的值。依次计算下去就可以得到斜线上每个位置的值，然后算下一条斜线。用全局变量 max 记录所有位置的值中的最大值。最大值出现时，用全局变量 end 记录其位置即可。具体过程请参看如下代码中的 lcst2 方法。

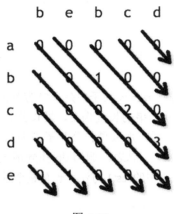

图 4-10

```java
public lcst2(String str1, String str2) {
    if (str1 == null || str2 == null || str1.equals("") || str2.equals("")) {
        return "";
    }
    char[] chs1 = str1.toCharArray();
    char[] chs2 = str2.toCharArray();
    int row = 0; // 斜线开始位置的行
    int col = chs2.length - 1; // 斜线开始位置的列
    int max = 0; // 记录最大长度
    int end = 0; // 最大长度更新时，记录子串的结尾位置
    while (row < chs1.length) {
        int i = row;
        int j = col;
        int len = 0;
        // 从(i,j)开始向右下方遍历
        while (i < chs1.length && j < chs2.length) {
            if (chs1[i] != chs2[j]) {
                len = 0;
            } else {
                len++;
            }
            // 记录最大值，以及结束字符的位置
            if (len > max) {
                end = i;
                max = len;
```

```
                    }
                    i++;
                    j++;
                }
                if (col > 0) { // 斜线开始位置的列先向左移动
                        col--;
                } else { // 列移动到最左之后，行向下移动
                        row++;
                }
        }
        return str1.substring(end - max + 1, end + 1);
    }
```

子数组异或和为 0 的最多划分

【题目】

数组异或和的定义：把数组中所有的数异或起来得到的值。

给定一个整型数组 arr，其中可能有正、有负、有零。你可以随意把整个数组切成若干个不相容的子数组，求异或和为 0 的子数组最多能有多少个？

【举例】

```
arr = {3,2,1,9,0,7,0,2,1,3}
```

把数组分割成{3,2,1}、{9}、{0}、{7}、{0}、{2,1,3}是最优分割，因为其中{3,2,1}、{0}、{0}、{2,1,3}这四个子数组的异或和为 0，并且是所有的分割方案中，能切出最多异或和为 0 的子数组的方案，返回 4。

【要求】

如果 arr 长度为 N，时间复杂度 O(N)。

【难度】

校 ★★★☆

【解答】

本题利用动态规划，假设 arr 长度为 N，生成长度为 N 的数组 dp[]。dp[i]的含义是如果在 arr[0..i]上做分割，异或和为 0 的子数组最多能有多少个。如果可以从左到右依次求出 dp[0]、dp[1]...dp[i-1]、dp[i]..dp[N-1]。那么 dp[N-1]的值就是：如果在 arr[0..N-1]上做分割，异或和为 0 的子数组最多能有多少个，也就是最终答案。

现在假设 dp[0]~dp[i-1] 已经求出，如何求出 dp[i] 就是最关键的问题。为了分析这个问题，我们假设 arr[0~i] 上存在最优分割。显而易见的是，分割出来的最后一个子数组一定包含 arr[i]，那么这个最优分割的最后一个子数组只可能有如下两种情况。

1）最优分割的最后一个子数组，异或和不等于 0。

2）最优分割的最后一个子数组，异或和等于 0。

对于情况 1），如果最优分割的最后一个子数组异或和不等于 0，那么 dp[i] 的值等于 dp[i-1]。可以这样来理解这个结论，既然在 arr[0..i] 上做最优分割，并且切出来的异或和为 0 的子数组和 arr[i] 没有关系，那么 arr[0..i-1] 最多能切多少个，arr[0..i] 上就能切多少个。

对于情况 2），如果最优分割的最后一个子数组异或和等于 0。假设 arr[k..i] 就是最优分割的最后一个子数组，并且异或和等于 0，那么 dp[i] 的值等于 dp[k-1]+1。可以这样理解这个结论，如果我们已经知道在 arr[0..i] 上的最优分割，并且最后一个分割出的子数组是 arr[k..i]，也知道 arr[k..i] 的异或和是 0。那么在 arr[0..i] 上最多能分割出几个异或和为 0 的子数组呢？就是 arr[0..k-1] 上最多能够分割出的数量（dp[k-1]），再加上 arr[k..i] 这部分，就是答案，dp[i] = dp[k-1] + 1。那么如何求出 k 这个位置，就变成了唯一需要关心的问题。

在 arr[0..i] 上的最优分割中，如果最后一个子数组异或和等于 0，且 arr[k..i] 就是最后一个子数组。那么 k 到 i 之间的任何一个位置 j（k<j<i），都不可能有 arr[j..i] 的异或和等于 0。这是因为，如果 arr[k..i] 的异或和为 0，中间如果还存在一个 j 位置，使得 arr[j..i]==0，那么就可以推出 arr[k..j-1] 的异或和也为 0。这样，arr[k..i] 就可以分割出 arr[k..j-1] 和 arr[j..i] 两部分，那么岂不是比原来我们假设的最优分割更优？推出的结论与假设矛盾，所以 k 到 i 之间的任何一个位置 j（k<j<i）都不可能有 arr[j..i] 的异或和等于 0。那我们就知道 k 位置怎么求了，在 i 位置的左边所有位置中，k 一定是离 i 最近且 arr[k..i] 异或和为 0 的位置。对于其他的任何位置 j，如果也能让 arr[j..i] 的异或和为 0，那么 j 位置离 i 位置的距离一定比 k 位置离 i 位置的距离远。问题得到了进一步转化，现在我们关心：如果来到 i 位置，怎么求离 i 位置最近的 k 位置，使得 arr[k..i] 异或和为 0。

如果我们记下 arr[0..0] 的异或和、arr[0..1] 的异或和……arr[0..i-1] 的异或和。现在来到 i 位置，并且 arr[0..i] 的异或和为 eor，我们只要知道 eor 上一次出现在什么位置，也就求出了 k 位置。举个例子：

```
arr = { 6, 3, 2, 1}
```

位置: 0 1 2 3

展示一下来到 i==3 位置时，怎么求 k 位置。

先准备一张表 map，key：某一个异或和；value：key 这个异或和上次出现的位置。

提前在 map 里放入一条记录（key = 0, value = -1），表示没遍历 arr 之前，就有 0 这个异或和。

遍历到 0 位置时，arr[0..0] 的异或和为 6，把（6,0）这个记录放入 map。

此时 map 为：

```
(key = 0, value = -1)
(key = 6, value = 0)
```

遍历到 1 位置时，arr[0..1]的异或和为 5，把（5,1）这个记录放入 map。

此时 map 为：

```
(key = 0, value = -1)
(key = 6, value = 0)
(key = 5, value = 1)
```

遍历到 2 位置时，arr[0..2]的异或和为 7，把（7,2）这个记录放入 map。

此时 map 为：

```
(key = 0, value = -1)
(key = 6, value = 0)
(key = 5, value = 1)
(key = 7, value = 2)
```

遍历到 3 位置时，arr[0..3]的异或和为 6。怎么求 k？在 map 中看异或和为 6 上次出现的位置，是 0 位置。所以知道 arr[1..3]就是 arr[k..i]，1 位置就是 k 位置。

情况 2）的分析结束。dp[i] = dp[k-1] + 1，k 为在 i 位置左边，离 i 位置最近的使得 arr[k..i]的异或和为 0 的位置。

两种情况中哪一个值更大，哪一个就是 dp[i]的值，即 dp[i] = Max { dp[i-1], dp[k-1] + 1}。

全部流程请看 mostEOR 方法：

```java
public int mostEOR(int[] arr) {
        if (arr == null || arr.length == 0) {
                return 0;
        }
        int eor = 0;
        int[] dp = new int[arr.length];
        HashMap<Integer, Integer> map = new HashMap<>();
        map.put(0, -1);
        dp[0] = arr[0] == 0 ? 1 : 0;
        map.put(arr[0], 0);
        for (int i = 1; i < arr.length; i++) {
                eor ^= arr[i];
                if (map.containsKey(eor)) {
                        int preEorIndex = map.get(eor);
                        dp[i] = preEorIndex == -1 ? 1 : (dp[preEorIndex] + 1);
                }
                dp[i] = Math.max(dp[i - 1], dp[i]);
                map.put(eor, i);
        }
        return dp[dp.length - 1];
}
```

最小编辑代价

【题目】

给定两个字符串 str1 和 str2，再给定三个整数 ic、dc 和 rc，分别代表插入、删除和替换一个字符的代价，返回将 str1 编辑成 str2 的最小代价。

【举例】

str1="abc"，str2="adc"，ic=5，dc=3，rc=2。

从"abc"编辑成"adc"，把'b'替换成'd'是代价最小的，所以返回 2。

str1="abc"，str2="adc"，ic=5，dc=3，rc=100。

从"abc"编辑成"adc"，先删除'b'，然后插入'd'是代价最小的，所以返回 8。

str1="abc"，str2="abc"，ic=5，dc=3，rc=2。

不用编辑了，本来就是一样的字符串，所以返回 0。

【难度】

校 ★★★☆

【解答】

如果 str1 的长度为 M，str2 的长度为 N，经典动态规划的方法可以达到时间复杂度为 $O(M×N)$，额外空间复杂度为 $O(M×N)$。如果结合空间压缩的技巧，可以把额外空间复杂度减至 $O(\min\{M,N\})$。

先来介绍经典动态规划的方法。首先生成大小为 $(M+1)×(N+1)$ 的矩阵 dp，dp[i][j] 的值代表 str1[0..i-1] 编辑成 str2[0..j-1] 的最小代价。举个例子，str1="ab12cd3"，str2="abcdf"，ic=5，dc=3，rc=2。dp 是一个 8×6 的矩阵，最终计算结果如下。

	' '	'a'	'b'	'c'	'd'	'f'
' '	0	5	10	15	20	25
'a'	3	0	5	10	15	20
'b'	6	3	0	5	10	15
'1'	9	6	3	2	7	12
'2'	12	9	6	5	4	9
'c'	15	12	9	6	7	6
'd'	18	15	12	9	6	9
'3'	21	18	15	12	9	8

下面具体说明 dp 矩阵每个位置的值是如何计算的。

1. dp[0][0]=0，表示 str1 空的子串编辑成 str2 空的子串的代价为 0。

2. 矩阵 dp 第一列即 dp[0..M-1][0]。dp[i][0]表示 str1[0..i-1]编辑成空串的最小代价，毫无疑问，是把 str1[0..i-1]所有的字符删掉的代价，所以 dp[i][0]=dc*i。

3. 矩阵 dp 第一行即 dp[0][0..N-1]。dp[0][j]表示空串编辑成 str2[0..j-1]的最小代价，毫无疑问，是在空串里插入 str2[0..j-1]所有字符的代价，所以 dp[0][j]=ic*j。

4. 其他位置按照从左到右，再从上到下来计算，dp[i][j]的值只可能有以下四种情况。

- str1[0..i-1]可以先编辑成 str1[0..i-2]，也就是删除字符 str1[i-1]，然后由 str1[0..i-2]编辑成 str2[0..j-1]，dp[i-1][j]表示 str1[0..i-2]编辑成 str2[0..j-1]的最小代价，那么 dp[i][j]可能等于 dc+dp[i-1][j]。

- str1[0..i-1]可以先编辑成 str2[0..j-2]，然后将 str2[0..j-2]插入字符 str2[j-1]，编辑成 str2[0..j-1]，dp[i][j-1]表示 str1[0..i-1]编辑成 str2[0..j-2]的最小代价，那么 dp[i][j]可能等于 dp[i][j-1]+ic。

- 如果 str1[i-1]!=str2[j-1]。先把 str1[0..i-1]中 str1[0..i-2]的部分变成 str2[0..j-2]，然后把字符 str1[i-1]替换成 str2[j-1]，这样 str1[0..i-1]就编辑成 str2[0..j-1]了。dp[i-1][j-1]表示 str1[0..i-2]编辑成 str2[0..i-2]的最小代价，那么 dp[i][j]可能等于 dp[i-1][j-1]+rc。

- 如果 str1[i-1]==str2[j-1]。先把 str1[0..i-1]中 str1[0..i-2]的部分变成 str2[0..j-2]，因为此时字符 str1[i-1]等于 str2[j-1]，所以 str1[0..i-1]已经编辑成 str2[0..j-1]了。dp[i-1][j-1]表示 str1[0..i-2]编辑成 str2[0..i-2]的最小代价，那么 dp[i][j]可能等于 dp[i-1][j-1]。

5. 以上四种可能的值中，选最小值作为 dp[i][j]的值。dp 最右下角的值就是最终结果。

具体过程请参看如下代码中的 minCost1 方法。

```java
public int minCost1(String str1, String str2, int ic, int dc, int rc) {
    if (str1 == null || str2 == null) {
        return 0;
    }
    char[] chs1 = str1.toCharArray();
    char[] chs2 = str2.toCharArray();
    int row = chs1.length + 1;
    int col = chs2.length + 1;
    int[][] dp = new int[row][col];
    for (int i = 1; i < row; i++) {
        dp[i][0] = dc * i;
    }
    for (int j = 1; j < col; j++) {
        dp[0][j] = ic * j;
    }
    for (int i = 1; i < row; i++) {
        for (int j = 1; j < col; j++) {
            if (chs1[i - 1] == chs2[j - 1]) {
```

```
                                dp[i][j] = dp[i - 1][j - 1];
                        } else {
                                dp[i][j] = dp[i - 1][j - 1] + rc;
                        }
                        dp[i][j] = Math.min(dp[i][j], dp[i][j - 1] + ic);
                        dp[i][j] = Math.min(dp[i][j], dp[i - 1][j] + dc);
                }
        }
        return dp[row - 1][col - 1];
}
```

经典动态规划方法结合空间压缩的方法。空间压缩的原理请读者参考本书"矩阵的最小路径和"问题，这里不再详述。但是本题空间压缩的方法有一点特殊。在"矩阵的最小路径和"问题中，dp[i][j]依赖两个位置的值 dp[i-1][j]和 dp[i][j-1]，滚动数组从左到右更新是没有问题的，因为在求 dp[j]的时候，dp[j]没有更新之前相当于 dp[i-1][j]的值，dp[j-1]的值已经更新过，相当于 dp[i][j-1]的值。而本题 dp[i][j]依赖 dp[i-1][j]、dp[i][j-1]和 dp[i-1][j-1]的值，所以滚动数组从左到右更新时，还需要一个变量来保存 dp[j-1]没有更新之前的值，也就是左上角的 dp[i-1][j-1]。

理解上述过程后，就不难发现该过程确实只用了一个 dp 数组，但 dp 长度等于 str2 的长度加 1（即 N+1），而不是 $O(\min\{M,N\})$。所以还要把 str1 和 str2 中长度较短的一个作为列对应的字符串，长度较长的作为行对应的字符串。上面介绍的动态规划方法都是把 str2 作为列对应的字符串，如果 str1 做了列对应的字符串，把插入代价 ic 和删除代价 dc 交换一下即可。

具体过程请参看如下代码中的 minCost2 方法。

```
public int minCost2(String str1, String str2, int ic, int dc, int rc) {
        if (str1 == null || str2 == null) {
                return 0;
        }
        char[] chs1 = str1.toCharArray();
        char[] chs2 = str2.toCharArray();
        char[] longs = chs1.length >= chs2.length ? chs1 : chs2;
        char[] shorts = chs1.length < chs2.length ? chs1 : chs2;
        if (chs1.length < chs2.length) { // str2 较长就交换 ic 和 dc 的值
                int tmp = ic;
                ic = dc;
                dc = tmp;
        }
        int[] dp = new int[shorts.length + 1];
        for (int i = 1; i <= shorts.length; i++) {
                dp[i] = ic * i;
        }
        for (int i = 1; i <= longs.length; i++) {
                int pre = dp[0]; // pre 表示左上角的值
                dp[0] = dc * i;
                for (int j = 1; j <= shorts.length; j++) {
                        int tmp = dp[j]; // dp[j]没更新前先保存下来
```

```
                        if (longs[i - 1] == shorts[j - 1]) {
                                dp[j] = pre;
                        } else {
                                dp[j] = pre + rc;
                        }
                        dp[j] = Math.min(dp[j], dp[j - 1] + ic);
                        dp[j] = Math.min(dp[j], tmp + dc);
                        pre = tmp; // pre 变成 dp[j]没更新前的值
                }
        }
        return dp[shorts.length];
}
```

字符串的交错组成

【题目】

给定三个字符串 str1、str2 和 aim，如果 aim 包含且仅包含来自 str1 和 str2 的所有字符，而且在 aim 中属于 str1 的字符之间保持原来在 str1 中的顺序，属于 str2 的字符之间保持原来在 str2 中的顺序，那么称 aim 是 str1 和 str2 的交错组成。实现一个函数，判断 aim 是否是 str1 和 str2 交错组成。

【举例】

str1="AB"，str2="12"。那么"AB12"、"A1B2"、"A12B"、"1A2B"和"1AB2"等都是 str1 和 str2 的交错组成。

【难度】

校 ★★★☆

【解答】

如果 str1 的长度为 M，str2 的长度为 N，经典动态规划的方法可以达到时间复杂度为 $O(M \times N)$，额外空间复杂度为 $O(M \times N)$。如果结合空间压缩的技巧，可以把额外空间复杂度减至 $O(\min\{M,N\})$。

先来介绍经典动态规划的方法。首先，aim 如果是 str1 和 str2 的交错组成，aim 的长度一定是 $M+N$，否则直接返回 false。然后生成大小为$(M+1) \times (N+1)$布尔类型的矩阵 dp，dp[i][j]的值代表 aim[0..i+j-1]能否被 str1[0..i-1]和 str2[0..j-1]交错组成。计算 dp 矩阵的时候，是从左到右，再从上到下计算的，dp[M][N]也就是 dp 矩阵中最右下角的值，表示 aim 整体能否被 str1 整体和 str2 整体交错组成，也就是最终结果。下面具体说明 dp 矩阵每个位置的值是如何计算的。

1. dp[0][0]=true。aim 为空串时，当然可以被 str1 为空串和 str2 为空串交错组成。

233

2．矩阵 dp 第一列即 dp[0..M-1][0]。dp[i][0]表示 aim[0..i-1]能否只被 str1[0..i-1]交错组成。如果 aim[0..i-1]等于 str1[0..i-1]，则令 dp[i][0]=true，否则令 dp[i][0]=false。

3．矩阵 dp 第一行即 dp[0][0..N-1]。dp[0][j]表示 aim[0..j-1]能否只被 str2[0..j-1]交错组成。如果 aim[0..j-1]等于 str1[0..j-1]，则令 dp[i][0]=true，否则令 dp[i][0]=false。

4．对其他位置(i,j)，dp[i][j]的值由下面的情况决定。

- dp[i-1][j]代表 aim[0..i+j-2]能否被 str1[0..i-2]和 str2[0..j-1]交错组成，如果可以，那么如果再有 str1[i-1]等于 aim[i+j-1]，说明 str1[i-1]又可以作为交错组成 aim[0..i+j-1]的最后一个字符。令 dp[i][j]=true。

- dp[i][j-1]代表 aim[0..i+j-2]能否被 str1[0..i-1]和 str2[0..j-2]交错组成，如果可以，那么如果再有 str2[j-1]等于 aim[i+j-1]，说明 str1[j-1]又可以作为交错组成 aim[0..i+j-1]的最后一个字符。令 dp[i][j]=true。

- 如果第 1 种情况和第 2 种情况都不满足，令 dp[i][j]=false。

具体过程请参看如下代码中的 isCross1 方法。

```java
public boolean isCross1(String str1, String str2, String aim) {
    if (str1 == null || str2 == null || aim == null) {
        return false;
    }
    char[] ch1 = str1.toCharArray();
    char[] ch2 = str2.toCharArray();
    char[] chaim = aim.toCharArray();
    if (chaim.length != ch1.length + ch2.length) {
        return false;
    }
    boolean[][] dp = new boolean[ch1.length + 1][ch2.length + 1];
    dp[0][0] = true;
    for (int i = 1; i <= ch1.length; i++) {
        if (ch1[i - 1] != chaim[i - 1]) {
            break;
        }
        dp[i][0] = true;
    }
    for (int j = 1; j <= ch2.length; j++) {
        if (ch2[j - 1] != chaim[j - 1]) {
            break;
        }
        dp[0][j] = true;
    }
    for (int i = 1; i <= ch1.length; i++) {
        for (int j = 1; j <= ch2.length; j++) {
            if ((ch1[i - 1] == chaim[i + j - 1] && dp[i - 1][j])
                || (ch2[j - 1] == chaim[i + j - 1] && dp[i][j - 1])) {
                dp[i][j] = true;
            }
```

```
        }
    }
    return dp[ch1.length][ch2.length];
}
```

经典动态规划方法结合空间压缩的方法。空间压缩的原理请读者参考本书"矩阵的最小路径和"问题，这里不再详述。实际进行空间压缩的时候，比较 str1 和 str2 中哪个长度较小，长度较小的那个作为列对应的字符串，然后生成和较短字符串长度一样的一维数组 dp，滚动更新即可。

具体请参看如下代码中的 isCross2 方法。

```
public boolean isCross2(String str1, String str2, String aim) {
    if (str1 == null || str2 == null || aim == null) {
        return false;
    }
    char[] ch1 = str1.toCharArray();
    char[] ch2 = str2.toCharArray();
    char[] chaim = aim.toCharArray();
    if (chaim.length != ch1.length + ch2.length) {
        return false;
    }
    char[] longs = ch1.length >= ch2.length ? ch1 : ch2;
    char[] shorts = ch1.length < ch2.length ? ch1 : ch2;
    boolean[] dp = new boolean[shorts.length + 1];
    dp[0] = true;
    for (int i = 1; i <= shorts.length; i++) {
        if (shorts[i - 1] != chaim[i - 1]) {
            break;
        }
        dp[i] = true;
    }
    for (int i = 1; i <= longs.length; i++) {
        dp[0] = dp[0] && longs[i - 1] == chaim[i - 1];
        for (int j = 1; j <= shorts.length; j++) {
            if ((longs[i - 1] == chaim[i + j - 1] && dp[j])
                || (shorts[j - 1] == chaim[i + j - 1] && dp[j - 1])) {
                dp[j] = true;
            } else {
                dp[j] = false;
            }
        }
    }
    return dp[shorts.length];
}
```

龙与地下城游戏问题

【题目】

给定一个二维数组 map，含义是一张地图，例如，如下矩阵：

-2	-3	3
-5	-10	1
0	30	-5

游戏的规则如下：

- 骑士从左上角出发，每次只能向右或向下走，最后到达右下角见到公主。
- 地图中每个位置的值代表骑士要遭遇的事情。如果是负数，说明此处有怪兽，要让骑士损失血量。如果是非负数，代表此处有血瓶，能让骑士回血。
- 骑士从左上角到右下角的过程中，走到任何一个位置时，血量都不能少于 1。

为了保证骑士能见到公主，初始血量至少是多少？根据 map，返回初始血量。

【难度】

尉 ★★☆☆

【解答】

先介绍经典动态规划的方法，定义和地图大小一样的矩阵，记为 dp，dp[i][j]的含义是如果骑士要走上位置（*i,j*），并且从该位置选一条最优的路径，最后走到右下角，骑士起码应该具备的血量。根据 dp 的定义，我们最终需要的是 dp[0][0]的结果。以题目的例子来说，map[2][2]的值为-5，所以骑士若要走上这个位置，需要 6 点血才能让自己不死。同时位置（2,2）已经是最右下角的位置，即没有后续的路径，所以 dp[2][2]==6。

那么 dp[i][j]的值应该怎么计算呢？

骑士还要面临向下还是向右的选择，dp[i][j+1]是骑士选择当前向右走并最终达到右下角的血量要求。同理，dp[i+1][j]是向下走的要求。如果骑士决定向右走，那么骑士在当前位置加完血或者扣完血之后的血量只要等于 dp[i][j+1]即可。骑士在加血或扣血之前的血量要求（也就是在没有踏上（*i,j*）位置之前的血量要求），就是 dp[i][j+1]-map[i][j]。同时，骑士血量要随时不少于 1，所以向右的要求为 max{dp[i][j+1]-map[i][j],1}。如果骑士决定向下走，分析方式相同，向下的要求为 max{dp[i+1][j]-map[i][j],1}。

骑士可以有两种选择，当然要选最优的一条，所以 dp[i][j]=min{向右的要求,向下的要求}。计算 dp 矩阵时从右下角开始计算，选择依次从右至左，再从下到上的计算方式即可。

具体请参看如下代码中的 minHP1 方法。

```java
public int minHP1(int[][] m) {
    if (m == null || m.length == 0 || m[0] == null || m[0].length == 0) {
        return 1;
    }
    int row = m.length;
    int col = m[0].length;
    int[][] dp = new int[row--][col--];
    dp[row][col] = m[row][col] > 0 ? 1 : -m[row][col] + 1;
    for (int j = col - 1; j >= 0; j--) {
        dp[row][j] = Math.max(dp[row][j + 1] - m[row][j], 1);
    }
    int right = 0;
    int down = 0;
    for (int i = row - 1; i >= 0; i--) {
        dp[i][col] = Math.max(dp[i + 1][col] - m[i][col], 1);
        for (int j = col - 1; j >= 0; j--) {
            right = Math.max(dp[i][j + 1] - m[i][j], 1);
            down = Math.max(dp[i + 1][j] - m[i][j], 1);
            dp[i][j] = Math.min(right, down);
        }
    }
    return dp[0][0];
}
```

如果 map 大小为 $M \times N$，经典动态规划方法的时间复杂度为 $O(M \times N)$，额外空间复杂度为 $O(M \times N)$。结合空间压缩之后可以将额外空间复杂度降至 $O(\min\{M,N\})$。空间压缩的原理请读者参考本书"矩阵的最小路径和"问题，这里不再详述。请参看如下代码中的 minHP2 方法。

```java
public static int minHP2(int[][] m) {
    if (m == null || m.length == 0 || m[0] == null || m[0].length == 0) {
        return 1;
    }
    int more = Math.max(m.length, m[0].length);
    int less = Math.min(m.length, m[0].length);
    boolean rowmore = more == m.length;
    int[] dp = new int[less];
    int tmp = m[m.length - 1][m[0].length - 1];
    dp[less - 1] = tmp > 0 ? 1 : -tmp + 1;
    int row = 0;
    int col = 0;
    for (int j = less - 2; j >= 0; j--) {
        row = rowmore ? more - 1 : j;
        col = rowmore ? j : more - 1;
        dp[j] = Math.max(dp[j + 1] - m[row][col], 1);
    }
    int choosen1 = 0;
    int choosen2 = 0;
    for (int i = more - 2; i >= 0; i--) {
        row = rowmore ? i : less - 1;
```

```
                    col = rowmore ? less - 1 : i;
                    dp[less - 1] = Math.max(dp[less - 1] - m[row][col], 1);
                    for (int j = less - 2; j >= 0; j--) {
                        row = rowmore ? i : j;
                        col = rowmore ? j : i;
                        choosen1 = Math.max(dp[j] - m[row][col], 1);
                        choosen2 = Math.max(dp[j + 1] - m[row][col], 1);
                        dp[j] = Math.min(choosen1, choosen2);
                    }
                }
            }
            return dp[0];
        }
```

数字字符串转换为字母组合的种数

【题目】

给定一个字符串 str，str 全部由数字字符组成，如果 str 中某一个或某相邻两个字符组成的子串值在 1~26 之间，则这个子串可以转换为一个字母。规定"1"转换为"A"，"2"转换为"B"，"3"转换为"C"……"26"转换为"Z"。写一个函数，求 str 有多少种不同的转换结果，并返回种数。

【举例】

str="1111"。

能转换出的结果有"AAAA"、"LAA"、"ALA"、"AAL"和"LL"，返回 5。

str="01"。

"0"没有对应的字母，而"01"根据规定不可转换，返回 0。

str="10"。

能转换出的结果是"J"，返回 1。

【难度】

尉 ★★☆☆

【解答】

暴力递归的方法。假设 str 的长度为 N，先定义递归函数 $p(i)$（$0 \leq i \leq N$）。$p(i)$ 的含义是 str[0..i-1] 已经转换完毕，而 str[i..N-1] 还没转换的情况下，最终合法的转换种数有多少并返回。特别指出，$p(N)$ 表示 str[0..N-1]（也就是 str 的整体）都已经转换完，没有后续的字符了，那么合法的转换种数为 1，即 $p(N)=1$。比如，str="111123"，$p(4)$ 表示 str[0..3]（即"1111"）已经转换完毕，具体结果是什么不重要，反正已经转换完毕并且不可变，没转换的部分是 str[4..5]（即"23"），可转换的只有两种，即"BC"或"W"，所以 $p(4)=2$。$p(6)$ 表示 str 整体已经转换完毕，所以 $p(6)=1$。那么

p(*i*)如何计算呢？只有以下四种情况。

- 如果 i==N。根据上文对 *p*(*N*)=1 的解释，直接返回 1。

- 如果不满足情况 1，又有 str[i]=='0'。str[0..i-1]已经转换完毕，而 str[i..N-1]此时又以'0'开头，str[i..N-1]无论怎样都不可能合法转换，所以直接返回 0。

- 如果不满足情况 1 和情况 2，说明 str[i]属于'1'~'9'，str[i]可以转换为'A'~'I'，那么 *p*(*i*)的值一定包含 *p*(*i*+1)的值，即 *p*(*i*)=*p*(*i*+1)。

- 如果不满足情况 1 和情况 2，说明 str[i]属于'1'~'9'，如果又有 str[i..i+1]在"10"~"26"之间，str[i..i+1]可以转换为'J'~'Z'，那么 *p*(*i*)的值一定也包含 *p*(*i*+2)的值，即 *p*(*i*)+=*p*(*i*+2)。

具体过程请参看如下代码中的 num1 方法。

```java
public int num1(String str) {
        if (str == null || str.equals("")) {
                return 0;
        }
        char[] chs = str.toCharArray();
        return process(chs, 0);
}

public int process(char[] chs, int i) {
        if (i == chs.length) {
                return 1;
        }
        if (chs[i] == '0') {
                return 0;
        }
        int res = process(chs, i + 1);
        if (i + 1 < chs.length && (chs[i] - '0') * 10 + chs[i + 1] - '0' < 27) {
                res += process(chs, i + 2);
        }
        return res;
}
```

以上过程中，*p*(*i*)最多可能会有两个递归分支 *p*(*i*+1)和 *p*(*i*+2)，一共有 *N* 层递归，所以时间复杂度为 $O(2^N)$，额外空间复杂度就是递归使用的函数栈的大小，为 $O(N)$。但是研究一下递归函数 *p* 就会发现，*p*(*i*)最多依赖 *p*(*i*+1)和 *p*(*i*+2)的值，这是可以从后往前进行顺序计算的，也就是先计算 *p*(*N*)和 *p*(*N*-1)，然后根据这两个值计算 *p*(*N*-2)，再根据 *p*(*N*-1)和 *p*(*N*-2)计算 *p*(*N*-3)，最后根据 *p*(1)和 *p*(2)计算出 *p*(0)即可。类似斐波那契数列的求解过程，只不过斐波那契数列是从前往后计算的，这里是从后往前计算而已。具体过程请参看如下代码中的 num2 方法。

```java
public int num2(String str) {
        if (str == null || str.equals("")) {
                return 0;
        }
```

```
char[] chs = str.toCharArray();
int cur = chs[chs.length - 1] == '0' ? 0 : 1;
int next = 1;
int tmp = 0;
for (int i = chs.length - 2; i >= 0; i--) {
        if (chs[i] == '0') {
                next = cur;
                cur = 0;
        } else {
                tmp = cur;
                if ((chs[i] - '0') * 10 + chs[i + 1] - '0' < 27) {
                        cur += next;
                }
                next = tmp;
        }
}
return cur;
}
```

因为是顺序计算，所以 num2 方法的时间复杂度为 $O(N)$，同时只用了 cur、next 和 tmp 进行滚动更新，所以额外空间复杂度为 $O(1)$。但是本题并不能像斐波那契数列问题那样用矩阵乘法的优化方法将时间复杂度优化到 $O(logN)$，这是因为斐波那契数列是严格的 $f(i)=f(i-1)+f(i-2)$，但是本题并不严格，str[i] 的具体情况决定了 $p(i)$ 是等于 0 还是等于 $p(i+1)$ 或 $p(i+1)+p(i+2)$。有状态转移的表达式不可以用矩阵乘法将时间复杂度优化到 $O(logN)$。但如果 str 只由字符'1'和字符'2'组成，比如"12121121212122"，那么就可以使用矩阵乘法的方法将时间复杂度优化为 $O(logN)$。因为 str[i] 都可以单独转换成字母，str[i..i+1] 也都可以一起转换成字母，此时一定有 $p(i)=p(i+1)+p(i+2)$。总之，可以使用矩阵乘法的前提是递归表达式不会发生转移。

表达式得到期望结果的组成种数

【题目】

给定一个只由 0（假）、1（真）、&（逻辑与）、|（逻辑或）和^（异或）五种字符组成的字符串 express，再给定一个布尔值 desired。返回 express 能有多少种组合方式，可以达到 desired 的结果。

【举例】

express="1^0|0|1"，desired=false。

只有 1^((0|0)|1)和 1^(0|(0|1))的组合可以得到 false，返回 2。

express="1"，desired=false。

无组合则可以得到 false，返回 0。

【难度】

校 ★★★☆

【解答】

首先应该判断 express 是否符合题目要求，比如"1^"和"10"，都不是有效的表达式。总结起来有以下三个判断标准：

- 表达式的长度必须是奇数。
- 表达式下标为偶数位置的字符一定是'0'或者'1'。
- 表达式下标为奇数位置的字符一定是'&'、'|'或'^'。

只要符合上述三个标准，表达式必然是有效的。具体参看如下代码中的 isValid 方法。

```java
public boolean isValid(char[] exp) {
    if ((exp.length & 1) == 0) {
        return false;
    }
    for (int i = 0; i < exp.length; i = i + 2) {
        if ((exp[i] != '1') && (exp[i] != '0')) {
            return false;
        }
    }
    for (int i = 1; i < exp.length; i = i + 2) {
        if ((exp[i] != '&') && (exp[i] != '|') && (exp[i] != '^')) {
            return false;
        }
    }
    return true;
}
```

暴力递归方法。在判断 express 符合标准之后，将 express 划分成左右两部分，求出各种划分的情况下，能得到 desired 的种数是多少。以本题的例子进行举例说明，express 为"1^0|0|1"，desired 为 false，总的种数求法如下：

- 第 1 个划分为'^'，左部分为"1"，右部分为"0|0|1"，因为当前划分的逻辑符号为^，所以要想在此划分下得到 false，包含的可能性有两种：左部分为真，右部分为真；左部分为假，右部分为假。

结果 1 = 左部分为真的种数 × 右部分为真的种数 + 左部分为假的种数 × 右部分为假的种数。

- 第 2 个划分为'|'，左部分为"1^0"，右部分为"0|1"，因为当前划分的逻辑符号为|，所以要想在此划分下得到 false，包含的可能性只有一种，即左部分为假，右部分为假。

结果 2 = 左部分为假的种数 × 右部分为假的种数。

- 第 3 个划分为'|'，左部分为"1^0|0"，右部分为"1"，因为当前划分的逻辑符号为|，所以结果 3 = 左部分为假的种数 × 右部分为假的种数。
- 结果 1+结果 2+结果 3 就是总的种数。也就是说，一个字符串中有几个逻辑符号，就有多少种划分，把每种划分能够得到最终 desired 值的种数全加起来，就是总的种数。

现在系统地总结一下划分符号和 desired 的情况。

① 划分符号为^、desired 为 true 的情况下：

种数 = 左部分为真的种数 × 右部分为假的种数 + 左部分为假的种数 × 右部分为真的种数。

② 划分符号为^、desired 为 false 的情况下：

种数 = 左部分为真的种数 × 右部分为真的种数 + 左部分为假的种数 × 右部分为假的种数。

③ 划分符号为&、desired 为 true 的情况下：

种数 = 左部分为真的种数 × 右部分为真的种数。

④ 划分符号为&、desired 为 false 的情况下：

种数 = 左部分为真的种数 × 右部分为假的种数 + 左部分为假的种数 × 右部分为真的种数 + 左部分为假的种数 × 右部分为假的种数。

⑤ 划分符号为|、desired 为 true 的情况下：

种数 = 左部分为真的种数 × 右部分为假的种数 + 左部分为假的种数 × 右部分为真的种数 + 左部分为真的种数 × 右部分为真的种数。

⑥ 划分符号为|、desired 为 false 的情况下：

种数 = 左部分为假的种数 × 右部分为假的种数。

根据如上总结，以 express 中的每一个逻辑符号来划分 express，每种划分都求出各自的种数，再把种数累加起来，就是 express 达到 desired 总的种数。每次划分出的左右两部分递归求解即可。具体过程请参看如下代码中的 num1 方法。

```java
public int num1(String express, boolean desired) {
    if (express == null || express.equals("")) {
        return 0;
    }
    char[] exp = express.toCharArray();
    if (!isValid(exp)) {
        return 0;
    }
    return p(exp, desired, 0, exp.length - 1);
}

public int p(char[] exp, boolean desired, int l, int r) {
```

```
        if (l == r) {
            if (exp[l] == '1') {
                return desired ? 1 : 0;
            } else {
                return desired ? 0 : 1;
            }
        }
        int res = 0;
        if (desired) {
            for (int i = l + 1; i < r; i += 2) {
                switch (exp[i]) {
                    case '&':
                        res += p(exp, true, l, i - 1) * p(exp, true, i + 1, r);
                        break;
                    case '|':
                        res += p(exp, true, l, i - 1) * p(exp, false, i + 1, r);
                        res += p(exp, false, l, i - 1) * p(exp, true, i + 1, r);
                        res += p(exp, true, l, i - 1) * p(exp, true, i + 1, r);
                        break;
                    case '^':
                        res += p(exp, true, l, i - 1) * p(exp, false, i + 1, r);
                        res += p(exp, false, l, i - 1) * p(exp, true, i + 1, r);
                        break;
                }
            }
        } else {
            for (int i = l + 1; i < r; i += 2) {
                switch (exp[i]) {
                    case '&':
                        res += p(exp, false, l, i - 1) * p(exp, true, i + 1, r);
                        res += p(exp, true, l, i - 1) * p(exp, false, i + 1, r);
                        res += p(exp, false, l, i - 1) * p(exp, false, i + 1, r);
                        break;
                    case '|':
                        res += p(exp, false, l, i - 1) * p(exp, false, i + 1, r);
                        break;
                    case '^':
                        res += p(exp, true, l, i - 1) * p(exp, true, i + 1, r);
                        res += p(exp, false, l, i - 1) * p(exp, false, i + 1, r);
                        break;
                }
            }
        }
        return res;
    }
```

一个长度为 N 的 express，假设计算 express[i..j]的过程记为 $p(i,j)$，那么计算 $p(0,N-1)$ 需要计算 $p(0,0)$ 与 $p(1,N-1)$、$p(0,1)$ 与 $p(2,N-1)$…$p(0,i)$ 与 $p(i+1,N-1)$…$p(0,N-2)$ 与 $p(N-1,N-1)$，起码 $2N$ 种状态。对每一组 $p(0,i)$ 与 $p(i+1,N-1)$ 来说，两者相加的划分种数又是 $N-1$ 种，所以起码要计算 $2(N-1)$ 种状

态。所以用 num1 方法来计算一个长度为 N 的 express，总的时间复杂度为 $O(N!)$，额外空间复杂度为 $O(N)$，因为函数栈的大小为 N。之所以用暴力递归方法的时间复杂度这么高，是因为每一种状态计算过后没有保存下来，导致重复计算的大量发生。

动态规划的方法。如果 express 长度为 N，生成两个大小为 $N×N$ 的矩阵 t 和 f，t[j][i]表示 express[j..i]组成 true 的种数，f[j][i]表示 express[j..i]组成 false 的种数。t[j][i]和 f[j][i]的计算方式还是枚举 express[j..i]上的每种划分。具体过程请参看如下代码中的 num2 方法。

```java
public int num2(String express, boolean desired) {
    if (express == null || express.equals("")) {
    return 0;
    }
    char[] exp = express.toCharArray();
    if (!isValid(exp)) {
    return 0;
    }
    int[][] t = new int[exp.length][exp.length];
    int[][] f = new int[exp.length][exp.length];
    t[0][0] = exp[0] == '0' ? 0 : 1;
    f[0][0] = exp[0] == '1' ? 0 : 1;
    for (int i = 2; i < exp.length; i += 2) {
    t[i][i] = exp[i] == '0' ? 0 : 1;
    f[i][i] = exp[i] == '1' ? 0 : 1;
    for (int j = i - 2; j >= 0; j -= 2) {
        for (int k = j; k < i; k += 2) {
            if (exp[k + 1] == '&') {
                t[j][i]+=t[j][k] * t[k + 2][i];
                f[j][i]+=(f[j][k] + t[j][k]) * f[k + 2][i] + f[j][k] * t[k + 2][i];
            } else if (exp[k + 1] == '|') {
                t[j][i]+=(f[j][k] + t[j][k]) * t[k + 2][i] + t[j][k] * f[k + 2][i];
                f[j][i]+=f[j][k] * f[k + 2][i];
            } else {
                t[j][i]+=f[j][k] * t[k + 2][i] + t[j][k] * f[k + 2][i];
                f[j][i]+=f[j][k] * f[k + 2][i] + t[j][k] * t[k + 2][i];
            }
        }
    }
    }
    return desired ? t[0][t.length - 1] : f[0][f.length - 1];
}
```

矩阵 t 和 f 的大小为 $N×N$，每个位置在计算的时候都有枚举的过程，所以动态规划方法的时间复杂度为 $O(N^3)$，额外空间复杂度为 $O(N^2)$。

排成一条线的纸牌博弈问题

【题目】

给定一个整型数组 arr，代表数值不同的纸牌排成一条线。玩家 A 和玩家 B 依次拿走每张纸牌，规定玩家 A 先拿，玩家 B 后拿，但是每个玩家每次只能拿走最左或最右的纸牌，玩家 A 和玩家 B 都绝顶聪明。请返回最后获胜者的分数。

【举例】

arr=[1,2,100,4]。

开始时，玩家 A 只能拿走 1 或 4。如果玩家 A 拿走 1，则排列变为[2,100,4]，接下来玩家 B 可以拿走 2 或 4，然后继续轮到玩家 A。如果开始时玩家 A 拿走 4，则排列变为[1,2,100]，接下来玩家 B 可以拿走 1 或 100，然后继续轮到玩家 A。玩家 A 作为绝顶聪明的人不会先拿 4，因为拿 4 之后，玩家 B 将拿走 100。所以玩家 A 会先拿 1，让排列变为[2,100,4]，接下来玩家 B 不管怎么选，100 都会被玩家 A 拿走。玩家 A 会获胜，分数为 101。所以返回 101。

arr=[1,100,2]。

开始时，玩家 A 不管拿 1 还是 2，玩家 B 作为绝顶聪明的人，都会把 100 拿走。玩家 B 会获胜，分数为 100。所以返回 100。

【难度】

尉 ★★☆☆

【解答】

暴力递归的方法。定义递归函数 f(i,j)，表示如果 arr[i..j]这个排列上的纸牌被绝顶聪明的人先拿，最终能获得什么分数。定义递归函数 s(i,j)，表示如果 arr[i..j]这个排列上的纸牌被绝顶聪明的人后拿，最终能获得什么分数。

首先分析 f(i,j)，具体过程如下：

1．如果 i==j（即 arr[i..j]）上只剩一张纸牌。当然会被先拿纸牌的人拿走，所以返回 arr[i]。

2．如果 i!=j。当前拿纸牌的人有两种选择，要么拿走 arr[i]，要么拿走 arr[j]。如果拿走 arr[i]，那么排列将剩下 arr[i+1..j]。对当前的玩家来说，面对 arr[i+1..j]排列的纸牌，他成了后拿的人，所以后续他能获得的分数为 s(i+1,j)。如果拿走 arr[j]，那么排列将剩下 arr[i..j-1]。对当前的玩家来说，面对 arr[i..j-1]排列的纸牌，他成了后拿的人，所以后续他能获得的分数为 s(i,j-1)。作为绝顶聪明的人，必然会在两种决策中选最优。所以返回 max{arr[i]+s(i+1,j) , arr[j]+s(i,j-1)}。

然后分析 s(i,j)，具体过程如下：

1．如果 i==j（即 arr[i..j]）上只剩一张纸牌。作为后拿纸牌的人必然什么也得不到，返回 0。

2．如果 i!=j。根据函数 s 的定义，玩家的对手会先拿纸牌。对手要么拿走 arr[i]，要么拿走 arr[j]。如果对手拿走 arr[i]，那么排列将剩下 arr[i+1..j]，然后轮到玩家先拿。如果对手拿走 arr[j]，那么排列将剩下 arr[i..j-1]，然后轮到玩家先拿。对手也是绝顶聪明的人，必然会把最差的情况留给玩家。所以返回 min{f(i+1,j)，f(i,j-1)}。

具体过程请参看如下代码中的 win1 方法。

```java
public int win1(int[] arr) {
        if (arr == null || arr.length == 0) {
                return 0;
        }
        return Math.max(f(arr, 0, arr.length - 1), s(arr, 0, arr.length - 1));
}

public int f(int[] arr, int i, int j) {
        if (i == j) {
                return arr[i];
        }
        return Math.max(arr[i] + s(arr, i + 1, j), arr[j] + s(arr, i, j - 1));
}

public int s(int[] arr, int i, int j) {
        if (i == j) {
                return 0;
        }
        return Math.min(f(arr, i + 1, j), f(arr, i, j - 1));
}
```

暴力递归的方法中，递归函数一共会有 N 层，并且是 f 和 s 交替出现的。f(i,j)会有 s(i+1,j) 和 s(i,j-1)两个递归分支，s(i,j)也会有 f(i+1,j)和 f(i,j-1)两个递归分支。所以整体的时间复杂度为 $O(2^N)$，额外空间复杂度为 $O(N)$。下面介绍动态规划的方法，如果 arr 长度为 N，生成两个大小为 N×N 的矩阵 f 和 s，f[i][j]表示函数 f(i,j)的返回值，s[i][j]表示函数 s(i,j)的返回值。规定一下两个矩阵的计算方向即可。具体过程请参看如下代码中的 win2 方法。

```java
public int win2(int[] arr) {
        if (arr == null || arr.length == 0) {
                return 0;
        }
        int[][] f = new int[arr.length][arr.length];
        int[][] s = new int[arr.length][arr.length];
        for (int j = 0; j < arr.length; j++) {
                f[j][j] = arr[j];
                for (int i = j - 1; i >= 0; i--) {
                        f[i][j] = Math.max(arr[i] + s[i + 1][j], arr[j] + s[i][j - 1]);
                        s[i][j] = Math.min(f[i + 1][j], f[i][j - 1]);
                }
```

```
        }
        return Math.max(f[0][arr.length - 1], s[0][arr.length - 1]);
    }
```

如上的 win2 方法中，矩阵 f 和 s 一共有 $O(N^2)$ 个位置，每个位置计算的过程都是 $O(1)$ 的比较过程，所以 win2 方法的时间复杂度为 $O(N^2)$，额外空间复杂度为 $O(N^2)$。

跳跃游戏

【题目】

给定数组 arr，arr[i]==k 代表可以从位置 i 向右跳 1~k 个距离。比如，arr[2]==3，代表可以从位置 2 跳到位置 3、位置 4 或位置 5。如果从位置 0 出发，返回最少跳几次能跳到 arr 最后的位置上。

【举例】

arr=[3,2,3,1,1,4]。

arr[0]==3，选择跳到位置 2；arr[2]==3，可以跳到最后的位置。所以返回 2。

【要求】

如果 arr 长度为 N，要求实现时间复杂度为 $O(N)$、额外空间复杂度为 $O(1)$ 的方法。

【难度】

士　★☆☆☆

【解答】

具体过程如下：

1．整型变量 jump，代表目前跳了多少步。整型变量 cur，代表如果只能跳 jump 步，最远能够达到的位置。整型变量 next，代表如果再多跳一步，最远能够达到的位置。初始时，jump=0，cur=0，next=0。

2．从左到右遍历 arr，假设遍历到位置 i。

1）如果 cur≥i，说明跳 jump 步可以到达位置 i，此时什么也不做。

2）如果 cur<i，说明只跳 jump 步不能到达位置 i，需要多跳一步才行。此时令 jump++，cur=next。表示多跳了一步，cur 更新成跳 jump+1 步能够达到的位置，即 next。

3）将 next 更新成 math.max(next, i+arr[i])，表示下一次多跳一步到达的最远位置。

3．最终返回 jump 即可。

具体过程请参看如下代码中的 jump 方法。

```
public int jump(int[] arr) {
        if (arr == null || arr.length == 0) {
                return 0;
        }
        int jump = 0;
        int cur = 0;
        int next = 0;
        for (int i = 0; i < arr.length; i++) {
                if (cur < i) {
                        jump++;
                        cur = next;
                }
                next = Math.max(next, i + arr[i]);
        }
        return jump;
}
```

数组中的最长连续序列

【题目】

给定无序数组 arr，返回其中最长的连续序列的长度。

【举例】

arr=[100,4,200,1,3,2]，最长的连续序列为[1,2,3,4]，所以返回 4。

【难度】

尉 ★★☆☆

【解答】

本题利用哈希表可以实现时间复杂度为 $O(N)$、额外空间复杂度为 $O(N)$ 的方法。具体过程如下：

1. 生成哈希表 HashMap<Integer, Integer> map，key 代表遍历过的某个数，value 代表 key 这个数所在的最长连续序列的长度。同时 map 还可以表示 arr 中的一个数之前是否出现过。

2. 从左到右遍历 arr，假设遍历到 arr[i]。如果 arr[i]之前出现过，直接遍历下一个数，只处理之前没出现过的 arr[i]。首先在 map 中加入记录（arr[i],1），代表目前 arr[i]单独作为一个连续序列。然后看 map 中是否含有 arr[i]-1，如果有，则说明 arr[i]-1 所在的连续序列可以和 arr[i]合并，合并后记为 A 序列。利用 map 可以得到 A 序列的长度，记为 lenA，最小值记为 leftA，最大值记为 rightA，只在 map 中更新与 leftA 和 rightA 有关的记录，更新成（leftA,lenA）和（rightA,lenA）。

接下来看 map 中是否含有 arr[i]+1，如果有，则说明 arr[i]+1 所在的连续序列可以和 A 合并，合并后记为 B 序列。利用 map 可以得到 B 序列的长度为 lenB，最小值记为 leftB，最大值记为 rightB，只在 map 中更新与 leftB 和 rightB 有关的记录，更新成（leftB,lenB）和（rightB,lenB）。

3. 遍历过程中用全局变量 max 记录每次合并出的序列的长度最大值，最后返回 max。

整个过程中，只是每个连续序列最小值和最大值在 map 中的记录有意义，中间数的记录不再更新，因为再也不会使用到。这是因为我们只处理之前没出现的数，如果一个没出现的数能够把某个连续区间扩大，或把某两个连续区间连在一起，毫无疑问，只需要 map 中有关这个连续区间最小值和最大值的记录。

具体过程请参看如下代码中的 longestConsecutive 方法。

```java
public int longestConsecutive(int[] arr) {
    if (arr == null || arr.length == 0) {
        return 0;
    }
    int max = 1;
    HashMap<Integer, Integer> map = new HashMap<Integer, Integer>();
    for (int i = 0; i < arr.length; i++) {
        if (!map.containsKey(arr[i])) {
            map.put(arr[i], 1);
            if (map.containsKey(arr[i] - 1)) {
                max = Math.max(max, merge(map, arr[i] - 1, arr[i]));
            }
            if (map.containsKey(arr[i] + 1)) {
                max = Math.max(max, merge(map, arr[i], arr[i] + 1));
            }
        }
    }
    return max;
}

public int merge(HashMap<Integer, Integer> map, int less, int more) {
    int left = less - map.get(less) + 1;
    int right = more + map.get(more) - 1;
    int len = right - left + 1;
    map.put(left, len);
    map.put(right, len);
    return len;
}
```

N 皇后问题

【题目】

N 皇后问题是指在 N×N 的棋盘上要摆 N 个皇后，要求任何两个皇后不同行、不同列，也不在同一条斜线上。给定一个整数 *n*，返回 *n* 皇后的摆法有多少种。

【举例】

n=1，返回 1。

n=2 或 3，2 皇后和 3 皇后问题无论怎么摆都不行，返回 0。

n=8，返回 92。

【难度】

校 ★★★☆

【解答】

本题是非常著名的问题，甚至可以用人工智能相关算法和遗传算法进行求解，同时可以用多线程技术达到缩短运行时间的效果。本书不涉及专项算法，仅提供在面试过程中 10 至 20 分钟内可以用代码实现的解法。本书提供的最优解做到在单线程的情况下，计算 16 皇后问题的运行时间约为 13 秒。在介绍最优解之前，先来介绍一个容易理解的解法。

如果在（*i,j*）位置（第 *i* 行第 *j* 列）放置了一个皇后，接下来在哪些位置不能放置皇后呢？

1．整个第 *i* 行的位置都不能放置。

2．整个第 *j* 列的位置都不能放置。

3．如果位置（*a,b*）满足 |a-i|==|b-j|，说明（*a,b*）与（*i,j*）处在同一条斜线上，也不能放置。

把递归过程直接设计成逐行放置皇后的方式，可以避开条件 1 的那些不能放置的位置。接下来用一个数组保存已经放置的皇后位置，假设数组为 record，record[i]的值表示第 *i* 行皇后所在的列数。在递归计算到第 *i* 行第 *j* 列时，查看 record[0..k]（*k<i*）的值，看是否有 *j* 相等的值，若有，则说明（*i,j*）不能放置皇后，再看是否有|k-i|==|record[k]-j|，若有，也说明（*i,j*）不能放置皇后。具体过程请参看如下代码中的 num1 方法。

```
public int num1(int n) {
        if (n < 1) {
                return 0;
        }
        int[] record = new int[n];
        return process1(0, record, n);
}

public int process1(int i, int[] record, int n) {
        if (i == n) {
                return 1;
        }
        int res = 0;
        for (int j = 0; j < n; j++) {
                if (isValid(record, i, j)) {
```

```
                    record[i] = j;
                    res += process1(i + 1, record, n);
                }
            }
        return res;
    }

    public boolean isValid(int[] record, int i, int j) {
        for (int k = 0; k < i; k++) {
            if (j == record[k] || Math.abs(record[k] - j) == Math.abs(i - k)) {
                return false;
            }
        }
        return true;
    }
```

下面介绍最优解，基本过程与上面的方法一样，但使用了位运算来加速。具体加速的递归过程中，找到每一行还有哪些位置可以放置皇后的判断过程。因为整个过程比较自然，所以先列出代码，然后对代码进行解释，请参看如下代码中的 num2 方法。

```
public int num2(int n) {
        // 因为本方法中位运算的载体是 int 型变量，所以该方法只能算 1~32 皇后问题
        // 如果想计算更多的皇后问题，需使用包含更多位的变量
        if (n < 1 || n > 32) {
                return 0;
        }
        int upperLim = n == 32 ? -1 : (1 << n) - 1;
        return process2(upperLim, 0, 0, 0);
}

public int process2(int upperLim, int colLim, int leftDiaLim,
                int rightDiaLim) {
        if (colLim == upperLim) {
                return 1;
        }
        int pos = 0;
        int mostRightOne = 0;
        pos = upperLim & (~(colLim | leftDiaLim | rightDiaLim));
        int res = 0;
        while (pos != 0) {
                mostRightOne = pos & (~pos + 1);
                pos = pos - mostRightOne;
                res += process2(upperLim, colLim | mostRightOne,
                                (leftDiaLim | mostRightOne) << 1,
                                (rightDiaLim | mostRightOne) >>> 1);
        }
        return res;
}
```

num2 方法中，变量 upperLim 表示当前行哪些位置是可以放置皇后的，1 代表可以放置，0 代表不能放置。8 皇后问题中，初始时 upperLim 为 00000000000000000000000011111111，即 32 位整数的 255。32 皇后问题中，初始时 upperLim 为 11111111111111111111111111111111，即 32 位整数的 -1。

接下来解释一下 process2 方法，先介绍每个参数。

- upperLim：已经解释过了，而且这个变量的值在递归过程中是始终不变的。

- colLim：表示递归计算到上一行为止，在哪些列上已经放置了皇后，1 代表已经放置，0 代表没有放置。

- leftDiaLim：表示递归计算到上一行为止，因为受已经放置的所有皇后的左下方斜线的影响，导致当前行不能放置皇后，1 代表不能放置，0 代表可以放置。举个例子，如果在第 0 行第 4 列放置了皇后，计算到第 1 行时，第 0 行皇后的左下方斜线影响的是第 1 行第 3 列。当计算到第 2 行时，第 0 行皇后的左下方斜线影响的是第 2 行第 2 列。当计算到第 3 行时，影响的是第 3 行第 1 列。当计算到第 4 行时，影响的是第 4 行第 0 列。当计算到第 5 行时，第 0 行的那个皇后的左下方斜线对第 5 行无影响，并且之后的行都不再受第 0 行皇后左下方斜线的影响。也就是说，leftDiaLim 每次左移一位，就可以得到之前所有皇后的左下方斜线对当前行的影响。

- rightDiaLim：表示递归计算到上一行为止，因为已经受放置的所有皇后的右下方斜线的影响，导致当前行不能放置皇后的位置，1 代表不能放置，0 代表可以放置。与 leftDiaLim 变量类似，rightDiaLim 每右移一位，就可以得到之前所有皇后的右下方斜线对当前行的影响。

process2 方法的返回值代表剩余的皇后在之前皇后的影响下，有多少种合法的摆法。其中，变量 pos 代表当前行在 colLim、leftDiaLim 和 rightDiaLim 这三个状态的影响下，还有哪些位置是可供选择的，1 代表可以选择，0 代表不能选择。变量 mostRightOne 代表在 pos 中，最右边的 1 在什么位置。然后从右到左依次筛选出 pos 中可选择的位置进行递归尝试。

第 *5* 章

字符串问题

判断两个字符串是否互为变形词

【题目】

给定两个字符串 str1 和 str2，如果 str1 和 str2 中出现的字符种类一样且每种字符出现的次数也一样，那么 str1 与 str2 互为变形词。请实现函数判断两个字符串是否互为变形词。

【举例】

str1="123"，str2="231"，返回 true。

str1="123"，str2="2331"，返回 false。

【难度】

士 ★☆☆☆

【解答】

如果字符串 str1 和 str2 长度不同，直接返回 false。如果长度相同，假设出现字符的编码值在 0~255 之间，那么先申请一个长度为 256 的整型数组 map，map[a]=b 代表字符编码为 a 的字符出现了 b 次，初始时 map[0..255]的值都是 0。然后遍历字符串 str1，统计每种字符出现的数量，比如遍历到字符'a'，其编码值为 97，则令 map[97]++。这样 map 就成了 str1 中每种字符的词频统计表。然后遍历字符串 str2，每遍历到一个字符，都在 map 中把词频减下来，比如遍历到字符'a'，其编码值为 97，则令 map[97]--，如果减少之后的值小于 0，直接返回 false。如果遍历完 str2，map 中的值也没出现负值，则返回 true。

具体请参看如下代码中的 isDeformation 方法。

```java
public boolean isDeformation(String str1, String str2) {
    if (str1 == null || str2 == null || str1.length() != str2.length()) {
        return false;
    }
    char[] chas1 = str1.toCharArray();
    char[] chas2 = str2.toCharArray();
    int[] map = new int[256];
    for (int i = 0; i < chas1.length; i++) {
        map[chas1[i]]++;
    }
    for (int i = 0; i < chas2.length; i++) {
        if (map[chas2[i]]-- == 0) {
            return false;
        }
    }
    return true;
}
```

如果字符的类型有很多，可以用哈希表代替长度为 256 的整型数组，但整体过程不变。如果字符的种类为 M，str1 和 str2 的长度为 N，那么该方法的时间复杂度为 $O(N)$，额外空间复杂度为 $O(M)$。

判断两个字符串是否互为旋转词

【题目】

如果一个字符串为 str，把字符串 str 前面任意的部分挪到后面形成的字符串叫作 str 的旋转词。比如 str="12345"，str 的旋转词有"12345"、"23451"、"34512"、"45123"和"51234"。给定两个字符串 a 和 b，请判断 a 和 b 是否互为旋转词。

【举例】

a="cdab"，b="abcd"，返回 true。

a="1ab2"，b="ab12"，返回 false。

a="2ab1"，b="ab12"，返回 true。

【要求】

如果 a 和 b 长度不一样，那么 a 和 b 必然不互为旋转词，可以直接返回 false。当 a 和 b 长度一样，都为 N 时，要求解法的时间复杂度为 $O(N)$。

【难度】

士　★☆☆☆

【解答】

本题的解法非常简单，如果 a 和 b 的长度不一样，字符串 a 和 b 不可能互为旋转词。如果 a 和 b 长度一样，先生成一个大字符串 b2，b2 是两个字符串 b 拼在一起的结果，即 String b2 = b + b。然后看 b2 中是否包含字符串 a，如果包含，说明字符串 a 和 b 互为旋转词，否则说明两个字符串不互为旋转词。这是为什么呢？举例说明，假设 a="cdab"，b="abcd"。b2="abcdabcd"，b2[0..3]=="abcd"是 b 的旋转词，b2[1..4]=="bcda"是 b 的旋转词……b2[i..i+3]都是 b 的旋转词，b2[4..7]=="abcd"是 b 的旋转词。由此可见，如果一个字符串 b 长度为 N。在通过 b 生成的 b2 中，任意长度为 N 的子串都是 b 的旋转词，并且 b2 中包含字符串 b 的所有旋转词。所以这种方法是有效的，请参看如下代码中的 isRotation 方法。

```
public boolean isRotation(String a, String b) {
    if (a == null || b == null || a.length() != b.length()) {
        return false;
    }
    String b2 = b + b;
    return getIndexOf(b2, a) != -1; // getIndexOf -> KMP Algorithm
}
```

isRotation 方法中，getIndexOf 函数的功能是如果 b2 中包含 a，则返回 a 在 b2 中的开始位置，如果不包含 a，则返回-1，即 getIndexOf 是解决匹配问题的函数，如果想让整个过程在 $O(N)$ 的时间复杂度内完成，那么字符串匹配问题也需要在 $O(N)$ 的时间复杂度内完成。这正是 KMP 算法做的事情，getIndexOf 函数就是 KMP 算法的实现。若要了解 KMP 算法的过程和实现，请参看本书"KMP 算法"的内容。

将整数字符串转成整数值

【题目】

给定一个字符串 str，如果 str 符合日常书写的整数形式，并且属于 32 位整数的范围，返回 str 所代表的整数值，否则返回 0。

【举例】

str="123"，返回 123。

str="023"，因为"023"不符合日常的书写习惯，所以返回 0。

str="A13"，返回 0。

str="0"，返回 0。

str="2147483647"，返回 2147483647。

str="2147483648"，因为溢出了，所以返回 0。

str="-123"，返回-123。

【难度】

尉 ★★☆☆

【解答】

解决本题的方法有很多，本书仅提供一种供读者参考。首先检查 str 是否符合日常书写的整数形式，具体判断如下：

1．如果 str 不以"-"开头，也不以数字字符开头，例如，str=="A12"，返回 false。

2．如果 str 以"-"开头，但是 str 的长度为 1，即 str=="-"，返回 false。如果 str 的长度大于 1，但是"-"的后面紧跟着"0"，例如，str=="-0"或"-012"，返回 false。

3．如果 str 以"0"开头，但是 str 的长度大于 1，例如，str=="023"，返回 false。

4．如果经过步骤 1~步骤 3 都没有返回，接下来检查 str[1..N-1]是否都是数字字符，如果有一个不是数字字符，则返回 false。如果都是数字字符，说明 str 符合日常书写，返回 true。

具体检查过程请参看如下代码中的 isValid 方法。

```java
public boolean isValid(char[] chas) {
    if (chas[0] != '-' && (chas[0] < '0' || chas[0] > '9')) {
        return false;
    }
    if (chas[0] == '-' && (chas.length == 1 || chas[1] == '0')) {
        return false;
    }
    if (chas[0] == '0' && chas.length > 1) {
        return false;
    }
    for (int i = 1; i < chas.length; i++) {
        if (chas[i] < '0' || chas[i] > '9') {
            return false;
        }
    }
    return true;
}
```

如果 str 不符合日常书写的整数形式，根据题目要求，直接返回 0 即可。如果符合，则进行如下转换过程。

1．生成 4 个变量。布尔型常量 posi，表示转换的结果是负数还是非负数，这完全由 str 开头的字符决定，如果以"-"开头，那么转换的结果一定是负数，则 posi 为 false，否则 posi 为 true。整型常量 minq，minq 等于 Integer.MIN_VALUE/10，即 32 位整数最小值除以 10 得到的商，其意义稍后说明。整型常量 minr，minr 等于 Integer.MIN_VALUE%10，即 32 位整数最小值除以 10 得到的余数，其意义稍后说明。整型变量 res，转换的结果，初始时 res=0。

2．32 位整数的最小值为-2147483648，32 位整数的最大值为 2147483647。可以看出，最小值的绝对值比最大值的绝对值大 1，所以转换过程中的绝对值一律以负数的形式出现，然后根据 posi 决定最后返回什么。比如 str="123"，转换完成后的结果是-123，posi=true，所以最后返回 123。再如 str="-123"，转换完成后的结果是-123，posi=false，所以最后返回-123。比如 str="-2147483648"，转换完成后的结果是-2147483648，posi=false，所以最后返回-2147483648。比如 str="2147483648"，转换完成后的结果是-2147483648，posi=true，此时发现-2147483648 变成 2147483648 会产生溢出，所以返回 0。也就是说，既然负数比正数拥有更大的绝对值范围，那么转换过程中一律以负数的形式记录绝对值，最后再决定返回的数到底是什么。

3．如果 str 以'-'开头，从 str[1]开始从左往右遍历 str，否则从 str[0]开始从左往右遍历 str。举例说明转换过程，比如 str="123"，遍历到'1'时，res=res*10+(-1)==-1，遍历到'2'时，res=res*10+(-2)==-12，遍历到'3'时，res=res*10+(-3)==-123。比如 str="-123"，字符'-'跳过，从字符'1'开始遍历，res=res*10+(-1)==-1，遍历到'2'时，res=res*10+(-2)==-12，遍历到'3'时，res=res*10+(-3)==-123。遍历的过程中如何判断 res 已经溢出了？假设当前字符为 a，那么'0'-a 就是当前字符所代表的数字的负数形式，记为 cur。如果在 res 加上 cur 之前，发现 res 已经小于 minq，那么 res 加上 cur 之后一定会溢出，比如 str="3333333333"，遍历完倒数第二个字符后，res==-333333333 < minq==-214748364，所以当遍历到最后一个字符时，res*10 肯定会产生溢出。如果在 res 加上 cur 之前，发现 res 等于 minq，但又发现 cur 小于 minr，那么 res 加上 cur 之后一定会溢出，比如 str="2147483649"，遍历完倒数第二个字符后，res==-214748364 == minq，当遍历到最后一个字符时发现有 res==minq，同时也发现 cur== -9 < minr==-8，那么 res 加上 cur 之后一定会溢出。出现任何一种溢出情况时，直接返回 0。

4．遍历后得到的 res 根据 posi 的符号决定返回值。如果 posi 为 true，说明结果应该返回正，否则说明应该返回负。如果 res 正好是 32 位整数的最小值，同时又有 posi 为 true，说明溢出，直接返回 0。

全部过程请参看如下代码中的 convert 方法。

```java
public int convert(String str) {
    if (str == null || str.equals("")) {
        return 0; // 不能转
    }
    char[] chas = str.toCharArray();
    if (!isValid(chas)) {
```

```
                return 0; // 不能转
        }
        boolean posi = chas[0] == '-' ? false : true;
        int minq = Integer.MIN_VALUE / 10;
        int minr = Integer.MIN_VALUE % 10;
        int res = 0;
        int cur = 0;
        for (int i = posi ? 0 : 1; i < chas.length; i++) {
                cur = '0' - chas[i];
                if ((res < minq) || (res == minq && cur < minr)) {
                        return 0; // 不能转
                }
                res = res * 10 + cur;
        }
        if (posi && res == Integer.MIN_VALUE) {
                return 0; // 不能转
        }
        return posi ? -res : res;
    }
```

字符串的统计字符串

【题目】

给定一个字符串 str，返回 str 的统计字符串。例如，"aaabbaddddffc"的统计字符串为 "a_3_b_2_a_1_d_3_f_2_c_1"。

补充问题：给定一个字符串的统计字符串 cstr，再给定一个整数 index，返回 cstr 所代表的原始字符串上的第 index 个字符。例如，"a_1_b_100"所代表的原始字符串上第 0 个字符是'a'，第 50 个字符是'b'。

【难度】

士 ★☆☆☆

【解答】

原问题。解决原问题的方法有很多，本书仅提供一种供读者参考。具体过程如下：

1. 如果 str 为空，那么统计字符串不存在。

2. 如果 str 不为空。首先生成 String 类型的变量 res，表示统计字符串，还有整型变量 num，代表当前字符的数量。初始时字符串 res 只包含 str 的第 0 个字符（str[0]），同时 num=1。

3. 从 str[1]位置开始，从左到右遍历 str，假设遍历到 i 位置。如果 str[i]==str[i-1]，说明当前连续出现的字符（str[i-1]）还没结束，令 num++，然后继续遍历下一个字符。如果 str[i]!=str[i-1]，说明当前连续出现的字符（str[i-1]）已经结束，令 res=res+"_"+num+"_"+str[i]，然后令 num=1，继续遍历下一个字符。以题目给出的例子进行说明，在开始遍历"aaabbadddffc"之前，res="a"，num=1。遍历 str[1~2]时，字符'a'一直处在连续的状态，所以 num 增加到 3。遍历 str[3]时，字符'a'连续状态停止，令 res=res+"_"+"3"+"_"+"b"（即"a_3_b"），num=1。遍历 str[4]，字符'b'在连续状态，num 增加到 2。遍历 str[5]时，字符'a'连续状态停止，令 res 为"a_3_b_2_a"，num=1。依此类推，当遍历到最后一个字符时，res 为"a_3_b_2_a_1_d_3_f_2_c"，num=1。

4. 对于步骤 3 中的每一个字符，无论是连续还是不连续，都是在发现一个新字符时再将这个字符连续出现的次数放在 res 的最后。当遍历结束时，最后字符的次数还没有放入 res，所以，最后令 res=res+"_"+num。在步骤 3 的例子中，当遍历结束时，res 为"a_3_b_2_a_1_d_3_f_2_c"，num=1，最后需要把 num 加在 res 后面，令 res 变为"a_3_b_2_a_1_d_3_f_2_c_1"，然后再返回。

具体过程请参看如下代码中的 getCountString 方法。

```java
public String getCountString(String str) {
        if (str == null || str.equals("")) {
                return "";
        }
        char[] chs = str.toCharArray();
        String res = String.valueOf(chs[0]);
        int num = 1;
        for (int i = 1; i < chs.length; i++) {
            if (chs[i] != chs[i - 1]) {
                res = concat(res, String.valueOf(num), String.valueOf(chs[i]));
                num = 1;
            } else {
                num++;
            }
        }
        return concat(res, String.valueOf(num), "");
}

public String concat(String s1, String s2, String s3) {
        return s1 + "_" + s2 + (s3.equals("") ? s3 : "_" + s3);
}
```

补充问题。求解的具体过程如下：

1. 布尔型变量 stage，stage 为 true 表示目前处在遇到字符的阶段，stage 为 false 表示目前处在遇到连续字符统计的阶段。字符型变量 cur，表示在上一个遇到字符阶段时，遇到的是 cur 字符。整型变量 num，表示在上一个遇到连续字符统计的阶段时，字符出现的数量。整型变量 sum，表示目前遍历到 cstr 的位置相当于原字符串的什么位置。初始时，stage=true，cur=0（字符编码为 0 表示空字符），num=0，sum=0。

2．从左到右遍历 cstr，举例说明这个过程，cstr="a_100_b_2_c_4"，index=105。遍历完 str[0]=='a'后，记录下遇到字符'a'，即 cur='a'。遇到 str[1]=='_'，表示该转阶段了，从遇到字符的阶段变为遇到连续字符统计的阶段，即 stage=!stage。遇到 str[2]=='1'时，num=1；遇到 str[3]=='0'时，num=10；遇到 str[4]=='0'时，num=100；遇到 str[5]=='_'，表示遇到连续字符统计的阶段变为遇到字符的阶段；遇到 str[6]=='b'，一个新的字符出现了，此时令 sum+=num（即 sum=100），sum 表示目前原字符串走到什么位置了，此时发现 sum 并未到达 index 位置，说明还要继续遍历，记录下遇到了字符'b'，即 cur='b'，然后令 num=0，因为字符'a'的统计已经完成，现在 num 开始表示字符'b'的连续数量。也就是说，每遇到一个新的字符，都把上一个已经完成的统计数 num 加到 sum 上，再看 sum 是否到达 index，如果已到达，就返回上一个字符 cur，如果没到达，就继续遍历。

3．每个字符的统计都在遇到新字符时加到 sum 上，所以当遍历完成时，最后一个字符的统计数并不会加到 sum 上，要单独加。

具体过程请参看如下代码中的 getCharAt 方法。

```java
public char getCharAt(String cstr, int index) {
    if (cstr == null || cstr.equals("")) {
        return 0;
    }
    char[] chs = cstr.toCharArray();
    boolean stage = true;
    char cur = 0;
    int num = 0;
    int sum = 0;
    for (int i = 0; i != chs.length; i++) {
        if (chs[i] == '_') {
            stage = !stage;
        } else if (stage) {
            sum += num;
            if (sum > index) {
                return cur;
            }
            num = 0;
            cur = chs[i];
        } else {
            num = num * 10 + chs[i] - '0';
        }
    }
    return sum + num > index ? cur : 0;
}
```

判断字符数组中是否所有的字符都只出现过一次

【题目】

给定一个字符类型数组 chas[]，判断 chas 中是否所有的字符都只出现过一次，请根据以下不同的两种要求实现两个函数。

【举例】

chas=['a','b','c']，返回 true；chas=['1','2','1']，返回 false。

【要求】

1. 实现时间复杂度为 O(N) 的方法。
2. 在保证额外空间复杂度为 O(1) 的前提下，请实现时间复杂度尽量低的方法。

【难度】

按要求 1 实现的方法　士　★☆☆☆
按要求 2 实现的方法　尉　★★☆☆

【解答】

要求 1。遍历一遍 chas，用 map 记录每种字符出现的情况，这样就可以在遍历时发现字符重复出现的情况，map 可以用长度固定的数组实现，也可以用哈希表实现。具体请参看如下代码中的 isUnique1 方法。

```java
public boolean isUnique1(char[] chas) {
    if (chas == null) {
        return true;
    }
    boolean[] map = new boolean[256];
    for (int i = 0; i < chas.length; i++) {
        if (map[chas[i]]) {
            return false;
        }
        map[chas[i]] = true;
    }
    return true;
}
```

要求 2。整体思路是先将 chas 排序，排序后相同的字符就放在一起，然后判断有没有重复字符就会变得非常容易，所以问题的关键是选择什么样的排序算法。因为必须保证额外空间复杂度为 O(1)，所以本题是考查面试者对经典排序算法在额外空间复杂度方面的理解程度。首先，

任何时间复杂度为 $O(N)$ 的排序算法做不到额外空间复杂度为 $O(1)$，因为这些排序算法不是基于比较的排序算法，所以有多少个数都得"装下"，然后按照一定顺序"倒出"来完成排序。具体细节请读者查阅相关图书中有关桶排序、基数排序、计数排序等内容。然后看时间复杂度 $O(N\log N)$ 的排序算法，常见的有归并排序、快速排序、希尔排序和堆排序。归并排序首先被排除，因为归并排序中有两个小组合并成一个大组的过程，这个过程需要辅助数组才能完成，尽管归并排序可以使用手摇算法将额外空间复杂度降至 $O(1)$，但这样最差情况下的时间复杂度会因此上升至 $O(N^2)$。快速排序也被排除，因为无论选择递归实现还是非递归实现，快速排序的额外空间复杂度最低，为 $O(\log N)$，不能达到 $O(1)$ 的程度。希尔排序同样被排除，因为希尔排序的时间复杂度并不固定，成败完全在于步长的选择，如果选择不当，时间复杂度会变成 $O(N^2)$。这四种经典排序中，只有堆排序可以做到额外空间复杂度为 $O(1)$ 的情况下，时间复杂度还能稳定地保持 $O(N\log N)$。那么堆排序就是答案，面试者似乎只要写出堆排序的大体过程，要求 2 的实现就能完成。

但遗憾的是，虽然堆排序的确是答案，但大部分资料提供的堆排序的实现却是基于递归函数实现的。而我们知道递归函数需要使用函数栈空间，这样堆排序的额外空间复杂度就增加至 $O(\log N)$。所以，如果真正想达到要求 2 的实现，面试者需要用非递归的方式实现堆排序。要求 2 的实现请参看如下代码中的 isUnique2 方法，其中的 heapSort 方法是堆排序的非递归实现。

```java
public boolean isUnique2(char[] chas) {
        if (chas == null) {
                return true;
        }
        heapSort(chas);
        for (int i = 1; i < chas.length; i++) {
                if (chas[i] == chas[i - 1]) {
                        return false;
                }
        }
        return true;
}

public void heapSort(char[] chas) {
        for (int i = 0; i < chas.length; i++) {
                heapInsert(chas, i);
        }
        for (int i = chas.length - 1; i > 0; i--) {
                swap(chas, 0, i);
                heapify(chas, 0, i);
        }
}

public void heapInsert(char[] chas, int i) {
        int parent = 0;
```

```
            while (i != 0) {
                    parent = (i - 1) / 2;
                    if (chas[parent] < chas[i]) {
                            swap(chas, parent, i);
                            i = parent;
                    } else {
                            break;
                    }
            }
    }

    public void heapify(char[] chas, int i, int size) {
            int left = i * 2 + 1;
            int right = i * 2 + 2;
            int largest = i;
            while (left < size) {
                    if (chas[left] > chas[i]) {
                            largest = left;
                    }
                    if (right < size && chas[right] > chas[largest]) {
                            largest = right;
                    }
                    if (largest != i) {
                            swap(chas, largest, i);
                    } else {
                            break;
                    }
                    i = largest;
                    left = i * 2 + 1;
                    right = i * 2 + 2;
            }
    }

    public void swap(char[] chas, int index1, int index2) {
            char tmp = chas[index1];
            chas[index1] = chas[index2];
            chas[index2] = tmp;
    }
```

在有序但含有空的数组中查找字符串

【题目】

给定一个字符串数组 strs[]，在 strs 中有些位置为 null，但在不为 null 的位置上，其字符串是按照字典顺序由小到大依次出现的。再给定一个字符串 str，请返回 str 在 strs 中出现的最左的位置。

【举例】

strs=[null,"a",null,"a",null,"b",null,"c"]，str="a"，返回 1。

strs=[null,"a",null,"a",null,"b",null,"c"]，str=null，只要 str 为 null，就返回-1。

strs=[null,"a",null,"a",null,"b",null,"c"]，str="d"，返回-1。

【难度】

尉 ★★☆☆

【解答】

本题的解法尽可能多地使用了二分查找，具体过程如下：

1．假设在 strs[left..right]上进行查找的过程，全局整型变量 res 表示字符串 str 在 strs 中最左的位置。初始时，left=0，right=strs.length-1，res=-1。

2．令 mid=(left+right)/2，则 strs[mid]为 strs[left..right]中间位置的字符串。

3．如果字符串 strs[mid]与 str 一样，说明找到了 str，令 res=mid。但要找的是最左的位置，还要在左半区寻找，看有没有更左的 str 出现，所以令 right=mid-1，然后重复步骤 2。

4．如果字符串 strs[mid]与 str 不一样，并且 strs[mid]!=null，此时可以比较 strs[mid]和 str，如果 strs[mid]的字典顺序比 str 小，说明整个左半区不会出现 str，需要在右半区寻找，所以令 left=mid+1，然后重复步骤 2。

5．如果字符串 strs[mid]与 str 不一样，并且 strs[mid]==null，此时从 mid 开始，从右到左遍历左半区（即 strs[left..mid]）。如果整个左半区都为 null，那么继续用二分的方式在右半区上查找（即令 left=mid+1），然后重复步骤 2。如果整个左半区不都为 null，假设从右到左遍历 strs[left..mid]时，发现第一个不为 null 的位置是 i，那么把 str 和 strs[i]进行比较。如果 strs[i]字典顺序小于 str，同样说明整个左半区没有 str，令 left=mid+1，然后重复步骤 2。如果 strs[i]字典顺序等于 str，说明找到 str，令 res=mid，但要找的是最左的位置，还要在 strs[left..i-1]上寻找，看有没有更左的 str 出现，所以令 right=i-1，然后重复步骤 2。如果 strs[i]字典顺序大于 str，说明 strs[i..right]上都没有 str，需要在 strs[left..i-1]上查找，所以令 right=i-1，然后重复步骤 2。

具体过程请参看如下代码中的 getIndex 方法。

```java
public int getIndex(String[] strs, String str) {
    if (strs == null || strs.length == 0 || str == null) {
        return -1;
    }
    int res = -1;
    int left = 0;
    int right = strs.length - 1;
    int mid = 0;
    int i = 0;
```

```
        while (left <= right) {
            mid = (left + right) / 2;
            if (strs[mid] != null && strs[mid].equals(str)) {
                res = mid;
                right = mid - 1;
            } else if (strs[mid] != null) {
                if (strs[mid].compareTo(str) < 0) {
                    left = mid + 1;
                } else {
                    right = mid - 1;
                }
            } else {
                i = mid;
                while (strs[i] == null && --i >= left)
                    ;
                if (i < left || strs[i].compareTo(str) < 0) {
                    left = mid + 1;
                } else {
                    res = strs[i].equals(str) ? i : res;
                    right = i - 1;
                }
            }
        }
    }
    return res;
}
```

字符串的调整与替换

【题目】

给定一个字符类型的数组 chas[]，chas 右半区全是空字符，左半区不含有空字符。现在想将左半区中所有的空格字符替换成"%20"，假设 chas 右半区足够大，可以满足替换所需要的空间，请完成替换函数。

【举例】

如果把 chas 的左半区看作字符串，为"a b c"，假设 chas 的右半区足够大。替换后，chas 的左半区为"a%20b%20%20c"。

【要求】

替换函数的时间复杂度为 $O(N)$，额外空间复杂度为 $O(1)$。

补充问题：给定一个字符类型的数组 chas[]，其中只含有数字字符和"*"字符。现在想把所有的"*"字符挪到 chas 的左边，数字字符挪到 chas 的右边。请完成调整函数。

【举例】

如果把 chas 看作字符串，为"12**345"。调整后 chas 为"**12345"。

【要求】

1. 调整函数的时间复杂度为 $O(N)$，额外空间复杂度为 $O(1)$。
2. 不得改变数字字符从左到右出现的顺序。

【难度】

士 ★☆☆☆

【解答】

原问题。遍历一遍可以得到两个信息，chas 的左半区有多大，记为 len，左半区的空格数有多少，记为 num，那么可知空格字符被"%20"替代后，长度将是 len+2×num。接下来从左半区的最后一个字符开始逆序遍历，同时将字符复制到新长度最后的位置，并依次向左逆序复制。遇到空格字符就依次对"0"、"2"和"%"进行复制。这样就可以得到替换后的 chas 数组。具体过程请参看如下代码中的 replace 方法。

```java
public void replace(char[] chas) {
    if (chas == null || chas.length == 0) {
        return;
    }
    int num = 0;
    int len = 0;
    for (len = 0; len < chas.length && chas[len] != 0; len++) {
        if (chas[len] == ' ') {
            num++;
        }
    }
    int j = len + num * 2 - 1;
    for (int i = len - 1; i > -1; i--) {
        if (chas[i] != ' ') {
            chas[j--] = chas[i];
        } else {
            chas[j--] = '0';
            chas[j--] = '2';
            chas[j--] = '%';
        }
    }
}
```

补充问题。依然是从右向左逆序复制，遇到数字字符则直接复制，遇到"*"字符不复制。把数字字符复制完后，再把左半区全部设置成"*"即可。具体请参看如下代码中的 modify 方法。

```
public void modify(char[] chas) {
        if (chas == null || chas.length == 0) {
                return;
        }
        int j = chas.length - 1;
        for (int i = chas.length - 1; i > -1; i--) {
                if (chas[i] != '*') {
                        chas[j--] = chas[i];
                }
        }
        for (; j > -1;) {
                chas[j--] = '*';
        }
}
```

以上两道题目都是利用逆序复制这个技巧，其实很多字符串问题也和这个小技巧有关。字符串的面试题一般不会太难，很多题目都是考查代码实现能力的。

翻转字符串

【题目】

给定一个字符类型的数组 chas，请在单词间做逆序调整。只要做到单词的顺序逆序即可，对空格的位置没有特别要求。

【举例】

如果把 chas 看作字符串为"dog loves pig"，调整成"pig Loves dog"。

如果把 chas 看作字符串为"I'm a student."，调整成"student. a I'm"。

补充问题：给定一个字符类型的数组 chas 和一个整数 size，请把大小为 size 的左半区整体移到右半区，右半区整体移到左边。

【举例】

如果把 chas 看作字符串为"ABCDE"，size=3，调整成"DEABC"。

【要求】

如果 chas 长度为 N，两道题都要求时间复杂度为 O(N)，额外空间复杂度为 O(1)。

【难度】

士 ★☆☆☆

【解答】

原问题。首先把 chas 整体逆序。在逆序之后，遍历 chas 找到每一个单词，然后把每个单词里的字符逆序处理即可。比如 "dog loves pig"，先整体逆序变为 "gip sevol god"，然后每个单词进行逆序处理就变成了 "pig loves dog"。逆序之后找每一个单词的逻辑，做到不出错即可。全部过程请参看如下代码中的 rotateWord 方法。

```java
public void rotateWord(char[] chas) {
        if (chas == null || chas.length == 0) {
                return;
        }
        reverse(chas, 0, chas.length - 1);
        int l = -1;
        int r = -1;
        for (int i = 0; i < chas.length; i++) {
                if (chas[i] != ' ') {
                        l = i == 0 || chas[i - 1] == ' ' ? i : l;
                        r = i == chas.length - 1 || chas[i + 1] == ' ' ? i : r;
                }
                if (l != -1 && r != -1) {
                        reverse(chas, l, r);
                        l = -1;
                        r = -1;
                }
        }
}

public void reverse(char[] chas, int start, int end) {
        char tmp = 0;
        while (start < end) {
                tmp = chas[start];
                chas[start] = chas[end];
                chas[end] = tmp;
                start++;
                end--;
        }
}
```

补充问题，方法一。先把 chas[0..size-1]部分逆序处理，再把 chas[size..N-1]部分逆序处理，最后把 chas 整体逆序处理即可。比如，chas="ABCDE"，size=3。先把 chas[0..2]部分逆序处理，chas 变为"CBADE"，再把 chas[3..4]部分逆序处理，chas 变为"CBAED"，最后把 chas 整体逆序处理，chas 变为"DEABC"。具体过程请参看如下代码中的 rotate1 方法。

```
public static void rotate1(char[] chas, int size) {
        if (chas == null || size <= 0 || size >= chas.length) {
                return;
        }
        reverse(chas, 0, size - 1);
        reverse(chas, size, chas.length - 1);
        reverse(chas, 0, chas.length - 1);
}
```

方法二。用举例的方式来说明这个过程，chas="1234567ABCD"，size=7。

1．左部分为"1234567"，右部分为"ABCD"，右部分的长度为 4，比左部分小，所以把左部分前 4 个字符与右部分交换，chas[0..10]变为"ABCD5671234"。右部分小，所以右部分"ABCD"换过去后再也不需要移动，剩下的部分为 chas[4..10]= "5671234"。左部分大，所以换过来的"1234"视为下一步的右部分，下一步的左部分为"567"。

2．左部分为"567"，右部分为"1234"，左部分的长度为 3，比右部分小，所以把右部分的后 3 个字符与左部分交换，chas[4..10]变为"2341567"。左部分小，所以左部分"567"换过去后再也不需要移动，剩下的部分为 chas[4..7]= "2341"。右部分大，所以换过来的"234"视为下一步的左部分，下一步的右部分为"1"。

3．左部分为"234"，右部分为"1"。右部分的长度为 1，比左部分小，所以把左部分前 1 个字符与右部分交换，chas[4..7]变为"1342"。右部分小，所以右部分"1"换过去后再也不需要移动，剩下的部分为 chas[5..7]= "342"。左部分大，所以换过来的"2"视为下一步的右部分，下一步的左部分为"34"。

4．左部分为"34"，右部分为"2"。右部分的长度为 1，比左部分小，所以把左部分前 1 个字符与右部分交换，chas[5..7]变为"243"。右部分小，所以右部分"2"换过去后再也不需要移动，剩下的部分为 chas[6..7]= "43"。左部分大，所以换过来的"3"视为下一步的右部分，下一步的左部分为"4"。

5．左部分为"4"，右部分为"3"。一旦发现左部分跟右部分的长度一样，那么左部分和右部分完全交换即可，chas[6..7]变为"34"，整个过程结束，chas 已经变为"ABCD1234567"。

如果每一次左右部分的划分进行 M 次交换，那么都有 M 个字符再也不需要移动，而字符数一共为 N，所以交换行为最多发生 N 次。另外，如果某一次划分出的左右部分长度一样，那么交换完成后将不会再有新的划分，所以在很多时候交换操作会少于 N 次。比如，chas="1234ABCD"，size=4，最开始左部分为"1234"，右部分为"ABCD"，左右两个部分完全交换后为"ABCD1234"，同时不会有后续的划分，所以，这种情况下一共只有 4 次交换操作。具体过程请参看如下代码中的 rotate2 方法。

```
public void rotate2(char[] chas, int size) {
        if (chas == null || size <= 0 || size >= chas.length) {
```

```
                        return;
                }
                int start = 0;
                int end = chas.length - 1;
                int lpart = size;
                int rpart = chas.length - size;
                int s = Math.min(lpart, rpart);
                int d = lpart - rpart;
                while (true) {
                        exchange(chas, start, end, s);
                        if (d == 0) {
                                break;
                        } else if (d > 0) {
                                start += s;
                                lpart = d;
                        } else {
                                end -= s;
                                rpart = -d;
                        }
                        s = Math.min(lpart, rpart);
                        d = lpart - rpart;
                }
        }

        public void exchange(char[] chas, int start, int end, int size) {
                int i = end - size + 1;
                char tmp = 0;
                while (size-- != 0) {
                        tmp = chas[start];
                        chas[start] = chas[i];
                        chas[i] = tmp;
                        start++;
                        i++;
                }
        }
```

完美洗牌问题

【题目】

给定一个长度为偶数的数组 arr，长度记为 2×N。前 N 个为左部分，后 N 个为右部分。arr 就可以表示为{L1,L2,..,Ln,R1,R2,..,Rn}，请将数组调整成{R1,L1,R2,L2,..,Rn,Ln}的样子。

【举例】

arr = {1,2,3,4,5,6}，调整之后为{4,1,5,2,6,3}。

进阶问题：给定一个数组 arr，请将数组调整为依次相邻的数字总是先<=、再>=的关系，并交替下去。比如数组中有五个数字，调整成{a,b,c,d,e}，使之满足 a<=b>=c<=d>=e

【要求】

原问题要求时间复杂度为 $O(N)$，额外空间复杂度为 $O(1)$。

进阶问题要求时间复杂度为 $O(NlogN)$，额外空间复杂度为 $O(1)$。

【难度】

将 ★★★★

【解答】

读者在阅读本题解法之前，需要先阅读本书"翻转字符串"问题中的进阶问题解法。原问题就是完美洗牌问题，最苛刻的要求是额外空间复杂度为 $O(1)$，这要求调整过程是原地调整算法，不能生成额外数组辅助。先看看 arr 长度为 2×3 的例子，下面列出了调整前和调整后数字的位置变化，以后都假设下标是从 1 开始的。

调整前的数字：a b c d e f

调整前的位置：1 2 3 4 5 6

调整后的数字：d a e b f c

调整前的位置：4 1 5 2 6 3

调整后的位置：1 2 3 4 5 6

依然假设 arr 长度为 2×N，可以总结一下调整前的 i 位置上的数，在调整之后来到什么位置。如果调整前 i 在左半区（$i \leqslant N$），调整之后会来到 2×i 位置；如果调整前 i 在右半区（$i>N$），调整之后会来到 2（$i-N$）-1 位置，N=数组长度/2。参见如下的 modifyIndex1 方法。

```
// 数组的长度为 len，调整前的位置是 i，返回调整之后的位置
// 下标不从 0 开始，从 1 开始
public int modifyIndex1(int i, int len) {
        if (i <= N) {
                return 2 * i;
        } else {
                return 2 * (i - (len / 2)) - 1;
        }
}
```

这个规律可以进一步总结为：

调整前　　　　调整后

i　　=>　(2*i)%(len+1)

其实不做进一步的总结，也不会影响什么。总之，写出一个函数来描述位置变化即可。参见如下的 modifyIndex2 方法：

```
// 数组的长度为 len，调整前的位置是 i，返回调整之后的位置
// 下标不从 0 开始，从 1 开始
public int modifyIndex2(int i, int len) {
        return (2 * i) % (len + 1);
}
```

也就是说，原始位置 i 去往什么位置其实只由一个公式来决定。那么初始想法就是，能不能利用"下标连续推"的方式调整好所有的数字呢？我们举个例子解释什么叫"下标连续推"。

调整前的数字: a b c d

调整前的位置: 1 2 3 4

调整后的数字: c a d b

调整前的位置: 3 1 4 2

调整后的位置: 1 2 3 4

从 1 位置出发开始调整数组，位置变化的函数假设为 m。m(1)=2，所以 a 直接放在 2 位置上，并且把位于 2 位置的 b 推了出来。b 原来的位置是 2，m(2)=4，所以 b 直接放在 4 位置上，并且把位于 4 位置的 d 推了出来。d 原来的位置是 4，m(4)=3，所以 d 直接放在 3 位置上，并且把位于 3 位置的 c 推了出来。c 原来的位置是 3，m(3)=1，所以 c 直接放在 1 位置上，因为 1 位置就是最初的开始位置，所以"下标连续推"过程停止。所有数字都来到了正确的位置上，数组调整正确。

这个思路很不错，有点类似于一个环状的多米诺骨牌。从一张牌开始连续推倒下一张牌，最终还会回到原位置。之所以强调这是一个环，是因为不管从哪个位置出发，最后的位置一定能够来到出发的位置，并且"下标连续推"的过程只使用了几次 m 函数，并不需要任何中间状态被记录，额外空间复杂度为 $O(1)$。但遗憾的是，对于任意长度为偶数的数组，可能由多条环组成。比如长度为 6 的数组，如下：

调整前的数字: a b c d e f

调整前的位置: 1 2 3 4 5 6

如果从 1 位置出发，每一步根据 m 函数来到下一个位置。那么"下标连续推"的过程：a(1) 推出 b(2)，b(2) 推出 d(4)，d(4) 回到 1 位置，也就是 1->2->4->1 这条环。但是此时数组还有需要调整的数字。

还需要调整的数字（X 代表已经调整好的数组）为: X X c X e f。

所以还需要从 3 位置出发，再进行一轮"下标连续推"的过程：c(3) 推出 f(6)，f(6) 推出 e(5)，e(5) 回到 3 位置。也就是 3->6->5->3 这条环。此时数组中所有的数字才调整完毕。

数组长度不同，环的数量也不同，并且任何一条环一定不和其他的环共享任何数字。但是麻烦的地方在于，你不能去记录哪些位置是经历过"下标连续推"过程的，因为一旦记录了，额外空间复杂度就不再是 $O(1)$。这就要求我们必须找到一个简洁的公式，可以根据长度的值，直接算出每一条环的出发位置。然后从这些出发位置开始都经历一遍"下标连续推"。存在这样的公式吗？这里直接把完美洗牌问题论文中的结论告诉读者，有兴趣的读者可以去证明。如果数组长度为 $2*N==(3^k)-1$，那么出发位置有 k 个，依次为 $1,3,9,..3^{(k-1)}$，$k \geqslant 1$。比如数组长度为 2 时，$2=3^1-1$，所以出发位置只有 1 个，也就是 1 位置 3^0。比如数组长度为 8 时，$8=3^2-1$，所以出发位置有 2 个，依次为 1,3。比如数组长度为 26 时，$26=3^3-1$，所以出发位置有 3 个，依次为 1,3,9。

可是这个结论只能解决数组长度为 3^k-1 的特殊情况，如果数组长度为一个普通的偶数，又该怎么解决呢？下面用一个例子来展示如果数组长度为一个普通的偶数该如何解决。比如数组长度为 12 的时候，数组如下：

```
L1 L2 L3 L4 L5 L6 R1 R2 R3 R4 R5 R6
```

目标调整成：

```
R1 L1 R2 L2 R3 L3 R4 L4 R5 L5 R6 L6
```

首先计算一下，小于或等于 12，并且是离 12 最近的，满足 3^k-1 的数是谁（2,8,26,...），是 8。这代表想先得到调整结果的前 8 个，也就是想先得到：

```
R1 L1 R2 L2 R3 L3 R4 L4
```

为了做到这一点，先在原数组[L5 L6 R1 R2 R3 R4]这一段上做调整，在这一段上，认为左部分是[L5 L6]，右部分是[R1 R2 R3 R4]。左部分放到这一段的右边，右部分放到这一段的左边。相关内容请阅读本书"翻转字符串"问题中的进阶问题解法。数组先调整成：

```
L1 L2 L3 L4 R1 R2 R3 R4 L5 L6 R5 R6
```

此时数组的前 8 个数为[L1 L2 L3 L4 R1 R2 R3 R4]，并且长度是满足 3^k-1 关系的，就可以利用之前的结论进行调整了。数组还没有调整的数字就是[L5 L6 R5 R6]这一段，长度为 4，如下所示（X 为已经调好不需要再考虑的位置）：

```
X X X X X X X X L5 L6 R5 R6
```

长度为 12 的数组已经搞定了 8 个，还剩下 4 个。接下来计算一下小于或等于 4，并且是离 4 最近的，满足 3^k-1 的数是谁（2,8,26,...），是 2。这代表想先在剩余的[L5 L6 R5 R6]中，得到调整结果的前 2 个[R5 L5]。为了做到这一点，在剩余的部分中先在[L6 R5]这一段上做调整。认为左部分是[L6]，右部分是[R5]。左部分放到这一段的右边，右部分放到这一段的左边。剩余部分在调整之后就变成[L5 R5 L6 R6]。此时剩余部分的前 2 个数为[L5 R5]，并且长度是满足 3^k-1 关系的，就可以利用之前的结论进行调整了。数组还没有调整的数字就剩[L6 R6]这一段了，长度为 2，如下所示（X 为已经调好不需要再考虑的位置）：

```
X X X X X X X X X L6 R6
```

最后这个部分是长度为 2 的，并且长度是满足 3^k-1 关系的，就可以利用之前的结论进行调整了。整个数组就调整完毕。

长度为一个任意的偶数，都一定可以把这个偶数拆成一块块长度满足 3^k-1 的部分。比如长度为 126，类比之前的流程，会先拆出长度为 80（即 3^4-1）的块先解决；剩余的长度为 46，再拆出长度为 26（即 3^3-1）的块解决；剩余长度为 20，再拆出长度为 8（即 3^2-1）的块解决；剩余长度为 12，接下来拆出的块为 8,2,2。任何一个偶数都可如此。解决每一个块的时候，额外空间复杂度都是 $O(1)$。每一个块解决之后，后续都不需要再碰，所以时间复杂度为 $O(N)$。全部过程如 shuffle 方法所示。

```java
// 主函数
// 数组必须不为空，且长度为偶数
public void shuffle(int[] arr) {
        if (arr != null && arr.length != 0 && (arr.length & 1) == 0) {
                shuffle(arr, 0, arr.length - 1);
        }
}

// 在 arr[L..R]上做完美洗牌的调整
public void shuffle(int[] arr, int L, int R) {
        while (R - L + 1 > 0) { // 切成一块一块的解决，每一块的长度满足(3^k)-1
                int len = R - L + 1;
                int base = 3;
                int k = 1;
                // 计算小于或等于 len 且距离 len 最近的，满足(3^k)-1 的数
                // 也就是找到最大的 k，满足 3^k <= len+1
                while (base <= (len + 1) / 3) {
                        base *= 3;
                        k++;
                }
                // 当前要解决长度为 base-1 的块，一半就是再除以 2
                int half = (base - 1) / 2;
                // [L..R]的中点位置
                int mid = (L + R) / 2;
                // 要旋转的左部分为[L+half...mid]，右部分为 arr[mid+1..mid+half]
                // 注意，这里 arr 下标是从 0 开始的
                rotate(arr, L + half, mid, mid + half);
```

```
                // 旋转完成后，从 L 开始算起，长度为 base-1 的部分进行下标连续推
                cycles(arr, L, base - 1, k);
                // 解决了前 base-1 的部分，剩下的部分继续处理
                L = L + base - 1;
        }
}

// 从 start 位置开始，往右 len 的长度这一段做下标连续推
// 出发位置依次为 1,3,9...
public void cycles(int[] arr, int start, int len, int k) {
        // 找到每一个出发位置 trigger，一共 k 个
        // 每一个 trigger 都进行下标连续推
        // 出发位置是从 1 开始算的，而数组下标是从 0 开始算的
        for (int i = 0, trigger = 1; i < k; i++, trigger *= 3) {
                int preValue = arr[trigger + start - 1];
                int cur = modifyIndex2(trigger, len);
                while (cur != trigger) {
                        int tmp = arr[cur + start - 1];
                        arr[cur + start - 1] = preValue;
                        preValue = tmp;
                        cur = modifyIndex2(cur, len);
                }
                arr[cur + start - 1] = preValue;
        }
}

// [L..M]为左部分，[M+1..R]为右部分，左右两部分互换
public void rotate(int[] arr, int L, int M, int R) {
        reverse(arr, L, M);
        reverse(arr, M + 1, R);
        reverse(arr, L, R);
}

// [L..R]做逆序调整
public void reverse(int[] arr, int L, int R) {
        while (L < R) {
                int tmp = arr[L];
                arr[L++] = arr[R];
                arr[R--] = tmp;
        }
}
```

进阶问题。首先把整个数组排序，要用额外空间复杂度为 $O(1)$ 的排序，比如堆排序。如果数组长度是偶数，然后把排序之后的数组调整成[L1 R1 L2 R2 ... Ln Rn]即可。举个例子，比如 arr 排序之后是[1,2,3,4,5,6]，调整成[1,4,2,5,3,6]就是题目要求的大小关系。完美洗牌问题能调整成[R1 L1 R2 L2 ... Rn Ln]，只再需要遍历一遍，把[R1 L1]、[R2 L2]、...、[Rn Ln]每一对里的两个数换一下位置即可。如果数组长度是奇数，arr[0]位置的数不用动，把后面剩下的长度为偶数的部分看作

是[L1 L2 ... Ln R1 R2 ... Rn]，然后用完美洗牌问题调整成[R1 L1 R2 L2 ... Rn Ln]即可。举个例子，比如 arr 排序之后是[1,2,3,4,5]，不管 1 这个数，剩下的部分是[2,3,4,5]，调整成[4,2,5,3]，那么数组整体变成[1,4,2,5,3]，就是题目要求的大小关系。具体过程如 wiggleSort 方法所示。

```java
public void wiggleSort(int[] arr) {
        if (arr == null || arr.length == 0) {
                return;
        }
        // 假设这个排序的额外空间复杂度是 O(1)，当然系统提供的排序并不是，
        // 你可以自己实现一个堆排序
        Arrays.sort(arr);
        if ((arr.length & 1) == 1) {
                shuffle(arr, 1, arr.length - 1);
        } else {
                shuffle(arr, 0, arr.length - 1);
                for (int i = 0; i < arr.length; i += 2) {
                        int tmp = arr[i];
                        arr[i] = arr[i + 1];
                        arr[i + 1] = tmp;
                }
        }
}
```

删除多余字符得到字典序最小的字符串

【题目】

给定一个全是小写字母的字符串 str，删除多余字符，使得每种字符只保留一个，并让最终结果字符串的字典序最小。

【举例】

str = "acbc"，删掉第一个'c'，得到"abc"，是所有结果字符串中字典序最小的。

str = "dbcacbca"，删掉第一个'b'、第一个'c'、第二个'c'、第二个'a'，得到"dabc"，是所有结果字符串中字典序最小的。

【难度】

尉 ★★☆☆

【解答】

不考虑怎么去删除，应考虑怎么去挑选。str 的结果字符串记为 res，假设 str 长度为 N，其中有 K 种不同的字符，那么 res 长度为 K。思路是怎么在 str 中从左到右依次挑选出 res[0]、 res[1]、…、res[K-1]。举个例子，str[0..9]="baacbaccac"，一共 3 种字符，所以要在 str 中从左到右依次找到 res[0..2]。

1．建立 str[0..9]的字频统计，b 有 2 个、a 有 4 个、c 有 4 个。

2．从左往右遍历 str[0..9]，遍历到字符的字频统计减 1，当发现某一种字符的字频统计已经为 0 时，遍历停止。在例子中当遍历完"baacb"时，字频统计为 b 有 0 个、a 有 2 个、c 有 3 个，发现 b 的字频已经为 0，所以停止遍历，当前遍历到 str[4]。str[5..9]为"accac"已经没有 b 了，而流程是在 str 中从左到右依次挑选出 res[0]、res[1]、res[2]，所以，如果 str[5..9]中任何一个字符被挑选成为 res[0]，之后过程是在挑选位置的右边继续挑选，那么一定会错过 b 字符，所以在 str[0..4]上挑选 res[0]。

3．在 str[0..4]上找到字典序最小的字符，即 str[1]=='a'，它就是 res[0]。

4．在挑选字符 str[1]的右边，字符串为"acbaccac"，删掉所有的'a'字符变为"cbccc"，令 str="cbccc"，下面找 res[1]。

5．建立 str[0..4]的字频统计，b 有 1 个、c 有 4 个。

6．从左往右遍历 str[0..4]，遍历到字符的字频统计减 1，当发现某一种字符的字频统计已经为 0 时，遍历停止。当遍历完"cb"时，字频统计为 b 有 0 个、c 有 3 个，发现 b 的字频已经为 0，所以停止遍历，当前遍历到 str[1]。str[2..4]为"ccc"已经没有 b 了，所以如果 str[2..4]中任何一个字符被挑选成为 res[1]，之后的过程是在挑选位置的右边继续挑选，那么一定会错过 b 字符，所以在 str[0..1]上挑选 res[1]。

7．在 str[0..1]上找到字典序最小的字符，即 str[1]=='b'，它就是 res[1]。

8．在挑选字符 str[1]的右边，字符串为"ccc"，删掉所有的'b'字符，仍为"ccc"，令 str="ccc"，下面找 res[2]。

9．建立 str[0..2]的字频统计，c 有 3 个。

10．从左往右遍历 str[0..2]，遍历到字符的字频统计减 1，当发现某一种字符的字频统计已经为 0 时，遍历停止。当遍历完"ccc"时，字频统计为 c，有 0 个，当前遍历到 str[2]。右边没有字符了，当然无法成为 res[2]，所以在 str[0..2]上挑选 res[2]。

11．在 str[0..2]上找到字典序最小的字符，即 str[0]=='c'，它就是 res[2]。整个过程结束。

如上过程虽然是用例子来说明的，但是整个过程其实比较简单。根据字频统计，遍历 str 时找到一个前缀 str[0..R]，然后在 str[0..R]中找到最小 ASCII 码的字符 str[X]，就是结果字符串的当前字符。然后令 str=(str[X+1..R]去掉所有 str[X]得到的字符串)，重复整个过程，找到结果字符串的下一个字符，直到 res 生成完毕。如果 str 长度为 N，不同的字符有 K 种，每找到一个 res[i]，都要重新建立字频统计以及在整个字符串中删除已经找到的字符，所以时间复杂度为 $O(K×N)$。根据题目描述，str 中全是小写字母，所以 K 不会超过 26，则时间复杂度为 $O(N)$。全部过程的代码实现请看如下 removeDuplicateLetters 方法。

```java
public String removeDuplicateLetters(String s) {
    char[] str = s.toCharArray();
    // 小写字母 ASCII 码值范围为[97~122]，所以用长度为 26 的数组做次数统计
    // 如果 map[i] > -1，则代表 ASCII 码值为 i 的字符的出现次数
    // 如果 map[i] == -1，则代表 ASCII 码值为 i 的字符不再考虑
    int[] map = new int[26];
    for (int i = 0; i < str.length; i++) {
        map[str[i] - 'a']++;
    }
    char[] res = new char[26];
    int index = 0;
    int L = 0;
    int R = 0;
    while (R != str.length) {
        // 如果当前字符是不再考虑的，直接跳过
        // 如果当前字符出现的次数减 1 之后，后面还能出现，直接跳过
        if (map[str[R] - 'a'] == -1 || --map[str[R] - 'a'] > 0) {
            R++;
        } else {
            // 当前字符需要考虑并且之后不会再出现
            // 在 str[L..R]上所有需要考虑的字符中，找到 ASCII 码最小字符的位置
            int pick = -1;
            for (int i = L; i <= R; i++) {
                if (map[str[i] - 'a'] != -1
                    && (pick == -1 || str[i] < str[pick])) {
                    pick = i;
                }
            }
            // 把 ASCII 码最小的字符放到挑选结果中
            res[index++] = str[pick];
            // 在上一个的 for 循环中，str[L..R]范围内每种字符出现的次数都减少了
            // 需要把 str[pick + 1..R]中每种字符出现的次数加回来
            for (int i = pick + 1; i <= R; i++) {
                if (map[str[i] - 'a'] != -1) { // 只增加以后需要考虑字符的次数
                    map[str[i] - 'a']++;
                }
            }
            // 选出 ASCII 码最小的字符，以后不再考虑了
            map[str[pick] - 'a'] = -1;
            // 继续在 str[pick + 1......]上重复这个过程
            L = pick + 1;
            R = L;
        }
    }
    return String.valueOf(res, 0, index);
}
```

数组中两个字符串的最小距离

【题目】

给定一个字符串数组 strs，再给定两个字符串 str1 和 str2，返回在 strs 中 str1 与 str2 的最小距离，如果 str1 或 str2 为 null，或不在 strs 中，返回-1。

【举例】

strs=["1","3","3","3","2","3","1"]，str1="1"，str2="2"，返回 2。

strs=["CD"]，str1="CD"，str2="AB"，返回-1。

进阶问题：如果查询发生的次数有很多，如何把每次查询的时间复杂度降为 $O(1)$？

【难度】

尉　★★☆☆

【解答】

原问题。从左到右遍历 strs，用变量 last1 记录最近一次出现 str1 的位置，用变量 last2 记录最近一次出现 str2 的位置。如果遍历到 str1，那么 i-last2 的值就是当前的 str1 和左边离它最近的 str2 之间的距离。如果遍历到 str2，那么 i-last1 的值就是当前的 str2 和左边离它最近的 str1 之间的距离。用变量 min 记录这些距离的最小值即可。请参看如下的 minDistance 方法。

```java
public int minDistance(String[] strs, String str1, String str2) {
    if (str1 == null || str2 == null) {
        return -1;
    }
    if (str1.equals(str2)) {
        return 0;
    }
    int last1 = -1;
    int last2 = -1;
    int min = Integer.MAX_VALUE;
    for (int i = 0; i != strs.length; i++) {
        if (strs[i].equals(str1)) {
            min = Math.min(min, last2 == -1 ? min : i - last2);
            last1 = i;
        }
        if (strs[i].equals(str2)) {
            min = Math.min(min, last1 == -1 ? min : i - last1);
            last2 = i;
        }
    }
    return min == Integer.MAX_VALUE ? -1 : min;
}
```

　　进阶问题。其实是通过数组 strs 先生成某种记录，在查询时通过记录进行查询。本书提供了一种记录的结构供读者参考，如果 strs 的长度为 N，那么生成记录的时间复杂度为 $O(N^2)$，记录的空间复杂度为 $O(N^2)$，在生成记录之后，单次查询操作的时间复杂度可降为 $O(1)$。本书实现的记录其实是一个哈希表 HashMap<String, HashMap<String, Integer>>，这是一个 key 为 string 类型、value 为哈希表类型的哈希表。为了描述清楚，我们把这个哈希表叫作外哈希表，把 value 代表的哈希表叫作内哈希表。外哈希表的 key 代表 strs 中的某种字符串，key 所对应的内哈希表表示其他字符串到 key 字符串的最小距离。比如，当 strs 为["1","3","3","3","2","3","1"]时，生成的记录如下（外哈希表）：

key	Value（Value 仍为一个哈希表，记为内哈希表）
"1"	("2"，2) -> "1"到"2"的最小距离为 2
	("3"，1) -> "1"到"3"的最小距离为 1
"2"	("1"，2) -> "2"到"1"的最小距离为 2
	("3"，1) -> "2"到"3"的最小距离为 1
"3"	("1"，1) -> "3"到"1"的最小距离为 1
	("2"，1) -> "3"到"2"的最小距离为 1

　　如果生成了这种结构的记录，那么查询 str1 和 str2 的最小距离时只用两次哈希查询操作就可以完成。

　　如下代码的 Record 类就是这种记录结构的具体实现，建立记录过程就是 Record 类的构造函数，Record 类中的 minDistance 方法就是做单次查询的方法。

```java
public class Record {
    private HashMap<String, HashMap<String, Integer>> record;

    public Record(String[] strArr) {
        record = new HashMap<String, HashMap<String, Integer>>();
        HashMap<String, Integer> indexMap = new HashMap<String, Integer>();
        for (int i = 0; i != strArr.length; i++) {
            String curStr = strArr[i];
            update(indexMap, curStr, i);
            indexMap.put(curStr, i);
        }
    }

    private void update(HashMap<String, Integer> indexMap, String str, int i) {
        if (!record.containsKey(str)) {
            record.put(str, new HashMap<String, Integer>());
        }
        HashMap<String, Integer> strMap = record.get(str);
        for (Entry<String, Integer> lastEntry : indexMap.entrySet()) {
            String key = lastEntry.getKey();
```

```
                    int index = lastEntry.getValue();
                    if (!key.equals(str)) {
                        HashMap<String, Integer> lastMap = record.get(key);
                        int curMin = i - index;
                        if (strMap.containsKey(key)) {
                                int preMin = strMap.get(key);
                                if (curMin < preMin) {
                                    strMap.put(key, curMin);
                                    lastMap.put(str, curMin);
                                }
                        } else {
                                strMap.put(key, curMin);
                                lastMap.put(str, curMin);
                        }
                    }
                }
            }
        }

        public int minDistance(String str1, String str2) {
            if (str1 == null || str2 == null) {
                    return -1;
            }
            if (str1.equals(str2)) {
                    return 0;
            }
            if (record.containsKey(str1) && record.get(str1).containsKey(str2)) {
                    return record.get(str1).get(str2);
            }
            return -1;
        }

    }
```

字符串的转换路径问题

【题目】

给定两个字符串，记为 start 和 to，再给定一个字符串列表 list，list 中一定包含 to，list 中没有重复字符串。所有的字符串都是小写的。规定 start 每次只能改变一个字符，最终的目标是彻底变成 to，但是每次变成的新字符串必须在 list 中存在。请返回所有最短的变换路径。

【举例】

```
start="abc",end="cab",list={"cab","acc","cbc","ccc","cac","cbb","aab","abb"}
```

转换路径的方法有很多种，但所有最短的转换路径如下：

```
abc -> abb -> aab -> cab
abc -> abb -> cbb -> cab
```

281

```
abc -> cbc -> cac -> cab
abc -> cbc -> cbb -> cab
```

【难度】

尉 ★★☆☆

【解答】

步骤 1：把 start 加入 list，然后根据 list 生成每一个字符串的 nexts 信息。nexts 具体是指如果只改变一个字符，该字符串可以变成哪些字符串。比如，例子中的 list，先把"abc"加入 list，然后根据 list 生成信息如下：

字符串	nexts 信息
acc	abc, ccc
abb	aab, cbb, abc
ccc	acc, cac, cbc
cbb	abb, cab, cbc
abc	abb, cbc, acc
aab	abb, cab
cac	cbc, cab, ccc
cab	aab, cbb, cac
cbc	abc, cac, cbb, ccc

如何生成每一个字符串的 nexts 信息呢？首先把 list 中所有的字符串放入哈希表 set 中，这样检查某个字符串是否在 list 中，就可以通过查询 set 来实现，这么做是因为哈希表查询的时间复杂度为 $O(1)$，比遍历 list 查询某个字符串是否在其中要快得多。后续过程举例说明，比如字符串"acc"，要生成它的 nexts 信息。

因为所有的字符都是小写，所以看"bcc"、"ccc"、"dcc"、"ecc"..."zcc"哪些在 set 中，就把哪些放到"acc"的 nexts 列表里；然后看"aac"、"abc"、"adc"、"aec"..."azc"哪些在 set 中，就把哪些放到"acc"的 nexts 列表里；最后看"aca"、"acb"、"acd"、"ace"..."acz"哪些在 set 中，就把哪些放到"acc"的 nexts 列表里。也就是说，某个位置的字符都从 a～z 枚举，哪些在 set 中，就把哪些放到 nexts 列表里，但是不加入原始字符串。步骤 1 的代码实现请看如下的 getNexts 方法。

```java
public HashMap<String, ArrayList<String>> getNexts(List<String> words) {
    Set<String> dict = new HashSet<>(words);
    HashMap<String, ArrayList<String>> nexts = new HashMap<>();
    for (int i = 0; i < words.size(); i++) {
        nexts.put(words.get(i), new ArrayList<>());
    }
    for (int i = 0; i < words.size(); i++) {
        nexts.put(words.get(i), getNext(words.get(i), dict));
    }
    return nexts;
}
```

```
private ArrayList<String> getNext(String word, Set<String> dict) {
        ArrayList<String> res = new ArrayList<String>();
        char[] chs = word.toCharArray();
        for (char cur = 'a'; cur <= 'z'; cur++) {
                for (int i = 0; i < chs.length; i++) {
                        if (chs[i] != cur) {
                                char tmp = chs[i];
                                chs[i] = cur;
                                if (dict.contains(String.valueOf(chs))) {
                                        res.add(String.valueOf(chs));
                                }
                                chs[i] = tmp;
                        }
                }
        }
        return res;
}
```

步骤 2：有了每个字符串的 nexts 信息之后，相当于我们有了一张图，每个字符串相当于图中的一个点，nexts 信息相当于这个点的所有邻接节点。比如，步骤 1 生成了所有字符串的 nexts 信息，相当于得到了图 5-1。

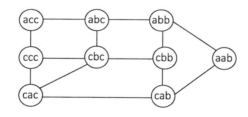

图 5-1

接下来从 start 字符串出发，利用 nexts 信息和宽度优先遍历的方式，求出每一个字符串到 start 的最短距离。图 5-1 中从"abc"出发，生成的距离信息如下：

字符串	到 start 的最短距离
abb	1
acc	1
cbb	2
ccc	2
abc	0
aab	2
cac	2
cbc	1
cab	3

步骤 2 的代码实现请看如下的 getDistances 方法。

```
public HashMap<String, Integer> getDistances(String start,
```

```
                       HashMap<String, ArrayList<String>> nexts) {
        HashMap<String, Integer> distances = new HashMap<>();
        distances.put(start, 0);
        Queue<String> queue = new LinkedList<String>();
        queue.add(start);
        HashSet<String> set = new HashSet<String>();
        set.add(start);
        while (!queue.isEmpty()) {
                String cur = queue.poll();
                for (String str : nexts.get(cur)) {
                        if (!set.contains(str)) {
                                distances.put(str, distances.get(cur) + 1);
                                queue.add(str);
                                set.add(str);
                        }
                }
        }
        return distances;
    }
```

步骤 3：从 start 出发往下走，保证每一步走到的字符串 cur 到 start 的最短距离都在加 1。如果能走到 to，收集整条路。用例子来说明，从"abc"出发，情况如图 5-2 所示。

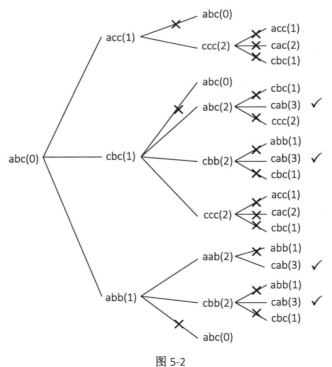

图 5-2

图 5-2 中从"abc"出发，每一步都通过字符串的 nexts 信息往下走，但是必须保证到 start 的最短距离是+1 递增的。图中画叉号的路都是因为最短距离没有+1 递增而终止了，最后画对号的是在走的过程中遇到了 to，整条路应该记录下来。整个过程是标准的深度优先遍历，往下走的过程中，因为有最短距离要不停+1 递增的限制，所以走的岔路不可能无穷尽地展开，也不可能形成环。与题目的例子一样，答案为 4 条最短路径。步骤 3 的代码实现参见如下的 getShortestPaths方法。

```java
private void getShortestPaths(String cur, String to,
                HashMap<String, ArrayList<String>> nexts,
                HashMap<String, Integer> distances, LinkedList<String> solution,
                List<List<String>> res) {
    solution.add(cur);
    if (to.equals(cur)) {
        res.add(new LinkedList<String>(solution));
    } else {
        for (String next : nexts.get(cur)) {
            if (distances.get(next) == distances.get(cur) + 1) {
                getShortestPaths(next, to, nexts, distances, solution, res);
            }
        }
    }
    solution.pollLast();
}
```

过程结束。这道题非常经典，图的宽度优先和深度优先遍历都用到了，考查非常全面。全部过程的主方法请看如下的 findMinPaths 方法。

```java
public List<List<String>> findMinPaths(String start, String to,
                List<String> list) {
    list.add(start);
    HashMap<String, ArrayList<String>> nexts = getNexts(list);
    HashMap<String, Integer> distances = getDistances(start, nexts);
    LinkedList<String> pathList = new LinkedList<>();
    List<List<String>> res = new ArrayList<>();
    getShortestPaths(start, to, nexts, distances, pathList, res);
    return res;
}
```

添加最少字符使字符串整体都是回文字符串

【题目】

给定一个字符串 str，如果可以在 str 的任意位置添加字符，请返回在添加字符最少的情况下，让 str 整体都是回文字符串的一种结果。

【举例】

str="ABA"。str 本身就是回文串，不需要添加字符，所以返回"ABA"。

str="AB"。可以在'A'之前添加'B'，使 str 整体都是回文串，故可以返回"BAB"。也可以在'B'之后添加'A'，使 str 整体都是回文串，故也可以返回"ABA"。总之，只要添加的字符数最少，返回其中一种结果即可。

进阶问题：给定一个字符串 str，再给定 str 的最长回文子序列字符串 strlps，请返回在添加字符最少的情况下，让 str 整体都是回文字符串的一种结果。进阶问题比原问题多了一个参数，请做到时间复杂度比原问题的实现低。

【举例】

str="A1B21C"，strlps="121"，返回"AC1B2B1CA"或者"CA1B2B1AC"。总之，只要是添加的字符数最少，只返回其中一种结果即可。

【难度】

校 ★★★☆

【解答】

原问题。在求解原问题之前，我们先来解决下面这个问题，如果可以在 str 的任意位置添加字符，最少需要添几个字符可以让 str 整体都是回文字符串。这个问题可以用动态规划的方法求解。如果 str 的长度为 N，动态规划表是一个 N×N 的矩阵，记为 dp[][]。dp[i][j]值的含义代表子串 str[i..j]最少添加几个字符可以使 str[i..j]整体都是回文串。那么，如何求 dp[i][j]的值呢？有如下三种情况：

- 字符串 str[i..j]只有一个字符，此时 dp[i][j]=0，这是很明显的，如果 str[i..j]只有一个字符，那么 str[i..j]已经是回文串了，自然不必添加任何字符。
- 字符串 str[i..j]只有两个字符且两个字符相等，那么 dp[i][j]=0。比如，如果 str[i..j]为"AA"，两字符相等，说明 str[i..j]已经是回文串，自然不必添加任何字符。如果两个字符不相等，那么 dp[i][j]=1。比如，如果 str[i..j]为"AB"，只用添加一个字符就可以令 str[i..j]变成回文串，所以 dp[i][j]=1。
- 字符串 str[i..j]多于两个字符。如果 str[i]==str[j]，那么 dp[i][j]=dp[i+1][j-1]。比如，如果 str[i..j]为"A124521A"，str[i..j]需要添加的字符数与 str[i+1..j-1]（即"124521"）需要添加的字符数是相等的，因为只要能把"124521"整体变成回文串，然后在左右两头加上字符'A'，就是 str[i..j]整体变成回文串的结果。如果 str[i]!=str[j]，要让 str[i..j]整体变为回文串有两种方法，一种方法是让 str[i..j-1]先变成回文串，然后在左边加上字符 str[j]，就是 str[i..j]整体变成回文串的结果。另一种方法是让 str[i+1..j]先变成回文串，然后在右边加上字符 str[i]，就是 str[i..j]整体变成回文串的结果。两种方法中，哪个代价最小就选择哪个，即 dp[i][j] = min { dp[i][j-1] , dp[i+1][j] }+1。

既然 dp[i][j]值代表子串 str[i..j]最少添加几个字符可以使 str[i..j]整体都是回文串，所以根据上面的方法求出整个 dp 矩阵之后，就得到了 str 中任何一个子串添加几个字符后可以变成回文串。具体请参看如下代码中的 getDP 方法。

```java
public int[][] getDP(char[] str) {
        int[][] dp = new int[str.length][str.length];
        for (int j = 1; j < str.length; j++) {
                dp[j - 1][j] = str[j - 1] == str[j] ? 0 : 1;
                for (int i = j - 2; i > -1; i--) {
                        if (str[i] == str[j]) {
                                dp[i][j] = dp[i + 1][j - 1];
                        } else {
                                dp[i][j] = Math.min(dp[i + 1][j], dp[i][j - 1]) + 1;
                        }
                }
        }
        return dp;
}
```

下面介绍如何根据 dp 矩阵，求在添加字符最少的情况下，让 str 整体都是回文字符串的一种结果。首先，dp[0][N-1]的值代表整个字符串最少需要添加几个字符，所以，如果最后的结果记为字符串 res，res 的长度=dp[0][N-1]+str 的长度，然后依次设置 res 左右两头的字符。具体过程如下：

1．如果 str[i..j]中 str[i]==str[j]，那么 str[i..j]变成回文串的最终结果=str[i]+str[i+1..j-1]变成回文串的结果+str[j]，此时 res 左右两头的字符为 str[i]（也是 str[j]），然后继续根据 str[i+1..j-1]和矩阵 dp 来设置 res 的中间部分。

2．如果 str[i..j]中 str[i]!=str[j]，看 dp[i][j-1]和 dp[i+1][j]哪个小。如果 dp[i][j-1]更小，那么 str[i..j]变成回文串的最终结果=str[j]+str[i..j-1]变成回文串的结果+str[j]，所以此时 res 左右两头的字符为 str[j]，然后继续根据 str[i..j-1]和矩阵 dp 来设置 res 的中间部分。如果 dp[i+1][j]更小，那么 str[i..j]变成回文串的最终结果=str[i]+str[i+1..j]变成回文串的结果+str[i]，所以此时 res 左右两头的字符为 str[i]，然后继续根据 str[i+1..j]和矩阵 dp 来设置 res 的中间部分。如果相等，任选一种设置方式都可以得出最终结果。

3．如果发现 res 所有的位置都已设置完毕，过程结束。

原问题解法的全部过程请参看如下代码中的 getPalindrome1 方法。

```java
public String getPalindrome1(String str) {
        if (str == null || str.length() < 2) {
```

```
                    return str;
            }
            char[] chas = str.toCharArray();
            int[][] dp = getDP(chas);
            char[] res = new char[chas.length + dp[0][chas.length - 1]];
            int i = 0;
            int j = chas.length - 1;
            int resl = 0;
            int resr = res.length - 1;
            while (i <= j) {
                    if (chas[i] == chas[j]) {
                            res[resl++] = chas[i++];
                            res[resr--] = chas[j--];
                    } else if (dp[i][j - 1] < dp[i + 1][j]) {
                            res[resl++] = chas[j];
                            res[resr--] = chas[j--];
                    } else {
                            res[resl++] = chas[i];
                            res[resr--] = chas[i++];
                    }
            }
            return String.valueOf(res);
    }
```

　　求解 dp 矩阵的时间复杂度为 $O(N^2)$，根据 str 和 dp 矩阵求解最终结果的过程为 $O(N)$，所以原问题解法中总的时间复杂度为 $O(N^2)$。

　　进阶问题。如果有最长回文子序列字符串 strlps，那么求解的时间复杂度可以加速到 $O(N)$。如果 str 的长度为 N，strlps 的长度为 M，则整体回文串的长度应该是 $2×N-M$。本书提供的解法类似"剥洋葱"的过程，给出如下示例来具体说明：

　　str="A1BC22DE1F"，strlps = "1221"。res=…长度为 $2×N-M$…

　　洋葱的第 0 层由 strlps[0]和 strlps[M-1]组成，即"1…1"。从 str 最左侧开始找字符'1'，发现'A'是 str 第 0 个字符，'1'是 str 第 1 个字符，所以左侧第 0 层洋葱圈外的部分为"A"，记为 leftPart。从 str 最右侧开始找字符'1'，发现右侧第 0 层洋葱圈外的部分为"F"，记为 rightPart。把（leftPart+rightPart 的逆序）复制到 res 左侧未设值的部分，把（rightPart+leftPart 逆序）复制到 res 的右侧未设值的部分，即 result 变为"AF…FA"。把洋葱的第 0 层复制进 res 的左右两侧未设值的部分，即 result 变为"AF1…1FA"。至此，洋葱第 0 层被剥掉。洋葱的第 1 层由 strlps[1]和 strlps[M-2]组成，即"2…2"。从 str 左侧的洋葱第 0 层往右找"2"，发现左侧第 1 层洋葱圈外的部分为"BC"，记为 leftPart。从 str 右侧的洋葱第 0 层往左找"2"，发现右侧第 1 层洋葱圈外的部分为"DE"，记为 rightPart。把（leftPart+rightPart 的逆序）复制到 res 左侧未设值的部分，把（rightPart+leftPart 逆序）复制到 res 的右侧未设值的部分，res 变为"AF1BCED..DECB1FA"。把洋葱的第 1 层复制进 res 的左右两侧未设值的部分，即 result 变为"AF1BCED2..2DECB1FA"。第 1 层被剥掉，洋葱剥完了，返回"AF1BCED22DECB1FA"。整个过程就是不断找到洋葱圈的左部分和右部分，把（leftPart+rightPart 的逆序）复制到 res 左侧未设值的部分，把（rightPart+leftPart 逆序）复制到 res 的右侧未设值的部分，洋葱剥完则过程结束。具体请参看如下的 getPalindrome2 方法。

```java
public String getPalindrome2(String str, String strlps) {
        if (str == null || str.equals("")) {
                return "";
        }
        char[] chas = str.toCharArray();
        char[] lps = strlps.toCharArray();
        char[] res = new char[2 * chas.length - lps.length];
        int chasl = 0;
        int chasr = chas.length - 1;
        int lpsl = 0;
        int lpsr = lps.length - 1;
        int resl = 0;
        int resr = res.length - 1;
        int tmpl = 0;
        int tmpr = 0;
        while (lpsl <= lpsr) {
                tmpl = chasl;
                tmpr = chasr;
                while (chas[chasl] != lps[lpsl]) {
                        chasl++;
                }
                while (chas[chasr] != lps[lpsr]) {
                        chasr--;
                }
                set(res, resl, resr, chas, tmpl, chasl, chasr, tmpr);
                resl += chasl - tmpl + tmpr - chasr;
                resr -= chasl - tmpl + tmpr - chasr;
                res[resl++] = chas[chasl++];
                res[resr--] = chas[chasr--];
                lpsl++;
                lpsr--;
        }
        return String.valueOf(res);
}

public void set(char[] res, int resl, int resr, char[] chas, int ls,
                int le, int rs, int re) {
        for (int i = ls; i < le; i++) {
                res[resl++] = chas[i];
                res[resr--] = chas[i];
        }
        for (int i = re; i > rs; i--) {
```

```
                            res[resl++] = chas[i];
                            res[resr--] = chas[i];
                    }
            }
```

括号字符串的有效性和最长有效长度

【题目】

给定一个字符串 str，判断是不是整体有效的括号字符串。

【举例】

str="()"，返回 true；str="(()())"，返回 true；str="(())"，返回 true。
str="())"。返回 false；str="()("，返回 false；str="()a()"，返回 false。
补充问题：给定一个括号字符串 str，返回最长的有效括号子串。

【举例】

str="(()())"，返回 6；str="())"，返回 2；str="()(()()("，返回 4。

【难度】

原问题　　士　★☆☆☆
补充问题　尉　★★☆☆

【解答】

原问题。判断过程如下：

1. 从左到右遍历字符串 str，判断每一个字符是不是'('或')'，如果不是，就直接返回 false。

2. 遍历到每一个字符时，都检查到目前为止'('和')'的数量，如果')'更多，则直接返回 false。

3. 遍历后检查'('和')'的数量，如果一样多，则返回 true，否则返回 false。

具体过程参看如下代码中的 isValid 方法。

```java
public boolean isValid(String str) {
        if (str == null || str.equals("")) {
                return false;
        }
        char[] chas = str.toCharArray();
        int status = 0;
        for (int i = 0; i < chas.length; i++) {
                if (chas[i] != ')' && chas[i] != '(') {
                        return false;
                }
```

```
        if (chas[i] == ')' && --status < 0) {
                return false;
        }
        if (chas[i] == '(') {
                status++;
        }
    }
    return status == 0;
}
```

补充问题。用动态规划求解，可以做到时间复杂度为 $O(N)$，额外空间复杂度为 $O(N)$。首先生成长度和 str 字符串一样的数组 dp[]，dp[i]值的含义为 str[0..i]中必须以字符 str[i]结尾的最长的有效括号子串长度。那么 dp[i]值可以按如下方式求解：

1. dp[0]=0。只含有一个字符肯定不是有效括号字符串，长度自然是 0。

2. 从左到右依次遍历 str[1..N-1]的每个字符，假设遍历到 str[i]。

3. 如果 str[i]=='('，有效括号字符串必然是以')'结尾，而不是以'('结尾，所以 dp[i] = 0。

4. 如果 str[i]==')'，那么以 str[i]结尾的最长有效括号子串可能存在。dp[i-1]的值代表必须以str[i-1]结尾的最长有效括号子串的长度，所以，如果 i-dp[i-1]-1 位置上的字符是'('，就能与当前位置的 str[i]字符再配出一对有效括号。比如"(()())"，假设遍历到最后一个字符')'，必须以倒数第二个字符结尾的最长有效括号子串是"()()"，找到这个子串之前的字符，即 i-dp[i-1]-1 位置的字符，发现是'('，所以它可以和最后一个字符再配出一对有效括号。如果该情况发生，dp[i]的值起码是dp[i-1]+2，但还有一部分长度容易被人忽略。比如，"()(())"，假设遍历到最后一个字符')'，通过上面的过程找到的必须以最后字符结尾的最长有效括号子串起码是"(())"，但是前面还有一段"()"，可以和"(())"结合在一起构成更大的有效括号子串。也就是说，str[i-dp[i-1]-1]和str[i]配成了一对，这时还应该把 dp[i-dp[i-1]-2]的值加到 dp[i]中，这么做表示把 str[i-dp[i-1]-2]结尾的最长有效括号子串接到前面，才能得到以当前字符结尾的最长有效括号子串。

5. dp[0..N-1]中的最大值就是最终结果。

具体过程请参看如下代码中的 maxLength 方法。

```java
public int maxLength(String str) {
    if (str == null || str.equals("")) {
            return 0;
    }
    char[] chas = str.toCharArray();
    int[] dp = new int[chas.length];
    int pre = 0;
    int res = 0;
    for (int i = 1; i < chas.length; i++) {
            if (chas[i] == ')') {
                pre = i - dp[i - 1] - 1;
                if (pre >= 0 && chas[pre] == '(') {
                    dp[i] = dp[i - 1] + 2 + (pre > 0 ? dp[pre - 1] : 0);
```

```
                    }
                }
                res = Math.max(res, dp[i]);
            }
            return res;
        }
```

公式字符串求值

【题目】

给定一个字符串 str，str 表示一个公式，公式里可能有整数、加减乘除符号和左右括号，返回公式的计算结果。

【举例】

str="48*((70-65)-43)+8*1"，返回-1816。

str="3+1*4"，返回 7。

str="3+(1*4)"，返回 7。

【说明】

1．可以认为给定的字符串一定是正确的公式，即不需要对 str 做公式有效性检查。

2．如果是负数，就需要用括号括起来，比如"4*(-3)"。但如果负数作为公式的开头或括号部分的开头，则可以没有括号，比如"-3*4"和"(-3*4)"都是合法的。

3．不用考虑计算过程中会发生溢出的情况。

【难度】

校 ★★★☆

【解答】

本题考查面试者设计程序和代码实现的能力，实现方式有很多，本书提供一种方法供读者参考。假设 value 方法是一个递归过程，具体解释如下。

从左到右遍历 str，开始遍历或者遇到字符'('时，就进行递归过程。当发现 str 遍历完，或者遇到字符')'时，递归过程就结束。比如"3*(4+5)+7"，一开始遍历就进入递归过程 value(str,0)，在递归过程 value(str,0)中继续遍历 str，当遇到字符'('时，递归过程 value(str,0)又重复调用递归过程 value(str,3)。然后在递归过程 value(str,3)中继续遍历 str，当遇到字符')'时，递归过程 value(str,3)结束，并向递归过程 value(str,0)返回两个结果，第一结果是 value(str,3)遍历过的公式字符子串的结果，即"4+5"==9，第二个结果是 value(str,3)遍历到的位置，即字符")"的位置==6。递归过程

value(str,0)收到这两个结果后，既可知道交给 value(str,3)过程处理的字符串结果是多少（"(4+5)"
的结果是 9），又可知道自己下一步该从什么位置继续遍历（该从位置 6 的下一个位置（即位置
7）继续遍历）。总之，value 方法的第二个参数代表递归过程是从什么位置开始的，返回的结果
是一个长度为 2 的数组，记为 res。res[0]表示这个递归过程计算的结果，res[1]表示这个递归过
程遍历到 str 的什么位置。

　　既然在递归过程中遇到'('就交给下一层的递归过程处理，自己只用接收'('和')'之间的公式字
符子串的结果，所以对所有的递归过程来说，可以看作计算的公式都是不含有'('和')'字符的。比
如，对递归过程 value(str,0)来说，实际上计算的公式是"3*9+7"，"(4+5)"的部分交给递归过程
value(str,3)处理，拿到结果 9 之后，再从字符'+'继续。所以，只要想清楚如何计算一个不含有'('
和')'的公式字符串，整个实现就完成了。

　　全部过程请参看如下代码中的 getValue 方法。

```java
public int getValue(String exp) {
        return value(exp.toCharArray(), 0)[0];
}

public int[] value(char[] chars, int i) {
        Deque<String> deq = new LinkedList<String>();
        int pre = 0;
        int[] bra = null;
        while (i < chars.length && chars[i] != ')') {
                if (chars[i] >= '0' && chars[i] <= '9') {
                        pre = pre * 10 + chars[i++] - '0';
                } else if (chars[i] != '(') {
                        addNum(deq, pre);
                        deq.addLast(String.valueOf(chars[i++]));
                        pre = 0;
                } else {
                        bra = value(chars, i + 1);
                        pre = bra[0];
                        i = bra[1] + 1;
                }
        }
        addNum(deq, pre);
        return new int[] { getNum(deq), i };
}

public void addNum(Deque<String> deq, int num) {
        if (!deq.isEmpty()) {
                int cur = 0;
                String top = deq.pollLast();
                if (top.equals("+") || top.equals("-")) {
                        deq.addLast(top);
```

```
                } else {
                        cur = Integer.valueOf(deq.pollLast());
                        num = top.equals("*") ? (cur * num) : (cur / num);
                }
        }
        deq.addLast(String.valueOf(num));
}

public int getNum(Deque<String> deq) {
        int res = 0;
        boolean add = true;
        String cur = null;
        int num = 0;
        while (!deq.isEmpty()) {
                cur = deq.pollFirst();
                if (cur.equals("+")) {
                        add = true;
                } else if (cur.equals("-")) {
                        add = false;
                } else {
                        num = Integer.valueOf(cur);
                        res += add ? num : (-num);
                }
        }
        return res;
}
```

0 左边必有 1 的二进制字符串数量

【题目】

给定一个整数 N，求由"0"字符与"1"字符组成的长度为 N 的所有字符串中，满足"0"字符的左边必有"1"字符的字符串数量。

【举例】

N=1。只由"0"与"1"组成，长度为 1 的所有字符串："0"、"1"。只有字符串"1"满足要求，所以返回 1。

N=2。只由"0"与"1"组成，长度为 2 的所有字符串为："00"、"01"、"10"、"11"。只有字符串"10"和"11"满足要求，所以返回 2。

N=3。只由"0"与"1"组成，长度为 3 的所有字符串为："000"、"001"、"010"、"011"、"100"、"101"、"110"、"111"。字符串"101"、"110"、"111"满足要求，所以返回 3。

【难度】

校　★★★☆

【解答】

先说一种最暴力的方法，就是检查每一个长度为 N 的二进制字符串，看有多少符合要求。一个长度为 N 的二进制字符串，检查是否符合要求的时间复杂度为 $O(N)$，长度为 N 的二进制字符串数量为 $O(2^N)$，所以该方法整体的时间复杂度为 $O(2^N \times N)$，本书不再详述。

$O(2^N)$ 的方法。假设第 0 位的字符为最高位字符，很明显，第 0 位的字符不能为'0'。假设 $p(i)$ 表示 0~i-1 位置上的字符已经确定，这一段符合要求且第 i-1 位置的字符为'1'时，如果穷举 i~N-1 位置上的所有情况会产生多少种符合要求的字符串。比如 N=5，$p(3)$ 表示 0~2 位置上的字符已经确定，这一段符合要求且位置 2 上的字符为'1'时，假设为"101.."。在这种情况下，穷举 3、4 位置所有可能的情况会产生多少种符合要求的字符串，因为只有"10101"、"10110"和"10111"，所以 $p(3)=3$。也可以假设前三位是"111.."，$p(3)$ 同样等于 3。有了 $p(i)$ 的定义，同时知道不管 N 是多少，最高位的字符只能为'1'，那么只要求出 $p(1)$，就是所有符合要求的字符串数量。

那到底 $p(i)$ 应该怎么求呢？根据 $p(i)$ 的定义，在位置 i-1 的字符已经为'1'的情况下，位置 i 的字符可以是'1'，也可以是'0'。如果位置 i 的字符是'1'，那么穷举剩下字符的所有可能性，并且符合要求的字符串数量就是 $p(i+1)$ 的值。如果位置 i 的字符是'0'，那么位置 i+1 的字符必须是'1'，穷举剩下字符的所有可能性，符合要求的字符串数量就是 $p(i+1)$ 的值。所以 $p(i)=p(i+1)+p(i+2)$。$p(N-1)$ 表示除了最后位置的字符，前面的子串全符合要求，并且倒数第二个字符为'1'，此时剩下的最后一个字符既可以是'1'，也可以是'0'，所以 $p(N-1)=2$。$p(N)$ 表示所有的字符串已经完全确定，并且符合要求，最后一个字符（N-1）为'1'，所以，此时符合要求的字符串数量就是 0~N-1 的全体，而不再有后续的可能性，所以 $p(N)=1$。即 $p(i)$ 如下：

$i < N-1$ 时，$p(i) = p(i+1)+p(i+2)$

$i = N-1$ 时，$p(i) = 2$

$i = N$ 时，$p(i) = 1$

很明显，可以写成时间复杂度为 $O(2^N)$ 的递归方法。具体请参看如下的 getNum1 方法。

```
public int getNum1(int n) {
        if (n < 1) {
                return 0;
        }
        return process(1, n);
}

public int process(int i, int n) {
        if (i == n - 1) {
                return 2;
```

```
        }
        if (i == n) {
                return 1;
        }
        return process(i + 1, n) + process(i + 2, n);
}
```

根据 $O(2^N)$ 的方法，当 N 分别为 1，2，3，4，5，6，7，8 时，结算的结果为 1，2，3，5，8，13，21，34。可以看出，这就是一个形如斐波那契数列的结果，唯一的区别就是斐波那契数列的初始项为 1，1。而这个数列的初始项为 1，2。所以可很轻易地写出时间复杂度为 $O(N)$，额外空间复杂度为 $O(1)$ 的方法。具体请参看如下代码中的 getNum2 方法。

```
public int getNum2(int n) {
        if (n < 1) {
                return 0;
        }
        if (n == 1) {
                return 1;
        }
        int pre = 1;
        int cur = 1;
        int tmp = 0;
        for (int i = 2; i < n + 1; i++) {
                tmp = cur;
                cur += pre;
                pre = tmp;
        }
        return cur;
}
```

打开了斐波那契数列的这个天窗，我们知道求解斐波那契数列的过程，有时间复杂度为 $O(logN)$ 方法就是用矩阵乘法的办法求解，具体解释请参考本书 "斐波那契数列的 3 种解法"，这里不再详述。代码实现请参看如下代码中的 getNum3 方法。

```
public int getNum3(int n) {
        if (n < 1) {
                return 0;
        }
        if (n == 1 || n == 2) {
                return n;
        }
        int[][] base = { { 1, 1 }, { 1, 0 } };
        int[][] res = matrixPower(base, n - 2);
        return 2 * res[0][0] + res[1][0];
}

public int[][] matrixPower(int[][] m, int p) {
```

```
        int[][] res = new int[m.length][m[0].length];
        for (int i = 0; i < res.length; i++) {
                res[i][i] = 1;
        }
        int[][] tmp = m;
        for (; p != 0; p >>= 1) {
                if ((p & 1) != 0) {
                        res = muliMatrix(res, tmp);
                }
                tmp = muliMatrix(tmp, tmp);
        }
        return res;
}

public int[][] muliMatrix(int[][] m1, int[][] m2) {
        int[][] res = new int[m1.length][m2[0].length];
        for (int i = 0; i < m1.length; i++) {
                for (int j = 0; j < m2[0].length; j++) {
                        for (int k = 0; k < m2.length; k++) {
                                res[i][j] += m1[i][k] * m2[k][j];
                        }
                }
        }
        return res;
}
```

拼接所有字符串产生字典顺序最小的大写字符串

【题目】

给定一个字符串类型的数组 strs，请找到一种拼接顺序，使得将所有的字符串拼接起来组成的大写字符串是所有可能性中字典顺序最小的，并返回这个大写字符串。

【举例】

strs=["abc", "de"]，可以拼成"abcde"，也可以拼成"deabc"，但前者的字典顺序更小，所以返回"abcde"。

strs=["b", "ba"]，可以拼成"bba"，也可以拼成"bab"，但后者的字典顺序更小，所以返回"bab"。

【难度】

校 ★★★☆

【解答】

有一种思路为：先把 strs 中的字符串按照字典顺序排序，然后将串起来的结果返回。这么做是错误的，比如题目中的例子 2，按照字典排序结果是 B、BA，串起来的大写字符串为"BBA"，但是字典顺序最小的大写字符串是"BAB"，所以按照单个字符串的字典顺序进行排序的想法是行不通的。如果要排序，应该按照下文描述的标准进行排序。

假设有两个字符串，分别记为 a 和 b，a 和 b 拼起来的字符串表示为 a.b。那么如果 a.b 的字典顺序小于 b.a，就把字符串 a 放在前面，否则把字符串 b 放在前面。每两个字符串之间都按照这个标准进行比较，以此标准排序后，再依次串起来的大写字符串就是结果。这样做为什么对呢？当然需要证明。

证明的关键步骤是证明这种比较方式具有传递性。

假设有 a、b、c 三个字符串，它们有如下关系：

a.b < b.a

b.c < c.b

如果能够根据上面两式证明出 a.c < c.a，说明这种比较方式具有传递性，证明过程如下：

字符串的本质是 K 进制数，比如，只由字符'a'~'z'组成的字符串其实可以看作 26 进制数。那么字符串 a.b 这个数可以看作 a 是它的高位，b 是低位，即 a.b=a*K 的 b 长度次方+b。举一个十进制数的例子，x=123，y=6789，x.y=x*10000+y=1230000+6789，其中，10000=10 的 4 次方，4 是 y 的长度。为了让证明过程便于阅读，我们把"K 的 b 长度次方"记为 k(b)。则原来的不等式可化简为：

a.b < b.a => a*k(b) + b < b*k(a) + a   不等式 1

b.c < c.b => b*k(c) + c < c*k(b) + b   不等式 2

现在要证明 a.c < c.a，即证明 a*k(c)+c < c*k(a)+a。

不等式 1 的左右两边同时减去 b，再乘以 c，变为 a*k(b)*c < b*k(a)*c+a*c-b*c。

不等式 2 的左右两边同时减去 b，再乘以 a，变为 b*k(c)*a + c*a - b*a < c*k(b)*a。

a，b，c 是 K 进制数，服从乘法交换律，有 a*k(b)*c == c*k(b)*a，所以有如下不等式：

b*k(c)*a + c*a-b*a < c*k(b)*a == a*k(b)*c < b*k(a)*c + a*c - b*c

=> b*k(c)*a + c*a - b*a < b*k(a)*c + a*c-b*c

=> b*k(c)*a - b*a < b*k(a)*c - b*c

=> a*k(c) - a < c*k(a) - c

=> a*k(c) + c < c*k(a) + a

即 a.c < c.a，传递性证明完毕。

证明传递性后，还需要证明通过这种比较方式排序后，如果交换任意两个字符串的位置所得到的总字符串，将拥有更大的字典顺序。

假设通过如上比较方式排序后，得到字符串的序列为：

...A.M1.M2...M(n-1).M(n).L...

该序列表示，代号为 A 的字符串之前与代号为 L 的字符串之后都有若干字符串用 "…" 表示，A 和 L 中间有若干字符串，用 M1..M(n)。现在交换 A 和 L 这两个字符串，交换之前和交换之后两个总字符串就分别为：

…A.M1.M2…M(n-1).M(n).L…　换之前

…L.M1.M2…M(n-1).M(n).A…　换之后

现在需要证明交换之后的总字符串字典顺序大于交换之前的，具体过程如下。

在排好序的序列中，M1 排在 L 的前面，所以有 M1.L < L.M1，进一步有：

…L.M1.M2…M(n-1).M(n).A… > …M1.L.M2…M(n-1).M(n).A…

在排好序的序列中，M2 排在 L 的前面，所以有 M2.L < L.M2，进一步有：

…M1.L.M2…M(n-1).M(n).A… > …M1.M2.L…M(n-1).M(n).A…

在排好序的序列中，M(i)排在 L 的前面，所以有 M(i).L < L.M(i)，进一步有：

…M1.M2.L.M(i)…M(n-1).M(n).A… > …M1.M2…M(i).L…M(n-1).M(n).A…

最终，…M1.M2…M(n-1).M(n).L.A… > …M1.M2…M(n-1).M(n).A.L…

在排好序的序列中，A 排在 M(N)的前面，所以有 A.M(n) < M(n).A，进一步有：

…M1.M2…M(n-1).M(n).A.L… > …M1.M2…M(n-1).A.M(n).L…

在排好序的序列中，A 排在 M(n-1)的前面，所以有 A.M(n-1) < M(n-1).A，进一步有：

…M1.M2…M(n-1).A.M(n).L… > …M1.M2…A.M(n-1).M(n).L…

最终，…M1.A.M2…M(n-1).M(n).L… > …A.M1.M2…M(n-1).M(n).L…

所以，…A.M1.M2…M(n-1).M(n).L… < … < …L.M1.M2…M(n-1).M(n).A…

解法有效性证明完毕。

那么整个解法的时间复杂度就是排序本身的复杂度，即 $O(N\log N)$。具体请参看如下代码中的 lowestString 方法。

```java
public class MyComparator implements Comparator<String> {
        @Override
        public int compare(String a, String b) {
                return (a + b).compareTo(b + a);
        }
}

public String lowestString(String[] strs) {
        if (strs == null || strs.length == 0) {
                return "";
        }
        // 根据新的比较方式排序
        Arrays.sort(strs, new MyComparator());
        String res = "";
        for (int i = 0; i < strs.length; i++) {
                res += strs[i];
```

```
        }
        return res;
    }
```

本题的解法看似非常简单，但解法有效性的证明却比较复杂。在这里不得不提醒读者，这道题的解题方法可以划进贪心算法的范畴，这种有效的比较方式就是我们的贪心策略。

正如本题所展示的一样，贪心策略容易大胆假设，但策略有效性的证明可就不容易求证了。在面试中，如果哪一个题目决定用贪心方法求解，则必须用较大的篇幅去证明你提出的贪心策略是有效的。所以建议面试准备时间不充裕的读者不要轻易去"啃"有关贪心策略的题目，否则将占用大量的时间和精力。

在面试中，实际上也较少出现需要用到贪心策略的题目，造成这个现象有两个很重要的原因，其一是考查贪心策略的面试题目，关键点在于数学上对策略的证明过程，偏离考查编程能力的面试初衷。其二是纯用贪心策略的面试题，解法的正确性完全在于贪心策略的成败，而缺少其他解法的多样性，这样就会使这一类面试题的区分度极差，所以往往不会成为大公司的面试题。贪心策略在算法上的地位当然重要，但对初期准备代码面试的读者来说，性价比不高。

找到字符串的最长无重复字符子串

【题目】

给定一个字符串 str，返回 str 的最长无重复字符子串的长度。

【举例】

str="abcd"，返回 4。

str="aabcb"，最长无重复字符子串为"abc"，返回 3。

【要求】

如果 str 的长度为 N，请实现时间复杂度为 $O(N)$ 的方法。

【难度】

尉 ★★☆☆

【解答】

如果 str 长度为 N，字符编码范围是 M，本题可做到时间复杂度为 $O(N)$，额外空间复杂度为 $O(M)$。下面介绍这种方法的具体实现。

1. 在遍历 str 之前，先申请几个变量。哈希表 map，key 表示某个字符，value 为这个字符最近一次出现的位置。整型变量 pre，如果当前遍历到字符 str[i]，pre 表示在必须以 str[i-1]字符结尾的情况下，最长无重复字符子串开始位置的前一个位置，初始时 pre=-1。整型变量 len，记录以每一个字符结尾的情况下，最长无重复字符子串长度的最大值，初始时，len=0。从左到右依次遍历 str，假设现在遍历到 str[i]，接下来求在必须以 str[i]结尾的情况下，最长无重复字符子串的长度。

2. map(str[i])的值表示之前的遍历中最近一次出现 str[i]字符的位置，假设在 a 位置。想要求以 str[i]结尾的最长无重复子串，a 位置必然不能包含进来，因为 str[a]等于 str[i]。

3. 根据 pre 的定义，pre+1 表示在必须以 str[i-1]字符结尾的情况下，最长无重复字符子串的开始位置。也就是说，以 str[i-1]结尾的最长无重复子串是向左扩到 pre 位置停止的。

4. 如果 pre 位置在 a 位置的左边，因为 str[a]不能包含进来，而 str[a+1..i-1]上都是不重复的，所以以 str[i]结尾的最长无重复字符子串就是 str[a+1..i]。如果 pre 位置在 a 位置的右边，以 str[i-1]结尾的最长无重复子串是向左扩到 pre 位置停止的。所以以 str[i]结尾的最长无重复子串向左扩到 pre 位置也必然会停止，而且 str[pre+1..i-1]这一段上肯定不含有 str[i]，所以以 str[i]结尾的最长无重复字符子串就是 str[pre+1..i]。

5. 计算完长度之后，pre 位置和 a 位置哪一个在右边，就作为新的 pre 值。然后计算下一个位置的字符，整个过程中求得所有长度的最大值用 len 记录下来返回即可。

具体请参看如下代码中的 maxUnique 方法。

```java
public int maxUnique(String str) {
    if (str == null || str.equals("")) {
        return 0;
    }
    char[] chas = str.toCharArray();
    int[] map = new int[256];
    for (int i = 0; i < 256; i++) {
        map[i] = -1;
    }
    int len = 0;
    int pre = -1;
    int cur = 0;
    for (int i = 0; i != chas.length; i++) {
        pre = Math.max(pre, map[chas[i]]);
        cur = i - pre;
        len = Math.max(len, cur);
        map[chas[i]] = i;
    }
    return len;
}
```

找到指定的新类型字符

【题目】

新类型字符的定义如下：

1．新类型字符是长度为 1 或者 2 的字符串。

2．表现形式可以仅是小写字母，例如，"e"；也可以是大写字母+小写字母，例如，"Ab"；还可以是大写字母+大写字母，例如，"DC"。

现在给定一个字符串 str，str 一定是若干新类型字符正确组合的结果。比如"eaCCBi"，由新类型字符"e"、"a"、"CC"和"Bi"拼成。再给定一个整数 k，代表 str 中的位置。请返回被 k 位置指定的新类型字符。

【举例】

str="aaABCDEcBCg"。

1．k=7 时，返回"Ec"。

2．k=4 时，返回"CD"。

3．k=10 时，返回"g"。

【难度】

士　★☆☆☆

【解答】

一种笨方法是从 str[0]开始，从左到右依次划分出新类型字符，到 k 位置的时候就知道指向的新类型字符是什么。比如 str="aaABCDEcBCg"，k=7。从左到右可以依次划分出"a"、"a"、"AB"、"CD"。然后发现 str[7]是大写字母'E'，所以被指定的新类型字符一定是"EC"，返回即可。

更快的方法。从 k-1 位置开始，向左统计连续出现的大写字母的数量记为 uNum，遇到小写字母就停止。如果 uNum 为奇数，str[k-1..k]是被指定的新类型字符，见例子 1。如果 uNum 为偶数且 str[k]是大写字母，str[k..k+1]是被指定的新类型字符，见例子 2。如果 uNum 为偶数且 str[k]是小写字母，str[k]是被指定的新类型字符，见例子 3。

具体过程请参看如下代码中的 pointNewchar 方法

```java
public String pointNewchar(String s, int k) {
        if (s == null || s.equals("") || k < 0 || k >= s.length()) {
                return "";
        }
        char[] chas = s.toCharArray();
        int uNum = 0;
        for (int i = k - 1; i >= 0; i--) {
```

```
            if (!isUpper(chas[i])) {
                break;
            }
            uNum++;
        }
        if ((uNum & 1) == 1) {
            return s.substring(k - 1, k + 1);
        }
        if (isUpper(chas[k])) {
            return s.substring(k, k + 2);
        }
        return String.valueOf(chas[k]);
    }
```

旋变字符串问题

【题目】

一个字符串可以分解成多种二叉树结构。如果 str 长度为 1，认为不可分解；如果 str 长度为 *N*（*N*>1），左部分长度可以为 1~*N*-1，剩下的为右部分的长度。左部分和右部分都可以按照同样的逻辑，继续分解。形成的所有结构都是 str 的二叉树结构。比如，字符串"abcd"，可以分解成五种结构，分别如图 5-3~图 5-7 所示。

```
      ____abcd____
     /            \
    a           __bcd__
               /       \
              b       __cd__
                     /      \
                    c        d
```

图 5-3

```
      ____abcd____
     /            \
    a           __bcd__
               /       \
            __bc__      d
           /      \
          b        c
```

图 5-4

```
          ____abcd____
         /            \
      __ab__        __cd__
     /      \      /      \
    a        b    c        d
```

图 5-5

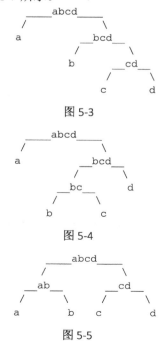

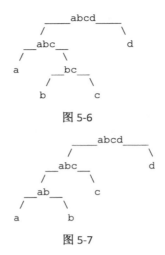

图 5-6

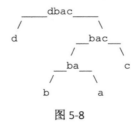

图 5-7

任何一个 str 的二叉树结构中，如果两个节点有共同的父节点，那么这两个节点可以交换位置，这两个节点叫作一个交换组。一个结构会有很多交换组，每个交换组都可以选择进行交换或者不交换，最终形成一个新的结构，这个新结构所代表的字符串叫作 str 的旋变字符串。比如，在图 5-7 中的交换组有 a 和 b、ab 和 c、abc 和 d，如果让 a 和 b 的组交换，让 ab 和 c 的组不交换，让 abc 和 d 的组交换，形成的结构如图 5-8 所示。

```
         ____dbac____
        /            \
       d            __bac__
                   /       \
                __ba__      c
               /      \
              b        a
```

图 5-8

这个新结构所代表的字符串为"dbac"，叫作"abcd"的旋变字符串。也就是说，一个字符串 str 的旋变字符串是非常多的，str 可以形成很多种结构，每一种结构都有很多交换组，每一个交换组都可以选择交换或者不交换，形成的每一个新的字符串都叫 str 的旋变字符串。

给定两个字符串 str1 和 str2，判断 str2 是不是 str1 的旋变字符串。

【难度】

将 ★★★★

【要求】

str1 和 str2 长度为 N，时间复杂度做到 $O(N^4)$。

【解答】

首先判断 str1 和 str2 包含的字符种类是否一样且每一种字符出现的数量也一样，如果不满足，str2 一定不是 str1 的旋变字符串，这是显而易见的。接下来可能很多读者会根据如此灵活的旋变变化猜一个结论：str1 所有字符的全排列中，每一种都是 str1 的旋变字符串。这个猜测是不对的，比如 str1="abcd"，str2="cadb"，str2 就不是 str1 的旋变字符串，理由如下。

1. 如果让"abcd"最开始划分的左部分为"abc"，右部分为"d"，想要最终得到"cadb"，'c'就要在'd'的左边。所以左部分和右部分不能交换，这样左部分的'b'就会继续留在'd'的左边。但是在最终结果中，'b'在'd'的右边。所以这种划分无论怎么变换都不能得到"cadb"。

2. 如果让"abcd"最开始划分的左部分为"ab"，右部分为"cd"，想要最终得到"cadb"，'c'就要在'a'的左边。所以左部分和右部分必须交换，这样左部分的'a'就会移动到右部分'd'的右边。但是在最终结果中，'a'在'd'的左边。所以这种划分无论怎么变换都不能得到"cadb"。

3. 如果让"abcd"最开始划分的左部分为"a"，右部分为"cbd"，想要最终得到"cadb"，'c'就要在'a'的左边，所以左部分和右部分必须交换，这样右部分的'b'和'd'就会移动到左部分'a'的左边。但是在最终结果中，'b'和'd'在'a'的右边。所以这种划分无论怎么变换都不能得到"cadb"。

以上三种情况已经穷举了"abcd"第一次分割的所有可能性，"abcd"没有旋变出"cadb"的可能性。进而可以说明，str1 所有字符的全排列中，每一种都是 str1 旋变字符串的猜测是不成立的。

验证 str1 和 str2 包含的字符种类是否一样且每一种字符出现的数量也一样的过程，请看如下的 sameTypeSameNumber 方法。

```
public boolean sameTypeSameNumber(char[] str1, char[] str2) {
        if (str1.length != str2.length) {
                return false;
        }
        int[] map = new int[256];
        for (int i = 0; i < str1.length; i++) {
                map[str1[i]]++;
        }
        for (int i = 0; i < str2.length; i++) {
                if (--map[str2[i]] < 0) {
                        return false;
                }
        }
        return true;
}
```

这道题使用了暴力递归优化成动态规划的套路，不熟悉套路的读者请先阅读本书"机器人达到指定位置方法数"问题的解答。本题先验证 str2 是不是 str1 的旋变字符串的所有可能尝试。只有尝试方法最重要，而且没有任何固定套路可以总结如何去尝试。要判断 str2 是否是 str1 的旋变字符串，思路是尝试每一种 str1 的初次划分。比如，如果 str1 和 str2 长度为 N，判断 str1[0..N-1] 和 str2[0..N-1]是否互为旋变字符串的过程如下：

305

0，如果 str1[0..0]和 str2[0..0]互为旋变，并且 str1[1..N-1]和 str2[1..N-1]互为旋变，则 str1 和 str2 互为旋变字符串；如果 str1[0..0]和 str2[N-1..N-1]互为旋变，并且 str1[1..N-1]和 str2[0..N-2]互为旋变，则 str1 和 str2 互为旋变字符串。

1，如果 str1[0..1]和 str2[0..1]互为旋变，并且 str1[2..N-1]和 str2[2..N-1]互为旋变，则 str1 和 str2 互为旋变字符串；如果 str1[0..1]和 str2[N-2..N-1]互为旋变，并且 str1[2..N-1]和 str2[0..N-3]互为旋变，则 str1 和 str2 互为旋变字符串。

……

i，如果 str1[0..i]和 str2[0..i]互为旋变，并且 str1[i+1..N-1]和 str2[i+1..N-1]互为旋变，则 str1 和 str2 互为旋变字符串；如果 str1[0..i]和 str2[N-i-1..N-1]互为旋变，并且 str1[i+1..N-1]和 str2[0..N-i-2]互为旋变，则 str1 和 str2 互为旋变字符串。

……

N-2，如果 str1[0..N-2]和 str2[0..N-2]互为旋变，并且 str1[N-1..N-1]和 str2[N-1..N-1]互为旋变，则 str1 和 str2 互为旋变字符串；如果 str1[0..N-2]和 str2[1..N-1]互为旋变，并且 str1[N-1..N-1]和 str2[0..0]互为旋变，则 str1 和 str2 互为旋变字符串。

N-1，如果 str1[0..N-1]和 str2[0..N-1]每个对应位置上的字符都相等，则 str1 和 str2 互为旋变字符串。

一共枚举 N 种情况，有一个可以算出是旋变就返回 true，都算不出就返回 false。

根据如上分析，现在推广到这样一个问题，判断 str1[从 L1 开始往右长度为 size 的子串]和 str2[从 L2 开始往右长度为 size 的子串]是否互为旋变字符串，代码请看如下的 process 方法。

```
// 返回 str1[从 L1 开始往右长度为 size 的子串]和 str2[从 L2 开始往右长度为 size 的子串]
// 是否互为旋变字符串
// 在 str1 中的这一段和 str2 中的这一段一定是等长的，所以只用一个参数 size
public boolean process(char[] str1, char[] str2, int L1, int L2, int size) {
    if (size == 1) {
        return str1[L1] == str2[L2];
    }
    // 枚举每一种情况，有一个计算出互为旋变就返回 true，都算不出来则返回 false
    for (int leftPart = 1; leftPart < size; leftPart++) {
        if ((process(str1, str2, L1, L2, leftPart) &&
            process(str1, str2, L1+ leftPart, L2 + leftPart, size - leftPart))
            ||
            (process(str1, str2, L1, L2 + size - leftPart, leftPart) &&
            process(str1, str2, L1 + leftPart, L2, size - leftPart))) {
            return true;
        }
    }
    return false;
}
```

最终答案是 str1[从 0 开始往右长度为 N 的子串]和 str2[从 0 开始往右长度为 N 的子串]是否

互为旋变字符串，所以全部过程请看如下的 isScramble1 方法。

```java
public boolean isScramble1(String s1, String s2) {
    if ((s1 == null && s2 != null) || (s1 != null && s2 == null)) {
            return false;
    }
    if (s1 == null && s2 == null) {
            return true;
    }
    if (s1.equals(s2)) {
            return true;
    }
    char[] str1 = s1.toCharArray();
    char[] str2 = s2.toCharArray();
    if (!sameTypeSameNumber(str1, str2)) {
            return false;
    }
    int N = s1.length();
    return process(str1, str2, 0, 0, N);
}
```

暴力递归改动态规划，利用优化套路过程如下：

前提是尝试过程是无后效性的。process(L1, L2, size)解决的问题就是 str1[从 0 开始往右长度为 N 的子串]和 str2[从 0 开始往右长度为 N 的子串]是否互为旋变字符串，不管如何到达 process(L1, L2, size)状态，返回值一定是固定的。

1）可变参数 L1、L2、size 一旦确定，返回值就确定了。

2）如果可变参数 L1、L2、size 组合的所有情况组成一张表，这张表一定可以装下所有的返回值。假设 str1 和 str2 长度为 N，L1 和 L2 变量的含义分别是 str1 中的位置和 str2 中的位置，所以 L1 和 L2 一定不会在 0～N-1 的范围之外。size 的含义是长度为 size 的子串，所以 size 一定不会在 1～N 的范围之外。那么这三个参数的全部组合构成一个立方体如图 5-9 所示。

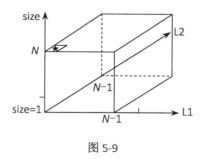

图 5-9

因为 size 不会等于 0，所以 size=0 的那一层二维平面也就是立方体中的最底层，是永远不会被使用到的。任何一个状态 process(L1, L2, size)都一定可以放在这个立方体中，记为

dp[N][N][N+1]，第一维对应 L1，第二维对应 L2，第三维（高）对应 size。

3）我们要的最终状态是 process(0,0,N)，也就是 dp[0][0][N] 的值，在表中已经用星号标出。那么如何求出这个值呢？

4）根据 process(L1, L2, size) 函数的 base case，填写初始的位置：

```
if (size == 1) {
        return str1[L1] == str2[L2];
}
```

size==1 时，就是图 5-9 中 size==1 时由 L1 和 L2 的轴组成的二维平面。根据 base case 填写 dp[0..N-1][0..N-1][1] 的逻辑如下：

```
for (int L1 = 0; L1 < N; L1++) {
        for (int L2 = 0; L2 < N; L2++) {
                dp[L1][L2][1] = str1[L1] == str2[L2];
        }
}
```

5）base case 之外的情况都是普遍位置，在 process(L1, L2, size) 函数中如下：

```
// 枚举每一种情况,有一个计算出互为旋变就返回 true,都算不出来则返回 false
for (int leftPart = 1; leftPart < size; leftPart++) {
    if ((process(str1, str2, L1, L2, leftPart) &&
        process(str1, str2, L1+ leftPart, L2 + leftPart, size - leftPart))
        ||
        (process(str1, str2, L1, L2 + size - leftPart, leftPart) &&
            process(str1, str2, L1 + leftPart, L2, size - leftPart))) {
        return true;
    }
}
```

分析代码发现 process(a, b, size) 依赖的子状态的假设为 process(c,d,size')，size' 总是小于 size 的。这说明如果来到 dp[a][b][k] 位置，这个位置在计算时所依赖的状态一定位于 k 层二维平面的下方，即依赖 size<k 层的二维平面中的某些位置。所以，我们一定可以从 size=1 层依次推出 size=2 层、size=3 层……size=N 层。同一层的位置之间没有任何依赖关系。根据尝试的代码，写出填写 dp 其他位置的过程：

```
// 第一层 for 循环含义是：依次填 size=2 层、size=3 层……size=N 层,每一层都是一个二维平面
// 第二、三层 for 循环含义是：在具体的一层中,整个面都要填写,所以用两个 for 循环去填一个二维平面
// L1 的取值范围是[0,N-size]
// 因为从 L1 出发往右长度为 size 的子串,L1 是不能从 N-size+1 出发的,这样往右就不够 size 个字符
// L2 的取值范围同理
// 第 4 层 for 循环完全是递归函数怎么写,这里就怎么改
for (int size = 2; size <= N; size++) {
```

```
for (int L1 = 0; L1 <= N - size; L1++) {
for (int L2 = 0; L2 <= N - size; L2++) {
    for (int leftPart = 1; leftPart < size; leftPart++) {
        if (    (dp[L1][L2][leftPart] &&
                    dp[L1 + leftPart][L2 + leftPart][size - leftPart])
                ||
                (dp[L1][L2 + size - leftPart][leftPart] &&
                    dp[L1 + leftPart][L2][size - leftPart])
        ) {
            dp[L1][L2][size] = true;
            break;
        }
    }
}
}
}
```

6）返回 dp[0][0][N] 的值就是答案。

本题动态规划的解法就是填写一个规模为 $O(N^3)$ 的立方体，填写每一个位置的时候，都有一个时间复杂度为 $O(N)$ 的枚举过程，所以整体的时间复杂度为 $O(N^4)$。具体实现请看如下的 isScramble2 方法。

```
public boolean isScramble2(String s1, String s2) {
    if ((s1 == null && s2 != null) || (s1 != null && s2 == null)) {
    return false;
    }
    if (s1 == null && s2 == null) {
    return true;
    }
    if (s1.equals(s2)) {
    return true;
    }
    char[] str1 = s1.toCharArray();
    char[] str2 = s2.toCharArray();
    if (!sameTypeSameNumber(str1, str2)) {
    return false;
    }
    int N = s1.length();
    boolean[][][] dp = new boolean[N][N][N + 1];
    for (int L1 = 0; L1 < N; L1++) {
    for (int L2 = 0; L2 < N; L2++) {
        dp[L1][L2][1] = str1[L1] == str2[L2];
    }
    }
    // 第一层 for 循环含义是：依次填 size=2 层、size=3 层······size=N 层，每一层都是一个二维平面
    // 第二、三层 for 循环含义是：在具体的一层中，整个面都要填写，所以用两个 for 循环去填一个二维平面
    // L1 的取值范围是 [0,N-size]，
    // 因为从 L1 出发往右长度为 size 的子串，L1 是不能从 N-size+1 出发的，这样往右就不够 size 个字符
```

309

```
// L2 的取值范围同理
// 第 4 层 for 循环完全是递归函数怎么写，这里就怎么改
for (int size = 2; size <= N; size++) {
for (int L1 = 0; L1 <= N - size; L1++) {
    for (int L2 = 0; L2 <= N - size; L2++) {
        for (int leftPart = 1; leftPart < size; leftPart++) {
            if (  (dp[L1][L2][leftPart] &&
                        dp[L1 + leftPart][L2 + leftPart][size - leftPart])
                ||
                  (dp[L1][L2 + size - leftPart][leftPart] &&
                        dp[L1 + leftPart][L2][size - leftPart])
            ) {
                dp[L1][L2][size] = true;
                break;
            }
        }
    }
}
}
return dp[0][0][N];
}
```

最小包含子串的长度

【题目】

给定字符串 str1 和 str2，求 str1 的子串中含有 str2 所有字符的最小子串长度。

【举例】

str1="abcde"，str2="ac"。因为"abc"包含 str2 所有的字符，并且在满足这一条件的 str1 的所有子串中，"abc"是最短的，返回 3。

str1="12345"，str2="344"。最小包含子串不存在，返回 0。

【难度】

校 ★★★☆

【解答】

如果 str1 的长度为 N，str2 的长度为 M，本书提供的方法时间复杂度为 $O(N)$。

如果 str1 或者 str2 为空，或者 N 小于 M，那么最小包含子串必然不存在，直接返回 0。接下来讨论一般情况，即 str1 和 str2 不为空且 N 不小于 M。为了便于理解，现在以 str1="adabbca"、str2="acb"来举例说明整个过程。

1．在开始遍历 str1 之前，先通过遍历 str2 生成哈希表 map 的一些记录如下：

Map	key	value
	'a'	1
	'b'	1
	'c'	1

哈希表记为 map，key 为 char 类型，value 为 int 型。每条记录的意义是，对于 key 字符，str1 字符串目前还欠 str2 字符串 value 个。

2．需要定义如下 4 个变量。

1）left：遍历 str1 的过程中，str1[left..right]表示被框住的子串，所以 left 表示这个子串的左边界，初始时，left=0。

2）right：right 表示被框住子串的右边界，初始时，right=0。

3）match：表示对所有的字符来说，str1[left..right]目前一共欠 str2 多少个。对本例来说，初始时，match=3，即开始时欠 1 个'a'、1 个'c'和 1 个'b'。

4）minLen：最终想要的结果为最小包含子串的长度，初始时为 32 位整数最大值。

3．接下来开始通过 right 变量从左到右遍历 str1。

1）right==0，str[0]=='a'。在 map 中把 key 为'a'的 value 减 1，减完后变为('a',0)。减完之后 value 为 0，说明减之前大于 0，那么 str1 归还了 1 个'a'，match 值也要减 1，表示对 str2 的所有字符来说，str1 目前归还了 1 个。目前变量状况如下：

map	key	value
	'a'	0
	'b'	1
	'c'	1

match==2，left==0，right==0，minLen==Integer.MAX_VALUE

2）right==1，str[1]=='d'。在 map 中，把 key 为'd'的 value 减 1，但是发现 map 中没有 key 为'd'的记录，就加一条记录('d',-1)，表示'd'字符 str1 多归还了 1 个。此时 value 为-1，说明当前这个字符是 str2 不需要的，所以 match 不变。目前变量状况如下：

map	key	value
	'a'	0
	'b'	1
	'c'	1
	'd'	-1

match==2，left==0，right==1，minLen==Integer.MAX_VALUE

3）right==2，str[2]=='a'。在 map 中，把 key 为'a'的 value 减 1，变为（'a',-1）。减之后 value

为-1，说明减之前 str1 根本就不欠 str2 当前的字符，还是多归还的，故 match 不变。

map	key	value
	'a'	-1
	'b'	1
	'c'	1
	'd'	-1

match==2，left==0，right==2，minLen==Integer.MAX_VALUE

4）right==3，str[3]=='b'。('b',1)变为('b',0)，减之后 value 为 0，说明当前字符'b'归还有效，match 值减 1。

Map	key	value
	'a'	-1
	'b'	0
	'c'	1
	'd'	-1

match==1，left==0，right==3，minLen==Integer.MAX_VALUE

5）right==4，str[4]=='b'。('b',0)变为('b',-1)，减之后 value 为-1，说明当前字符'b'归还无效，match 值不变。

Map	key	value
	'a'	-1
	'b'	-1
	'c'	1
	'd'	-1

match==1，left==0，right==4，minLen==Integer.MAX_VALUE

6）right==5，str[5]=='c'。('c',1)变为('c',0)，减之后 value 为 0，说明当前字符'c'归还有效，match 值减 1。

Map	key	value
	'a'	-1
	'b'	-1
	'c'	0
	'd'	-1

match==0，left==0，right==5，minLen==Integer.MAX_VALUE

此时 match 第一次变成了 0，说明遍历到目前为止，str1 把需要归还的字符都还完了，此时被框住的子串也就是 str1[0..5]，肯定是包含 str2 所有字符的。但是当前被框住的子串是在必须以位置 5 结尾的情况下最短的吗？不一定，因为有些字符归还得很多余，所以步骤 6）还要继续如下过程。

　　left 开始往右移动，left==0，str1[0]=='a'，key 为'a'的记录为（'a',-1），当前 value==-1，说明 str1 即便拿回这个字符，也不会欠 str2。所以拿回来，令记录变为（'a',0），left++。left==1，str1[1]=='d'，key 为'd'的记录为（'d',-1），当前 value==-1，说明 str1 即便拿回'd'，也不会欠 str2。所以拿回来，令记录变为（'d',0），left++。left==2，str1[2]=='a'，key 为'a'的记录为（'a',0），当前 value==0，说明 str1 如果拿回这个位置的字符，就要亏欠 str2 了，所以此时 left 停止向右移动。str1[2..5]就是在必须以位置 5 结尾的情况下的最小窗口子串。minLen 更新为 4。

　　步骤 6）（即 right==5）这一步揭示了整个解法最关键的逻辑，先通过 right 向右扩，让所有的字符被"有效"地还完，都还完时，被框住的子串肯定是符合要求的，但还要经过 left 向右缩的过程来看被框住的子串能不能变得更短。至此，关于位置 5 结尾的情况下的最短窗口子串已经找到。同时从 left 位置开始的最短窗口子串也是 str1[left..right]。所以，之后如果更小的窗口子串也一定不会从 left 的位置开始，而是从 left 之后的位置开始。str1[2]=='a'，令记录（'a',0）变为（'a',1），match++，然后 left++。表示现在的 str1[3..5]又开始欠 str2 字符了，right 继续往右扩。目前变量的状况如下：

map	key	value
	'a'	1
	'b'	-1
	'c'	0
	'd'	-1

match==1，left==3，right==5，minLen==4

　　7）right==6，str[6]=='a'。（'a',1）变为（'a',0），减之后 value 为 0，说明当前字符'a'归还有效，match 值减 1。match 又一次等于 0，进入 left 向右缩的过程。left==3，str1[0]=='b'，key 为'b'的记录为（'b',-1），当前 value==-1，说明 str1 即便拿回这个位置的字符，也不会欠 str2，所以拿回，记录变为（'b',0），left++。left==4，str1[1]=='b'，key 为'b'的记录为（'b',0），当前 value==0，说明如果拿回当前字符'b'，就要亏欠 str2。所以此时的 str1[4..6]就是在必须以位置 6 结尾的情况下的最小窗口子串，令 minLen 更新为 3。同步骤 6）的逻辑一样，left==4，str1[4]=='b'，令（'b',0）变为（'b',1），match++，left++。表示现在的 str1[5..6]又开始欠 str2 字符，right 继续往右扩。

Map	key	value
	'a'	0
	'b'	1
	'c'	0
	'd'	-1

match==1，left==5，right==6，minLen==3

8）right==7，遍历结束。

4．如果 minLen 此时依然等于 Integer.MAX_VALUE，说明从始至终都没有符合条件的窗口出现过，当然 minLen 也从未被设置过，则返回 0，否则返回 minLen 的值。

left 和 right 始终向右移动，right 移动到右边界过程停止，所以该时间复杂度必然是 O(N)。具体请参看如下代码中的 minLength 方法。

```java
public int minLength(String str1, String str2) {
    if (str1 == null || str2 == null || str1.length() < str2.length()) {
        return 0;
    }
    char[] chas1 = str1.toCharArray();
    char[] chas2 = str2.toCharArray();
    int[] map = new int[256];
    for (int i = 0; i != chas2.length; i++) {
        map[chas2[i]]++;
    }
    int left = 0;
    int right = 0;
    int match = chas2.length;
    int minLen = Integer.MAX_VALUE;
    while (right != chas1.length) {
        map[chas1[right]]--;
        if (map[chas1[right]] >= 0) {
            match--;
        }
        if (match == 0) {
            while (map[chas1[left]] < 0) {
                map[chas1[left++]]++;
            }
            minLen = Math.min(minLen, right - left + 1);
            match++;
            map[chas1[left++]]++;
        }
        right++;
    }
    return minLen == Integer.MAX_VALUE ? 0 : minLen;
}
```

回文最少分割数

【题目】

给定一个字符串 str，返回把 str 全部切成回文子串的最小分割数。

【举例】

str="ABA"。

不需要切割，str 本身就是回文串，所以返回 0。

str="ACDCDCDAD"。

最少需要切 2 次变成 3 个回文子串，比如"A"、"CDCDC"和"DAD"，所以返回 2。

【难度】

尉 ★★☆☆

【解答】

本题是一个经典的动态规划的题目。定义动态规划数组 dp，dp[i]的含义是子串 str[i..len-1]至少需要切割几次，才能把 str[i..len-1]全部切成回文子串。那么，dp[0]就是最后的结果。

从右往左依次计算 dp[i]的值，i 初始为 len-1，具体计算过程如下：

1．假设 j 位置处在 i 与 len-1 位置之间（i≤j<len），如果 str[i..j]是回文串，那么 dp[i]的值可能是 dp[j+1]+1，其含义是在 str[i..len-1]上，既然 str[i..j]是一个回文串，那么它可以自己作为一个分割的部分，剩下的部分（即 str[j+1..len-1]）继续做最经济的切割，而 dp[j+1]值的含义正好是 str[j+1..len-1]的最少回文分割数。

2．根据步骤 2 的方式，让 j 在 i 到 len-1 位置上枚举，那么所有可能情况中的最小值就是 dp[i]的值，即 dp[i] = min { dp[j+1]+1 (i≤j<len，且 str[i..j]必须是回文串) }。

3．如何方便快速地判断 str[i..j]是否是回文串呢？具体过程如下。

1）定义一个二维数组 boolean[][] p，如果 p[i][j]值为 true，说明字符串 str[i..j]是回文串，否则不是。在计算 dp 数组的过程中，希望能够同步、快速地计算出矩阵 p。

2）p[i][j]如果为 true，一定是以下三种情况：

- str[i..j]由 1 个字符组成。
- str[i..j]由 2 个字符组成且 2 个字符相等。
- str[i+1..j-1]是回文串，即 p[i+1][j-1]为 true，且 str[i]==str[j]，即 str[i..j]上首尾两个字符相等。

3）在计算 dp 数组的过程中，位置 i 是从右向左依次计算的。而对每一个 i 来说，又依次从 i 位置向右枚举所有的位置 j（i≤j<len），以此来决策出 dp[i]的值。所以对 p[i][j]来说，p[i+1][j-1]值一定已经计算过。这就使判断一个子串是否为回文串变得极为方便。

4．最终返回 dp[0]的值，过程结束。全部过程请参看如下代码中的 minCut 方法。

```
public int minCut(String str) {
        if (str == null || str.equals("")) {
                return 0;
```

```
        }
        char[] chas = str.toCharArray();
        int len = chas.length;
        int[] dp = new int[len + 1];
        dp[len] = -1;
        boolean[][] p = new boolean[len][len];
        for (int i = len - 1; i >= 0; i--) {
            dp[i] = Integer.MAX_VALUE;
            for (int j = i; j < len; j++) {
                if (chas[i] == chas[j] && (j - i < 2 || p[i + 1][j - 1])) {
                        p[i][j] = true;
                        dp[i] = Math.min(dp[i], dp[j + 1] + 1);
                }
            }
        }
        return dp[0];
    }
```

字符串匹配问题

【题目】

给定字符串 str，其中绝对不含有字符'.'和'*'。再给定字符串 exp，其中可以含有'.'或'*'，'*'字符不能是 exp 的首字符，并且任意两个'*'字符不相邻。exp 中的'.'代表任何一个字符，exp 中的'*'表示'*'的前一个字符可以有 0 个或者多个。请写一个函数，判断 str 是否能被 exp 匹配。

【举例】

str="abc"，exp="abc"，返回 true。

str="abc"，exp="a.c"，exp 中单个'.'可以代表任意字符，所以返回 true。

str="abcd"，exp=".*"。exp 中'*'的前一个字符是'.'，所以可表示任意数量的'.'字符，当 exp 是"...."时与"abcd"匹配，返回 true。

str=""，exp="..*"。exp 中'*'的前一个字符是'.'，可表示任意数量的'.'字符，但是".*"之前还有一个'.'字符，该字符不受'*'的影响，所以 str 起码有一个字符才能被 exp 匹配。所以返回 false。

【难度】

校 ★★★☆

【解答】

首先解决 str 和 exp 有效性的问题。根据描述，str 中不能含有'.'和'*'，exp 中'*'字符不能是首字符，并且任意两个'*'字符不相邻。具体请参看如下代码中的 isValid 方法。

```java
public boolean isValid(char[] s, char[] e) {
        for (int i = 0; i < s.length; i++) {
                if (s[i] == '*' || s[i] == '.') {
                        return false;
                }
        }
        for (int i = 0; i < e.length; i++) {
                if (e[i] == '*' && (i == 0 || e[i - 1] == '*')) {
                        return false;
                }
        }
        return true;
}
```

接下来看如何用递归方法解这道题，如下代码中的 isMatch 方法是递归解法的主函数，process 方法是递归的主要过程，先列出代码，然后详细解释过程。

```java
public boolean isMatch(String str, String exp) {
        if (str == null || exp == null) {
                return false;
        }
        char[] s = str.toCharArray();
        char[] e = exp.toCharArray();
        return isValid(s, e) ? process(s, e, 0, 0) : false;
}


public boolean process(char[] s, char[] e, int si, int ei) {
        if (ei == e.length) {
                return si == s.length;
        }
        if (ei + 1 == e.length || e[ei + 1] != '*') {
                return si != s.length && (e[ei] == s[si] || e[ei] == '.')
                                && process(s, e, si + 1, ei + 1);
        }
        while (si != s.length && (e[ei] == s[si] || e[ei] == '.')) {
                if (process(s, e, si, ei + 2)) {
                        return true;
                }
                si++;
        }
        return process(s, e, si, ei + 2);
}
```

下面解释一下递归过程，process 函数的意义是：从 str 的 si 位置开始，一直到 str 结束位置的子串，即 str[si...slen]，是否能被从 exp 的 ei 位置开始一直到 exp 结束位置的子串（即 exp[ei...elen]）匹配，所以 process(s,e,0,0)就是最终返回的结果。

那么在递归过程中如何判断 str[si...slen]是否能被 exp[ei...elen]匹配呢？

假设当前判断到 str 的 si 位置和 exp 的 ei 位置，即 process(s,e,si,ei)。

1．如果 ei 为 exp 的结束位置（ei==elen），si 也是 str 的结束位置，返回 true，因为""可以匹配""。如果 si 不是 str 的结束位置，返回 false，这是显而易见的。

2．如果 ei 位置的下一个字符（e[ei+1]）不为'*'。那么就必须关注 str[si]字符能否和 exp[ei]字符匹配。如果 str[si]与 exp[ei]能匹配（e[ei] == s[si] || e[ei] == '.'），还要关注 str 后续的部分能否被 exp 后续的部分匹配，即 process(s,e,si+1,ei+1)的返回值。如果 str[si]与 exp[ei]不能匹配，当前字符都匹配，当然不用计算后续的，直接返回 false。

3．如果当前 ei 位置的下一个字符（e[ei+1]）为'*'字符。

1）如果 str[si]与 exp[ei]不能匹配，那么只能让 exp[ei..ei+1]这个部分为""，也就是 exp[ei+1]=='*'字符的前一个字符 exp[ei]的数量为 0 才行，然后考查 process(s,e,si,ei+2)的返回值。举个例子，str[si..slen]为"bXXX"，"XXX"代指字符'b'之后的字符串。exp[ei..elen]为"a*YYY"，"YYY"代指字符'*'之后的字符串。当前无法匹配('a'!='b')，所以让"a*"为""，然后考查 str[si..slen]（即"bXXX"）能否被 exp[ei+2..elen]（即"YYY"）匹配。

2）如果 str[si]与 exp[ei]能匹配，这种情况下举例说明。

str[si...slen]为"aaaaaXXX"，"XXX"指不再连续出现'a'字符的后续字符串。exp[ei...elen])为"a*YYY"，"YYY"指字符'*'之后的后续字符串。

如果令"a"和"a*"匹配，且有"aaaaXXX"和"YYY"匹配，可以返回 true。

如果令"aa"和"a*"匹配，且有"aaaXXX"和"YYY"匹配，可以返回 true。

如果令"aaa"和"a*"匹配，且有"aaXXX"和"YYY"匹配，可以返回 true。

如果令"aaaa"和"a*"匹配，且有"aXXX"和"YYY"匹配，可以返回 true。

如果令"aaaaa"和"a*"匹配，且有"XXX"和"YYY"匹配，可以返回 true。

也就是说，exp[ei..ei+1]（即"a*"）的部分如果能匹配 str 后续很多位置的时候，只要有一个返回 true，就可以直接返回 true。

整个递归过程结束。

在分析完如上递归过程之后，来看递归函数的结构。我们很容易发现递归函数 process(s,e,si,ei)在每次调用的时候，有两个参数是始终不变的（s 和 e），所以代表 process 函数状态的就是 si 和 ei 值的组合。所以，如果把递归函数 p 在所有不同参数（si 和 ei）的情况下的所有返回值看作一个范围，这个范围就是(slen+1)*(elen+1)的一个二维数组，并且 p(si,ei)在整个递归过程中依赖的总是 p(si+1,ei+1)或者 p(si+k(k>=0),ei+2)，假设二维数组 dp[i][j]代表 p(i,j)的返回值，dp[i][j]就只是依赖 dp[i+1][j+1]或者 dp[i+k(k>=0)][j+2]的值。进一步可以看出，想要求 dp[i][j]的值，只需要(i,j)位置右下方的某些值。所以只要从二维数组的右下角开始，从右到左，再从下到上计算出二维数组 dp 中每个位置的值就可以，dp[0][0]就是最终结果。p(i,j)的递归过程如何，dp[i][j]的值就怎样去计算。这种方法实际上就是动态规划的方法，省去了递归过程中很多重复计算的过程。

先从右到左计算 dp[slen][...]，也就是二维数组 dp 中的最后一行，dp[slen][elen]值的含义是 str 已经结束，剩下的字符串为""，exp 也已经结束，剩下的字符串为""，所以此时 exp 可以匹配 str，dp[slen][elen]=true。对于 dp[slen][0..elen-1]的部分，dp[slen][i]的含义是 str 已经结束，剩下的字符串为""，exp 却没有结束，剩下的字符串为 exp[i..elen-1]，什么情况下 exp[i..elen-1]可以匹配""？只能是不停地重复出现"X*"这种方式。比如，exp[i..elen-1]为"*"，这种情况下，exp[i+1..elen-1]根本不合法，匹配不了""。如果 exp[i..elen-1]="A*"，可以匹配""。如果 exp[i..elen-1]="A*B*"，也能匹配""。也就是说，在从右向左计算 dp[slen][0..elen-1]的过程中，看 exp 是不是从右往左重复出现"X*"，如果是重复出现，那么如果 exp[i]='X'，exp[i+1]='*'，令 dp[slen][i]=true，如果 exp[i]='*'，exp[i+1]='X'，令 dp[slen][i]=false。如果不是重复出现，最后一行后面的部分（即 dp[slen][0..i]）全都是 false。这样就搞定了 dp[][]最后一行的值。

再看看 dp[][]除右下角的值之外，最后一列其他位置的值，即 dp[0..slen-1][elen]。这表示如果 exp 已经结束，而 str 还没结束。显然，exp 为""，匹配不了任何非空字符串，所以 dp[0..slen-1][elen]都为 false。

接着看 dp[][]倒数第二列的值，即 dp[0..slen-1][elen-1]。这表示如果 exp 还剩一个字符（即 exp[elen-1]），而 str 还剩 1 个字符或多个字符。很明显，str 还剩多个字符的情况下，exp 匹配不了。str 还剩 1 个字符的情况下（即 str[slen-1]），如果和 exp[elen-1]相等，则可以匹配，或者 exp[elen-1]=='.'的情况下可以匹配。

因为 dp[i][j]只依赖 dp[i+1][j+1]或者 dp[i+k][j+2](k≥0)的值，所以在单独计算完最后一行、最后一列与倒数第二列之后，剩下的位置在从右到左，再从下到上计算 dp 值的时候，所有依赖的值都被计算出来，直接拿过来用即可。如果 str 的长度为 N，exp 的长度为 M，因为有枚举的过程，所以时间复杂度为 $O(N^2 \times M)$，额外空间复杂度为 $O(N \times M)$。具体请参看如下代码中的 isMatchDP 方法。

```
public boolean isMatchDP(String str, String exp) {
    if (str == null || exp == null) {
        return false;
    }
    char[] s = str.toCharArray();
    char[] e = exp.toCharArray();
    if (!isValid(s, e)) {
        return false;
    }
    boolean[][] dp = initDPMap(s, e);
    for (int i = s.length - 1; i > -1; i--) {
        for (int j = e.length - 2; j > -1; j--) {
            if (e[j + 1] != '*') {
                dp[i][j] = (s[i] == e[j] || e[j] == '.')
                            && dp[i + 1][j + 1];
```

```
                } else {
                    int si = i;
                    while (si != s.length && (s[si] == e[j] || e[j] == '.')) {
                        if (dp[si][j + 2]) {
                                dp[i][j] = true;
                                break;
                        }
                        si++;
                    }
                    if (dp[i][j] != true) {
                        dp[i][j] = dp[si][j + 2];
                    }
                }
            }
        }
        return dp[0][0];
    }

    public boolean[][] initDPMap(char[] s, char[] e) {
        int slen = s.length;
        int elen = e.length;
        boolean[][] dp = new boolean[slen + 1][elen + 1];
        dp[slen][elen] = true;
        for (int j = elen - 2; j > -1; j = j - 2) {
            if (e[j] != '*' && e[j + 1] == '*') {
                dp[slen][j] = true;
            } else {
                break;
            }
        }
        if (slen > 0 && elen > 0) {
            if ((e[elen - 1] == '.' || s[slen - 1] == e[elen - 1])) {
                dp[slen - 1][elen - 1] = true;
            }
        }
        return dp;
    }
```

字典树（前缀树）的实现

【题目】

字典树又称为前缀树或 Trie 树，是处理字符串常见的数据结构。假设组成所有单词的字符仅是 "a" ~ "z"，请实现字典树结构，并包含以下四个主要功能。

- void insert(String word)：添加 word，可重复添加。
- void delete(String word)：删除 word，如果 word 添加过多次，仅删除一个。

- boolean search(String word)：查询 word 是否在字典树中。
- int prefixNumber(String pre)：返回以字符串 pre 为前缀的单词数量。

【难度】

尉　★★☆☆

【解答】

字典树的介绍。字典树是一种树形结构，优点是利用字符串的公共前缀来节约存储空间，比如加入"abc"、"abcd"、"abd"、"b"、"bcd"、"efg"、"hik"之后，字典树如图 5-10 所示。

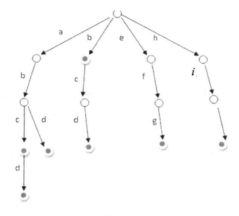

图 5-10

字典树的基本性质如下：

- 根节点没有字符路径。除根节点外，每一个节点都被一个字符路径找到。
- 从根节点出发到任何一个节点，如果将沿途经过的字符连接起来，一定为某个加入过的字符串的前缀。
- 每个节点向下所有的字符路径上的字符都不同。

在字典树上搜索添加过的单词的步骤如下：

1. 从根节点开始搜索。
2. 取得要查找单词的第一个字母，并根据该字母选择对应的字符路径向下继续搜索。
3. 字符路径指向的第二层节点上，根据第二个字母选择对应的字符路径向下继续搜索。
4. 一直向下搜索，如果单词搜索完后，找到的最后一个节点是一个终止节点，比如图 5-10 中的实心节点，说明字典树中含有这个单词，如果找到的最后一个节点不是一个终止节点，说明单词不是字典树中添加过的单词。如果单词没搜索完，但是已经没有后续的节点了，也说明单词不是字典树中添加过的单词。

在字典树上添加一个单词的步骤同理，这里不再详述。下面介绍有关字典树节点的类型，参见如下代码中的 TrieNode 类。

```
public class TrieNode {
        public int path;
        public int end;
        public TrieNode[] map;

        public TrieNode() {
                path = 0;
                end = 0;
                map = new TrieNode[26];
        }
}
```

TrieNode 类中，path 表示有多少个单词共用这个节点，end 表示有多少个单词以这个节点结尾，map 是一个哈希表结构，key 代表该节点的一条字符路径，value 表示字符路径指向的节点，根据题目的说明，map 是长度为 26 的数组，在字符种类较多的情况下，可以选择用真实的哈希表结构实现 map。介绍完 TrieNode 后，下面详细介绍本题的 Trie 树类如何实现。

- void insert(String word)：假设单词 word 的长度为 N，从左到右遍历 word 中的每个字符，并依次从头节点开始根据每一个 word[i]，找到下一个节点。如果找的过程中节点不存在，就建立新节点，记为 a，并令 a.path=1。如果节点存在，记为 b，令 b.path++。通过最后一个字符（word[N-1]）找到最后一个节点时记为 e，令 e.path++，e.end++。
- boolean search(String word)：从左到右遍历 word 中的每个字符，并依次从头节点开始根据每一个 word[i]，找到下一个节点。如果找的过程中节点不存在，说明这个单词的整个部分没有添加进 Trie 树，否则找的过程中节点不可能不存在，直接返回 false。如果能通过 word[N-1] 找到最后一个节点，记为 e，如果 e.end!=0，说明有单词通过 word[N-1] 的字符路径，并以节点 e 结尾，返回 true。如果 e.end==0，返回 false。
- void delete(String word)：先调用 search(word)，看 word 是否在 Trie 树中，若在，则执行后面的过程，若不在，则直接返回。从左到右遍历 word 中的每个字符，并依次从头节点开始根据每一个 word[i] 找到下一个节点。在找的过程中，把遍历过每一个节点的 path 值减 1。如果发现下一个节点的 path 值减完之后已经为 0，直接从当前节点的 map 中删除后续的所有路径，并返回即可。如果遍历到最后一个节点，记为 e，令 e.path--，e.end--。
- int prefixNumber(String pre)：和查找操作同理，根据 pre 不断找到节点，假设最后的节点记为 e，返回 e.path 的值即可。

全部实现过程请参看如下代码中的 Trie 类。

```java
public class Trie {
    private TrieNode root;

    public Trie() {
        root = new TrieNode();
    }

    public void insert(String word) {
        if (word == null) {
            return;
        }
        char[] chs = word.toCharArray();
        TrieNode node = root;
        node.path++;
        int index = 0;
        for (int i = 0; i < chs.length; i++) {
            index = chs[i] - 'a';
            if (node.map[index] == null) {
                node.map[index] = new TrieNode();
            }
            node = node.map[index];
            node.path++;
        }
        node.end++;
    }

    public void delete(String word) {
        if (search(word)) {
            char[] chs = word.toCharArray();
            TrieNode node = root;
            node.path++;
            int index = 0;
            for (int i = 0; i < chs.length; i++) {
                index = chs[i] - 'a';
                if (node.map[index].path-- == 1) {
                    node.map[index] = null;
                    return;
                }
                node = node.map[index];
            }
            node.end--;
        }
    }

    public boolean search(String word) {
        if (word == null) {
            return false;
        }
        char[] chs = word.toCharArray();
        TrieNode node = root;
```

```
                            int index = 0;
                            for (int i = 0; i < chs.length; i++) {
                                    index = chs[i] - 'a';
                                    if (node.map[index] == null) {
                                            return false;
                                    }
                                    node = node.map[index];
                            }
                            return node.end != 0;
                    }

                    public int prefixNumber(String pre) {
                            if (pre == null) {
                                    return 0;
                            }
                            char[] chs = pre.toCharArray();
                            TrieNode node = root;
                            int index = 0;
                            for (int i = 0; i < chs.length; i++) {
                                    index = chs[i] - 'a';
                                    if (node.map[index] == null) {
                                            return 0;
                                    }
                                    node = node.map[index];
                            }
                            return node.path;
                    }
            }
```

子数组的最大异或和

【题目】

数组异或和的定义：把数组中所有的数异或起来得到的值。

给定一个整型数组 arr，其中可能有正、有负、有零，求其中子数组的最大异或和。

【举例】

```
arr = {3}
```

数组只有 1 个数，所以只有一个子数组，就是这个数组本身，最大异或和为 3。

```
arr = {3, -28, -29, 2}
```

子数组有很多，但是{-28, -29}这个子数组的异或和为 7，是所有子数组中最大的。

【要求】

如果 arr 长度为 *N*，时间复杂度 *O*(*N*)。

【难度】

校　★★★☆

【解答】

O(*N*³)的解法。枚举所有的子数组，对每一个子数组都用遍历其中所有数字并异或起来的方式求出异或和，那么最大异或和一定能得到。因为一个数组中，子数组的数量为 *O*(*N*²)，对每个子数组都遍历的代价是 *O*(*N*)，所以暴力方法的时间复杂度为 *O*(*N*³)。这和题目要求的时间复杂度 *O*(*N*)相去甚远，本书不去实现。

O(*N*²)的解法。异或运算有如下性质。

1）满足交换律和结合律，即只要是同一批数字，不管异或顺序如何，得到的结果都一样。

2）如果 a^b==c，那么有 a==c^b 和 b=c^a。

3）0 和任何数字 *N* 异或的结果为 *N*，任何数字 *N* 和自己异或的结果为 0。

假设 arr[i..j]（*i*≤*j*）这个子数组的异或和用 xor[i..j]来表示。也就是说，xor[0..j] = xor[0..i-1]^xor[i..j]，则可以推出 xor[i..j] = xor[0..j] ^ xor[0..i-1]。

解法过程如下：

1）生成长度和 arr 一样的数组，记为 eor，eor[i]的含义为 arr[0..i]这个子数组的异或和，只遍历 arr 一遍就可以生成 eor 数组。

2）在以 *j* 位置结尾的情况下，看下面一系列的子数组异或和哪个最大，最大的那个就是必须以 *j* 结尾的所有子数组中最大的异或和。

```
xor[0..j] = eor[j] ^ 0
xor[1..j] = eor[j] ^ eor[0]
...
xor[i..j] = eor[j] ^ eor[i-1]
...
xor[j..j] = eor[j] ^ eor[j-1]
```

3）尝试每一个位置都作为结尾位置，并求出以这个位置结尾情况下最大的异或和，全局最大的那个就是答案。

流程如 maxXorSubarray1 方法：

```
public int maxXorSubarray1(int[] arr) {
        if (arr == null || arr.length == 0) {
            return 0;
        }
}
```

```
int[] eor = new int[arr.length];
eor[0] = arr[0];
// 生成 eor 数组，eor[i]代表 arr[0..i]的异或和
for (int i = 1; i < arr.length; i++) {
    eor[i] = eor[i - 1] ^ arr[i];
}
int max = Integer.MIN_VALUE;
// 以 j 位置结尾的情况下，每一个子数组最大的异或和
for (int j = 0; j < arr.length; j++) {
    // 依次尝试 arr[0..j],arr[1..j],...,arr[i..j],...,arr[j..j]
    for (int i = 0; i <= j; i++) {
        max = Math.max(max, i == 0 ? eor[j] : eor[j] ^ eor[i - 1]);
    }
}
return max;
}
```

maxXorSubarray1 方法是尝试以 j 位置结尾的情况下，最大的异或和是多少，然后尝试每一个结尾，答案一定能出来。假设以 j 位置结尾时我们是这么做的：

```
xor[0..j] = eor[j] ^ 0
xor[1..j] = eor[j] ^ eor[0]
...
xor[i..j] = eor[j] ^ eor[i-1]
...
xor[j..j] = eor[j] ^ eor[j-1]
```

我们要的是 max（以 j 结尾时的 max），即 max = (xor[0..j]，xor[1..j]，…，xor[j..j]中最大的一项)。也就是说，max = eor[j] ^(从 0，eor[0]，eor[1]，…，eor[j-1]中挑一个出来)。maxXorSubarray1 方法其实并不知道挑哪个，也不知道怎么挑，所以只能都试一遍。

最优解 $O(N)$ 的解法。大体的过程和 maxXorSubarray1 方法一样，但是知道怎么挑，并且利用前缀树这个结构，将挑选的过程加速。当求以 j 位置结尾的情况下最大的子数组异或和，需要 0，eor[0]，eor[1]，…，eor[j-1]，eor[j]的全体，假设这些值都是二进制数，并且 0，eor[0]，eor[1]，…，eor[j-1]都加入到了一棵前缀树里。

举个例子，arr = {11, 1, 15, 10, 13, 4}，现在要求必须以 4 作为结尾情况下的子数组最大异或和。

```
0 = 0000
eor[0] = arr[0..0]的异或和 = 11 = 1011
eor[1] = arr[0..1]的异或和 = 11 ^ 1 = 1010
eor[2] = arr[0..2]的异或和 = 11 ^ 1 ^ 15 = 0101
eor[3] = arr[0..3]的异或和 = 11 ^ 1 ^ 15 ^ 10 = 1111
eor[4] = arr[0..4]的异或和 = 11 ^ 1 ^ 15 ^ 10 ^ 13 = 0010
eor[5] = arr[0..5]的异或和 = 11 ^ 1 ^ 15 ^ 10 ^ 13 ^ 4 = 0110
```

假设一棵前缀树内放入了 0、eor[0]、eor[1]、eor[2]、eor[3]、eor[4]，形成的树如图 5-11 所示。

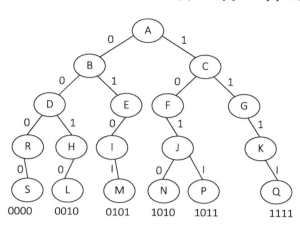

图 5-11

eor[5] ^ (和谁结合？)，得到的最大值记为 X，X 就是必须以 4 结尾的情况下，子数组最大异或和。

eor[5] 为 0110，如果能够选择，让高位先变 1，得到的结果就是最大的。比如，eor[5] 从高位到低位的数字是 0、1、1、0，如果能够依次遇到 1、0、0、1 就好了，这样异或之后就能得到最大值 1111，如果不能完美地遇到 1、0、0、1，也希望先满足高位异或之后变成 1 这个需求。现在来看前缀树，从 A 点开始，有走向 1 的路到达 C 点，从 C 点开始有走向 0 的路到达 F 点，这说明 eor[5] 从高位到低位的前两个数字 0、1，是可以满足这两个数字能依次遇到 1 和 0 的，那就先满足。而 eor[5] 从高位到低位的第三个数字是 1，我们希望能走 0 的路，可是从 F 往下没有 0 的路，只能走向 1 的路到达 G；eor[5] 从高位到低位的第四个数字是 0，我们希望能走 1 的路，从 G 往下有 1 的路，所以继续满足，最后到达 P 点。沿途走过的路依次为 1、0、1、1，那么这条路径就是所有可能性中的最优路径，最优路径得到之后是 1011，也就是 eor[0] 的值，0110 ^ 1011 = 1101。

eor[5] ^ (挑选出了 eor[0]) => 得到值 1101，必须以 4 结尾的情况下，子数组最大异或和为 1101。

因为前缀树就是从前到后依次把样本每一位的信息存到树中，所以，如果把策略定成先满足高位异或之后变成 1 这个需求，前缀树可以很好地完成挑选这个过程，而不用去尝试每一个样本。这就是最优解的核心。

现在把长度只有 4 位的二进制数的例子推广到 32 位，并且最高位是符号位的情况。假设当前数组的结束位置是 j，eor[j] 就是一个普通的整数，选择最优的异或路径过程如下：

1）对于最高位符号位的数字，不管 eor[j] 是正数还是负数，我们都希望异或之后是正数，因为我们要的是最大值，所以 eor[j] 的最高位如果是 0，希望能走 0 的路，因为这样异或之后符号位是 0，为正数；eor[j] 的最高位如果是 1，希望走 1 的路，因为这样异或之后符号位是 0，为正数。如果不能选择，只能被迫走唯一的路。

2）走过最高位之后，从左到右（也就是从高到低）依次考虑 K 的每一位数字，因为总是应该先满足高位的需求。eor[j] 的当前位数字如果是 0，希望能走 1 的路；K 的最高位如果是 1，希望走 0 的路。如果不能选择，只能被迫走唯一的路。

3）当 32 步都走完时，eor[j] 该和谁异或也就知道了，异或后就是最大值，也是以 j 作为结尾的情况下子数组的最大异或和。

全部过程如 maxXorSubarray2 方法所示：

```java
// 前缀树的节点类型，每个节点向下只可能有走向 0 或 1 的路
public class Node {
        public Node[] nexts = new Node[2];
}

// 基于本题，定制前缀树的实现
public static class NumTrie {
    // 头节点
    public Node head = new Node();

    // 把某个数字 newNum 加入到这棵前缀树里
    // num 是一个 32 位的整数，所以加入的过程一共走 32 步
    public void add(int newNum) {
        Node cur = head;
            for (int move = 31; move >= 0; move--) {
                int path = ((newNum >> move) & 1);
                cur.nexts[path] = cur.nexts[path] == null ? new Node()
                                        : cur.nexts[path];
                cur = cur.nexts[path];
            }
    }

    // 给定一个 eorj，eorj 表示 eor[j]，即以 j 位置结尾的情况下，arr[0..j] 的异或和
    // 因为之前把 eor[0], eor[1], …, eor[j-1] 都加入了前缀树，所以可以选择出一条最优路径
    // maxXor 方法就是把最优路径找到，并且返回 eor[j] 与最优路径结合之后得到的最大异或和
    public int maxXor(int eorj) {
        Node cur = head;
        int res = 0;
        for (int move = 31; move >= 0; move--) {
            int path = (eorj >> move) & 1;
            int best = move == 31 ? path : (path ^ 1);
            best = cur.nexts[best] != null ? best : (best ^ 1);
            res |= (path ^ best) << move;
            cur = cur.nexts[best];
        }
        return res;
```

```
        }
}

public int maxXorSubarray2(int[] arr) {
        if (arr == null || arr.length == 0) {
                return 0;
        }
        int max = Integer.MIN_VALUE; int eor = 0;
        NumTrie numTrie = new NumTrie(); numTrie.add(0);
        for (int j = 0; j < arr.length; j++) {
                eor ^= arr[j];
                max = Math.max(max, numTrie.maxXor(eor));
                numTrie.add(eor);
        }
        return max;
}
```

第 **6** 章

大数据和空间限制

认识布隆过滤器

【题目】

不安全网页的黑名单包含 100 亿个黑名单网页，每个网页的 URL 最多占用 64B。现在想要实现一个网页过滤系统，利用该系统可以根据网页的 URL 判断该网页是否在黑名单上，请设计该系统。

【要求】

1. 该系统允许有万分之一以下的判断失误率。
2. 使用的额外空间不要超过 30GB。

【难度】

尉 ★★☆☆

【解答】

如果把黑名单中所有的 URL 通过数据库或哈希表保存下来，就可以对每条 URL 进行查询，但是每个 URL 有 64B，数量是 100 亿个，所以至少需要 640GB 的空间，不满足要求 2。

如果面试者遇到网页黑名单系统、垃圾邮件过滤系统、爬虫的网址判重系统等题目，又看到系统容忍一定程度的失误率，但是对空间要求比较严格，那么很可能是面试官希望面试者具备布隆过滤器的知识。一个布隆过滤器精确地代表一个集合，并可以精确判断一个元素是否在集合中。注意，只是精确代表和精确判断，到底有多精确呢？这完全在于你具体的设计，但想做到完全正确是不可能的。布隆过滤器的优势在于使用很少的空间就可以将准确率做到很高的程度，该结构由 Burton Howard Bloom 于 1970 年提出。

首先介绍哈希函数（散列函数）的概念。哈希函数的输入域可以是非常大的范围，比如，任意一个字符串，但是输出域是固定的范围，假设为 S，并具有如下性质：

1．典型的哈希函数都有无限的输入值域。

2．当给哈希函数传入相同的输入值时，返回值一样。

3．当给哈希函数传入不同的输入值时，返回值可能一样，也可能不一样，这是当然的。因为输出域统一是 S，所以会有不同的输入值对应在 S 中的一个元素上。

4．最重要的性质是很多不同的输入值所得到的返回值会均匀地分布在 S 上。

第 1～3 点性质是哈希函数的基础，第 4 点性质是评价一个哈希函数优劣的关键，不同的输入值所得到的返回值越均匀地分布在 S 上，哈希函数就越优秀，并且这种均匀分布与输入值出现的规律无关。比如，"aaa1"、"aaa2"、"aaa3"三个输入值比较类似，但经过优秀的哈希函数计算后的结果应该相差非常大。读者只用记清哈希函数的性质即可，有兴趣的读者可以了解一些哈希函数经典的实现，比如 MD5 和 SHA1 算法，但了解这些算法的细节并不在准备代码面试的范围中。如果一个优秀的哈希函数能够做到很多不同的输入值所得到的返回值非常均匀地分布在 S 上，那么将所有的返回值对 m 取余（%m），可以认为所有的返回值也会均匀地分布在 0～m-1 的空间上。这是显而易见的，本书不再详述。

接下来介绍一下什么是布隆过滤器。假设有一个长度为 m 的 bit 类型的数组，即数组中的每一个位置只占一个 bit，如我们所知，每一个 bit 只有 0 和 1 两种状态，如图 6-1 所示。

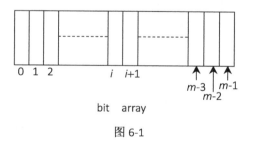

图 6-1

再假设一共有 k 个哈希函数，这些函数的输出域 S 都大于或等于 m，并且这些哈希函数都足够优秀，彼此之间也完全独立。那么对同一个输入对象（假设是一个字符串，记为 URL），经过 k 个哈希函数算出来的结果也是独立的，可能相同，也可能不同，但彼此独立。对算出来的每一个结果都对 m 取余（%m），然后在 bit array 上把相应的位置设置为 1（涂黑），如图 6-2 所示。

我们把 bit 类型的数组记为 bitMap。至此，一个输入对象对 bitMap 的影响过程就结束了，也就是 bitMap 中的一些位置会被涂黑。接下来按照该方法处理所有的输入对象，每个对象都可能把 bitMap 中的一些白位置涂黑，也可能遇到已经涂黑的位置，遇到已经涂黑的位置让其继续为黑即可。处理完所有的输入对象后，可能 bitMap 中已经有相当多的位置被涂黑。至此，一个布隆过滤器生成完毕，这个布隆过滤器代表之前所有输入对象组成的集合。

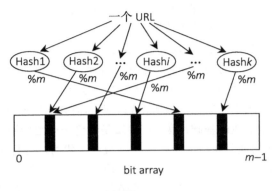

图 6-2

那么在检查阶段如何检查某一个对象是否是之前的某一个输入对象呢？假设一个对象为a，想检查它是否是之前的输入对象，就把a通过 k 个哈希函数算出 k 个值，然后把 k 个值取余（%m），就得到在[0,m-1]范围上的 k 个值。接下来在 bitMap 上看这些位置是不是都为黑。如果有一个不为黑，说明 a 一定不在这个集合里。如果都为黑，说明 a 在这个集合里，但可能有误判。再解释具体一点，如果 a 的确是输入对象，那么在生成布隆过滤器时，bitMap 中相应的 k 个位置一定已经涂黑了，所以在检查阶段，a 一定不会被漏过，这个不会产生误判。会产生误判的是，a 明明不是输入对象，但如果在生成布隆过滤器的阶段因为输入对象过多，而 bitMap 过小，则会导致 bitMap 绝大多数的位置都已经变黑。那么在检查 a 时，可能 a 对应的 k 个位置都是黑的，从而错误地认为 a 是输入对象。通俗地说，布隆过滤器的失误类型是"宁可错杀三千，绝不放过一个"。

布隆过滤器到底该怎么实现？读者已经注意到，如果 bitMap 的大小 m 相比输入对象的个数 n 过小，失误率会变大。接下来先介绍根据 n 的大小和我们想达到的失误率 p，如何确定布隆过滤器的大小 m 和哈希函数的个数 k，最后是布隆过滤器的失误率分析。下面以本题为例来说明。

黑名单中样本的个数为 100 亿个，记为 n；失误率不能超过 0.01%，记为 p；每个样本的大小为 64B，这个信息不会影响布隆过滤器的大小，只和选择哈希函数有关，一般的哈希函数都可以接收 64B 的输入对象，所以使用布隆过滤器还有一个好处是不用顾忌单个样本的大小，它丝毫不能影响布隆过滤器的大小。

所以 n=100 亿，p=0.01%，布隆过滤器的大小 m 由以下公式确定：

$$m = -\frac{n \times \ln p}{(\ln 2)^2}$$

根据公式计算出 m=19.19n，向上取整为 20n，即需要 2000 亿个 bit，也就是 25GB。

哈希函数的个数由以下公式决定：

$$k=\ln2\times\frac{m}{n}=0.7\times\frac{m}{n}$$

计算出哈希函数的个数为 k=14 个。

然后用 25GB 的 bitMap 再单独实现 14 个哈希函数，根据如上描述生成布隆过滤器即可。

因为我们在确定布隆过滤器大小的过程中选择了向上取整，所以还要用如下公式确定布隆过滤器真实的失误率为：

$$(1-e^{-\frac{nk}{m}})^k$$

根据这个公式算出真实的失误率为 0.006%，这是比 0.01% 更低的失误率，哈希函数本身不占用什么空间，所以使用的空间就是 bitMap 的大小（即 25GB），服务器的内存都可以达到这个级别，所有要求达标。之后的判断阶段与上文的描述一样。

下面讲解布隆过滤器失误率分析。假设布隆过滤器中的 k 个哈希函数足够优秀且各自独立，每个输入对象都等概率地散列到 bitMap 中 m 个 bit 中的任意 k 个位置，且与其他元素被散列到哪儿无关。那么对某一个 bit 位来说，一个输入对象在被 k 个哈希函数散列后，这个位置依然没有被涂黑的概率为：

$$(1-\frac{1}{m})^k$$

经过 n 个输入对象后，这个位置依然没有被涂黑的概率为：

$$(1-\frac{1}{m})^{kn}$$

那么被涂黑的概率就为：

$$1-(1-\frac{1}{m})^{kn}$$

在检查阶段，检查 k 个位置都为黑的概率为：

$$(1-(1-\frac{1}{m})^{kn})^k=(1-(1-\frac{1}{m})^{-m\times\frac{-kn}{m}})^k$$

在 x->0 时，$(1+x)^\wedge(1/x)$->e。上面等式的右边可以认为 m 为很大的数，所以-1/m->0，则化简为：

$$(1-(1-\frac{1}{m})^{-m\times\frac{-kn}{m}})^k\sim(1-e^{-\frac{nk}{m}})^k$$

有关布隆过滤器失误率的公式如上，上文最先提到的确定布隆过滤器大小 m 及其哈希函数的个数 k 的两个公式都是从这个公式出发才推出的，接下来展示一下推出的过程。首先分析一下，如果给定 m 和 n 的值，根据如上的失误率公式，k 取何值可使误判率最低？设误判率为 k 的函数如下：

$$f(k) = (1 - e^{-\frac{nk}{m}})^k$$

设 $b = e^{n/m}$，则公式化简为：

$$f(k) = (1 - b^{-k})^k$$

两边取对数得到：

$$\ln f(k) = k \times \ln(1 - b^{-k})$$

两边对 k 求导：

$$\frac{1}{f(k)} \times f'(k) = \ln(1 - b^{-k}) + k \times \frac{1}{1 - b^{-k}} \times (-b^{-k}) \times \ln b \times (-1)$$

$$= \ln(1 - b^{-k}) + k \times \frac{b^{-k} \times \ln b}{1 - b^{-k}}$$

对等号右边的部分求最值：

$$\ln(1 - b^{-k}) + k \times \frac{b^{-k} \times \ln b}{1 - b^{-k}} = 0$$

$$\Rightarrow (1 - b^{-k}) \times \ln(1 - b^{-k}) = -k \times b^{-k} \times \ln b$$

$$\Rightarrow (1 - b^{-k}) \times \ln(1 - b^{-k}) = b^{-k} \times \ln b^{-k}$$

$$\Rightarrow 1 - b^{-k} = b^{-k}$$

$$\Rightarrow b^{-k} = \frac{1}{2}$$

$$\Rightarrow e^{-\frac{kn}{m}} = \frac{1}{2}$$

$$\Rightarrow \frac{kn}{m} = \ln 2$$

$$\Rightarrow k = \ln 2 \times \frac{m}{n} = 0.7 \times \frac{m}{n}$$

至此，我们得到了如何根据 m 与 n 的值得到最合适的哈希函数数量 k 的公式，把这个公式带回失误率公式，就得到了如何根据失误率 p 和样本数 n 来确定布隆过滤器大小 m 的公式。

布隆过滤器会有误报，对已经发现的误报样本可以通过建立白名单来防止误报。比如，已经发现"aaaaaa5"这个样本不在布隆过滤器中，但是每次计算后的结果都显示其在布隆过滤器中，那么就可以把这个样本加入白名单中，以后就可以知道这个样本确实不在布隆过滤器中。

本节文章参考了作者 Allen Sun 的网文，在此对他表示特别感谢。

只用 2GB 内存在 20 亿个整数中找到出现次数最多的数

【题目】

有一个包含 20 亿个全是 32 位整数的大文件，在其中找到出现次数最多的数。

【要求】

内存限制为 2GB。

【难度】

士 ★☆☆☆

【解答】

想要在很多整数中找到出现次数最多的数，通常的做法是使用哈希表对出现的每一个数做词频统计，哈希表的 key 是某一个整数，value 是这个数出现的次数。就本题来说，一共有 20 亿个数，哪怕只是一个数出现了 20 亿次，用 32 位的整数也可以表示其出现的次数而不会产生溢出，所以哈希表的 key 需要占用 4B，value 也是 4B。那么哈希表的一条记录（key,value）需要占用 8B，当哈希表记录数为 2 亿个时，需要至少 1.6GB 的内存。

如果 20 亿个数中不同的数超过 2 亿种，最极端的情况是 20 亿个数都不同，那么在哈希表中可能需要产生 20 亿条记录，这样内存会不够用，所以一次性用哈希表统计 20 亿个数的办法是有很大风险的。

解决办法是把包含 20 亿个数的大文件用哈希函数分成 16 个小文件，根据哈希函数的性质，同一种数不可能被散列到不同的小文件上，同时每个小文件中不同的数一定不会大于 2 亿种，假设哈希函数足够优秀。然后对每一个小文件用哈希表来统计其中每种数出现的次数，这样我们就得到了 16 个小文件中各自出现次数最多的数，还有各自的次数统计。接下来只要选出这 16 个小文件各自的第一名中谁出现的次数最多即可。

把一个大的集合通过哈希函数分配到多台机器中，或者分配到多个文件里，这种技巧是处理大数据面试题时最常用的技巧之一。但是到底分配到多少台机器、分配到多少个文件，在解题时一定要确定下来。可能是在与面试官沟通的过程中由面试官指定，也可能是根据具体的限制来确定，比如本题确定分成 16 个文件，就是根据内存限制 2GB 的条件来确定的。

40 亿个非负整数中找到未出现的数

【题目】

32 位无符号整数的范围是 0～4 294 967 295，现在有一个正好包含 40 亿个无符号整数的文件，所以在整个范围中必然有未出现过的数。可以使用最多 1GB 的内存，怎么找到所有未出现过的数？

进阶：内存限制为 10MB，但是只用找到一个没出现过的数即可。

【难度】

尉 ★★☆☆

【解答】

原问题。假设用哈希表来保存出现过的数，那么如果 40 亿个数都不同，则哈希表的记录数为 40 亿条，存一个 32 位整数需要 4B，所以最差情况下需要 40 亿×4B=160 亿字节，大约需要 16GB 的空间，这是不符合要求的。

哈希表需要占用很多空间，我们可以使用 bit map 的方式来表示数出现的情况。具体地说，是申请一个长度为 4 294 967 295 的 bit 类型的数组 bitArr，bitArr 上的每个位置只可以表示 0 或 1 状态。8 个 bit 为 1B，所以长度为 4 294 967 295 的 bit 类型的数组占用 500MB 空间。

怎么使用这个 bitArr 数组呢？就是遍历这 40 亿个无符号数，例如，遇到 7000，就把 bitArr[7000]设置为 1。遇到所有的数时，就把 bitArr 相应位置的值设置为 1。

遍历完成后，再依次遍历 bitArr，哪个位置上的值没被设置为 1，这个数就不在 40 亿个数中。例如，发现 bitArr[8001]==0，那么 8001 就是没出现过的数，遍历完 bitArr 之后，所有没出现的数就都找出来了。

进阶问题。现在只有 10MB 的内存，但只要求找到其中一个没出现过的数即可。首先，0～4 294 967 295 这个范围是可以平均分成 64 个区间的，每个区间是 67 108 864 个数，例如：第 0 区间（0～67 108 863）、第 1 区间（67 108 864～134 217 728）、第 i 区间（67 108 864×i～67 108 864×(i+1)-1），……，第 63 区间（4 227 858 432～4 294 967 295）。因为一共只有 40 亿个数，所以，如果统计落在每一个区间上的数有多少，肯定有至少一个区间上的计数少于 67 108 864。利用这一点可以找出其中一个没出现过的数。具体过程如下所述。

第一次遍历时，先申请长度为 64 的整型数组 countArr[0..63]，countArr[i]用来统计区间 i 上的数有多少。遍历 40 亿个数，根据当前数是多少来决定哪一个区间上的计数增加。例如，如果当前数是 3 422 552 090，3 422 552 090/67 108 864=51，所以第 51 区间上的计数增加 countArr[51]++。遍历完 40 亿个数之后，遍历 countArr，必然会有某一个位置上的值（countArr[i]）小于 67 108 864，表示第 i 区间上至少有一个数没出现过。我们肯定会找到至少一个这样的区间。

此时使用的内存就是 countArr 的大小（64×4B），是非常小的。

假设找到第 37 区间上的计数小于 67 108 864，以下为第二次遍历的过程。

1．申请长度为 67 108 864 的 bit map，这占用大约 8MB 的空间，记为 bitArr[0..67108863]。

2．再遍历一次 40 亿个数，此时的遍历只关注落在第 37 区间上的数，记为 num（num/ 67 108 864==37），其他区间的数全部忽略。

3．如果步骤 2 的 num 在第 37 区间上，将 bitArr[num - 67108864*37] 的值设置为 1，也就是只做第 37 区间上的数的 bitArr 映射。

4．遍历完 40 亿个数之后，在 bitArr 上必然存在没被设置成 1 的位置，假设第 i 个位置上的值没设置成 1，那么 67 108 864×37+i 这个数就是一个没出现过的数。

总结一下进阶的解法：

1．根据 10MB 的内存限制，确定统计区间的大小，就是第二次遍历时的 bitArr 大小。

2．利用区间计数的方式，找到那个计数不足的区间，这个区间上肯定有没出现的数。

3．对这个区间上的数做 bit map 映射，再遍历 bit map，找到一个没出现的数即可。

找到 100 亿个 URL 中重复的 URL 及搜索词汇的 Top K 问题

【题目】

有一个包含 100 亿个 URL 的大文件，假设每个 URL 占用 64B，请找出其中所有重复的 URL。

补充问题：某搜索公司一天的用户搜索词汇是海量的（百亿数据量），请设计一种求出每天热门 Top 100 词汇的可行办法。

【难度】

士　★☆☆☆

【解答】

原问题的解法使用解决大数据问题的一种常规方法：把大文件通过哈希函数分配到机器，或者通过哈希函数把大文件拆成小文件，一直进行这种划分，直到划分的结果满足资源限制的要求。首先，你要向面试官询问在资源上的限制有哪些，包括内存、计算时间等要求。在明确了限制要求之后，可以将每条 URL 通过哈希函数分配到若干台机器或者拆分成若干个小文件，这里的"若干"由具体的资源限制来计算出精确的数量。

例如，将 100 亿字节的大文件通过哈希函数分配到 100 台机器上，然后每一台机器分别统计分给自己的 URL 中是否有重复的 URL，同时哈希函数的性质决定了同一条 URL 不可能分给不同的机器；或者在单机上将大文件通过哈希函数拆成 1000 个小文件，对每一个小文件再利用哈希表遍历，找出重复的 URL；还可以在分给机器或拆完文件之后进行排序，排序过后再看是否有重复的 URL 出现。总之，牢记一点，很多大数据问题都离不开分流，要么是用哈希函数把大文件的内容分配给不同的机器，要么是用哈希函数把大文件拆成小文件，然后处理每一个小数量的集合。

补充问题最开始还是用哈希分流的思路来处理，把包含百亿数据量的词汇文件分流到不同的机器上，具体多少台机器由面试官规定或者由更多的限制来决定。对每一台机器来说，如果分到的数据量依然很大，比如，内存不够或存在其他问题，可以再用哈希函数把每台机器的分流文件拆成更小的文件处理。处理每一个小文件的时候，通过哈希表统计每种词及其词频，哈希表记录建立完成后，再遍历哈希表，遍历哈希表的过程中使用大小为 100 的小根堆来选出每一个小文件的 Top 100（整体未排序的 Top 100）。每一个小文件都有自己词频的小根堆（整体未排序的 Top 100），将小根堆里的词按照词频排序，就得到了每个小文件的排序后 Top 100。然后把各个小文件排序后的 Top 100 进行外排序或者继续利用小根堆，就可以选出每台机器上的 Top 100。不同机器之间的 Top 100 再进行外排序或者继续利用小根堆，最终求出整个百亿数据量中的 Top 100。对于 Top K 的问题，除用哈希函数分流和用哈希表做词频统计之外，还经常用堆结构和外排序的手段进行处理。

40 亿个非负整数中找到出现两次的数和所有数的中位数

【题目】

32 位无符号整数的范围是 0～4 294 967 295，现在有 40 亿个无符号整数，可以使用最多 1GB 的内存，找出所有出现了两次的数。

补充问题：可以使用最多 10MB 的内存，怎么找到这 40 亿个整数的中位数？

【难度】

尉 ★★☆☆

【解答】

对于原问题，可以用 bit map 的方式来表示数出现的情况。具体地说，是申请一个长度为 4 294 967 295×2 的 bit 类型的数组 bitArr，用 2 个位置表示一个数出现的词频，1B 占用 8 个 bit，所以长度为 4 294 967 295×2 的 bit 类型的数组占用 1GB 空间。怎么使用这个 bitArr 数组呢？遍历这 40 亿个无符号数，如果初次遇到 num，就把 bitArr[num*2 + 1] 和 bitArr[num*2] 设置为 01，如果第二次遇到 num，就把 bitArr[num*2+1] 和 bitArr[num*2] 设置为 10，如果第三次遇到 num，就把 bitArr[num*2+1] 和 bitArr[num*2] 设置为 11。以后再遇到 num，发现此时 bitArr[num*2+1]

和 bitArr[num*2]已经被设置为 11，就不再做任何设置。遍历完成后，再依次遍历 bitArr，如果发现 bitArr[i*2+1]和 bitArr[i*2]设置为 10，那么 i 就是出现了两次的数。

对于补充问题，用分区间的方式处理，长度为 2MB 的无符号整型数组占用的空间为 8MB，所以将区间的数量定为 4 294 967 295/2M，向上取整为 2148 个区间。第 0 区间为 0~2M-1，第 1 区间为 2M~4M-1，第 i 区间为 2M×i~2M×(i+1)-1……

申请一个长度为 2148 的无符号整型数组 arr[0..2147]，arr[i]表示第 i 区间有多少个数。arr 必然小于 10MB。然后遍历 40 亿个数，如果遍历到当前数为 num，先看 num 落在哪个区间上（num/2M），然后将对应的进行 arr[num/2M]++操作。这样遍历下来，就得到了每一个区间的数的出现状况，通过累加每个区间的出现次数，就可以找到 40 亿个数的中位数（也就是第 20 亿个数）到底落在哪个区间上。比如，0~K-1 区间上数的个数为 19.998 亿，但是发现当加上第 K 个区间上数的个数之后就超过了 20 亿，那么可以知道第 20 亿个数是第 K 区间上的数，并且可以知道第 20 亿个数是第 K 区间上的第 0.002 亿个数。

接下来申请一个长度为 2MB 的无符号整型数组 countArr[0..2M-1]，占用空间 8MB。然后遍历 40 亿个数，此时只关心处在第 K 区间的数记为 numi，其他的数省略，然后将 countArr[numi-K*2M]++，也就是只对第 K 区间的数做频率统计。这次遍历完 40 亿个数之后，就得到了第 K 区间的词频统计结果 countArr，最后只在第 K 区间上找到第 0.002 亿个数即可。

一致性哈希算法的基本原理

【题目】

工程师常使用服务器集群来设计和实现数据缓存，以下是常见的策略。

1. 无论是添加、查询还是删除数据，都先将数据的 id 通过哈希函数转换成一个哈希值，记为 key。

2. 如果目前机器有 N 台，则计算 key%N 的值，这个值就是该数据所属的机器编号，无论是添加、删除还是查询操作，都只在这台机器上进行。

请分析这种缓存策略可能带来的问题，并提出改进的方案。

【难度】

尉　★★☆☆

【解答】

题目中描述的缓存策略的潜在问题是如果增加或删除机器（N 变化），代价会很高，所有的数据都不得不根据 id 重新计算一遍哈希值，并将哈希值对新的机器数进行取模操作，然后进行大规模的数据迁移。

为了解决这些问题，下面介绍一致性哈希算法，这是一种很好的数据缓存设计方案。我们假设数据的 id 通过哈希函数转换成的哈希值范围是 2^{32}，也就是 $0 \sim (2^{32})-1$ 的数字空间中。现在我们可以将这些数字头尾相连，想象成一个闭合的环形，那么一个数据 id 在计算出哈希值之后认为对应到环中的一个位置上，如图 6-3 所示。

接下来想象有三台机器也处在这样一个环中，这三台机器在环中的位置根据机器 id 计算出的哈希值来决定。那么一条数据如何确定归属哪台机器呢？首先把该数据的 id 用哈希函数算出哈希值，并映射到环中相应的位置，然后顺时针找寻离这个位置最近的机器，那台机器就是该数据的归属，如图 6-4 所示。

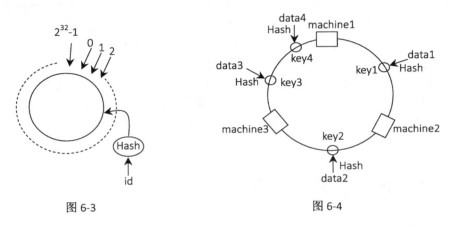

图 6-3   图 6-4

在图 6-4 中，data1 根据其 id 计算出的哈希值为 key1，顺时针的第一台机器是 machine2，所以 data1 归属 machine2。同理，data2 归属 machine3，data3 和 data4 都归属 machine1。

增加机器时的处理。假设有两台机器（m1、m2）和三个数据（data1、data2、data3），数据和机器在环中的结构如图 6-5 所示。

如果此时想加入新的机器 m3，同时算出机器 m3 的 id 在 m1 与 m2 右半侧的环中，那么发生的变化如图 6-6 所示。

在没有添加 m3 之前，从 m1 到现在 m3 位置上的这一段是 m2 掌管范围的一部分；添加 m3 之后，则统一归属于 m3，同时要把这一段旧数据从 m2 迁移到 m3 上。由此可见，添加机器时的调整代价是比较小的。在删除机器时也一样，只要把要删除机器的数据全部复制到顺时针找到的下一台机器上即可。比如，要在图 6-6 中删除机器 m2，m2 上有数据 data2，那么只用把 data2 迁移到 m1 上即可。

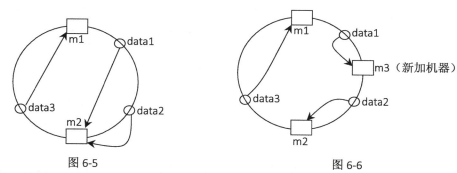

图 6-5　　　　　　　　　　　　　　　　　图 6-6

机器负载不均时的处理。如果机器较少，很有可能造成机器在整个环上的分布不均匀，从而导致机器之间的负载不均衡，比如，图 6-7 所示的两台机器，m1 可能比 m2 面临更大的负载。

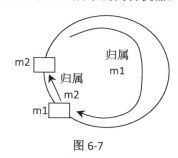

图 6-7

为了解决这种数据倾斜问题，一致性哈希算法引入了虚拟节点机制，即对每一台机器通过不同的哈希函数计算出多个哈希值，对多个位置都放置一个服务节点，称为虚拟节点。具体做法可以在机器 ip 地址或主机名的后面增加编号或端口号来实现。以图 6-7 的情况，可以为每台机器计算两个虚拟节点，分别计算 m1-1、m1-2、m2-1 和 m2-2 的哈希值，于是形成四个虚拟节点，节点数变多了，根据哈希函数的性质，平衡性自然会变好，如图 6-8 所示。

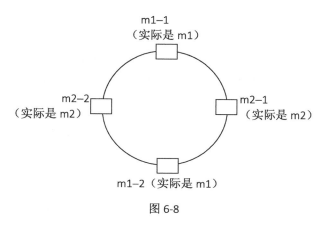

图 6-8

此时数据定位算法不变，只是多了一步虚拟节点到实际节点的映射，比如下表。

虚拟节点	对应的实际节点
m1-1	m1
m1-2	m1
m2-1	m2
m2-2	m2

当某一条数据计算出归属于某一个虚拟节点时，再根据上表的转跳，数据将最终归属于实际的机器；同样，虚拟节点间的数据迁移等操作也都可以根据上表的对应关系，变成实际机器之间的数据迁移操作。以上例子是给每台实际机器分配 2 个虚拟节点的情况。那么请大家想象一下，如果有三台实际的机器 A、B、C，然后为每台机器都分配 1 万个虚拟节点，一共有 3 万个虚拟节点去抢占哈希环中的位置。那么在 3 万个虚拟节点中，有三分之一属于 A、三分之一属于 B、三分之一属于 C。如果真的对外提供服务，三台实际机器的负载肯定是非常均衡的。如果要增加新的机器 D，也给 D 分配 1 万个虚拟节点，然后加到哈希环上，虚拟节点之间会进行数据迁移，迁移完成后，在 4 万个虚拟节点中，有四分之一属于 A、四分之一属于 B、四分之一属于 C、四分之一属于 D，那么四台实际机器的负载肯定非常均衡。同理，如果要去掉四台机器中的任何一台实际机器，实际上会有 1 万个虚拟节点从环中去掉，虚拟节点之间会进行数据迁移，迁移完成后，剩下的机器都有三分之一的虚拟节点，所以依然负载均衡。也就是说，我们让每台机器分配数量较多的虚拟节点去抢占哈希环，数量多起来之后，哈希函数的离散性就可以得到很好的体现，然后每台机器就可以按照所占虚拟节点的比例来分配负载了，这就是虚拟节点技术。

岛问题

【题目】

给定一个二维数组 matrix，其中只有 0 和 1 两种值，每个位置都与其上下左右相邻。如果一堆 1 可以连成一片，这片区域叫作一个岛。返回 matrix 中岛的数量。

【举例】

```
matrix =

1 0 1 1
1 0 1 1
0 0 0 0
1 0 1 0
```

返回 4

matrix =

1 1 1 0
1 1 0 1

返回 2。最右下角的 1 不与左上角的岛相邻，是单独的一个岛。

matrix =

1 1 1 1 1 1 1 1
1 0 0 0 0 0 0 1
1 0 1 1 1 1 1 1
1 0 1 0 0 0 0 0
1 0 1 1 1 1 1 1
1 0 0 0 0 0 0 1
1 1 1 1 1 1 1 1

返回 1

进阶问题：一般来讲，代码面试题目默认的解法都是单线程的，或者使用串行函数的方式。那么如果原问题给定的 matrix 规模巨大，一般实现的方法会用一个 CPU 来计算出结果，时间就非常长。如果你有多个 CPU，或者说有多个计算单元，请设计一种并行算法来解决这个问题，当 matrix 规模巨大时，任务是可以并行执行的，时间不会太长。

【难度】

原问题　尉　★★☆☆
进阶问题　将　★★★★

【解答】

非并行算法的求解。对于 matrix，从左往右遍历每一行，整体从上往下遍历所有的行。如果来到一个是 1 的位置，开始一个"感染"过程，就是从当前位置出发，把连成一片的 1 全部变成 2。"感染"过程结束之后，继续遍历 matrix，直到结束。有多少次"感染"的过程，就有多少个岛。举个例子，matrix =

1 0 1 1
1 0 1 1
0 0 0 0
1 0 1 0

来到 0 行 0 列，上面是 1，所以开始"感染"过程。"感染"结束之后，matrix 变为：

2 0 1 1
2 0 1 1

```
0 0 0 0
1 0 1 0
```

来到 0 行 1 列，上面不是 1，跳过。

来到 0 行 2 列，上面是 1，所以开始"感染"过程。"感染"结束之后，matrix 变为：

```
2 0 2 2
2 0 2 2
0 0 0 0
1 0 1 0
```

依次来到 0 行 3 列，上面不是 1，跳过；依次来到 1 行 0、1、2、3 列，上面不是 1，跳过；依次来到 2 行 0、1、2、3 列，上面不是 1，跳过。

来到 3 行 0 列，上面是 1，所以开始"感染"过程。"感染"结束之后，matrix 变为：

```
2 0 2 2
2 0 2 2
0 0 0 0
2 0 1 0
```

来到 3 行 1 列，上面不是 1，跳过。

来到 3 行 2 列，上面是 1，所以开始"感染"过程。"感染"结束之后，matrix 变为：

```
2 0 2 2
2 0 2 2
0 0 0 0
2 0 2 0
```

来到 3 行 3 列，上面不是 1，跳过。过程结束。一共有 4 次"感染"过程，返回 4。

实现"感染"过程。假设从 i 行 j 列位置出发，向上下左右四个位置依次去"感染"。写成递归函数即可。请看如下的 infect 方法。

```
// 假设 m 矩阵的大小为 N 行 M 列，从 i 行 j 列开始"感染"过程
public void infect(int[][] m, int i, int j, int N, int M) {
        // 如果 i 行 j 列位置已经越界，或者这个位置上不是 1，退出"感染"过程。
        if (i < 0 || i >= N || j < 0 || j >= M || m[i][j] != 1) {
                return;
        }
        m[i][j] = 2;// 对于访问过的位置，值都变成 2，所以每个位置只会"感染"一次，不可能死循环
        infect(m, i + 1, j, N, M);// "感染"下位置
        infect(m, i - 1, j, N, M);// "感染"上位置
        infect(m, i, j - 1, N, M);// "感染"左位置
        infect(m, i, j + 1, N, M);// "感染"右位置
}
```

主流程代码描述，参看如下 countIslands 方法。

```
public int countIslands(int[][] m) {
        if (m == null || m[0] == null) {
                return 0;
        }
        int N = m.length;
```

```
int M = m[0].length;
int res = 0;
for (int i = 0; i < N; i++) {
        for (int j = 0; j < M; j++) {
                if (m[i][j] == 1) {
                        res++;
                        infect(m, i, j, N, M);
                }
        }
}
return res;
}
```

对于值不为 1 的位置，"感染"过程和主过程如果访问到，都会直接跳过这个位置。对于所有值为 1 的位置，感染过程只会访问 1 次，然后就会把值改为 2，以后再访问到这个位置，"感染"过程和主过程都会直接跳过这个位置。所以该方法的时间复杂度为 O(N×M)。

进阶问题。读者在阅读这个解法前，需要已经了解并查集结构（请参看本书第 9 章的"并查集的实现"问题）。先看最简单的并行划分思路，如果整个矩阵被划分成左、右两部分，而且两部分几乎同样大小，那么如何正确求解岛的数量。我们用题目中的第三个例子来说明，划分成等量的左右两部分之后如下。

左部分：

```
1 1 1 1
1 0 0 0
1 0 1 1
1 0 1 0
1 0 1 1
1 0 0 0
1 1 1 1
```

右部分：

```
1 1 1 1
0 0 0 1
1 1 1 1
0 0 0 0
1 1 1 1
0 0 0 1
1 1 1 1
```

左、右两部分用两个 CPU 单独计算岛的数量，算出左部分岛的数量为 2，右部分岛的数量为 2，但是矩阵整体岛的数量是 1。为什么单独求两部分岛的总数≥矩阵整体岛的数量？这是因为我们把左右两部分分开之后，有可能使原本属于一个岛的区域被划分成了两个区域。原本是连通的部分，现在被分割了。所以需要设计两部分合并在一起时，减少岛数量的逻辑。

　　收集左部分的右边界信息。我们看一下左部分的右边界，对于被"感染"的位置，则收集这个位置是由哪个开始位置"感染"来的。在遍历左部分的时候，第一次"感染"过程是从 0 行 0 列开始的，把 0 行 0 列这个位置记为 A；第二次"感染"过程是从 2 行 2 列开始的，把 2 行 2 列这个位置记为 B。右边界上哪些位置受到了 A、B 的影响，都记录下来。

　　收集右部分的左边界信息。我们看一下右部分的左边界，对于被"感染"的位置，就收集这个位置是由哪个开始位置"感染"来的。在遍历右部分的时候，第一次"感染"过程是从 0 行 0 列开始的，把 0 行 0 列这个位置记为 C；第二次"感染"过程是从 4 行 0 列开始的，把 4 行 0 列这个位置记为 D。左边界上哪些位置受到了 C、D 的影响，都记录下来。

　　两个收集的过程其实可以放在求解各自岛数量的"感染"过程里。收集的所有信息如图 6-9 所示。

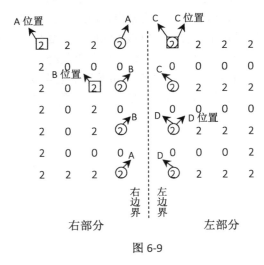

图 6-9

　　合并过程。目前左部分和右部分岛总数为 4，记为 all=4。我们把 A、B、C、D 设置放入 4 个集合里，也就是并查集的初始化过程，四个集合分别为{A}、{B}、{C}、{D}。然后从上往下查看图 6-9 中左部分的右边界和右部分的左边界。

　　右边界第 1 个 2 是 A"感染"来的，这个 2 的右边（就是右部分的左边界）也是 2，是 C"感染"来的，这就产生了连通。查询 A 和 C 是否属于一个集合，发现不是。这说明，A"感染"的区域和 C 感染的区域原本是连通的，但是因为分割，变成两部分。所以 all=4 应该变成 all=3，也就是考虑连通情况之后，应该减少一个岛。然后把 A 所在的集合与 C 所在的集合进行合并，集合的情况变为{A,C}、{B}、{D}。此时 A"感染"的区域和 C"感染"的区域共属于一个集合，说明连通在了一起。

　　右边界第 2 个 2 是 B 感染来的，这个 2 的右边（就是右部分的左边界）也是 2，是 C"感染"来的，这就产生了连通。查询 B 和 C 是否属于一个集合，发现不是。这说明 B"感染"的区域和 C "感染" 的区域原本是连通的，但是因为分割变成两部分。所以 all=3 应该变成 all=2，也就是考虑连通情况之后，应该减少一个岛。然后把 B 所在的集合与 C 所在的集合进行合并，集合的情况变为{A,C,B}、{D}。此时 A、B、C "感染" 的区域共属于一个集合，说明连通在了一起。

右边界第 3 个 2 是 B "感染" 来的，这个 2 的右边（就是右部分的左边界）也是 2，是 D "感染" 来的，这就产生了连通。查询 B 和 D 是否属于一个集合，发现不是。这说明 B "感染" 的区域和 D "感染" 的区域原本是连通的，但是因为分割变成两部分。所以 all=2 应该变成 all=1，也就是考虑连通情况之后，应该减少一个岛。然后把 B 所在的集合与 D 所在的集合进行合并，集合的情况变为{A,C,B,D}。此时 A、B、C、D "感染" 的区域共属于一个集合，说明连通在了一起。

右边界第 4 个 2 是 A "感染" 来的，这个 2 的右边（就是右部分的左边界）也是 2，是 D "感染" 来的，这就产生了连通。查询 A 和 D 是否属于一个集合，发现是。说明之前这两部分一定有其他的连通途径，并且已经连通了。所以不减少岛的数量。此时遍历该结束，整体的岛数量是 1。

我们正是利用了并查集可以快速查询两个元素是否属于同一个集合，并且可以快速合并两个元素各自集合的操作来实现合并过程的。在合并的过程中只需要关注左部分的右边界与右部分的左边界，其他部分的信息一律不需要关注，这个代价是非常低的。所以总的并行过程为两步，第一步是并行计算两部分岛的数量以及收集边界信息，第二步是利用并查集实现减少岛的过程。这比用一个 CPU 从头遍历到尾明显更快。如果有很多 CPU 或者计算单元，我们可以把整个 matrix 等分地切成多个部分，对每部分都计算岛数量，以及每个部分四个边界的信息都收集。在合并的时候，依然利用并查集结构实现任意相邻两部分的合并，速度就更快了。同时，并查集这个结构的实现也可以用分布式内存技术，所以本题可以进一步扩展成为一个系统设计题。本书在此就不再详述了。并行算法需要多线程或分布式编程的内容，本书不提供代码实现，在面试中遇到时也只需与面试官沟通算法的大体流程即可。

第 7 章

位运算

不用额外变量交换两个整数的值

【题目】

如何不用任何额外变量交换两个整数的值?

【难度】

士 ★☆☆☆

【解答】

如果给定整数 a 和 b,用以下三行代码即可交换 a 和 b 的值。

```
a = a ^ b;
b = a ^ b;
a = a ^ b;
```

如何理解这三行代码的具体功能呢?首先要理解异或运算的特点。

- 假设 a 异或 b 的结果记为 c, c 就是 a 整数位信息和 b 整数位信息的所有不同信息。比如, a=4=100, b=3=011, a^b=c=111。
- a 异或 c 的结果就是 b。比如 a=4=100, c=111, a^c=011=3=b。
- b 异或 c 的结果就是 a。比如 b=3=011, c=111, b^c=100=4=a。

所以,在执行上面三行代码之前,假设有 a 信息和 b 信息。执行完第一行代码之后,a 变成了 c,b 还是 b;执行完第二行代码之后,a 仍然是 c,b 变成了 a;执行完第三行代码之后,a 变成了 b,b 仍然是 a。过程结束。

位运算的题目基本上都带有靠经验累积才会做的特征,也就是在准备阶段需要做足够多的题，面试时才会有良好的感觉。

不用做任何比较判断找出两个数中较大的数

【题目】

给定两个 32 位整数 a 和 b，返回 a 和 b 中较大的。

【要求】

不用做任何比较判断。

【难度】

校 ★★★☆

【解答】

第一种方法。得到 a-b 的值的符号，就可以知道是返回 a 还是返回 b。具体请参看如下代码中的 getMax1 方法。

```java
public int flip(int n) {
    return n ^ 1;
}

public int sign(int n) {
    return flip((n >> 31) & 1);
}

public int getMax1(int a, int b) {
    int c = a - b;
    int scA = sign(c);
    int scB = flip(scA);
    return a * scA + b * scB;
}
```

sign 函数的功能是返回整数 n 的符号，正数和 0 返回 1，负数则返回 0。flip 函数的功能是如果 n 为 1，返回 0，如果 n 为 0，返回 1。所以，如果 a-b 的结果为 0 或正数，那么 scA 为 1，scB 为 0；如果 a-b 的值为负数，那么 scA 为 0，scB 为 1。scA 和 scB 必有一个为 1，另一个必为 0。所以 return a * scA + b * scB 就是根据 a-b 的值的状况，选择要么返回 a，要么返回 b。

但方法一是有局限性的，那就是如果 a-b 的值出现溢出，返回结果就不正确。

第二种方法可以彻底解决溢出的问题，也就是如下代码中的 getMax2 方法。

```java
public int getMax2(int a, int b) {
    int c = a - b;
```

```
        int sa = sign(a);
        int sb = sign(b);
        int sc = sign(c);
        int difSab = sa ^ sb;
        int sameSab = flip(difSab);
        int returnA = difSab * sa + sameSab * sc;
        int returnB = flip(returnA);
        return a * returnA + b * returnB;
    }
```

解释一下 getMax2 方法。

如果 a 的符号与 b 的符号不同（difSab==1，sameSab==0），则有：

- 如果 a 为 0 或正，那么 b 为负（sa==1，sb==0），应该返回 a；
- 如果 a 为负，那么 b 为 0 或正（sa==0，sb==1），应该返回 b。

如果 a 的符号与 b 的符号相同（difSab==0，sameSab==1），这种情况下，a-b 的值绝对不会溢出：

- 如果 a-b 为 0 或正（sc==1），返回 a；
- 如果 a-b 为负（sc==0），返回 b；

综上所述，应该返回 a * (difSab * sa + sameSab * sc) + b * flip(difSab * sa + sameSab * sc)。

只用位运算不用算术运算实现整数的加减乘除运算

【题目】

给定两个 32 位整数 a 和 b，可正、可负、可 0。不能使用算术运算符，分别实现 a 和 b 的加减乘除运算。

【要求】

如果给定的 a 和 b 执行加减乘除的某些结果本来就会导致数据的溢出，那么你实现的函数不必对那些结果负责。

【难度】

尉　★★☆☆

【解答】

用位运算实现加法运算。如果在不考虑进位的情况下，a^b 就是正确结果，因为 0 加 0 为 0（0&0），0 加 1 为 1（0&1），1 加 0 为 1（1&0），1 加 1 为 0（1&1）。

例如：

a: 001010101

b：　　　　　　　　000101111

无进位相加，即 a^b：001111010

在只算进位的情况下，也就是只考虑 a 加 b 的过程中进位产生的值是什么，结果就是 (a&b)<<1，因为在第 i 位上只有 1 与 1 相加才会产生 i-1 位的进位。

例如：

a：　　　　　　　　　001010101
b：　　　　　　　　　000101111

只考虑进位的值，即(a&b)<<1：000001010

把完全不考虑进位的相加值与只考虑进位相加的值再相加，就是最终的结果。也就是说，一直重复这样的过程，直到进位产生的值完全消失，说明所有的过程都加完了。

例如：

a：　　　　　　　001010101
b：　　　　　　　000101111

————————————————————

上边两值的^结果：　001111010
上边两值的&<<1 结果：000001010

————————————————————

上边两值的^结果：　001110000
上边两值的&<<1 结果：000010100

————————————————————

上边两值的^结果：　001100100
上边两值的&<<1 结果：000100000

————————————————————

上边两值的^结果：　001000100
上边两值的&<<1 结果：001000000

————————————————————

上边两值的^结果：　000000100
上边两值的&<<1 结果：010000000

————————————————————

上边两值的^结果：　010000100
上边两值的&<<1 结果：000000000

————————————————————

最后&<<1 结果为 0，则过程终止，返回 010000100。具体请参看如下代码中的 add 方法。

```
public int add(int a, int b) {
    int sum = a;
```

```
while (b != 0) {
    sum = a ^ b;
    b = (a & b) << 1;
    a = sum;
}
return sum;
}
```

用位运算实现减法运算。实现 a-b 只要实现 a+(-b)即可，根据二进制数在机器中表达的规则，得到一个数的相反数，就是这个数的二进制数表达取反加 1（补码）的结果。具体请参看如下代码中的 negNum 方法。实现减法运算的全部过程请参看如下代码中的 minus 方法。

```
public int negNum(int n) {
    return add(~n, 1);
}

public int minus(int a, int b) {
    return add(a, negNum(b));
}
```

用位运算实现乘法运算。a×b 的结果可以写成 a×2^0×b0+a×2^1×b1+···+a×2^i×bi+···+ a×2^{31}×b31，其中，bi 为 0 或 1 代表整数 b 的二进制数表达中第 i 位的值。举一个例子，a=22= 000010110，b=13=000001101，res=0。

a:　　000010110

b:　　000001101

res：000000000

b 的最左侧为 1，所以 res=res+a，同时 b 右移一位，a 左移一位。

a:　　000101100

b:　　000000110

res：000010110

b 的最左侧为 0，所以 res 不变，同时 b 右移一位，a 左移一位。

a:　　001011000

b:　　000000011

res：000010110

b 的最左侧为 1，所以 res=res+a，同时 b 右移一位，a 左移一位。

a:　　010110000

b:　　000000001

res：001101110

b 的最左侧为 1，所以 res=res+a，同时 b 右移一位，a 左移一位。

a:　　101100000

b:　　000000000

res：100011110

此时 b 为 0，过程停止，返回 res= 100011110，即 286。

不管 a 和 b 是正、负，还是 0，以上过程都是对的，因为都满足 $a \times b = a \times 2^0 \times b0 + a \times 2^1 \times b1 + \cdots +$ $a* \times 2^i \times bi + \cdots + a \times 2^{31} \times b31$。具体请参看如下代码中的 multi 方法。

```java
public int multi(int a, int b) {
        int res = 0;
        while (b != 0) {
                if ((b & 1) != 0) {
                        res = add(res, a);
                }
                a <<= 1;
                b >>>= 1;
        }
        return res;
}
```

用位运算实现除法运算，其实就是乘法的逆运算。先举例说明一种最普通的情况，a 和 b 都不为负数，假设 a=286= 100011110，b=22= 000010110，res=0：

a：　100011110

b：　000010110

res：000000000

b 向右位移 31 位、30 位、……、4 位时，得到的结果都大于 a。而当 b 向右位移 3 位的结果为 010110000，此时 a≥b。根据乘法的范式，如果 b×res=a，则 $a=b \times 2^0 \times res0 + b \times 2^1 \times res1 + \cdots +$ $b \times 2^i \times resi + \cdots + b \times 2^{31} \times res31$。因为 b 在向右位移 31 位、30 位、……、4 位时，得到的结果都比 a 大，说明 a 包含不下 $b \times 2^{31} \sim b \times 2^4$ 的任何一个，所以 res4~res31 这些位置上应该都为 0。而 b 在向右位移 3 位时，a≥b，说明 a 可以包含一个 $b \times 2^3$，即 res3=1。接下来看剩下的 a，即 $a-b \times 2^3$，还能包含什么。

a：　001101110

b：　000010110

res：000001000

b 向右位移 2 位之后为 001011000，此时 a≥b，说明剩下的 a 可以包含一个 $b \times 2^2$，即 res2=1，然后让剩下的 a 减去一个 $b \times 2^2$，看还能包含什么。

a：　000010110

b：　000010110

res：000001100

b 向右位移 1 位之后大于 a，说明剩下的 a 不能包含 $b \times 2^1$。b 向右位移 0 位之后 a==b，说明剩下的 a 还能包含一个 $b \times 2^0$，即 res0=1。当剩下的 a 再减去一个 b 之后，结果为 0，说明 a 已经完全被分解干净，结果就是此时的 res，即 000001101=13。

353

以上过程其实就是先找到 a 能包含的最大部分，然后让 a 减去这个最大部分，再让剩下的 a 找到次大部分，并依次找下去。

以上过程只适用于当 a 和 b 都不是负数的时候，所以，如果 a 和 b 中有一个为负数或者都为负数时，可以先把 a 和 b 转成正数，计算完成后再看 res 的真实符号是什么。

具体请参看如下代码中的 div 方法，sign 方法是判断整数 n 是否为负，负数返回 true，否则返回 false。

```java
public boolean isNeg(int n) {
        return n < 0;
}

public int div(int a, int b) {
        int x = isNeg(a) ? negNum(a) : a;
        int y = isNeg(b) ? negNum(b) : b;
        int res = 0;
        for (int i = 31; i > -1; i = minus(i, 1)) {
                if ((x >> i) >= y) {
                        res |= (1 << i);
                        x = minus(x, y << i);
                }
        }
        return isNeg(a) ^ isNeg(b) ? negNum(res) : res;
}
```

除法实现还剩非常关键的最后一步。以上方法可以算绝大多数的情况，但我们知道 32 位整数的最小值为-2 147 483 648，最大值为 2 147 483 647，最小值的绝对值比最大值的绝对值大 1，所以，如果 a 或 b 等于最小值，是转不成相对应的正数的。可以总结一下：

- 如果 a 和 b 都不为最小值，直接使用以上过程，返回 div(a,b)。
- 如果 a 和 b 都为最小值，a/b 的结果为 1，直接返回 1。
- 如果 a 不为最小值，而 b 为最小值，a/b 的结果为 0，直接返回 0。
- 如果 a 为最小值，而 b 不为最小值，怎么办？

第 1～3 种情况处理都比较容易，对于情况 4 就棘手很多。我们举个简单的例子说明本书是如何处理这种情况的。为了方便说明，我们假设整数的最大值为 9，而最小值为-10。当 a 和 b 属于[0,9]的范围时，我们可以正确地计算 a/b。当 a 和 b 都属于[-9,9]时，我们可以计算，也就是情况 1；当 a 和 b 都等于-10 时，我们也可以计算，就是情况 2；当 a 属于[-9,9]，而 b 等于-10 时，我们也能计算，就是情况 3；当 a 等于-10，而 b 属于[-9,9]时，如何计算呢？

1. 假设 a=-10，b=5。
2. 计算(a+1)/b 的结果，记为 c。对本例来讲就是-9/5 的结果，c=-1。
3. 计算 c×b 的结果。对本例来讲，-1×5=-5。
4. 计算 a-(c×b)，即-10-(-5)=-5。
5. 计算(a-(c×b))/b 的结果，记为 rest，意义是修正值，即-5/5=-1。

6．返回 c+rest 的结果。

也就是说，既然我们对最小值无能为力，那么就把最小值增加一点，计算出一个结果，然后根据这个结果再修正一下，得到最终的结果。

除法运算的全部过程请参看如下代码中的 divide 方法。

```
public int divide(int a, int b) {
        if (b == 0) {
                throw new RuntimeException("divisor is 0");
        }
        if (a == Integer.MIN_VALUE && b == Integer.MIN_VALUE) {
                return 1;
        } else if (b == Integer.MIN_VALUE) {
                return 0;
        } else if (a == Integer.MIN_VALUE) {
                int res = div(add(a, 1), b);
                return add(res, div(minus(a, multi(res, b)), b));
        } else {
                return div(a, b);
        }
}
```

整数的二进制数表达中有多少个 1

【题目】

给定一个 32 位整数 n，可为 0，可为正，也可为负，返回该整数二进制数表达中 1 的个数。

【难度】

尉　★★☆☆

【解答】

最简单的解法，整数 n 每次进行无符号右移一位，检查最右边的 bit 是否为 1 来进行统计。具体请参看如下代码中的 count1 方法。

```
public int count1(int n) {
        int res = 0;
        while (n != 0) {
                res += n & 1;
                n >>>= 1;
        }
        return res;
}
```

如上方法在最复杂的情况下要经过 32 次循环。下面看一个循环次数只与 1 的个数有关的解法，见如下代码中的 count2 方法。

```java
public int count2(int n) {
        int res = 0;
        while (n != 0) {
                n &= (n - 1);
                res++;
        }
        return res;
}
```

每次进行 n&=(n-1) 操作时，在 while 循环中就可以忽略掉 bit 位上为 0 的部分。

例如，n=01000100，n-1=01000011，n&(n-1)=01000000，说明处理到 01000100 之后，下一步还得处理，因为 01000000!=0。n=01000000，n-1=00111111，n&(n-1)=00000000，说明处理到 01000000 之后，下一步就不用处理了，因为接下来没有 1。所以，n&=(n-1) 操作的实质是抹掉最右边的 1。

与 count2 方法复杂度一样的是如下代码中的 count3 方法。

```java
public int count3(int n) {
        int res = 0;
        while (n != 0) {
                n -= n & (~n + 1);
                res++;
        }
        return res;
}
```

每次进行 n-=n&(~n+1) 操作时，这也是移除最右侧的 1 的过程。等号右边 n & (~n + 1) 的含义是得到 n 中最右侧的 1，这个操作在位运算的题目中经常出现。例如，n=01000100，n&(~n+1)=00000100，n-(n&(~n+1))=01000000。n=01000000，n&(~n+1)=01000000，n-(n&(~n+1)) = 00000000。接下来不用处理了，因为没有 1。

接下来介绍一种看上去很 "超自然" 的方法，叫作平行算法，参看如下代码中的 count4 方法。

```java
public int count4(int n) {
        n = (n & 0x55555555) + ((n >>> 1) & 0x55555555);
        n = (n & 0x33333333) + ((n >>> 2) & 0x33333333);
        n = (n & 0x0f0f0f0f) + ((n >>> 4) & 0x0f0f0f0f);
        n = (n & 0x00ff00ff) + ((n >>> 8) & 0x00ff00ff);
        n = (n & 0x0000ffff) + ((n >>> 16) & 0x0000ffff);
        return n;
}
```

下面解释一下这个过程。

0x55555555 即 01010101010101010101010101010101。(n & 0x55555555) + ((n>>>1) & 0x 55555555) 的结果描述了每两个 bit 成一组 1 的数量分布。以 n=-1（11111111111111 11111111111111）为例进行说明，n=(n & 0x55555555) + ((n >>> 1) & 0x55555555)为 10101010101010101010101010101010，可以看到每两个 bit 成一组 1 的数量状况为 10，也就是每组 2 个。

接下来，0x33333333 即 00110011001100110011001100110011，所以(n & 0x33333333) + ((n >>> 1) & 0x33333333)就描述了 4 个 bit 成一组 1 的数量分布。此时 n=(n & 0x33333333) + ((n >>> 1) & 0x33333333)为 01000100010001000100010001000100，它就代表 4 个 bit 位成一组的 1 数量状况为 0100，也就是每组 4 个。

接下来 n 依次为 00000100000001000000010000000100，代表 8 个 bit 位成一组 1 的数量状况为 00001000，也就是每组 8 个；00000000000100000000000000010000 代表 16 个 bit 成一组 1 的数量状况为 0000000000010000，也就是每组 16 个；00000000000000000000000000100000 代表 32 个 bit 成一组 1 的数量状况为 00000000000000000000000000100000，也就是每组 32 个。

类似并归的过程，组与组之间的数量合并成一个大组，进行下一步并归。

除此之外，还有很多极为"逆天"的算法可以解决这个问题，比如 MIT hackmem 算法等。有兴趣的读者可以去网上查找，但对面试来说，那些方法实在是太偏、难、怪，所以本书不再介绍。

在其他数都出现偶数次的数组中找到出现奇数次的数

【题目】

给定一个整型数组 arr，其中只有一个数出现了奇数次，其他的数都出现了偶数次，打印这个数。

进阶问题：有两个数出现了奇数次，其他的数都出现了偶数次，打印这两个数。

【要求】

时间复杂度为 $O(N)$，额外空间复杂度为 $O(1)$。

【难度】

尉　★★☆☆

【解答】

整数 n 与 0 异或的结果是 n，整数 n 与整数 n 异或的结果是 0。所以，先申请一个整型变量，记为 eO。在遍历数组的过程中，把 eO 和每个数异或（eO=eO^当前数），最后 eO 的值就是出现了奇数次的那个数。这是什么原因呢？因为异或运算满足交换律与结合律。为了方便说明，我们假设 A、B、C 这三个数出现了偶数次，D 这个数出现了奇数次，并且出现的顺序为：C，B，D，A，A，B，C。因为异或运算满足交换律和结合律，所以任意调整异或的顺序都不会改变最终 eO 的值，那么按照原始顺序异或得到的 eO 结果与按照如下顺序异或出的 eO 结果是相同的：A，A，B，B，C，C，D。而按照这个顺序的异或最终结果就是 D。也就是说，先异或还是后异或某一个数，对最终的结果是没有任何影响的，最终结果等同于连续异或同一个出现偶数次的数之后，再连续异或下一个出现偶数次的数，等到所有出现偶数次的数异或完，异或结果肯定是 0，最后再去异或出现奇数次的数，最终结果自然是出现奇数次的数。所以对任何排列的数组，只要这个数组有一个数出现了奇数次，另外的数出现了偶数次，最终异或结果都是出现了奇数次的数。请参看 printOddTimesNum1 方法。

```java
public void printOddTimesNum1(int[] arr) {
        int eO = 0;
        for (int cur : arr) {
                eO ^= cur;
        }
        System.out.println(eO);
}
```

如果只有 A 和 B 出现了奇数次，那么最后的异或结果 eO 就是 A^B。所以，如果数组中有两个出现了奇数次的数，最终的 eO 一定不等于 0。那么肯定能在 32 位整数 eO 上找到一个不等于 0 的 bit 位，假设是第 k 位不等于 0。eO 在第 k 位不等于 0，说明 A 和 B 的第 k 位肯定一个是 1，另一个是 0。接下来再设置一个变量记为 eOhasOne，然后遍历一次数组。在这次遍历时，eOhasOne 只与第 k 位上是 1 的整数异或，其他的数忽略。那么在第二次遍历结束后，eOhasOne 就是 A 或者 B 中的一个，而 eO^eOhasOne 就是另外一个出现奇数次的数。请参看 printOddTimesNum2 方法。

```java
public static void printOddTimesNum2(int[] arr) {
        int eO = 0, eOhasOne = 0;
        for (int curNum : arr) {
                eO ^= curNum;
        }
        int rightOne = eO & (~eO + 1);
        for (int cur : arr) {
                if ((cur & rightOne) != 0) {
                        eOhasOne ^= cur;
                }
        }
        System.out.println(eOhasOne + " " + (eO ^ eOhasOne));
}
```

在其他数都出现 *k* 次的数组中找到只出现一次的数

【题目】

给定一个整型数组 arr 和一个大于 1 的整数 *k*。已知 arr 中只有 1 个数出现了 1 次，其他的数都出现了 *k* 次，请返回只出现了 1 次的数。

【要求】

时间复杂度为 $O(N)$，额外空间复杂度为 $O(1)$。

【难度】

尉 ★★☆☆

【解答】

以下的例子是两个七进制数的无进位相加，即忽略进位相加，比如：

七进制数 a：　　　6 4 3 2 6 0 1
七进制数 b：　　　3 4 5 0 1 1 1
无进位相加结果：　2 1 1 2 0 1 2

可以看出，两个七进制的数 a 和 b，在 *i* 位上无进位相加的结果就是(a(*i*)+b(*i*))%7。同理，*k* 进制的两个数 c 和 d 在 *i* 位上无进位相加的结果就是(c(*i*)+d(*i*))%k。那么，如果 *k* 个相同的 *k* 进制数进行无进位相加，相加的结果一定是每一位上都是 0 的 *k* 进制数。

接下来解这道题就变得简单了，首先设置一个变量 eO，它是一个 32 位的 *k* 进制数，且每个位置上都是 0。然后遍历 arr，把遍历到的每一个整数都转换为 *k* 进制数，然后与 eO 进行无进位相加。遍历结束时，把 32 位的 *k* 进制数 eORes 转换为十进制整数，就是我们想要的结果。因为 *k* 个相同的 *k* 进制数无进位相加，结果一定是每一位上都是 0 的 *k* 进制数，所以只出现一次的那个数最终就会剩下来。具体请参看如下代码中的 onceNum 方法。

```java
public int onceNum(int[] arr, int k) {
    int[] eO = new int[32];
    for (int i = 0; i != arr.length; i++) {
        setExclusiveOr(eO, arr[i], k);
    }
    int res = getNumFromKSysNum(eO, k);
    return res;
}

public void setExclusiveOr(int[] eO, int value, int k) {
    int[] curKSysNum = getKSysNumFromNum(value, k);
    for (int i = 0; i != eO.length; i++) {
        eO[i] = (eO[i] + curKSysNum[i]) % k;
    }
}
```

```
        }

public int[] getKSysNumFromNum(int value, int k) {
        int[] res = new int[32];
        int index = 0;
        while (value != 0) {
                res[index++] = value % k;
                value = value / k;
        }
        return res;
}
public int getNumFromKSysNum(int[] eO, int k) {
        int res = 0;
        for (int i = eO.length - 1; i != -1; i--) {
                res = res * k + eO[i];
        }
        return res;
}
```

第 **8** 章

数组和矩阵问题

转圈打印矩阵

【题目】

给定一个整型矩阵 matrix，请按照转圈的方式打印它。

例如：

1	2	3	4
5	6	7	8
9	10	11	12
13	14	15	16

打印结果为：1，2，3，4，8，12，16，15，14，13，9，5，6，7，11，10

【要求】

额外空间复杂度为 $O(1)$。

【难度】

士 ★☆☆☆

【解答】

本题在算法上没有难度，关键在于设计一种逻辑容易理解、代码易于实现的转圈遍历方式。这里介绍这样一种矩阵处理方式，该方式不仅可用于这道题，还适合很多其他的面试题，就是矩阵分圈处理。在矩阵中用左上角的坐标(tR,tC)和右下角的坐标(dR,dC)就可以表示一个子矩阵，比如，题目中的矩阵，当(tR,tC)=(0,0)、(dR,dC)=(3,3)时，表示的子矩阵就是整个矩阵，那么这个子矩阵最外层的部分如下：

```
1    2    3    4
5              8
9              12
13   14   15   16
```

如果能把这个子矩阵的外层转圈打印出来，那么在(tR,tC)=(0,0)、(dR,dC)=(3,3)时，打印的结果为：1，2，3，4，8，12，16，15，14，13，9，5。接下来令 tR 和 tC 加 1，即(tR,tC)=(1,1)，令 dR 和 dC 减 1，即(dR,dC)=(2,2)，此时表示的子矩阵如下：

```
6    7
10   11
```

再把这个子矩阵转圈打印出来，结果为：6，7，11，10。把 tR 和 tC 加 1，即(tR,tC)=(2,2)，令 dR 和 dC 减 1，即(dR,dC)=(1,1)。如果发现左上角坐标跑到了右下角坐标的右方或下方，整个过程就停止。已经打印的所有结果连起来就是我们要求的打印结果。具体请参看如下代码中的 spiralOrderPrint 方法，其中 printEdge 方法是转圈打印一个子矩阵的外层。

```java
public void spiralOrderPrint(int[][] matrix) {
        int tR = 0;
        int tC = 0;
        int dR = matrix.length - 1;
        int dC = matrix[0].length - 1;
        while (tR <= dR && tC <= dC) {
                printEdge(matrix, tR++, tC++, dR--, dC--);
        }
}

public void printEdge(int[][] m, int tR, int tC, int dR, int dC) {
        if (tR == dR) { // 子矩阵只有一行时
                for (int i = tC; i <= dC; i++) {
                        System.out.print(m[tR][i] + " ");
                }
        } else if (tC == dC) { // 子矩阵只有一列时
                for (int i = tR; i <= dR; i++) {
                        System.out.print(m[i][tC] + " ");
                }
        } else { // 一般情况
                int curC = tC;
                int curR = tR;
                while (curC != dC) {
                        System.out.print(m[tR][curC] + " ");
                        curC++;
                }
                while (curR != dR) {
                        System.out.print(m[curR][dC] + " ");
                        curR++;
                }
```

```
        while (curC != tC) {
                System.out.print(m[dR][curC] + " ");
                curC--;
        }
        while (curR != tR) {
                System.out.print(m[curR][tC] + " ");
                curR--;
        }
    }
}
```

将正方形矩阵顺时针转动 90°

【题目】

给定一个 $N \times N$ 的矩阵 matrix，把这个矩阵调整成顺时针转动 90° 后的形式。

例如：

1	2	3	4
5	6	7	8
9	10	11	12
13	14	15	16

顺时针转动 90° 后为：

13	9	5	1
14	10	6	2
15	11	7	3
16	12	8	4

【要求】

额外空间复杂度为 $O(1)$。

【难度】

士　★☆☆☆

【解答】

这里仍使用分圈处理的方式，在矩阵中用左上角的坐标(tR,tC)和右下角的坐标(dR,dC)就可以表示一个子矩阵。比如，题目中的矩阵，当(tR,tC)=(0,0)、(dR,dC)=(3,3)时，表示的子矩阵就是整个矩阵，那么这个子矩阵最外层的部分如下。

```
1       2       3       4
5               8
9               12
13      14      15      16
```

在这个外圈中，1，4，16，13 为一组，然后让 1 占据 4 的位置，4 占据 16 的位置，16 占据 13 的位置，13 占据 1 的位置，一组就调整完了。然后 2，8，15，9 为一组，继续占据调整的过程，最后 3，12，14，5 为一组，继续占据调整的过程。(tR,tC)=(0,0)、(dR,dC)=(3,3)的子矩阵外层就调整完毕。接下来令 tR 和 tC 加 1，即(tR,tC)=(1,1)，令 dR 和 dC 减 1，即(dR,dC)=(2,2)，此时表示的子矩阵如下。

```
6       7
10      11
```

这个外层只有一组，就是 6，7，11，10，占据调整之后即可。所以，如果子矩阵的大小是 $M \times M$，一共就有 M-1 组，分别进行占据调整即可。

具体过程请参看如下代码中的 rotate 方法。

```java
public void rotate(int[][] matrix) {
        int tR = 0;
        int tC = 0;
        int dR = matrix.length - 1;
        int dC = matrix[0].length - 1;
        while (tR < dR) {
                rotateEdge(matrix, tR++, tC++, dR--, dC--);
        }
}

public void rotateEdge(int[][] m, int tR, int tC, int dR, int dC) {
        int times = dC - tC; // times 就是总的组数
        int tmp = 0;
        for (int i = 0; i != times; i++) { // 一次循环就是一组占据调整
                tmp = m[tR][tC + i];
                m[tR][tC + i] = m[dR - i][tC];
                m[dR - i][tC] = m[dR][dC - i];
                m[dR][dC - i] = m[tR + i][dC];
                m[tR + i][dC] = tmp;
        }
}
```

"之" 字形打印矩阵

【题目】

给定一个矩阵 matrix，按照 "之" 字形的方式打印这个矩阵，例如：

```
1    2    3    4
5    6    7    8
9   10   11   12
```

"之"字形打印的结果为：1，2，5，9，6，3，4，7，10，11，8，12。

【要求】

额外空间复杂度为 $O(1)$。

【难度】

士　★☆☆☆

【解答】

本书提供的实现方法是这样的：

1．上坐标(tR,tC)初始为(0,0)，先沿着矩阵第一行移动（tC++），当到达第一行最右边的元素后，再沿着矩阵最后一列移动（tR++）。

2．下坐标(dR,dC)初始为(0,0)，先沿着矩阵第一列移动（dR++），当到达第一列最下边的元素时，再沿着矩阵最后一行移动（dC++）。

3．上坐标与下坐标同步移动，每次移动后的上坐标与下坐标的连线就是矩阵中的一条斜线，打印斜线上的元素即可。

4．如果上次斜线是从左下向右上打印的，这次一定是从右上向左下打印，反之亦然。总之，可以把打印的方向用 boolean 值表示，每次取反即可。

具体请参看如下代码中的 printMatrixZigZag 方法。

```java
public void printMatrixZigZag(int[][] matrix) {
    int tR = 0;
    int tC = 0;
    int dR = 0;
    int dC = 0;
    int endR = matrix.length - 1;
    int endC = matrix[0].length - 1;
    boolean fromUp = false;
    while (tR != endR + 1) {
        printLevel(matrix, tR, tC, dR, dC, fromUp);
        tR = tC == endC ? tR + 1 : tR;
        tC = tC == endC ? tC : tC + 1;
        dC = dR == endR ? dC + 1 : dC;
        dR = dR == endR ? dR : dR + 1;
        fromUp = !fromUp;
    }
    System.out.println();
}
```

```
public void printLevel(int[][] m, int tR, int tC, int dR, int dC, boolean f) {
        if (f) {
                while (tR != dR + 1) {
                        System.out.print(m[tR++][tC--] + " ");
                }
        } else {
                while (dR != tR - 1) {
                        System.out.print(m[dR--][dC++] + " ");
                }
        }
}
```

找到无序数组中最小的 *k* 个数

【题目】

给定一个无序的整型数组 arr，找到其中最小的 *k* 个数。

【要求】

如果数组 arr 的长度为 *N*，排序之后自然可以得到最小的 *k* 个数，此时时间复杂度与排序的时间复杂度相同，均为 *O*(*N*log*N*)。本题要求实现时间复杂度为 *O*(*N*log*k*)和 *O*(*N*)的方法。

【难度】

O(*N*log*k*)的方法 尉 ★★☆☆

O(*N*)的方法 将 ★★★★

【解答】

依靠把 arr 进行排序的方法太简单，时间复杂度也不好，所以本书不再详述。

O(*N*log*k*)的方法。说起来也非常简单，就是一直维护一个有 *k* 个数的大根堆，这个堆代表目前选出的 *k* 个最小的数，在堆里的 *k* 个元素中堆顶的元素是最小的 *k* 个数里最大的那个。

接下来遍历整个数组，遍历的过程中看当前数是否比堆顶元素小。如果是，就把堆顶的元素替换成当前的数，然后从堆顶的位置调整整个堆，让替换操作后堆的最大元素继续处在堆顶的位置；如果不是，则不进行任何操作，继续遍历下一个数；在遍历完成后，堆中的 *k* 个数就是所有数组中最小的 *k* 个数。

具体请参看如下代码中的 getMinKNumsByHeap 方法，代码中的 heapInsert 和 heapify 方法分别为堆排序中的建堆和调整堆的实现。

```
public int[] getMinKNumsByHeap(int[] arr, int k) {
        if (k < 1 || k > arr.length) {
```

```
                    return arr;
            }
            int[] kHeap = new int[k];
            for (int i = 0; i != k; i++) {
                    heapInsert(kHeap, arr[i], i);
            }
            for (int i = k; i != arr.length; i++) {
                    if (arr[i] < kHeap[0]) {
                            kHeap[0] = arr[i];
                            heapify(kHeap, 0, k);
                    }
            }
            return kHeap;
    }

    public void heapInsert(int[] arr, int value, int index) {
            arr[index] = value;
            while (index != 0) {
                    int parent = (index - 1) / 2;
                    if (arr[parent] < arr[index]) {
                            swap(arr, parent, index);
                            index = parent;
                    } else {
                            break;
                    }
            }
    }

    public void heapify(int[] arr, int index, int heapSize) {
            int left = index * 2 + 1;
            int right = index * 2 + 2;
            int largest = index;
            while (left < heapSize) {
                    if (arr[left] > arr[index]) {
                            largest = left;
                    }
                    if (right < heapSize && arr[right] > arr[largest]) {
                            largest = right;
                    }
                    if (largest != index) {
                            swap(arr, largest, index);
                    } else {
                            break;
                    }
                    index = largest;
                    left = index * 2 + 1;
                    right = index * 2 + 2;
            }
    }
```

```
public void swap(int[] arr, int index1, int index2) {
        int tmp = arr[index1];
        arr[index1] = arr[index2];
        arr[index2] = tmp;
}
```

$O(N)$的解法。需要用到一个经典的算法——BFPRT 算法，该算法于 1973 年由 Blum、Floyd、Pratt、Rivest 和 Tarjan 联合发明，其中蕴含的深刻思想改变了世界。BFPRT 算法解决了这样一个问题，在时间复杂度 $O(N)$内，从无序的数组中找到第 k 小的数。显而易见的是，如果我们找到了第 k 小的数，那么想求 arr 中最小的 k 个数，就是再遍历一次数组的工作量而已，所以关键问题就变成了如何理解并实现 BFPRT 算法。

BFPRT 算法是如何找到第 k 小的数的？以下是 BFPRT 算法的过程，假设 BFPRT 算法的函数是 int select(int[] arr, k)，该函数的功能为在 arr 中找到第 k 小的数，然后返回该数。

select(arr, k)的过程如下：

1．将 arr 中的 n 个元素划分成 $n/5$ 组，每组 5 个元素，如果最后的组不够 5 个元素，那么最后剩下的元素为一组（$n\%5$ 个元素）。

2．对每个组进行插入排序，只针对每个组最多 5 个元素之间的组内排序，组与组之间并不排序。排序后找到每个组的中位数，如果组的元素个数为偶数，这里规定找到下中位数。

3．步骤 2 中一共会找到 $n/5$ 个中位数，让这些中位数组成一个新的数组，记为 mArr。递归调用 select(mArr,mArr.length/2)，意义是找到 mArr 数组中的中位数，即 mArr 中第（mArr.length/2）小的数。

4．假设步骤 3 中递归调用 select(mArr,mArr.length/2)后，返回的数为 x。根据这个 x 划分整个 arr 数组（partition 过程），划分的过程为：在 arr 中，比 x 小的数都在 x 的左边，大于 x 的数都在 x 的右边，x 在中间。划分完成后，x 在 arr 中的位置记为 i。

5．如果 $i==k$，说明 x 为整个数组中第 k 小的数，直接返回。

- 如果 $i<k$，说明 x 处在第 k 小的数的左边，应该在 x 的右边寻找第 k 小的数，所以递归调用 select 函数，在右半区寻找第 $k-i$ 小的数。

- 如果 $i>k$，说明 x 处在第 k 小的数的右边，应该在 x 的左边寻找第 k 小的数，所以递归调用 select 函数，在左半区寻找第 k 小的数。

BFPRT 算法为什么在时间复杂度上可以做到稳定的 $O(N)$呢？以下是 BFPRT 的时间复杂度分析。我们假设 BFPRT 算法处理大小为 N 的数组时，时间复杂度函数为 $T(N)$。

1．如上过程中，除步骤 3 和步骤 5 要递归调用 select 函数外，其他所有的处理过程都可以在 $O(N)$的时间内完成。

2．步骤 3 中有递归调用 select 的过程，且递归处理的数组大小最大为 $n/5$，即 $T(N/5)$。

3．步骤 5 也递归调用了 select，那么递归处理的数组大小最大为多少呢？具体地说，我们关心的是由 x 划分出的左半区最大有多大和由 x 划分出的右半区最大有多大。以下是右半区域的大小计算过程（左半区域的计算过程也类似），这也是整个 BFPRT 算法的精髓。

- 因为 x 是由 5 个数一组的中位数组成的数组 mArr 中的中位数，所以在 mArr 中（mArr 大小为 N/5），有一半的数（N/10 个）都比 x 要小。
- 在 mArr 中比 x 小的所有数在各自的组中又肯定比 2 个数要大，因为在 mArr 中的每一个数都是各自组中的中位数。
- 至少有(N/10)×3 的数比 x 要小，这里必须减去两个特殊的组，一个是 x 自己所在的组，另一个是可能元素数量不足 5 个的组，所以至少有(N/10-2)×3 的数比 x 要小。
- 既然至少有(N/10-2)×3 的数比 x 要小，那么至多有 N-(N/10-2)×3 的数比 x 要大，也就是 7N/10+6 个数比 x 要大，即右半区最大的量。
- 左半区可以用类似的分析过程求出依然是至多有 7N/10+6 个数比 x 要小。

所以整个步骤 5 的复杂度为 $T(7N/10 + 6)$。

综上所述，$T(N) = O(N) + T(N/5) + T(7N/10+6)$，可以在数学上证明 $T(N)$ 的复杂度就是 $O(N)$，详细证明过程请参看相关图书（例如，《算法导论》中 9.3 节的内容），本书不再详述。

为什么要如此费力地处理 arr 数组呢？要 5 个数分 1 组，又要求中位数的中位数，还要划分，好麻烦。这是因为以中位数的中位数 x 划分的数组可以在步骤 5 中递归时，确保肯定淘汰一定的数据量，起码淘汰掉 3N/10-6 的数据量。

不得不说的是，关于选择划分元素的问题，很多实现都是随便找一个数进行数组的划分，也就是类似随机快速排序的划分方式，这种划分方式无法达到时间复杂度为 O(N) 的原因是不能确定淘汰的数据量，而 BFPRT 算法在划分时，使用的是中位数的中位数进行划分，从而确定了淘汰的数据量，最后成功地让时间复杂度收敛到 O(N) 的程度。

本书的实现对 BFPRT 算法做了更好的改进，主要改进的地方是当中位数的中位数 x 在 arr 中大量出现的时候。那么在划分之后到底返回什么位置上的 x 呢？

在本书的实现中，返回在通过 x 划分 arr 后，等于 x 的整个位置区间。比如，pivotRange=[a,b] 表示 arr[a..b] 上都是 x，并以此区间去命中第 k 小的数，如果在[a,b]上，就是命中，如果没在[a,b]上，表示没命中。这样既可以尽量少地进行递归过程，又可以增加淘汰的数据量，使得步骤 5 的递归过程变得数据量更少。

具体过程请参看如下代码中的 getMinKNumsByBFPRT 方法。

```java
public int[] getMinKNumsByBFPRT(int[] arr, int k) {
    if (k < 1 || k > arr.length) {
        return arr;
    }
    int minKth = getMinKthByBFPRT(arr, k);
    int[] res = new int[k];
    int index = 0;
    for (int i = 0; i != arr.length; i++) {
        if (arr[i] < minKth) {
```

```
                                res[index++] = arr[i];
                    }
            }
            for (; index != res.length; index++) {
                    res[index] = minKth;
            }
            return res;
    }

    public int getMinKthByBFPRT(int[] arr, int K) {
            int[] copyArr = copyArray(arr);
            return select(copyArr, 0, copyArr.length - 1, K - 1);
    }

    public int[] copyArray(int[] arr) {
            int[] res = new int[arr.length];
            for (int i = 0; i != res.length; i++) {
                    res[i] = arr[i];
            }
            return res;
    }

    public int select(int[] arr, int begin, int end, int i) {
            if (begin == end) {
                    return arr[begin];
            }
            int pivot = medianOfMedians(arr, begin, end);
            int[] pivotRange = partition(arr, begin, end, pivot);
            if (i >= pivotRange[0] && i <= pivotRange[1]) {
                    return arr[i];
            } else if (i < pivotRange[0]) {
                    return select(arr, begin, pivotRange[0] - 1, i);
            } else {
                    return select(arr, pivotRange[1] + 1, end, i);
            }
    }

    public int medianOfMedians(int[] arr, int begin, int end) {
            int num = end - begin + 1;
            int offset = num % 5 == 0 ? 0 : 1;
            int[] mArr = new int[num / 5 + offset];
            for (int i = 0; i < mArr.length; i++) {
                    int beginI = begin + i * 5;
                    int endI = beginI + 4;
                    mArr[i] = getMedian(arr, beginI, Math.min(end, endI));
            }
            return select(mArr, 0, mArr.length - 1, mArr.length / 2);
    }

    public int[] partition(int[] arr, int begin, int end, int pivotValue) {
            int small = begin - 1;
            int cur = begin;
```

```
                int big = end + 1;
                while (cur != big) {
                        if (arr[cur] < pivotValue) {
                                swap(arr, ++small, cur++);
                        } else if (arr[cur] > pivotValue) {
                                swap(arr, cur, --big);
                        } else {
                                cur++;
                        }
                }
                int[] range = new int[2];
                range[0] = small + 1;
                range[1] = big - 1;
                return range;
        }

        public int getMedian(int[] arr, int begin, int end) {
                insertionSort(arr, begin, end);
                int sum = end + begin;
                int mid = (sum / 2) + (sum % 2);
                return arr[mid];
        }

        public void insertionSort(int[] arr, int begin, int end) {
                for (int i = begin + 1; i != end + 1; i++) {
                        for (int j = i; j != begin; j--) {
                                if (arr[j - 1] > arr[j]) {
                                        swap(arr, j - 1, j);
                                } else {
                                        break;
                                }
                        }
                }
        }
}
```

需要排序的最短子数组长度

【题目】

给定一个无序数组 arr，求出需要排序的最短子数组长度。

例如：arr = [1,5,3,4,2,6,7]返回 4，因为只有[5,3,4,2]需要排序。

【难度】

士　★☆☆☆

【解答】

解决这个问题可以做到时间复杂度为 $O(N)$、额外空间复杂度为 $O(1)$。

初始化变量 noMinIndex=-1，从右向左遍历，遍历的过程中记录右侧出现过的数的最小值，记为 min。假设当前数为 arr[i]，如果 arr[i]>min，说明如果要整体有序，min 值必然会挪到 arr[i] 的左边。用 noMinIndex 记录最左边出现这种情况的位置。如果遍历完成后，noMinIndex 依然等于-1，说明从右到左始终不升序，原数组本来就有序，直接返回 0，即完全不需要排序。

接下来从左向右遍历，遍历的过程中记录左侧出现过的数的最大值，记为 max。假设当前数为 arr[i]，如果 arr[i]<max，说明如果排序，max 值必然会挪到 arr[i] 的右边。用变量 noMaxIndex 记录最右边出现这种情况的位置。

遍历完成后，arr[noMinIndex..noMaxIndex] 是真正需要排序的部分，返回它的长度即可。

具体过程参看如下代码中的 getMinLength 方法。

```java
public int getMinLength(int[] arr) {
        if (arr == null || arr.length < 2) {
                return 0;
        }
        int min = arr[arr.length - 1];
        int noMinIndex = -1;
        for (int i = arr.length - 2; i != -1; i--) {
                if (arr[i] > min) {
                        noMinIndex = i;
                } else {
                        min = Math.min(min, arr[i]);
                }
        }
        if (noMinIndex == -1) {
                return 0;
        }
        int max = arr[0];
        int noMaxIndex = -1;
        for (int i = 1; i != arr.length; i++) {
                if (arr[i] < max) {
                        noMaxIndex = i;
                } else {
                        max = Math.max(max, arr[i]);
                }
        }
        return noMaxIndex - noMinIndex + 1;
}
```

在数组中找到出现次数大于 N/K 的数

【题目】

给定一个整型数组 arr，打印其中出现次数大于一半的数，如果没有这样的数，打印提示信息。

进阶问题：给定一个整型数组 arr，再给定一个整数 K，打印所有出现次数大于 N/K 的数，如果没有这样的数，打印提示信息。

【要求】

原问题要求时间复杂度为 $O(N)$，额外空间复杂度为 $O(1)$。进阶问题要求时间复杂度为 $O(N×K)$，额外空间复杂度为 $O(K)$。

【难度】

校 ★★★☆

【解答】

无论是原问题还是进阶问题，都可以用哈希表记录每个数及其出现的次数，但是额外空间复杂度为 $O(N)$，不符合题目要求，所以本书不再详述这种简单的方法。本书提供方法的核心思路是，一次在数组中删掉 K 个不同的数，不停地删除，直到剩下数的种类不足 K 就停止删除，那么，如果一个数在数组中出现的次数大于 N/K，则这个数最后一定会被剩下来。

对于原问题，出现次数大于一半的数最多只会有一个，还可能不存在这样的数。具体的过程为，一次在数组中删掉两个不同的数，不停地删除，直到剩下的数只有一种，如果一个数出现次数大。下面先列出代码，然后进行解释。

```java
public void printHalfMajor(int[] arr) {
    int cand = 0;
    int times = 0;
    for (int i = 0; i != arr.length; i++) {
        if (times == 0) {
            cand = arr[i];
            times = 1;
        } else if (arr[i] == cand) {
            times++;
        } else {
            times--;
        }
    }
    times = 0;
    for (int i = 0; i != arr.length; i++) {
        if (arr[i] == cand) {
            times++;
        }
    }
    if (times > arr.length / 2) {
        System.out.println(cand);
    } else {
        System.out.println("no such number.");
```

```
            }
        }
```

    printHalfMajor 方法中第一个 for 循环就是一次在数组中删掉两个不同数的代码实现。我们把变量 cand 叫作候选，times 叫作次数，读者先不用纠结这两个变量是什么意义，我们看在第一个 for 循环中发生了什么。

- times==0 时，表示当前没有候选，则把当前数 arr[i]设成候选，同时把 times 设置成 1。
- times!=0 时，表示当前有候选，如果当前的数 arr[i]与候选一样，就把 times 加 1；如果当前的数 arr[i]与候选不一样，就把 times 减 1，减到 0 则表示又没有候选了。

    这具体是什么意思呢？当没有候选时，我们把当前的数作为候选，说明找到了两个不同数中的第一个；当有候选且当前的数和候选一样时，说明目前没有找到两个不同数中的另外一个，反而是同一种数反复出现了，那么就把 times++表示反复出现的数在累计自己的点数。当有候选且当前的数和候选不一样时，说明找全了两个不同的数，但是候选可能在之前多次出现，如果此时把候选完全换掉，候选的这个数相当于一下被删掉了多个，对吧？所以这时候选"付出"一个自己的点数，即 times 减 1，然后当前数也被删掉。这样还是相当于一次删掉了两个不同的数。当然，如果 times 被减到值为 0，说明候选的点数完全被消耗完，那么又表示候选空缺，arr 中的下一个数（arr[i+1]）就又被作为候选。

    综上所述，第一个 for 循环的实质就是我们的核心解题思路，一次在数组中删掉两个不同的数，不停地删除，直到剩下的数只有一种，如果一个数出现次数大于一半，则这个数最后一定会被剩下来，也就是最后的 cand 值。

    这里请注意一点，一个数出现次数虽然大于一半，它肯定会被剩下来，但那并不表示剩下来的数一定是符合条件的。例如，1，2，1，其中 1 符合出现次数超过了一半，所以 1 肯定会剩下来。再如 1，2，3，其中没有任何一个数出现的次数超过了一半，可 3 最后也剩下来了。所以 printHalfMajor 方法中第二个 for 循环的工作就是检验最后剩下来的那个数（即 cand）是否真的是出现次数大于一半的数。如果 cand 都不符合条件，那么其他的数也一定都不符合，说明 arr 中没有任何一个数出现了一半以上。

    进阶问题解法核心也是类似的，一次在数组中删掉 K 个不同的数，不停地删除，直到剩下的数的种类不足 K，那么，如果某些数在数组中出现次数大于 N/K，则这些数最后一定会被剩下来。原问题中，我们解决了找到出现次数超过 N/2 的数，解决的办法是立了 1 个候选 cand，以及这个候选的 times 统计。进阶问题具体的实现也类似，只要立 K-1 个候选，然后有 K-1 个 times 统计即可，具体过程如下。

    遍历到 arr[i]时，看 arr[i]是否与已经被选出的某一个候选相同。

    如果与某一个候选相同，就把属于那个候选的点数统计加 1。

如果与所有的候选都不相同，先看当前的候选是否选满了，K-1 就是满，否则就是不满：

- 如果不满，把 arr[i]作为一个新的候选，属于它的点数初始化为 1。
- 如果已满，说明此时发现了 K 个不同的数，arr[i]就是第 K 个。此时把每一个候选各自的点数全部减 1，表示每个候选"付出"一个自己的点数。如果某些候选的点数在减 1 之后等于 0，则还需要把这些候选都删除，候选又变成不满的状态。

在遍历过程结束后，再遍历一次 arr，验证被选出来的所有候选有哪些出现次数真的大于 N/K，打印符合条件的候选。具体请参看如下代码中的 printKMajor 方法。

```java
public void printKMajor(int[] arr, int K) {
        if (K < 2) {
                System.out.println("the value of K is invalid.");
                return;
        }
        HashMap<Integer, Integer> cands = new HashMap<Integer, Integer>();
        for (int i = 0; i != arr.length; i++) {
                if (cands.containsKey(arr[i])) {
                        cands.put(arr[i], cands.get(arr[i]) + 1);
                } else {
                        if (cands.size() == K - 1) {
                                allCandsMinusOne(cands);
                        } else {
                                cands.put(arr[i], 1);
                        }
                }
        }
        HashMap<Integer, Integer> reals = getReals(arr, cands);
        boolean hasPrint = false;
        for (Entry<Integer, Integer> set : cands.entrySet()) {
                Integer key = set.getKey();
                if (reals.get(key) > arr.length / K) {
                        hasPrint = true;
                        System.out.print(key + " ");
                }
        }
        System.out.println(hasPrint ? "" : "no such number.");
}

public void allCandsMinusOne(HashMap<Integer, Integer> map) {
        List<Integer> removeList = new LinkedList<Integer>();
        for (Entry<Integer, Integer> set : map.entrySet()) {
                Integer key = set.getKey();
                Integer value = set.getValue();
                if (value == 1) {
                        removeList.add(key);
                }
                map.put(key, value - 1);
        }
```

```
        for (Integer removeKey : removeList) {
                map.remove(removeKey);
        }
    }

    public HashMap<Integer, Integer> getReals(int[] arr,
                HashMap<Integer, Integer> cands) {
        HashMap<Integer, Integer> reals = new HashMap<Integer, Integer>();
        for (int i = 0; i != arr.length; i++) {
                int curNum = arr[i];
                if (cands.containsKey(curNum)) {
                        if (reals.containsKey(curNum)) {
                                reals.put(curNum, reals.get(curNum) + 1);
                        } else {
                                reals.put(curNum, 1);
                        }
                }
        }
        return reals;
    }
```

【扩展】

这种一次删掉 K 个不同的数的思想在面试中通常会变形之后反复出现。例如，下面这道面试真题：有一场投票，投票有效的条件是必须有一个候选人得票数超过半数，但是验票人员不能看到每张选票上选了谁，只能把任意两张选票放到一台机器上看这两张选票是否一样，若一样，则机器给出 true 的提醒，不一样则给出 false 的提醒。如果你作为验票的人员，怎么判断这场投票是有效的？

这道题就是原问题的变形，但是"不能看到每张选票上选了谁"的这个限制实际上把用哈希表来解题的可能性完全堵死了。但本文的方法却可以满足题目的要求，因为我们实现的方法只需要对当前数和候选数做比较，而不需要知道每个数的值。

在行列都排好序的矩阵中找指定数

【题目】

给定一个 NxM 的整型矩阵 matrix 和一个整数 K，matrix 的每一行和每一列都是排好序的。实现一个函数，判断 K 是否在 matrix 中。

例如：

```
0   1   2   5
2   3   4   7
```

```
4    4    4    8
5    7    7    9
```

如果 K 为 7，返回 true；如果 K 为 6，返回 false。

【要求】

时间复杂度为 O(N+M)，额外空间复杂度为 O(1)。

【难度】

士 ★☆☆☆

【解答】

符合要求的解法比较巧妙且易于理解。

可以用以下步骤解决：

1. 从矩阵最右上角的数开始寻找（row=0，col=M-1）。

2. 比较当前数 matrix[row][col] 与 K 的关系：

● 如果与 K 相等，说明已找到，直接返回 true。

● 如果比 K 大，因为矩阵每一列都已排好序，所以在当前数所在的列中，处于当前数下方的数都会比 K 大，则没有必要继续在第 col 列上寻找，令 col=col-1，重复步骤 2。

● 如果比 K 小，因为矩阵每一行都已排好序，所以在当前数所在的行中，处于当前数左方的数都会比 K 小，则没有必要继续在第 row 行上寻找，令 row=row+1，重复步骤 2。

3. 如果找到越界都没有发现与 K 相等的数，则返回 false。

或者，也可以用以下步骤：

1. 从矩阵最左下角的数开始寻找（row=N-1，col=0）。

2. 比较当前数 matrix[row][col] 与 K 的关系：

● 如果与 K 相等，说明已找到，直接返回 true。

● 如果比 K 大，因为矩阵每一行都已排好序，所以在当前数所在的行中，处于当前数右方的数都会比 K 大，则没有必要继续在第 row 行上寻找，令 row=row-1，重复步骤 2。

● 如果比 K 小，因为矩阵每一列都已排好序，所以在当前数所在的列中，处于当前数上方的数都会比 K 小，则没有必要继续在第 col 列上寻找，令 col=col+1，重复步骤 2。

3. 如果找到越界都没有发现与 K 相等的数，则返回 false。

具体请参看如下代码中的 isContains 方法：

```
public boolean isContains(int[][] matrix, int K) {
        int row = 0;
        int col = matrix[0].length - 1;
        while (row < matrix.length && col > -1) {
```

```
                  if (matrix[row][col] == K) {
                          return true;
                  } else if (matrix[row][col] > K) {
                          col--;
                  } else {
                          row++;
                  }
          }
          return false;
  }
```

最长的可整合子数组的长度

【题目】

先给出可整合数组的定义：如果一个数组在排序之后，每相邻两个数差的绝对值都为 1，则该数组为可整合数组。例如，[5,3,4,6,2]排序之后为[2,3,4,5,6]，符合每相邻两个数差的绝对值都为 1，所以这个数组为可整合数组。

给定一个整型数组 arr，请返回其中最大可整合子数组的长度。例如，[5,5,3,2,6,4,3]的最大可整合子数组为[5,3,2,6,4]，所以返回 5。

【难度】

尉 ★★☆☆

【解答】

时间复杂度高但容易理解的做法。对 arr 中的每一个子数组 arr[i..j]（0≤i≤j≤N-1），都验证一下是否符合可整合数组的定义，也就是对 arr[i..j]排序，看是否依次递增且每次递增 1。然后在所有符合可整合数组定义的子数组中，记录最大的那个长度，返回即可。需要注意的是，在考查每一个 arr[i..j]是否符合可整合数组定义的时候，都得把 arr[i..j]单独复制成一个新的数组，然后把这个新的数组排序、验证，而不能直接改变 arr 中元素的顺序。所以大体过程如下：

1. 依次考查每一个子数组 arr[i..j]（0≤i≤j≤N-1），一共有 $O(N^2)$ 个。

2. 对每一个子数组 arr[i..j]，复制成一个新的数组，记为 newArr，把 newArr 排序，然后验证是否符合可整合数组的定义，这一步代价为 $O(NlogN)$。

3. 步骤 2 中符合条件的、最大的那个子数组的长度就是结果。

具体请参看如下代码中的 getLIL1 方法，时间复杂度为 $O(N^2) \times O(NlogN) -> O(N^3logN)$。

```
public int getLIL1(int[] arr) {
        if (arr == null || arr.length == 0) {
                return 0;
```

```
        }
        int len = 0;
        for (int i = 0; i < arr.length; i++) {
                for (int j = i; j < arr.length; j++) {
                        if (isIntegrated(arr, i, j)) {
                                len = Math.max(len, j - i + 1);
                        }
                }
        }
        return len;
}

public boolean isIntegrated(int[] arr, int left, int right) {
        int[] newArr = Arrays.copyOfRange(arr, left, right + 1); // O(N)
        Arrays.sort(newArr); // O(N*logN)
        for (int i = 1; i < newArr.length; i++) {
                if (newArr[i - 1] != newArr[i] - 1) {
                        return false;
                }
        }
        return true;
}
```

第一种方法严格按照题目的意思来验证每一个子数组是否是可整合数组，但是验证可整合数组真的需要如此麻烦吗？有没有更好的方法来加速验证过程？这也是本书提供方法的核心。判断一个数组是否是可整合数组还可以用以下方法，一个数组中如果没有重复元素，并且最大值减去最小值，再加 1 的结果等于元素个数（max−min+1==元素个数），那么这个数组就是可整合数组。比如[3,2,5,6,4]，max−min+1=6-2+1=5==元素个数，所以这个数组是可整合数组。

这样，验证每一个子数组是否是可整合数组的时间复杂度可以从第一种方法的 $O(N\log N)$ 加速至 $O(1)$，整个过程的时间复杂度就可加速到 $O(N^2)$。具体请参看如下代码中的 getLIL2 方法。

```
public int getLIL2(int[] arr) {
        if (arr == null || arr.length == 0) {
                return 0;
        }
        int len = 0;
        int max = 0;
        int min = 0;
        HashSet<Integer> set = new HashSet<Integer>(); // 判断重复
        for (int i = 0; i < arr.length; i++) {
                max = Integer.MIN_VALUE;
                min = Integer.MAX_VALUE;
                for (int j = i; j < arr.length; j++) {
                        if (set.contains(arr[j])) {
                                break;
                        }
                        set.add(arr[j]);
```

```
                              max = Math.max(max, arr[j]);
                              min = Math.min(min, arr[j]);
                              if (max - min == j - i) { // 新的检查方式
                                     len = Math.max(len, j - i + 1);
                              }
                       }
                       set.clear();
                }
                return len;
        }
```

不重复打印排序数组中相加和为给定值的所有二元组和三元组

【题目】

给定排序数组 arr 和整数 k，不重复打印 arr 中所有相加和为 k 的不降序二元组。

例如，arr=[-8,-4,-3,0,1,2,4,5,8,9]，k=10，打印结果为：

1,9

2,8

补充问题：给定排序数组 arr 和整数 k，不重复打印 arr 中所有相加和为 k 的不降序三元组。

例如，arr=[-8,-4,-3,0,1,2,4,5,8,9]，k=10，打印结果为：

-4,5,9

-3,4,9

-3,5,8

0,1,9

0,2,8

1,4,5

【难度】

尉 ★★☆☆

【解答】

利用排序后数组的特点，打印二元组的过程可以用一个左指针和一个右指针不断向中间压缩的方式实现，具体过程为：

1．设置变量 left=0，right=arr.length-1。

2．比较 arr[left]+arr[right]的值(sum)与 k 的大小：

- 如果 sum 等于 k，打印"arr[left],arr[right]"，则 left++，right--。

- 如果 sum 大于 k，right--。

- 如果 sum 小于 k，left++。

3．如果 left<right，则一直重复步骤 2，否则过程结束。

那么如何保证不重复打印相同的二元组呢？只需在打印时增加一个检查即可，检查 arr[left] 是否与它前一个值 arr[left-1]相等，如果相等，就不打印。具体解释为：因为整体过程是从两头向中间压缩的过程，如果 arr[left]+arr[right]==k，又有 arr[left]==arr[left-1]，那么之前一定已经打印过这个二元组，此时无须重复打印。比如 arr=[1,1,1,9]，k=10。首先打印 arr[0]和 arr[3]的组合，接下来就不再重复打印 1 和 9 这个二元组。

具体过程请参看如下代码中的 printUniquePair 方法，时间复杂度 O(N)。

```java
public void printUniquePair(int[] arr, int k) {
        if (arr == null || arr.length < 2) {
                return;
        }
        int left = 0;
        int right = arr.length - 1;
        while (left < right) {
                if (arr[left] + arr[right] < k) {
                        left++;
                } else if (arr[left] + arr[right] > k) {
                        right--;
                } else {
                        if (left == 0 || arr[left - 1] != arr[left]) {
                            System.out.println(arr[left] + "," + arr[right]);
                        }
                        left++;
                        right--;
                }
        }
}
```

三元组的问题类似于二元组的求解过程。

例如：

arr=[-8,-4,-3,0,1,2,4,5,8,9]，k=10。

- 当三元组的第一个值为-8 时，寻找-8 后面的子数组中所有相加为 18 的不重复二元组。

- 当三元组的第一个值为-4 时，寻找-4 后面的子数组中所有相加为 14 的不重复二元组。

- 当三元组的第一个值为-3 时，寻找-3 后面的子数组中所有相加为 13 的不重复二元组。

依此类推。

如何不重复打印相同的三元组呢？首先要保证每次寻找过程开始前，选定的三元组中第一个值不重复，其次就是和原问题的打印检查一样，要保证不重复打印二元组。

具体请参看如下代码中的 printUniqueTriad 方法，时间复杂度为 $O(N^2)$。

```
public void printUniqueTriad(int[] arr, int k) {
        if (arr == null || arr.length < 3) {
            return;
        }
        for (int i = 0; i < arr.length - 2; i++) {
            if (i == 0 || arr[i] != arr[i - 1]) {
                    printRest(arr, i, i + 1, arr.length - 1, k - arr[i]);
            }
        }
}

public void printRest(int[] arr, int f, int l, int r, int k) {
        while (l < r) {
            if (arr[l] + arr[r] < k) {
                l++;
            } else if (arr[l] + arr[r] > k) {
                r--;
            } else {
                if (l == f + 1 || arr[l - 1] != arr[l]) {
                    System.out.println(arr[f] + "," + arr[l] + "," + arr[r]);
                }
                l++;
                r--;
            }
        }
}
```

未排序正数数组中累加和为给定值的最长子数组长度

【题目】

给定一个数组 arr，该数组无序，但每个值均为正数，再给定一个正数 k。求 arr 的所有子数组中所有元素相加和为 k 的最长子数组长度。

例如，arr=[1,2,1,1,1]，k=3。

累加和为 3 的最长子数组为[1,1,1]，所以结果返回 3。

【难度】

尉 ★★☆☆

【解答】

最优解可以做到时间复杂度为 $O(N)$、额外空间复杂度为 $O(1)$。首先用两个位置来标记子数组的左右两头，记为 left 和 right，开始时都在数组的最左边（left=0，right=0）。整体过程如下：

1. 开始时变量 left=0，right=0，代表子数组 arr[left..right]。

2. 变量 sum 始终表示子数组 arr[left..right]的和。开始时 sum=arr[0]，即 arr[0..0]的和。

3. 变量 len 一直记录累加和为 k 的所有子数组中最大子数组的长度。开始时，len=0。

4. 根据 sum 与 k 的比较结果决定是 left 移动还是 right 移动，具体如下：

- 如果 sum==k，说明 arr[left..right]累加和为 k，如果 arr[left..right]长度大于 len，则更新 len，此时因为数组中所有的值都为正数，那么所有从 left 位置开始，在 right 之后的位置结束的子数组，即 arr[left..i(i>right)]，累加和一定大于 k。所以，令 left 加 1，这表示我们开始考查以 left 之后的位置开始的子数组，同时令 sum-=arr[left]，sum 此时开始表示 arr[left+1..right]的累加和。

- 如果 sum 小于 k，说明 arr[left..right]还需要加上 right 后面的值，其和才可能达到 k，所以，令 right 加 1，sum+=arr[right]。需要注意的是，right 加 1 后是否越界。

- 如果 sum 大于 k，说明所有从 left 位置开始，在 right 之后的位置结束的子数组，即 arr[left..i(i>right)]，累加和一定大于 k。所以，令 left 加 1，这表示我们开始考查以 left 之后的位置开始的子数组，同时令 sum-=arr[left]，sum 此时表示 arr[left+1..right]的累加和。

5. 如果 right<arr.length，重复步骤 4。否则直接返回 len，全部过程结束。

具体请参看如下代码中的 getMaxLength 方法。

```
public int getMaxLength(int[] arr, int k) {
    if (arr == null || arr.length == 0 || k <= 0) {
        return 0;
    }
    int left = 0;
    int right = 0;
    int sum = arr[0];
    int len = 0;
    while (right < arr.length) {
        if (sum == k) {
            len = Math.max(len, right - left + 1);
            sum -= arr[left++];
        } else if (sum < k) {
            right++;
            if (right == arr.length) {
                break;
            }
            sum += arr[right];
        } else {
```

```
                                    sum -= arr[left++];
                }
        }
        return len;
}
```

未排序数组中累加和为给定值的最长子数组系列问题

【题目】

给定一个无序数组 arr，其中元素可正、可负、可 0。给定一个整数 k，求 arr 所有的子数组中累加和为 k 的最长子数组长度。

补充问题 1：给定一个无序数组 arr，其中元素可正、可负、可 0。求 arr 所有的子数组中正数与负数个数相等的最长子数组长度。

补充问题 2：给定一个无序数组 arr，其中元素只是 1 或 0。求 arr 所有的子数组中 0 和 1 个数相等的最长子数组长度。

【难度】

尉 ★★☆☆

【解答】

本书提供的方法可以做到时间复杂度为 $O(N)$、额外空间复杂度为 $O(N)$，首先来看原问题。

为了说明解法，先定义 s 的概念，s(i)代表子数组 arr[0..i]所有元素的累加和。那么子数组 arr[j..i]（$0 \leq j \leq i <$ arr.length）的累加和为 s(i)-s(j-1)，因为根据定义，s(i)=arr[0..i]的累加和等于 arr[0..j-1]的累加和与 arr[j..i]的累加和相加，又有 arr[0..j-1]的累加和为 s(j-1)。所以，arr[j..i]的累加和为 s(i)-s(j-1)，这个结论是求解这道题的核心。

原问题解法只遍历一次 arr，具体过程为：

1．设置变量 sum=0，表示从 0 位置开始一直加到 i 位置所有元素的和。设置变量 len=0，表示累加和为 k 的最长子数组长度。设置哈希表 map，其中，key 表示从 arr 最左边开始累加的过程中出现过的 sum 值，对应的 value 值则表示 sum 值最早出现的位置。

2．从左到右开始遍历，遍历的当前元素为 arr[i]。

1）令 sum=sum+arr[i]，即之前所有元素的累加和 s(i)，在 map 中查看是否存在 sum-k。

- 如果 sum-k 存在，从 map 中取出 sum-k 对应的 value 值，记为 j，j 代表从左到右不断累加的过程中第一次加出 sum-k 这个累加和的位置。根据之前得出的结论，arr[j+1..i] 的累加和为 s(i)-s(j)，此时 s(i)=sum，又有 s(j)=sum-k，所以 arr[j+1..i]的累加和为 k。同时因为 map 中只记录每一个累加和最早出现的位置，所以此时的 arr[j+1..i]是在必须以

arr[i]结尾的所有子数组中，最长的累加和为 k 的子数组，如果该子数组的长度大于 len，就更新 len。

- 如果 sum-k 不存在，说明在必须以 arr[i]结尾的情况下没有累加和为 k 的子数组。

2）检查当前的 sum（即 s(i)）是否在 map 中。如果不存在，说明此时的 sum 值是第一次出现的，就把记录(sum,i)加入到 map 中。如果 sum 存在，说明之前已经出现过 sum，map 只记录一个累加和最早出现的位置，所以此时什么记录也不加。

3. 继续遍历下一个元素，直到所有的元素遍历完。

大体过程如上，但还有一个很重要的问题需要处理。根据 arr[j+1..i]的累加和为 s(i)-(j)，所以，如果从 0 位置开始累加，会导致 j+1≥1。也就是说，所有从 0 位置开始的子数组都没有考虑过。所以，应该从-1 位置开始累加，也就是在遍历之前先把(0,-1)这个记录放进 map，这个记录的意义是如果任何一个数都不加时，累加和为 0。这样，从 0 位置开始的子数组就被我们考虑到了。

比如，数组[1,2,3,3]，k=6。如果从 0 位置开始累加，也就是遍历之前不加入(0,-1)记录，当遍历到第一个 3 时，sum=6，在 map 中的记录如下：

key	value
1	0 -> 累加和 1 最早出现在 0 位置
3	1 -> 累加和 3 最早出现在 1 位置

此时 sum-k=6-6=0，所以在 map 中查询累加和 0 最早出现的位置，发现没有出现过。那么子数组[1,2,3]就被我们忽略。接下来遍历到第二个 3 时，sum=9，在 map 中的记录如下：

key	value
1	0 -> 累加和 1 最早出现在 0 位置
3	1 -> 累加和 3 最早出现在 1 位置
6	2 -> 累加和 2 最早出现在 2 位置

此时 sum-k=9-6=3，所以在 map 中查询累加和 3 最早出现的位置，发现累加和 3 最早出现在 1 位置，所以 arr[j+1..i]即 arr[2..3]（也即[3,3]）被找到。但很明显，[1,2,3]这个子数组才是正确的，所以不加入(0,-1)会导致这样的问题。

如果遍历之前先加入(0,-1)这个记录，当遍历到第一个 3 时，sum=6，在 map 中的记录如下：

key	value
0	-1 -> 累加和 0 最早出现在-1 位置，即一个元素也没有时，累加和为 0
1	0 -> 累加和 1 最早出现在 0 位置
3	1 -> 累加和 3 最早出现在 1 位置

此时 sum-k=6-6=0，所以，在 map 中查询累加和 0 最早出现的位置，发现累加和 0 最早出现在-1 位置，所以 arr[j+1..i]即 arr[0..2]（也即[1,2,3]）被找到。

具体过程请参看如下代码中的 maxLength 方法。

```
public int maxLength(int[] arr, int k) {
        if (arr == null || arr.length == 0) {
                return 0;
        }
        HashMap<Integer, Integer> map = new HashMap<Integer, Integer>();
        map.put(0, -1); // 重要
        int len = 0;
        int sum = 0;
        for (int i = 0; i < arr.length; i++) {
                sum += arr[i];
                if (map.containsKey(sum - k)) {
                        len = Math.max(i - map.get(sum - k), len);
                }
                if (!map.containsKey(sum)) {
                        map.put(sum, i);
                }
        }
        return len;
}
```

理解了原问题的解法后，补充问题是可以迅速解决的。第一个补充问题是先把数组 arr 中的正数全部变成 1，负数全部变成-1，0 不变，然后求累加和为 0 的最长子数组长度即可。第二个补充问题是先把数组 arr 中的 0 全部变成-1，1 不变，然后求累加和为 0 的最长子数组长度即可。两个补充问题的代码略。

未排序数组中累加和小于或等于给定值的最长子数组长度

【题目】

给定一个无序数组 arr，其中元素可正、可负、可 0。给定一个整数 k，求 arr 所有的子数组中累加和小于或等于 k 的最长子数组长度。

例如：arr=[3,-2,-4,0,6]，k=-2，相加和小于或等于-2 的最长子数组为{3,-2,-4,0}，所以结果返回 4。

【要求】

实现出时间复杂度为 $O(N)$ 的方法。

【难度】

将 ★★★★

【解答】

时间复杂度为 $O(NlogN)$，额外空间复杂度为 $O(N)$ 的解法。

依次求以数组中每个位置结尾的、累加和小于或等于 k 的最长子数组长度，其中最长的那个子数组的长度就是我们要的结果。为了便于读者理解，我们举一个比较具体的例子。

假设处理到位置 30，从位置 0 到位置 30 的累加和为 100（sum[0..30]=100），现在想求以位置 30 结尾的、累加和小于或等于 10 的最长子数组长度。再假设从位置 0 开始累加到位置 10 的时候，累加和第一次大于或等于 90（sum[0..10]≥90），那么可以知道以位置 30 结尾的相加和小于或等于 10 的最长子数组就是 arr[11..30]。也就是说，如果从 0 位置到 j 位置的累加和为 sum[0..j]，此时想求以 j 位置结尾的相加和小于或等于 k 的最长子数组长度。那么只要知道大于或等于 sum[0..j]-k 这个值的累加和最早出现在 j 之前的什么位置就可以，假设那个位置是 i 位置，那么 arr[i+1..j] 就是在 j 位置结尾的相加和小于或等于 k 的最长子数组。

为了很方便地找到大于或等于某一个值的累加和最早出现的位置，可以按照如下方法生成辅助数组 helpArr。

1．生成 arr 每个位置从左到右的累加和数组 sumArr。以 [1,2,-1,5,-2] 为例，生成的 sumArr=[0,1,3,2,7,5]。注意，sumArr 中的第一个数为 0，表示当没有任何一个数时的累加和为 0。

2．生成 sumArr 的左侧最大值数组 helpArr，sumArr={0,1,3,2,7,5} -> helpArr={0,1,3,3,7,7}。为什么原来的 sumArr 数组中的 2 和 5 变为 3 和 7 呢？因为我们只关心大于或等于某一个值的累加和最早出现的位置，而累加和 3 出现在 2 之前，并且大于或等于 3，必然大于 2。所以，当然要保留一个更大的、出现更早的累加和。

3．helpArr 是 sumArr 每个位置上左侧的最大值数组，那么它当然是有序的。在这样一个有序的数组中，就可以二分查找大于或等于某一个值的累加和最早出现的位置。例如，在 [0,1,3,3,7,7] 中查找大于或等于 4 这个值的位置，就是第一个 7 的位置。

以原题中给的例子来说明整个计算过程。

arr = [3,-2,-4,0,6]，k = -2。

1．arr=[3,-2,-4,0,6]，求得 arr 的累加数组 sumArr=[0,3,1,-3,-3,3]，进一步求得 sumArr 左侧的最大值数组 [0,3,3,3,3,3]。

2．j=0 时，sum[0..0]=3，所以在 helpArr 中二分查找大于或等于 3-k=3-(-2)=5 这个值第一次出现的位置，结果是没有。可知以位置 0 结尾的所有子数组累加后没有小于或等于 k（即 -2）的。

3．j=1 时，sum[0..1]=1，所以在 helpArr 中二分查找大于或等于 1-k=1-(-2)=3 这个值第一次出现的位置，在 helpArr 中的位置是 1，对应的 arr 中的位置是 0。所以，arr[1..1] 是满足条件的最长数组。

4. *j*=2 时，sum[0..2]=-3，所以在 helpArr 中二分查找大于或等于-3-*k*=-3-(-2)=-1 这个值第一次出现的位置，在 helpArr 中的位置是 0，对应的 arr 中的位置是-1，表示一个数都不累加的情况。所以 arr[0..2]是满足条件的最长数组。

5. *j*=3 时，sum[0..3]=-3，所以在 helpArr 中二分查找大于或等于-3-*k*=-3-(-2)=-1 这个值第一次出现的位置，在 helpArr 中的位置是 0，对应的 arr 中的位置是-1，表示一个数都不累加的情况。所以 arr[0..3]是满足条件的最长数组。

6. *j*=4 时，sum[0..4]=3，所以在 helpArr 中二分查找大于或等于 3-*k*=3-(-2)=5 这个值第一次出现的位置，结果是没有。所以，可知以位置 4 结尾的所有子数组累加后没有小于或等于 *k*（即-2）的。

全部过程请参看如下代码中的 maxLength 方法。

```java
public int maxLength(int[] arr, int k) {
        int[] h = new int[arr.length + 1];
        int sum = 0;
        h[0] = sum;
        for (int i = 0; i != arr.length; i++) {
                sum += arr[i];
                h[i + 1] = Math.max(sum, h[i]);
        }
        sum = 0;
        int res = 0;
        int pre = 0;
        int len = 0;
        for (int i = 0; i != arr.length; i++) {
                sum += arr[i];
                pre = getLessIndex(h, sum - k);
                len = pre == -1 ? 0 : i - pre + 1;
                res = Math.max(res, len);
        }
        return res;
}

public int getLessIndex(int[] arr, int num) {
        int low = 0;
        int high = arr.length - 1;
        int mid = 0;
        int res = -1;
        while (low <= high) {
                mid = (low + high) / 2;
                if (arr[mid] >= num) {
                        res = mid;
                        high = mid - 1;
                } else {
                        low = mid + 1;
```

```
                 }
            }
        return res;
    }
```

时间复杂度为 $O(N)$，额外空间复杂度为 $O(N)$ 的最优解。如果数组 arr 长度为 N，建立两个长度为 N 的数组 minSums[] 和 minSumEnds[]。minSums[i] 表示必须以 arr[i] 开头的所有子数组中，能够得到的最小累加和是多少；minSumEnds[i] 表示必须以 arr[i] 开头的所有子数组中，如果得到了最小累加和，那么这个最小累加和的子数组右边界在哪个位置。从右往左遍历一遍就可以生成 minSums[] 和 minSumEnds[] 这两个数组。以下是一个例子。

```
位置:          0    1    2    3    4    5
arr =        {-3,   9,  -6,   4,  -2,  -1 }
minSums =    {-3,   3,  -6,   1,  -3,  -1 }
minSumEnds= { 0,    2,   2,   5,   5,   5 }
```

位置 5。必须以 arr[5] 开头的所有子数组只有 {-1}，能够得到的最小累加和也就是 -1。所以 minSums[5]=-1，这个子数组是以位置 5 作为右边界的，minSumEnds[5] = 5。

接下来，从右往左求到任何一个位置 i 时，minSums[i+1] 和 minSumEnds[i+1] 一定已经求出。必须以 arr[i] 开头的子数组可以只包含 arr[i]，也可以往右扩，如果往右扩，就一定会包含 arr[i+1]。所以，必须以 arr[i] 开头的子数组最小累加和有以下两种可能性。

可能性 1：arr[i]，也就是只包含 arr[i] 的情况。

可能性 2：arr[i] + minSums[i+1]，也就是决定往右扩的情况。minSums[i+1] 表示必须以 arr[i+1] 开头的子数组最小累加和，既然往右扩一定包含 arr[i+1]，那么往右扩到什么位置，扩出来的这部分最小累加和是多少，就是 minSums[i+1] 的值。

两种可能性谁小，谁就是 minSums[i] 的解，即 minSums[i] = min { 可能性 1,可能性 2}。

如果 minSums[i] 来自可能性 1，子数组只包含 arr[i]，右边界就是 i，所以 minSumEnds[i] = i。

如果 minSums[i] 来自可能性 2，子数组要往右边扩，扩到哪里，就是 minSumEnds[i+1] 的值，所以 minSumEnds[i] = minSumEnds[i+1]。

以上的判断逻辑还可以按照如下简化：

如果 minSums[i+1]<=0，那么 minSums[i] = arr[i] + minSums[i+1]，minSumEnds[i] = minSumEnds[i+1]。

如果 minSums[i+1]>0，那么 minSums[i] = arr[i]，minSumEnds[i] = i。

接下来用上文举的例子来展示如何利用 minSums[] 和 minSumEnds[] 这两个数组求解累加和小于或等于 0 的最长子数组。

先看必须以 0 位置开始的所有子数组。因为 minSums[0] 为 -3，是小于或等于 0 的，又有 minSumEnds[0] 等于 0（右边界），说明 arr[0..0] 是满足累加和小于或等于 0 的。窗口形成了，此时窗口就是 arr[0..0]，把窗口内的累加和记为 sum，此时 sum 等于-3。那么窗口能继续往右扩吗？窗口右边的下一个位置是 1 位置，minSums[1]为 3，把这个 3 累加进 sum，sum=-3+3=0，是小于或等于 0 的，又有 minSumEnds[1]等于 2（新的右边界），说明 arr[0..2]是满足累加和小于或等于 0 的，窗口扩大了，此时窗口是 arr[0..2]，窗口累加和 sum 等于 0。那么窗口还能继续往右扩吗？窗口右边的下一个位置是 3 位置，minSums[3]为 1，如果把这个 1 累加进 sum，就不再满足累加和小于或等于 0 了，所以便知道窗口不能向右边扩了，这是因为根据 minSums 数组的含义，minSums[3]为 1，本身就代表必须以 arr[3]开头的所有子数组中，能取得的最小累加和是 1，所以说明往后怎么扩，都不可能再满足累加和小于或等于 0 的条件。窗口最终固定在 arr[0..2]，长度为 3。

再看必须以 1 位置开始的所有子数组。之前找到的窗口为 arr[0..2]，窗口累加和 sum=0，让 arr[0]的数出窗口，也就是把窗口缩小成 arr[1..2]，sum 当然也要减去 arr[0]的值，就变成了 3。窗口能继续往右扩吗？窗口右边的下一个位置是 3 位置，minSums[3]为 1，如果把这个 1 累加进 sum，不满足累加和小于或等于 0。所以可以知道，窗口不能向右扩。窗口最终固定在了 arr[1..2]，长度为 2。

这里是整个算法最精髓的地方，大家看一下 arr 数组，必须以 arr[1]开头的所有子数组，根本没有任何一个可以使得累加和小于或等于 0。那么此时窗口固定在 arr[1..2]，这么做有何意义？比如，某一个数组，必须以 34 位置开始的时候，窗口的右边界向右扩到了 100 位置，arr[34..100]这个窗口是必须以 34 位置开始的所有子数组中累加和小于或等于 0 的最长子数组。那么，如果必须以 35 位置开始的所有子数组中，累加和小于或等于 0 的最长子数组是 arr[35..65]。也就是说，必须以 35 位置开始的所有子数组中，客观上确实往右最多只能扩到 65 的位置，也就是扩不到 100 位置更往右的位置。那么其实我们本来也不需要关心从 35 位置开始到底能扩到哪里。因为既然我们已经找到了 arr[34..100]，为什么要去关心一个更短的答案呢？也就是说，每次考查必须以 i 位置开始的所有子数组时，扩出来的窗口（假设为 arr[i..j]）的含义并不是从 i 位置出发累加和小于或等于 k 的最长子数组。真正的含义是，我们根本就不关心比 arr[i..j]长度更短的答案，只想知道在以 i 位置开始的时候，是否存在把窗口的右边界再往右扩的可能。

再看必须以 2 位置开始的所有子数组。之前找到的窗口为 arr[1..2]，窗口累加和 sum=3，让 arr[1]的数出窗口，也就是把窗口缩小成 arr[2..2]，sum 当然也要减去 arr[1]的值，就变成了-6。窗口能继续往右扩吗？窗口右边的下一个位置是 3 位置，minSums[3]为 1，如果把这个 1 累加进 sum，sum 变成-5，是小于或等于 0 的，又有 minSumEnds[3]等于 5（新的右边界）。说明 arr[2..5]是满足累加和小于或等于 0 的，窗口扩大了，此时窗口是 arr[2..5]，窗口累加和 sum 等于-5。那么窗口还能继续往右扩吗？不能，已经来到整个数组的最后一个位置了。arr[2..5]的长度为 4，接下来即便还存在累加和小于或等于 0 的子数组，也不会比 arr[2..5]更长。

整个过程中，最大长度为 4，就是答案。

　　窗口的左边界依次为 0、1、2…*N*-1，而窗口的右边界是永远不回跳且只会往更右的。所以时间复杂度为 *O*(*N*)。具体过程参见如下 maxLengthAwesome 方法。

```java
public int maxLengthAwesome(int[] arr, int k) {
    if (arr == null || arr.length == 0) {
        return 0;
    }
    int[] minSums = new int[arr.length];
    int[] minSumEnds = new int[arr.length];
    minSums[arr.length - 1] = arr[arr.length - 1];
    minSumEnds[arr.length - 1] = arr.length - 1;
    for (int i = arr.length - 2; i >= 0; i--) {
        if (minSums[i + 1] < 0) {
            minSums[i] = arr[i] + minSums[i + 1];
            minSumEnds[i] = minSumEnds[i + 1];
        } else {
            minSums[i] = arr[i];
            minSumEnds[i] = i;
        }
    }
    int end = 0;
    int sum = 0;
    int res = 0;
    // i是窗口的最左位置，end是窗口最右位置的下一个位置
    for (int i = 0; i < arr.length; i++) {
        // while 循环结束之后：
        // 1）如果以 i 开头的情况下，累加和小于或等于 k 的最长子数组是 arr[i..end-1]，
        // 看看这个子数组长度能不能更新 res
        // 2）如果以 i 开头的情况下，累加和小于或等于 k 的最长子数组比 arr[i..end-1]短，
        // 不管是否更新 res，都不会影响最终结果
        while (end < arr.length && sum + minSums[end] <= k) {
            sum += minSums[end];
            end = minSumEnds[end] + 1;
        }
        res = Math.max(res, end - i);
        if (end > i) { // 窗口内还有数
            sum -= arr[i];
        } else { // 窗口内已经没有数了，说明从 i 开头的所有子数组累加和都不可能小于
            // 或等于 k
            end = i + 1;
        }
    }
    return res;
}
```

计算数组的小和

【题目】

数组小和的定义如下：

例如，数组 s=[1,3,5,2,4,6]，在 s[0]的左边小于或等于 s[0]的数的和为 0；在 s[1]的左边小于或等于 s[1]的数的和为 1；在 s[2]的左边小于或等于 s[2]的数的和为 1+3=4；在 s[3]的左边小于或等于 s[3]的数的和为 1；在 s[4]的左边小于或等于 s[4]的数的和为 1+3+2=6；在 s[5]的左边小于或等于 s[5]的数的和为 1+3+5+2+4=15。所以 s 的小和为 0+1+4+1+6+15=27。

给定一个数组 s，实现函数返回 s 的小和。

【难度】

校 ★★★☆

【解答】

用时间复杂度为 $O(N^2)$ 的方法比较简单，按照题目例子描述的求小和的方法求解即可，本书不再详述。下面介绍一种时间复杂度为 $O(NlogN)$、额外空间复杂度为 $O(N)$ 的方法，这是一种在归并排序的过程中，利用组间在进行合并时产生小和的过程。

1．假设左组为 l[]，右组为 r[]，左右两个组的组内都已经有序，现在要利用外排序合并成一个大组，并假设当前外排序是 l[i]与 r[j]在进行比较。

2．如果 l[i]<=r[j]，那么产生小和。假设从 r[j]往右一直到 r[]结束，元素的个数为 m，那么产生的小和为 l[i]*m。

3．如果 l[i]>r[j]，不产生任何小和。

4．整个归并排序的过程该怎么进行就怎么进行，排序过程没有任何变化，只是利用步骤1~步骤3，也就是在组间合并的过程中累加所有产生的小和，总的累加和就是结果。

还是以题目的例子来说明计算过程。

1．归并排序的过程中会进行拆组再合并。[1,3,5,2,4,6]拆分成左组[1,3,5]和右组[2,4,6]，[1,3,5]再拆分成[1,3]和[5]，[2,4,6]再拆分成[2,4]和[6]，[1,3]再拆分成[1]和[3]，[2,4]再拆分成[2]和[4]，如图 8-1 所示。

2．[1]与[3]合并。1 和 3 比较，左组的数小，右组从 3 开始到最后一共只有 1 个数。所以产生小和为 1×1=1，合并为[1,3]。

3．[1,3]与[5]合并。1 和 5 比较，左组的数小，右组从 5 开始到最后一共只有 1 个数。所以产生小和为 1×1=1。同理，3 和 5 比较，产生小和为 3×1=3，合并为[1,3,5]。

4．[2]与[4]合并。2 和 4 比较，左组的数小，右组从 4 开始到最后一共只有 1 个数。所以产生小和为 2×1=2，合并为[2,4]。

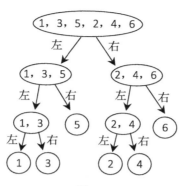

图 8-1

5．[2,4]与[6]合并。与步骤 3 同理，产生小和为 6，合并为[2,4,6]。

6．[1,3,5]与[2,4,6]合并。1 和 2 比较，左组的数小，右组从 2 开始到最后一共有 3 个数。所以产生小和为 1×3=3。3 和 2 比较，右组的数小，不产生小和。3 和 4 比较，左组的数小，右组从 4 开始到最后一共有 2 个数。所以产生小和为 3×2=6。5 和 4 比较，右组的数小，不产生小和。5 和 6 比较，左组的数小，右组从 6 开始到最后一共有 1 个数。所以产生小和为 5，合并为[1,2,3,4,5,6]。

7．归并过程结束，总的小和为 1+1+3+2+6+3+6+5=27。合并的全部过程如图 8-2 所示。

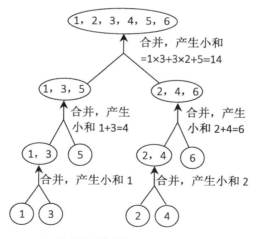

图 8-2

在归并排序中，尤其是在组与组之间进行外排序合并的过程中，按照如上方式把小和一点一点地"榨"出来，最后收集到所有的小和。具体过程请参看如下代码中的 getSmallSum 方法。

```
public int getSmallSum(int[] arr) {
        if (arr == null || arr.length == 0) {
                return 0;
        }
        return func(arr, 0, arr.length - 1);
}

public int func(int[] s, int l, int r) {
        if (l == r) {
                return 0;
        }
        int mid = (l + r) / 2;
        return func(s, l, mid) + func(s, mid + 1, r) + merge(s, l, mid, r);
}

public int merge(int[] s, int left, int mid, int right) {
        int[] h = new int[right - left + 1];
        int hi = 0;
        int i = left;
        int j = mid + 1;
        int smallSum = 0;
        while (i <= mid && j <= right) {
                if (s[i] <= s[j]) {
                        smallSum += s[i] * (right - j + 1);
                        h[hi++] = s[i++];
                } else {
                        h[hi++] = s[j++];
                }
        }
        for (; (j < right + 1) || (i < mid + 1); j++, i++) {
                h[hi++] = i > mid ? s[j] : s[i];
        }
        for (int k = 0; k != h.length; k++) {
                s[left++] = h[k];
        }
        return smallSum;
}
```

自然数数组的排序

【题目】

给定一个长度为 N 的整型数组 arr，其中有 N 个互不相等的自然数 1～N。请实现 arr 的排序，但是不要把下标 0～N-1 位置上的数通过直接赋值的方式替换成 1～N。

【要求】

时间复杂度为 $O(N)$，额外空间复杂度为 $O(1)$。

【难度】

士 ★☆☆☆

【解答】

arr 在调整之后应该是下标从 0 到 *N*-1 的位置上依次放着 1~*N*，即 arr[index]=index+1。

本书提供两种实现方法，先介绍方法一。

1．从左到右遍历 arr，假设当前遍历到 *i* 位置。

2．如果 arr[i]==i+1，说明当前的位置不需要调整，继续遍历下一个位置。

3．如果 arr[i]!=i+1，说明此时 *i* 位置的数 arr[i]不应该放在 *i* 位置上，接下来将进行跳的过程。

举例说明，比如[1,2,5,3,4]，假设遍历到位置 2，也就是 5 这个数。5 应该放在位置 4 上，所以把 5 放进去，数组变成[1,2,5,3,5]。同时，4 这个数是被 5 替下来的数，应该放在位置 3，所以把 4 放进去，数组变成[1,2,5,4,5]。同时，3 这个数是被 4 替下来的数，应该放在位置 2。所以把 3 放进去，数组变成[1,2,3,4,5]。当跳了一圈回到原位置后，会发现此时 arr[i]==i+1，继续遍历下一个位置。

方法一的具体过程请参看如下代码中的 sort1 方法。

```
public void sort1(int[] arr) {
        int tmp = 0;
        int next = 0;
        for (int i = 0; i != arr.length; i++) {
                tmp = arr[i];
                while (arr[i] != i + 1) {
                        next = arr[tmp - 1];
                        arr[tmp - 1] = tmp;
                        tmp = next;
                }
        }
}
```

下面介绍方法二。

1．从左到右遍历 arr，假设当前遍历到 *i* 位置。

2．如果 arr[i]==i+1，说明当前的位置不需要调整，继续遍历下一个位置。

3．如果 arr[i]!=i+1，说明此时 *i* 位置的数 arr[i]不应该放在 *i* 位置上，接下来将在 *i* 位置进行交换过程。

比如[1,2,5,3,4]，假设遍历到位置 2，也就是 5 这个数。5 应该放在位置 4 上，所以位置 4 上的数 4 和 5 交换，数组变成[1,2,4,3,5]。但此时还是 arr[2]!=3，4 这个数应该放在位置 3 上，所以 3 和 4 交换，数组变成[1,2,3,4,5]。此时 arr[2]==3，遍历下一个位置。

方法二的具体过程请参看如下代码中的 sort2 方法。

```
public void sort2(int[] arr) {
        int tmp = 0;
        for (int i = 0; i != arr.length; i++) {
                while (arr[i] != i + 1) {
                        tmp = arr[arr[i] - 1];
                        arr[arr[i] - 1] = arr[i];
                        arr[i] = tmp;
                }
        }
}
```

奇数下标都是奇数或者偶数下标都是偶数

【题目】

给定一个长度不小于 2 的数组 arr，实现一个函数调整 arr，要么让所有的偶数下标都是偶数，要么让所有的奇数下标都是奇数。

【要求】

如果 arr 的长度为 N，函数要求时间复杂度为 $O(N)$、额外空间复杂度为 $O(1)$。

【难度】

士　★☆☆☆

【解答】

实现方法有很多，本书介绍一种易于实现的方法，步骤如下：

1．设置变量 even，表示目前 arr 最左边的偶数下标，初始时 even=0。

2．设置变量 odd，表示目前 arr 最左边的奇数下标，初始时 odd=1。

3．不断检查 arr 的最后一个数，即 arr[N-1]。如果 arr[N-1]是偶数，交换 arr[N-1]和 arr[even]，然后令 even=even+2。如果 arr[N-1]是奇数，交换 arr[N-1]和 arr[odd]，然后令 odd=odd+2。继续重复步骤 3。

4．如果 even 或者 odd 大于或等于 N，过程停止。

举例说明整个过程。比如[1,8,3,2,4,6]，当前最后一个数记为 end=6，even=0，odd=1。此时 end=6 为偶数，所以 6 和 arr[even=0]交换，数组变成[6,8,3,2,4,1]，even=even+2=2。此时 end=1 为奇数，所以 1 和 arr[odd=1]交换，数组变成[6,1,3,2,4,8]，odd=odd+2=3。此时 end=8 为偶数，所以 8 和 arr[even=2]交换，数组变成[6,1,8,2,4,3]，even=even+2=4。此时 end=3 为奇数，所以 3 和 arr[odd=3]交换，数组变成[6,1,8,3,4,2]，odd=odd+2=5。此时 end=2 为偶数，所以 2 和 arr[odd=4]交换，数组变成[6,1,8,3,2,4]，even=even+2=6。此时 even 大于或等于长度 6，说明偶数下标已经

都是偶数，过程停止。

　　再解释得直白一点，最后位置的数是偶数，就向偶数下标发送，最后位置的数是奇数，就向奇数下标发送，如果偶数下标或者奇数下标已经无法再向右移动，说明调整结束。调整的全部过程请参看如下代码中的 modify 方法。

```java
public void modify(int[] arr) {
    if (arr == null || arr.length < 2) {
        return;
    }
    int even = 0;
    int odd = 1;
    int end = arr.length - 1;
    while (even <= end && odd <= end) {
        if ((arr[end] & 1) == 0) {
            swap(arr, end, even);
            even += 2;
        } else {
            swap(arr, end, odd);
            odd += 2;
        }
    }
}

public void swap(int[] arr, int index1, int index2) {
    int tmp = arr[index1];
    arr[index1] = arr[index2];
    arr[index2] = tmp;
}
```

子数组的最大累加和问题

【题目】

　　给定一个数组 arr，返回子数组的最大累加和。

　　例如，arr=[1,-2,3,5,-2,6,-1]，所有的子数组中，[3,5,-2,6]可以累加出最大的和 12，所以返回 12。

【要求】

　　如果 arr 长度为 N，要求时间复杂度为 O(N)、额外空间复杂度为 O(1)。

【难度】

　　士　★☆☆☆

【解答】

如果 arr 中没有正数，产生的最大累加和一定是数组中的最大值。

如果 arr 中有正数，从左到右遍历 arr，用变量 cur 记录每一步的累加和，遍历到正数 cur 增加，遍历到负数 cur 减少。当 cur<0 时，说明累加到当前数出现了小于 0 的结果，那么累加的这一部分肯定不能作为产生最大累加和的子数组的左边部分，此时令 cur=0，表示重新从下一个数开始累加。当 cur>=0 时，每一次累加都可能是最大的累加和。所以，用另外一个变量 max 全程跟踪记录 cur 出现的最大值即可。

举例说明，arr=[1,-2,3,5,-2,6,-1]，开始时，max=极小值，cur=0。

遍历到 1，cur=cur+1=1，max 更新成 1。遍历到-2，cur=cur-2=-1，开始出现负的累加和。所以，说明[1,-2]这一部分肯定不会作为产生最大累加和的子数组的左边部分，于是令 cur=0，max 不变。遍历到 3，cur=cur+3=3，max 更新成 3。遍历到 5，cur=cur+5=8，max 更新成 8。遍历到-2，cur=cur-2=6，虽然累加了一个负数，但是 cur 依然大于 0，说明累加的这一部分（也就是[3,5,-2]）仍可能作为最大累加和的子数组的左边部分。max 不更新。遍历到 6，cur=cur+6=12，max 更新成 12。遍历到-1，cur=cur-1=11，max 不更新。最后返回 12。解释得再直白一点，cur 累加成为负数就清零重新累加，max 记录 cur 的最大值即可。

求解最大累加和具体过程请参看如下代码中的 maxSum 方法。

```java
public int maxSum(int[] arr) {
    if (arr == null || arr.length == 0) {
        return 0;
    }
    int max = Integer.MIN_VALUE;
    int cur = 0;
    for (int i = 0; i != arr.length; i++) {
        cur += arr[i];
        max = Math.max(max, cur);
        cur = cur < 0 ? 0 : cur;
    }
    return max;
}
```

子矩阵的最大累加和问题

【题目】

给定一个矩阵 matrix，其中的值有正、有负、有 0，返回子矩阵的最大累加和。

例如，矩阵 matrix 为：

-90　48　78

64　-40　64

-81　-7　66

其中，最大累加和的子矩阵为：

48　78

-40　64

-7　66

所以返回累加和 209。

例如，matrix 为：

-1　-1　-1

-1　2　2

-1　-1　-1

其中，最大累加和的子矩阵为：

2　2

所以返回累加和 4。

【难度】

尉　★★☆☆

【解答】

在阅读本题的解释之前，请先阅读上一道题"子数组的最大累加和问题"，因为本题的最优解深度利用了上一题的解法。首先来看这样一个例子，假设一个 2 行 4 列的矩阵如下：

-2　3　-5　7

1　4　-1　-3

如何求必须含有 2 行元素的子矩阵中的最大累加和？可以把两列的元素累加，然后得到累加数组[-1,7,-6,4]，接下来求这个累加数组的最大累加和，结果是 7。也就是说，必须含有 2 行元素的子矩阵中的最大和为 7，且这个子矩阵是：

3

4

也就是说，如果一个矩阵一共有 k 行且限定必须含有 k 行元素的情况下，我们只要把矩阵中每一列的 k 个元素累加生成一个累加数组，然后求出这个数组的最大累加和，这个最大累加和就是必须含有 k 行元素的子矩阵中的最大累加和。

请读者务必理解以上解释，下面看原问题如何求解。为了方便讲述，我们用题目的第一个例子来展示求解过程，首先考虑只有一行的矩阵[-90,48,78]，因为只有一行，所以累加数组 arr 就是[-90,48,78]，这个数组的最大累加和为 126。

接下来考虑含有两行的矩阵：

-90　48　78

64　-40　64

这个矩阵的累加数组就是在上一步的累加数组[-90,48,78]的基础上，依次在每个位置上加上矩阵最新一行[64, -40, 64]的结果，即[-26,8,142]，这个数组的最大累加和为 150。

接下来考虑含有三行的矩阵：

-90　48　78

64　-40　64

-81　-7　66

这个矩阵的累加数组就是在上一步累加数组[-26,8,142]的基础上，依次在每个位置上加上矩阵最新一行[-81,-7,66]的结果，即[-107,1,208]，这个数组的最大累加和为 209。

此时，必须从矩阵的第一行元素开始，并往下的所有子矩阵已经查找完毕，接下来从矩阵的第二行开始，继续这样的过程，含有一行矩阵：

64 -40　64

因为只有一行，所以累加数组就是[64,-40,64]，这个数组的最大累加和为 88。

接下来考虑含有两行的矩阵：

64　-40　64

-81　-7　66

这个矩阵的累加数组就是在上一步累加数组[64,-40,64]的基础上，依次在每个位置上加上矩阵最新一行[-81,-7,66]的结果，即[-17,-47,130]，这个数组的最大累加和为 130。

此时，必须从矩阵的第二行元素开始，并往下的所有子矩阵已经查找完毕，接下来从矩阵的第三行开始，继续这样的过程，含有一行矩阵：

-81　-7　66

因为只有一行，所以累加数组就是[-81,-7,66]，这个数组的最大累加和为 66。

全部过程结束，所有的子矩阵都已经考虑到了，结果为以上所有最大累加和中最大的 209。

整个过程最关键的地方有两处：

- 　用求累加数组的最大累加和的方式得到每一步的最大子矩阵的累加和。

- 　每一步的累加数组可以利用前一步求出的累加数组很方便地更新得到。

如果矩阵大小为 $N \times N$，以上全部过程的时间复杂度为 $O(N^3)$，具体请参看如下代码中的 maxSum 方法。

```
public int maxSum(int[][] m) {
        if (m == null || m.length == 0 || m[0].length == 0) {
                return 0;
        }
```

```
int max = Integer.MIN_VALUE;
int cur = 0;
int[] s = null; // 累加数组
for (int i = 0; i != m.length; i++) {
        s = new int[m[0].length];
        for (int j = i; j != m.length; j++) {
                cur = 0;
                for (int k = 0; k != s.length; k++) {
                        s[k] += m[j][k];
                        cur += s[k];
                        max = Math.max(max, cur);
                        cur = cur < 0 ? 0 : cur;
                }
        }
}
return max;
}
```

在数组中找到一个局部最小的位置

【题目】

定义局部最小的概念。arr 长度为 1 时，arr[0]是局部最小。arr 的长度为 N（N>1）时，如果 arr[0]<arr[1]，那么 arr[0]是局部最小；如果 arr[N-1]<arr[N-2]，那么 arr[N-1]是局部最小；如果 0<i<N-1，既有 arr[i]<arr[i-1]，又有 arr[i]<arr[i+1]，那么 arr[i]是局部最小。

给定无序数组 arr，已知 arr 中任意两个相邻的数都不相等。写一个函数，只需返回 arr 中任意一个局部最小出现的位置即可。

【难度】

尉 ★★☆☆

【解答】

本题可以利用二分查找做到时间复杂度为 O(logN)、额外空间复杂度为 O(1)，步骤如下：

1. 如果 arr 为空或者长度为 0，返回-1 表示不存在局部最小。

2. 如果 arr 长度为 1 或者 arr[0]<arr[1]，说明 arr[0]是局部最小，返回 0。

3. 如果 arr[N-1]<arr[N-2]，说明 arr[N-1]是局部最小，返回 N-1。

4. 如果 arr 长度大于 2 且 arr 的左右两头都不是局部最小，则令 left=1，right=N-2，然后进入步骤 5 做二分查找。

5. 令 mid=(left+right)/2，然后进行如下判断：

1）如果 arr[mid]>arr[mid-1]，可知在 arr[left..mid-1]上肯定存在局部最小，令 right=mid-1，

重复步骤 5。

2）如果不满足 1），但 arr[mid]>arr[mid+1]，可知在 arr[mid+1..right]上肯定存在局部最小，令 left=mid+1，重复步骤 5。

3）如果既不满足 1），也不满足 2），那么 arr[mid]就是局部最小，直接返回 mid。

6. 步骤 5 一直进行二分查找，直到 left==right 时停止，返回 left 即可。

如此可见，二分查找并不是数组有序时才能使用，只要你能确定二分两侧的某一侧肯定存在你要找的内容，就可以使用二分查找。具体过程请参看如下的 getLessIndex 方法。

```java
public int getLessIndex(int[] arr) {
    if (arr == null || arr.length == 0) {
        return -1; // 不存在
    }
    if (arr.length == 1 || arr[0] < arr[1]) {
        return 0;
    }
    if (arr[arr.length - 1] < arr[arr.length - 2]) {
        return arr.length - 1;
    }
    int left = 1;
    int right = arr.length - 2;
    int mid = 0;
    while (left < right) {
        mid = (left + right) / 2;
        if (arr[mid] > arr[mid - 1]) {
            right = mid - 1;
        } else if (arr[mid] > arr[mid + 1]) {
            left = mid + 1;
        } else {
            return mid;
        }
    }
    return left;
}
```

数组中子数组的最大累乘积

【题目】

给定一个 double 类型的数组 arr，其中的元素可正、可负、可 0，返回子数组累乘的最大乘积。例如，arr=[-2.5, 4, 0, 3, 0.5, 8, -1]，子数组[3, 0.5, 8]累乘可以获得最大的乘积 12，所以返回 12。

【难度】

尉 ★★☆☆

【解答】

本题可以做到时间复杂度为 O(N)、额外空间复杂度为 O(1)。所有的子数组都会以某一个位置结束，所以，如果求出以每一个位置结尾的子数组最大的累乘积，在这么多最大累乘积中最大的那个就是最终的结果。也就是说，结果=max{以 arr[0]结尾的所有子数组的最大累乘积，以arr[1]结尾的所有子数组的最大累乘积……以 arr[arr.length-1]结尾的所有子数组的最大累乘积}。

如何快速求出所有以 i 位置结尾（arr[i]）的子数组的最大乘积呢？假设以 arr[i-1]结尾的最小累乘积为 min，以 arr[i-1]结尾的最大累乘积为 max。那么，以 arr[i]结尾的最大累乘积只有以下三种可能：

- 可能是 max*arr[i]。max 既然表示以 arr[i-1]结尾的最大累乘积，那么当然有可能以 arr[i]结尾的最大累乘积是 max*arr[i]。例如，[3,4,5]在算到 5 的时候。
- 可能是 min*arr[i]。min 既然表示以 arr[i-1]结尾的最小累乘积，当然有可能 min 是负数，而如果 arr[i]也是负数，两个负数相乘的结果也可能很大。例如，[-2,3,-4]在算到-4 的时候。
- 可能仅是 arr[i]的值。以 arr[i]结尾的最大累乘积并不一定非要包含 arr[i]之前的数。例如，[0.1,0.1,100]在算到 100 的时候。

这三种可能的值中最大的那个就作为以 i 位置结尾的最大累乘积，最小的作为最小累乘积，然后继续计算以 i+1 位置结尾的时候，如此重复，直到计算结束。

具体过程请参看如下代码中的 maxProduct 方法。

```
public double maxProduct(double[] arr) {
    if (arr == null || arr.length == 0) {
        return 0;
    }
    double max = arr[0];
    double min = arr[0];
    double res = arr[0];
    double maxEnd = 0;
    double minEnd = 0;
    for (int i = 1; i < arr.length; ++i) {
        maxEnd = max * arr[i];
        minEnd = min * arr[i];
        max = Math.max(Math.max(maxEnd, minEnd), arr[i]);
        min = Math.min(Math.min(maxEnd, minEnd), arr[i]);
        res = Math.max(res, max);
    }
    return res;
}
```

打印 N 个数组整体最大的 Top K

【题目】

有 N 个长度不一的数组，所有的数组都是有序的，请从大到小打印这 N 个数组整体最大的前 K 个数。

例如，输入含有 N 行元素的二维数组可以代表 N 个一维数组。

219,405,538,845,971

148,558

52,99,348,691

再输入整数 k=5，则打印：

Top 5: 971,845,691,558,538

【要求】

1．如果所有数组的元素个数小于 K，则从大到小打印所有的数。

2．要求时间复杂度为 $O(K\log N)$。

【难度】

尉 ★★☆☆

【解答】

本题的解法是利用堆结构和堆排序的过程完成的，具体过程如下：

1．构建一个大小为 N 的大根堆 heap，建堆的过程就是把每个数组中的最后一个值（也就是该数组的最大值）依次加入堆里，这个过程是建堆时的调整过程（heapInsert）。

2．建好堆之后，此时 heap 堆顶的元素是所有数组的最大值中最大的那个，打印堆顶元素。

3．假设堆顶元素来自 a 数组的 i 位置。那么接下来就把堆顶的前一个数（即 a[i-1]）放在 heap 的头部，也就是用 a[i-1] 替换原本的堆顶，然后从堆的头部开始调整堆，使其重新变为大根堆（heapify 过程）。

4．这样每次都可以得到一个堆顶元素 max，在打印完成后都经历步骤 3 的调整过程。整体打印 k 次，就是从大到小全部的 Top K。

5．在重复步骤 3 的过程中，如果 max 来自的那个数组（仍假设是 a 数组）已经没有元素。也就是说，max 已经是 a[0]，再往左没有数了。那么就把 heap 中最后一个元素放在 heap 头部的位置，然后把 heap 的大小减 1（heapSize-1），最后依然是从堆的头部开始调整堆，使其重新变为大根堆（堆大小减 1 之后的 heapify 过程）。

6．直到打印了 k 个数，过程结束。

为了知道每一次的 max 来自哪个数组的哪个位置，放在堆里的元素是如下的 HeapNode 类：

```java
public class HeapNode {
        public int value; // 值是什么
        public int arrNum; // 来自哪个数组
        public int index; // 来自数组的哪个位置

        public HeapNode(int value, int arrNum, int index) {
                this.value = value;
                this.arrNum = arrNum;
                this.index = index;
        }
}
```

整个打印过程请参看如下代码中的 printTopK 方法。

```java
public void printTopK(int[][] matrix, int topK) {
        int heapSize = matrix.length;
        HeapNode[] heap = new HeapNode[heapSize];
        for (int i = 0; i != heapSize; i++) {
                int index = matrix[i].length - 1;
                heap[i] = new HeapNode(matrix[i][index], i, index);
                heapInsert(heap, i);
        }
        System.out.println("TOP " + topK + " : ");
        for (int i = 0; i != topK; i++) {
                if (heapSize == 0) {
                        break;
                }
                System.out.print(heap[0].value + " ");
                if (heap[0].index != 0) {
                        heap[0].value = matrix[heap[0].arrNum][--heap[0].index];
                } else {
                        swap(heap, 0, --heapSize);
                }
                heapify(heap, 0, heapSize);
        }
}

public void heapInsert(HeapNode[] heap, int index) {
        while (index != 0) {
                int parent = (index - 1) / 2;
                if (heap[parent].value < heap[index].value) {
                        swap(heap, parent, index);
                        index = parent;
                } else {
                        break;
                }
        }
```

```
        }
    }

    public void heapify(HeapNode[] heap, int index, int heapSize) {
        int left = index * 2 + 1;
        int right = index * 2 + 2;
        int largest = index;
        while (left < heapSize) {
            if (heap[left].value > heap[index].value) {
                largest = left;
            }
            if (right < heapSize && heap[right].value > heap[largest].value) {
                largest = right;
            }
            if (largest != index) {
                swap(heap, largest, index);
            } else {
                break;
            }
            index = largest;
            left = index * 2 + 1;
            right = index * 2 + 2;
        }
    }

    public void swap(HeapNode[] heap, int index1, int index2) {
        HeapNode tmp = heap[index1];
        heap[index1] = heap[index2];
        heap[index2] = tmp;
    }
```

边界都是 1 的最大正方形大小

【题目】

给定一个 N×N 的矩阵 matrix，在这个矩阵中，只有 0 和 1 两种值，返回边框全是 1 的最大正方形的边长长度。

例如：

```
0   1   1   1   1
0   1   0   0   1
0   1   0   0   1
0   1   1   1   1
0   1   0   1   1
```

其中，边框全是 1 的最大正方形的大小为 4×4，所以返回 4。

【难度】

尉　★★☆☆

【解答】

先介绍一个比较容易理解的解法。

1．矩阵中一共有 N×N 个位置。$O(N^2)$

2．对每一个位置都看是否可以成为边长为 N~1 的正方形左上角。比如，对于（0,0）位置，依次检查是否是边长为 5 的正方形左上角，然后检查边长为 4、3 等。$O(N)$

3．如何检查一个位置是否可以成为边长为 N 的正方形的左上角呢？遍历这个边长为 N 的正方形边界看是否只由 1 构成，也就是走过 4 个边的长度（4N）。$O(N)$

所以普通方法总的时间复杂度为 $O(N^2) \times O(N) \times O(N) = O(N^4)$。

本书提供的方法的时间复杂度为 $O(N^3)$，基本过程也是如上三个步骤。但是对于步骤 3，可以把时间复杂度由 $O(N)$ 降为 $O(1)$。具体地说，就是能够在 $O(1)$ 的时间内检查一个位置假设为(i,j)，是否可以作为边长为 a（1≤a≤N）的边界全是 1 的正方形左上角。关键是使用预处理技巧，这也是面试经常使用的技巧之一。下面介绍得到预处理矩阵的过程。

1．预处理过程是根据矩阵 matrix 得到两个矩阵 right 和 down。right[i][j]的值表示从位置（i,j）出发向右，有多少个连续的 1。down[i][j]的值表示从位置（i,j）出发向下有多少个连续的 1。

2．right 和 down 矩阵如何计算？

1）从矩阵的右下角（n-1,n-1）位置开始计算，如果 matrix[n-1][n-1]==1，那么，right[n-1][n-1]=1 且 down[n-1][n-1]=1，否则都等于 0。

2）从右下角开始往上计算，即在 matrix 最后一列上计算，位置就表示为（i,n-1）。对 right 矩阵来说，最后一列的右边没有内容。所以，如果 matrix[i][n-1]==1，则令 right[i][n-1]=1，否则为 0。对 down 矩阵来说，如果 matrix[i][n-1]==1，因为 down[i+1][n-1]表示包括位置（i+1,n-1）在内并往下有多少个连续的 1。所以，如果位置（i,n-1）是 1，那么，令 down[i][n-1]=down[i+1][n-1]+1；如果 matrix[i][n-1]==0，则令 down[i][n-1]=0。

3）从右下角开始往左计算，即在 matrix 最后一行上计算，位置可以表示为（n-1,j）。对 right 矩阵来说，如果 matrix[n-1][j]==1，因为 right[n-1][j+1]表示包括位置（n-1,j+1）在内右边有多少个连续的 1。所以，如果位置（n-1,j）是 1，则令 right[n-1][j]==right[n-1][j+1]+1；如果 matrix[n-1][j]==0，则令 right[n-1][j]==0。对 down 矩阵来说，最后一列的下边没有内容。所以，如果 matrix[n-1][j]==1，令 down[n-1][j]=1，否则为 0。

4）计算完步骤 1）~步骤 3）之后，剩下的位置都是既有右，也有下，假设位置表示为（i,j）：

如果 matrix[i][j]==1，则令 right[i][j]=right[i][j+1]+1，down[i][j]=down[i+1][j]+1。

如果 matrix[i][j]==0，则令 right[i][j]==0，down[i][j]==0。

预处理的具体过程请参看如下代码中的 setBorderMap 方法。

得到 right 和 down 矩阵后，如何加速检查过程呢？比如现在想检查一个位置，假设为（*i,j*）。是否可以作为边长为 *a*（1≤*a*≤N）的边界全为 1 的正方形左上角。

1）位置（*i,j*）的右边和下边连续为 1 的数量必须都大于或等于 a(right[i][j]>=a&&down[i][j]>=a)，否则说明上边界和左边界的 1 不够。

2）位置（*i,j*）向右跳到位置（*i,j+a*-1），这个位置是正方形的右上角，那么这个位置的下边连续为 1 的数量也必须大于或等于 a（down[i][j+a-1]>=a），否则说明右边界的 1 不够。

3）位置（*i,j*）向下跳到位置（*i+a*-1*,j*），这个位置是正方形的左下角，那么这个位置的右边连续为 1 的数量也必须大于或等于 a（right[i+a-1][j]>=a），否则说明下边界的 1 不够。

以上三个条件都满足时，就说明位置（*i,j*）符合要求，利用 right 和 down 矩阵之后，加速的过程很明显，就不需要遍历边长上的所有值了，只看 4 个点即可。

全部过程请参看如下代码中的 getMaxSize 方法。

```java
public void setBorderMap(int[][] m, int[][] right, int[][] down) {
        int r = m.length;
        int c = m[0].length;
        if (m[r - 1][c - 1] == 1) {
                right[r - 1][c - 1] = 1;
                down[r - 1][c - 1] = 1;
        }
        for (int i = r - 2; i != -1; i--) {
                if (m[i][c - 1] == 1) {
                        right[i][c - 1] = 1;
                        down[i][c - 1] = down[i + 1][c - 1] + 1;
                }
        }
        for (int i = c - 2; i != -1; i--) {
                if (m[r - 1][i] == 1) {
                        right[r - 1][i] = right[r - 1][i + 1] + 1;
                        down[r - 1][i] = 1;
                }
        }
        for (int i = r - 2; i != -1; i--) {
                for (int j = c - 2; j != -1; j--) {
                        if (m[i][j] == 1) {
                                right[i][j] = right[i][j + 1] + 1;
                                down[i][j] = down[i + 1][j] + 1;
                        }
                }
        }
}

public int getMaxSize(int[][] m) {
        int[][] right = new int[m.length][m[0].length];
```

```
        int[][] down = new int[m.length][m[0].length];
        setBorderMap(m, right, down);
        for (int size = Math.min(m.length, m[0].length); size != 0; size--) {
                if (hasSizeOfBorder(size, right, down)) {
                        return size;
                }
        }
        return 0;
}

public boolean hasSizeOfBorder(int size, int[][] right, int[][] down) {
        for (int i = 0; i != right.length - size + 1; i++) {
                for (int j = 0; j != right[0].length - size + 1; j++) {
                        if (right[i][j] >= size && down[i][j] >= size
                                        && right[i + size - 1][j] >= size
                                        && down[i][j + size - 1] >= size) {
                                return true;
                        }
                }
        }
        return false;
}
```

不包含本位置值的累乘数组

【题目】

给定一个整型数组 arr，返回不包含本位置值的累乘数组。

例如，arr=[2,3,1,4]，返回[12,8,24,6]，即除自己外，其他位置上的累乘。

【要求】

1. 时间复杂度为 $O(N)$。

2. 除需要返回的结果数组外，额外空间复杂度为 $O(1)$。

进阶问题：对时间和空间复杂度的要求不变，而且不可以使用除法。

【难度】

士　★☆☆☆

【解答】

先介绍可以使用除法的实现，结果数组记为 res，所有数的乘积记为 all。如果数组中不含 0，则设置 res[i]=all/arr[i]（$0 \leqslant i \leqslant n$）即可。如果数组中有 1 个 0，对唯一的 arr[i]==0 的位置令 res[i]=all，其他位置上的值都是 0 即可。如果数组中 0 的数量大于 1，那么 res 所有位置上的值都是 0。具体过程请参看如下代码中的 product1 方法。

```java
public int[] product1(int[] arr) {
        if (arr == null || arr.length < 2) {
                return null;
        }
        int count = 0;
        int all = 1;
        for (int i = 0; i != arr.length; i++) {
                if (arr[i] != 0) {
                        all *= arr[i];
                } else {
                        count++;
                }
        }
        int[] res = new int[arr.length];
        if (count == 0) {
                for (int i = 0; i != arr.length; i++) {
                        res[i] = all / arr[i];
                }
        }
        if (count == 1) {
                for (int i = 0; i != arr.length; i++) {
                        if (arr[i] == 0) {
                                res[i] = all;
                        }
                }
        }
        return res;
}
```

不能使用除法的情况下，可以用以下方法实现进阶问题：

1．生成两个长度和 arr 一样的新数组 lr[] 和 rl[]。lr[] 表示从左到右的累乘（即 lr[i]=arr[0..i]）的累乘。rl 表示从右到左的累乘（即 rl[i]=arr[i..N-1]）的累乘。

2．一个位置上除去自己值的累乘，就是自己左边的累乘再乘以自己右边的累乘，即 res[i]=lr[i-1]*rl[i+1]。

3．最左位置和最右位置的累乘比较特殊，即 res[0]=rl[1]，res[N-1]=lr[N-2]。

以上思路虽然可以得到结果 res，但是除 res 之外，又使用了两个额外数组，怎么省掉这两个额外数组呢？可以通过 res 数组复用的方式。也就是说，先把 res 数组作为辅助计算的数组，然后把 res 调整成结果数组返回。具体过程请参看如下代码中的 product2 方法。

```java
public static int[] product2(int[] arr) {
        if (arr == null || arr.length < 2) {
                return null;
        }
}
```

```
        int[] res = new int[arr.length];
        res[0] = arr[0];
        for (int i = 1; i < arr.length; i++) {
                res[i] = res[i - 1] * arr[i];
        }
        int tmp = 1;
        for (int i = arr.length - 1; i > 0; i--) {
                res[i] = res[i - 1] * tmp;
                tmp *= arr[i];
        }
        res[0] = tmp;
        return res;
}
```

数组的 partition 调整

【题目】

给定一个有序数组 arr，调整 arr 使得这个数组的左半部分没有重复元素且升序，而不用保证右部分是否有序。

例如，arr=[1,2,2,2,3,3,4,5,6,6,7,7,8,8,8,9]，调整之后 arr=[1,2,3,4,5,6,7,8,9,...]。

补充问题：给定一个数组 arr，其中只可能含有 0、1、2 三个值，请实现 arr 的排序。

另一种问法为：有一个数组，其中只有红球、蓝球和黄球，请实现红球全放在数组的左边，蓝球放在中间，黄球放在右边。

另一种问法为：有一个数组，再给定一个值 k，请实现比 k 小的数都放在数组的左边，等于 k 的数都放在数组的中间，比 k 大的数都放在数组的右边。

【要求】

1. 所有题目实现的时间复杂度为 $O(N)$。

2. 所有题目实现的额外空间复杂度为 $O(1)$。

【难度】

士　★☆☆☆

【解答】

先来介绍原问题的解法。

1. 生成变量 u，含义是在 arr[0..u] 上都是无重复元素且升序的。也就是说，u 是这个区域最后的位置，初始时 $u=0$，这个区域记为 A。

2．生成变量 i，利用 i 做从左到右的遍历，在 arr[u+1..i] 上是不保证没有重复元素且升序的区域，i 是这个区域最后的位置，初始时 i=1，这个区域记为 B。

3．i 向右移动（i++）。因为数组整体有序，所以，如果 arr[i]!=arr[u]，说明当前数 arr[i] 应该加入到 A 区域里，交换 arr[u+1] 和 arr[i]，此时 A 的区域增加一个数（u++）；如果 arr[i]==arr[u]，说明当前数 arr[i] 的值之前已经加入 A 区域，此时不用再加入。

4．重复步骤 3，直到所有的数遍历完。

具体请参看如下代码中的 leftUnique 方法。

```java
public void leftUnique(int[] arr) {
        if (arr == null || arr.length < 2) {
                return;
        }
        int u = 0;
        int i = 1;
        while (i != arr.length) {
                if (arr[i++] != arr[u]) {
                        swap(arr, ++u, i - 1);
                }
        }
}
```

再来介绍补充问题的解法。

1．生成变量 left，含义是在 arr[0..left]（左区）上都是 0，left 是这个区域当前最右的位置，初始时 left 为 -1。

2．生成变量 index，利用这个变量做从左到右的遍历，含义是在 arr[left+1..index]（中区）上都是 1，index 是这个区域当前最右的位置，初始时 index 为 0。

3．生成变量 right，含义是在 arr[right..N-1]（右区）上都是 2，right 是这个区域当前最左的位置，初始时 right 为 N。

4．index 表示遍历到 arr 的一个位置：

1）如果 arr[index]==1，这个值应该直接加入到中区，index++ 之后重复步骤 4。

2）如果 arr[index]==0，这个值应该加入到左区，arr[left+1] 是中区最左的位置，所以把 arr[index] 和 arr[left+1] 交换之后，左区就扩大了，index++ 之后重复步骤 4。

3）如果 arr[index]==2，这个值应该加入到右区，arr[right-1] 是右区最左边数的左边，但也不属于中区，总之，在中区和右区的中间部分。把 arr[index] 和 arr[right-1] 交换之后，右区就向左扩大了（right--），但是此时 arr[index] 上的值未知，所以 index 不变，重复步骤 4。

5．当 index==right 时，说明中区和右区成功对接，三个区域都划分好后，过程停止。

在遍历中的每一步，要么 index 增加，要么 right 减少。如果 index==right，过程就停止，所以时间复杂度就是 $O(N)$，具体过程请参看如下代码中的 sort 方法。

```
public void sort(int[] arr) {
        if (arr == null || arr.length < 2) {
                return;
        }
        int left = -1;
        int index = 0;
        int right = arr.length;
        while (index < right) {
                if (arr[index] == 0) {
                        swap(arr, ++left, index++);
                } else if (arr[index] == 2) {
                        swap(arr, index, --right);
                } else {
                        index++;
                }
        }
}
```

求最短通路值

【题目】

用一个整型矩阵 matrix 表示一个网络，1 代表有路，0 代表无路，每一个位置只要不越界，都有上下左右 4 个方向，求从最左上角到最右下角的最短通路值。

例如，matrix 为：

```
1   0   1   1   1
1   0   1   0   1
1   1   1   0   1
0   0   0   0   1
```

通路只有一条，由 12 个 1 构成，所以返回 12。

【难度】

尉　★★☆☆

【解答】

使用宽度优先遍历即可，如果矩阵大小为 $N×M$，本文提供的方法的时间复杂度为 $O(N×M)$，具体过程如下：

1. 开始时生成 map 矩阵，map[i][j]的含义是从（0,0）位置走到（i,j）位置最短的路径值。然后将左上角位置（0,0）的行坐标与列坐标放入行队列 rQ 和列队列 cQ。

2．不断从队列弹出一个位置（r,c），然后看这个位置的上下左右四个位置哪些在 matrix 上的值是 1，这些都是能走的位置。

3．将那些能走的位置设置好各自在 map 中的值，即 map[r][c]+1。同时将这些位置加入 rQ 和 cQ 中，用队列完成宽度优先遍历。

4．在步骤 3 中，如果一个位置之前走过，就不要重复走，这个逻辑可以根据一个位置在 map 中的值来确定，比如 map[i][j]!=0，就可以知道这个位置之前已经走过。

5．一直重复步骤 2～步骤 4。直到遇到右下角位置，说明已经找到终点，返回终点在 map 中的值即可，如果 rQ 和 cQ 已经为空都没有遇到终点位置，说明不存在这样一条路径，返回 0。

每个位置最多走一遍，所以时间复杂度为 $O(N×M)$、额外空间复杂度也是 $O(N×M)$。具体过程请参看如下代码中的 minPathValue 方法。

```java
public int minPathValue(int[][] m) {
        if (m == null || m.length == 0 || m[0].length == 0 || m[0][0] != 1
                        || m[m.length - 1][m[0].length - 1] != 1) {
                return 0;
        }
        int res = 0;
        int[][] map = new int[m.length][m[0].length];
        map[0][0] = 1;
        Queue<Integer> rQ = new LinkedList<Integer>();
        Queue<Integer> cQ = new LinkedList<Integer>();
        rQ.add(0);
        cQ.add(0);
        int r = 0;
        int c = 0;
        while (!rQ.isEmpty()) {
                r = rQ.poll();
                c = cQ.poll();
                if (r == m.length - 1 && c == m[0].length - 1) {
                        return map[r][c];
                }
                walkTo(map[r][c], r - 1, c, m, map, rQ, cQ); // 上
                walkTo(map[r][c], r + 1, c, m, map, rQ, cQ); // 下
                walkTo(map[r][c], r, c - 1, m, map, rQ, cQ); // 左
                walkTo(map[r][c], r, c + 1, m, map, rQ, cQ); // 右
        }
        return res;
}

public void walkTo(int pre, int toR, int toC, int[][] m,
                int[][] map, Queue<Integer> rQ, Queue<Integer> cQ) {
        if (toR < 0 || toR == m.length || toC < 0 || toC == m[0].length
                        || m[toR][toC] != 1 || map[toR][toC] != 0) {
                return;
        }
}
```

```
                map[toR][toC] = pre + 1;
                rQ.add(toR);
                cQ.add(toC);
        }
```

数组中未出现的最小正整数

【题目】

给定一个无序整型数组 arr，找到数组中未出现的最小正整数。

【举例】

arr=[-1,2,3,4]。返回 1。

arr=[1,2,3,4]。返回 5。

【难度】

尉 ★★☆☆

【解答】

原问题。如果 arr 长度为 N，本题的最优解可以做到时间复杂度为 O(N)，额外空间复杂度为 O(1)。具体过程如下：

1. 在遍历 arr 之前先生成两个变量。变量 l 表示遍历到目前为止，数组 arr 已经包含的正整数范围是[1,l]，所以没有开始遍历之前令 l=0，表示 arr 目前没有包含任何正整数。变量 r 表示遍历到目前为止，在后续出现最优状况的情况下，arr 可能包含的正整数范围是[1,r]，所以没有开始遍历之前，令 r=N，因为还没有开始遍历，所以后续出现的最优状况是 arr 包含 1~N 所有的整数。r 同时表示 arr 当前的结束位置。

2. 从左到右遍历 arr，遍历到位置 l，位置 l 的数为 arr[l]。

3. 如果 arr[l]==l+1。没有遍历 arr[l]之前，arr 已经包含的正整数范围是[1,l]，此时出现了 arr[l]==l+1 的情况，所以 arr 包含的正整数范围可以扩到[1,l+1]，即令 l++。然后重复步骤 2。

4. 如果 arr[l]<=l。没有遍历 arr[l]之前，arr 在后续最优的情况下可能包含的正整数范围是[1,r]，已经包含的正整数范围是[1,l]，所以需要[l+1,r]上的数。而此时出现了 arr[l]<=l，说明[l+1,r]范围上的数少了一个，所以 arr 在后续最优的情况下，可能包含的正整数范围缩小了，变为[1,r-1]，此时把 arr 最后位置的数（arr[r-1]）放在位置 l 上，下一步检查这个数，然后令 r--。重复步骤 2。

5. 如果 arr[l]>r，与步骤 4 同理，把 arr 最后位置的数（arr[r-1]）放在位置 l 上，下一步检查这个数，然后令 r--。重复步骤 2。

6. 如果 arr[arr[l]-1]==arr[l]。如果步骤 4 和步骤 5 没中，说明 arr[l] 是在[l+1,r]范围上的数，而且这个数应该放在 arr[l]-1 位置上。可是此时发现 arr[l]-1 位置上的数已经是 arr[l]，说明出现了两个 arr[l]，既然在[l+1,r]上出现了重复值，那么[l+1,r]范围上的数又少了一个，所以与步骤 4 和步骤 5 一样，把 arr 最后位置的数（arr[r-1]）放在位置 l 上，下一步检查这个数，然后令 r--。重复步骤 2。

7. 如果步骤 4、步骤 5 和步骤 6 都没中，说明发现了[l+1,r]范围上的数，并且此时并未发现重复。那么 arr[l]应该放到 arr[l]-1 位置上，所以把 l 位置上的数和 arr[l]-1 位置上的数交换，下一步继续遍历 l 位置上的数。重复步骤 2。

8. 最终 l 位置和 r 位置会碰在一起（l==r），arr 已经包含的正整数范围是[1,l]，返回 l+1 即可。具体过程请参看如下代码中的 missNum 方法。

```java
public int missNum(int[] arr) {
    int l = 0;
    int r = arr.length;
    while (l < r) {
        if (arr[l] == l + 1) {
            l++;
        } else if (arr[l] <= l || arr[l] > r || arr[arr[l] - 1] == arr[l]) {
            arr[l] = arr[--r];
        } else {
            swap(arr, l, arr[l] - 1);
        }
    }
    return l + 1;
}
```

数组排序之后相邻数的最大差值

【题目】

给定一个整型数组 arr，返回排序后相邻两数的最大差值。

【举例】

arr=[9,3,1,10]。如果排序，结果为[1,3,9,10]，9 和 3 的差为最大差值，故返回 6。
arr=[5,5,5,5]。返回 0。

【要求】

如果 arr 的长度为 N，请做到时间复杂度为 $O(N)$。

【难度】

尉　★★☆☆

【解答】

本题如果用排序法实现，其时间复杂度是 $O(NlogN)$，而如果利用桶排序的思想（不是直接进行桶排序），可以做到时间复杂度为 $O(N)$，额外空间复杂度为 $O(N)$。遍历 arr 找到最小值和最大值，分别记为 min 和 max。如果 arr 的长度为 N，那么我们准备 $N+1$ 个桶，把 max 单独放在第 $N+1$ 号桶里。arr 中在[min,max]范围上的数放在 1~N 号桶里，对于 1~N 号桶中的每一个桶来说，负责的区间大小为(max-min)/N。比如长度为 10 的数组 arr 中，最小值为 10，最大值为 110。那么就准备 11 个桶，arr 中等于 110 的数全部放在第 11 号桶里。区间[10,20)的数全部放在 1 号桶里，区间[20,30)的数全部放在 2 号桶里……，区间[100,110)的数全部放在 10 号桶里。那么如果一个数为 num，它应该分配进(num - min) × len / (max - min)号桶里。

arr 一共有 N 个数，min 一定会放进 1 号桶里，max 一定会放进最后的桶里。所以，如果把所有的数放入 $N+1$ 个桶中，必然有桶是空的。如果 arr 经过排序，相邻的数有可能此时在同一个桶中，也可能在不同的桶中。在同一个桶中的任何两个数的差值都不会大于区间值，而在空桶左右两边不空的桶里，相邻数的差值肯定大于区间值。所以产生最大差值的两个相邻数肯定来自不同的桶。所以只要计算桶之间数的间距就可以，也就是只用记录每个桶的最大值和最小值，最大差值只可能来自某个非空桶的最小值减去前一个非空桶的最大值。

具体过程请参看如下代码中的 maxGap 方法。

```java
public int maxGap(int[] nums) {
    if (nums == null || nums.length < 2) {
        return 0;
    }
    int len = nums.length;
    int min = Integer.MAX_VALUE;
    int max = Integer.MIN_VALUE;
    for (int i = 0; i < len; i++) {
        min = Math.min(min, nums[i]);
        max = Math.max(max, nums[i]);
    }
    if (min == max) {
        return 0;
    }
    boolean[] hasNum = new boolean[len + 1];
    int[] maxs = new int[len + 1];
    int[] mins = new int[len + 1];
    int bid = 0;
    for (int i = 0; i < len; i++) {
        bid = bucket(nums[i], len, min, max); // 算出桶号
        mins[bid] = hasNum[bid] ? Math.min(mins[bid], nums[i]) : nums[i];
```

```
                maxs[bid] = hasNum[bid] ? Math.max(maxs[bid], nums[i]) : nums[i];
                hasNum[bid] = true;
        }
        int res = 0;
        int lastMax = maxs[0];
        int i = 1;
        for (; i <= len; i++) {
                if (hasNum[i]) {
                        res = Math.max(res, mins[i] - lastMax);
                        lastMax = maxs[i];
                }
        }
        return res;
}

// 使用 long 类型是为了防止相乘时溢出
public int bucket(long num, long len, long min, long max) {
        return (int) ((num - min) * len / (max - min));
}
```

做项目的最大收益问题

【题目】

给定两个整数 W 和 K，W 代表你拥有的初始资金，K 代表你最多可以做 K 个项目。再给定两个长度为 N 的正数数组 costs[] 和 profits[]，代表一共有 N 个项目，costs[i] 和 profits[i] 分别表示第 i 号项目的启动资金与做完后的利润（注意是利润，如果一个项目启动资金为 10，利润为 4，代表该项目最终的收入为 14）。你不能并行只能串行地做项目，并且手里拥有的资金大于或等于某个项目的启动资金时，你才能做这个项目。该如何选择做项目，能让你最终的收益最大？返回最后能获得的最大资金。

【举例】

W = 3

K = 2

costs = {5, 4, 1, 2}

profits = {3, 5, 3, 2}

初始资金为 3，最多做 2 个项目，每个项目的启动资金与利润见 costs 和 profits。最优选择为：先做 2 号项目，做完之后资金增长到 6。然后做 1 号项目，做完之后资金增长到 11。其他的任何选择都不会比这种选择好，所以返回 11。

【要求】

时间复杂度为 $O(K\log N)$。

【难度】

尉　★★☆☆

【解答】

设计算法的流程如下。

1. 定义项目类如下：

```
public class Program {
        public int cost; // 项目的花费
        public int profit; // 项目的利润
        public Program(int cost, int profit) {
                this.cost = cost;
                this.profit = profit;
        }
}
```

2. 生成小根堆 costMinHeap，可以把具体的 Program 放进 costMinHeap 中，根据 Program 的花费来组织小根堆，花费最少的 Program 放在 costMinHeap 的堆顶。

3. 生成大根堆 profitMaxHeap，可以把具体的 Program 放进 profitMaxHeap 中，根据 Program 的利润来组织大根堆，利润最多的 Program 放在 profitMaxHeap 的堆顶。

4. 根据 costs 和 profits 数组，可以得到所有的 Program，把所有的 Program 放进 costMinHeap。

5. 根据当前的资金 W，来解锁 costMinHeap 中的项目，只要是花费小于或等于 W 的项目，就从 costMinHeap 中弹出，放入 profitMaxHeap。因为 costMinHeap 是小根堆，所以依次弹出 Program，直到 costMinHeap 为空或者剩下项目的花费都大于 W，弹出过程停止。每一个从 costMinHeap 弹出的 Program，都进入 profitMaxHeap。进入步骤 6。

6. profitMaxHeap 装着所有可以被考虑和被解锁的项目。

1）如果经历了步骤 5 的解锁过程之后，发现 profitMaxHeap 为空，首先说明当前资金 W 并没有解锁出任何项目，其次说明目前已经没有任何项目可以挑选了。直接返回 W。

2）如果经历了步骤 5 的解锁过程之后，发现 profitMaxHeap 不为空。选择位于 profitMaxHeap 堆顶的那个项目完成，记为 ProgramBest。因为在所有可以被考虑的项目中，profitMaxHeap 堆顶的项目一定是获得利润最多的项目。完成 ProgramBest 之后，可以获得 ProgramBest 的利润，所以 W+=ProgramBest.profit。然后重复步骤 5，进行新一轮的解锁。

7. 如果步骤 6 进行的过程中没有返回。那么做完 K 个项目后，返回 W。

全部过程请看如下的 getMaxMoney 方法。

```java
public class Program {
    public int cost; // 项目的花费
    public int profit; // 项目的利润
    public Program(int cost, int profit) {
        this.cost = cost;
        this.profit = profit;
    }
}
// 定义小根堆如何比较大小
public class CostMinComp implements Comparator<Program> {
    @Override
    public int compare(Program o1, Program o2) {
        return o1.cost - o2.cost;
    }
}

// 定义大根堆如何比较大小
public class ProfitMaxComp implements Comparator<Program> {
    @Override
    public int compare(Program o1, Program o2) {
        return o2.profit - o1.profit;
    }
}

public int getMaxMoney(int W, int K, int[] costs, int[] profits) {
    // 无效参数
    if (W < 1 || K < 0 || costs == null ||
                profits == null || costs.length != profits.length) {
        return W;
    }
    // 项目花费小根堆，花费最少的项目在顶部
    PriorityQueue<Program> costMinHeap = new PriorityQueue<>(new CostMinComp());
    // 项目利润大根堆，利润最大的项目在顶部
    PriorityQueue<Program> profitMaxHeap =
                new PriorityQueue<>(new ProfitMaxComp());
    // 所有项目都进项目花费小根堆
    for (int i = 0; i < costs.length; i++) {
        costMinHeap.add(new Program(costs[i], profits[i]));
    }
    // 依次做 K 个项目
    for (int i = 1; i <= K; i++) {
        // 当前资金为 W，在项目花费小根堆里所有花费小于或等于 W 的项目，都可以考虑
        while (!costMinHeap.isEmpty() && costMinHeap.peek().cost <= W) {
            // 把可以考虑的项目都放进项目利润大根堆里
            profitMaxHeap.add(costMinHeap.poll());
        }
        // 如果此时项目利润大根堆为空，说明可以考虑的项目为空
        // 说明当前资金 W 已经无法解锁任何项目，直接返回 W
        if (profitMaxHeap.isEmpty()) {
```

```
            return W;
        }
        // 如果还可以做项目，从项目利润大根堆拿出获得利润最多的项目完成
        W += profitMaxHeap.poll().profit;
    }
    return W;
}
```

分金条的最小花费

【题目】

给定一个正数数组 arr，arr 的累加和代表金条的总长度，arr 的每个数代表金条要分成的长度。规定长度为 K 的金条只需分成两块，费用为 K 个铜板。返回把金条分出 arr 中的每个数字需要的最小代价。

【举例】

arr={10,30,20}，金条总长度为 60。

如果先分成 40 和 20 两块，将花费 60 个铜板，再把长度为 40 的金条分成 10 和 30 两块，将花费 40 个铜板，总花费为 100 个铜板；如果先分成 10 和 50 两块，将花费 60 个铜板，再把长度为 50 的金条分成 20 和 30 两块，将花费 50 个铜板，总花费为 110 个铜板；如果先分成 30 和 30 两块，将花费 60 个铜板，再把其中一根长度为 30 的金条分成 10 和 20 两块，将花费 30 个铜板，总花费为 90 个铜板。所以返回最低花费为 90。

【要求】

如果 arr 长度为 N，时间复杂度为 $O(NlogN)$。

【难度】

尉　★★☆☆

【解答】

这道题的原型为哈夫曼编码算法，是用贪心策略求解的，对于贪心策略的证明，有兴趣的读者可以自行了解，本书不再赘述。本题的解题思路非常简单。

0. 假设最小代价为 ans，初始时 ans=0。先把 arr 中所有的数字放进一个小根堆。

1. 从小根堆中弹出两个数字，假设为 a 和 b，令 ans=ans+a+b，然后把 a+b 的和放进小根堆。

2. 重复步骤 1，直到小根堆中只剩一个数字过程停止，返回 ans 即可。

举个例子，假设 arr={3,9,5,2,4,4}，准备变量 ans 和小根堆 minHeap。

0．初始时 ans=0，把 arr 中所有的数字放进 minHeap，minHeap 含有数字{3,9,5,2,4,4}，并按照小根堆组织。

1．minHeap 是小根堆，所以弹出 2 和 3，令 ans=0+5=5，然后把 5 放进 minHeap，minHeap 含有数字{5,9,5,4,4}，并按照小根堆组织。

2．minHeap 是小根堆，所以弹出 4 和 4，令 ans=5+8=13，然后把 8 放进 minHeap，minHeap 含有数字{8,5,9,5}，并按照小根堆组织。

3．minHeap 是小根堆，所以弹出 5 和 5，令 ans=13+10=23，然后把 10 放进 minHeap，minHeap 含有数字{10,8,9}，并按照小根堆组织。

4．minHeap 是小根堆，所以弹出 8 和 9，令 ans=23+17=40，然后 17 放进 minHeap，minHeap 含有数字{17,10}，并按照小根堆组织。

5．minHeap 是小根堆，所以弹出 17 和 10，令 ans=40+27=67，然后 27 放进 minHeap，minHeap 含有数字{27}，并按照小根堆组织。

6．此时小根堆只剩一个数字了，返回 ans=67。

上述过程相当于构建了如图 8-3 所示的一棵树。

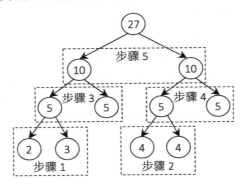

图 8-3

这棵树的所有非叶节点值加起来，就是 ans 的最后结果。同时这棵树从上往下看也知道了如果去分割，先把 27 的金条分成 10 和 17，10 分成 5 和 5，17 分成 8 和 9，其中的一个 5 分成 2 和 3，8 分成 4 和 4。

一共有 N 个数，总的合并步骤为 $O(N)$ 次，每一次合并操作都需要小根堆的压入和弹出操作 $O(logN)$，所以全部过程为 $O(NlogN)$。具体实现请看如下的 getMinSplitCost 方法。

```
public int getMinSplitCost(int[] arr) {
        if (arr == null || arr.length < 2) {
                return 0;
        }
        // 优先级队列就是堆结构，而且默认是小根堆结构
```

```
PriorityQueue<Integer> minHeap = new PriorityQueue<>();
for (int i = 0; i < arr.length; i++) {
        minHeap.add(arr[i]);
}
int ans = 0;
while (minHeap.size() != 1) {
        int sum = minHeap.poll() + minHeap.poll();
        ans += sum;
        minHeap.add(sum);
}
return ans;
}
```

大楼轮廓问题

【题目】

给定一个 $N \times 3$ 的矩阵 matrix，对于每一个长度为 3 的小数组 arr，都表示一个大楼的三个数据。arr[0]表示大楼的左边界，arr[1]表示大楼的右边界，arr[2]表示大楼的高度（一定大于 0）。每座大楼的地基都在 X 轴上，大楼之间可能会有重叠，请返回整体的轮廓线数组。

【举例】

```
matrix = {
{2,5,6},
{1,7,4},
{4,6,7},
{3,6,5},
{10,13,2},
{9,11,3},
{12,14,4},
{10,12,5}
}
```

代表的图像如图 8-4 所示。

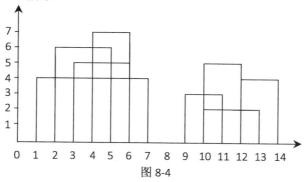

图 8-4

返回的轮廓线数组如下：

```
{{1,2,4},
{2,4,6},
{4,6,7},
{6,7,4},
{9,10,3},
{10,12,5},
{12,14,4}}
```

【要求】

时间复杂度为 $O(NlogN)$。

【难度】

将 ★★★★

【解答】

本题需要用到有序表结构（sortedMap 或叫 orderedMap），比如红黑树、AVL 树、size-balance-tree 和跳表等都属于有序表结构，虽然有序表结构的底层实现可能不同，但是基本功能和时间复杂度的指标是一样的。

这种表结构是把所有在其中的数据按照 key 的排序来组织，并提供如下操作。

1）void put(K key, V value)：将一个（key,value）记录加入到表中，或者将 key 的记录更新成 value。

2）V get(K key)：根据给定的 key，查询 value 并返回。

3）void remove(K key)：移除 key 的记录。

4）boolean containsKey(K key)：询问是否有关于 key 的记录。

5）K firstKey()：返回所有键值的排序结果中，最左（最小）的那个。

6）K lastKey()：返回所有键值的排序结果中，最右（最大）的那个。

7）K floorKey(K key)：如果表中存入过 key，返回 key；否则返回所有键值的排序结果中，key 的前一个。

8）K ceilingKey(K key)：如果表中存入过 key，返回 key；否则返回所有键值的排序结果中，key 的后一个。

任何一个有序表结构都一定包含这 8 个操作，并且如果其中数据量为 N 的情况下，如上 8 个操作的时间复杂度都为 $O(logN)$。但本书篇幅有限，讲清楚红黑树、AVL 树、size-balance-tree 和跳表中的任何一个，并且将代码完全列出，都会占用很大篇幅，故不再详述。读者不管使用哪种语言，都一定能在各个语言库中找到现成的结构来使用，这些结构在算法中的地位也很重要，面试过程中也经常出现，但是因为其复杂性，面试官不会关注结构本身，面试者可以把有序表结构当作黑盒，会使用这 8 个操作，并且知道每种操作的时间复杂度都为 $O(logN)$ 即可。当然有兴趣的读者可以去了解这些结构以及这几个操作都是如何实现的。

每一个大楼数组都可以看作在左边界新加了一个高度，在右边界删掉了一个高度，比如 {1,7,4} 这个大楼，可以看作在 1 这个点新加了一个高度 4，在 7 这个点删除了一个高度 4。所以一个大楼数组可以生成两个描述高度变化的对象。比如 {1,7,4} 这个大楼数组可以生成 {1,加入,一个高度 4} 和 {7,删除,一个高度 4} 这两个描述高度变化的对象。

第一步：将所有的大楼数组变成描述高度变化的对象。

比如题目中的例子，matrix = {

```
{2,5,6},
{1,7,4},
{4,6,7},
{3,6,5},
{10,13,2},
{9,11,3},
{12,14,4},
{10,12,5}
}
```

会变成描述高度变化的对象数组如下：

```
{
{2,加入,一个高度 6},{5,删除,一个高度 6},
{1,加入,一个高度 4},{7,删除,一个高度 4},
{4,加入,一个高度 7},{6,删除,一个高度 7},
{3,加入,一个高度 5},{6,删除,一个高度 5},
{10,加入,一个高度 2},{13,删除,一个高度 2},
{9,加入,一个高度 3},{11,删除,一个高度 3},
{12,加入,一个高度 4},{14,删除,一个高度 4},
{10,加入,一个高度 5},{12,删除,一个高度 5}
}
```

第二步：将描述高度变化的对象数组排序，排序的比较策略如下。

1. 第一个维度的值从小到大排序。

2. 如果第一个维度的值相等，看第二个维度的值，"加入"排在前，"删除"排在后。

3. 如果两个对象第一维度和第二维度的值都相等，则认为两个对象相等，谁在前都行。

比如上一步的对象数组，排序之后的结果为：

```
{
{1,加入,一个高度 4},
{2,加入,一个高度 6},
{3,加入,一个高度 5},
```

```
{4,加入,一个高度 7},
{5,删除,一个高度 6},
{6,删除,一个高度 5},
{6,删除,一个高度 7},
{7,删除,一个高度 4},
{9,加入,一个高度 3},
{10,加入,一个高度 5},
{10,加入,一个高度 2},
{11,删除,一个高度 3},
{12,加入,一个高度 4},
{12,删除,一个高度 5},
{13,删除,一个高度 2},
{14,删除,一个高度 4}
}
```

第三步：按如下操作。

1）准备有序表 mapHeightTimes，key 是一个整数，代表高度，value 是这个高度目前出现的次数。当某个 key 出现的次数为 0，则删掉这条记录。一开始 mapHeight 中没有任何记录。

2）准备有序表 mapXvalueHeight，key 是一个整数，代表 X 轴上的一个位置，value 是这个位置上的最大高度。当某个 key 出现的次数为 0 时，删掉这条记录。一开始 mapXvalueHeight 中没有任何记录。

第四步：根据第二步生成的描述高度变化的数组，对 mapHeightTimes 和 mapXvalueHeight 进行如下操作。

{1,加入,一个高度 4}，在 mapHeightTimes 中加入（4,1），表示高度 4 出现了 1 次（如果某个高度在 mapHeightTimes 中已经有记录，则只用把次数加 1 即可，在这一步关于高度 4 没有记录，所以新加入即可）。此时在 x==1 处，出现所有高度中的最大高度可以通过 mapHeightTimes.lastKey 得到，也就是 4，将（1,4）记录在 mapXvalueHeight 中，表示在 x==1 处，最大高度是 4。

此时，mapHeightTimes 中所有的记录为：{4,1}。

此时，mapXvalueHeight 中所有记录为：{1,4}。

{2,加入,一个高度 6}，在 mapHeightTimes 中加入(6,1)，表示高度 6 出现了 1 次。此时在 x==2 处，出现所有高度中的最大高度可以通过 mapHeightTimes.lastKey 得到，也就是 6，将（2,6）记录在 mapXvalueHeight 中，表示在 x==2 处，最大高度是 6。

此时，mapHeightTimes 中所有的记录为：{4,1}, {6,1}。

此时，mapXvalueHeight 中所有的记录为：{1,4}, {2,6}。

{3,加入,一个高度 5}，在 mapHeightTimes 中加入(5,1)，表示高度 5 出现了 1 次。此时在 x==3 处，出现所有高度中的最大高度可以通过 mapHeightTimes.lastKey 得到，依然是 6，将（3,6）记录在 mapXvalueHeight 中，表示在 x==3 处，最大高度是 6。

此时，mapHeightTimes 中所有的记录为：{4,1}, {6,1}, {5,1}。

此时，mapXvalueHeight 中所有的记录为：{1,4}, {2,6}, {3,6}。

{4,加入,一个高度 7}，在 mapHeightTimes 中加入(7,1)，表示高度 7 出现了 1 次。此时在 x==4 处，出现所有高度中的最大高度可以通过 mapHeightTimes.lastKey 得到，也就是 7，将（4,7）记录在 mapXvalueHeight 中，表示在 x==4 处，最大高度是 7。

此时，mapHeightTimes 中所有的记录为：{4,1}, {6,1}, {5,1}, {7,1}。

此时，mapXvalueHeight 中所有的记录为：{1,4}, {2,6}, {3,6}, {4,7}。

{5,删除,一个高度 6}，此时在 mapHeightTimes 中高度 6 只出现了 1 次，又是删除操作，所以彻底删掉 key==6 的记录（如果出现次数大于 1 次，则把次数减 1 即可，不需要彻底删除）。此时在 x==5 处，出现所有高度中的最大高度可以通过 mapHeightTimes.lastKey 得到，也就是 7，将（5,7）记录在 mapXvalueHeight 中，表示在 x==5 处，最大高度是 7。

此时，mapHeightTimes 中所有的记录为：{4,1}, {5,1}, {7,1}。

此时，mapXvalueHeight 中所有的记录为：{1,4}, {2,6}, {3,6}, {4,7}, {5,7}。

{6,删除,一个高度 5}，此时在 mapHeightTimes 中高度 5 只出现了 1 次，所以彻底删掉 key==5 的记录。此时在 x==6 处，出现所有高度中的最大高度可以通过 mapHeightTimes.lastKey 得到，也就是 7，将（6,7）记录在 mapXvalueHeight 中。

此时，mapHeightTimes 中所有的记录为：{4,1}, {7,1}。

此时，mapXvalueHeight 中所有的记录为：{1,4}, {2,6}, {3,6}, {4,7}, {5,7}, {6,7}。

{6,删除,一个高度 7}，此时在 mapHeightTimes 中高度 7 只出现了 1 次，所以彻底删掉 key==7 的记录。此时在 x==6 处，出现所有高度中的最大高度可以通过 mapHeightTimes.lastKey 得到，也就是 4，将（6,4）记录在 mapXvalueHeight 中。

此时，mapHeightTimes 中所有的记录为：{4,1}。

此时，mapXvalueHeight 中所有的记录为：{1,4}, {2,6}, {3,6}, {4,7}, {5,7}, {6,4}。

{7,删除,一个高度 4}，此时在 mapHeightTimes 中高度 4 只出现了 1 次，所以彻底删掉 key==4 的记录。此时在 x==7 处，mapHeightTimes 已经空了，所以最大高度是 0，将（7,0）记录在 mapXvalueHeight 中。

此时，mapHeightTimes 中所有的记录为：空。

此时，mapXvalueHeight 中所有的记录为：{1,4}, {2,6}, {3,6}, {4,7}, {5,7}, {6,4}, {7,0}。

{9,加入,一个高度 3}，mapHeightTimes 中加入(3,1)，表示高度 3 出现了 1 次。此时在 x==9 处，出现所有高度中的最大高度可以通过 mapHeightTimes.lastKey 得到，也就是 3，将（9,3）记录在 mapXvalueHeight 中，表示在 x==9 处，最大高度是 3。

此时，mapHeightTimes 中所有的记录为：{3,1}。

此时，mapXvalueHeight 中所有的记录为：{1,4}, {2,6}, {3,6}, {4,7}, {5,7}, {6,4}, {7,0}, {9,3}。

{10,加入,一个高度 5}，mapHeightTimes 中加入(5,1)，表示高度 5 出现了 1 次。此时在 x==10

处，出现的所有高度中的最大高度可以通过 mapHeightTimes.lastKey 得到，也就是 5，将（10,5）记录在 mapXvalueHeight 中，表示在 x==10 处，最大高度是 5。

此时，mapHeightTimes 中所有的记录为：{3,1}, {5,1}。

此时，mapXvalueHeight 中所有的记录为：{1,4}, {2,6}, {3,6}, {4,7}, {5,7}, {6,4}, {7,0}, {9,3}, {10,5}。

{10,加入,一个高度 2}，mapHeightTimes 中加入(2,1)，表示高度 2 出现了 1 次。此时在 x==10 处，出现所有高度中的最大高度可以通过 mapHeightTimes.lastKey 得到，也就是 5，将（10,5），记录在 mapXvalueHeight 中，表示在 x==10 处，最大高度是 5。

此时，mapHeightTimes 中所有的记录为：{3,1}, {5,1}, {2,1}。

此时，mapXvalueHeight 中所有的记录为：{1,4}, {2,6}, {3,6}, {4,7}, {5,7}, {6,4}, {7,0}, {9,3}, {10,5}。

{11,删除,一个高度 3}，此时在 mapHeightTimes 中高度 3 只出现了 1 次，所以彻底删掉 key==3 的记录。此时在 x==11 处，出现所有高度中的最大高度可以通过 mapHeightTimes.lastKey 得到，也就是 5，将（11,5）记录在 mapXvalueHeight 中，表示在 x==11 处，最大高度是 5。

此时，mapHeightTimes 中所有的记录为：{5,1}, {2,1}。

此时，mapXvalueHeight 中所有的记录为：{1,4}, {2,6}, {3,6}, {4,7}, {5,7}, {6,4}, {7,0}, {9,3}, {10,5}, {11,5}。

{12,加入,一个高度 4}，在 mapHeightTimes 中加入(4,1)，表示高度 4 出现了 1 次。此时在 x==12 处，出现所有高度中的最大高度可以通过 mapHeightTimes.lastKey 得到，也就是 5，将（12,5），记录在 mapXvalueHeight 中，表示在 x==12 处，最大高度是 5。

此时，mapHeightTimes 中所有的记录为：{5,1}, {2,1}, {4,1}。

此时，mapXvalueHeight 中所有的记录为：{1,4}, {2,6}, {3,6}, {4,7}, {5,7}, {6,4}, {7,0}, {9,3}, {10,5}, {11,5}, {12,5}。

{12,删除,一个高度 5}，此时在 mapHeightTimes 中高度 5 只出现了 1 次，所以彻底删掉 key==5 的记录。此时在 x==12 处，出现所有高度中的最大高度可以通过 mapHeightTimes.lastKey 得到，也就是 4，将（12,4），记录在 mapXvalueHeight 中，表示在 x==12 处，最大高度是 4。

此时，mapHeightTimes 中所有的记录为：{2,1}, {4,1}。

此时，mapXvalueHeight 中所有的记录为：{1,4}, {2,6}, {3,6}, {4,7}, {5,7}, {6,4}, {7,0}, {9,3}, {10,5}, {11,5}, {12,4}。

{13,删除,一个高度 2}，此时在 mapHeightTimes 中高度 2 只出现了 1 次，所以彻底删掉 key==2 的记录。此时在 x==13 处，出现所有高度中的最大高度可以通过 mapHeightTimes.lastKey 得到，也就是 4，将（13,4）记录在 mapXvalueHeight 中，表示在 x==13 处，最大高度是 4。

此时，mapHeightTimes 中所有的记录为：{4,1}。

此时，mapXvalueHeight 中所有的记录为：{1,4}, {2,6}, {3,6}, {4,7}, {5,7}, {6,4}, {7,0}, {9,3}, {10,5}, {11,5}, {12,4}, {13,4}。

{14,删除,一个高度 4},此时在 mapHeightTimes 中高度 4 只出现了 1 次,所以彻底删掉 key==4 的记录。此时在 x==14 处,mapHeightTimes 已经为空,所以最大高度是 0,将（14,0）记录在 mapXvalueHeight 中,表示在 x==14 处,最大高度是 0。

此时,mapHeightTimes 中所有的记录为:空。

此时,mapXvalueHeight 中所有的记录为:{1,4}、{2,6}、{3,6}、{4,7}、{5,7}、{6,4}、{7,0}、{9,3}、{10,5}、{11,5}、{12,4}、{13,4}、{14,0}。

第五步:根据第四步生成的 mapXvalueHeight 表,生成所有的轮廓线。mapXvalueHeight 表其实统计了在 X 轴上出现的每个点在所有的操作都做完之后,得到的最大高度。轮廓线的产生其实只和每个点最终的最大高度变化有关。下面展示如何根据 mapXvalueHeight 表,生成轮廓线结果数组 res。

{1,4},轮廓线开始产生,开始位置为 1,高度为 4,结束位置待定,目前的最大高度为 4。res = { {1,待定,4} }。

{2,6},之前的最大高度为 4,现在最大高度变为 6,所以之前结束位置待定的轮廓线,此时可以确定结束位置为 2。同时新的轮廓线开始产生,开始位置为 2,高度为 6,结束位置待定,目前的最大高度为 6。res = { {1,2,4}, {2,待定,6} }。

{3,6},之前的最大高度为 6,现在最大高度仍是 6,所以不产生任何信息。

{4,7},之前的最大高度为 6,现在最大高度变为 7,所以之前结束位置待定的轮廓线,此时可以确定结束位置为 4。同时新的轮廓线开始产生,开始位置为 4,高度为 7,结束位置待定,目前的最大高度为 7。res = { {1,2,4}, {2,4,6}, {4,待定,7} }。

{5,7},之前的最大高度为 7,现在最大高度仍是 7,所以不产生任何信息。

{6,4},之前的最大高度为 7,现在最大高度变为 4,所以之前结束位置待定的轮廓线,此时可以确定结束位置为 6。同时新的轮廓线开始产生,开始位置为 6,高度为 4,结束位置待定,目前的最大高度为 4。res = { {1,2,4}, {2,4,6}, {4,6,7}, {6,待定,4} }。

{7,0},之前的最大高度为 4,现在最大高度变为 0,所以之前结束位置待定的轮廓线,此时可以确定结束位置为 7。根据题目描述,大楼的高度一定大于 0,如果某个位置的最大高度为 0,一定没有高楼,所以没有新的轮廓线开始产生。res = { {1,2,4}, {2,4,6}, {4,6,7}, {6,7,4} }。

{9,3},轮廓线开始产生,开始位置为 9,高度为 3,结束位置待定,目前的最大高度为 3。res = { {1,2,4}, {2,4,6}, {4,6,7}, {6,7,4}, {9,待定,3} }。

{10,5},之前的最大高度为 3,现在最大高度变为 5,所以之前结束位置待定的轮廓线,此时可以确定结束位置为 10。同时新的轮廓线开始产生,开始位置为 10,高度为 5,结束位置待定,目前的最大高度为 5。res = { {1,2,4}, {2,4,6}, {4,6,7}, {6,7,4}, {9,10,3}, {10,待定,5} }。

{11,5},之前的最大高度为 5,现在最大高度仍是 5,所以不产生任何信息。

{12,4},之前的最大高度为 5,现在最大高度变为 4,所以之前结束位置待定的轮廓线,此时可以确定结束位置为 12。同时新的轮廓线开始产生,开始位置为 12,高度为 4,结束位置待定，目前的最大高度为 4。res = { {1,2,4}, {2,4,6}, {4,6,7}, {6,7,4}, {9,10,3}, {10,12,5}, {12,待定,4} }。

{13,4}，之前的最大高度为 4，现在最大高度仍是 4，所以不产生任何信息。

{14,0}，之前的最大高度为 4，现在最大高度变为 0，所以之前结束位置待定的轮廓线，此时可以确定结束位置为 14。根据题目描述，大楼的高度一定大于 0，如果某个位置的最大高度为 0，一定没有高楼，所以没有新的轮廓线开始产生。res = { {1,2,4}, {2,4,6}, {4,6,7}, {6,7,4}, {9,10,3}, {10,12,5}, {12,14,4} }。

最后返回 res 即可。全部流程代码如下：

```java
// 描述高度变化的对象
public class Node {
        public int x; // x轴上的值
        public boolean isAdd;// true 为加入，false 为删除
        public int h; // 高度
        public Node(int x, boolean isAdd, int h) {
                this.x = x;
                this.isAdd = isAdd;
                this.h = h;
        }
}


// 排序的比较策略
// 1. 第一个维度的值从小到大
// 2. 如果第一个维度的值相等，看第二个维度的值，“加入”排在前，“删除”排在后
// 3. 如果两个对象第一维度和第二个维度的值都相等，则认为两个对象相等，谁在前都行
public class NodeComparator implements Comparator<Node> {
    @Override
    public int compare(Node o1, Node o2) {
        if (o1.x != o2.x) {
            return o1.x - o2.x;
        }
        if (o1.isAdd != o2.isAdd) {
            return o1.isAdd ? -1 : 1;
        }
        return 0;
    }
}


// 全部流程的主方法
public List<List<Integer>> buildingOutline(int[][] matrix) {
    Node[] nodes = new Node[matrix.length * 2];
    // 每一个大楼轮廓数组产生两个描述高度变化的对象
    for (int i = 0; i < matrix.length; i++) {
        nodes[i * 2] = new Node(matrix[i][0], true, matrix[i][2]);
        nodes[i * 2 + 1] = new Node(matrix[i][1], false, matrix[i][2]);
    }
```

```java
// 把描述高度变化的对象数组按照规定的排序策略排序
Arrays.sort(nodes, new NodeComparator());
// TreeMap 就是 Java 中的红黑树结构，直接当作有序表来使用
TreeMap<Integer, Integer> mapHeightTimes = new TreeMap<>();
TreeMap<Integer, Integer> mapXvalueHeight = new TreeMap<>();
for (int i = 0; i < nodes.length; i++) {
    if (nodes[i].isAdd) { // 如果当前是加入操作
        // 没有出现的高度直接新加记录
        if (!mapHeightTimes.containsKey(nodes[i].h)) {
            mapHeightTimes.put(nodes[i].h, 1);
        } else { // 之前出现的高度，次数加 1 即可
            mapHeightTimes.put(nodes[i].h,
                            mapHeightTimes.get(nodes[i].h) + 1);
        }
    } else { // 如果当前是删除操作
        // 如果当前的高度出现次数为 1，直接删除记录
        if (mapHeightTimes.get(nodes[i].h) == 1) {
            mapHeightTimes.remove(nodes[i].h);
        } else { // 如果当前的高度出现次数大于 1，次数减 1 即可
            mapHeightTimes.put(nodes[i].h,
                            mapHeightTimes.get(nodes[i].h) - 1);
        }
    }
    // 根据 mapHeightTimes 中的最大高度，设置 mapXvalueHeight 表
    if (mapHeightTimes.isEmpty()) { // 如果 mapHeightTimes 为空，说明最大高度为 0
        mapXvalueHeight.put(nodes[i].x, 0);
    } else { // 如果 mapHeightTimes 不空，mapHeightTimes.lastKey() 是最大高度
        mapXvalueHeight.put(nodes[i].x, mapHeightTimes.lastKey());
    }
}
// res 为结果数组，每一个 List<Integer>代表一个轮廓线，
// 有开始位置、结束位置和高度，一共三个信息
List<List<Integer>> res = new ArrayList<>();
// 一个新轮廓线的开始位置
int start = 0;
// 之前的最大高度
int preHeight = 0;
// 根据 mapXvalueHeight 生成 res 数组
for (Entry<Integer, Integer> entry : mapXvalueHeight.entrySet()) {
    // 当前位置
    int curX = entry.getKey();
    // 当前最大高度
    int curMaxHeight = entry.getValue();
    if (preHeight != curMaxHeight) { // 之前最大高度和当前最大高度不一样时
        if (preHeight != 0) {
            res.add(new ArrayList<>(Arrays.asList(start, curX, preHeight)));
        }
        start = curX;
        preHeight = curMaxHeight;
    }
}
```

```
            return res;
        }
```

加油站良好出发点问题

【题目】

　　N 个加油站组成一个环形，给定两个长度都是 *N* 的非负数组 oil 和 dis（*N*>1），oil[i]代表第 *i* 个加油站存的油可以跑多少千米，dis[i]代表第 *i* 个加油站到环中下一个加油站相隔多少千米。假设你有一辆油箱足够大的车，初始时车里没有油。如果车从第 *i* 个加油站出发，最终可以回到这个加油站，那么第 *i* 个加油站就算良好出发点，否则就不算。请返回长度为 *N* 的 boolean 型数组 res，res[i]代表第 *i* 个加油站是不是良好出发点。

【举例】

```
oil = {4, 2, 0, 4, 5, 2, 3, 6, 2}
dis = {6, 1, 3, 1, 6, 4, 1, 1, 6}
```

代表的图如图 8-5 所示。

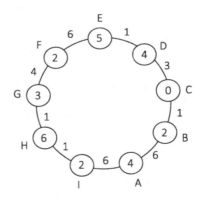

图 8-5

　　图中 A 点油量为 oil[0]，A 点到 B 点距离为 dis[0]；B 点油量为 oil[1]，B 点到 C 点距离为 dis[1]……I 点油量为 oil[8]，I 点到 A 点距离为 dis[8]。如果从 A 点出发，车初始将获得 4 的油量，但是 A 到 B 距离为 6，车跑不到 B 就会停下，所以 A 不是良好出发点；如果从 B 点出发，车初始将获得 2 的油量，B 到 C 距离为 1，车可以跑到 C，并且还剩 1 的油量，C 点油量为 0，所以车仍然带着 1 的油继续往下走，但是 C 到 D 距离为 3，车跑不到 D 就会停下，所以 B 也不是良好出发点；如果从 C 点出发……这个例子没有任何一个点是良好出发点，所以返回{false, false, false, false,

false, false, false, false, false}。

```
oil = {4, 5, 3, 1, 5, 1, 1, 9}
dis = {1, 9, 1, 2, 6, 0, 2, 0}
```

代表的图如图 8-6 所示。

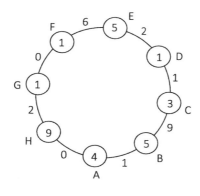

图 8-6

如果从车 A 点出发，到 B 点且加上 B 的油，还剩 8 的油，发现到不了 C；如果从 B 点出发，发现车到不了 C；如果从 C 点出发，发现可以转一圈，所以 C 点是良好出发点……最终返回{false, false, true, false, false, true, false, true}。

【要求】

如果 oil 和 dis 长度为 N，时间复杂度达到 $O(N)$，额外空间复杂度 $O(1)$，返回的 boolean 类型数组不算额外空间。

【难度】

校　★★★☆

【解答】

每个位置用遍历的方式确定是不是良好出发点肯定可以实现，但是这种方法的时间复杂度为 $O(N^2)$，所以本书不再赘述。最优解可以做到时间复杂度达到 $O(N)$，额外空间复杂度为 $O(1)$。首先可以把数据经过简单处理，oil[i]-dis[i]可以表示从 i 位置走到下一个位置，但是还没有加下一个位置的油量之前剩余的油量。比如题目描述的例子中，例子一可以用图 8-7 表示。

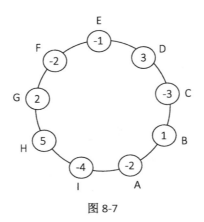

图 8-7

例子二可以用图 8-8 表示。

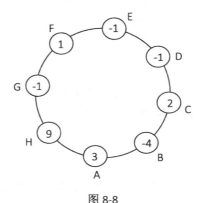

图 8-8

那么考查某个点是否是良好出发点的标准就可以变为，从该点出发转一圈沿途累加所有的数字，如果重新转回该位置的过程中累加和一直不小于 0，说明这个点是良好出发点，否则就不是。因为题目要求额外空间复杂度为 $O(1)$，所以得到每个位置的 oil[i]-dis[i] 值的数组，可以选择修改 dis 数组的方式来实现。具体请看本题最后代码部分的 changeDisArrayGetInit 方法。

changeDisArrayGetInit 方法调用之后，dis[i] 就变成了原来的 oil[i]-dis[i] 值，我们把新的 dis 数组认为是"纯能数组"，并且该函数会返回一个纯能值大于或等于 0 的位置，我们把这个点叫作环的 init 点，只要是纯能值大于或等于 0 的位置都可以作为 init 点，选择哪一个都行。比如，例子一中的 B、D、G 和 H 点，例子二中的 A、C、F 和 H 点。下面的过程是依次考查 init 点以及从 init 点顺时针方向遇到的每一个点是否是良好出发点。假设例子一的 H 点作为 init 点，例子二的 A 点作为 init 点，同时这个过程的时间复杂度为 $O(N)$。

前提：init 点存在。如果 init 点不存在，说明所有的加油站纯能值都小于 0，那么必然所有点都不是良好出发点，直接返回结果即可。在满足前提的情况下，进入步骤一。

步骤一：扩充连通区。

连通区表示为[start,end)，这里使用[)符号并不是指数学上值的范围是左闭右开，而是说车在初始时是从 start 位置出发的，沿着逆时针行进，可以达到 end 位置的前一个位置。need 值为从 start 位置顺时针扩充连通区的要求，rest 值为从 end 位置逆时针扩充连通区的资源。在查看每一个点是否是良好出发点的过程中，通过 need 值和 rest 值的变化来扩充连通区。下面以例子一来说明。

init 点为 H 点，从这个点开始考查。目前连通区为[H,I)，need=0，rest=5。因为此时 rest=5，I 位置的纯能值为-4，所以连通区扩为[H,A)，rest 变为 1。A 位置的纯能值为-2，而 rest=1 说明 A 位置逆时针扩充连通区的资源不足，所以扩充停止。连通区并没有扩充到整个环，所以 H 点不是良好出发点。

开始考查 G 点。目前连通区为[H,A)，need=0，rest=1。因为 G 点的纯能值为 2，need=0，说明从 H 位置顺时针扩充连通区的要求满足，所以连通区扩为[G,A)，并且 G 点的纯能值为 2，即可以满足要求。另外，可以把多出来的 2 点纯能带到连通区域的最后，增加从 A 位置逆时针扩充连通区的资源，所以 rest=1+2=3。A 位置的纯能值为-2，所以连通区扩为[G,B)，rest 变为 1。B 位置的纯能值为 1，说明不仅可以扩充，还能增加 rest 值，所以连通区扩为[G,C)，rest=2。C 位置的纯能值为-3，资源不够，所以扩充停止，连通区并没有扩充到整个环，所以 G 点不是良好出发点。

开始考查 F 点。目前连通区为[G,C)，need=0，rest=2。因为 F 点的纯能值为-2，不满足从 G 位置顺时针扩充连通区的要求，所以连通区不发生任何变化，并且 need 应该变为 2。因为之后要想从 G 位置顺时针扩充连通区，是一定要通过 F 点的。连通区并没有扩充到整个环，所以 F 点不是良好出发点。

开始考查 E 点。目前连通区为[G,C)，need=2，rest=2。因为 E 点的纯能值为-1，不满足从 G 位置顺时针扩充连通区的要求。所以连通区不发生任何变化，并且 need 应该变为 3。连通区并没有扩充到整个环，所以 E 点不是良好出发点。

开始考查 D 点。目前连通区为[G,C)，need=3，rest=2。因为 D 点的纯能值为 3，need=3，说明从 G 位置顺时针扩充连通区的要求满足（D 确实可以经过 E、F 达到 G），所以连通区扩为[D,C)，并且 D 点的纯能值为 3，即可以满足要求。另外，可以把多出来的 0 点纯能带到连通区域的最后，增加从 C 位置逆时针扩充连通区的资源，所以 rest 依然为 2。C 点的纯能值为-3，所以扩不动了，并且 need 应该变成 0，因为之后要想从 D 位置顺时针扩充连通区，只要新到节点的纯能值不小于 0 即可。

开始考查 C 点。目前连通区为[D,C)，need=0，rest=2。因为 C 点的纯能值为-3，不满足从 D 位置顺时针扩充连通区的要求。所以连通区不发生任何变化，并且 need 应该变为 3。连通区并没有扩充到整个环，所以 C 点不是良好出发点。

此时发现接下来的考查点都已经在连通区里，并且在之前没有发现任何一个良好出发点，那么可以证明剩下的点一定都不是良好出发点，如图 8-9 所示。

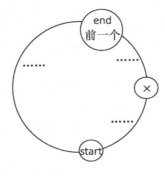

图 8-9

假设连通区是图 8-9 中从 start 开始逆时针到 end 前一个，并假设 X 点是此时的考查位置。如果 X 点的纯能值小于 0，X 一定不是良好出发点。如果 X 点的纯能值大于或等于 0。根据连通区的定义，从 start 出发可以来到 end 前一个位置，那么在从 start 出发的情况下，一定可以达到 X 点，在累加 X 点的纯能值之前，所带的资源一定是大于或等于 0 的（不然不可能走到 X）。那么在累加了 X 点的纯能值之后，资源一定会大于或等于 X 点的纯能值，但即便是在这种状况下，都没有走到 end 位置。那么如果车初始时是从 X 出发的，资源就是 X 点的纯能值，就更不可能走到 end 位置，也就不可能转一圈，所以 X 一定不是良好出发点。所以例子中的后续过程不需要考查 B、A，它们一定不是良好的出发点。

上面的例子（题目描述的例子一）展示了在考查每一个点时，如果一直没有发现良好出发点的情况下，该如何处理。接下来的例子展示如果在考查的过程中，发现了哪怕一个良好出发点，该怎么处理。下面以例子二来说明。

init 点为 A 点，从这个点开始考查。目前连通区为[A,B]，need=0，rest=3。因为 B 点的纯能值为-4，资源不够，所以扩充停止，连通区并没有扩充到整个环，所以 A 点不是良好出发点。

开始考查 H 点。目前连通区为[A,B]，need=0，rest=3。因为 H 点的纯能值为 9，need=0，说明从 A 位置顺时针扩充连通区的要求满足，所以连通区扩为[H,B]，并且可以把多出来的 9 点纯能带到连通区域的最后，增加从 B 位置逆时针扩充连通区的资源，所以 rest 变为 12。接下来发现，连通区可以扩到整个环，也就是可以回到 H 点，那么 H 是一个良好出发点。接下来的过程将变得很简单，如图 8-10 所示。

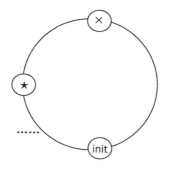

图 8-10

我们从图 8-10 的 init 位置开始顺时针考查每一个点是否是良好开始点，如果我们在标记星号的位置时发现星号位置是良好开始点。假设从星号继续顺时针遇到的 init 之前的每一个点，记为 X。因为从星号出发可以转一圈，所以 X 只要能达到星号位置，X 一定可以转一圈。

至此，已经穷举了所有的可能性。考查每一个点的过程中，连通区都可能会扩大，但是一旦扩到整个环，或者考查节点来到连通区，后续的过程都将没有连通区的扩大过程。也就是说，连通区扩大的整体时间复杂度为 $O(N)$，依次考查每一个点的整体时间复杂度为 $O(N)$，所以全部过程的时间复杂度为 $O(N)$。具体请看如下代码的 stations 方法。

```java
public boolean[] stations(int[] dis, int[] oil) {
        if (dis == null || oil == null || dis.length < 2
                        || dis.length != oil.length) {
                return null;
        }
        int init = changeDisArrayGetInit(dis, oil);
        return init == -1 ? new boolean[dis.length] : enlargeArea(dis, init);
}

public int changeDisArrayGetInit(int[] dis, int[] oil) {
        int init = -1;
        for (int i = 0; i < dis.length; i++) {
                dis[i] = oil[i] - dis[i];
                if (dis[i] >= 0) {
                        init = i;
                }
        }
        return init;
}

public boolean[] enlargeArea(int[] dis, int init) {
    boolean[] res = new boolean[dis.length];
    int start = init;
```

```
        int end = nextIndex(init, dis.length);
        int need = 0;
        int rest = 0;
        do {
            // 当前来到的 start 已经在连通区域中，可以确定后续的开始点一定无法转完一圈
            if (start != init && start == lastIndex(end, dis.length)) {
                break;
            }
            // 当前来到的 start 不在连通区域中，就扩充连通区域
            if (dis[start] < need) { // 从当前 start 出发，无法到达 initial 点
                need -= dis[start];
            } else { // 如 start 可以到达 initial 点，扩充连通区域的结束点
                rest += dis[start] - need;
                need = 0;
                while (rest >= 0 && end != start) {
                    rest += dis[end];
                    end = nextIndex(end, dis.length);
                }
                // 如果连通区域已经覆盖整个环，当前的 start 是良好出发点，进入 2 阶段
                if (rest >= 0) {
                    res[start] = true;
                    connectGood(dis, lastIndex(start, dis.length), init, res);
                    break;
                }
            }
            start = lastIndex(start, dis.length);
        } while (start != init);
        return res;
    }

    // 已知 start 的 next 方向上有一个良好出发点
    // start 如果可以达到这个良好出发点，那么从 start 出发一定可以转一圈
    public void connectGood(int[] dis, int start, int init, boolean[] res) {
        int need = 0;
        while (start != init) {
            if (dis[start] < need) {
                need -= dis[start];
            } else {
                res[start] = true; need = 0;
            }
            start = lastIndex(start, dis.length);
        }
    }

    public int lastIndex(int index, int size) {
        return index == 0 ? (size - 1) : index - 1;
    }

    public int nextIndex(int index, int size) {
        return index == size - 1 ? 0 : (index + 1);
    }
```

容器盛水问题

【题目】

给定一个数组 arr，已知其中所有的值都是非负的，将这个数组看作一个容器，请返回容器能装多少水。

【举例】

arr = {3,1,2,5,2,4}，代表的容器如图 8-11 所示。

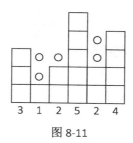

图 8-11

该容器可以装下 5 格水，也就是图 8-11 中画圈的部分，所以返回 5。

arr = {4,5,1,3,2}，代表的容器如图 8-12 所示。

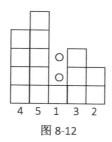

图 8-12

该容器可以装下 2 格水，也就是图 8-12 中画圈的部分，所以返回 2。

【要求】

时间复杂度为 $O(N)$，额外空间复杂度为 $O(1)$。

【难度】

校 ★★★☆

【解答】

面对这道题，很多面试者会去做这样的尝试，就是把数组中值的变化趋势想象成波峰和波谷的变化，然后试图找到所有的波谷，那么波谷里一定会有水，把所有波谷的水累加起来就是答案。

比如，数组[4,3,1,4,7,6,3,0,6]，代表的容器如图 8-13 所示，容器的两个阴影部分代表两个波谷，也是可以装水的部分。这种想法看起来非常靠谱，但是很明显找到所有的波谷后再求其中水的格子数量编程难度不小，而且遍历过程中发现的波谷有失效的情况。

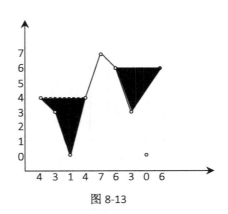

图 8-13

比如，数组[9,2,4,1,6,2,8,4,9]，代表的容器如图 8-14 所示。

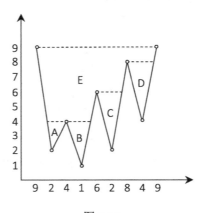

图 8-14

在从左到右遍历图 8-14 数组的过程中，会依次出现 A、B、C、D 四个波谷，但它们都会失效，因为整个数组就是一个大容器，所有的小波谷都是整个大波谷 E 的一部分。所以划分波峰和波谷的想法不仅难以实现，而且要考虑很多复杂的情况。

下面介绍一个简洁的标准。如果现在来到 i 位置，只单独考虑 i 位置的上方能有几格水。

假设 arr[i]==4，如果 i 位置左侧所有数（arr[0..i-1]）的最大值为 10，右侧（arr[i+1..N-1]）的

最大值为 20，那么 i 位置上方的水一定能够到达高度为 10 的地方，再高的话一定会从左侧流走，所以有 6 格水。同理，如果左侧最大值为 12，右侧最大值为 6，那么 i 位置上方的水一定能够到达高度为 6 的地方，再高的话一定会从右侧流走，所以有 2 格水。

假设 arr[i]==4，如果 i 位置左右两侧的最大值有一个小于或等于 4，那么 i 位置上方的水一定会从某侧流走，所以有 0 格水。

这个标准的简洁表达为：

i 位置上方水的数量 = max{ min{ i 左侧的最大值, i 右侧的最大值 } - arr[i] , 0 }

如果我们依次求出数组中每一个位置上方的水，都累加起来就是答案，最简洁也是最暴力的代码如下。

```java
public int getWater1(int[] arr) {
    if (arr == null || arr.length < 3) {
        return 0;
    }
    int res = 0;
    // 0 位置和 n-1 位置上方一定没有水，所以不尝试
    for (int i = 1; i < arr.length - 1; i++) {
        int leftMax = 0;
        int rightMax = 0;
        // 遍历求 i 位置的左侧最大值
        for (int l = 0; l < i; l++) {
            leftMax = Math.max(arr[l], leftMax);
        }
        // 遍历求 i 位置的右侧最大值
        for (int r = i + 1; r < arr.length; r++) {
            rightMax = Math.max(arr[r], rightMax);
        }
        // i 位置上方的水量累加到结果中
        res += Math.max(Math.min(leftMax, rightMax) - arr[i], 0);
    }
    return res;
}
```

getWater1 方法的时间复杂度为 $O(N^2)$，因为求 i 位置两侧最大值是通过遍历的方式，可以用预处理数组的方式把遍历的代价省下来。

生成和 arr 等长的两个数组 leftMaxs 和 rightMaxs，leftMax[i] 的含义是 arr[0..i] 的最大值，rightMaxs[i] 的含义是 arr[i..N-1] 的最大值，比如 arr=[3,1,5,6,7,6,3]，从左往右遍历生成 leftMaxs，leftMaxs[i]=max{leftMaxs[i-1], arr[i]}，得到 leftMaxs=[3,3,5,6,7,7,7]。从右往左遍历生成 rightMaxs，rightMaxs[i]=max{rightMaxs[i+1], arr[i]}，得到 rightMaxs=[7,7,7,7,7,6,3]。很明显，遍历两次 arr 生成两个预处理数组的时间复杂度为 $O(N)$，之后对于任何一个 i 位置，左侧的最大值就是 leftMax[i-1]，右侧的最大值就是 rightMax[i+1]。优化代码如下。

```
public int getWater2(int[] arr) {
    if (arr == null || arr.length < 3) {
        return 0;
    }
    int[] leftMaxs = new int[arr.length];
    leftMaxs[0] = arr[0];
    for (int i = 1; i < arr.length; i++) {
        leftMaxs[i] = Math.max(leftMaxs[i - 1], arr[i]);
    }
    int[] rightMaxs = new int[arr.length];
    rightMaxs[arr.length - 1] = arr[arr.length - 1];
    for (int i = arr.length - 2; i >= 0; i--) {
        rightMaxs[i] = Math.max(rightMaxs[i + 1], arr[i]);
    }
    int res = 0;
    for (int i = 1; i < arr.length - 1; i++) {
        res += Math.max(Math.min(leftMaxs[i - 1], rightMaxs[i + 1]) - arr[i], 0);
    }
    return res;
}
```

getWater2 方法时间复杂度是 $O(N)$，过程中使用了额外的数组，所以额外空间复杂度为 $O(N)$。本题的最优解可以做到时间复杂度为 $O(N)$，额外空间复杂度为 $O(1)$。设置左右两个指针，记为 L 和 R，还有两个变量 leftMax 和 rightMax，初始时 L 指向 arr[1] 的位置，R 指向 arr[N-2] 的位置，leftMax=arr[0]，rightMax=arr[N-1]，一共就这 4 个变量。求解每一步让 L 向右移动或者 R 向左移动，leftMax 表示 arr[0..L-1] 中的最大值，rightMax 表示 arr[R+1..N-1] 中的最大值，如图 8-15 所示。

图 8-15

1）如果 leftMax 小于或等于 rightMax，此时可以求出 L 位置上方的水量。这是因为 rightMax 是 arr[R+1..N-1] 的最大值，而 L 的右侧还有一个未遍历的区域，所以 L 右侧最大值一定不会小于 rightMax。leftMax 代表 L 左侧的最大值，此时的假设又是 leftMax 小于或等于 rightMax，所以可知左侧最大值 leftMax 是 L 位置的瓶颈。故 L 位置上方的水量=Max{leftMax - arr[L],0}。然后让 L 向右移动，在移动之前 leftMax 要更新。（leftMax=Max{leftMax, arr[L++]}）

2）如果 leftMax 大于 rightMax，此时可以求出 R 位置上方的水量。解释与情况一同理，R 位置上方的水量=max{rightMax - arr[R],0}。然后让 R 向左移动，在移动之前 rightMax 要更新。（rightMax=Max{rightMax, arr[R--]}）

3）每一步都会求出 L 或者 R 一个位置的水量，把这些水量都累加起来，当 L 和 R 相遇之后一旦错过（L > R），过程就结束。

代码见 getWater3 方法。

```
public int getWater3(int[] arr) {
        if (arr == null || arr.length < 3) {
                return 0;
        }
        int res = 0;
        int leftMax = arr[0];
        int rightMax = arr[arr.length - 1];
        int L = 1;
        int R = arr.length - 2;
        while (L <= R) {
                if (leftMax <= rightMax) {
                        res += Math.max(0, leftMax - arr[L]);
                        leftMax = Math.max(leftMax, arr[L++]);
                } else {
                        res += Math.max(0, rightMax - arr[R]);
                        rightMax = Math.max(rightMax, arr[R--]);
                }
        }
        return res;
}
```

第 *9* 章

其他题目

从 5 随机到 7 随机及其扩展

【题目】

给定一个等概率随机产生 1~5 的随机函数 rand1To5 如下：

```java
public int rand1To5() {
        return (int) (Math.random() * 5) + 1;
}
```

除此之外，不能使用任何额外的随机机制，请用 rand1To5 实现等概率随机产生 1~7 的随机函数 rand1To7。

补充问题：给定一个以 p 概率产生 0，以 1-p 概率产生 1 的随机函数 rand01p 如下：

```java
public int rand01p() {
        // 可随意改变 p
        double p = 0.83;
        return Math.random() < p ? 0 : 1;
}
```

除此之外，不能使用任何额外的随机机制，请用 rand01p 实现等概率随机产生 1~6 的随机函数 rand1To6。

进阶问题：给定一个等概率随机产生 1~m 的随机函数 rand1ToM 如下：

```java
public int rand1ToM(int m) {
        return (int) (Math.random() * m) + 1;
}
```

除此之外,不能使用任何额外的随机机制。有两个输入参数,分别为 *m* 和 *n*,请用 rand1ToM(m) 实现等概率随机产生 1~*n* 的随机函数 rand1ToN。

【难度】

原问题　尉　★★☆☆

补充问题　尉　★★☆☆

进阶问题　校　★★★☆

【解答】

先解决原问题,具体步骤如下:

1. rand1To5() 等概率随机产生 1,2,3,4,5。

2. rand1To5()-1 等概率随机产生 0,1,2,3,4。

3. (rand1To5()-1)*5 等概率随机产生 0,5,10,15,20。

4. (rand1To5()-1)*5+(rand1To5()-1) 等概率随机产生 0,1,2,3,…,23,24。注意,这两个 rand1To5() 是指独立的两次调用,请不要简化。这是“插空儿”的过程。

5. 如果步骤 4 产生的结果大于 20,则重复进行步骤 4,直到产生的结果在 0~20 之间。同时可以轻易知道出现 21~24 的概率会平均分配到 0~20 上。这是“筛”过程。

6. 步骤 5 会等概率随机产生 0~20,所以步骤 5 的结果再进行 %7 操作,就会等概率地随机产生 0~6。

7. 步骤 6 的结果再加 1,就会等概率地随机产生 1~7。

具体请参看如下代码中的 rand1To7 方法。

```java
public int rand1To5() {
        return (int) (Math.random() * 5) + 1;
}

public int rand1To7() {
        int num = 0;
        do {
                num = (rand1To5() - 1) * 5 + rand1To5() - 1;
        } while (num > 20);
        return num % 7 + 1;
}
```

然后是补充问题。虽然 rand01p 方法以 *p* 的概率产生 0,以 1-*p* 的概率产生 1,但是 rand01p 产生 01 和 10 的概率却都是 *p*(1-*p*),可以利用这一点来实现等概率随机产生 0 和 1 的函数。具体过程请参看如下代码中的 rand01 方法。

```java
public int rand01p() {
        // 可随意改变 p
```

```
        double p = 0.83;
        return Math.random() < p ? 0 : 1;
}

public int rand01() {
        int num;
        do {
                num = rand01p();
        } while (num == rand01p());
        return num;
}
```

有了等概率随机产生 0 和 1 的函数后，再按照如下步骤生成等概率随机产生 1~6 的函数：

1．rand01()方法可以等概率随机产生 0 和 1。

2．rand01()*2 等概率随机产生 0 和 2。

3．rand01()*2+rand01()等概率随机产生 0,1,2,3。注意，这两个 rand01()是指独立的两次调用，请不要化简。这是"插空儿"过程。

步骤 3 已经实现了等概率随机产生 0~3 的函数，具体请参看如下代码中的 rand0To3 方法：

```
public int rand0To3() {
        return rand01() * 2 + rand01();
}
```

4．rand0To3()*4+rand0To3()等概率随机产生 0,1,2,…,14,15。注意，这两个 rand0To3()是指独立的两次调用，请不要简化。这还是"插空儿"过程。

5．如果步骤 4 产生的结果大于 11，则重复进行步骤 4，直到产生的结果在 0~11 之间。那么可以知道出现 12~15 的概率会平均分配到 0~11 上。这是"筛"过程。

6．因为步骤 5 的结果是等概率随机产生 0~11，所以用第 5 步的结果再进行%6 操作，就会等概率随机产生 0~5。

7．第 6 步的结果再加 1，就会等概率随机产生 1~6。

具体请参看如下代码中的 rand1To6 方法。

```
public int rand1To6() {
        int num = 0;
        do {
                num = rand0To3() * 4 + rand0To3();
        } while (num > 11);
        return num % 6 + 1;
}
```

最后是进阶问题。如果读者真正理解了"插空儿"过程和"筛"过程，就可以知道，只要给定某一个区间上的等概率随机函数，就可以实现任意区间上的随机函数。所以，如果 $m \geqslant n$，直接进入如上所述的"筛"过程；如果 *m*<*n*，先进入如上所述的"插空儿"过程，直到产生比 *n* 的范围还大的随机范围后，再进入"筛"过程。具体地说，是调用 *k* 次 rand1ToM(m)，生成有 *k* 位的 *m* 进制数，并且产生的范围要大于或等于 *n*。比如随机 5 到随机 7 的问题，首先生成 0~24 范围的数，其实就是 0~(5^2-1)范围的数。在把范围扩到大于或等于 *n* 的级别之后，如果真实生成的数大于或等于 *n*，就忽略，也就是"筛"过程。只留下小于或等于 *n* 的数，那么在 0~*n*-1 上就可以做到均匀分布。具体请参看如下代码中的 rand1ToN 方法。

```java
public int rand1ToM(int m) {
        return (int) (Math.random() * m) + 1;
}

public int rand1ToN(int n, int m) {
        int[] nMSys = getMSysNum(n - 1, m);
        int[] randNum = getRanMSysNumLessN(nMSys, m);
        return getNumFromMSysNum(randNum, m) + 1;
}

// 把 value 转成 m 进制数
public int[] getMSysNum(int value, int m) {
        int[] res = new int[32];
        int index = res.length - 1;
        while (value != 0) {
                res[index--] = value % m;
                value = value / m;
        }
        return res;
}

// 等概率随机产生一个 0~nMsys 范围的数，只不过是用 m 进制数表达的
public int[] getRanMSysNumLessN(int[] nMSys, int m) {
        int[] res = new int[nMSys.length];
        int start = 0;
        while (nMSys[start] == 0) {
                start++;
        }
        int index = start;
        boolean lastEqual = true;
        while (index != nMSys.length) {
                res[index] = rand1ToM(m) - 1;
                if (lastEqual) {
                        if (res[index] > nMSys[index]) {
                                index = start;
                                lastEqual = true;
                                continue;
                        } else {
                                lastEqual = res[index] == nMSys[index];
                        }
```

```
                }
                index++;
        }
        return res;
}

// 把 m 进制数转换成十进制数
public int getNumFromMSysNum(int[] mSysNum, int m) {
        int res = 0;
        for (int i = 0; i != mSysNum.length; i++) {
                res = res * m + mSysNum[i];
        }
        return res;
}
```

一行代码求两个数的最大公约数

【题目】

给定两个不等于 0 的整数 M 和 N，求 M 和 N 的最大公约数。

【难度】

士 ★☆☆☆

【解答】

一个很简单的求两个数最大公约数的算法是欧几里得在其《几何原本》中提出的欧几里得算法，又称为辗转相除法。

具体做法为：如果 q 和 r 分别是 m 除以 n 的商及余数，即 $m=nq+r$，那么 m 和 n 的最大公约数等于 n 和 r 的最大公约数。详细证明略。

具体请参看如下代码中的 gcd 方法。

```
public int gcd(int m, int n) {
        return n == 0 ? m : gcd(n, m % n);
}
```

有关阶乘的两个问题

【题目】

给定一个非负整数 N，返回 N!结果的末尾为 0 的数量。

例如：3!=6,结果的末尾没有 0,则返回 0。5!=120,结果的末尾有 1 个 0,返回 1。1000000000!,

结果的末尾有 249999998 个 0，返回 249999998。

　　进阶问题：给定一个非负整数 N，如果用二进制数表达 N!的结果，返回最低位的 1 在哪个位置上，认为最右的位置为位置 0。

　　例如：1!=1，最低位的 1 在 0 位置上。2!=2，最低位的 1 在 1 位置上。1000000000!，最低位的 1 在 999999987 位置上。

【难度】

　　原问题　尉 ★★☆☆
　　进阶问题　校 ★★★☆

【解答】

　　无论是原问题还是进阶问题，通过算出真实的阶乘结果后再处理的方法无疑是不合适的，因为阶乘的结果通常很大，非常容易溢出，而且会增加计算的复杂性。

　　先来介绍原问题的一个普通解法。对原问题来说，N!结果的末尾有多少个 0 的问题可以转换为 1，2，3，…，N-1，N 的序列中一共有多少个因子 5。这是因为进行 1×2×3×…×N 操作的过程中，因子 2 的数目比因子 5 的数目多，所以不管有多少个因子 5，都有足够的因子 2 与其相乘得到 10。所以只要找出 1~N 所有的数中一共含有多少个因子 5 就可以。具体参看如下代码中的 zeroNum1 方法。

```java
public int zeroNum1(int num) {
    if (num < 0) {
        return 0;
    }
    int res = 0;
    int cur = 0;
    for (int i = 5; i < num + 1; i = i + 5) {
        cur = i;
        while (cur % 5 == 0) {
            res++;
            cur /= 5;
        }
    }
    return res;
}
```

　　以上方法的效率并不高，对每一个数 i 来说，处理的代价是 $\log i$（以 5 为底），一共有 $O(N)$ 个数。所以时间复杂度为 $O(N\log N)$。

　　现在介绍原问题的最优解。我们把 1~N 的数列出来，1，2，3，4，5，6，7，8，9，10…，15…，20…，25…，30…，35…，40…，45…，50…，75…，100…，125…

读者观察上面的数就会发现：若每 5 个含有 0 个因子 5 的数（1，2，3，4，5）组成一组，这一组中的第 5 个数就含有 5^1 的因子（5）。若每 5 个含有 1 个因子 5 的数（5，10，15，20，25）组成一组，这一组中的第 5 个数就含有 5^2 的因子（25）。若每 5 个含有 2 个因子 5 的数（25，50，75，100，125）组成一组，这一组中的第 5 个数就含有 5^3 的因子（125）。若每 5 个含有 i 个因子 5 的数组成一组，这一组中的第 5 个数就含有 5^{i+1} 的因子……

所以，如果把 $N!$ 的结果中因子 5 的总个数记为 Z，就可以得到如下关系：

$Z = N/5 + N/(5^2) + N/(5^3) + ... + N/(5^i)$ （i 一直增长，直到 $5^i > N$）

用上文的例子来理解就是，1~N 中有 N/5 个数，这每个数都能贡献一个 5；然后 1~N 中有 $N/(5^2)$ 个数，这每个数又都能贡献一个 5……。具体请参看如下代码中的 zeroNum2 方法：

```
public int zeroNum2(int num) {
        if (num < 0) {
                return 0;
        }
        int res = 0;
        while (num != 0) {
                res += num / 5;
                num /= 5;
        }
        return res;
}
```

可以看到，如果一共有 N 个数，最优解的时间复杂度为 $O(\log N)$，以 5 为底。

进阶问题。本书提供两种方法，先来介绍解法一。与原问题的解法类似，最低位的 1 在哪个位置上，完全取决于 1~N 的数中因子 2 有多少个，因为只要出现一个因子 2，最低位的 1 就会向左位移一位。所以，如果把 $N!$ 的结果中因子 2 的总个数记为 Z，我们就可以得到如下关系 $Z = N/2 + N/4 + N/8 + \cdots + N/(2^i)$（$i$ 一直增长，直到 $2^i > N$）。具体请参看如下代码中的 rightOne1 方法。

```
public int rightOne1(int num) {
        if (num < 1) {
                return -1;
        }
        int res = 0;
        while (num != 0) {
                num >>>= 1;
                res += num;
        }
        return res;
}
```

再来介绍解法二。如果把 $N!$ 的结果中因子 2 的总个数记为 Z，把 N 的二进制数表达式中 1 的个数记为 m，还存在如下一个关系 $Z = N - m$，也就是可以证明 $N/2 + N/4 + N/8 + \cdots = N - m$。注意，这里的/不是数学上的除法，而是计算科学中的除法，即结果要向下取整。首先，如果一个整数 K 正好为 2 的某次方（$K=2^i$），那么求和公式 $K/2+K/4+K/8+\cdots=K/2+K/4+K/8+\cdots+1$，也就是在 $K=2^i$ 时，计算科学中的除法和数学上的除法等效。所以根据等比数列求和公式 $S=$(末项×公比-首项)/(公比-1)，可以得到 $K/2+K/4+K/8+\cdots=K-1$。

如果在 N 的二进制表达中有 m 个 1，那么 N 可以表达为：$N=K1+K2+K3+\cdots+Km$，其中所有的 K 都等于 2 的某次方。例如，$N=10110$ 时，$N=10000+100+10$。于是有 $N/2+N/4+\cdots=(K1+K2+K3+\cdots+Km)/2+(K1+K2+K3+\cdots+Km)/4+\cdots=K1/2+K1/4+K1/8+\cdots+1+K2/2+K2/4+\cdots+1+\cdots+Km/2+Km/4+\cdots+1$。

$K1$，$K2$，$\cdots$，Km 都等于 2 的某次方。所以等式右边$=K1-1+K2-1+K3-1+\cdots+Km-1=(K1+\cdots+Km)-m=N-m$。至此，$Z=N-m$ 证明完毕。具体过程请参看如下代码中的 rightOne2 方法。

```
public int rightOne2(int num) {
        if (num < 1) {
                return -1;
        }
        int ones = 0;
        int tmp = num;
        while (tmp != 0) {
                ones += (tmp & 1) != 0 ? 1 : 0;
                tmp >>>= 1;
        }
        return num - ones;
}
```

判断一个点是否在矩形内部

【题目】

在二维坐标系中，所有的值都是 double 类型，那么一个矩形可以由 4 个点来代表，（$x1,y1$）为最左的点、（$x2,y2$）为最上的点、（$x3,y3$）为最下的点、（$x4,y4$）为最右的点。给定 4 个点代表的矩形，再给定一个点（x,y），判断（x,y）是否在矩形中。

【难度】

尉　★★☆☆

【解答】

本题的解法有很多种，本书提供的方法先解决如果矩形的边不是平行于 x 轴就是平行于 y 轴的情况下，该如何判断点（x,y）是否在其中，具体请参看如下代码中的 isInside 方法。

```
public boolean isInside(double x1, double y1, double x4, double y4,
        double x, double y) {
```

```
        if (x <= x1) {
                return false;
        }
        if (x >= x4) {
                return false;
        }
        if (y >= y1) {
                return false;
        }
        if (y <= y4) {
                return false;
        }
        return true;
    }
```

这种情况是比较简单的，因为矩形的边不是平行于 x 轴就是平行于 y 轴，所以判断该点是否完全在矩形的左侧、右侧、上侧或下侧，如果都不是，就一定在其中。如果矩形的边不平行于坐标轴呢？也非常简单，就是高中数学的知识，通过坐标变换把矩阵转成平行的情况，在旋转时所有的点跟着转动就可以。旋转完成后，再用上面的方式进行判断。具体请参看如下代码中的 isInside 方法。

```java
public boolean isInside(double x1, double y1, double x2, double y2,
                double x3, double y3, double x4, double y4, double x, double y)
{
        if (y1 == y2) {
                return isInside(x1, y1, x4, y4, x, y);
        }
        double l = Math.abs(y4 - y3);
        double k = Math.abs(x4 - x3);
        double s = Math.sqrt(k * k + l * l);
        double sin = l / s;
        double cos = k / s;
        double x1R = cos * x1 + sin * y1;
        double y1R = -x1 * sin + y1 * cos;
        double x4R = cos * x4 + sin * y4;
        double y4R = -x4 * sin + y4 * cos;
        double xR = cos * x + sin * y;
        double yR = -x * sin + y * cos;
        return isInside(x1R, y1R, x4R, y4R, xR, yR);
    }
```

判断一个点是否在三角形内部

【题目】

在二维坐标系中，所有的值都是 double 类型，那么一个三角形可以由 3 个点来代表，给定

3 个点代表的三角形，再给定一个点（x,y），判断（x,y）是否在三角形中。

【难度】

尉 ★★☆☆

【解答】

本书提供两种解法，第一种解法是从面积的角度来解决这道题，第二种解法是从向量的角度来解决。解法一在逻辑上没有问题，但是没有解法二好，下面会给出详细的解释。

先来介绍解法一，如果点 O 在三角形 ABC 内部，如图 9-1 所示，那么，有面积 ABC=面积 ABO+面积 BCO+面积 CAO。如果点 O 在三角形 ABC 外部，如图 9-2 所示，那么，有面积 ABC<面积 ABO+面积 BCO+面积 CAO。既然得知了这样一种评判标准，实现代码就变得很简单了。首先实现求两个点（x1,y1）和（x2,y2）之间距离的函数，具体请参看如下代码中的 getSideLength 方法。

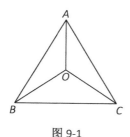

图 9-1

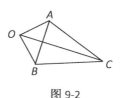

图 9-2

```
public double getSideLength(double x1, double y1, double x2, double y2) {
        double a = Math.abs(x1 - x2);
        double b = Math.abs(y1 - y2);
        return Math.sqrt(a * a + b * b);
}
```

有了如上函数后，就可以求出一条边的边长。下面根据边长来求三角形的面积，用海伦公式来求解三角形面积是非常合适的，具体请参看如下代码中的 getArea 方法。

```
public double getArea(double x1, double y1, double x2, double y2,
                double x3, double y3) {
        double side1Len = getSideLength(x1, y1, x2, y2);
        double side2Len = getSideLength(x1, y1, x3, y3);
        double side3Len = getSideLength(x2, y2, x3, y3);
        double p = (side1Len + side2Len + side3Len) / 2;
        return Math.sqrt((p - side1Len) * (p - side2Len) * (p - side3Len) * p);
}
```

最后就可以根据我们的标准来求解，具体请参看如下代码中的 isInside1 方法。

```
public boolean isInside1(double x1, double y1, double x2, double y2,
                double x3, double y3, double x, double y) {
        double area1 = getArea(x1, y1, x2, y2, x, y);
        double area2 = getArea(x1, y1, x3, y3, x, y);
        double area3 = getArea(x2, y2, x3, y3, x, y);
        double allArea = getArea(x1, y1, x2, y2, x3, y3);
        return area1 + area2 + area3 <= allArea;
}
```

虽然解法一的逻辑是正确的，但 double 类型的值在计算时会出现一定程度的偏差。所以经常会发生明明 O 点在三角形内，但是面积却对不准的情况出现，最后导致判断出错。所以解法一并不推荐。

解法二使用了和解法一完全不同的标准，而且几乎不会受精度损耗的影响。如果点 O 在三角形 ABC 内部，除面积上的关系外，还有其他关系存在，如图 9-3 所示。

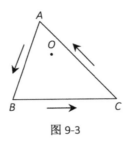

图 9-3

如果点 O 在三角形 ABC 中，那么从三角形的一点出发，逆时针走过所有边的过程中，点 O 始终都在走过边的左侧。比如，图 9-3 中，O 都在 AB、BC 和 CA 的左侧。如果点 O 在三角形 ABC 外部，则不满足这个关系。

新的标准有了，接下来解决一个棘手的问题。我们知道作为参数传入的三个点的坐标代表一个三角形，可是这三个点依次的顺序不一定是逆时针的。比如，如果参数的顺序为 A 坐标、B 坐标和 C 坐标，那就没问题，因为这是逆时针的。但如果参数的顺序为 C 坐标、B 坐标和 A 坐标，就有问题，因为这是顺时针的。作为程序的实现者，要求用户按你规定的顺序传入三角形的三个点坐标，这明显是不合适的。所以需要自己来解决这个问题。假设得到的坐标依次为点 1、点 2、点 3。顺序可能是顺时针，也可能是逆时针，如图 9-4 所示。

如果点 2 在 1->3 边的右边，此时按照点 1、点 2 和点 3 的顺序没有问题，这个顺序本来就是逆时针的。但如果如图 9-5 所示，点 2 在 1->3 边的左边，那么按照点 1、点 2 和点 3 的顺序就有问题，因为这个顺序是顺时针的，所以应该按照点 1、点 3 和点 2 的顺序。

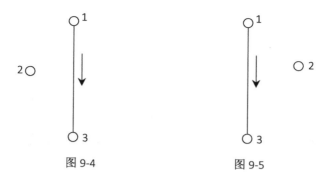

图 9-4   图 9-5

如何判断一个点在一条有向边的左边还是右边？这利用几何上向量积（叉积）的求解公式即可。如果有向边 1->2 叉乘有向边 1->3 的结果为正，说明 2 在有向边 1->3 的左边，比如图 9-4；如果有向边 1->2 叉乘有向边 1->3 的结果为负，说明 2 在有向边 1->3 的右边，比如图 9-5。

具体过程请参看如下代码中的 crossProduct 方法，该方法描述了向量（*x1*,*y1*）叉乘向量（*x2*,*y2*），两个向量的开始点都是原点。

```
public double crossProduct(double x1, double y1, double x2, double y2) {
        return x1 * y2 - x2 * y1;
}
```

至此，我们已经解释了解法二的所有细节，全部过程请参看如下代码中的 isInside2 方法。

```
public boolean isInside2(double x1, double y1, double x2, double y2,
            double x3, double y3, double x, double y) {
        // 如果三角形的点不是逆时针输入，改变一下顺序
        if (crossProduct(x3 - x1, y3 - y1, x2 - x1, y2 - y1) >= 0) {
            double tmpx = x2;
            double tmpy = y2;
            x2 = x3;
            y2 = y3;
            x3 = tmpx;
            y3 = tmpy;
        }
        if (crossProduct(x2 - x1, y2 - y1, x - x1, y - y1) < 0) {
            return false;
        }
        if (crossProduct(x3 - x2, y3 - y2, x - x2, y - y2) < 0) {
            return false;
        }
        if (crossProduct(x1 - x3, y1 - y3, x - x3, y - y3) < 0) {
            return false;
        }
        return true;
}
```

折纸问题

【题目】

请把一张纸条竖着放在桌子上，然后从纸条的下边向上方对折 1 次，压出折痕后展开。此时折痕是凹下去的，即折痕突起的方向指向纸条的背面。如果从纸条的下边向上方连续对折 2 次，压出折痕后展开，此时有三条折痕，从上到下依次是下折痕、下折痕和上折痕。给定一个输入参数 N，代表纸条都从下边向上方连续对折 N 次，请从上到下打印所有折痕的方向。

例如：N=1 时，打印：

down

N=2 时，打印：

down

down

up

【难度】

尉 ★★☆☆

【解答】

对折第 1 次产生的折痕：　　　　　　　　　　　　下
对折第 2 次产生的折痕：　　　　上　　　　　　　　下
对折第 3 次产生的折痕：　　上　　　下　　　　上　　　下
对折第 4 次产生的折痕：　上　下　上　下　上　下　上　下

根据上述关系可以总结出：

- 产生第 i+1 次折痕的过程，就是在对折 i 次产生的每一条折痕的左右两侧，依次插入上折痕和下折痕的过程。

- 所有折痕的结构是一棵满二叉树，在这棵满二叉树中，头节点为下折痕，每一棵左子树的头节点为上折痕，每一棵右子树的头节点为下折痕。

- 从上到下打印所有折痕方向的过程，就是二叉树的先右、再中、最后左的中序遍历。

具体过程请参看如下代码中的 printAllFolds 方法。

```
public void printAllFolds(int N) {
        printProcess(1, N, true);
}

public void printProcess(int i, int N, boolean down) {
        if (i > N) {
```

```
                return;
            }
            printProcess(i + 1, N, true);
            System.out.println(down ? "down " : "up ");
            printProcess(i + 1, N, false);
        }
```

纸条连续对折 n 次之后一定会产生 2^{n-1} 条折痕，所以要打印所有的节点，不管用什么方法，其时间复杂度肯定都是 $O(2^n)$，因为解的空间本身就有这么大，但是本书提供的方法的额外空间复杂度为 $O(n)$，也就是这棵满二叉树的高度，额外空间主要用来维持递归函数的运行，也就是函数栈的大小。

能否完美地拼成矩形

【题目】

每条边不是平行于 X 轴就是平行于 Y 轴的矩形，可以用左下角点和右上角点来表示。比如 {1,2,3,4}，表示的图形如图 9-6 所示。

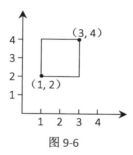

图 9-6

给定一个 N 行 4 列的二维数组 matrix，表示 N 个每条边不是平行于 X 轴就是平行于 Y 轴的矩形。想知道所有的矩形能否组成一个大的完美矩形。完美矩形是指拼出的整体图案是矩形，既不缺任何块儿，也没有重合的部分。

【举例】

```
matrix = {
  {1,1,3,3},
  {3,1,4,2},
  {1,3,2,4},
  {3,2,4,4}
}
```

返回 false。如果画出这四个矩形，会发现拼出的图案缺少{2,3,3,4}这一块儿。

```
matrix = {
  {1,1,3,3},
  {3,2,4,3},
  {3,2,4,4},
  {1,3,2,4},
  {2,3,3,4}
}
```

返回 false。拼出的图案缺少{3,1,4,2}，并且{3,2,4,3}是重合区域。

```
matrix = {
  {1,1,3,3},
  {3,1,4,2},
  {3,2,4,4},
  {1,3,2,4},
  {2,3,3,4}
}
```

返回 true。拼出的图案是一整块儿矩形，既不缺任何块儿，也没有重合的部分。

【难度】

尉　★★☆☆

【解答】

标准一：面积要能对上。遍历每一个矩形的过程中，记录 X 轴方向上出现的最左位置和最右位置，并分别记为 mostLeft 和 mostRight；记录 Y 轴方向上出现的最下位置和最上位置，并分别记为 mostDown 和 mostUp。比如题目中的例子三，如图 9-7 所示。

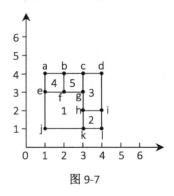

图 9-7

mostLeft=1, mostRight=4, mostDown=1, mostUp=4

这四个值可以定位一个大矩形，面积为(mostRight-mostLeft)*(mostUp-mostDown)。那么拼出完美矩形的标准之一是：每一个小矩形的面积累加起来必须等于大矩形的面积。但这是不够的，比如题目中的例子二，虽然每一个小矩形的面积累加起来等于大矩形的面积，但其实缺少{3,1,4,2}这一块，这一块的面积正好被多出来的{3,2,4,3}区域补上了而已。

标准二：除大矩形的四个顶点只出现 1 次之外，其他任何小矩形的顶点都必须出现偶数次。比如图 9-7 中除 a、d、j、l 只出现 1 次之外，任何小矩形的顶点都出现了偶数次。b 作为矩形 4 右上点和矩形 5 左上点出现了两次，c 作为矩形 5 右上点和矩形 3 左上点出现了两次，f 作为矩形 4 右下点和矩形 5 左下点出现了两次，g 作为矩形 5 右下点和矩形 1 右上点出现了两次……

只要同时满足标准一和标准二，一定可以拼出完美的矩形，有一个不满足都一定拼不出完美的矩形。证明略。具体过程请看如下的 isRectangleCover 方法。

```java
public boolean isRectangleCover(int[][] matrix) {
    if (matrix.length == 0 || matrix[0].length == 0) {
        return false;
    }
    int mostLeft = Integer.MAX_VALUE;
    int mostRight = Integer.MIN_VALUE;
    int mostDown = Integer.MAX_VALUE;
    int mostUp = Integer.MIN_VALUE;
    HashSet<String> set = new HashSet<String>();
    int area = 0;
    for (int[] rect : matrix) {
        mostLeft = Math.min(rect[0], mostLeft);
        mostDown = Math.min(rect[1], mostDown);
        mostRight = Math.max(rect[2], mostRight);
        mostUp = Math.max(rect[3], mostUp);
        area += (rect[2] - rect[0]) * (rect[3] - rect[1]);
        String leftDown = rect[0] + "_" + rect[1];
        String leftUp = rect[0] + "_" + rect[3];
        String rightDown = rect[2] + "_" + rect[1];
        String rightUp = rect[2] + "_" + rect[3];
        if (!set.add(leftDown)) set.remove(leftDown);
        if (!set.add(leftUp)) set.remove(leftUp);
        if (!set.add(rightUp)) set.remove(rightUp);
        if (!set.add(rightDown)) set.remove(rightDown);
    }
    if (!set.contains(mostLeft + "_" + mostDown)
            || !set.contains(mostLeft + "_" + mostUp)
            || !set.contains(mostRight + "_" + mostDown)
            || !set.contains(mostRight + "_" + mostUp)
            || set.size() != 4) {
        return false;
    }
    return area == (mostRight - mostLeft) * (mostUp - mostDown);
}
```

蓄水池算法

【题目】

有一台机器按自然数序列的方式吐出球（1 号球，2 号球，3 号球，……），你有一个袋子，袋子最多只能装下 K 个球，并且除袋子以外，你没有更多的空间。设计一种选择方式，使得当机器吐出第 N 号球的时候（N>K），袋子中的球数是 K 个，同时可以保证从 1 号球到 N 号球中的每一个被选进袋子的概率都是 K/N。举一个更具体的例子，有一个只能装下 10 个球的袋子，当吐出 100 个球时，袋子里有 10 个球，并且 1~100 号中的每一个球被选中的概率都是 10/100。然后继续吐球，当吐出 1000 个球时，袋子里有 10 个球，并且 1~1000 号中的每一个球被选中的概率都是 10/1000。继续吐球，当吐出 i 个球时，袋子里有 10 个球，并且 1~i 号中的每一个球被选中的概率都是 10/i，即吐球的同时，已经吐出的球被选中的概率也动态地变化。

【难度】

尉 ★★☆☆

【解答】

这道题的核心解法就是蓄水池算法，我们先说这个算法的过程，然后再证明。

1. 处理 1~k 号球时，直接放进袋子里。

2. 处理第 i 号球时（i>k），以 k/i 的概率决定是否将第 i 号球放进袋子。如果不决定将第 i 号球放进袋子，直接扔掉第 i 号球。如果决定将第 i 号球放进袋子，那就从袋子里的 k 个球中随机扔掉一个，然后把第 i 号球放入袋子。

3. 处理第 i+1 号球时重复步骤 1 或步骤 2。

过程非常简单，但为什么这个过程就能保证从 1 号球到 n 号球中的每一个被选进袋子的概率都是 k/n 呢？以下是证明过程。

假设第 i 号球被选中（$1 \leq i \leq k$），那么在选第 k+1 号球之前，第 i 号球留在袋子中的概率是 1。

在选第 k+1 号球时，在什么情况下第 i 号球会被淘汰呢？只有决定将第 k+1 号球放进袋子，同时在袋子中的第 i 号球被随机选中并决定扔掉时，第 i 号球才会被淘汰。也就是说，第 i 号球会被淘汰的概率是 $(k/(k+1)) \times (1/k) = 1/(k+1)$，所以第 i 号球留下来的概率就是 $1-(1/(k+1)) = k/(k+1)$，这也是 1 号球到第 k+1 号球的过程中，第 i 号球留下来的概率。

在选第 k+2 号球时，什么情况下第 i 号球会被淘汰？只有决定将第 k+2 号球放进袋子，同时在袋子中的第 i 号球被随机选中并决定扔掉时，第 i 号球才会被淘汰。也就是说，第 i 号球会被淘汰的概率是 $(k/(k+2)) \times (1/k) = 1/(k+2)$，则第 i 号球留下来的概率就是 $1-(1/(k+2)) = (k+1)/(k+2)$，那么从 1 号球到第 k+2 号球的过程中，第 i 号球留在袋子中的概率是 $k/(k+1) \times (k+1)/(k+2)$。

在选第 $k+3$ 号球时，……。那么从 1 号球到第 $k+3$ 号球的过程中，第 i 号球留在袋子中的概率是 $k/(k+1)\times(k+1)/(k+2)\times(k+2)/(k+3)$。

依此类推，在选第 N 号球时，从 1 号球到第 N 号球的全部过程中，第 i 号球最终留在袋子中的概率是 $k/(k+1)\times(k+1)/(k+2)\times(k+2)/(k+3)\times(k+3)/(k+4)\times\cdots\times(N-1)/N=k/N$。

假设第 i 号被选中（$k<i\leqslant k$），那么在选第 i 号球时，第 i 号球被选进袋子的概率是 k/i。

在选第 $i+1$ 号球时，在什么情况下第 i 号球会被淘汰？只有决定将第 $i+1$ 号球放进袋子，同时在袋子中的第 i 号球被随机选中并决定扔掉时，第 i 号球才会被淘汰。也就是说，第 i 号球会被淘汰的概率是 $(k/(i+1))\times(1/k)=1/(i+1)$。那么第 i 号球留下来的概率就是 $1-1/(i+1)=i/(i+1)$，从 i 号球被选中到第 $i+1$ 号球的过程中，第 i 号球留在袋子中的概率是 $(k/i)\times(i/(i+1))$。

在选第 $i+2$ 号球时，从 i 号球被选中到第 $i+2$ 号球的过程中，第 i 号球留在袋子中的概率是 $(k/i)\times(i/(i+1))\times((i+1)/(i+2))$。

依此类推，在选第 N 号球时，从 i 号球被选中到第 N 号球的过程中，第 i 号球最终留在袋子中的概率是 $(k/i)\times(i/(i+1))\times((i+1)/(i+2))\times\cdots\times(N-1)/N=k/N$。

综上所述，按照步骤 1~步骤 3 操作，当吐出球数为 N 时，每一个球被选进袋子的概率都是 k/N。具体过程请参看如下代码中的 getKNumsRand 方法。

```java
// 一个简单的随机函数，决定一件事情做还是不做
public int rand(int max) {
        return (int) (Math.random() * max) + 1;
}

public int[] getKNumsRand(int k, int max) {
        if (max < 1 || k < 1) {
                return null;
        }
        int[] res = new int[Math.min(k, max)];
        for (int i = 0; i != res.length; i++) {
                res[i] = i + 1; // 前 k 个数直接进袋子
        }
        for (int i = k + 1; i < max + 1; i++) {
                if (rand(i) <= k) { // 决定 i 进不进袋子
                        res[rand(k) - 1] = i; // i 随机替掉袋子中的一个
                }
        }
        return res;
}
```

设计有 setAll 功能的哈希表

【题目】

哈希表常见的三个操作是 put、get 和 containsKey，而且这三个操作的时间复杂度为 $O(1)$。

现在想加一个 setAll 功能，就是把所有记录的 value 都设成统一的值。请设计并实现这种有 setAll 功能的哈希表，并且 put、get、containsKey 和 setAll 四个操作的时间复杂度都为 $O(1)$。

【难度】

士 ★☆☆☆

【解答】

加入一个时间戳结构，一切问题就变得非常简单了，具体步骤如下：

1．把每一个记录都加上一个时间，标记每条记录是何时建立的。

2．设置一个 setAll 记录也加上一个时间，标记 setAll 记录建立的时间。

3．查询记录时，如果某条记录的时间早于 setAll 记录的时间，说明 setAll 是最新数据，返回 setAll 记录的值。如果某条记录的时间晚于 setAll 记录的时间，说明记录的值是最新数组，返回该条记录的值。

具体请参看如下的 MyHashMap 类。

```
public class MyValue<V> {
        private V value;
        private long time;

        public MyValue(V value, long time) {
                this.value = value;
                this.time = time;
        }

        public V getValue() {
                return this.value;
        }

        public long getTime() {
                return this.time;
        }
}

public class MyHashMap<K, V> {
        private HashMap<K, MyValue<V>> baseMap;
        private long time;
        private MyValue<V> setAll;

        public MyHashMap() {
                this.baseMap = new HashMap<K, MyValue<V>>();
                this.time = 0;
                this.setAll = new MyValue<V>(null, -1);
        }
```

```
public boolean containsKey(K key) {
        return this.baseMap.containsKey(key);
}

public void put(K key, V value) {
        this.baseMap.put(key, new MyValue<V>(value, this.time++));
}

public void setAll(V value) {
        this.setAll = new MyValue<V>(value, this.time++);
}

public V get(K key) {
    if (this.containsKey(key)) {
        if (this.baseMap.get(key).getTime() > this.setAll.getTime()) {
                return this.baseMap.get(key).getValue();
        } else {
                return this.setAll.getValue();
        }
    } else {
        return null;
    }
}
}
```

最大的 leftMax 与 rightMax 之差的绝对值

【题目】

给定一个长度为 N（N>1）的整型数组 arr，可以划分成左右两个部分，左部分为 arr[0..K]，右部分为 arr[K+1..N-1]，K 可以取值的范围是[0,N-2]。求这么多划分方案中，左部分中的最大值减去右部分最大值的绝对值中，最大是多少？

例如：[2,7,3,1,1]，当左部分为[2,7]，右部分为[3,1,1]时，左部分中的最大值减去右部分的最大值的绝对值为 4。当左部分为[2,7,3]，右部分为[1,1]时，左部分中的最大值减去右部分最大值的绝对值为 6。还有很多划分方案，但最终返回 6。

【难度】

校 ★★★☆

【解答】

方法一：时间复杂度为 $O(N^2)$，额外空间复杂度为 $O(1)$。这是最笨的方法，在数组的每个位置 i 都做一次这种划分，找到 arr[0..i]的最大值 maxLeft，找到 arr[i+1..N-1]的最大值 maxRight，然后计算两个值相减的绝对值。每次划分都这样求一次，自然可以得到最大的相减的绝对值。具体请参看如下代码中的 maxABS1 方法。

```java
public int maxABS1(int[] arr) {
        int res = Integer.MIN_VALUE;
        int maxLeft = 0;
        int maxRight = 0;
        for (int i = 0; i != arr.length - 1; i++) {
                maxLeft = Integer.MIN_VALUE;
                for (int j = 0; j != i + 1; j++) {
                        maxLeft = Math.max(arr[j], maxLeft);
                }
                maxRight = Integer.MIN_VALUE;
                for (int j = i + 1; j != arr.length; j++) {
                        maxRight = Math.max(arr[j], maxRight);
                }
                res = Math.max(Math.abs(maxLeft - maxRight), res);
        }
        return res;
}
```

方法二：时间复杂度为 $O(N)$，额外空间复杂度为 $O(N)$。使用预处理数组的方法，先从左到右遍历一次生成 lArr，lArr[i] 表示 arr[0..i] 中的最大值。再从右到左遍历一次生成 rArr，rArr[i] 表示 arr[i..N-1] 中的最大值。最后一次遍历看哪种划分的情况下可以得到两部分最大的相减的绝对值，因为预处理数组已经保存了所有划分的 max 值，所以过程得到了加速。具体请参看如下代码中的 maxABS2 方法。

```java
public int maxABS2(int[] arr) {
        int[] lArr = new int[arr.length];
        int[] rArr = new int[arr.length];
        lArr[0] = arr[0];
        rArr[arr.length - 1] = arr[arr.length - 1];
        for (int i = 1; i < arr.length; i++) {
                lArr[i] = Math.max(lArr[i - 1], arr[i]);
        }
        for (int i = arr.length - 2; i > -1; i--) {
                rArr[i] = Math.max(rArr[i + 1], arr[i]);
        }
        int max = 0;
        for (int i = 0; i < arr.length - 1; i++) {
                max = Math.max(max, Math.abs(lArr[i] - rArr[i + 1]));
        }
        return max;
}
```

方法三：最优解，时间复杂度为 $O(N)$，额外空间复杂度为 $O(1)$。先求整个 arr 的最大值 max，因为 max 是全局最大值，所以不管怎么划分，max 要么会成为左部分的最大值，要么会成为右部分的最大值。如果 max 作为左部分的最大值，接下来只要让右部分的最大值尽量小就可以。右部分的最大值怎么尽量小呢？右部分只含有 arr[N-1]的时候就是尽量小的时候。同理，如果 max 作为右部分的最大值，只要让左部分的最大值尽量小就可以，左部分只含有 arr[0]的时候就是尽量小的时候。所以整个求解过程会变得异常简单。具体请参看如下代码中的 maxABS3 方法。

```java
public int maxABS3(int[] arr) {
    int max = Integer.MIN_VALUE;
    for (int i = 0; i < arr.length; i++) {
        max = Math.max(arr[i], max);
    }
    return max - Math.min(arr[0], arr[arr.length - 1]);
}
```

设计 LRU 缓存结构

【题目】

设计 LRU 缓存结构，该结构在构造时确定大小，假设大小为 K，并有如下两个功能。

- set(key,value)：将记录(key,value)插入该结构。
- get(key)：返回 key 对应的 value 值。

【要求】

1. set 和 get 方法的时间复杂度为 $O(1)$。
2. 某个 key 的 set 或 get 操作一旦发生，认为这个 key 的记录成了最常使用的。
3. 当缓存的大小超过 K 时，移除最不经常使用的记录，即 set 或 get 最久远的。

【举例】

假设缓存结构的实例是 cache，大小为 3，并依次发生如下行为：

1. cache.set("A",1)。最常使用的记录为("A",1)。
2. cache.set("B",2)。最常使用的记录为("B",2)，("A",1)变为最不常使用的。
3. cache.set("C",3)。最常使用的记录为("C",2)，("A",1)还是最不常使用的。
4. cache.get("A")。最常使用的记录为("A",1)，("B",2)变为最不常使用的。
5. cache.set("D",4)。大小超过了 3，所以移除此时最不常使用的记录("B",2)，加入记录("D",4)，并且为最常使用的记录，然后("C",2)变为最不常使用的记录。

【难度】

尉　★★☆☆

【解答】

这种缓存结构可以由双端队列与哈希表相结合的方式实现。首先实现一个基本的双向链表节点的结构，请参看如下代码中的 Node 类。

```
public class Node<V> {
        public V value;
        public Node<V> last;
        public Node<V> next;

        public Node(V value) {
                this.value = value;
        }
}
```

根据双向链表节点结构 Node，实现一种双向链表结构 NodeDoubleLinkedList，在该结构中优先级最低的节点是 head（头），优先级最高的节点是 tail（尾）。这个结构有以下三种操作。

- 当加入一个节点时，将新加入的节点放在这个链表的尾部，并将这个节点设置为新的尾部，参见如下代码中的 addNode 方法。
- 对这个结构中的任意节点，都可以分离出来并放到整个链表的尾部，参见如下代码中的 moveNodeToTail 方法。
- 移除 head 节点并返回这个节点，然后将 head 设置成老 head 节点的下一个，参见如下代码中的 removeHead 方法。

NodeDoubleLinkedList 结构全部实现如下。

```
public class NodeDoubleLinkedList<V> {
        private Node<V> head;
        private Node<V> tail;

        public NodeDoubleLinkedList() {
                this.head = null;
                this.tail = null;
        }

        public void addNode(Node<V> newNode) {
                if (newNode == null) {
                        return;
                }
                if (this.head == null) {
                        this.head = newNode;
                        this.tail = newNode;
                } else {
                        this.tail.next = newNode;
                        newNode.last = this.tail;
                        this.tail = newNode;
```

```
                }
        }

        public void moveNodeToTail(Node<V> node) {
                if (this.tail == node) {
                        return;
                }
                if (this.head == node) {
                        this.head = node.next;
                        this.head.last = null;
                } else {
                        node.last.next = node.next;
                        node.next.last = node.last;
                }
                node.last = this.tail;
                node.next = null;
                this.tail.next = node;
                this.tail = node;
        }

        public Node<V> removeHead() {
                if (this.head == null) {
                        return null;
                }
                Node<V> res = this.head;
                if (this.head == this.tail) {
                        this.head = null;
                        this.tail = null;
                } else {
                        this.head = res.next;
                        res.next = null;
                        this.head.last = null;
                }
                return res;
        }

}
```

　　最后实现最终的 LRU 缓存结构。如何把记录之间按照"访问经常度"来排序，就是上文提到的 NodeDoubleLinkedList 结构。一旦加入新的记录，就把该记录加到 NodeDouble LinkedList 的尾部（addNode）。一旦获得（get）或设置（set）一个记录的 key，就将这个 key 对应的 node 在 NodeDoubleLinkedList 中调整到尾部（moveNodeToTail）。一旦 cache 满了，就删除"最不常使用"的记录，也就是移除 NodeDoubleLinkedList 的当前头部（removeHead）。

　　为了能让每一个 key 都能找到在 NodeDoubleLinkedList 所对应的节点，同时让每一个 node 都能找到各自的 key，我们还需要两个 map 分别记录 key 到 node 的映射，以及 node 到 key 的映射，就是如下 MyCache 结构中的 keyNodeMap 和 nodeKeyMap。具体实现请参看如下代码中的 MyCache 类。

```java
public class MyCache<K, V> {
        private HashMap<K, Node<V>> keyNodeMap;
        private HashMap<Node<V>, K> nodeKeyMap;
        private NodeDoubleLinkedList<V> nodeList;
        private int capacity;

        public MyCache(int capacity) {
                if (capacity < 1) {
                    throw new RuntimeException("should be more than 0.");
                }
                this.keyNodeMap = new HashMap<K, Node<V>>();
                this.nodeKeyMap = new HashMap<Node<V>, K>();
                this.nodeList = new NodeDoubleLinkedList<V>();
                this.capacity = capacity;
        }

        public V get(K key) {
                if (this.keyNodeMap.containsKey(key)) {
                        Node<V> res = this.keyNodeMap.get(key);
                        this.nodeList.moveNodeToTail(res);
                        return res.value;
                }
                return null;
        }

        public void set(K key, V value) {
                if (this.keyNodeMap.containsKey(key)) {
                        Node<V> node = this.keyNodeMap.get(key);
                        node.value = value;
                        this.nodeList.moveNodeToTail(node);
                } else {
                        Node<V> newNode = new Node<V>(value);
                        this.keyNodeMap.put(key, newNode);
                        this.nodeKeyMap.put(newNode, key);
                        this.nodeList.addNode(newNode);
                        if (this.keyNodeMap.size() == this.capacity + 1) {
                                this.removeMostUnusedCache();
                        }
                }
        }

        private void removeMostUnusedCache() {
                Node<V> removeNode = this.nodeList.removeHead();
                K removeKey = this.nodeKeyMap.get(removeNode);
                this.nodeKeyMap.remove(removeNode);
                this.keyNodeMap.remove(removeKey);
        }

}
```

LFU 缓存结构设计

【题目】

一个缓存结构需要实现如下功能。

- void set(int key, int value)：加入或修改 key 对应的 value。
- int get(int key)：查询 key 对应的 value 值。

但是缓存中最多放 K 条记录，如果新的第 K+1 条记录要加入，就需要根据策略删掉一条记录，然后才能把新记录加入。这个策略为：在缓存结构的 K 条记录中，哪一个 key 从进入缓存结构的时刻开始，被调用 set 或者 get 的次数最少，就删掉这个 key 的记录；如果调用次数最少的 key 有多个，上次调用发生最早的 key 被删除。

这就是 LFU 缓存替换算法。实现这个结构，K 作为参数给出。

【要求】

set 和 get 方法的时间复杂度为 $O(1)$。

【难度】

校 ★★★☆

【解答】

整体结构设计成发生 set 和 get 操作次数一样的 key，都放在一个双向链表里（桶）。对于不同的操作次数，分别设置桶，然后桶和桶之间按照操作次数从小到大串起来，桶和桶之间也看作是一个双向链表，比如图 9-8 所示。

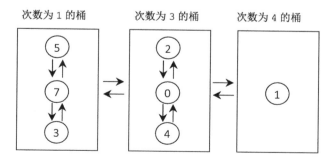

图 9-8

当某一个 key 发生 set 和 get 时，来到 key 所在的位置，把 key 从原来的桶中去掉，也就是 key 的上一个节点和下一个节点之间直接相连。然后把 key 扔到次数+1 之后的桶中，如果没有次数+1 的桶就新建，保证桶之间依然是双向链表的链接；如果已经有次数+1 的桶，就把 key 放在这个桶的头部。如果 key 原来所在的桶中只有 key 这一个记录，就删掉原来的桶，保证桶之间依然是双向链表的链接。

比如图 9-8 中，7 这个节点假设之前发生了 set 或者 get 操作共 1 次，那么它就在次数为 1 的桶中，此时 7 又发生了一次 set 或 get 操作。首先找到 7，然后让 1 和 3 之间直接连接，接下来 7 应该扔到次数为 2 的桶中，可是发现次数为 1 的桶的下一个桶是次数为 3 的桶，那么就在次数为 1 和次数为 3 的桶之间新建一个次数为 2 的桶，保证桶之间还是双向链表的连接方式，然后把 7 扔到这个桶里。

比如图 9-8 中，2 这个节点假设之前发生了 set 或者 get 操作一共 3 次，那么它就在次数为 3 的桶中，此时 2 又发生了一次 set 或 get 操作。首先找到 2，然后删掉 2，让 0 成为这个桶的头节点，接下来 2 应该扔到次数为 4 的桶中，发现次数为 3 的下一个桶是次数为 4 的桶。所以不需要新建，直接把 2 放在 1 这个节点的上方，保证桶中节点之间也是双向链表。

比如图 9-8 中，1 这个节点假设之前发生了 set 或者 get 操作一共 4 次，那么它就在次数为 4 的桶中，此时 1 又发生了一次 set 或 get 操作。首先找到 1，然后发现 1 是次数为 4 的桶中唯一的节点，那么彻底删掉次数为 4 的桶。1 应该从次数为 4 的桶进入到次数为 5 的桶，发现没有。所以新建一个次数为 5 的桶，然后把 1 放进去，还要保证次数为 5 的桶和次数为 3 的桶之间也是双向链表的连接方式。

直观感觉本题并不难，就是桶和桶之间是双向链表，桶内部的节点之间也是双向链表，当一个节点发生了 set 或 get 操作，就从自己的桶里出来，然后进入到次数+1 的下一个桶中。难点在于实现代码时，需要维系桶之间、节点之间始终是双向链表这个关系。当你的记录已经达到 K 条，又有新的节点进来时，就需要删掉一个节点，删除最左边的桶的尾节点即可。删除节点的操作同样需要维持桶之间、节点之间始终是双向链表这个关系。代码如下：

```
// 节点的数据结构
public class Node {
        public Integer key;
        public Integer value;
        public Integer times; // 这个节点发生 get 或者 set 的次数总和
        public Node up; // 节点之间是双向链表，所以有上一个节点
        public Node down;// 节点之间是双向链表，所以有下一个节点

        public Node(int key, int value, int times) {
                this.key = key;
                this.value = value;
                this.times = times;
        }
}

// 桶结构
```

```
public class NodeList {
        public Node head; // 桶的头节点
        public Node tail; // 桶的尾节点
        public NodeList last; // 桶之间是双向链表，所以有前一个桶
        public NodeList next; // 桶之间是双向链表，所以有后一个桶

        public NodeList(Node node) {
                head = node;
                tail = node;
        }

        // 把一个新的节点加入这个桶，新的节点都放在顶端变成新的头部
        public void addNodeFromHead(Node newHead) {
                newHead.down = head;
                head.up = newHead;
                head = newHead;
        }

        // 判断这个桶是不是空的
        public boolean isEmpty() {
                return head == null;
        }

        // 删除 node 节点并保证 node 的上下环境重新连接
        public void deleteNode(Node node) {
                if (head == tail) {
                        head = null;
                        tail = null;
                } else {
                        if (node == head) {
                                head = node.down;
                                head.up = null;
                        } else if (node == tail) {
                                tail = node.up;
                                tail.down = null;
                        } else {
                                node.up.down = node.down;
                                node.down.up = node.up;
                        }
                }
                node.up = null;
                node.down = null;
        }
}

// 总的缓存结构
public class LFUCache {
        private int capacity; // 缓存的大小限制，即 K
        private int size; // 缓存目前有多少个节点
        // 表示 key(Integer) 由哪个节点(Node)代表
        private HashMap<Integer, Node> records;
```

```java
// 表示节点(Node)在哪个桶(NodeList)里
private HashMap<Node, NodeList> heads;
private NodeList headList; // 整个结构中位于最左的桶

public LFUCache(int K) {
        this.capacity = K;
        this.size = 0;
        this.records = new HashMap<>();
        this.heads = new HashMap<>();
        headList = null;
}

// removeNodeList: 刚刚减少了一个节点的桶
// 这个函数的功能是，判断刚刚减少了一个节点的桶是否已经为空
// 1) 如果不空，什么也不做
//
// 2) 如果空了，removeNodeList 还是整个缓存结构最左的桶(headList)。
// 删掉这个桶的同时也要让最左的桶变成 removeNodeList 的下一个。
//
// 3) 如果空了，removeNodeList 不是整个缓存结构最左的桶(headList)。
// 把这个桶删除，并保证上一个桶和下一个桶之间还是双向链表的连接方式
//
// 函数的返回值表示刚刚减少了一个节点的桶是否已经为空,空则返回true;不空则返回false
private boolean modifyHeadList(NodeList removeNodeList) {
        if (removeNodeList.isEmpty()) {
                if (headList == removeNodeList) {
                    headList = removeNodeList.next;
                    if (headList != null) {
                        headList.last = null;
                    }
                } else {
                    removeNodeList.last.next = removeNodeList.next;
                    if (removeNodeList.next != null) {
                        removeNodeList.next.last = removeNodeList.last;
                    }
                }
                return true;
        }
        return false;
}

// 函数的功能
// node 这个节点的次数+1 了，这个节点原来在 oldNodeList 里。
// 把 node 从 oldNodeList 删掉，然后放到次数+1 的桶中
// 整个过程既要保证桶之间仍然是双向链表，也要保证节点之间仍然是双向链表
private void move(Node node, NodeList oldNodeList) {
        oldNodeList.deleteNode(node);
        // preList 表示次数+1 的桶的前一个桶是谁
        // 如果 oldNodeList 删掉 node 之后还有节点，
        // oldNodeList 就是次数+1 的桶的前一个桶；
```

```
        // 如果 oldNodeList 删掉 node 之后空了，oldNodeList 是需要删除的，
        // 所以次数+1 的桶的前一个桶是 oldNodeList 的前一个
        NodeList preList = modifyHeadList(oldNodeList) ? oldNodeList.last
                        : oldNodeList;
        // nextList 表示次数+1 的桶的后一个桶是谁
        NodeList nextList = oldNodeList.next;
        if (nextList == null) {
                NodeList newList = new NodeList(node);
                if (preList != null) {
                        preList.next = newList;
                }
                newList.last = preList;
                if (headList == null) {
                        headList = newList;
                }
                heads.put(node, newList);
        } else {
                if (nextList.head.times.equals(node.times)) {
                        nextList.addNodeFromHead(node);
                        heads.put(node, nextList);
                } else {
                        NodeList newList = new NodeList(node);
                        if (preList != null) {
                                preList.next = newList;
                        }
                        newList.last = preList;
                        newList.next = nextList;
                        nextList.last = newList;
                        if (headList == nextList) {
                                headList = newList;
                        }
                        heads.put(node, newList);
                }
        }
}

public void set(int key, int value) {
        if (records.containsKey(key)) {
                Node node = records.get(key);
                node.value = value;
                node.times++;
                NodeList curNodeList = heads.get(node);
                move(node, curNodeList);
        } else {
                if (size == capacity) {
                        Node node = headList.tail;
                        headList.deleteNode(node);
                        modifyHeadList(headList);
                        records.remove(node.key);
                        heads.remove(node);
```

```
                                        size--;
                                }
                                Node node = new Node(key, value, 1);
                                if (headList == null) {
                                        headList = new NodeList(node);
                                } else {
                                        if (headList.head.times.equals(node.times)) {
                                                headList.addNodeFromHead(node);
                                        } else {
                                                NodeList newList = new NodeList(node);
                                                newList.next = headList;
                                                headList.last = newList;
                                                headList = newList;
                                        }
                                }
                                records.put(key, node);
                                heads.put(node, headList);
                                size++;
                        }
                }

        public Integer get(int key) {
                if (!records.containsKey(key)) {
                        return null;
                }
                Node node = records.get(key);
                node.times++;
                NodeList curNodeList = heads.get(node);
                move(node, curNodeList);
                return node.value;
        }

}
```

设计 RandomPool 结构

【题目】

设计一种结构，在该结构中有如下三个功能。

- insert(key)：将某个 key 加入到该结构，做到不重复加入。
- delete(key)：将原本在结构中的某个 key 移除。
- getRandom()：等概率随机返回结构中的任何一个 key。

【要求】

Insert、delete 和 getRandom 方法的时间复杂度都是 $O(1)$。

【难度】

尉　★★☆☆

【解答】

这种结构假设叫 Pool，具体实现如下：

1．包含两个哈希表 keyIndexMap 和 indexKeyMap。

2．keyIndexMap 用来记录 key 到 index 的对应关系。

3．indexKeyMap 用来记录 index 到 key 的对应关系。

4．包含一个整数 size，用来记录目前 Pool 的大小，初始时 size 为 0。

5．执行 insert(newKey) 操作时，将(newKey,size)放入 keyIndexMap，将(size,newKey)放入 indexKeyMap，然后把 size 加 1，即每次执行 insert 操作之后 size 自增。

6．执行 delete(deleteKey) 操作时（关键步骤），假设 Pool 最新加入的 key 记为 lastKey，lastKey 对应的 index 信息记为 lastIndex。要删除的 key 为 deleteKey，对应的 index 信息记为 deleteIndex。那么先把 lastKey 的 index 信息换成 deleteKey，即在 keyIndexMap 中把记录（lastKey,lastIndex）变为(lastKey,deleteIndex)，并在 indexKeyMap 中把记录(deleteIndex, deleteKey)变为(deleteIndex,lastKey)。然后在 keyIndexMap 中删除记录(deleteKey, deleteIndex)，并在 indexKeyMap 中把记录(lastIndex,lastKey)删除。最后 size 减 1。这么做相当于把 lastKey 放到了 deleteKey 的位置上，保证记录的 index 还是连续的。

7．进行 getRandom 操作时，根据当前的 size 随机得到一个 index，步骤 6 可保证 index 在范围[0~size-1]上，都对应着有效的 key，然后把 index 对应的 key 返回即可。

具体请参看如下代码中的 Pool 类。

```java
public class Pool<K> {
        private HashMap<K, Integer> keyIndexMap;
        private HashMap<Integer, K> indexKeyMap;
        private int size;

        public Pool() {
                this.keyIndexMap = new HashMap<K, Integer>();
                this.indexKeyMap = new HashMap<Integer, K>();
                this.size = 0;
        }

        public void insert(K key) {
                if (!this.keyIndexMap.containsKey(key)) {
                        this.keyIndexMap.put(key, this.size);
                        this.indexKeyMap.put(this.size++, key);
                }
        }
```

```
public void delete(K key) {
        if (this.keyIndexMap.containsKey(key)) {
                int deleteIndex = this.keyIndexMap.get(key);
                int lastIndex = --this.size;
                K lastKey = this.indexKeyMap.get(lastIndex);
                this.keyIndexMap.put(lastKey, deleteIndex);
                this.indexKeyMap.put(deleteIndex, lastKey);
                this.keyIndexMap.remove(key);
                this.indexKeyMap.remove(lastIndex);
        }
}

public K getRandom() {
        if (this.size == 0) {
                return null;
        }
        int randomIndex = (int) (Math.random() * this.size);
        return this.indexKeyMap.get(randomIndex);
}
```

并查集的实现

【题目】

给定一个没有重复值的整型数组 arr，初始时认为 arr 中每一个数各自都是一个单独的集合。请设计一种叫 UnionFind 的结构，并提供以下两个操作。

1）boolean isSameSet(int a, int b)：查询 a 和 b 这两个数是否属于一个集合。

2）void union(int a, int b)：把 a 所在的集合与 b 所在的集合合并在一起，原本两个集合各自的元素以后都算作同一个集合。

【要求】

如果调用 isSameSet 和 union 的总次数逼近或超过 $O(N)$，请做到单次调用 isSameSet 或 union 方法的平均时间复杂度为 $O(1)$。

【难度】

尉 ★★☆☆

【解答】

符合题目功能和要求的结构就是并查集结构。并查集结构由 Bernard A. Galler 和 Michael J. Fischer 在 1964 年发明，但证明时间复杂度的工作却持续了数年之久，直到 1989 才彻底证明完毕。有兴趣的读者请阅读《算法导论》一书了解整个证明过程。本书由于篇幅所限，不再详述证明过程，这里只重点介绍并查集的结构和各种操作的细节，并实现针对二叉树结构的并查集，这是一种经常使用的高级数据结构。

　　并查集由一群集合构成，最开始时所有元素各自单独构成一个集合。比如，有一批元素 arr = {a,b,c,d,e}，开始时并查集里有 5 个小集合，a 单独构成的集合、b 单独构成的集合……e 单独构成的集合。也就是说，并查集先经历初始化的过程。那么并查集中的单个集合是什么结构呢？如果集合中只有一个元素，记为节点 a 时，如图 9-9 所示。

图 9-9

　　当集合中只有一个元素时，这个元素的 father 为自己，也就意味着这个集合的代表节点，因为它是唯一的元素。实现记录节点 father 信息的方式有很多，本书使用哈希表来保存所有并查集中所有集合的所有元素的 father 信息，记为 fatherMap。比如，对于这个集合，在 fatherMap 中肯定有某一条记录为（节点 a(key)，节点 a(value)），表示 key 节点的 father 为 value 节点。每个元素都有 father 的信息，还有另一个信息叫 rank，只有一个集合的代表节点才会有这个信息，rank 为代表节点所在集合的秩，具体含义是这个集合一共有多少元素。集合中只有一个元素时，这个元素也就是代表节点，其 rank 初始化为 1。所有代表节点的 rank 信息保存在 rankMap 中。

　　当一个集合有多个节点时，下层节点的 father 为上层节点，最上层的节点 father 指向自己，最上层的节点叫这个集合的代表节点，如图 9-10 所示。

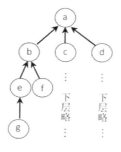

图 9-10

　　在并查集中，若要查一个节点属于哪个集合，就是在查这个节点所在集合的代表节点是什么，一个节点通过 father 信息逐渐找到最上面的节点，这个节点的 father 是自己，代表整个集合。比如图 9-10 中，任何一个节点最终都找到节点 a，比如节点 g。如果另外一个节点假设为 z，找到的代表节点不是节点 a，那么可以肯定节点 g 和节点 z 不在一个集合中。通过一个节点找到所在集合代表节点的过程叫作 findFather 过程。findFather 最终会返回代表节点，但过程并不仅是单纯的查找过程，还会把整个查找路径压缩。比如，执行 findFather(g)，通过 father 逐渐向上，找到最上层节点 a 之后，会把从 a 到 g 这条路径上所有节点的 father 都设置为 a，则集合变成图 9-11 所示的样子。

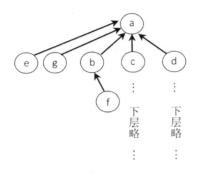

图 9-11

经过路径压缩之后，路径上每个节点下次在找代表节点的时候都只需经过一次移动过程。这也是整个并查集结构设计中最重要的优化。

前面已经展示了并查集中的集合如何初始化，如何根据某一个节点查找所在集合的代表元素以及如何做路径压缩的过程，接下来介绍集合如何合并。首先，两个集合进行合并操作时，参数并不是两个集合，而是并查集中任意两个节点，记为 a 和 b。所以集合的合并更准确的说法是，根据 a 找到 a 所在集合的代表节点是 findFather(a)，记为 aF，根据 b 找到 b 所在集合的代表节点是 findFather(b)，记为 bF，然后用如下策略决定由哪个代表节点作为合并后大集合的代表节点。合并过程如图 9-12、图 9-13 所示。

1．如果 aF==bF，说明 a 和 b 本身就在一个集合里，不用合并。

2．如果 aF!=bF，因为 aF 和 bF 是各自集合的代表节点，所以可以在 rankMap 中查询到 aF 的 rank 值，记为 aFrank，bF 的 rank 值记为 bFrank。根据 rank 的含义，rank 就是一个集合的节点个数。

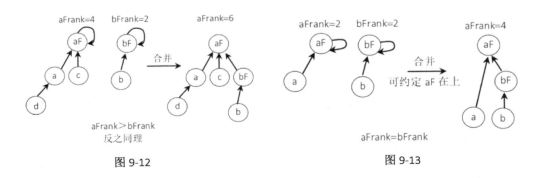

图 9-12   图 9-13

1）如果 aFrank<bFrank，那么把 aF 的 father 设为 bF，这么做的含义是 aF 所在的集合节点数较少，所以放在了 bF 所在的集合里，同时更新 bFrank += aFrank，因为 aF 所在的集合已合并，同时删除 aF 的 rank 信息，因为 aF 不再是任何集合的代表节点。

2）如果 aFrank>bFrank，就把 bF 的 father 设为 aF。同时更新 aFrank += bFrank，并删除 bF 的 rank 信息，因为 bF 不再是任何集合的代表节点。

3）如果 aFrank==bFrank，那么 aF 和 bF 谁做大集合的代表都可以，但不要忘记更新 rankMap。

并查集所有的代码见如下的 UnionFindSet 类实现。

```
public class Element<V> {
        public V value;
        public Element(V value) {
                this.value = value;
        }

}
public class UnionFindSet<V> {
        public HashMap<V, Element<V>> elementMap;
        public HashMap<Element<V>, Element<V>> fatherMap;
        public HashMap<Element<V>, Integer> rankMap;

        public UnionFindSet(List<V> list) {
                elementMap = new HashMap<>();
                fatherMap = new HashMap<>();
                rankMap = new HashMap<>();
                for (V value : list) {
                        Element<V> element = new Element<V>(value);
                        elementMap.put(value, element);
                        fatherMap.put(element, element);
                        rankMap.put(element, 1);
                }
        }

        private Element<V> findHead(Element<V> element) {
                Stack<Element<V>> path = new Stack<>();
                while (element != fatherMap.get(element)) {
                        path.push(element);
                        element = fatherMap.get(element);
                }
                while (!path.isEmpty()) {
                        fatherMap.put(path.pop(), element);
                }
                return element;
        }

        public boolean isSameSet(V a, V b) {
                if (elementMap.containsKey(a) && elementMap.containsKey(b)) {
                        return findHead(elementMap.get(a)) == findHead(elementMap
```

```
                                                   .get(b));
                    }
                    return false;
                }

                public void union(V a, V b) {
                    if (elementMap.containsKey(a) && elementMap.containsKey(b)) {
                        Element<V> aF = findHead(elementMap.get(a));
                        Element<V> bF = findHead(elementMap.get(b));
                        if (aF != bF) {
                            Element<V> big = rankMap.get(aF) >= rankMap.get(bF) ? aF : bF;
                            Element<V> small = big == aF ? bF : aF;
                            fatherMap.put(small, big);
                            rankMap.put(big, rankMap.get(aF) + rankMap.get(bF));
                            rankMap.remove(small);
                        }
                    }
                }

            }
```

调整[0,x)区间上的数出现的概率

【题目】

假设函数 Math.random()等概率随机返回一个在[0,1)范围上的数，那么我们知道，在[0,x)区间上的数出现的概率为 x（0<x≤1）。给定一个大于 0 的整数 k，并且可以使用 Math.random()函数，请实现一个函数依然返回在[0,1)范围上的数，但是在[0,x)区间上的数出现的概率为 x^k（0<x≤1）。

【难度】

士 ★☆☆☆

【解答】

实现在区间[0,x)上的数返回的概率是 x^2，只调用 2 次 Math.random()，返回最大的那个数即可。即如下代码中的 randXPower2 方法。

```
public double randXPower2() {
        return Math.max(Math.random(), Math.random());
}
```

解释起来也很简单，如果 randXPower2 要想返回在[0,x)区间上的数，两次调用 Math.random()的返回值都必须落在[0,x)区间上，否则会返回大于 x 的数，所以概率为 x^2。

同理，想让区间[0,*x*)上的数返回的概率是 x^k，只调用 *k* 次 Math.random()，返回最大的那个数即可。具体请参看如下代码中的 randXPowerK 方法。

```
public double randXPowerK(int k) {
        if (k < 1) {
                return 0;
        }
        double res = -1;
        for (int i = 0; i != k; i++) {
                res = Math.max(res, Math.random());
        }
        return res;
}
```

路径数组变为统计数组

【题目】

给定一个路径数组 paths，表示一张图。paths[i]==j 代表城市 i 连向城市 j，如果 paths[i]==i，则表示 i 城市是首都，一张图里只会有一个首都且图中除首都指向自己之外不会有环。例如，paths=[9,1,4,9,0,4,8,9,0,1]，代表的图如图 9-14 所示。

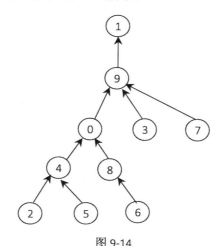

图 9-14

由数组表示的图可以知道，城市 1 是首都，所以距离为 0，离首都距离为 1 的城市只有城市 9，离首都距离为 2 的城市有城市 0、3 和 7，离首都距离为 3 的城市有城市 4 和 8，离首都距离为 4 的城市有城市 2、5 和 6。所以距离为 0 的城市有 1 座，距离为 1 的城市有 1 座，距离为 2 的城市有 3 座，距离为 3 的城市有 2 座，距离为 4 的城市有 3 座。那么统计数组为

nums=[1,1,3,2,3,0,0,0,0,0]，nums[i]==j 代表距离为 i 的城市有 j 座。要求实现一个 void 类型的函数，输入一个路径数组 paths，直接在原数组上调整，使之变为 nums 数组，即 paths=[9,1,4,9,0,4,8,9,0,1]经过这个函数处理后变成[1,1,3,2,3,0,0,0,0,0]。

【要求】

如果 paths 长度为 N，请达到时间复杂度为 O(N)，额外空间复杂度为 O(1)。

【难度】

校 ★★★☆

【解答】

本题完全考查代码实现技巧，怎么在一个数组上不停地折腾且不出错是非常锻炼边界处理能力的。本书提供的解法分为两步，第一步是将 paths 数组转换为距离数组。以题目中的例子来说，paths=[9,1,4,9,0,4,8,9,0,1]转换为[-2,0,-4,-2,-3,-4,-4,-2,-3,-1]。转换后的 paths[i]==j 代表城市 i 距离首都的距离为 j 的绝对值。至于为什么距离数组中的值要设置为负数，在以下过程中会说明。转换成距离数组的过程如下：

1．从左到右遍历 paths，先遍历位置 0。

paths[0]==9，首先令 paths[0]=-1，因为城市 0 指向城市 9，所以跳到城市 9。

跳到城市 9 之后，paths[9]==1，说明城市 9 下一步应该跳到城市 1，因为城市 9 是由城市 0 跳过来的，所以先令 paths[9]=0，然后跳到城市 1。

跳到城市 1 之后，此时 paths[1]==1，说明城市 1 是首都，停止向首都跳的过程。城市 1 是由城市 9 跳过来的，所以跳回城市 9。

根据之前的设置（paths[9]==0），我们可以知道城市 9 下一步应该跳回城市 0，在跳回之前先设置 paths[9]==-1，表示城市 9 距离为 1，然后跳回城市 0。

根据之前的设置（paths[0]==-1），我们知道城市 0 是整个过程的发起城市，所以不需要再回跳，设置 paths[0]=-2，表示城市 0 距离为 2。

以上在跳向首都的过程中，paths 数组有一个路径反指的过程，这是为了保证找到首都之后，能够完全跳回来。在跳回来的过程中，设置好这一路所跳城市的距离即可，此时 paths=[-2,1,4,9,0,4,8,9,0,-1]。

2．遍历到位置 1，此时 paths[1]==1，说明城市 1 是首都，令一个单独的变量 cap=1，然后不再做任何操作。

3．遍历到位置 2，paths[2]==4，先令 paths[2]=-1，因为城市 2 指向城市 4，跳到城市 4。

跳到城市 4 之后，paths[4]==0，说明城市 4 下一步应该跳到城市 0，因为城市 4 是由城市 2 跳过来的，所以先令 paths[4]=2，然后跳到城市 0。

跳到城市 0 之后，发现 paths[0]==-2，此时将距离设置为负数的作用就显现出来了，是负数标记着这是一个之前已经计算过与首都的距离的值，而不是下一跳的城市，所以向前跳的过程停止，开始跳回城市 4。

跳回到城市 4 之后，根据之前的设置（paths[4]==2），可以知道城市 4 下一步应该跳回城市 2。但先设置 paths[4]=-3，因为城市 4 跳到城市 0 之后发现 paths[0]已经等于-2，所以自己距离首都的距离应该再远一步，然后跳回城市 2。

跳回到城市 2 之后，根据之前的设置（paths[2]==-1），我们知道城市 2 是整个过程的发起城市，所以不需要再回跳，设置 paths[2]=-4，表示城市 2 距离为 4，此时 paths=[-2,1,-4,9,-3,4,8,9,0,-1]。

4．遍历到位置 3，paths[3]==9，先令 paths[3]=-1，因为城市 3 指向城市 9，跳到城市 9。

跳到城市 9 之后，发现 paths[9]==-1，说明城市 9 之前已经计算过与首都的距离，所以向前跳的过程停止，开始跳回城市 3。

跳回到城市 3 之后，根据之前的设置（paths[3]==-1），知道城市 3 是整个过程的发起城市，所以不需要再回跳，设置 paths[3]=-2（因为之前 paths[9]==-1）。所以此时 paths=[-2,1,-4,-2,-3,4,8,9,0,-1]

5．遍历到位置 4，发现 paths[4]==-3，说明之前计算过城市 4 的值，直接继续下一步。

6．遍历到位置 5，paths[5]==4，首先令 paths[5]=-1，因为城市 5 指向城市 4，跳到城市 4。

跳到城市 4 之后，发现 paths[4]==-3，说明城市 4 之前已经计算过与首都的距离，所以向前跳的过程停止，跳回城市 5。

跳回到城市 5 之后，根据之前的设置（paths[5]==-1），我们知道城市 5 是整个过程的发起城市，所以不需要再回跳，设置 paths[5]=-4，此时 paths=[-2,1,-4,-2,-3,-4,8,9,0,-1]。

7．遍历到位置 6，paths[6]==8，先令 paths[6]=-1，因为城市 6 指向城市 8，跳到城市 8。

跳到城市 8 之后，发现 paths[8]==0，说明城市 8 下一步应该跳到城市 0，因为城市 8 是由城市 6 跳过来的，所以先令 paths[8]=6，然后跳到城市 0。

跳到城市 0 之后，发现 paths[0]==-2，说明城市 0 计算过了，向前跳停止，跳回城市 8。

跳回到城市 8 之后，根据之前的设置(paths[8]==6)，知道城市 8 下一步应该跳回城市 6，依然与步骤 1 的情况一样，通过之前 paths 数组的反指找到回去的路径。先设置 paths[8]=-3，然后跳回城市 6。

跳回到城市 6 之后，根据之前的设置（paths[6]==-1），我们知道城市 6 是整个过程的发起城市，所以不需要再回跳，设置 paths[6]=-4，此时 paths=[-2,1,-4,-2,-3,-4,-4,9,-3,-1]。

8．遍历到位置 7，paths[7]==9，先令 paths[7]=-1，因为城市 7 指向城市 9，跳到城市 9。

跳到城市 9 之后，发现 paths[9]==-1，说明城市 9 之前已经计算过与首都的距离，所以向前跳的过程停止，跳回城市 7。

跳回到城市 7 之后，根据之前的设置（paths[7]==-1），我们知道城市 7 是整个过程的发起城市，所以不需要再回跳，设置 paths[7]=-2（因为之前 paths[9]==-1），此时 paths=[-2,1,-4,-2,-3,-4,-4,-2,-3,-1]

9. 位置 8 和位置 9 都已经是负数，所以可知之前已经计算过，不用调整，遍历结束。

10. 根据步骤 2 的 cap 变量，可知首都是城市 1，所以单独设置 paths[1]=0，此时 paths=[-2,0,-4,-2,-3,-4,-4,-2,-3,-1]。

paths 数组转换为距离数组的详细过程请参看如下代码中的 pathsToDistans 方法。

```java
public void pathsToDistans(int[] paths) {
        int cap = 0;
        for (int i = 0; i != paths.length; i++) {
                if (paths[i] == i) {
                        cap = i;
                } else if (paths[i] > -1) {
                        int curI = paths[i];
                        paths[i] = -1;
                        int preI = i;
                        while (paths[curI] != curI) {
                                if (paths[curI] > -1) {
                                        int nextI = paths[curI];
                                        paths[curI] = preI;
                                        preI = curI;
                                        curI = nextI;
                                } else {
                                        break;
                                }
                        }
                        int value = paths[curI] == curI ? 0 : paths[curI];
                        while (paths[preI] != -1) {
                                int lastPreI = paths[preI];
                                paths[preI] = --value;
                                curI = preI;
                                preI = lastPreI;
                        }
                        paths[preI] = --value;
                }
        }
        paths[cap] = 0;
}
```

paths 变成了距离数组，数组中的距离值都用负数表示，接下来进行第二步，将 paths 转换为最终想要的统计数组的过程，即 paths=[-2,0,-4,-2,-3,-4,-4,-2,-3,-1]需要变为[1,1,3,2,3,0,0,0,0,0]。转换过程如下：

1. 从左到右遍历 paths，遍历到位置 0，paths[0]==-2，说明距离为 2 的城市发现了 1 座。先把 paths[0]设置为 0，表示 paths[0]的值已经不表示城市 0 与首都的距离，表示以后可以用来统计距离为 0 的城市数量。

因为距离为 2 的城市发现了 1 座，所以应该设置 paths[2]=1，说明此时 paths[2]开始表示距离 2 的城市数量，而不再是城市 2 与首都的距离。

在设置 paths[2]时发现 paths[2]==-4，说明 paths[2]在改变它的意义之前，还代表城市 2 与首都的距离为 4，所以先设置 paths[2]=1，然后设置 paths[4]的值，因为距离 4 的城市又发现了 1座。

在设置 paths[4]时发现 paths[4]==-3，依然说明 paths[4]在改变它的意义之前，还代表城市 4 与首都的距离为 3，所以先设置 paths[4]=1，然后设置 paths[3]的值，因为距离 3 的城市又发现了 1 座。

在设置 paths[3]时发现 paths[3]==-2，依然说明 paths[3]在改变它的意义之前，还代表城市 3 与首都的距离为 2，所以先设置 paths[3]=1，然后设置 paths[2]的值，因为距离 2 的城市又发现了 1 座。

此时 paths={0,0,1,1,1,-4,-4,-2,-3,-1}，所以在设置 paths[2]时发现 paths[2]==1，值已经为正数，说明 paths[2]的意义已经不代表城市 2 与首都的距离，而完全是距离为 2 的城市数量统计，所以直接令 paths[2]++，跳的过程停止，此时 paths=[0,0,2,1,1,-4,-4,-2,-3,-1]。

2．遍历到位置 1，paths[1]==0，如果是正值，可以直接忽略，因为意义已经变成城市数量统计。这里值是 0，我们也忽略，因为一张图上距离为 0 的城市只有首都，所以等全部过程完毕后单独设置距离为 0 的城市数量。

3．位置 2~位置 4 上值已经为正数，一律忽略。

4．遍历到位置 5，paths[5]==-4，说明距离为 4 的城市发现了 1 座。先把 paths[5]设置为 0，表示 paths[5]的值已经不表示城市 5 与首都的距离,表示以后可以用来统计距离为 5 的城市数量。此时发现 paths[4]==1，说明不需要跳，直接进行 paths[4]++操作，过程停止。此时 paths=[0,0,2,1,2,0,-4,-2,-3,-1]。

5．遍历位置 6~位置 8，过程与步骤 4 基本相同，处理后 paths=[0,1,3,2,3,0,0,0,0,0]。

6．单独设置 paths[0]==1，因为距离为 0 的城市只有首都。

此时可以说明为什么生成距离数组的时候要把值都弄成负数，因为可以标记状态来让转换成统计数组的过程变得更加顺利。距离数组转换为统计数组的过程请参看如下代码中的 distansToNums 方法。

```java
public void distansToNums(int[] disArr) {
        for (int i = 0; i != disArr.length; i++) {
                int index = disArr[i];
                if (index < 0) {
                        disArr[i] = 0; // 重要
                        while (true) {
                                index = -index;
                                if (disArr[index] > -1) {
                                        disArr[index]++;
                                        break;
```

```
                                         } else {
                                                  int nextIndex = disArr[index];
                                                  disArr[index] = 1;
                                                  index = nextIndex;
                                         }
                                }
                        }
                }
                disArr[0] = 1;
        }
```

    paths 转成距离数组的过程中，每一个城市只经历跳出去和跳回来两个过程，距离数组转成统计数组的过程也是如此。所以时间复杂度为 $O(N)$，整个过程没有使用额外的数据结构，只使用了有限几个变量，所以额外空间复杂度为 $O(1)$。全部过程请参看如下代码中的 pathsToNums 方法，这也是主方法。

```
public void pathsToNums(int[] paths) {
        if (paths == null || paths.length == 0) {
                return;
        }
        // citiesPath -> distancesArray
        pathsToDistans(paths);

        // distancesArray -> numArray
        distansToNums(paths);
}
```

正数数组的最小不可组成和

【题目】

    给定一个正数数组 arr，其中所有的值都为整数，以下是最小不可组成和的概念：

- 把 arr 每个子集内的所有元素加起来会出现很多值，其中最小的记为 min，最大的记为 max。
- 在区间[min,max]上，如果有数不可以被 arr 某一个子集相加得到，那么其中最小的那个数是 arr 的最小不可组成和。
- 在区间[min,max]上，如果所有的数都可以被 arr 的某一个子集相加得到，那么 max+1 是 arr 的最小不可组成和。

    请写函数返回正数数组 arr 的最小不可组成和。

【举例】

arr=[3,2,5]。子集{2}相加产生 2 为 min，子集{3,2,5}相加产生 10 为 max。在区间[2,10]上，4、6 和 9 不能被任何子集相加得到，其中 4 是 arr 的最小不可组成和。

arr=[1,2,4]。子集{1}相加产生 1 为 min，子集{1,2,4}相加产生 7 为 max。在区间[1,7]上，任何数都可以被子集相加得到，所以 8 是 arr 的最小不可组成和。

进阶问题：如果已知正数数组 arr 中肯定有 1 这个数，是否能更快地得到最小不可组成和？

【难度】

尉 ★★☆☆

【解答】

解法一：暴力递归的方法，即收集每一个子集的累加和，存到一个哈希表里，然后从 min 开始递增检查，看哪个正数不在哈希表中，第一个不在哈希表中的正数就是结果。具体请参见如下代码中的 unformedSum1 方法。

```java
public int unformedSum1(int[] arr) {
        if (arr == null || arr.length == 0) {
                return 1;
        }
        HashSet<Integer> set = new HashSet<Integer>();
        process(arr, 0, 0, set); // 收集所有子集的和
        int min = Integer.MAX_VALUE;
        for (int i = 0; i != arr.length; i++) {
                min = Math.min(min, arr[i]);
        }
        for (int i = min + 1; i != Integer.MIN_VALUE; i++) {
                if (!set.contains(i)) {
                        return i;
                }
        }
        return 0;
}

public void process(int[] arr, int i, int sum, HashSet<Integer> set) {
        if (i == arr.length) {
                set.add(sum);
                return;
        }
        process(arr, i + 1, sum, set); // 包含当前数 arr[i]的情况
        process(arr, i + 1, sum + arr[i], set); // 不包含当前数 arr[i]的情况
}
```

如果 arr 长度为 N，那么子集的个数为 $O(2^N)$，所以暴力递归方法的时间复杂度为 $O(2^N)$，收集子集和的过程中，递归函数 process 最多有 N 层，所以额外空间复杂度为 $O(N)$。

解法二：动态规划的方法。假设 arr 所有数的累加和为 sum，那么 arr 子集的累加和必然都在[0,sum]区间上。于是生成长度为 sum+1 的 boolean 型数组 dp[]，dp[j]如果为 true，则表示 j 这个累加和能够被 arr 的子集相加得到，如果为 false，则表示不能。如果 arr[0..i]范围上的数组成的所有子集可以累加出 k，那么 arr[0..i+1]范围上的数组成的所有子集则必然可以累加出 k+arr[i+1]。具体过程请参看如下代码中的 unformedSum2 方法。

```
public int unformedSum2(int[] arr) {
        if (arr == null || arr.length == 0) {
                return 1;
        }
        int sum = 0;
        int min = Integer.MAX_VALUE;
        for (int i = 0; i != arr.length; i++) {
                sum += arr[i];
                min = Math.min(min, arr[i]);
        }
        boolean[] dp = new boolean[sum + 1];
        dp[0] = true;
        for (int i = 0; i != arr.length; i++) {
                for (int j = sum; j >= arr[i]; j--) {
                        dp[j] = dp[j - arr[i]] ? true : dp[j];
                }
        }
        for (int i = min; i != dp.length; i++) {
                if (!dp[i]) {
                        return i;
                }
        }
        return sum + 1;
}
```

更新 dp[]时，从 arr[0..i]的子集和状态更新到 arr[0..i+1]的子集和状态的过程中，0~sum 的累加和都要看是否能被加出来，所以每次更新的时间复杂度为 $O(sum)$。子集和状态从 arr[0]的范围增长到 arr[0..N-1]，所以更新的次数为 N。所以解法二的时间复杂度为 $O(N×sum)$，额外空间就是 dp[]的长度，即额外空间复杂度为 $O(N)$。

进阶问题，如果正数数组 arr 中肯定有 1 这个数，求最小不可组成和的过程可以得到很好的优化，优化后可以做到时间复杂度为 $O(NlogN)$，额外空间复杂度为 $O(1)$。具体过程为：

1．把 arr 排序，排序之后则必有 arr[0]==1。

2．从左往右计算每个位置 i 的 range（$0 \leq i < N$）。range 代表当计算到 arr[i]时，[1,range]区间内的所有正数都可以被 arr[0..i-1]的某一个子集加出来，初始时，arr[0]==1，range=0。

3. 如果 arr[i]>range+1，因为 arr 是有序的，所以 arr[i]往后的数都不会出现 range+1，直接返回 range+1。如果 arr[i]<=range+1，说明[1,range+arr[i]]区间上的所有正数都可以被 arr[0..i]的某一个子集加出来，所以令 range+=arr[i]，继续计算下一个位置。

4. 如果所有的位置都没有出现 arr[i]>range+1 的情况，直接返回 range+1。

步骤 1 的时间复杂度为 $O(NlogN)$，步骤 2~步骤 4 的时间复杂度为 $O(N)$。所以整个过程的时间复杂度为 $O(NlogN)$，额外空间复杂度为 $O(1)$。

举例说明一下，arr=[3,8,1,2]，排序后为[1,2,3,8]，计算开始前 range=0。

计算到 1 时，range 更新成 1，表示[1,1]区间上的正数都可以被 arr[0]的某个子集加出来。

计算到 2 时，range 更新成 3，表示[1,3]区间上的正数都可以被 arr[0..1]的某个子集加出来。

计算到 3 时，range 更新成 6，表示[1,6]区间上的正数都可以被 arr[0..2]的某个子集加出来。

计算到 8 时，第一次出现 8>range+1，此时可知 7 这个数永远不可能得到，直接返回 7。

具体过程请参看如下代码中的 unformedSum3 方法。

```java
public int unformedSum3(int[] arr) {
        if (arr == null || arr.length == 0) {
                return 0;
        }
        Arrays.sort(arr); // 把 arr 排序
        int range = 0;
        for (int i = 0; i != arr.length; i++) {
                if (arr[i] > range + 1) {
                        return range + 1;
                } else {
                        range += arr[i];
                }
        }
        return range + 1;
}
```

累加出整个范围所有的数最少还需几个数

【题目】

给定一个有序的正数数组 arr 和一个正数 range，如果可以自由选择 arr 中的数字，想累加得到 1~range 范围上所有的数，返回 arr 最少还缺几个数。

【举例】

```
arr = {1,2,3,7}, range = 15
```

想累加得到 1~15 范围上所有的数，arr 还缺 14 这个数，所以返回 1。

```
arr = {1,5,7}, range = 15
```

想累加得到 1～15 范围上所有的数，arr 还缺 2 和 4，所以返回 2。

【难度】

尉 ★★☆☆

【解答】

如果没有 arr 数组，我们看看想累加得到 1～range 范围上所有的数，最少需要几个数。首先缺少 1，在有了 1 之后，就可以得到 1～1 范围上的所有数；然后缺 2，有了 2 之后，就可以得到 1～3 范围上的所有数；接下来缺 4，有了 4 之后，就可以得到 1～7 范围上的所有数；接下来缺 8，有了 8 之后，就可以得到 1～15 范围上的所有数……也就是说，如果已经搞定了 1～touch 范围上的所有数，下一个缺的数就是 touch+1，有了 touch+1 之后，就可以搞定 1～touch+touch+1 范围上的所有数。随着 touch 的扩大，最终会达到或超过 range，这样就知道最少需要几个数了。举几个例子，range=15，根据上文的方法，需要 1、2、4、8 四个数；range=67，需要 1、2、4、8、16、32、64 七个数。可以看出，在没有 arr 数组的情况下，如上流程的时间复杂度为 $O(\log range)$。

如果拥有一个有序的正数数组 arr，会加速上文介绍的方法。举个例子，arr={3,17,21,78}，range=67，在从左往右遍历 arr 的过程中进行如下操作：

1. 设置变量 touch，表示当前已经搞定了 1～touch 范围上的数。初始时令 touch=0，表示哪个范围也搞不定。

2. 遍历到 arr[0]值为 3，当前目标为先搞定 1～2 范围上的所有数。目前 touch 为 0，所以缺 1，有了 1 之后，可以搞定 1～1 范围；然后缺 2，有了 2 之后就可以搞定 1～3 范围，完成目标。已经搞定的范围是 1～3，当前拥有的数字为 3，所以可以搞定 1～6 范围，即 touch=6。

3. 遍历到 arr[1]值为 17，当前目标为先搞定 1～16 范围上的所有数。目前 touch 为 6，所以缺 7，有了 7 之后就可以搞定 1～13 范围；然后缺 14，有了 14 之后就可以搞定 1～27 范围，完成了目标。已经搞定的范围是 1～27，当前拥有的数字为 17，所以可以搞定 1～44 范围，即 touch=44。

4. 遍历到 arr[2]值为 21，当前目标为先搞定 1～20 范围上的所有数，直接完成目标。已经搞定的范围是 1～44，当前拥有的数字为 21，所以可以搞定 1～65 范围，即 touch=65。

5. 遍历到 arr[3]值为 78，当前目标为先搞定 1～77 范围上的所有数。目前 touch 为 65，所以缺 66，有了 66 之后可以搞定 1～131 范围，发现这时已经满足 1～67 的总目标。如上过程中，缺的数字是 1、2、7、14、66，所以返回 5。

在遍历 arr 的过程中，任何时候只要 touch 达到或超过了 range，直接返回缺的数字个数；

如果遍历完 arr 之后，touch 依然没有达到 range，那么最后的目标就是搞定 1～range 范围，即依次增大 touch 使之达到或超过 range 即可。整个过程中因为有 arr 所含数字的帮助，时间复杂度不会比 $O(\log range)$ 高，全部过程请看如下的 minNeeds 方法。

```java
public int minNeeds(int[] arr, int range) {
        int needs = 0;
        long touch = 0;
        for (int i = 0; i != arr.length; i++) {
                while (arr[i] > touch + 1) {
                        touch += touch + 1;
                        needs++;
                        if (touch >= range) {
                                return needs;
                        }
                }
                touch += arr[i];
                if (touch >= range) {
                        return needs;
                }
        }
        while (range >= touch + 1) {
                touch += touch + 1;
                needs++;
        }
        return needs;
}
```

一种字符串和数字的对应关系

【题目】

一个 char 类型的数组 chs，其中所有的字符都不同。

例如，chs=['A', 'B', 'C', ... 'Z']，则字符串与整数的对应关系如下：

A, B... Z, AA,AB...AZ,BA,BB...ZZ,AAA... ZZZ,　　AAAA...

1, 2...26,27, 28... 52,53,54...702,703...18278, 18279...

例如，chs=['A', 'B', 'C']，则字符串与整数的对应关系如下：

A,B,C,AA,AB...CC,AAA...CCC,AAAA...

1, 2,3,4,5...12,13...39,40...

给定一个数组 chs，实现根据对应关系完成字符串与整数相互转换的两个函数。

【难度】

校　★★★☆

【解答】

面试者在分析本题时，往往会将字符串与数字的对应关系与 K 进制数联系起来，K 指 chs 的长度，比如，第一个例子中 chs 的长度为 26。最终会发现用 K 进制数是不能实现的。下面解释一下本题的对应关系与 K 进制数不同的地方。

K 进制数是每一个位置上的值只能在[0,K-1]之间取值。例如，十进制数的 72，高位为 7，低位为 2。十进制数的 72 转换成三进制数的表达为 "2200"，也就是 $72=27×2+9×2+3×0+1×0$。但是本题描述的对应方式却不是这样，我们暂时把题目描述的对应方式叫作 K 伪进制数，K 伪进制数是每一个位置上的值只能在[1,K]之间取值。以 chs=['A','B','C']举例，即 3 伪进制数。如果把十进制数的 72 用这个 chs 的 3 伪进制数表示，是 "BABC"，也就是 $72=27×2+9×1+3×2+1×3$。也就是对 K 进制数来讲，每个位（如：27、9、3、1）上的值是可以取 0 的，但如果位上的值不为 0，也在[1,K-1]范围上。而对 K 伪进制数来讲，每个位上的值绝对不能取 0，而是必须在[1,K]之间。所以用 K 进制数的思路不能实现本题的对应关系。

下面解释一下本书提供的解法，先看从数字如何得到字符串。还是以 chs=['A','B','C']举例，以下是十进制数的 72 得到表达它的字符串的过程。

1. chs 的长度为 3，所以这是一个 3 伪进制数，从低位到高位依次为 1，3，9，27，81…。

2. 从 1 开始减，72 减去 1，剩下 71；71 减去 3，剩下 68；68 减去 9，剩下 59；59 减去 27，剩下 32；32 减去 81 时，发现不够减，此时就知道想要表达十进制数的 72，只需使用 3 伪进制数的前 4 位，也就是 27，9，3，1，而不必扩到第 5 位的 81。换句话说，既然 K 伪进制数中每个位上的值都不能为 0，就从低位到高位把每个位置上的值都先减去 1 遍，看这个数到底需要前几位。

3. 步骤 2 剩下的数是 32，同时前四位的值已经使用了 1 次，即 72 - 32 = 40 = 27×1 + 9×1 + 3×1 + 1×1 = "AAAA"。接下来看剩下的 32 最多可以用几个 27？最多用 1 个（32/27=1），再算上之前的一个 27，一共要 2 个 27（B）。32%27 的结果是 5，这表示让 32 减去尽量多的 27 而剩下来的数。然后看 5 最多可以用几个 9，一个也用不了，再算上之前的一个 9，一共要 1 个 9（A）。5%9=5，接下来看 5 最多可以用几个 3，1 个，再算上之前的一个 3，一共要 2 个 3（B）。5%3=2，最后看 2 最多可以用几个 1，2 个，算上之前的一个 1，一共 3 个 1（C）。所以结果是 "BABC"。

上文所描述的 K 伪进制数虽然和 K 进制数不同，但是把十进制数转换成 K 伪进制数的过程却和把十进制数转换成 K 进制数的过程相似。具体说来，步骤 2 中是从低位到高位看一个数 N 最多用几个 K 伪进制数的位，时间复杂度为 $O(logN)$（以 K 为底），步骤 3 是从高位到低位反着回去看每个位上的值最多是多少，时间复杂度也是 $O(logN)$（以 K 为底），K 为 chs 的长度。所以以上过程的时间复杂度为 $O(logN)$（以 chs 的长度为底）。

数字到字符串的全部过程请参看如下代码中的 getString 方法。

```
public String getString(char[] chs, int n) {
```

```
        if (chs == null || chs.length == 0 || n < 1) {
                return "";
        }
        int cur = 1;
        int base = chs.length;
        int len = 0;
        while (n >= cur) {
                len++;
                n -= cur;
                cur *= base;
        }
        char[] res = new char[len];
        int index = 0;
        int nCur = 0;
        do {
                cur /= base;
                nCur = n / cur;
                res[index++] = getKthCharAtChs(chs, nCur + 1);
                n %= cur;
        } while (index != res.length);
        return String.valueOf(res);
}

public char getKthCharAtChs(char[] chs, int k) {
        if (k < 1 || k > chs.length) {
                return 0;
        }
        return chs[k - 1];
}
```

接下来介绍如何通过字符串得到对应的数字。其实如果理解了 K 伪进制数的含义，算出字符串对应的数字就十分容易了。例如，chs=['A','B','C']，字符串是"ABBA"，可以知道这个字符串的含义是 27 有 1 个，9 有 2 个，3 有 2 个，1 有 1 个。所以对应的数字是 52。具体过程请参看如下代码中的 getNum 方法。

```
public int getNum(char[] chs, String str) {
        if (chs == null || chs.length == 0) {
                return 0;
        }
        char[] strc = str.toCharArray();
        int base = chs.length;
        int cur = 1;
        int res = 0;
        for (int i = strc.length - 1; i != -1; i--) {
                res += getNthFromChar(chs, strc[i]) * cur;
                cur *= base;
        }
        return res;
```

```
        }

public int getNthFromChar(char[] chs, char ch) {
        int res = -1;
        for (int i = 0; i != chs.length; i++) {
                if (chs[i] == ch) {
                        res = i + 1;
                        break;
                }
        }
        return res;
}
```

1 到 n 中 1 出现的次数

【题目】

给定一个整数 n，返回从 1 到 n 的数字中 1 出现的个数。

例如：

n=5，1~n 为 1，2，3，4，5。那么 1 出现了 1 次，所以返回 1。

n=11，1~n 为 1，2，3，4，5，6，7，8，9，10，11。那么 1 出现的次数为 1（出现 1 次），10（出现 1 次），11（有两个 1，所以出现了 2 次），所以返回 4。

【难度】

校 ★★★☆

【解答】

方法一：容易理解但是复杂度较高的方法，即逐一考查 1~n 的每一个数里有多少个 1。具体请参看如下代码中的 solution1 方法。

```
public int solution1(int num) {
        if (num < 1) {
                return 0;
        }
        int count = 0;
        for (int i = 1; i != num + 1; i++) {
                count += get1Nums(i);
        }
        return count;
}

public int get1Nums(int num) {
        int res = 0;
```

```
while (num != 0) {
        if (num % 10 == 1) {
                res++;
        }
        num /= 10;
}
return res;
}
```

十进制整数 N 有 $\log N$ 位（以 10 为底），所以考查一个整数含有多少个 1 的代价是 $O(\log N)$，一共需要考查 N 个数，所以方法一的时间复杂度为 $O(N\log N)$（以 10 为底）。

方法二：不再依次考查每一个数，而是分析 1 出现的规律。

先看 n，如果只有 1 位的情况，因为 1~9 的数中，1 只出现 1 次，所以，如果 n 只有 1 位时，返回 1。接下来以 $n=114$ 为例来介绍方法二。先不看 1~14 之间出现了多少个 1，而是先求出 15~114 的数之间一共出现了多少个 1。15~114 之间，哪些数百位上能出现 1 呢？毫无疑问，100~114 这些数百位上才有 1，所以百位上的 1 出现的次数为 15 个，即 114%100+1。15~114 之间，哪些数十位上有 1 呢？110，111，112，113，114，15，16，17，18，19。这些数的十位上才有 1，一共 10 个。15~114 之间，哪些数个位上有 1 呢？101，111，21，31，41，51，61，71，81，91。这些数的个位上才有 1，一共 10 个。

所以，观察发现如下规律：

1．若十位上固定是 1，个位从 0 变到 9 都是可以的。

2．若个位上固定是 1，十位从 0 变到 9 都是可以的。

3．无非就是最高位取值跟着变化，使构成的数落在 15~114 区间上即可。

所以，15~114 之间的数在十位和个位上 1 的数量为 10+10=20=1×2×10，即（最高位的数字）×（除去最高位后剩下的位数）×（某一位固定是 1 的情况下，剩下的 1 位数都可以从 0 到 9 自由变化，所以是 10 的 1 次方）。这样就求出了 15~114 之间 1 的个数，然后 1~14 的数字出现 1 的个数可以按照如上方式递归求解。

再举一例，$n=21345$。先不看 1~1345 之间出现了多少个 1，而是先求出 1346~21345 的数之间一共出现了多少个 1。1346~21345 之间，哪些数万位上能出现 1 呢？毫无疑问，10000~19999 这些数百位上都有 1，所以百位上的 1 出现的次数为 10000 个。与上一例不同的是，上一例 n 的最高位是 1，而这里大于 1。如果像上例那样最高位的数字等于 1，那么最高位上 1 的数量=除去最高位后剩下的数+1。而如果像本例那样最高位的数字大于 1，那么最高位上 1 的数量=$10000=10^{k-1}$（k 为 n 的位数，本例中 k 为 5）。1346~21345 之间，哪些数千位上有 1 呢？在 1346~11345 范围上，若千位上固定是 1，百位、十位和个位可自由从 0~9 变换，10^3 个，在 11346~21345 范围上，若千位上固定是 1，百位、十位、个位可自由从 0~9 变换，10^3 个，所以有 $2×10^3$ 个千位上是 1。哪些数百位上有 1 呢？在 1346~11345 范围上，若百位上固定是 1，千位、十位、个位可自由从 0~9 变换，10^3 个，在 11346~21345 范围上，若百位上固定是 1，千位、十位、个位可自由从 0~9 变换，10^3 个，所以有 2×10^3 个百位上是 1。十位和个位也是一样的情况，所以千位、百位、十位、个位是 1 的总数量= $2 \times 4 \times 10^3$，即（最高位的数字）×（除去最高位后剩下的位数）×（某一位固定是 1 的情况下，剩下的 3 位数都可以从 0 到 9 自由变化，所以是 10^3）。这样就求出了 1346~21345 之间 1 的个数，然后 1~1345 的数字上出现 1 的个数可以按照如上方式递归求解。

具体过程请参看如下代码中的 solution2 方法。

```java
public int solution2(int num) {
        if (num < 1) {
                return 0;
        }
        int len = getLenOfNum(num);
        if (len == 1) {
                return 1;
        }
        int tmp1 = powerBaseOf10(len - 1);
        int first = num / tmp1;
        int firstOneNum = first == 1 ? num % tmp1 + 1 : tmp1;
        int otherOneNum = first * (len - 1) * (tmp1 / 10);
        return firstOneNum + otherOneNum + solution2(num % tmp1);
}

public int getLenOfNum(int num) {
        int len = 0;
        while (num != 0) {
                len++;
                num /= 10;
        }
        return len;
}

public int powerBaseOf10(int base) {
        return (int) Math.pow(10, base);
}
```

仅通过分析如上代码就可以知道，n 一共有多少位，递归函数最多就会被调用多少次，即 $\log N$ 次。在递归函数内部 getLenOfNum 方法和 powerBaseOf10 方法的复杂度分别为 $O(\log N)$ 和 $O(\log(\log N))$。求一个数的 A 次方的问题在系统内部实现的复杂度为 $O(\log A)$，A 为 N 的位数 ($A=\log N$)，所以 powerBaseOf10 方法的时间复杂度为 $O(\log(\log N))$。所以方法二的总时间复杂度为 $O(\log N \times \log N)$。

从 N 个数中等概率打印 M 个数

【题目】

给定一个长度为 N 且没有重复元素的数组 arr 和一个整数 n，实现函数等概率随机打印 arr 中的 M 个数。

【要求】

1．相同的数不要重复打印。

2．时间复杂度为 O(M)，额外空间复杂度为 O(1)。

3．可以改变 arr 数组。

【难度】

士　★☆☆☆

【解答】

如果没有空间复杂度的限制，可以用哈希表标记一个数之前是否被打印过，就可以做到不重复打印。解法的关键点是利用要求 3 改变数组 arr。打印过程如下：

1．在[0,N-1]中随机得到一个位置 a，然后打印 arr[a]。

2．把 arr[a]和 arr[N-1]交换。

3．在[0,N-2]中随机得到一个位置 b，然后打印 arr[b]，因为打印过的 arr[a]已被换到了 N-1 位置，所以这次打印不可能再次出现。

4．把 arr[b]和 arr[N-2]交换。

5．在[0,N-3]中随机得到一个位置 c，然后打印 arr[c]，因为打印过的 arr[a]和 arr[b]已被换到了 N-1 位置和 N-2 位置，所以这次打印都不可能再出现。

6．依此类推，直到打印 M 个数。

总之，就是把随机选出来的数打印出来，然后将打印的数交换到范围中的最后位置，再把范围缩小，使得被打印的数下次不可能再被选中，直到打印结束。很多有关等概率随机的面试题都是用这种与最后一个位置交换的解法，希望这种小技巧能引起读者重视。具体过程请参看如下代码中的 printRandM 方法。

```
public void printRandM(int[] arr, int m) {
    if (arr == null || arr.length == 0 || m < 0) {
        return;
    }
    m = Math.min(arr.length, m);
    int count = 0;
```

```
                int i = 0;
                while (count < m) {
                        i = (int) (Math.random() * (arr.length - count));
                        System.out.println(arr[i]);
                        swap(arr, arr.length - count++ - 1, i);
                }
        }

        public void swap(int[] arr, int index1, int index2) {
                int tmp = arr[index1];
                arr[index1] = arr[index2];
                arr[index2] = tmp;
        }
```

判断一个数是否是回文数

【题目】

定义回文数的概念如下：

- 如果一个非负数左右完全对应，则该数是回文数，例如：121，22 等。
- 如果一个负数的绝对值左右完全对应，也是回文数，例如：-121，-22 等。

给定一个 32 位整数 num，判断 num 是否是回文数。

【难度】

士 ★☆☆☆

【解答】

本题的实现方法当然有很多种，本书介绍一种仅用一个整型变量就可以实现的方法，步骤如下：

1. 假设判断的数字为非负数 n，先生成变量 help，开始时 help=1。

2. 用 help 不停地乘以 10，直到变得与 num 的位数一样。例如：num 等于 123321 时，help 就是 100000。num 如果是 131，help 就是 100。总之，让 help 与 num 的位数一样。

3. num/help 的结果就是最高位的数字，num%10 就是最低位的数字，比较这两个数字，不相同则直接返回 false。相同则令 num=(num%help)/10，即 num 变成除去最高位和最低位两个数字之后的值。令 help/=100，即让 help 变得继续和新的 num 位数一样。

4. 如果 num==0，表示所有的数字都已经对应判断完，返回 true，否则重复步骤 3。

上述方法就是让 num 每次剥掉最左和最右两个数，然后逐渐完成所有对应的判断。需要注意的是，如上方法只适用于非负数的判断，如果 n 为负数，则先把 n 变成其绝对值，然后用上面的方法进行判断。同时还需注意，32 位整数中的最小值为-2147483648，它是转不成相应的绝对值的，可这个数很明显不是回文数。所以，如果 n 为-2147483648，直接返回 false。具体过程请参看如下代码中的 isPalindrome 方法。

```
public boolean isPalindrome(int n) {
        if (n == Integer.MIN_VALUE) {
                return false;
        }
        n = Math.abs(n);
        int help = 1;
        while (n / help >= 10) { // 防止help溢出
                help *= 10;
        }
        while (n != 0) {
                if (n / help != n % 10) {
                        return false;
                }
                n = (n % help) / 10;
                help /= 100;
        }
        return true;
}
```

在有序旋转数组中找到最小值

【题目】

有序数组 arr 可能经过一次旋转处理，也可能没有，且 arr 可能存在重复的数。例如，有序数组[1,2,3,4,5,6,7]，可以旋转处理成[4,5,6,7,1,2,3]等。给定一个可能旋转过的有序数组 arr，返回 arr 中的最小值。

【难度】

尉　★★☆☆

【解答】

为了方便描述，我们把没经过旋转前有序数组 arr 最左边的数在经过旋转之后所处的位置叫作"断点"。例如，题目例子里的数组，旋转后断点在 1 所处的位置，也就是位置 4。如果没有经过旋转处理，断点在位置 0。那么只要找到断点，就找到了最小值。

本书提供的方式做到了尽可能多地利用二分查找，但是最差情况下仍无法避免 O(N)的时间复杂度。我们假设目前想在 arr[low..high]范围上找到这个范围的最小值（那么初始时 low==0，high==arr.length-1），以下是具体过程：

1. 如果 arr[low]<arr[high]，说明 arr[low..high]上没有旋转，断点就是 arr[low]，返回 arr[low]

即可。

2．令 mid=(low+high)/2，mid 即 arr[low..high]中间的位置。

1）如果 arr[low]>arr[mid]，说明断点一定在 arr[low..mid]上，则令 high=mid，然后回到步骤 1。

2）如果 arr[mid]>arr[high]，说明断点一定在 arr[mid..high]上，令 low=mid，然后回到步骤 1。

3．如果步骤 1 和步骤 2 的逻辑都没有命中，说明什么呢？步骤 1 没有命中说明 arr[low]>=arr[high]，步骤 2 的 1）没有命中说明 arr[low]<=arr[mid]，步骤 2 的 2）没有命中说明 arr[mid]<=arr[high]。此时只有一种情况，也就是 arr[low]==arr[mid]==arr[high]。面对这种情况根本无法判断断点的位置在哪里，很多书籍在面对这种情况时都选择直接遍历 arr[low..high]的方法找出断点。但其实还是可以继续为二分创造条件，生成变量 i，初始时令 i=low，开始向右遍历 arr(i++)，那么会有以下三种情况：

- 情况 1：遍历到某个位置时发现 arr[low]>arr[i]，那么 arr[i]就是断点处的值，因为在 arr 中发现的降序必然是断点，所以直接返回 arr[i]。
- 情况 2：遍历到某个位置时发现 arr[low]<arr[i]，说明 arr[i]>arr[mid]，那么说明断点在 arr[i..mid]上。此时又可以开始二分，令 high=mid，重新回到步骤 1。
- 情况 3：如果 i==mid 都没有出现情况 1 和情况 2，说明从 arr 的 low 位置到 mid 位置，值全部都一样。那么断点只可能在 arr[mid..high]上，所以令 low=mid，进行后续的二分过程，重新回到步骤 1。

全部过程请参看如下代码中的 getMin 方法。

```java
public int getMin(int[] arr) {
    int low = 0;
    int high = arr.length - 1;
    int mid = 0;
    while (low < high) {
        if (low == high - 1) {
            break;
        }
        if (arr[low] < arr[high]) {
            return arr[low];
        }
        mid = (low + high) / 2;
        if (arr[low] > arr[mid]) {
            high = mid;
            continue;
        }
        if (arr[mid] > arr[high]) {
            low = mid;
            continue;
        }
        while (low < mid) {
            if (arr[low] == arr[mid]) {
```

```
                        low++;
            } else if (arr[low] < arr[mid]) {
                        return arr[low];
            } else {
                        high = mid;
                        break;
            }
        }
    }
    return Math.min(arr[low], arr[high]);
}
```

在有序旋转数组中找到一个数

【题目】

有序数组 arr 可能经过一次旋转处理，也可能没有，且 arr 可能存在重复的数。例如，有序数组[1,2,3,4,5,6,7]，可以旋转处理成[4,5,6,7,1,2,3]等。给定一个可能旋转过的有序数组 arr，再给定一个数 num，返回 arr 中是否含有 num。

【难度】

尉　★★☆☆

【解答】

为了方便描述，我们把没经过旋转前有序数组 arr 最左边的数在经过旋转之后所处的位置叫作断点。例如，题目例子里的数组，旋转后断点在 1 所处的位置，也就是位置 4。如果一个数组没有经过旋转处理，断点在位置 0。

本书提供的方式做到了尽可能多地利用二分查找，但是最差情况下仍无法避免 $O(N)$ 的时间复杂度，以下是具体过程：

1. 用 low 和 high 变量表示 arr 上的一个范围，每次判断 num 是否在 arr[low..high]上，初始时，low=0，high=arr.length-1，然后进入步骤 2。

2. 如果 low>high，直接进入步骤 5，否则令变量 mid=(low+high)/2，也就是二分的位置。如果 arr[mid]==num，直接返回 true，否则进入步骤 3。

3. 此时 arr[mid]!=num。如果发现 arr[low]、arr[mid]、arr[high]三个值不都相等，直接进入步骤 4。如果发现三个值都相等，此时根本无法知道断点的位置在 mid 的哪一侧。例如：7(low)…7(mid)…7(high)，举一个极端的例子，如果这个数组中只有一个值为 num 的数，其他的数都是 7，那么 num 除了不在 low、mid、high 这三个位置，剩下的位置都是可能的，即 num 既可能在 mid 的左边，也可能在右边。所以进行如下处理：

1）只要 arr[low]等于 arr[mid]，就让 low 不断地向右移动（low++），如果在 low 移到 mid 的期间，都没有发现 arr[low]和 arr[mid]不等的情况，说明 num 只可能在 mid 的右侧，因为左侧全都遍历过了，此时令 low=mid+1，high 不变，进入步骤 2。

2）只要 arr[low]等于 arr[mid]，就让 low 不断地向右移动（low++），如果移动期间一旦发现 arr[low]和 arr[mid]不等，说明在此时的 arr[low(递增后的)..mid..right]上是可以判断出断点位置的，则进入步骤 4。

4．此时 arr[mid]!=num，并且 arr[low]、arr[mid]、arr[high]三个值不都相等，那么是一定可以二分的，具体判断如下：

如果 arr[low]!=arr[mid]，如何判断断点位置呢？分以下两种情况。

情况一：arr[mid]>arr[low]，断点一定在 mid 的右侧，此时 arr[low..mid]上有序。

1）如果 num>=arr[low]&&num<arr[mid]，说明 num 只需要在 arr[low..mid]上寻找。这是因为，如果 num==arr[low]&&num<arr[mid]。很显然，在 arr[low..mid]上能找到 num。如果 num>arr[low]&&num<arr[mid]，则说明断点在右侧，假设断点在 mid 和 high 之间的 break 位置上，那么 arr[mid..break-1]上的值都大于或等于 arr[mid]，也都大于 num，arr[break..high]上的值都小于或等于 arr[low]，也都小于 num，所以整个 mid 的右侧都没有 num。综上所述，num 只需要在 arr[low..mid]上寻找，令 high=mid-1，进入步骤 2。

2）若不满足条件 1），说明要么 num<arr[low]，此时整个 arr[low..mid]上都大于 num。要么 num>arr[mid]，此时整个 arr[low..mid]上都小于 num。无论是哪种，num 都只可能出现在 mid 的右侧，所以令 low=mid+1，进入步骤 2。

情况二：不满足情况一则断点一定在 mid 位置或在 mid 左侧，不管是哪一种，arr[mid..high]都一定是有序的。

1）如果 num>arr[mid]&&num<=arr[high]与情况一的条件 1）相同的分析方式，令 low=mid+1，进入步骤 2。

2）若不满足条件 1），与情况一的条件 2）相同的分析方式，令 high=mid-1，进入步骤 2。

如果 arr[mid]!=arr[high]，如何判断断点的位置呢？和 arr[low]!=arr[mid]时一样的分析方式，这里不再详述。

5．如果 low 在 high 的右边（low>high），说明 arr 中没有 num，返回 false。

全部过程请参看如下代码中的 isContains 方法。

```
public boolean isContains(int[] arr, int num) {
        int low = 0;
        int high = arr.length - 1;
        int mid = 0;
        while (low <= high) {
                mid = (low + high) / 2;
                if (arr[mid] == num) {
                        return true;
```

```
        }
        if (arr[low] == arr[mid] && arr[mid] == arr[high]) {
                while (low != mid && arr[low] == arr[mid]) {
                        low++;
                }
                if (low == mid) {
                        low = mid + 1;
                        continue;
                }
        }
        if (arr[low] != arr[mid]) {
                if (arr[mid] > arr[low]) {
                        if (num >= arr[low] && num < arr[mid]) {
                                high = mid - 1;
                        } else {
                                low = mid + 1;
                        }
                } else {
                        if (num > arr[mid] && num <= arr[high]) {
                                low = mid + 1;
                        } else {
                                high = mid - 1;
                        }
                }
        } else {
                if (arr[mid] < arr[high]) {
                        if (num > arr[mid] && num <= arr[high]) {
                                low = mid + 1;
                        } else {
                                high = mid - 1;
                        }
                } else {
                        if (num >= arr[low] && num < arr[mid]) {
                                high = mid - 1;
                        } else {
                                low = mid + 1;
                        }
                }
        }
    }
    return false;
}
```

数字的英文表达和中文表达

【题目】

给定一个 32 位整数 num，写两个函数分别返回 num 的英文与中文表达字符串。

【举例】

num=319

英文表达字符串为：Three Hundred Nineteen

中文表达字符串为：三百一十九

num=1014

英文表达字符串为：One Thousand, Fourteen

中文表达字符串为：一千零十四

num=-2147483648

英文表达字符串为：Negative, Two Billion, One Hundred Forty Seven Million, Four Hundred Eighty Three Thousand, Six Hundred Forty Eight

中文表达字符串为：负二十一亿四千七百四十八万三千六百四十八

num=0

英文表达字符串为：Zero

中文表达字符串为：零

【难度】

校 ★★★☆

【解答】

本题的重点是考查面试者分析业务场景并实际解决问题的能力。本题实现的方式当然是多种多样的，本书提供的方法仅是作者的实现，希望读者也能写出自己的实现。

英文表达的实现。英文的表达是以三个数为单位成一组的，所以先要解决数字 1~999 的表达问题。首先看数字 1~19 的表达问题，具体过程请参看如下代码中的 num1To19 方法。

```
public String num1To19(int num) {
    if (num < 1 || num > 19) {
        return "";
    }
    String[] names = { "One ", "Two ", "Three ", "Four ", "Five ", "Six ",
        "Seven ", "Eight ", "Nine ", "Ten ", "Eleven ", "Twelve",
        "Thirteen ", "Fourteen ", "Fifteen ", "Sixteen","Sixteen",
        "Eighteen ", "Nineteen " };
    return names[num - 1];
}
```

然后利用 num1To99 函数来解决数字 1~99 的表达问题。具体参看如下的 num1To99 方法。

```
public String num1To99(int num) {
    if (num < 1 || num > 99) {
```

```
                return "";
        }
        if (num < 20) {
                return num1To19(num);
        }
        int high = num / 10;
        String[] tyNames = { "Twenty ", "Thirty ", "Forty ", "Fifty ",
                        "Sixty ", "Seventy ", "Eighty ", "Ninety " };
        return tyNames[high - 2] + num1To19(num % 10);
}
```

有以上两个函数，再解决数字 1~999。具体请参看如下代码中的 num1To999 方法。

```
public String num1To999(int num) {
        if (num < 1 || num > 999) {
                return "";
        }
        if (num < 100) {
                return num1To99(num);
        }
        int high = num / 100;
        return num1To19(high) + "Hundred " + num1To99(num % 100);
}
```

最后可以解决最终的问题，需要注意如下几种特殊情况：

- num 为 0 的情况要单独处理。
- num 为负的情况，一律以处理其绝对值的方式来得到表达字符串，然后加上"Negative."的前缀，所以 num 为 Integer.MIN_VALUE 时，也是特殊情况。
- 把 32 位整数分解成十亿组、百万组、千组、1~999 组。对每个组的表达利用 num1To999 方法，再把组与组之间各自的表达字符串连接起来即可。

最后是英文表达的主方法，参见如下代码中的 getNumEngExp 方法。

```
public String getNumEngExp(int num) {
        if (num == 0) {
                return "Zero";
        }
        String res = "";
        if (num < 0) {
                res = "Negative, ";
        }
        if (num == Integer.MIN_VALUE) {
                res += "Two Billion, ";
                num %= -2000000000;
        }
        num = Math.abs(num);
        int high = 1000000000;
```

```
        int highIndex = 0;
        String[] names = { "Billion", "Million", "Thousand", "" };
        while (num != 0) {
                int cur = num / high;
                num %= high;
                if (cur != 0) {
                        res += num1To999(cur);
                        res += names[highIndex] + (num == 0 ? " " : ", ");
                }
                high /= 1000;
                highIndex++;
        }
        return res;
    }
```

中文表达的实现。与英文表达的处理过程类似，都是由小范围的数向大范围的数扩张的过程，这个过程有不同的处理细节。

首先解决数字 1~9 的中文表达问题，具体参看如下代码中的 num1To9 方法。

```
    public String num1To9(int num) {
        if (num < 1 || num > 9) {
                return "";
        }
        String[] names = { "一", "二", "三", "四", "五", "六", "七", "八", "九" };
        return names[num - 1];
    }
```

利用 num1To9 方法，我们来看看数字 1~99 如何表达。其中有一个值得注意的细节，16 的表达是十六，116 的表达是一百一十六，1016 的表达可以是一千零十六，也可以是一千零一十六。这个细节说明，对 10~19 来说，如果其前一位（也就是百位）有数字，则表达该是一十~一十九。如果百位上没数字，则表达应该一律规定为十~十九。具体过程请参看如下代码中的 num1To99 方法，boolean 型参数 hasBai 表示其前一位（百位）是否有数字。

```
    public String num1To99(int num, boolean hasBai) {
        if (num < 1 || num > 99) {
                return "";
        }
        if (num < 10) {
                return num1To9(num);
        }
        int shi = num / 10;
        if (shi == 1 && (!hasBai)) {
                return "十" + num1To9(num % 10);
        } else {
                return num1To9(shi) + "十" + num1To9(num % 10);
        }
```

```
    }
```

利用 num1To9 与 num1To99 方法后，接下来解决数字 1~999 的表达，具体过程请参看如下代码中的 num1To999 方法。

```
public String num1To999(int num) {
        if (num < 1 || num > 999) {
                return "";
        }
        if (num < 100) {
                return num1To99(num, false);
        }
        String res = num1To9(num / 100) + "百";
        int rest = num % 100;
        if (rest == 0) {
                return res;
        } else if (rest >= 10) {
                res += num1To99(rest, true);
        } else {
                res += "零" + num1To9(rest);
        }
        return res;
}
```

然后是数字 1~9999 的表达问题，见如下代码中的 num1To9999 方法。

```
public String num1To9999(int num) {
        if (num < 1 || num > 9999) {
                return "";
        }
        if (num < 1000) {
                return num1To999(num);
        }
        String res = num1To9(num / 1000) + "千";
        int rest = num % 1000;
        if (rest == 0) {
                return res;
        } else if (rest >= 100) {
                res += num1To999(rest);
        } else {
                res += "零" + num1To99(rest, false);
        }
        return res;
}
```

接下来是数字 1~99999999 的表达问题，见如下代码中的 num1To99999999 方法。

```
public String num1To99999999(int num) {
```

```
                if (num < 1 || num > 99999999) {
                        return "";
                }
                int wan = num / 10000;
                int rest = num % 10000;
                if (wan == 0) {
                        return num1To9999(rest);
                }
                String res = num1To9999(wan) + "万";
                if (rest == 0) {
                        return res;
                } else {
                        if (rest < 1000) {
                                return res + "零" + num1To999(rest);
                        } else {
                                return res + num1To9999(rest);
                        }
                }
        }
```

最后是中文表达的主方法，参见如下代码中的 getNumChiExp 方法。

```
        public String getNumChiExp(int num) {
                if (num == 0) {
                        return "零";
                }
                String res = num < 0 ? "负" : "";
                int yi = Math.abs(num / 100000000);
                int rest = Math.abs((num % 100000000));
                if (yi == 0) {
                        return res + num1To99999999(rest);
                }
                res += num1To9999(yi) + "亿";
                if (rest == 0) {
                        return res;
                } else {
                        if (rest < 10000000) {
                                return res + "零" + num1To99999999(rest);
                        } else {
                                return res + num1To99999999(rest);
                        }
                }
        }
```

该类型的代码面试题目实际上是相当棘手的。通常是由小的、简单的场景出发，把复杂的事情拆解成简单的场景，最终得到想要的结果。

分糖果问题

【题目】

一群孩子做游戏，现在请你根据游戏得分来发糖果，要求如下：

1．每个孩子不管得分多少，起码分到 1 个糖果。

2．任意两个相邻的孩子之间，得分较多的孩子必须拿多一些的糖果。

给定一个数组 arr 代表得分数组，请返回最少需要多少糖果。

例如：arr=[1,2,2]，糖果分配为[1,2,1]，即可满足要求且数量最少，所以返回 4。

进阶问题：原题目中的两个规则不变，再加一条规则：

3．任意两个相邻的孩子之间如果得分一样，糖果数必须相同。

给定一个数组 arr 代表得分数组，返回最少需要多少糖果。

例如：arr=[1,2,2]，糖果分配为[1,2,2]，即可满足要求且数量最少，所以返回 5。

【要求】

arr 长度为 N，原题与进阶题都要求时间复杂度为 O(N)，额外空间复杂度为 O(1)。

【难度】

校 ★★★☆

【解答】

原问题。先引入爬坡和下坡的概念，从左到右依次考虑每个孩子，如果一个孩子的右邻居比他大，那么爬坡过程开始。如果一直单调递增，就一直爬坡，否则爬坡结束，下坡开始。如果一直单调递减，就一直下坡，直到遇到一个孩子的右邻居大于或等于他，则下坡结束。爬坡中的路径叫左坡，下坡中的路径叫右坡。

比如[1,2,3,2,1]，左坡为[1,2,3]，右坡为[3,2,1]。比如[1,2,2,1]，第一个左坡为[1,2]，第一个右坡为[2]（只含有第一个 2），第二个左坡为[2]（只含有第二个 2），第二个右坡为[2,1]。比如[1,2,3,1,2]，第一个左坡[1,2,3]，第一个右坡为[3,1]，第二个左坡为[1,2]，第二个右坡为[2]。

定义了爬坡过程和下坡过程之后，大家可以看到，arr 数组可以被分解成很多对左坡和右坡，利用左坡和右坡来看糖果如何分。假设有一对左坡和右坡，分别为[1,4,5,9]和[9,3,2]。对左坡来说，从左到右分的糖果应该为[1,2,3,4]，对右坡来说，从左到右分的糖果应该为[3,2,1]。但这两种分配方式对 9 这个坡顶的分配是不同的，怎么决定呢？看左坡和右坡的坡度哪个更大，坡度是指坡中除去相同的数字之后（也就是纯升序或纯降序）的序列长度。而根据我们定义的爬坡和下坡过程，左坡和右坡中都不可能有重复数字，所以坡度就是各自的序列长度。[1,2,3,4]坡度为 4，[3,2,1]坡度为 3。如果左坡的坡度更大，坡顶就按左坡的分配，如果右坡的坡度更大，就按右坡的分配，所以最终分配为[1,2,3,4,2,1]。

成对的左坡和右坡都按照这种处理方式，从左到右处理得分数组 arr，统计总体的糖果数即可。具体过程请参看如下代码中的 candy1 方法。

```java
public int candy1(int[] arr) {
        if (arr == null || arr.length == 0) {
                return 0;
        }
        int index = nextMinIndex1(arr, 0);
        int res = rightCands(arr, 0, index++);
        int lbase = 1;
        int next = 0;
        int rcands = 0;
        int rbase = 0;
        while (index != arr.length) {
                if (arr[index] > arr[index - 1]) {
                        res += ++lbase;
                        index++;
                } else if (arr[index] < arr[index - 1]) {
                        next = nextMinIndex1(arr, index - 1);
                        rcands = rightCands(arr, index - 1, next++);
                        rbase = next - index + 1;
                        res += rcands + (rbase > lbase ? -lbase : -rbase);
                        lbase = 1;
                        index = next;
                } else {
                        res += 1;
                        lbase = 1;
                        index++;
                }
        }
        return res;
}

public int nextMinIndex1(int[] arr, int start) {
        for (int i = start; i != arr.length - 1; i++) {
                if (arr[i] <= arr[i + 1]) {
                        return i;
                }
        }
        return arr.length - 1;
}

public int rightCands(int[] arr, int left, int right) {
        int n = right - left + 1;
        return n + n * (n - 1) / 2;
}
```

进阶问题。针对进阶问题所加的新规则，需要对爬坡和下坡的过程进行修改。从左到右依次考虑每个孩子，如果一个孩子的右邻居大于或等于他，那么爬坡过程开始，如果一直不降序，就一直爬坡，否则爬坡结束，下坡开始。如果一直不升序，就一直下坡，直到遇到一个孩子的右邻居大于他，则下坡结束。爬坡中的路径叫左坡，下坡中的路径叫右坡。比如，[1,2,3,2,1]，左坡为[1,2,3]，右坡为[3,2,1]。再如，[1,2,2,1]，左坡为[1,2,2]，右坡为[2,1]。

依然是利用左坡和右坡来决定糖果如何分配，还是举例说明整个分配过程。比如，[0,1,2,3,3,3,2,2,2,2,2,1,1]，左坡为[0,1,2,3,3,3]，右坡为[3,2,2,2,2,2,1,1]。对左坡来说，从左到右分的糖果应该为[1,2,3,4,4,4]，对右坡来说，从左到右分的糖果应该为[3,2,2,2,2,2,1,1]。所以左坡和右坡的分配方案对整个坡顶的分配其实是矛盾的。注意，在这种情况下，其实坡顶为 3 个元素，即[3,3,3]。根据新的规则，相邻的且得分相等的孩子拿的糖果数要一样。所以坡顶究竟按谁的来呢？同样是根据左坡和右坡的坡度决定，左坡[0,1,2,3,3,3]的坡度为 4，右坡[3,2,2,2,2,2,1,1]的坡度为 3，坡顶分的糖果数同样按照坡度大的来决定。所以总的分配方案为[1,2,3,4,4,4,2,2,2,2,2,1,1]。也就是说，坡顶的所有小朋友都根据坡度大的一方决定。具体过程请参看如下代码中的 candy2 方法。

```java
public int candy2(int[] arr) {
    if (arr == null || arr.length == 0) {
        return 0;
    }
    int index = nextMinIndex2(arr, 0);
    int[] data = rightCandsAndBase(arr, 0, index++);
    int res = data[0];
    int lbase = 1;
    int same = 1;
    int next = 0;
    while (index != arr.length) {
        if (arr[index] > arr[index - 1]) {
            res += ++lbase;
            same = 1;
            index++;
        } else if (arr[index] < arr[index - 1]) {
            next = nextMinIndex2(arr, index - 1);
            data = rightCandsAndBase(arr, index - 1, next++);
            if (data[1] <= lbase) {
                res += data[0] - data[1];
            } else {
                res += -lbase * same + data[0] - data[1] + data[1] * same;
            }
            index = next;
            lbase = 1;
            same = 1;
        } else {
            res += lbase;
```

```
                    same++;
                    index++;
                }
            }
        return res;
    }

    public int nextMinIndex2(int[] arr, int start) {
            for (int i = start; i != arr.length - 1; i++) {
                    if (arr[i] < arr[i + 1]) {
                            return i;
                    }
            }
            return arr.length - 1;
    }

    public int[] rightCandsAndBase(int[] arr, int left, int right) {
            int base = 1;
            int cands = 1;
            for (int i = right - 1; i >= left; i--) {
                    if (arr[i] == arr[i + 1]) {
                            cands += base;
                    } else {
                            cands += ++base;
                    }
            }
            return new int[] { cands, base };
    }
```

一种消息接收并打印的结构设计

【题目】

消息流吐出 2，一种结构接收而不打印 2，因为 1 还没出现。

消息流吐出 1，一种结构接收 1，并且打印：1，2。

消息流吐出 4，一种结构接收而不打印 4，因为 3 还没出现。

消息流吐出 5，一种结构接收而不打印 5，因为 3 还没出现。

消息流吐出 7，一种结构接收而不打印 7，因为 3 还没出现。

消息流吐出 3，一种结构接收 3，并且打印：3，4，5。

消息流吐出 9，一种结构接收而不打印 9，因为 6 还没出现。

消息流吐出 8，一种结构接收而不打印 8，因为 6 还没出现。

消息流吐出 6，一种结构接收 6，并且打印：6，7，8，9。

已知一个消息流会不断地吐出整数 1~N，但不一定按照顺序吐出。如果上次打印的数为 *i*，那么当 *i*+1 出现时，请打印 *i*+1 及其之后接收过的并且连续的所有数，直到 1~N 全部接收并打印完，请设计这种接收并打印的结构。

【要求】

消息流最终会吐出全部的 1~N，当然最终也会打印完所有的 1~N，要求接收和打印 1~N 的整个过程，时间复杂度为 *O*(N)。

【难度】

尉　★★☆☆

【解答】

本题的设计方法有很多，本书提供一种设计实现供读者参考。结构假设叫 MessageBox，先以一个与题目不同的例子来简单说明过程。

1．消息流吐出 2，MessageBox 接收并生成连续区间{2}，此时不打印，因为 1 没出现。

2．消息流吐出 1，MessageBox 接收并生成连续区间{1}，发现可以与{2}连在一起，所以连成整个连续区间{1,2}。此时 1 出现了，所以打印 1，2，打印后删除连续区间{1,2}。

3．消息流吐出 4，MessageBox 接收并生成连续区间{4}。

4．消息流吐出 5，MessageBox 接收并生成连续区间{5}，发现可以与{4}连在一起，所以连成整个连续区间{4,5}。

5．消息流吐出 7，MessageBox 接收并生成连续区间{7}，此时 MessageBox 中有两个连续区间，分别为{4,5}和{7}。但 3 还没出现，所以不打印。

6．消息流吐出 9，MessageBox 接收并生成连续区间{9}，此时 MessageBox 中有三个连续区间，分别为{4,5}、{7}和{9}。但 3 还没出现，所以不打印。

7．消息流吐出 8，MessageBox 接收并生成连续区间{8}，此时发现{8}的出现可以把{7}和{9}连在一起，所以连成整个连续区间{7,8,9}。此时 MessageBox 中有两个连续区间，分别为{4,5}和{7,8,9}。但 3 还没出现，所以不打印。

8．消息流吐出 6，MessageBox 接收并生成连续区间{6}，此时发现{6}的出现可以把{4,5}和{7,8,9}连在一起，所以连成整个连续区间{4,5,6,7,8,9}。但 3 还没出现，所以不打印。

9．消息流吐出 3，MessageBox 接收并生成连续区间{3}，发现可以与{4,5,6,7,8,9}连在一起，所以连成整个连续区间{3,4,5,6,7,8,9}。此时 3 出现了，所以打印 3,4,5,6,7,8,9。打印后删除连续区间{3,4,5,6,7,8,9}，整个过程结束。

分析如上过程可以知道，如果达到整个过程，其时间复杂度为 *O*(N)，我们需要设计好的连续区间结构，并且在一个数出现时，还要方便地将这个数上下有关的连续区间连接在一起。下面就介绍 MessageBox 结构的具体设计细节。

1. 当接收一个数 num 时，先根据 num 生成一个单链表节点的实例，单链表结构记为 Node，具体请参看如下的 Node 类。

```
public class Node {
        public int num;
        public Node next;

        public Node(int num) {
                this.num = num;
        }
}
```

2. 连续结构就是一个单链表结构，但这是不够的，为了可以快速合并，MessageBox 中还有三个重要的部分：headMap、tailMap 和 lastPrint。headMap 是一个哈希表，key 为整型，表示一个连续区间开始的数，value 为 Node 类型，表示根据 key 这个数生成的节点，也是连续区间的第一个节点。tailMap 也是一个哈希表，key 为整型，表示一个连续区间结束的数，value 为 Node 类型，表示根据 key 这个数生成的节点，也是连续区间的最后一个节点。比如连续区间 {4,5,6,7,8,9}，假设节点值为 4 的节点记为 start，节点值为 9 的节点记为 end，从 start 到 end 是一条单链表，上面有节点值从 4 到 9 的所有节点，而且在 headMap 中还有记录（4,start），在 tailMap 中还有记录（9,end）。lastPrint 表示上次打印的是什么数。

3. 接收 num 之后，假设根据 num 生成的单链表节点实例为 cur。现在的 num 可以自己成为一个连续区间，即在 headMap 中加上记录（num,cur），在 tailMap 中也加上记录（num,cur）。然后依次进行如下处理：

1）在 tailMap 中查询是否有 key==num-1 的记录。如果有，说明存在一个连续区间以 num-1 结尾，记为连续区间 A，那么 A 可以和 num 自己的连续区间合并。假设 A 最后的数 num-1 对应的节点为 end，那么令 end.next=cur，表示 A 的单向链表在最后加了一个节点 cur。然后在 tailMap 中删除记录（num-1,end），因为以 num-1 结尾的连续区间已经不存在，大的连续区间是以 num 结尾的。最后在 headMap 中删除记录（num,cur），因为以 num 开始的连续区间已经不存在，大的连续区间的头是合并前连续区间 A 的头。如果没有 key==num-1 的记录，则什么也不用做。

2）在 headMap 中查询是否有 key==num+1 的记录。如果有，说明存在一个连续区间以 num+1 开始，记为连续区间 B，那么 B 可以和以 num 结尾的连续区间合并。假设 B 开始的数 num+1 对应的节点为 start，那么令 cur.next=start，表示以 num 结尾的连续区间的链表合和 B 的链表合并。然后在 headMap 中删除记录（num+1,start），因为以 num+1 开始的连续区间已经不存在。最后在 tailMap 中删除记录（num,cur），因为以 num 结束的连续区间也已经不存在。如果没有 key==num+1 的记录，则什么也不用做。

整个步骤 3 就是做一件事情，看 num 上下的连续区域有没有因为自己的出现可以进行合并，能合并的全部都合并在一起。

4．加入 num 之后，能不能打印。如果能打印，把打印的连续区域一律删除。

如上过程中，连续区域的合并全是 $O(1)$ 的时间复杂度，因为都是简单的哈希表查询操作或者是把某个节点的 next 指针赋值而已。整体过程的时间复杂度为 $O(N)$，MessageBox 结构的具体实现请参看如下代码中的 MessageBox 类。

```java
public class MessageBox {
        private HashMap<Integer, Node> headMap;
        private HashMap<Integer, Node> tailMap;
        private int lastPrint;

        public MessageBox() {
                headMap = new HashMap<Integer, Node>();
                tailMap = new HashMap<Integer, Node>();
                lastPrint = 0;
        }

        public void receive(int num) {
                if (num < 1) {
                        return;
                }
                Node cur = new Node(num);
                headMap.put(num, cur);
                tailMap.put(num, cur);
                if (tailMap.containsKey(num - 1)) {
                        tailMap.get(num - 1).next = cur;
                        tailMap.remove(num - 1);
                        headMap.remove(num);
                }
                if (headMap.containsKey(num + 1)) {
                        cur.next = headMap.get(num + 1);
                        tailMap.remove(num);
                        headMap.remove(num + 1);
                }
                if (headMap.containsKey(lastPrint + 1)) {
                        print();
                }
        }

        private void print() {
                Node node = headMap.get(++lastPrint);
                headMap.remove(lastPrint);
                while (node != null) {
                        System.out.print(node.num + " ");
                        node = node.next;
                        lastPrint++;
                }
                tailMap.remove(--lastPrint);
```

```
                        System.out.println();
              }

      }
```

随时找到数据流的中位数

【题目】

有一个源源不断地吐出整数的数据流，假设你有足够的空间来保存吐出的数。请设计一个名叫 MedianHolder 的结构，MedianHolder 可以随时取得之前吐出所有数的中位数。

【要求】

1．如果 MedianHolder 已经保存了吐出的 N 个数，那么将一个新数加入到 MedianHolder 的过程，其时间复杂度是 $O(logN)$。

2．取得已经吐出的 N 个数整体的中位数的过程，时间复杂度为 $O(1)$。

【难度】

尉　★★☆☆

【解答】

本书设计的 MedianHolder 中有两个堆，一个是大根堆，另一个是小根堆。想做到大根堆中含有接收的所有数中较小的一半，并且按大根堆的方式组织起来，那么这个堆的堆顶就是较小一半的数中最大的那个。小根堆中含有接收的所有数中较大的一半，并且按小根堆的方式组织起来，那么这个堆的堆顶就是较大一半的数中最小的那个。

具体流程如下：

1）第一个出现的数直接进入大根堆。

2）以后对每一个新出现的数 cur，判断 cur 是否小于或等于大根堆的堆顶。如果是，cur 进入大根堆；如果不是，cur 进入小根堆。

3）每一个数加入完成后，判断大根堆和小根堆的大小。如果个数较多的堆比个数较少的堆拥有数的个数超过 1，从个数较多的堆中弹出堆顶，放入另一个堆。

4）任何时候想得到所有数字的中位数，一定可以由两个堆的堆顶得到。

下面举例说明，大根堆记为 maxheap，小根堆记为 minheap，初始时都为空。假设依次吐出的数字为：5、3、6、7。

当得到 5 时，直接进大根堆。maxheap ={5}，minheap={}。

当得到 3 时，发现 3 小于或等于大根堆的堆顶 5，所以进入大根堆。maxheap ={5,3}，minheap={},

此时发现大根堆的大小为 2，小根堆为 0，超过了 1。所以大根堆堆顶弹出，进入小根堆。maxheap = {3}，minheap={5}。

当得到 6 时，发现 6 大于大根堆的堆顶 3，所以进入小根堆。maxheap ={3}，minheap={5,6}。此时小根堆含有数字较多，但是和大根堆的个数相比没有超过 1，所以不调整。

当得到 7 时，发现 7 大于大根堆的堆顶 3，所以进入小根堆。maxheap ={3}，minheap={5,6,7}。此时发现小根堆的大小为 3，大根堆为 1，超过了 1。所以小根堆堆顶弹出，进入大根堆。maxheap = {5,3}，minheap={6,7}。

你会发现每次新加的数进入具体的一个堆，经过调整之后，大根堆中含有接收的所有数中较小的一半，小根堆中含有接收的所有数中较大的一半。这样，通过两个堆的堆顶，我们总可以得到所有数的中位数。取得中位数的操作时间复杂度为 $O(1)$，同时根据堆的性质，不管是大根堆还是小根堆，往其中加一个新的数，以及调整堆的代价都是 $O(\log N)$，符合题目的要求。具体实现请看如下的 MedianHolder 类。

```java
// 生成小根堆的比较器
public class MinHeapComparator implements Comparator<Integer> {
        @Override
        public int compare(Integer o1, Integer o2) {
                return o1 - o2;
        }
}

// 生成大根堆的比较器
public class MaxHeapComparator implements Comparator<Integer> {
        @Override
        public int compare(Integer o1, Integer o2) {
                return o2 - o1;
        }
}

public class MedianHolder {
        // PriorityQueue 结构就是堆
        private PriorityQueue<Integer> maxHeap;
        private PriorityQueue<Integer> minHeap;

        public MedianHolder() {
                maxHeap = new PriorityQueue<Integer>(new MaxHeapComparator());
                minHeap = new PriorityQueue<Integer>(new MinHeapComparator());
        }

        public void addNumber(Integer num) {
                if (maxHeap.isEmpty() || num <= maxHeap.peek()) {
                        maxHeap.add(num);
                } else {
                        minHeap.add(num);
```

```
            }
            modifyTwoHeaps();
        }

        public Integer getMedian() {
            if (maxHeap.isEmpty()) {
                return null;
            }
            if (maxHeap.size() == minHeap.size()) {
                return (maxHeap.peek() + minHeap.peek()) / 2;
            } else {
                return maxHeap.size() > minHeap.size() ? maxHeap.peek()
                                : minHeap.peek();
            }
        }

        private void modifyTwoHeaps() {
            if (maxHeap.size() == minHeap.size() + 2) {
                minHeap.add(maxHeap.poll());
            }
            if (minHeap.size() == maxHeap.size() + 2) {
                maxHeap.add(minHeap.poll());
            }
        }

    }
```

在两个长度相等的排序数组中找到上中位数

【题目】

给定两个有序数组 arr1 和 arr2，已知两个数组的长度都为 N，求两个数组中所有数的上中位数。

【举例】

arr1=[1,2,3,4]，arr2=[3,4,5,6]
总共有 8 个数，那么上中位数是第 4 小的数，所以返回 3。
arr1=[0,1,2]，arr2 =[3,4,5]
总共有 6 个数，那么上中位数是第 3 小的数，所以返回 2。

【要求】

时间复杂度为 $O(\log N)$，额外空间复杂度为 $O(1)$。

【难度】

尉　★★☆☆

【解答】

根据时间复杂度的要求可知，应该利用二分查找的方式寻找上中位数，具体过程为：

1．重新定义一下问题，现在在 arr1[start1..end1]与 arr2[start2..end2]上寻找这两段数组共同的上中位数，并且这两段的长度应该相等（end1-star1==end2-start2）。

2．初始时 start1=0，end1=N-1，即 arr1[start1..end1]代表 arr1 的全部。start2=0，end2=N-1，即 arr2[start2..end2]代表 arr2 的全部。

3．如果 start1==end1，那么也有 start2==end2，寻找的过程中始终保证两段长度一致。这种情况下说明每一段都只有一个元素，这时元素总个数是 2 个，上中位数为较小的那个，则应该直接返回 min{ arr1[start1], arr2[start2] }。

4．如果 start1!=end1，此时说明两段数组的长度都大于 1，则令 mid1=(start1+end1)/2，代表 arr1[start1..end1]的中间位置。令 mid2=(start2+end2)/2，代表 arr2[start2..end2]的中间位置。那么具体情况有如下三种。

情况一：如果 arr1[mid1]==arr2[mid2]。为了方便理解，举两个例子说明这种情况。

1）arr1 和 arr2 的长度为奇数的例子。arr1 的长度为 5，{1，2，3，4，5}依次表示 arr1 的第 1 个数，第 2 个数……第 5 个数。注意，这个数字表示 arr1 第几个数的意思，并不代表值。arr2 长度为 5，{1'，2'，3'，4'，5'}依次表示 arr2 的第 1 个数，第 2 个数……第 5 个数。注意，这个数字表示 arr2 的第几个数的意思，并不代表值。如果 arr1 的第 3 个数等于 arr2 的第 3 个数（3==3'），那么对这两个数来说，在 arr1 中把 1 和 2 压在底下，在 arr2 中把 1'和 2'压在底下。所以这两个数的值就是上中位数，直接返回 arr1[mid1]即可（当然也是 arr2[mid2]）。

2）arr1 和 arr2 的长度为偶数的例子。arr1 的长度为 4，{1，2，3，4}的含义同上。arr2 的长度为 4，{1'，2'，3'，4'}的含义同上。如果 arr1 的第 2 个数等于 arr2 的第 2 个数（2==2'），那么对这两个数来说，在 arr1 中把 1 压在底下，在 arr2 中把 1 压在底下。所以这两个数的值就是上中位数，直接返回 arr1[mid1]即可（当然也是 arr2[mid2]）。

综上所述，情况一中，如果 arr1[mid1]==arr2[mid2]，直接返回 arr1[mid1]。

情况二：如果 arr1[mid1]>arr2[mid2]。为了方便理解，仍然举两个例子说明。

1）arr1 和 arr2 的长度为奇数的例子。arr1 长度为 5，{1，2，3，4，5}的含义同上。arr2 长度为 5，{1'，2'，3'，4'，5'}的含义同上。如果 arr1 的第 3 个数大于 arr2 的第 3 个数（3>3'），对 4 来说，它可能是第 5 个数吗？不可能。因为在 arr1 中，4 把三个数压在底下，同时又有（3>3'），所以 4 在 arr2 中又起码把三个数压在底下，所以 4 最好情况下是第 7 个数。那么对 5 来说，则更不可能。对 2'来说，它可能是第 5 个数吗？不可能。因为在 arr2 中，2'只压了一个数，同时又有（3>3'>=2'），所以 2'在 arr1 中最多只能把两个数压在底下，2'最好情况下是第 4 个数。那么对 1'来说，则更不可能。现在我们看一下，{1，2，3}和{3'，4'，5'}这两段共同的上中位数，也就是这 6 个数中第 3 小的数记为 a，代表什么？ a 在{1，2，3}和{3'，4'，5'}这两段中，会把两个数压在下面，同时也会把原来 arr2 中的 1'和 2'压在下面。那么 a 正好就是{1，2，3，4，5}和{1'，2'，3'，4'，5'}整体第 5 小的数，也就是想求的结果。所以只要求{1，2，3}和{3'，4'，5'}的上中位数即可，即令 end1=mid1，start2=mid2，然后重复步骤 3。

　　2）arr1 和 arr2 的长度为偶数的例子。arr1 长度为 4，{1，2，3，4}的含义同上。arr1 长度为 4，{1'，2'，3'，4'}的含义同上。如果 arr1 的第 2 个数大于 arr2 的第 2 个数（2>2'），对 3 来说，它可能是第 4 个数吗？不可能，因为它起码把四个数压在底下，最好情况也是第 5 个数，则 4 更不可能。对 2'来说，它可能是第 4 个数吗？也不可能，因为它最多只把两个数压在底下，最好情况也仅是第 3 个数，则 1'更不可能。现在我们看一下，{1，2}和{3'，4'}这两段共同的上中位数，也就是这 4 个数中第 2 小的数记为 b，代表什么？ b 在{1，2}和{3'，4'}这两段中，会把一个数压在下面，同时也会把原来 arr2 中的 1'和 2'压在下面。那么 b 正好就是{1，2，3，4}和{1'，2'，3'，4'}整体第 4 小的数，也就是想求的结果。所以只要求{1，2}和{3'，4'}的上中位数即可，即令 end1=mid1，start2=mid2+1，然后重复步骤 3。

　　综上所述，情况二中，无论怎样，在 arr1 和 arr2 的范围上都可以二分。

　　情况三：如果 arr1[mid1]<arr2[mid2]。分析方式类似情况二，这里不再详细解释，肯定可以二分。arr1 和 arr2 如果长度为奇数，令 start1=mid1，end2=mid2，然后重复步骤 3。arr1 和 arr2 如果长度为偶数，令 start1=mid1+1，end2=mid2，然后重复步骤 3。

　　具体过程请参看如下代码中的 getUpMedian 方法。

```java
public int getUpMedian(int[] arr1, int[] arr2) {
    if (arr1 == null || arr2 == null || arr1.length != arr2.length) {
        throw new RuntimeException("Your arr is invalid!");
    }
    int start1 = 0;
    int end1 = arr1.length - 1;
    int start2 = 0;
    int end2 = arr2.length - 1;
    int mid1 = 0;
    int mid2 = 0;
    int offset = 0;
    while (start1 < end1) {
        mid1 = (start1 + end1) / 2;
        mid2 = (start2 + end2) / 2;
        // 元素个数为奇数，则 offset 为 0；元素个数为偶数，则 offset 为 1
        offset = ((end1 - start1 + 1) & 1) ^ 1;
        if (arr1[mid1] > arr2[mid2]) {
            end1 = mid1;
            start2 = mid2 + offset;
```

```
            } else if (arr1[mid1] < arr2[mid2]) {
                    start1 = mid1 + offset;
                    end2 = mid2;
            } else {
                    return arr1[mid1];
            }
        }
        return Math.min(arr1[start1], arr2[start2]);
    }
```

在两个排序数组中找到第 *k* 小的数

【题目】

给定两个有序数组 arr1 和 arr2，再给定一个整数 *k*，返回所有的数中第 *K* 小的数。

【举例】

arr1=[1,2,3,4,5]，arr2=[3,4,5]，*k*=1。

1 是所有数中第 1 小的数，所以返回 1。

arr1=[1,2,3]，arr2=[3,4,5,6]，*k*=4。

3 是所有数中第 4 小的数，所以返回 3。

【要求】

如果 arr1 的长度为 *N*，arr2 的长度为 *M*，时间复杂度请达到 $O(\log(\min\{M,N\}))$，额外空间复杂度为 $O(1)$。

【难度】

将 ★★★★

【解答】

在了解本题的解法之前，请读者先阅读"在两个长度相等的排序数组中找到上中位数"这个问题的解答。本题也深度利用了这个问题的解法。以下的 getUpMedian 方法就是上中位数这个问题的代码，在 a1[s1..e1] 和 a2[s2..e2] 两段长度相等的范围上找上中位数。

```
public int getUpMedian(int[] a1, int s1, int e1, int[] a2, int s2, int e2) {
        int mid1 = 0;
        int mid2 = 0;
        int offset = 0;
        while (s1 < e1) {
                mid1 = (s1 + e1) / 2;
```

```
                    mid2 = (s2 + e2) / 2;
                    offset = ((e1 - s1 + 1) & 1) ^ 1;
                    if (a1[mid1] > a2[mid2]) {
                            e1 = mid1;
                            s2 = mid2 + offset;
                    } else if (a1[mid1] < a2[mid2]) {
                            s1 = mid1 + offset;
                            e2 = mid2;
                    } else {
                            return a1[mid1];
                    }
            }
            return Math.min(a1[s1], a2[s2]);
    }
```

下面开始求解本题，为了方便理解，我们用举例说明的方式。长度较短的数组为 shortArr，长度记为 lenS；长度较长的数组为 longArr，长度记为 lenL。假设 shortArr 长度为 10，{1, 2, 3, …, 10}依次表示 shortArr 的第 1 个数，第 2 个数……第 10 个数。注意，这个数字表示 shortArr 的第几个数的意思，并不代表值。假设 longArr 长度为 27，{1',2',…,27'}依次表示 longArr 的第 1 个数，第 2 个数……第 27 个数。注意，这个数字表示 longArr 的第几个数的意思，并不代表值。下面是找到整体第 k 个最小的数的过程。

情况 1：如果 k<1 或者 k>lenS+lenL，那么 k 值是无效的。

情况 2：如果 k≤lenS，那么在 shortArr 中选前 k 个数，在 longArr 中也选前 k 个数，这两段数组中的上中位数就是整体第 k 个最小的数。比如 k=5 时，那么{1…5}和{1'…5'}这两段数组整体的上中位数就是整体第 5 小的数。

情况 3：如果 k>lenL。举一个具体的例子，一共有 37 个数，求第 33 个最小的数（33>lenL==27）就是这种情况。在{1…10}中，5 不可能成为第 33 个最小的数，因为即便是 5 比 27'还要大。也就是说，即使 5 在 longArr 中把 27 个数全压在下面，5 在 shortArr 中也只把 4 个数压在下面，所以 5 最好的情况就是第 32 个最小的数。那么{1…4}就更不可能，所以{1…5}一律不可能。6 可能是吗？可能。6 如果大于 27'，那么它就是第 33 个最小的数，直接返回，否则它也不是。同理，在{1'…27'}中，{1'…22'}绝不可能是第 33 个最小的数。23'如果大于 10，那么 23'就是第 33 个最小的数，直接返回，否则 23'也不是。如果发现 6 和 23'有一个满足条件，就可以直接返回，否则可以知道{1…6}和{1'…23'}这一共 29 个数都是不可能的，那么{7…10}和{24'…27'}这两段数组整体的上中位数，即这 8 个数里的第 4 小数，就是整体第 33 个最小的数。

情况 4：如果不是情况 1、情况 2 和情况 3，说明 lenS<k≤lenL。举一个具体的例子，求第 17 个最小的数（10<17≤27）就是这种情况。在{1…10}中，任何数都有可能是第 17 个最小的数。在{1'…27'}中，6'不可能是第 17 个最小的数，因为即使 6'在 shortArr 中把 10 个数全压在下面，6'在 longArr 中也只把 5 个数压在下面，6'最好的情况就是第 16 个最小的数，所以{1'…6'}一律不可

能。在{1'...27'}中，18'也不可能是第 17 个最小的数，18'最好的情况也只能做第 18 个最小的数，所以{18'...27'}一律不可能。只剩下{7'...17'}，7'可能是吗？可能。7'如果大于 10，那么 7'就是第 17 个最小的数，直接返回，否则 7'也是不可能的，这时{1'...7'}这一共 7 个数都是不可能的，那么{1...10}和{8'...17'}这两段数组整体的上中位数，即这 20 个数里第 10 小的数，就是整体第 17 个最小的数。

　　不管是以上 4 种情况的哪一种，在求 arr1 和 arr2 长度相等的两个范围的上中位数时，范围最多也只是 shortArr 数组的长度，所以时间复杂度为 $O(\log(\min\{M,N\}))$。具体过程请参看如下代码中的 findKthNum 方法。

```java
public int findKthNum(int[] arr1, int[] arr2, int kth) {
    if (arr1 == null || arr2 == null) {
        throw new RuntimeException("Your arr is invalid!");
    }
    if (kth < 1 || kth > arr1.length + arr2.length) {
        throw new RuntimeException("K is invalid!");
    }
    int[] longs = arr1.length >= arr2.length ? arr1 : arr2;
    int[] shorts = arr1.length < arr2.length ? arr1 : arr2;
    int l = longs.length;
    int s = shorts.length;
    if (kth <= s) {
        return getUpMedian(shorts, 0, kth - 1, longs, 0, kth - 1);
    }
    if (kth > l) {
        if (shorts[kth - l - 1] >= longs[l - 1]) {
            return shorts[kth - l - 1];
        }
        if (longs[kth - s - 1] >= shorts[s - 1]) {
            return longs[kth - s - 1];
        }
        return getUpMedian(shorts, kth - l, s - 1, longs, kth - s, l - 1);
    }
    if (longs[kth - s - 1] >= shorts[s - 1]) {
        return longs[kth - s - 1];
    }
    return getUpMedian(shorts, 0, s - 1, longs, kth - s, kth - 1);
}
```

两个有序数组间相加和的 Top k 问题

【题目】

　　给定两个有序数组 arr1 和 arr2，再给定一个整数 k，返回来自 arr1 和 arr2 的两个数相加和最大的前 k 个，两个数必须分别来自两个数组。

【举例】

arr1=[1,2,3,4,5]，arr2=[3,5,7,9,11]，k=4。

返回数组[16,15,14,14]。

【要求】

时间复杂度达到 $O(k\log k)$。

【难度】

尉 ★★☆☆

【解答】

哪两个分别来自两个排序数组的数相加最大？自然是 arr1 的最后一个数和 arr2 的最后一个数。假设 arr1 长度为 N，arr2 长度为 M，如图 9-15 所示。

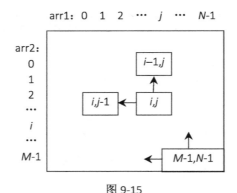

图 9-15

既然 arr2[M-1]+arr1[N-1]无疑是所有和中最大的，那么先把这个和放到大根堆里。然后从堆中弹出一个堆顶，此时这个堆顶肯定是（M-1,N-1）位置的和，即 arr2[M-1]+arr1[N-1]。接下来把两个位置的和再放进堆里，分别是（M-2,N-1）和（M-1,N-2），因为除（M-1,N-1）位置的和之外，其他任何位置的和都不会比（M-2,N-1）和（M-1,N-2）位置的和更大。每放入一个位置的和，都经过堆的调整（heapInsert 调整）。当再从堆中弹出一个堆顶时，此时的堆顶必然是堆中最大的和，假设是（i,j）位置的和。弹出之后再把堆调整成大根堆，即把堆中最后一个元素放到堆顶的位置进行从上到下的 heapify 调整，调整之后再依次把（i,j-1）和（i-1,j）位置的和放入到堆中。也就是说，每次从堆中拿出一个位置和，然后把该位置和的左位置和上位置放入堆里。每次弹出的位置和就是从大到小排列的我们想得到的 Top k。这个过程再次总结如下：

1．初始时把位置（M-1,N-1）放入堆中，因为这个位置代表的相加和就是最大的相加和。

2．此时堆顶为（M-1,N-1），把这个位置代表的相加和（arr2[M-1]+arr1[N-1]）收集起来，然后把堆尾放到堆顶的位置，再经历堆的调整（heapify），最后把（*M*-2,*N*-1）和（*M*-1,*N*-2）放入堆中，并根据代表的相加和来重新调整堆（heapInsert）。

3. 每次堆顶都会有一个位置记为（*i*,*j*），把这个位置代表的相加和（arr2[i]+arr1[j]）收集起来，然后把堆尾放到堆顶的位置，再经历堆的调整（heapify）。最后把这个位置上的（*i*-1,*j*）和左边的（*i*,*j*-1）放入堆中，并根据代表的相加和调整堆（heapInsert）。

4. 直到收集的个数为 *k*，整个过程结束。

堆的大小为 *k*，每次堆的调整为 *O*(log*k*)级别，并且一共收集 *k* 个数，所以时间复杂度为 *O*(*k*log*k*)。需要注意的是，要利用哈希表来防止同一个位置重复进堆的情况。

全部过程请参看如下代码中的 topKSum 方法。

```
// 放入大根堆中的结构
public class Node {
        public int index1;// arr1 中的位置
        public int index2;// arr2 中的位置
        public int value;// arr1[index1] + arr2[index2]的值

        public Node(int i1, int i2, int sum) {
                index1 = i1;
                index2 = i2;
                value = sum;
        }
}

// 生成大根堆的比较器
public class MaxHeapComp implements Comparator<Node> {
        @Override
        public int compare(Node o1, Node o2) {
                return o2.value - o1.value;
        }
}

public int[] topKSum(int[] arr1, int[] arr2, int topK) {
        if (arr1 == null || arr2 == null || topK < 1) {
                return null;
        }
        topK = Math.min(topK, arr1.length * arr2.length);
        int[] res = new int[topK];
        int resIndex = 0;
        PriorityQueue<Node> maxHeap = new PriorityQueue<>(new MaxHeapComp());
        HashSet<String> positionSet = new HashSet<String>();
        int i1 = arr1.length - 1;
        int i2 = arr2.length - 1;
        maxHeap.add(new Node(i1, i2, arr1[i1] + arr2[i2]));
        positionSet.add(String.valueOf(i1 + "_" + i2));
        while (resIndex != topK) {
                Node curNode = maxHeap.poll();
                res[resIndex++] = curNode.value;
```

```
                    i1 = curNode.index1;
                    i2 = curNode.index2;
                    if (!positionSet.contains(String.valueOf((i1 - 1) + "_" + i2))) {
                            positionSet.add(String.valueOf((i1 - 1) + "_" + i2));
                            maxHeap.add(new Node(i1 - 1, i2, arr1[i1 - 1] + arr2[i2]));
                    }
                    if (!positionSet.contains(String.valueOf(i1 + "_" + (i2 - 1)))) {
                            positionSet.add(String.valueOf(i1 + "_" + (i2 - 1)));
                            maxHeap.add(new Node(i1, i2 - 1, arr1[i1] + arr2[i2 - 1]));
                    }
            }
            return res;
    }
```

出现次数的 Top k 问题

【题目】

给定 String 类型的数组 strArr，再给定整数 k，请严格按照排名顺序打印出现次数前 k 名的字符串。

【举例】

strArr=["1","2","3","4"]，k=2

No.1: 1, times: 1

No.2: 2, times: 1

这种情况下，所有的字符串都出现一样多，随便打印任何两个字符串都可以。

strArr=["1","1","2","3"]，k=2

输出：

No.1: 1, times: 2

No.2: 2, times: 1

或者输出：

No.1: 1, times: 2

No.2: 3, times: 1

【要求】

如果 strArr 长度为 N，时间复杂度请达到 $O(N\log k)$。

进阶问题：设计并实现 TopKRecord 结构，可以不断地向其中加入字符串，并且可以根据字符串出现的情况随时打印加入次数最多的前 k 个字符串，具体为：

1. *k* 在 TopKRecord 实例生成时指定，并且不再变化（*k* 是构造函数的参数）。

2. 含有 add(String str)方法，即向 TopKRecord 中加入字符串。

3. 含有 printTopK()方法，即打印加入次数最多的前 *k* 个字符串，打印有哪些字符串和对应的次数即可，不要求严格按排名顺序打印。

【举例】

TopKRecord record = new TopKRecord(2); // 打印 Top 2 的结构

record.add("A");

record.printTopK();

此时打印：

        TOP:

        Str: A Times: 1

record.add("B");

record.add("B");

record.printTopK();

此时打印：

        TOP:

        Str: A Times: 1

        Str: B Times: 2

或者打印

        TOP:

        Str: B Times: 2

        Str: A Times: 1

record.add("C");

record.add("C");

record.printTopK();

此时打印：

        TOP:

        Str: B Times: 2

        Str: C Times: 2

或者打印

        TOP:

        Str: C Times: 2

Str: B Times: 2

【要求】

1．在任何时候，add 方法的时间复杂度不超过 $O(\log k)$。

2．在任何时候，printTopK 方法的时间复杂度不超过 $O(k)$。

【难度】

原问题　尉　★★☆☆

进阶问题　校　★★★☆

【解答】

原问题。首先遍历 strArr 并统计字符串的词频，例如，strArr=["a","b","b","a","c"]，遍历后可以生成每种字符串及其相关词频的哈希表如下：

key（字符串）	value（相关词频）
"a"	2
"b"	2
"c"	1

用哈希表的每条信息可以生成 Node 类的实例，Node 类如下：

```
public class Node {
        public String str;
        public int times;

        public Node(String s, int t) {
                str = s;
                times = t;
        }
}
```

哈希表中有多少信息，就建立多少 Node 类的实例，并且依次放入堆中，具体过程为：

1．建立一个大小为 k 的小根堆，这个堆放入的是 Node 类的实例。

2．遍历哈希表的每条记录，假设一条记录为（s,t），s 表示一种字符串，s 的词频为 t，则生成 Node 类的实例，记为（str,times）。

1）如果小根堆没有满，就直接将（str,times）加入堆，然后进行建堆调整（heapInsert 调整），堆中 Node 类实例之间都以词频（times）来进行比较，词频越小，位置越往上。

2）如果小根堆已满，说明此时小根堆已经选出 k 个最高词频的字符串，那么整个小根堆的堆顶自然代表已经选出的 k 个最高词频的字符串中，词频最低的那个。堆顶的元素记为

（headStr,minTimes）。如果 minTimes<times，说明字符串 str 有资格进入当前 k 个最高词频字符串的范围。而 headStr 应该被移出这个范围，所以把当前的堆顶（headStr,minTimes）替换成（str,times），然后从堆顶的位置进行堆的调整（heapify）。如果 minTimes>=times，说明字符串 str 没有资格进入当前 k 个最高词频字符串的范围，因为 str 的词频还不如目前选出的 k 个最高词频字符串中词频最少的那个，所以什么也不做。

3. 遍历完 strArr 之后，小根堆里就是所有字符串中 k 个最高词频的字符串，但要求严格按排名打印，所以还需要根据词频从大到小完成 k 个元素间的排序。

遍历 strArr 建立哈希表的过程为 $O(N)$。哈希表中记录的条数最多为 N 条，每一条记录进堆时，堆的调整时间复杂度为 $O(\log k)$，所以根据记录更新小根堆的过程为 $O(N\log k)$。k 条记录排序的时间复杂度为 $O(k\log k)$。所以总的时间复杂度为 $O(N)+O(N\log k)+O(k\log k)$，即 $O(N\log k)$。具体过程请参看如下代码中的 printTopKAndRank 方法。

```
public void printTopKAndRank(String[] arr, int topK) {
        if (arr == null || topK < 1) {
                return;
        }
        HashMap<String, Integer> map = new HashMap<String, Integer>();
        // 生成哈希表(字符串词频)
        for (int i = 0; i != arr.length; i++) {
                String cur = arr[i];
                if (!map.containsKey(cur)) {
                        map.put(cur, 1);
                } else {
                        map.put(cur, map.get(cur) + 1);
                }
        }
        Node[] heap = new Node[topK];
        int index = 0;
        // 遍历哈希表，决定每条信息是否进堆
        for (Entry<String, Integer> entry : map.entrySet()) {
                String str = entry.getKey();
                int times = entry.getValue();
                Node node = new Node(str, times);
                if (index != topK) {
                        heap[index] = node;
                        heapInsert(heap, index++);
                } else {
                        if (heap[0].times < node.times) {
                                heap[0] = node;
                                heapify(heap, 0, topK);
                        }
                }
        }
        // 把小根堆的所有元素按词频从大到小排序
        for (int i = index - 1; i != 0; i--) {
```

```
                    swap(heap, 0, i);
                    heapify(heap, 0, i);
            }
            // 严格按照排名打印 k 条记录
            for (int i = 0; i != heap.length; i++) {
                    if (heap[i] == null) {
                            break;
                    } else {
                            System.out.print("No." + (i + 1) + ": ");
                            System.out.print(heap[i].str + ", times: ");
                            System.out.println(heap[i].times);
                    }
            }
    }

    public void heapInsert(Node[] heap, int index) {
            while (index != 0) {
                    int parent = (index - 1) / 2;
                    if (heap[index].times < heap[parent].times) {
                            swap(heap, parent, index);
                            index = parent;
                    } else {
                            break;
                    }
            }
    }

    public void heapify(Node[] heap, int index, int heapSize) {
        int left = index * 2 + 1;
        int right = index * 2 + 2;
        int smallest = index;
        while (left < heapSize) {
            if (heap[left].times < heap[index].times) {
                smallest = left;
            }
            if (right < heapSize && heap[right].times < heap[smallest].times) {
                smallest = right;
            }
            if (smallest != index) {
                swap(heap, smallest, index);
            } else {
                break;
            }
            index = smallest;
            left = index * 2 + 1;
            right = index * 2 + 2;
        }
    }

    public void swap(Node[] heap, int index1, int index2) {
```

```
        Node tmp = heap[index1];
        heap[index1] = heap[index2];
        heap[index2] = tmp;
    }
```

进阶问题。原问题是已经存在不再变化的字符串数组，所以可以一次性统计词频哈希表，然后建小根堆。可是进阶问题不一样，每个字符串词频可能会随时增加，这个过程一直是动态的。当然也可以在加入一个字符串时，在词频哈希表中增加这种字符串的词频，这样，add 方法的时间复杂度就是 O(1)。可是当有 printTopK 操作时，你只能像原问题一样，根据所有字符串的词频表来建立小根堆，假设此时哈希表的记录数为 N，那么 printTopK 方法的时间复杂度就成了 O(Nlogk)，但明显是不达标的。本书提供的解法依然是利用小根堆这个数据结构，但在设计上更复杂。下面介绍 TopKRecord 的结构设计。

TopKRecord 结构重要的 4 个部分如下：

- 依然有一个小根堆 heap。小根堆里装的依然是原问题中 Node 类的实例，每个实例表示一个字符串及其词频统计的信息。小根堆里装的都是加入过的所有字符串中词频最高的 Top k。heap 的大小在初始化时就确定，是 Node 类型的数组结构，数组的总大小为 k。

- 整型变量 index。表示如果新的 Node 类的实例想加入到 heap，该放在 heap 的哪个位置。

- 哈希表 strNodeMap。key 为字符串类型，表示加入的某种字符串。value 为 Node 类型。strNodeMap 上的每条信息表示一种字符串及其所对应的 Node 实例。

- 哈希表 nodeIndexMap，key 为 Node 类型，表示一种字符串及其词频信息。value 为整型，表示 key 这个 Node 类的实例对应到 heap 上的位置，如果不在 heap 上，为-1。

关于 strNodeMap 和 nodeIndexMap 的说明如下：

比如，"A"这个字符串加入了 10 次，那么在 strNodeMap 表中就会有类似这样的记录（key="A",value=("A",10)），value 是一个 Node 类的实例。如果"A"加入的次数很多，使"A"成为加入的所有字符中词频最高的 Top k 之一，那么"A"应该在堆上。假设"A"在堆上的位置为 5，那么在 nodeIndexMap 表中就会有类似这样的记录（key=("A",10),value=5）。如果"A"加入的次数不算多，没有使"A"成为加入的所有字符中词频最高的 Top k 之一，那么"A"不在堆上，则在 nodeIndexMap 表中就会有这样的记录（key=("A",10),value=-1）。strNodeMap 是字符串及其所对应的 Node 实例信息的哈希表，nodeIndexMap 是字符串的 Node 实例信息对应在堆中（heap）位置的哈希表。

以下为加入一个字符串时，TopKRecord 类中 add 方法所做的事情。

1. 当加入一个字符串时，假设为 str。首先在 strNodeMap 中查询 str 之前出现的词频，如果查不到，说明 str 为第一次出现，在 strNodeMap 中加入一条记录（key=str,value=(str,1)）。如果可以查到，说明 str 之前出现过，此时需要把 str 的词频增加，假设之前出现过 10 次，那么查到的记录为（key=str,value=(str,10)），变更为（key=str,value=(str,11)）。

2. 建立或调整完 str 的 Node 实例信息之后，需要考虑这个 Node 的实例信息是否已经在堆上，通过查询 nodeIndexMap 表可以得到 Node 的实例对应的堆上的位置，如果没有或者查询结果为-1，表示不在堆上，否则表示在堆上，位置记为 pos。

1）如果在堆上，说明 str 词频没增加之前就是 Top k 之一，现在词频既然增加了，就需要考虑调整 str 对应的 Node 实例信息在堆中的位置，从 pos 位置开始向下调整小根堆即可（heapify）。特别注意：为了保证 nodeIndexMap 表中位置信息的始终准确，调整堆时，每一次两个堆元素（Node 实例）之间的位置交换都要更新在 nodeIndexMap 表中的位置。比如，在堆上的一个 Node 实例（"A",10）原来在 2 位置，在 nodeIndexMap 表中的信息为（key=("A",10),value=2）。现在又加入了一个"A"，词频增加，信息当然要变成（key=("A",11),value=2）。然后从位置 2 调整堆时，发现这个实例需要和自己的一个孩子实例（"B",10）交换，假设这个 Node 实例的位置是 6，即在 nodeIndexMap 表中记录为（key=("B",10),value=6）。那么在彼此交换位置之后，在 heap 数组中的两个实例当然很容易互换位置，但同时在 nodeIndexMap 上各自的信息也要变更，分别变更为（key=("A",11),value=6）、（key=("B",10),value=2）。也就是说，任何 Node 实例在堆中的位置调整都要改相应的 nodeIndexMap 表信息，这也是整个 TopKRecord 结构设计中最关键的逻辑。

2）如果不在堆中，则看当前的小根堆是否已满（index?=k）。如果没有满（index<k），那么把 str 的 Node 实例放入堆底（heap 的 index 位置），自然也要在 nodeIndexMap 表中加上位置信息。然后做堆在插入时的调整（heapInsert），同样，任何交换都要改 nodeIndexMap 表。如果已满（index==k），则看 str 的词频是否大于小根堆堆顶的词频（heap[0]），如果不大于，则什么都不做。如果大于堆顶的词频，把 str 的 Node 实例设为新的堆顶，然后从位置 0 开始向下调整堆（heapify），同样，任何堆中位置的变更都要更改 nodeIndexMap 表。

3. 过程结束。

在加入新的字符串时，都可能会调整堆，而堆最大也仅是 k 的大小，所以 add 方法时间复杂度为 $O(\log k)$。随时更新的小根堆就是每时每刻的 Top k，打印时又没有排序的要求。所以 printTopK 方法直接依次打印小根堆数组即可，时间复杂度为 $O(k)$。

TopKRecord 类的全部实现请参看如下代码：

```
public class Node {
        public String str;
        public int times;

        public Node(String s, int t) {
                str = s;
                times = t;
        }
}
```

```
public class TopKRecord {
        private Node[] heap;
        private int index;
        private HashMap<String, Node> strNodeMap;
        private HashMap<Node, Integer> nodeIndexMap;

        public TopKRecord(int size) {
                heap = new Node[size];
                index = 0;
                strNodeMap = new HashMap<String, Node>();
                nodeIndexMap = new HashMap<Node, Integer>();
        }

        public void add(String str) {
                Node curNode = null;
                int preIndex = -1;
                if (!strNodeMap.containsKey(str)) {
                        curNode = new Node(str, 1);
                        strNodeMap.put(str, curNode);
                        nodeIndexMap.put(curNode, -1);
                } else {
                        curNode = strNodeMap.get(str);
                        curNode.times++;
                        preIndex = nodeIndexMap.get(curNode);
                }
                if (preIndex == -1) {
                        if (index == heap.length) {
                                if (heap[0].times < curNode.times) {
                                        nodeIndexMap.put(heap[0], -1);
                                        nodeIndexMap.put(curNode, 0);
                                        heap[0] = curNode;
                                        heapify(0, index);
                                }
                        } else {
                                nodeIndexMap.put(curNode, index);
                                heap[index] = curNode;
                                heapInsert(index++);
                        }
                } else {
                        heapify(preIndex, index);
                }
        }

        public void printTopK() {
                System.out.println("TOP: ");
                for (int i = 0; i != heap.length; i++) {
                        if (heap[i] == null) {
                                break;
                        }
```

```
                        System.out.print("Str: " + heap[i].str);
                        System.out.println(" Times: " + heap[i].times);
                }
        }

        private void heapInsert(int index) {
                while (index != 0) {
                        int parent = (index - 1) / 2;
                        if (heap[index].times < heap[parent].times) {
                                swap(parent, index);
                                index = parent;
                        } else {
                                break;
                        }
                }
        }

        private void heapify(int index, int heapSize) {
                int l = index * 2 + 1;
                int r = index * 2 + 2;
                int smallest = index;
                while (l < heapSize) {
                    if (heap[l].times < heap[index].times) {
                        smallest = l;
                    }
                    if (r < heapSize && heap[r].times < heap[smallest].times) {
                        smallest = r;
                    }
                    if (smallest != index) {
                        swap(smallest, index);
                    } else {
                        break;
                    }
                    index = smallest;
                    l = index * 2 + 1;
                    r = index * 2 + 2;
                }
        }

        private void swap(int index1, int index2) {
                nodeIndexMap.put(heap[index1], index2);
                nodeIndexMap.put(heap[index2], index1);
                Node tmp = heap[index1];
                heap[index1] = heap[index2];
                heap[index2] = tmp;
        }

    }
```

Manacher 算法

【题目】

给定一个字符串 str，返回 str 中最长回文子串的长度。

【举例】

str="123"，其中的最长回文子串为"1"、"2"或者"3"，所以返回 1。

str="abc1234321ab"，其中的最长回文子串为"1234321"，所以返回 7。

进阶问题：给定一个字符串 str，想通过添加字符的方式使得 str 整体都变成回文字符串，但要求只能在 str 的末尾添加字符，请返回在 str 后面添加的最短字符串。

【举例】

str="12"。在末尾添加"1"之后，str 变为"121"，是回文串。在末尾添加"21"之后，str 变为"1221"，也是回文串。但"1"是所有添加方案中最短的，所以返回"1"。

【要求】

如果 str 的长度为 N，解决原问题和进阶问题的时间复杂度都达到 $O(N)$。

【难度】

将 ★★★★

【解答】

本文的重点是介绍 Manacher 算法，该算法是由 Glenn Manacher 于 1975 年首次发明的。Manacher 算法解决的问题是在线性时间内找到一个字符串的最长回文子串，比起能够解决该问题的其他算法，Manacher 算法算比较好理解和实现的。

先来说一个很好理解的方法。从左到右遍历字符串，遍历到每个字符的时候，都看看以这个字符作为中心能够产生多大的回文字符串。比如 str="abacaba"，以 str[0]=='a'为中心的回文字符串最大长度为 1，以 str[1]=='b'为中心的回文字符串最大长度为 3，……其中最大的回文子串是以 str[3]=='c'为中心的时候。这种方法非常容易理解，只要解决奇回文和偶回文寻找方式的不同就可以。比如"121"是奇回文，有确定的轴'2'。"1221"是偶回文，没有确定的轴，回文的虚轴在"22"中间。但是这种方法有明显的问题，之前遍历过的字符完全无法指导后面遍历的过程，也就是对每个字符来说都是从自己的位置出发，往左右两个方向扩出去检查。这样，对每个字符来说，往外扩的代价都是一个级别的。举一个极端的例子"aaaaaaaaaaaaaaaa"，对每一个'a'来讲，都是扩到边界才停止。所以每一个字符扩出去检查的代价都是 $O(N)$，总的时间复杂度为

$O(N^2)$。Manacher 算法可以做到 $O(N)$的时间复杂度，精髓是之前字符的"扩"过程，可以指导后面字符的"扩"过程，使得每次的"扩"过程不都是从无开始。以下是 Manacher 算法解决原问题的过程。

1. 因为奇回文和偶回文在判断时比较麻烦，所以对 str 进行处理，把每个字符开头、结尾和中间插入一个特殊字符'#'来得到一个新的字符串数组。比如 str="bcbaa"，处理后为"#b#c#b#a#a#"，然后从每个字符左右扩出去的方式找最大回文子串就方便多了。对奇回文来说，不这么处理也能通过扩的方式找到，比如"bcb"，从'c'开始向左右两侧扩出去能找到最大回文。处理后为"#b#c#b#"，从'c'开始向左右两侧扩出去依然能找到最大回文。对偶回文来说，不处理而直接通过扩的方式是找不到的，比如"aa"，因为没有确定的轴，但是处理后为"#a#a#"，就可以通过从中间的'#'扩出去的方式找到最大回文。所以通过这样的处理方式，最大回文子串无论是偶回文还是奇回文，都可以通过统一的"扩"过程找到，解决了差异性的问题。同时要说的是，这个特殊字符是什么无所谓，甚至可以是字符串中出现的字符，也不会影响最终的结果，就是一个纯辅助的作用。

具体的处理过程请参看如下代码中的 manacherString 方法。

```java
public char[] manacherString(String str) {
        char[] charArr = str.toCharArray();
        char[] res = new char[str.length() * 2 + 1];
        int index = 0;
        for (int i = 0; i != res.length; i++) {
                res[i] = (i & 1) == 0 ? '#' : charArr[index++];
        }
        return res;
}
```

2. 假设 str 处理之后的字符串记为 charArr。对每个字符（包括特殊字符）都进行"优化后"的扩过程。在介绍"优化后"的扩过程之前，先解释如下三个辅助变量的意义。

- 数组 pArr。长度与 charArr 长度一样。pArr[i]的意义是以 i 位置上的字符（charArr[i]）作为回文中心的情况下，扩出去得到的最大回文半径是多少。举例说明，对"#c#a#b#a#c#"来说，pArr[0..9]为[1,2,1,2,1,6,1,2,1,2,1]。整个过程就是在从左到右遍历的过程中，依次计算每个位置的最大回文半径值。

- 整数 pR。这个变量的意义是之前遍历的所有字符的所有回文半径中，最右即将到达的位置。还是以"#c#a#b#a#c#"为例来说，还没遍历之前，pR 初始设置为-1。charArr[0]=='#'的回文半径为 1，所以目前回文半径向右只能扩到位置 0，回文半径最右即将到达的位置变为 1（pR=1）。charArr[1]=='c'的回文半径为 2，此时所有的回文半径向右能扩到位置 2，所以回文半径最右即将到达的位置变为 3（ pR=3 ）。charArr[2]=='#'的回文半径为 1，所以位置 2 向右只能扩到位置 2，回文半径最右即将到达的位置不变，仍是 3（pR=3）。charArr[3]=='a'的回文半径为 2，所以位置 3 向右能扩到位置 4，回文半径最右即将到达的位置变为 5（pR=5）。charArr[4]=='#'的回文半径为 1，所以位置 4 向右只能扩到位置 4，回文半径最右即将到达的位置不变，仍是 5（pR=5）。charArr[5]=='b'的回文半径为 6，所以位置 4 向右能扩到位置 10，回文半径最右即将到达的位置变为 11（pR=11）。此时已经到达整个字符数组的结尾，所以之后的过程中 pR 将不再变化。换句话说，pR 就是遍历过的所有字符中向右扩出来的最大右边界。只要右边界更往右，pR 就更新。

- 整数 index。这个变量表示最近一次更新 pR 时，那个回文中心的位置。以刚刚的例子来说，遍历到 charArr[0]时 pR 更新，index 就更新为 0。遍历到 charArr[1]时 pR 更新，index 就更新为 1……遍历到 charArr[5]时 pR 更新，index 就更新为 5。之后的过程中，pR 将不再更新，所以 index 将一直是 5。

3．只要能够从左到右依次算出数组 pArr 每个位置的值，最大的那个值实际上就是处理后的 charArr 中最大的回文半径，根据最大的回文半径，再对应回原字符串，整个问题就解决了。步骤 3 就是从左到右依次计算出 pArr 数组每个位置的值的过程。

1）假设现在计算到位置 i 的字符 charArr[i]，在 i 之前位置的计算过程中，都会不断地更新 pR 和 index 的值，即位置 i 之前的 index 这个回文中心扩出了一个目前最右的回文边界 pR。

2）如果 pR-1 位置没有包住当前的 i 位置。比如"#c#a#b#a#c#"，计算到 charArr[1]=='c'时，pR 为 1。也就是说，右边界在 1 位置，1 位置为最右回文半径即将到达但还没有达到的位置，所以当前的 pR-1 位置没有包住当前的 i 位置。此时和普通做法一样，从 i 位置字符开始，向左右两侧扩出去检查，此时的"扩"过程没有获得加速。

3）如果 pR-1 位置包住了当前的 i 位置。比如"#c#a#b#a#c#"，计算到 charArr[6...10]时，pR 都为 11，此时 pR-1 包住了位置 6~10。这种情况下，检查过程是可以获得优化的，这也是 manacher 算法的核心内容，如图 9-16 所示。

图 9-16

在图 9-16 中，位置 i 是要计算回文半径（pArr[i]）的位置。pR-1 位置此时是包住位置 i 的。同时根据 index 的定义，index 是 pR 更新时那个回文中心的位置。所以，如果 pR-1 位置以 index 为中心对称，即图 9-16 中的"左大"位置，那么从"左大"位置到 pR-1 位置一定是以 index 为中心的回文串，我们把这个回文串叫作大回文串，同时把 pR-1 位置称为"右大"位置。既然回文半径数组 pArr 是从左到右计算的，所以位置 i 之前的所有位置都已经算过回文半径。假设位置 i 以 index 为中心向左对称过去的位置为 i'，位置 i' 的回文半径也是计算过的。那么以 i' 为中心的最大回文串大小（pArr[i']）必然只有三种情况，我们依次分析一下，假设以 i' 为中心的最大回文串的左边界和右边界分别记为"左小"和"右小"。

情况一："左小"和"右小"完全在"左大"和"右大"内部，即以 i' 为中心的最大回文串完全在以 index 为中心的最大回文串的内部，如图 9-17 所示。

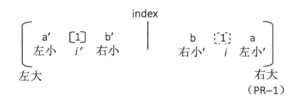

图 9-17

图 9-17 中，a'是"左小"位置的前一个字符，b'是"右小"位置的后一个字符，b 是 b'以 index 为中心的对称字符，a 是 a'以 index 为中心的对称字符。"左小'"是"左小"以 index 为中心的对称位置，"右小'"是"右小"以 index 为中心的对称位置。如果处在情况一下，那么以位置 i 为中心的最大回文串可以直接确定，就是从"右小'"到"左小'"这一段。这是什么原因呢？首先，"左小"到"右小"这一段如果以 index 为回文中心，对应过去就是"右小'"到"左小'"这一段，那么"右小'"到"左小'"这一段就完全是"左小"到"右小"这一段的逆序。同时有"左小"到"右小"这一段又是回文串（以 i' 为回文中心），所以"右小'"到"左小'"这一段一定也是回文串。也就是说，以位置 i 为中心的最大回文串起码是"右小'"到"左小'"这一段。另外，以位置 i' 为中心的最大回文串只是"右小'"到"左小'"这一段，说明 a'!=b'。那么与 a'相等的 a 也必然不等于与 b'相等的 b，既然 a!=b，说明以位置 i 为中心的最大回文串就是"右小'"到"左小'"这一段，而不会扩得更大。

情况一举例如图 9-18 所示。

图 9-18

情况二："左小"和"右小"的左侧部分在"左大"和"右大"的外部，如图 9-19 所示。

图 9-19

图 9-19 中，a 是"左大"位置的前一个字符，d 是"右大"位置的后一个字符，"左大'"是"左大"以位置 i 为中心的对称位置，"右大'"是"右大"以位置 i 为中心的对称位置，b 是"左大'"位置的后一个字符，c 是"右大'"位置的前一个字符。如果处在情况二下，那么以位置 i 为中心的最大回文串可以直接确定，就是从"右大'"到"右大"这一段。这是什么原因呢？首先"左大"到"左大'"这一段和"右大'"到"右大"这一段是关于 index 对称的，所以"右大'"到"右大"这一段是"左大"到"左大'"这一段的逆序。同时"左小"到"右小"这一段是回文串（以 i'位置为中心），那么"左大"到"左大'"这一段也是回文串，"左大"到"左大'"这一段的逆序也是回文串，所以"右大'"到"右大"这一段一定是回文串。也就是说，以位置 i 为中心的最大回文串起码是"右大'"到"右大"这一段。另外，"左小"到"右小"这一段是回文串，说明 a==b，b 和 c 关于 index 对称说明 b==c，"左大"到"右大"这一段没有扩得更大，说明 a!=d，所以 d!=c。说明以位置 i 为中心的最大回文串就是"右大'"到"右大"这一段，而不会扩得更大。

情况二举例如图 9-20 所示。

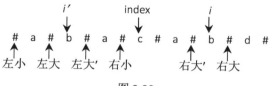

图 9-20

情况三："左小"和"左大"是同一个位置，即以 i'为中心的最大回文串压在了以 index 为中心的最大回文串的边界上，如图 9-21 所示。

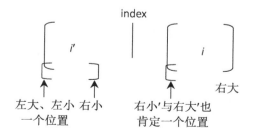

图 9-21

在图 9-21 中，"左大"与"左小"的位置重叠，"右小'"是"右小"位置以 index 为中心的对称位置，"右大'"是"右大"位置以 i 为中心的对称位置，可以很容易证明"右小'"和"右大'"位置也重叠。如果处在情况三下，那么以位置 i 为中心的最大回文串起码是"右大'"和"右大"这一段，但可能会扩得更大。因为"右大'"和"右大"这一段是"左小"和"右小"这一段以 index 为中心对称过去的，所以两段互为逆序关系，同时"左小"和"右小"这一段又是回文串，所以"右大'"和"右大"这一段肯定是回文串，但以位置 i 为中心的最大回文串是可能扩得更大的，比如图 9-22 的例子。

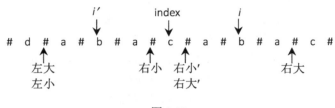

图 9-22

在图 9-22 中，以位置 i 为中心的最大回文串起码是"右大'"到"右大"这一段，但可以扩得更大。说明在情况三下，扩出去的过程可以得到优化，但还是无法避免扩出去的检查。

4. 按照步骤 3 的逻辑从左到右计算出 pArr 数组，计算完成后再遍历一遍 pArr 数组，找出最大的回文半径，假设位置 i 的回文半径最大，即 pArr[i]==max。但 max 只是 charArr 的最大回文半径，还得对应回原来的字符串，求出最大回文半径的长度（其实就是 max-1）。比如原字符串为"121"，处理成 charArr 之后为"#1#2#1#"。在 charArr 中位置 3 的回文半径最大，最大值为 4（即 pArr[3]==4），对应原字符串的最大回文子串长度为 4-1=3。

Manacher 算法时间复杂度是 O(N) 的证明。虽然我们可以很明显地看到 Manacher 算法与普通方法相比，在扩出去检查这一行为上有明显的优化，但如何证明该算法的时间复杂度就是 O(N) 呢？关键之处在于估算扩出去检查这一行为发生的数量。原字符串在处理后的长度由 N 变为 2N，从步骤 3 的主要逻辑来看，要么在计算一个位置的回文半径时完全不需要扩出去检查，比如，步骤 3 中 3）下介绍的情况一和情况二，都可以直接获得位置 i 的回文半径长度；要么每一次扩出去检查都会导致 pR 变量的更新，比如步骤 3 中 2）和 3）下介绍的情况三，扩出去检查时都让回文半径到达更右的位置，当然会使 pR 更新。然而 pR 最多是从-1 增加到 2N（右边界），并且从来不减小，所以扩出去检查的次数就是 O(N) 的级别，Manacher 算法时间复杂度是 O(N)。具体请参看如下代码中的 maxLcpsLength 方法。

```
public int maxLcpsLength(String str) {
    if (str == null || str.length() == 0) {
        return 0;
    }
    char[] charArr = manacherString(str);
```

```
        int[] pArr = new int[charArr.length];
        int index = -1;
        int pR = -1;
        int max = Integer.MIN_VALUE;
        for (int i = 0; i != charArr.length; i++) {
                pArr[i] = pR > i ? Math.min(pArr[2 * index - i], pR - i) : 1;
                while (i + pArr[i] < charArr.length && i - pArr[i] > -1) {
                        if (charArr[i + pArr[i]] == charArr[i - pArr[i]])
                                pArr[i]++;
                        else {
                                break;
                        }
                }
                if (i + pArr[i] > pR) {
                        pR = i + pArr[i];
                        index = i;
                }
                max = Math.max(max, pArr[i]);
        }
        return max - 1;
    }
```

进阶问题。在字符串的最后添加最少字符，使整个字符串都成为回文串，其实就是查找在必须包含最后一个字符的情况下，最长的回文子串是什么。那么之前不是最长回文子串的部分逆序后就是应该添加的部分。比如"abcd123321"，在必须包含最后一个字符的情况下，最长的回文子串是"123321"，之前不是最长回文子串的部分是"abcd"，所以末尾应该添加的部分就是"dcba"。那么只要把 manacher 算法稍作修改就可以。具体改成：从左到右计算回文半径时，关注回文半径最右即将到达的位置（pR），一旦发现已经到达最后（pR==charArr.length），说明必须包含最后一个字符的最长回文半径已经找到，直接退出检查过程，返回该添加的字符串即可。具体过程参看如下代码中的 shortestEnd 方法。

```
public String shortestEnd(String str) {
        if (str == null || str.length() == 0) {
                return null;
        }
        char[] charArr = manacherString(str);
        int[] pArr = new int[charArr.length];
        int index = -1;
        int pR = -1;
        int maxContainsEnd = -1;
        for (int i = 0; i != charArr.length; i++) {
                pArr[i] = pR > i ? Math.min(pArr[2 * index - i], pR - i) : 1;
                while (i + pArr[i] < charArr.length && i - pArr[i] > -1) {
                        if (charArr[i + pArr[i]] == charArr[i - pArr[i]])
                                pArr[i]++;
                        else {
```

```
                          break;
                    }
              }
              if (i + pArr[i] > pR) {
                    pR = i + pArr[i];
                    index = i;
              }
              if (pR == charArr.length) {
                    maxContainsEnd = pArr[i];
                    break;
              }
        }
        char[] res = new char[str.length() - maxContainsEnd + 1];
        for (int i = 0; i < res.length; i++) {
              res[res.length - 1 - i] = charArr[i * 2 + 1];
        }
        return String.valueOf(res);
}
```

KMP 算法

【题目】

给定两个字符串 str 和 match，长度分别为 N 和 M。实现一个算法，如果字符串 str 中含有子串 match，则返回 match 在 str 中的开始位置，不含有则返回-1。

【举例】

str="acbc"，match="bc"，返回 2。

str="acbc"，match="bcc"，返回-1。

【要求】

如果 match 的长度大于 str 的长度（M>N），str 必然不会含有 match，可直接返回-1。但如果 N≥M，要求算法复杂度为 O(N)。

【难度】

将　★★★★

【解答】

本文是想重点介绍一下 KMP 算法，该算法是由 Donald Knuth、Vaughan Pratt 和 James H. Morris 于 1977 年联合发明的。在介绍 KMP 算法之前，我们先来看普通解法怎么做。

最普通的解法是从左到右遍历 str 的每一个字符，然后看如果以当前字符作为第一个字符出发是否匹配出 match。比如 str="aaaaaaaaaaaaaaaaaab"，match="aaaab"。从 str[0]出发，开始匹配，匹配到 str[4]=='a'时发现和 match[4]=='b'不一样，所以匹配失败，说明从 str[0]出发是不行的。从 str[1]出发，开始匹配，匹配到 str[5]=='a'时发现和 match[4]=='b'不一样，所以匹配失败，说明从 str[1]出发是不行的。从 str[2..12]出发，都会一直失败。从 str[13]出发，开始匹配，匹配到 str[17]=='b'时发现和 match[4]=='b'一样，match 已经全部匹配完，说明匹配成功，返回 13。普通解法的时间复杂度较高，从每个字符出发时，匹配的代价都可能是 O(M)，一共有 N 个字符，所以整体的时间复杂度为 O(N×M)。普通解法的时间复杂度这么高，是因为每次遍历到一个字符时，检查工作相当于从无开始，之前的遍历检查不能优化当前的遍历检查。

下面介绍 KMP 算法是如何快速解决字符串匹配问题的。

1. 生成 match 字符串的 nextArr 数组，这个数组的长度与 match 字符串的长度一样，nextArr[i]的含义是在 match[i]之前的字符串 match[0..i-1]中，必须以 match[i-1]结尾的后缀子串（不能包含 match[0]）与必须以 match[0]开头的前缀子串（不能包含 match[i-1]）最大匹配长度是多少，这个长度就是 nextArr[i]的值。比如，match="aaaab"字符串，nextArr[4]的值该是多少呢？match[4]=='b'，所以它之前的字符串为"aaaa"，根据定义这个字符串的后缀子串和前缀子串最大匹配为"aaa"。也就是当后缀子串等于 match[1..3]=="aaa"，前缀子串等于 match[0..2]=="aaa"时，这时前缀和后缀不仅相等，而且是所有前缀和后缀的可能性中最大的匹配。所以 nextArr[4]的值等于 3。再如，match="abc1abc1"字符串，nextArr[7]的值该是多少呢？match[7]=='1'，所以它之前的字符串为"abc1abc"，根据定义这个字符串的后缀子串和前缀子串最大匹配为"abc"。也就是当后缀子串等于 match[4..6]=="abc"，前缀子串等于 match[0..2]=="abc"时，这时前缀和后缀不仅相等，而且是所有前缀和后缀的可能性中最大的匹配。所以 nextArr[7]的值等于 3。关于如何快速得到 nextArr 数组的问题，我们在把 KMP 算法的大概过程介绍完之后再详细说明，接下来先看如果有了 match 的 nextArr 数组，如何加速进行 str 和 match 的匹配过程。

2. 假设从 str[i]字符出发时，匹配到 j 位置的字符发现与 match 中的字符不一致。也就是说，str[i]与 match[0]一样，并且从这个位置开始一直可以匹配，即 str[i..j-1]与 match[0..j-i-1]一样，直到发现 str[j]!=match[j-i]，匹配停止，如图 9-23 所示。

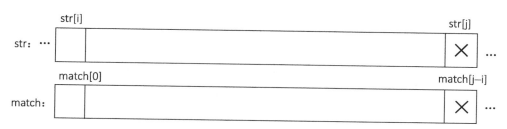

图 9-23

因为现在已经有了 match 字符串的 nextArr 数组，nextArr[j-i]的值表示 match[0..j-i-1]这一段

字符串前缀与后缀的最长匹配。假设前缀是图 9-24 中 a 区域这一段，后缀是图 9-24 中 b 区域这一段，再假设 a 区域的下一个字符为 match[k]，如图 9-24 所示。

图 9-24

那么下一次的匹配检查不再像普通解法那样退回到 str[i+1]重新开始与 match[0]的匹配过程，而是直接让 str[j]与 match[k]进行匹配检查，如图 9-25 所示。

在图 9-25 中，在 str 中要匹配的位置仍是 j，而不进行退回。对 match 来说，相当于向右滑动，让 match[k]滑动到与 str[j]在同一个位置上，然后进行后续的匹配检查。普通解法 str 要退回到 i+1 位置，然后让 str[i+1]与 match[0]进行匹配，而我们的解法在匹配的过程中一直进行这样的滑动匹配的过程，直到在 str 的某一个位置把 match 完全匹配完，就说明 str 中有 match。如果 match 滑到最后也没匹配出来，就说明 str 中没有 match。那么为什么这样做是正确的呢？如图 9-26 所示。

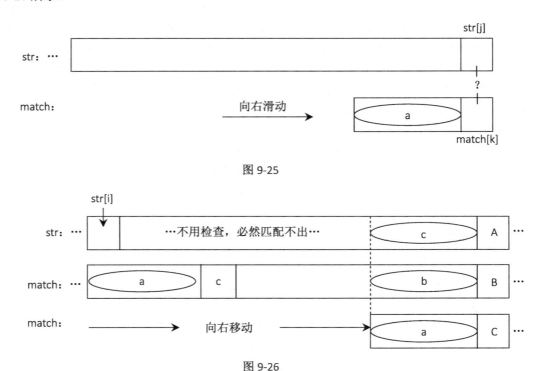

图 9-25

图 9-26

在图 9-26 中，匹配到 A 字符和 B 字符才发生不匹配，所以 c 区域等于 b 区域，b 区域又与 a 区域相等（因为 nextArr 的含义如此），这样 c 区域和 a 区域是不需要检查的，必然会相等。直接把字符 C 滑到字符 A 的位置开始检查即可。其实这个过程相当于是从 str 的 c 区域中第一个字符重新开始的匹配过程（c 区域的第一个字符和 match[0]匹配，并往右的过程），只不过因为 c 区域与 a 区域一定相等，所以省去了这个区域的匹配检查而已，直接从字符 A 和字符 C 往后继续匹配检查。读者看到这里肯定会问，为什么开始的字符从 str[i]直接跳到 c 区域的第一个字符呢？中间的这一段为什么是"不用检查"的区域呢？因为在这个区域中，从任何一个字符出发都肯定匹配不出 match，下面还是以图解形式来解释这一点，如图 9-27 所示。

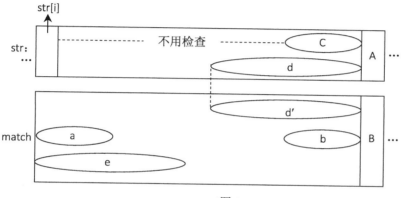

图 9-27

在图 9-27 中，假设 d 区域开始的字符是"不用检查"区域的其中一个位置，如果从这个位置开始能够匹配出 match，那么毫无疑问，起码整个 d 区域应该和从 match[0]开始的 e 区域匹配，即 d 区域与 e 区域长度一样，且两个区域的字符都相等。同时我们注意到，d 区域比 c 区域大，e 区域比 a 区域大。如果这种情况发生了，假设 d 区域对应到 match 字符串中是 d'区域，也就是字符 B 之前的字符串的后缀，而 e 区域本身就是 match 的前缀，所以对 match 来说，相当于找到了 B 字符之前的字符串（match[0..j-i-1]）的一个更大的前缀与后缀匹配，一个比 a 区域和 b 区域更大的前缀、后缀匹配，即 e 区域和 d'区域。这与 nextArr[j-i]的值是自相矛盾的，因为 nextArr[j-i]的值代表的含义就是 match[0..j-i-1]字符串上最大的前缀与后缀匹配长度。所以，如果 match 字符串的 nextArr 数组计算正确，这种情况绝不会发生。也就是说，根本不会有更大的 d'区域和 e 区域，所以 d 区域与 e 区域也必然不会相等。

匹配过程分析完毕，我们知道，str 中匹配的位置是不退回的，match 则一直向右滑动，如果在 str 中的某个位置完全匹配出 match，整个过程停止。否则 match 滑到 str 的最右侧过程也停止，所以滑动的长度最大为 N，时间复杂度为 O(N)。匹配的全部过程参看如下代码中的 getIndexOf 方法。

```
public int getIndexOf(String s, String m) {
    if (s == null || m == null || m.length() < 1 || s.length() < m.length()) {
        return -1;
    }
    char[] ss = s.toCharArray();
    char[] ms = m.toCharArray();
    int si = 0;
    int mi = 0;
    int[] next = getNextArray(ms);
    while (si < ss.length && mi < ms.length) {
        if (ss[si] == ms[mi]) {
                si++;
                mi++;
        } else if (next[mi] == -1) {
                si++;
        } else {
                mi = next[mi];
        }
    }
    return mi == ms.length ? si - mi : -1;
}
```

最后需要解释如何快速得到 match 字符串的 nextArr 数组，并且要证明得到 nextArr 数组的时间复杂度为 O(M)。对 match[0]来说，在它之前没有字符，所以 nextArr[0]规定为-1。对 match[1]来说，在它之前有 match[0]，但 nextArr 数组的定义要求任何子串的后缀不能包括第一个字符（match[0]），所以 match[1]之前的字符串只有长度为 0 的后缀字符串，nextArr[1]为 0。之后对 match[i]（*i*>1）来说，求解过程如下：

1. 因为是左到右依次求解 nextArr，所以在求解 nextArr[i]时，nextArr[0..i-1]的值都已经求出。假设 match[i]字符为图 9-28 中的 A 字符，match[i-1]为图 9-28 中的 B 字符，如图 9-28 所示。

通过 nextArr[i-1]的值可知 B 字符前的字符串的最长前缀与后缀匹配区域，图 9-28 中的 l 区域为最长匹配的前缀子串，k 区域为最长匹配的后缀子串，图 9-28 中字符 C 为 l 区域之后的字符。然后看字符 C 与字符 B 是否相等。

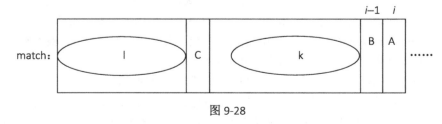

图 9-28

2. 如果字符 C 与字符 B 相等，那么 A 字符之前的字符串的最长前缀与后缀匹配区域就可以确定，前缀子串为 l 区域+C 字符，后缀子串为 k 区域+B 字符，即 nextArr[i]=nextArr[i-1]+1。

3．如果字符 C 与字符 B 不相等，就看字符 C 之前的前缀和后缀匹配情况，假设字符 C 是第 cn 个字符（match[cn]），那么 nextArr[cn]就是其最长前缀和后缀匹配的长度，如图 9-29 所示。

在图 9-29 中，m 区域和 n 区域分别是字符 C 之前的字符串最长匹配的后缀与前缀区域，这是通过 nextArr[cn]的值确定的，当然两个区域是相等的，m'区域为 k 区域最右的区域且长度与 m 区域一样，因为 k 区域和 l 区域是相等的，所以 m 区域和 m'区域也相等，字符 D 为 n 区域之后的一个字符，接下来比较字符 D 是否与字符 B 相等。

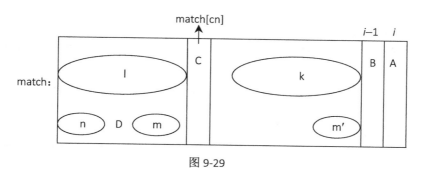

图 9-29

1）如果相等，A 字符之前的字符串最长前缀与后缀匹配区域就可以确定，前缀子串为 n 区域+D 字符，后缀子串为 m'区域+B 字符，则令 nextArr[i]=nextArr[cn]+1。

2）如果不等，继续往前跳到字符 D，之后的过程与跳到字符 C 类似，一直进行这样的跳过程，跳的每一步都会有一个新的字符和 B 比较（就像 C 字符和 D 字符一样），只要有相等的情况，nextArr[i]的值就能确定。

4．如果向前跳到最左位置（即 match[0]的位置），此时 nextArr[0]==-1，说明字符 A 之前的字符串不存在前缀和后缀匹配的情况，则令 nextArr[i]=0。用这种不断向前跳的方式可以算出正确的 nextArr[i]值的原因还是因为每跳到一个位置 cn，nextArr[cn]的意义就表示它之前字符串的最大匹配长度。求解 nextArr 数组的具体过程请参看如下代码中的 getNextArray 方法，先看代码，然后分析这个过程的时间复杂度为什么为 $O(M)$。

```
public int[] getNextArray(char[] ms) {
    if (ms.length == 1) {
        return new int[] { -1 };
    }
    int[] next = new int[ms.length];
    next[0] = -1;
    next[1] = 0;
    int pos = 2;
    int cn = 0;
    while (pos < next.length) {
        if (ms[pos - 1] == ms[cn]) {
            next[pos++] = ++cn;
```

```
                    } else if (cn > 0) {
                           cn = next[cn];
                    } else {
                           next[pos++] = 0;
                    }
             }
             return next;
       }
```

getNextArray 方法中的 while 循环就是求解 nextArr 数组的过程，现在证明这个循环发生的次数不会超过 2M。先来看两个量，一个为 pos 量，另一个为（pos-cn）的量。对 pos 量来说，从 2 开始又必然不会大于 match 的长度，即 pos<M。对（pos-cn）量来说，pos 最大为 M-1，cn 最小为 0，所以（pos-cn）<=M。

循环的第一个逻辑分支会让 pos 的值增加，（pos-cn）的值不变。循环的第二个逻辑分支为 cn 向左跳的过程，所以会让 cn 减小，pos 值在这个分支中不变，所以（pos-cn）的值会增加。循环的第三个逻辑分支会让 pos 的值增加，（pos-cn）的值也增加。如下表所示：

	pos	pos-cn
循环的第一个逻辑分支	增加	不变
循环的第二个逻辑分支	不变	增加
循环的第三个逻辑分支	增加	增加

因为 pos+(pos-cn)<2M，又有上表的关系，所以循环发生的总体次数小于 pos 量和（pos-cn）量的增加次数，也必然小于 2M。证明完毕。

所以，整个 KMP 算法的复杂度为 $O(M)$（求解 nextArr 数组的过程）+$O(N)$（匹配的过程），因为有 $N \geq M$，所以时间复杂度为 $O(N)$。

丢棋子问题

【题目】

一座大楼有 0~N 层，地面算作第 0 层，最高的一层为第 N 层。已知棋子从第 0 层掉落肯定不会摔碎，从第 i 层掉落可能会摔碎，也可能不会摔碎（1≤i≤N）。给定整数 N 作为楼层数，再给定整数 K 作为棋子数，返回如果想找到棋子不会摔碎的最高层数，即使在最差的情况下扔的最少次数。一次只能扔一个棋子。

【举例】

N=10，K=1。

返回 10。因为只有 1 棵棋子，所以不得不从第 1 层开始一直试到第 10 层，在最差的情况下，即第 10 层是不会摔坏的最高层，最少也要扔 10 次。

N=3，K=2。

返回 2。先在 2 层扔 1 棵棋子，如果碎了，试第 1 层，如果没碎，试第 3 层。

N=105，K=2

返回 14。

第一个棋子先在 14 层扔，碎了则用仅存的一个棋子试 1～13。

若没碎，第一个棋子继续在 27 层扔，碎了则用仅存的一个棋子试 15～26。

若没碎，第一个棋子继续在 39 层扔，碎了则用仅存的一个棋子试 28～38。

若没碎，第一个棋子继续在 50 层扔，碎了则用仅存的一个棋子试 40～49。

若没碎，第一个棋子继续在 60 层扔，碎了则用仅存的一个棋子试 51～59。

若没碎，第一个棋子继续在 69 层扔，碎了则用仅存的一个棋子试 61～68。

若没碎，第一个棋子继续在 77 层扔，碎了则用仅存的一个棋子试 70～76。

若没碎，第一个棋子继续在 84 层扔，碎了则用仅存的一个棋子试 78～83。

若没碎，第一个棋子继续在 90 层扔，碎了则用仅存的一个棋子试 85～89。

若没碎，第一个棋子继续在 95 层扔，碎了则用仅存的一个棋子试 91～94。

若没碎，第一个棋子继续在 99 层扔，碎了则用仅存的一个棋子试 96～98。

若没碎，第一个棋子继续在 102 层扔，碎了则用仅存的一个棋子试 100、101。

若没碎，第一个棋子继续在 104 层扔，碎了则用仅存的一个棋子试 103。

若没碎，第一个棋子继续在 105 层扔，若到这一步还没碎，那么 105 便是结果。

【难度】

校 ★★★☆

【解答】

方法一：假设 $P(N,K)$ 的返回值是 N 层楼有 K 个棋子在最差情况下扔的最少次数。

1. 如果 N==0，也就是楼层只有第 0 层，则不用试，肯定不碎，即 $P(0,K)=0$。

2. 如果 K==1，也就是楼层有 N 层，但只有 1 个棋子了，这时只能从第 1 层开始试，一直试到第 N 层，即 $P(N,1)=N$。

3. 以上两种情况较为特殊，对一般情况（$N>0$，$K>1$），我们需要考虑第 1 个棋子从哪层楼开始扔一次，如果第 1 个棋子从第 i 层开始扔，有以下两种情况：

1）碎了。那么可以知道，没有必要去试第 i 层以上的楼层，接下来的问题就变成了还剩下 i-1 层楼，还剩下 K-1 个棋子，所以总步数是 $1+P(i-1,K-1)$。

2）没碎。那么可以知道，没有必要去试第 i 层以下的楼层，接下来的问题就变成了还剩下

N-i 层楼，仍有 *K* 个棋子，所以总步数为 1+*P*(*N-i,K*)。

根据题意，在 1)和 2)中哪个是最差的情况，最后的取值就应该来自哪个，所以最后取值为 max{ *P*(i-1,*K*-1), *P*(*N-i,K*) } + 1。那么 i 可以选择哪些值呢？从 1 到 *N* 都可以选择，这就是说，第 1 个棋子丢在哪里呢？从第 1 层到第 *N* 层都可以试试，在这么多尝试中，我们应该选择哪个尝试呢？应该选择最终步数最少的那种情况。所以，*P*(*N,K*)=min{max{*P*(i-1,*K*-1),*P*(*N-i,K*)}(1<=i<=*N*)}+1。具体请参看如下代码中的 solution1 方法。

```
public int solution1(int nLevel, int kChess) {
        if (nLevel < 1 || kChess < 1) {
                return 0;
        }
        return Process1(nLevel, kChess);
}

public int Process1(int nLevel, int kChess) {
        if (nLevel == 0) {
                return 0;
        }
        if (kChess == 1) {
                return nLevel;
        }
        int min = Integer.MAX_VALUE;
        for (int i = 1; i != nLevel + 1; i++) {
                if (i == nLevel) {

                }
                min = Math.min(min,
                                Math.max(Process1(i - 1, kChess - 1),
                                                Process1(nLevel - i, kChess)));
        }
        return min + 1;
}
```

方法一为暴力递归的方法，如果楼数为 *N*，将尝试 *N* 种可能。在下一步的递归中，楼数最多为 *N*-1，将尝试 *N*-1 种可能，所以时间复杂度为 *O*(*N*!)，这个时间复杂度非常高。

方法二：动态规划方法。通过研究如上递归函数我们发现，*P*(*N,K*)过程依赖 *P*(0..*N*-1,*K*-1)和 *P*(0..*N*-1,*K*)。所以，若把所有递归过程的返回值看作是一个二维数组，可以用动态规划的方式优化整个递归过程，从而减少递归重复计算，如下所示：

dp[0][*K*] = 0，dp[*N*][1] = *N*，dp[*N*][*K*] = min{max{dp[i-1][*K*-1], dp[*N-i*][*K*]}(1<= i<=*N*) }+1

动态规划的具体过程参看如下代码中的 solution2 方法。

```
public int solution2(int nLevel, int kChess) {
        if (nLevel < 1 || kChess < 1) {
                return 0;
```

```
    }
    if (kChess == 1) {
            return nLevel;
    }
    int[][] dp = new int[nLevel + 1][kChess + 1];
    for (int i = 1; i != dp.length; i++) {
            dp[i][1] = i;
    }
    for (int i = 1; i != dp.length; i++) {
            for (int j = 2; j != dp[0].length; j++) {
                    int min = Integer.MAX_VALUE;
                    for (int k = 1; k != i + 1; k++) {
                            min = Math.min(min,
                                    Math.max(dp[k - 1][j - 1], dp[i - k][j]));
                    }
                    dp[i][j] = min + 1;
            }
    }
    return dp[nLevel][kChess];
}
```

　　求每个位置（a,b）（即 $P(a,b)$）的过程中，需要枚举 $P(0..a-1,b)$ 和 $P(0..a-1,b-1)$，所以每个位置枚举过程的时间复杂度为 $O(N)$。递归过程即 $P(i,j)$，i 从 0 到 N，j 从 0 到 K，所以用一张 $N \times K$ 的二维表可以表示所有递归过程的返回值，即一共有 $O(N \times K)$ 个位置。所以方法二整体的时间复杂度为 $O(N^2 \times K)$。

　　方法三：把方法二的额外空间复杂度从使用 $N \times K$ 的矩阵减少为 2 个长度为 N 的数组。分析动态规划的过程发现，dp[N][K] 只需要它左边的数据 dp[0..N-1][K-1] 和它上面一排的数据 dp[0..N-1][K]。那么在动态规划计算时，就可以用两个数组不停地复用的方式实现，而并不是真的需要申请整个二维数组的空间。具体请参看如下代码中的 solution3 方法。

```
public int solution3(int nLevel, int kChess) {
    if (nLevel < 1 || kChess < 1) {
        return 0;
    }
    if (kChess == 1) {
        return nLevel;
    }
    int[] preArr = new int[nLevel + 1];
    int[] curArr = new int[nLevel + 1];
    for (int i = 1; i != curArr.length; i++) {
        curArr[i] = i;
    }
    for (int i = 1; i != kChess; i++) {
        int[] tmp = preArr;
        preArr = curArr;
        curArr = tmp;
```

```
        for (int j = 1; j != curArr.length; j++) {
            int min = Integer.MAX_VALUE;
            for (int k = 1; k != j + 1; k++) {
                min = Math.min(min, Math.max(preArr[k - 1], curArr[j - k]));
            }
            curArr[j] = min + 1;
        }
    }
    return curArr[curArr.length - 1];
}
```

　　方法二和方法三的时间复杂度为 $O(N^2 \times K)$，还是很高。但我们注意到，求解动态规划表中的值时，有枚举过程，此时往往可以用"四边形不等式"及其相关猜想来进行优化。

　　优化的方式——四边形不等式及其相关猜想。

　　1. 如果已经求出了 $k+1$ 个棋子在解决 n 层楼时的最少步骤（dp[n][k+1]），那么如果在这个尝试过程中发现，第 1 个棋子扔在 m 层楼的这种尝试最终得到了最优解，则在求 k 个棋子在解决 n 层楼时（dp[n][k]），第 1 个棋子不需要去尝试 m 层以上的楼。

　　举一个例子，3 个棋子在解决 100 层楼时，第 1 个棋子扔在第 37 层楼时最终得到了最优解，那么 2 个棋子在解决第 100 层楼时，第 1 个棋子不需要去试第 37 层楼以上的楼层。

　　2. 如果已经求出了 k 个棋子在解决 n 层楼时的最少步骤（dp[n][k]），那么如果在这个尝试过程中发现，第 1 个棋子扔在第 m 层楼的这种尝试最终得到了最优解。则在求 k 个棋子在解决第 $n+1$ 层楼时（dp[n+1][k]），不需要去尝试第 m 层以下的楼。

　　举一个例子，2 个棋子在解决第 10 层楼时，第 1 个棋子扔在第 4 层楼时最终得到了最优解。那么 2 个棋子在解决 11 层楼或更多的层楼时（想象一下 100 层），第 1 个棋子也不需要去试 1、2、3 层楼，只用从第 4 层及其以上的楼层试起。也就是说，动态规划表中的两个参数分别为棋子数和楼层数，楼层数增加之后，第 1 个棋子尝试楼层的下限是可以确定的。棋子数变少之后，第 1 个棋子尝试楼层的上限也是可以确定的。这样就省去了很多无效的枚举过程。证明略。注："四边形不等式"的相关内容及其证明是相当复杂而烦琐的，本书由于篇幅所限，不再进一步展开，有兴趣的读者可以搜集相关资料进行深入学习。本书是想用本题给面试者提一个醒，如果在面试时发现某一道面试题解法是动态规划，但在计算动态规划二维表的过程中，发现计算每一个值时有类似本题和本书"画匠问题"、"邮局选址问题"这样的枚举过程，则可以通过"四边形不等式"的优化把时间复杂度降一个维度，可以从 $O(N^2 \times k)$ 或 $O(N^3)$ 降到 $O(N^2)$。具体过程请参看如下代码中的 solution4 方法。

```
public int solution4(int nLevel, int kChess) {
    if (nLevel < 1 || kChess < 1) {
        return 0;
    }
    if (kChess == 1) {
```

```
                return nLevel;
        }
        int[][] dp = new int[nLevel + 1][kChess + 1];
        for (int i = 1; i != dp.length; i++) {
                dp[i][1] = i;
        }
        int[] cands = new int[kChess + 1];
        for (int i = 1; i != dp[0].length; i++) {
                dp[1][i] = 1;
                cands[i] = 1;
        }
        for (int i = 2; i < nLevel + 1; i++) {
                for (int j = kChess; j > 1; j--) {
                        int min = Integer.MAX_VALUE;
                        int minEnum = cands[j];
                        int maxEnum = j == kChess ? i / 2 + 1 : cands[j + 1];
                        for (int k = minEnum; k < maxEnum + 1; k++) {
                                int cur = Math.max(dp[k - 1][j - 1], dp[i - k][j]);
                                if (cur <= min) {
                                        min = cur;
                                        cands[j] = k;
                                }
                        }
                        dp[i][j] = min + 1;
                }
        }
        return dp[nLevel][kChess];
}
```

最优解。最优解比以上各种方法都要快。首先我们换个角度来看这个问题，以上各种方法解决的问题是 N 层楼有 K 个棋子最少扔多少次。现在反过来看 K 个棋子如果可以扔 M 次，最多可以解决多少层楼这个问题。根据上文实现的函数可以生成下表，在这个表中记为 map，map[i][j] 的意义为 i 个棋子扔 j 次最多搞定的楼层数。

0	1	2	3	4	5	6	7	8	9	10	→	次数
1	0	1	2	3	4	5	6	7	8	9	10		
2	0	1	3	6	10	15	21	28	36	45	55		
3	0	1	3	7	14	25	41	63	92	129	175		
4	0	1	3	7	15	30	56	98	162	255	385		
5	0	1	3	7	15	31	62	119	218	381	637		

↓
棋子数

通过研究 map 表我们发现，第一横排的值从左到右依次为 1，2，3，…，第一纵列都为 0，除此之外的其他位置（i,j）都有 map[i][j]==map[i][j-1]+map[i-1][j-1]+1。

如何理解这个公式呢？假设 i 个棋子扔 j 次最多搞定 m 层楼，"搞定最多"说明每次扔的位置都是最优的且棋子肯定够用的情况，假设第 1 个棋子扔在 a 层楼是最优的尝试。

1．如果第 1 个棋子已碎，那就向下，看 i-1 个棋子扔 j-1 次最多搞定多少层楼。

2．如果第 1 个棋子没碎，那就向上，看 i 个棋子扔 j-1 次最多搞定多少层楼。

3．a 层楼本身也是被搞定的 1 层。

1、2、3 的总楼层数就是 i 个棋子扔 j 次最多搞定的楼层数，map 表的生成过程极为简单，同时数值增长极快。原始问题可以用 map 表得到很好的解决，比如，想求 5 个棋子搞定 200 层楼最少扔多少次的问题。注意到第 5 行（表示 5 个棋子的情况）第 8 列（表示扔 8 次的情况）对应的值为 218，是第 5 行的所有值中第一次超过 200 的值，则可以知道 5 个棋子搞定 200 层楼最少扔 8 次。同时在 map 表中其实 9 列、10 列的值也完全可以不需要计算，因为算到第 8 列（即扔 8 次）就已经搞定，那么时间复杂度也可以进一步得到优化。另外，还有一个特别重要的优化，我们知道 N 层楼完全用二分的方式扔 logN+1 次就可以确定哪层楼是会碎的最低楼层。所以当棋子数（k）大于 logN+1 时，我们就可以直接返回 logN+1。

如果棋子数为 K、楼层数为 N，最终的结果为 M 次，那么最优解的时间复杂度为 $O(K \times M)$，在棋子数大于 logN+1 时，时间复杂度为 $O(logN)$。在只有一个棋子的时候，$K \times M$ 等于 N，在其他情况下，$K \times M$ 比 N 要小得多。最优解求解过程参看如下代码中的 solution5 方法。

```java
public int solution5(int nLevel, int kChess) {
        if (nLevel < 1 || kChess < 1) {
                return 0;
        }
        int bsTimes = log2N(nLevel) + 1;
        if (kChess >= bsTimes) {
                return bsTimes;
        }
        int[] dp = new int[kChess];
        int res = 0;
        while (true) {
                res++;
                int previous = 0;
                for (int i = 0; i < dp.length; i++) {
                        int tmp = dp[i];
                        dp[i] = dp[i] + previous + 1;
                        previous = tmp;
                        if (dp[i] >= nLevel) {
                                return res;
                        }
                }
        }
}
```

```
public int log2N(int n) {
        int res = -1;
        while (n != 0) {
                res++;
                n >>>= 1;
        }
        return res;
}
```

画匠问题

【题目】

给定一个整型数组 arr，数组中的每个值都为正数，表示完成一幅画作需要的时间，再给定一个整数 num，表示画匠的数量，每个画匠只能画连在一起的画作。所有的画家并行工作，请返回完成所有的画作需要的最少时间。

【举例】

arr=[3,1,4]，num=2。

最好的分配方式为第一个画匠画 3 和 1，所需时间为 4。第二个画匠画 4，所需时间为 4。因为并行工作，所以最少时间为 4。如果分配方式为第一个画匠画 3，所需时间为 3。第二个画匠画 1 和 4，所需的时间为 5。那么最少时间为 5，显然没有第一种分配方式好。所以返回 4。

arr=[1,1,1,4,3]，num=3。

最好的分配方式为第一个画匠画前三个 1，所需时间为 3。第二个画匠画 4，所需时间为 4。第三个画匠画 3，所需时间为 3。返回 4。

【难度】

校 ★★★☆

【解答】

方法一：如果只有 1 个画匠，那么对这个画匠来说，arr[0..j] 上的画作最少时间就是 arr[0..j] 的累加和。如果有 2 个画匠，对他们来说，画完 arr[0..j] 上的画作有如下方案：

方案 1：画匠 1 负责 arr[0]，画匠 2 负责 arr[1..j]，时间为 max{sum[0],sum[1..j]}。

方案 2：画匠 1 负责 arr[0..1]，画匠 2 负责 arr[2..j]，时间为 max{sum[0..1],sum[2..j]}。

……

方案 k：画匠 1 负责 arr[0..k]，画匠 2 负责 arr[k+1..j]，时间为 max{sum[0..k],sum[k+1..j]}。

方案 j：画匠 1 负责 arr[0..j-1]，画匠 2 负责 arr[j]。时间为 max{sum[0..j-1],sum[j]}。

每一种方案其实都是一种划分，把 arr[0..j]分成两部分，第一部分由画匠 1 来负责，第二部分由画匠 2 来负责，两部分的累加和哪个大，哪个就是这种方案所需的时间。最后选所需时间最小的方案，就是答案。当画匠数量为 i（i>2）时，假设 dp[i][j]的值代表 i 个画匠搞定 arr[0..j]这些画所需的最少时间。那么有如下方案：

方案 1：画匠 1~i-1 负责 arr[0]，画匠 i 负责 arr[1..j] -> max{dp[i-1][0],sum[1..j]}。

方案 2：画匠 1~i-1 负责 arr[0..1]，画匠 i 负责 arr[2..j] -> max{dp[i-1][1],sum[2..j]}。

……

方案 k：画匠 1~i-1 负责 arr[0..k]，画匠 i 负责 arr[k+1..j] -> max{dp[i-1][k],sum[k+1..j]}。

方案 j：画匠 1~i-1 负责 arr[0..j-1]，画匠 i 负责 arr[j] -> max{dp[i-1][j-1] , sum[j]}。

哪种方案所需的时间最少，dp[i][j]的值就是该种方案所需的时间，即

dp[i][j] = min { max { dp[i-1][k] , sum[k+1..j] } (0<=k<j) }

具体过程参见如下代码中的 solution1 方法，此方法使用动态规划常见的空间优化技巧。因为 dp[i][j]的值仅依赖 dp[i-1][...]的值。所以我们不必生成规模为 Num×N 大小的矩阵，仅用一个长度为 N 的数组结构滚动更新、不断复用即可。

```java
public int solution1(int[] arr, int num) {
    if (arr == null || arr.length == 0 || num < 1) {
        throw new RuntimeException("err");
    }
    int[] sumArr = new int[arr.length];
    int[] map = new int[arr.length];
    sumArr[0] = arr[0];
    map[0] = arr[0];
    for (int i = 1; i < sumArr.length; i++) {
        sumArr[i] = sumArr[i - 1] + arr[i];
        map[i] = sumArr[i];
    }
    for (int i = 1; i < num; i++) {
        for (int j = map.length - 1; j > i - 1; j--) {
            int min = Integer.MAX_VALUE;
            for (int k = i - 1; k < j; k++) {
                int cur = Math.max(map[k], sumArr[j] - sumArr[k]);
                min = Math.min(min, cur);
            }
            map[j] = min;
        }
    }
    return map[arr.length - 1];
}
```

画匠数目为 num，画作数量为 N，所以一共是 num×N 个位置需要计算。每个位置都需要枚举所有的方案来找出最好的方案，所以方法一的时间复杂度为 $O(N^2 \times num)$。

方法二：动态规划用四边形不等式优化后的解法。计算动态规划的每个值都需要枚举，自然想到用"四边形不等式"及其相关猜想来做枚举优化。具体地说，假设计算 dp[i-1][j] 时，在最好的划分方案中，第 i-1 个画匠负责 arr[l..j] 的画作。在计算 dp[i][j+1] 时，在最好的划分方案中，第 i 个画匠负责 arr[m..j+1] 的画作。在计算 dp[i][j] 时，假设最好的划分方案是让第 i 个画匠负责 arr[k..j]，那么 k 的范围一定是[l,m]，而不可能在这个范围之外。四边形不等式的相关内容及其证明比较复杂且烦琐，本书因篇幅所限，不再详述，有兴趣的读者可以自行学习。利用四边形不等式对枚举过程的优化可以将时间复杂度从 $O(N^2 \times num)$ 降至 $O(N^2)$。具体过程请参看如下代码中的 solution2 方法。

```java
public int solution2(int[] arr, int num) {
        if (arr == null || arr.length == 0 || num < 1) {
                throw new RuntimeException("err");
        }
        int[] sumArr = new int[arr.length];
        int[] map = new int[arr.length];
        sumArr[0] = arr[0];
        map[0] = arr[0];
        for (int i = 1; i < sumArr.length; i++) {
                sumArr[i] = sumArr[i - 1] + arr[i];
                map[i] = sumArr[i];
        }
        int[] cands = new int[arr.length];
        for (int i = 1; i < num; i++) {
                for (int j = map.length - 1; j > i - 1; j--) {
                        int minPar = cands[j];
                        int maxPar = j == map.length - 1 ? j : cands[j + 1];
                        int min = Integer.MAX_VALUE;
                        for (int k = minPar; k < maxPar + 1; k++) {
                            int cur = Math.max(map[k], sumArr[j] - sumArr[k]);
                            if (cur <= min) {
                                min = cur;
                                cands[j] = k;
                            }
                        }
                        map[j] = min;
                }
        }
        return map[arr.length - 1];
}
```

最优解。本题最优解反而是三种方法中最好理解的，先来重新思考这样一个问题，arr 数组中的值依然表示完成一幅画作需要的时间，但是规定每个画匠画画的时间不能多于 limit，那么要几个画匠才够呢？这个问题的实现非常简单，从左到右遍历 arr 的过程中做累加，一旦累加超过 limit，则认为当前的画（arr[i]）必须分给下一个画匠，那么就让累加和清零，并从 arr[i] 开始重新累加。遍历的过程中如果发现有某一幅画的时间大于 limit，说明即使是单独分配一个画匠只画这一幅画，也不能满足每个画匠所需时间小于或等于 limit 这个要求。遇到这种情况就直接返回系统最大值，表示无论分多少个画匠，limit 都满足不了。这个过程请参看如下代码中的 getNeedNum 方法。如果 arr 的长度为 N，该方法的时间复杂度为 $O(N)$。

```java
public int getNeedNum(int[] arr, int lim) {
        int res = 1;
        int stepSum = 0;
        for (int i = 0; i != arr.length; i++) {
                if (arr[i] > lim) {
                        return Integer.MAX_VALUE;
                }
                stepSum += arr[i];
                if (stepSum > lim) {
                        res++;
                        stepSum = arr[i];
                }
        }
        return res;
}
```

　　理解了上面的小问题后，画匠问题最优解的思路就很好理解了——利用二分法。通过调整 limit 的大小，看看需要的画匠数目是大于画匠总数还是少于画匠总数，然后决定是将答案往上调整还是往下调整，那么 limit 的范围一开始为[0,arr 所有值的累加和]，然后不断二分，即可缩小范围，最终确定 limit 到底是多少。具体过程参看如下代码中的 solution3 方法。

```java
public int solution3(int[] arr, int num) {
        if (arr == null || arr.length == 0 || num < 1) {
                throw new RuntimeException("err");
        }
        if (arr.length < num) {
                int max = Integer.MIN_VALUE;
                for (int i = 0; i != arr.length; i++) {
                        max = Math.max(max, arr[i]);
                }
                return max;
        } else {
                int minSum = 0;
                int maxSum = 0;
                for (int i = 0; i < arr.length; i++) {
                        maxSum += arr[i];
                }
                while (minSum != maxSum - 1) {
                        int mid = (minSum + maxSum) / 2;
                        if (getNeedNum(arr, mid) > num) {
                                minSum = mid;
```

```
            } else {
                maxSum = mid;
            }
        }
        return maxSum;
    }
}
```

假设 arr 所有值的累加和为 S，那么二分的次数为 logS，每次调用 getNeedNum 方法，然后进行二分，getNeedNum 方法的时间复杂度为 O(N)。所以 solution3 的时间复杂度为 O(NlogS)。

邮局选址问题

【题目】

一条直线上有居民点，邮局只能建在居民点上。给定一个有序整型数组 arr，每个值表示居民点的一维坐标，再给定一个正数 num，表示邮局数量。选择 num 个居民点建立 num 个邮局，使所有的居民点到邮局的总距离最短，返回最短的总距离。

【举例】

arr=[1,2,3,4,5,1000]，num=2。

第一个邮局建立在 3 位置，第二个邮局建立在 1000 位置。那么 1 位置到邮局的距离为 2，2 位置到邮局距离为 1，3 位置到邮局的距离为 0，4 位置到邮局的距离为 1，5 位置到邮局的距离为 2，1000 位置到邮局的距离为 0。这种方案下的总距离为 6，其他任何方案的总距离都不会比该方案的总距离更短，所以返回 6。

【难度】

校　★★★☆

【解答】

方法一：动态规划。首先解决一个问题，如果在 arr[i..j]（0≤i≤j<N）区域上只能建一个邮局，并且这个区域上的居民点都前往这个邮局，要让 arr[i..j] 上所有的居民点到邮局的总距离最短，这个邮局应该建在哪里？如果 arr[i..j] 上有奇数个民居点，邮局建在中点位置会使总距离最短；如果 arr[i..j] 上有偶数个民居点，此时认为中点有两个，邮局建在哪个中点上都行，都会使总距离最短。根据这种思路，我们先生成一个规模为 N×N 的矩阵 w，w[i][j]（0≤i≤j<N）的值代表如果在 arr[i..j]（0≤i≤j<N）区域上只建一个邮局，这一区间上的总距离为多少。因为始终有 i≤j 的要求，所以求 w 矩阵的时候，实际上只求 w 矩阵的一半。

求 *w* 矩阵的过程。在求每一个位置 w[i][j] 的时候，求法并不是把区间 arr[i..j] 上的每个位置到中点的距离求出后累加，这样求虽然肯定正确，但会很慢。更快速的求法是如果已经求出了 w[i][j-1] 的值，那么 w[i][j]=w[i][j-1]+arr[j]-arr[(i+j)/2]。解释一下这是为什么，如果 arr[i..j-1] 上有奇数个点，那么中点是 arr[(i+j-1)/2]，加上 arr[j] 之后，arr[i..j] 有偶数个点，第一个中点是 arr[(i+j)/2]。在这种情况下，(i+j-1)/2 和 (i+j)/2 其实是同一个位置。比如，arr[i..j-1]=[4,15,26]，中点是 15。arr[i..j]=[4,15,26,47]，第一个中点是 15。所以，此时 w[i][j] 比 w[i][j-1] 多出来的距离就是 arr[j] 到 arr[(i+j)/2] 的距离，即 w[i][j]=w[i][j-1]+ arr[j]-arr[(i+j)/2]。如果 arr[i..j-1] 上有偶数个点，中点有两个，无论选在哪一个，w[i][j-1] 的值都是一样的。加上 arr[j] 之后，arr[i..j] 有奇数个点，中点是 arr[(i+j)/2]。在这种情况下，arr[i..j-1] 上的第二个中点和 arr[i..j] 上唯一的中点其实是同一个位置。比如，arr[i..j-1]=[4,15,26,47]，第二个中点是 26。arr[i..j]=[4,15,26,47,53]，唯一的中点是 26。所以，此时 w[i][j] 比 w[i][j-1] 多出来的距离还是 arr[j] 到 arr[(i+j)/2] 的距离，即 w[i][j]=w[i][j-1]+arr[j]-arr[(i+j)/2]。所以 *w* 矩阵求解的代码片段如下：

```
int[][] w = new int[arr.length + 1][arr.length + 1];
for (int i = 0; i < arr.length; i++) {
        for (int j = i + 1; j < arr.length; j++) {
                w[i][j] = w[i][j - 1] + arr[j] - arr[(i + j) / 2];
        }
}
```

如上代码中把 *w* 申请成规模 (N+1)×(N+1) 的原因是为了在接下来的代码实现中省去很多越界的判断，实际上，*w* 的有效区域就是 w[0..N][0..N] 中的一半，剩下的部分都是 0。

有了 *w* 矩阵之后，接下来介绍动态规划的过程。dp[a][b] 的值代表如果在 arr[0..b] 上建设 *a*+1 个邮局，总距离最少是多少。所以 dp[0][b] 的值代表如果在 arr[0..b] 上建设 1 个邮局，总距离最少是多少。很明显，总距离最少是 w[0][b]，那么 dp[0][0..N-1] 上的所有值都可以直接赋值，即如下的代码片段：

```
int[][] dp = new int[num][arr.length];
for (int j = 0; j != arr.length; j++) {
        dp[0][j] = w[0][j];
}
```

当 arr[0..b] 上可以建设不止 1 个邮局时，即 dp[a][b](a>0) 时，应该如何计算？举例说明，比如 arr=[-3,-2,-1,0,1,2]，要计算 dp[2][5] 的值，即可以在 arr[0..5] 上建立 3 个邮局的情况下，最少的距离是多少，并且此时已经有 dp[0..1][0..5] 的所有值。

方案 1：邮局 1、2 负责[-3]，邮局 3 负责[-2,-1,0,1,2]，距离为 dp[1][0]+w[1][5]。

方案 2：邮局 1、2 负责[-3,-2]，邮局 3 负责[-1,0,1,2]，距离为 dp[1][1]+w[2][5]。

方案 3：邮局 1、2 负责[-3,-2,-1]，邮局 3 负责[0,1,2]，距离为 dp[1][2]+w[3][5]。

方案 4：邮局 1、2 负责[-3,-2,-1,0]，邮局 3 负责[1,2]，距离为 dp[1][3]+w[4][5]。

方案 5：邮局 1、2 负责[-3,-2,-1,0,1]，邮局 3 负责[2]，距离为 dp[1][4]+w[5][5]。

方案 6：邮局 1、2 负责[-3,-2,-1,0,1,2]，邮局 3 负责[]，距离为 dp[1][5]+w[6][5]（w 越界为 0）。

枚举所有的划分方案，选一个距离最短的即可，所以，dp[a][b] = min { dp[a - 1][k] + w[k + 1][b] (0<=k<N) }。

方法一的全部过程请参看如下代码中的 minDistances1 方法。

```java
public int minDistances1(int[] arr, int num) {
    if (arr == null || num < 1 || arr.length < num) {
        return 0;
    }
    int[][] w = new int[arr.length + 1][arr.length + 1];
    for (int i = 0; i < arr.length; i++) {
        for (int j = i + 1; j < arr.length; j++) {
            w[i][j] = w[i][j - 1] + arr[j] - arr[(i + j) / 2];
        }
    }
    int[][] dp = new int[num][arr.length];
    for (int j = 0; j != arr.length; j++) {
        dp[0][j] = w[0][j];
    }
    for (int i = 1; i < num; i++) {
        for (int j = i + 1; j < arr.length; j++) {
            dp[i][j] = Integer.MAX_VALUE;
            for (int k = 0; k <= j; k++) {
                dp[i][j] = Math.min(dp[i][j], dp[i - 1][k] + w[k + 1][j]);
            }
        }
    }
    return dp[num - 1][arr.length - 1];
}
```

w 矩阵求解过程的时间复杂度为 $O(N^2)$，动态规划求解过程的时间复杂度为 $O(N^2 \times num)$。所以方法一总的时间复杂度为 $O(N^2)+O(N^2 \times num)$，即 $O(N^2 \times num)$。

方法二：用四边形不等式优化动态规划的枚举过程，使整个过程的时间复杂度降低至 $O(N^2)$。在方法一中求解 dp[a][b] 的时候，几乎枚举了所有的 dp[a-1][0..b]，但这个枚举过程其实是可以得到加速的。具体解释为：

1. 当邮局为 a-1 个，区间为 arr[0..b]时，如果在其最优划分方案中发现，邮局 1~a-2 负责 arr[0..l]，邮局 a-1 负责 arr[l+1..b]。那么当邮局为 a 个，区间为 arr[0..b]时，如果想得到最优方案，邮局 1~a-1 负责的区域不必尝试比 arr[0..l]小的区域，只需尝试 arr[0..k]（k≥l）。

2. 当邮局为 a 个，区间为 arr[0..b+1]时，如果在其最优划分方案中发现，邮局 1~a-1 负责 arr[0..m]，邮局 a 负责 arr[m+1..b+1]。那么当邮局为 a 个，区间为 arr[0..b]时，如果想得到最优方案，邮局 1~a-1 负责的区域不必尝试比 arr[0..m]大的区域，只尝试 arr[0..k]（k≤m）。

本题为何能用四边形不等式进行优化的证明略。有兴趣的读者可以自行学习"四边形不等式"的相关内容。有了这个枚举优化过程后，在算 dp[a][b]时，只用在 dp[a-1][b]的最优尝试位置 l 和 dp[a][b+1]的最优尝试位置 m 之间进行枚举，其他位置一概不用再试。具体过程请参看如下代码中的 minDistances2 方法。

```java
public int minDistances2(int[] arr, int num) {
    if (arr == null || num < 1 || arr.length < num) {
        return 0;
    }
    int[][] w = new int[arr.length + 1][arr.length + 1];
    for (int i = 0; i < arr.length; i++) {
        for (int j = i + 1; j < arr.length; j++) {
            w[i][j] = w[i][j - 1] + arr[j] - arr[(i + j) / 2];
        }
    }
    int[][] dp = new int[num][arr.length];
    int[][] s = new int[num][arr.length];
    for (int j = 0; j != arr.length; j++) {
        dp[0][j] = w[0][j];
        s[0][j] = 0;
    }
    int minK = 0;
    int maxK = 0;
    int cur = 0;
    for (int i = 1; i < num; i++) {
        for (int j = arr.length - 1; j > i; j--) {
            minK = s[i - 1][j];
            maxK = j == arr.length - 1 ? arr.length - 1 : s[i][j + 1];
            dp[i][j] = Integer.MAX_VALUE;
            for (int k = minK; k <= maxK; k++) {
                cur = dp[i - 1][k] + w[k + 1][j];
                if (cur <= dp[i][j]) {
                    dp[i][j] = cur;
                    s[i][j] = k;
                }
            }
        }
    }
    return dp[num - 1][arr.length - 1];
}
```